固体废物处理与资源化丛书

农业固体废物的处理与综合利用

第二版

边炳鑫　赵由才　乔艳云　主编

化学工业出版社
·北京·

本书以农村生活垃圾的收集与区域规划、农业固体废物的预处理和综合利用为主线，大量收集了新的国内外同类研究及应用资料，较为全面地介绍了有机垃圾的堆肥，沼气发酵，畜禽粪便、农作物秸秆及农用塑料和乡镇工业固体废物的综合利用。书中着重介绍了农业固体废物的综合利用方法，力求达到减少污染物排放，增加其利用效率的目的。

本书内容全面、翔实、实用，富有前沿性，实例典型生动，适合农村和农业技术人员、从事农业环境保护的科技工作者、管理人员阅读，也可作为高等学校相关专业师生的教材和参考书。

图书在版编目（CIP）数据

农业固体废物的处理与综合利用/边炳鑫，赵由才，乔艳云主编．—2版．—北京：化学工业出版社，2017.7（2021.4重印）

（固体废物处理与资源化丛书）

ISBN 978-7-122-29977-2

Ⅰ.①农…　Ⅱ.①边…　②赵…　③乔…　Ⅲ.①农业废物-固体废物处理　Ⅳ.①X710.5

中国版本图书馆CIP数据核字（2017）第141345号

责任编辑：刘　婧　刘兴春　　　装帧设计：关　飞

责任校对：王素芹

出版发行：化学工业出版社（北京市东城区青年湖南街13号　邮政编码100011）

印　　装：北京建宏印刷有限公司

787mm×1092mm　1/16　印张22½　字数574千字　　2021年4月北京第2版第3次印刷

购书咨询：010-64518888　　　售后服务：010-64518899

网　　址：http://www.cip.com.cn

凡购买本书，如有缺损质量问题，本社销售中心负责调换。

定　　价：98.00元

前言

《中共中央关于制定国民经济和社会发展第十三个五年规划的建议》中提出，“坚持绿色发展，着力改善生态环境”，《全国农业可持续发展规划（2015—2030年）》提出了“治理环境污染，改善农业农村环境”的重点任务。我国现有约13.7亿人口，其中有6亿多农民居住在广大农村，农村环境保护状况将直接影响到我国环保事业的发展。农村居民生活和农业生产中产生的固体废物种类繁多，而且数量巨大。如何充分、有效地处理并利用这些废物，对于合理利用农业资源、发展农业生产、改善农村环境具有十分重要的意义。

农业生态系统中生活垃圾的来源主要是农村和乡镇居民的生活垃圾，6亿农村人口按每人每天产生0.5kg垃圾计算，全国每天约产生生活垃圾1.07×10^6t。生活垃圾的成分主要是厨余、废塑料、废纸、碎玻璃、碎陶瓷、废纤维、废电池及其他废弃的生活用品等，组成十分复杂。长期以来，我国农村和乡镇居民的生活垃圾的处置主要是堆积于堆放场或直接施入农田。长期露天堆放垃圾会致使垃圾腐烂发臭，灰尘、病虫卵随风传播。同时由于有机物分解和雨水淋溶，也会使某些微生物和有害化学物质渗入地下，污染地下水。未经任何处理的垃圾直接施入农田，会造成农田土壤污染和肥力下降。

截至2010年年底，全国乡镇企业已达到2742.5万个，总产值达46.47万亿元，但是随之也带来不少环境问题。乡镇工业在创造了大量物质财富的同时，也使农村环境受到严重污染，排放的污染物逐年增多。2014年，我国农膜使用量为2.58×10^6t，其中地膜使用量为1.44×10^6t。目前我国农膜产量和覆盖面积均居世界首位。农膜在自然条件下难以分解，且废弃农膜可改变土壤的性状，并影响农作物的生长发育，给农业生产带来严重的“白色污染”问题。据第一次全国污染源普查公报报道，全国地膜年残留率为19.7%。我国的各类农作物秸秆资源十分丰富，总产量超过8.4×10^8t，其中稻草2.2×10^8t、玉米秆1.8×10^8t、豆类和秋杂粮作物秸秆0.4×10^8t、花生和薯类藤蔓、甜菜叶等0.5×10^8t。

本书第一版自2004年10月出版以来深受广大读者的欢迎。近年来，随着农业固体废物处理领域新技术和新成果的不断涌现，以及新的政策、法规和标准的公布，书中的部分内容已经难以满足读者的需要。本次修订正是基于此背景，在保留原有体系的基础上，增加了反映农业固体废物处理领域的新技术、原理和方法，相关最新法律、法规和标准，以及农业固体废物处理与利用的相应工程应用实例。在章节内容编排上，第六章“畜禽粪便的综合利用”增加了“畜禽粪便的生态工程处理方法”。内容安排由浅入深，分量适当，注重逻辑性。修订后，本书全面、系统地阐述了农业固体废物处理及综合利用。全书共八章，包括农业固体废物的预处理，畜禽粪便、农作物秸秆、农用塑料、废物的来源、无害化处理及资源化综合利用技术，及乡镇具有中国特色的沼气发酵及综合利用技术，全面、系统地介绍了沼气发酵的基本原理，农用沼气的制取及沼气发酵产物的综合利用技术。

本书由边炳鑫、赵由才、乔艳云主编，康文泽副主编。本书编写分工如下：赵由才、金龙、乔艳云编写第一章、第二章；边炳鑫、康文泽、李凤会、张顺艳编写第三章；石磊、边炳鑫、乔艳云编写第四章；赵雪涛、边炳鑫编写第五章；兰吉武、乔艳云、边炳鑫编写第六章、第八章；乔艳云、石磊、顾士贞编写第七章。全书最后由边炳鑫统稿。

本书在编写过程中引用了大量国内外文献，在此谨向对书中所引用文献的作者表示深深的谢意！

限于编者水平和时间，叙述中可能有疏漏和不妥之处，恳请读者不吝赐教。

编者

2017 年 10 月

第一版前言

如何充分、合理地利用自然资源，持续、稳定地发展农业生产，同时又保护和改善农村生态环境，维护农业生态平衡，已成为当前我国农业发展、乡村建设和农村环境保护的重要问题。

我国是一个农业大国，农村居民生活和农业生产中产生的固体废物种类繁多，而且数量巨大。如何充分、有效地处理并利用这些废物，对于合理利用农业资源、发展农业生产、改善农村环境具有十分重要的意义。

农业生态系统中生活垃圾的来源主要是农村和乡镇居民的生活垃圾。生活垃圾的成分主要是厨余、废塑料、废纸、碎玻璃、碎陶瓷、废纤维、废电池及其他废弃的生活用品等，组成十分复杂。长期以来，我国农村和乡镇居民生活垃圾的处置主要是堆积于堆放场或直接施入农田。长期露天堆放垃圾，腐烂发臭，灰尘、病虫卵随风传播。同时由于有机物分解和雨水淋溶，也会使某些微生物和有害化学物质渗入地下，污染地下水。未经任何处理的垃圾直接施入农田，会造成农田土壤污染和肥力下降。

随着改革开放的深入，我国农村经济取得了前所未有的发展，以乡镇企业为主体的农村工业逐步摆脱传统的小作坊式的经营，成为国民经济重要的补充。但是，由于我国整体经济技术水平的落后和资金的短缺，乡镇企业从一开始就在低技术水平、低人员素质、相对落后的设备基础上发展、前进。因此，乡镇工业在创造了大量物质财富的同时，也使农村环境受到严重污染，排放的污染物逐年增多。1998 年，全国工业固体废物的产生量为 8 亿吨，其中县及县以上工业固体废物产生量为 6.4 亿吨，占总产生量的 80%；乡镇工业的固体废物产生量为 1.6 亿吨。工业固体废物排放量为 7034 万吨，其中乡镇工业固体废物排放量 5212 万吨，占排放总量的 74.1%。乡镇工业排放的固体废物大多没有经过处理，直接排放到环境中堆放或填埋，大量侵占农田，造成农业环境的严重污染。

本书全面、系统地阐述了农业中固体废物的处理及综合利用。全书共分八章。内容涉及农村生活垃圾填埋技术，畜禽粪便、农作物秸秆、农业塑料、废弃物的来源、无害化处理及资源化综合利用技术，具有中国特色的沼气发酵及综合利用技术，沼气发酵基本原理，农用沼气的制取及沼气发酵产物的综合利用技术。

本书由边炳鑫、赵由才主编，康文泽副主编。参加本书编写的有赵由才、金龙（第一章、第二章），边炳鑫、康文泽（第三章），石磊、边炳鑫（第四章），赵雪涛、边炳鑫（第五章），兰吉武、边炳鑫（第六章、第八章），石磊、顾士贞（第七章）。全书由边炳鑫统稿。

本书理论结合实际，理论叙述深入浅出，实例典型生动。适合农村和农业技术人员、具有大专以上文化水平从事农业环境保护的科技工作者、领导干部阅读，亦可作为农业大专院校的教材和参考书。

编者

2004 年 10 月

目 录

第一章 绪论 / 1

第二章 农村生活垃圾的收集与区域规划 / 49

第三章 农业固体废物的预处理 / 68

第四章 有机垃圾的堆肥 / 118

第五章　沼气发酵 / 179

第六章 畜禽粪便的综合利用 / 224

第七章 农作物秸秆的综合利用 / 252

第一章
绪　论

农村不同于城市，是从事农业生产的农民的聚居地，严格意义来说，农村环境是与城市环境相对而言的、以农民聚居地为中心的一定范围内自然及社会条件的总和。本书中农村指村、乡、镇以及周围的渔、牧、耕种地等。

随着我国改革开放和农业科学技术的飞速发展，农业经济效益取得了可喜成就。但是长期以来，由于经济发展和各种人为因素以及自然退化，农村资源被过度开采，产生污染物被无控制地排放，使得农村社会和自然生存环境受到极大破坏，越来越不适合人群居住。如农村普遍没有生活垃圾处理设施，当经济不发达时，由于生活水平低，垃圾产生量不多，能够被环境所容纳和消化；但是随着生活水平提高和人口的迅速增长，垃圾产生量大幅度增加，超过环境消化量，且被简单堆置，散发恶臭，滋生蝇、蚊、鼠，对人类生存健康产生极大危害。因此对农村生活垃圾和乡镇企业产生的工业垃圾必须进行科学管理和治理，减少对农村生态环境的破坏和制约，使得农村经济、社会和工业协调发展。

第一节　农村固体废物的来源和产生量

我国是一个农业大国，加之地域辽阔，生产力不发达，所产生农业固体废物成分复杂，区域差异大，给其来源分析和产量预测带来了不少困难。本书在综合了不少专家论文和专著基础上，对其来源和产量进行介绍和分析。

一、畜禽养殖废弃物

自中华人民共和国成立以来，有了较大发展，特别是改革开放以来，农村副业发展迅速，特别是畜禽养殖业。畜禽养殖业由庭院式向集约化、规模化、商品化方向发展。我国肉类产量以每年10%以上的速度递增，奶类和禽蛋类递增速率也在10%以上，1986年我国的禽蛋产量首次超过美国，1991 年肉类产量首次超过美国，以后连续几年保持世界第一。1983 年年末全国各种畜禽存栏数达到 5.69 亿头，比 1949 年增长 2.55 倍，1977 年各种畜禽出栏数达到 7 亿多头，在世界上占据重要地位。1999 年全国规模化畜禽养殖业情况是：生猪，每年出栏 50 头以上的约占总量的 20%，共有 873417 个养殖场，总数达 11647.95 万头，年出栏 500 头以上的占总量的 7.4%，共有 19162 个养殖场，总数达 3848.36 万头；蛋鸡，2000 只以上规模的占总数的 30%，有 89059 个养殖场，总数 38871 万只；肉鸡，10000 只以上规模的占总数的 50%，有 41001 个养殖场，总数 138417.76 万只。我国近年来畜牧业产品生产情况见表 1-1，2010～2014 年全国牲畜存栏情况见表 1-2。

表 1-1　我国主要牲畜出栏量和畜产品产量

指标	单位	1999 年	2000 年	2013 年	2014 年
一、牲畜出栏量					
牛	万头	3766.2	3806.9	4828.2	4929.2
马	万头	136.1	146.1	149.3	154.3
驴	万头	194.3	201.7	237.8	226.6
骡	万头	59.2	65.3	47.9	47.9
骆驼	万头	6.7	6.7	7.7	8.5
猪	万头	51977.2	51862.3	71557.3	73510.4
羊	万头	18820.4	19653.4	27586.8	28741.6
家禽	亿只	74.3	82.6	119.0	115.4
兔	万只	22103.0	25878.2	50366.5	51679.1
二、肉类总产量					
猪肉	万吨	4005.6	3966.0	5493.0	5671.4
牛肉	万吨	505.4	513.1	673.2	689.2
羊肉	万吨	251.3	264.1	408.1	428.2
禽肉	万吨	1115.5	1191.1	1798.4	1750.7
兔肉	万吨	31.0	37.0	78.5	82.9
三、其他畜产品产量					
奶类	万吨	806.9	919.1	3649.5	3841.2
禽蛋	万吨	2134.7	2182.0	2876.1	2893.9

表 1-2　2010～2014 年全国牲畜存栏情况

种类	2010 年	2011 年	2012 年	2013 年	2014 年
牛/万头	10626.4	10360.5	10343.4	10385.1	10578.0
马/万头	677.1	670.9	633.5	602.7	604.3
驴/万头	639.7	647.8	636.1	603.4	582.6
骡/万头	269.7	259.8	249.2	230.4	224.6
骆驼/万头	25.6	27.3	29.5	31.6	33.4
猪/万头	46460.0	46862.7	47592.2	47411.3	46582.7
羊/万头	28087.9	28235.8	28504.1	29036.3	30314.9

随着畜禽养殖业规模的不断扩大，畜禽数量的增多，不可避免地带来畜禽粪便产量的增多，而且附带各种伴生物和添加物。同时由于各地区差异较大，各自的畜禽产业和规模大相径庭，给各地畜禽粪便的组分、产量和预测带来了一定的困难。

1. 畜禽养殖业的地域分布

从全国畜牧业的地理分布看，我国畜牧业具有明显的农区畜牧业和牧区畜牧业。即在农区有牧区性质的畜牧业，在牧区有农业性质的畜牧业。农牧区分界线大体上东起大兴安岭北端，循西南经阴山山脉、青藏高原东缘，沿横断山脉南下，到云南西部。该线以西为以牧为主地区，该线以东为以农为主地区，在东西两区之间有明显的过渡地带，是农牧交错存在的地区，习惯上称之为半牧区。我国畜牧业与地势有密切关系，西高东低，呈梯级分布。第一阶段为西藏自治区南部的青藏高原，平均海拔在4000m以上，称为“世界屋脊”，主要畜种为牦牛、山羊和藏绵羊等；第二阶段从青藏高原的外缘向东到大兴安岭、巫山、雪峰山连线之间的地域，包括蒙古高原、黄土高原、云贵高原等和塔里木盆地、准噶尔盆地、四川盆地等，是我国放牧畜牧业主要集中地，主要畜种为马、黄牛、绵山羊和骆驼等；第三阶梯从上述连线向东直到海岸，为低山、丘陵、平原交错地区，放牧畜牧业逐渐减少，而农区畜牧业的比例逐渐增加，以家庭饲养为主，畜种有牛、马、骡、驴、猪、鸡等；第四阶梯是指我国大陆向边缘海（黄海、东海、南海）的大陆架，是纯粹的农区，畜牧业集约化程度较高，主要畜种为猪、鸡、鸭、黄牛、水牛等。

2. 畜禽养殖特点

（1）由家庭副业逐步发展成为一个独立行业，并日益成为农村支柱产业

2014年我国畜牧业总产值已超过2.9万亿元，占农林牧渔行业总产值的比例达28.3%。畜禽业在发展农村经济中的作用越来越为各级政府所重视，在相当一部分地方被列为支柱产业，成为农村经济的重要来源。

（2）畜禽场由农业区、牧区转向城镇郊区

许多大城市为搞好菜篮子工程，高度重视畜禽业的发展，在交通较发达而且人口相对较少的地区或城乡结合地区建场。这样一方面极大改善了城镇居民的生活水平；另一方面由于没有充分利用养殖场产生的畜禽粪便，造成资源的极大浪费，也产生日益严重的环境污染问题。

（3）饲养规模由分散走向集中

过去畜禽业多为分散经营，在农村中仅作为副业生产，规模小，禽粪可以及时处置，对环境污染不严重，随着畜禽业逐渐成为农村支柱产业，禽粪问题越来越严重，污染环境，影响畜禽业规模的扩大。参照《中国畜牧业统计》的数据，2008年我国各类大型规模化养殖场数量已达4755个。其中50万只以上蛋鸡场13个，年产100万只以上的肉鸡场147个，存栏量500头以上奶牛场1480个，出栏量1000头以上肉牛场614个，出栏量10000头以上生猪场2501个。

3. 畜禽养殖排放污染物组分

畜禽养殖业所排放的污染物包含粪便及其分解产物、伴生物和添加物。

（1）粪便及其分解产物

1）有机物　以综合有机指标体现的物质，如碳水化合物、蛋白质、有机酸、醇类等，用生化需氧量（BOD）和化学需氧量（COD）等指标表示。

2）恶臭　以刺激性臭气体现的物质，包含氨、硫化氢、挥发性脂肪酸、酚类、醛类、胺类、硫醇类等。

（2）伴生物

包括病原微生物（细菌、真菌、病毒）和寄生虫卵。

（3）添加物

包括饲料添加剂（微量营养元素、激素、抗生素）和圈舍消毒剂等。

4. 畜禽养殖排放污染物危害

(1) 污染卫生环境

许多养殖场都与不雅环境场所相联系，如粪便堆放场附近臭气熏天，污水漫流，蚊蝇滋生。

(2) 污染空气

对空气的污染主要发生在畜牧场圈舍内外、堆粪便周围的空间，这些地区粪便产生的有毒有害挥发性气体浓度大，可形成局部性空气污染。其污染物主要包括粪便有机物分解产生的恶臭、粉尘携带的病原微生物、氨等排放的气体。

1) 恶臭污染　恶臭主要来自畜禽粪便、垫料、饲料、畜禽尸体的腐败分解产生的气体。据报道，恶臭成分极其复杂，其可测成分，牛粪中有 94 种，猪粪中有 230 种，鸡粪中有 150 种。恶臭的主要成分有挥发性脂肪酸、有机酸类、醇类、酚类、醛类、酮类、酯类、胺类、硫醇类、含氮杂环化合物以及氨、硫化氢等。

影响恶臭的因素很多，主要有企业管理水平、清粪方式、粪便和污水的处理情况。同时，与厂址的选择、规划和布局、绿化、畜牧种类、圈类设计、通风等多种因素有关。各种因素如果考虑得当，因地制宜，是可以减轻恶臭的。

恶臭的主要危害如下。a. 恶臭对人体健康有危害，使中枢神经系统的反射调节作用产生障碍，引起兴奋和抑制过程的紊乱，人会感觉烦躁不安，精神不振，思想不集中，判断能力和记忆力减退，产生厌倦感，心理状态变差，工作效率降低。b. 危害家畜。研究表明，恶臭使家畜呼吸变慢，肺活量减少，食欲不振，严重时导致呼吸困难，进而影响代谢功能，降低机体抵抗力和免疫力，发病率和死亡率提高，生产量下降。

2) 粉尘携带的细菌污染　粉尘可携带细菌并传播疾病。从 1992～1993 年的监测结果看，畜禽环境质量很差，细菌总数超标严重。如武汉某鸡场，夏季细菌总数为 22.09 万个/m^3；某蛋鸡场细菌总数为 39.18 万个/m^3；某猪场细菌总数为 118.93 万个/m^3。细菌总数普遍超标，一般超标 1300～1500 倍，重者超标 1.5 万倍。

3) 分解气体的污染　畜禽粪便堆积发酵，产生硫化氢、氨、胺、硫醇、苯酚、挥发性有机酸以及粪臭素、乙醇、乙醛等上百种有毒有害物质，造成空气中含氮量相对下降，污浊度升高，降低了空气质量。

这些气体对畜禽和人都有较大伤害，如：鸡对氨很敏感，长期在 5mg/m^3 的浓度中健康会受到影响，在 75～100mg/m^3 的浓度中精神萎靡，采食量下降，生长速率降低约 15%，产蛋率下降；幼猪饲养在 50mg/m^3 的氨浓度环境中，增重率约减少 12%，在 100～150mg/m^3 的浓度中，增重约减少 30%。同时产生的硫化氢气体毒性强，对黏膜和皮肤刺激性大，强烈刺激眼睛和呼吸道，引起肺水肿、呼吸困难、窒息甚至死亡。

4) 污染水环境　畜禽粪便污染途径如下：粪便在清理过程中，随冲洗水直接流失；畜禽粪便在贮存和堆放过程中，在室外被雨水冲刷淋失。有资料表明，畜禽粪水进入水体率达 50%，粪便的流失率也达到 5%～9%。

粪便对水体的污染还包括生物病原菌污染。其传播途径有两种方式：a. 以水，特别是饮用水直接传播，如传播伤寒、痢疾和霍乱等；b. 以水生动植物为中间宿主和媒介，通过人们生食传播疾病和寄生虫病，如食菱角。

5. 畜禽污染物排放量实例和预测

由于我国畜禽养殖业的迅速发展，其污染物排放量日益增加，使得环境承载力日益增大，环境压力日益严重。1999 年全国畜禽养殖污染物排放总量及环境压力情况见表 1-3。

表 1-3 1999 年全国畜禽养殖污染物排放总量及环境压力情况

地区	畜禽污染物产生量/10^4t		规模化养殖场产生量/10^4t		工业污染物产生量/10^4t		生活污水 COD/10^4t	每公顷[①]耕地负荷畜禽粪便水平/t	
	粪便量	COD	粪便量	COD	固体废物	COD		出现值	警报值
全国	190366	7117	21535.6	805.19	78441	691.74	697	14.64	0.49
北京	637.6	27.9	195.0	8.54	1161.42	3.03	13.9	18.54	0.62
天津	303.6	12.2	62.8	2.52	407.16	4.72	11.8	6.25	0.21
河北	12708	469.3	1832.7	67.67	7156.24	58.1	21.8	18.46	0.62
山西	4192.9	139.1	317.0	10.52	6242.17	29.2	17.6	9.14	0.30
内蒙古	6460.7	170.9	683.4	18.08	2510.29	11.99	12.0	7.88	0.26
辽宁	4272.4	173.7	728.3	29.60	7545.10	34.46	38.2	10.24	0.34
吉林	7191.2	268.7	666.7	24.91	1770.08	21.29	22.3	12.89	0.43
黑龙江	5509.3	205.2	896.2	33.39	2880.63	19.38	35.1	4.68	0.16
上海	587.5	28.4	233.1	11.26	1211.14	8.92	26.1	18.64	0.62
江苏	5119.4	211.3	1220.9	50.40	2906.72	29.72	37.7	10.11	0.34
浙江	1683.3	82.5	392.7	19.24	1361.48	31.81	27.5	7.92	0.26
安徽	8163.3	311.6	813.2	31.04	2973.63	18.66	27.7	13.67	0.46
福建	2267.2	104.1	425.6	19.54	1589.54	14.95	17.0	15.80	0.53
江西	5182.8	220.1	658.0	27.94	3983.56	7.94	29.7	17.31	0.58
山东	18960	667.6	2319.1	81.56	5166.06	55.00	48.4	24.66	0.82
河南	17895	639.0	1240.4	44.29	3477.02	50.46	42.8	22.06	0.74
湖北	6005.5	255.0	800.3	33.98	2510.58	33.39	37.4	12.13	0.40
湖南	8784.0	388.2	1182.4	52.25	1869.37	35.75	30.2	22.22	0.74
广东	6716.4	295.9	1357.3	59.81	1877.37	33.96	51.0	20.53	0.68
广西	9031.1	364.3	853.3	34.41	2068.24	52.18	26.1	20.49	0.68
四川	14442	591.8	1513.3	62.01	4395.82	37.80	31.3	15.75	0.53
贵州	7213.7	270.6	301.1	11.29	2925.10	8.20	17.1	14.71	0.49
云南	8589.7	325.4	462.0	17.50	3117.42	28.39	14.6	13.38	0.45
陕西	3586.3	130.4	324.4	11.80	2623.92	16.91	16.1	6.98	0.23
甘肃	4424.0	144.8	458.1	15.00	1699.34	5.83	8.3	8.80	0.29
宁夏	852.8	25.6	92.7	2.78	418.51	6.93	3.4	6.72	0.22
新疆	5755.1	142.2	884.7	21.86	702.34	13.26	9.3	14.44	0.48

① 1 公顷$=10^4\text{m}^2$。

注：表中数据不包括西藏、青海、重庆、海南、台湾、香港、澳门。

畜禽养殖排放的污染物主要为粪便、伴生物和添加物。其中粪便为主要污染物，占整个排放污染物的比重较大。粪便排放量和动物种类、品种、性别、生长期、饲料甚至天气等诸多因素有关，但一般波动不大，可测定不同种类畜禽每天每头排放量，进而得出整个畜禽粪便排放量。伴生物主要为病原微生物和寄生虫卵，基本是由粪便堆放引起的，量不多，可以不予考虑。添加物主要来自饲料添加剂，可以通过测定饲料添加剂的利用率而得出其产生量。

畜禽固体废物产生量可以通过下式进行估算和预测。

$$W=\sum_{i=1}^{n}\alpha_i X_i+\sum_{j=1}^{m}k_j Y_j$$

式中，W 为畜禽废物产生量，t/a；X_i 为不同种类畜禽每年饲养数，头/a；α_i 为不同畜禽每头每年产生粪尿量 t/(头·a)；Y_j 为所使用不同种类饲料添加剂量，t/a；k_j 为不同饲料添加剂残余率。

表1-4和表1-5列出了上海市环保局推荐的数据。表1-6列出了中国农业科学院畜牧研究所张子仪的试验数据，对猪排泄粪尿量按其公母长幼及其体重大小测得的粪尿数据，数据相差较大，我国生猪的生长期一般为180d，肉禽生长期一般为55d，按照不同动物的生长期计算出其一年的粪尿平均排放量，代入上式，就可以对畜禽排放废弃物进行粗略估计，种类分得越细（同一种类又按照性别和体重或其他因素进行分类，测定出不同排放系数），预测就越准。

表1-4 畜禽粪尿的日排放系数

污染物	生猪	蛋禽	肉禽	牛
粪/[g/(头·d)]	2200	75	150	30000
尿/[g/(头·d)]	2900			18000
BOD_5/(g/L)	203			805
氨氮/(g/L)	37.5	0.9	1.8	12

表1-5 畜禽粪尿的年排放量

污染物	生猪	蛋禽	肉禽	牛
粪/[kg/(头·d)]	396	27.38	8.25	10950
尿/[kg/(头·d)]	522			6570
BOD_5/(g/L)	36.54	2.46	0.74	293.83
氨氮/(g/L)	6.75	0.33	0.099	4.38

表1-6 不同体重猪的粪尿排放量

猪体重/kg	粪尿排放量相当体重的比例/%	尿排放量/[kg/(头·d)]	猪体重/kg	粪尿排放量相当体重的比例/%	尿排放量/[kg/(头·d)]
40～60	24±3	10～14	120～140	16±1	21～22
60～80	23±2	16～18	140～160	14±1	21～23
80～100	21±2	18～20	160～180	13±1	22～24
100～120	19±1	20～22			

由于每年饲养畜禽种类和数量受到经济发展、需求、出口需求和人民生活水平等各种因素的影响，因此对畜禽废物的预测首先涉及对来年畜禽饲养量的准确预测，否则会影响预测准确性。

二、农作物秸秆

人们为了增加食物生产，更多地使用机器、化肥、农药等，最终增加了单位耕地面积上能量的投入，使得世界农业迅速增长。但是能量转化为食物的效率却在明显下降，有许多可以转化为人类食物的东西没有得到应有的利用而被丢弃了。据估计，每年地球上由光合作用生产的生物质约 1.5×10^{11} t，其中11%（约 1.6×10^{10} t）是由耕地或草原产生的，可作为人类的食物或动物的饲料部分约占其中的1/4（约为 4×10^{9} t），表明其中75%为废弃物。在 40×10^{9} t的产品中，经过加工最后供人类直接使用的约有 3.6×10^{8} t。而每年生产的废弃物（包括收获和加工过程中的）约有 1.35×10^{10} t有待开发利用，将其转化为食品或饲料。

根据联合国环境规划署（UNEP）报道，世界上种植的各种谷物每年可提供秸秆 1.7×10^9 t，其中大部分未加工利用。我国的各类农作物秸秆资源十分丰富，总产量达 8.4 亿多吨，其中稻草 2.2×10^8 t，麦秆 1.5×10^8 t，玉米秆 1.8×10^8 t，豆类和秋杂粮作物秸秆 0.4×10^8 t，花生和薯类藤蔓、甜菜叶等 1×10^8 t。一般情况下，作物秸秆的组成元素中碳占绝大部分，主要粮食作物水稻、小麦、玉米等秸秆的含碳量约占 40%，其次为钾、硅、氮、钙、镁、磷、硫等元素。

我国是一个农业大国，随着农业和经济的发展，副产品的数量也不断增加，如粮食作物秸秆、藤蔓、皮壳、饼粕、酒糟、甜菜渣、蔗渣、废糖蜜、食品工业下脚料、畜禽制品下脚料、蔗叶及各种树叶、锯末、木屑等，数量极大。据统计，我国每年的粮食作物秸秆约为 6×10^8 t、稻壳 4.03×10^7 t、薯蔓 2.345×10^7 t、花生蔓 2.143×10^7 t、甜菜渣 4×10^5 t、废糖蜜 4.02×10^6 t、酒糟 1.583×10^7 t、禽粪 7.3×10^7 t、其中除豆饼用作高蛋白质饲料、部分农产品加工废物和作物秸秆用作饲料、少量的棉秆用于纤维素的生产、部分作物秸秆作为造纸的原料外，大部分副产品没有得到利用或者没有得到充分利用。我国是个人口多、资源相对较少的国家，因此，把数量巨大的农业固体废物（特别是农作物秸秆）加以充分开发利用，变废为宝，不仅可以产生巨大的经济效益，还会获得重要的环境效益和社会效益。

1. 农作物秸秆组分

秸秆的有机成分以纤维素、半纤维素为主，其次为木质素、蛋白质、氨基酸、树脂、单宁等。几种作物秸秆中的元素成分和有机成分质量分数分别见表 1-7 和表 1-8。

表 1-7　几种作物秸秆中的元素成分质量分数　　单位：%

种类	N	P	K	Ca	Mg	Mn	Si
水稻	0.60	0.09	1.00	0.14	0.12	0.02	7.99
小麦	0.50	0.03	0.73	0.14	0.02	0.003	3.95
大豆	1.93	0.03	1.55	0.84	0.07	—	—
油菜	0.52	0.03	0.65	0.42	0.05	0.004	0.18

表 1-8　几种作物秸秆中的有机成分质量分数　　单位：%

种类	灰分	纤维素	脂肪	蛋白质	木质素	种类	灰分	纤维素	脂肪	蛋白质	木质素
水稻	17.8	35.0	3.82	3.28	7.95	燕麦	4.8	35.4	2.02	4.70	20.4
冬小麦	4.3	34.3	0.67	3.00	21.2	油菜	6.2	30.6	0.77	3.50	14.8

2. 农作物秸秆的环境影响

（1）侵占土地

由于我国农业产量大，农业秸秆产生量大，而且难降解成分居多，因此其主要处理处置方式是堆积、焚烧等。堆积秸秆易侵占土地，滋生细菌、蚊、蝇，影响环境。

（2）污染河流

堆积秸秆往往是露天放置，在雨水浇湿后，易腐烂，散发臭味，同时被冲洗进河流中，影响水环境，危害较大。

（3）秸秆露天焚烧影响环境质量

秸秆露天焚烧带来的一个最突出问题是导致大气污染，危害人体健康。秸秆焚烧，会产生大量的烟尘、粉尘、二氧化硫、二氧化氮，可吸入粉尘颗粒，严重影响到空气质量，损害人体健康。焚烧秸秆时，大气中二氧化硫、二氧化氮、可吸入颗粒物三项污染指数达到高峰值，其中，二氧化硫的浓度比平时高出1倍，二氧化氮、可吸入颗粒物的浓度比平时高出3倍。当可吸入颗粒物浓度达到一定程度时，对人的眼睛、鼻子和咽喉含有黏膜的部分刺激较大，轻则造成咳嗽、胸闷、流泪，严重时可能导致支气管炎发生；其次焚烧秸秆形成的烟雾造成空气能见度下降，可见范围降低，直接影响民航、铁路、高速公路的正常运营，容易引发交通事故，影响人身安全；此外，焚烧秸秆极易造成林木或者附近的农田失火，造成经济损失的同时对人们生命安全产生威胁，出现消防安全问题；同时秸秆焚烧还会破坏土壤结构，造成农田质量下降。秸秆焚烧也入地三分，地表中的微生物被烧死，腐殖质、有机质被矿化，田间焚烧秸秆破坏了这套生物系统的平衡，改变了土壤的物理性状，加重了土壤板结，破坏了地力，加剧了干旱，农作物的生长也因而受到影响。

3. 农作物秸秆产生量的预测

农作物秸秆的产生量主要由农作物种类、地区土地性质、施用化肥等因素决定。

$$W_2=\sum_{i=1}^{n}\beta_i Z_i$$

式中，W_2 为农作物秸秆产生量，t/a；Z_i 为不同农作物每年果实收成量，t/a；β_i 为不同农作物剩余秸秆量与农作物果实收成量之比。

因此，对农作物秸秆产生量的准确预测必须建立在对农作物每年种植量的准确预测基础之上。

三、农用塑料残膜

农用薄膜（以下简称农膜）主要包括农用地膜和农用棚膜（蔬菜大棚）。农膜技术的采用，对我国农业耕作制度的改革、种植结构的调整和高产、高效、优质农业的发展产生了重大而深远的影响，对增加农民收入、脱贫致富做出了重大贡献，很受农民欢迎。近十年来，国内各种农膜生产机器应用发展迅速，已成为合理利用有限国土资源、提高耕地利用率和产量的有效手段。据报道，1988年我国农用薄膜专业委员会成立，专委会成立后，积极开展同国外先进企业的交流合作，把调整产品结构、提升企业核心竞争力以及加快开发功能性棚膜等作为整个行业发展的重点，力争使农膜行业生产技术和经营管理提升到一个更高的水平。经过24年，国内从1988年地膜覆盖面积3000万亩（1亩≈666.7m^2，下同）、棚膜覆盖面积61万亩，发展到2012年地膜覆盖面积3.5亿亩，棚膜覆盖面积5440万亩，增长了10倍和近百倍。目前我国农膜覆盖面积已经位居世界首位。农膜的使用，获得了巨大的经济效益和社会效益，但是随之也带来了严重的环境污染问题，其中最严重的是残膜污染。农用塑料地膜是一种高分子的烃类化合物，在自然环境条件下难以降解。而生产上应用的主要是0.012mm以下的超薄地膜，这样的地膜成本低，易破碎，难回收。随着地膜栽培年限的延长，耕地土壤中的残膜量不断增加。土壤中的残存地膜降低了土壤渗透性能，减少了土壤的含水量，削弱了耕地的抗旱能力，并通过影响作物根系的生长发育，对作物生长产生影响，导致作物减产。

1. 农膜使用和残留情况

残留农膜（简称残膜）是由于农膜老化、破碎和回收不净而在农田中的残留，被农民称为“白灾”。全国2013～2014年各地农区农膜使用情况可见表1-9。

表1-9 全国2013～2014年各地农区农膜使用情况

地区	农用塑料薄膜使用量/t		地膜使用量/t		地膜覆盖面积/hm^2	
	2013年	2014年	2013年	2014年	2013年	2014年
全国统计	2493183	2580211	1361788	1441453	17656986	18140255
北京	12356	10903	3345	2903	18431	16544
天津	12901	12274	4877	4637	77499	73072
河北	136006	137918	67776	66828	1119703	1102706
山西	46399	48381	32612	33742	584376	585064
内蒙古	80822	89409	61110	64534	1153627	1117615
辽宁	146068	146207	43188	41387	325194	315728
吉林	58485	57858	28310	26478	176599	184927
黑龙江	85378	84424	33055	33619	340163	338851
上海	19436	19287	5566	5335	21961	21296
江苏	116846	119846	45344	46287	598391	604627
浙江	64663	65677	28940	28811	165559	153145
安徽	94882	96155	42261	42906	440011	430713
福建	59154	60932	29335	29998	138015	140900
江西	51401	53122	29320	31095	162399	128518
山东	318727	305168	136830	126249	2381218	2218705
河南	167794	163477	74055	76390	1072889	1076675
湖北	66310	69186	38162	40645	394230	391970
湖南	82407	82946	55396	55867	710475	717110
广东	45781	46206	23955	24999	128198	133024
广西	41479	44087	31987	33226	409754	416345
海南	23333	28100	12014	13800	35132	43156
重庆	42860	43824	22210	22964	230515	237447
四川	127854	130263	88310	90430	996933	997214
贵州	47495	48949	32692	32031	273229	304246
云南	106606	110993	85783	89523	990845	1023760
西藏	1336	1724	1144	1418	3425	3422
陕西	40847	41479	21377	21096	450626	447888
甘肃	165791	176169	91228	107640	1349000	1337167
青海	6472	7046	5415	5734	59912	66124
宁夏	16627	15281	10400	11082	194360	197481
新疆	206666	262921	175790	229798	2654319	3314815

注：表中数据不包括香港、澳门、台湾。

而根据农业部调查结果，目前我国农膜残留量一般在60～90kg/hm^2，最高可达到165kg/hm^2。地膜残留量随使用年限而增加。据黑龙江、辽宁、北京、天津等省市的10多个地县的调查，我国使用的农膜，每公顷为150kg，残膜1年为64.5～105.6kg/hm^2，2年为129kg/hm^2，3年为187.5～201kg/hm^2。湖北省1年平均残膜为14.7kg/hm^2，2年残膜为26.8kg/hm^2，3年为44.1kg/hm^2，3年平均残留率为46.2%。北京市蔬菜花生的农膜残留量为45～58.5kg/hm^2，残留率为40%～70%；河南省中牟、郑州、开封等地区花生地耕层土壤农膜残留量平均为66kg/hm^2，最高可达135kg/hm^2，严重影响了花生的生长发育，造成花生减产约15%，在某些多年连续使用地膜的农田中甚至频频发生死苗现象。

2. 残膜组分和危害

塑料农膜是一种高分子材料，具有不易腐烂、难于降解的性能，散落在土地中会产生永久性污染，其危害也比较严重。

（1）毒害作物，降低产量

对于作物种子萌芽和种子幼苗生长有损害作用。如农膜的增塑剂邻苯二甲酸二异丁酯随水溢出深入土壤，对种子有毒害作用，作物缺苗断垄比对照高15%以上。

根据田间大量调查试验表明，作物减产幅度随农膜使用年限和残留量的增加而增加，一般情况下小麦减产7%～20%、玉米减产15%～20%、大豆减产5%～10%、蔬菜作物减产5%～40%。生育期短的蔬菜减产幅度小于生育期长的品种。

1）残膜对小麦生育性能和产量的影响　河南农村能源环保总站赵素荣等用5年的时间对农膜残留污染进行了田间试验，摸清了农膜残留物对土壤和农作物污染的规律，如表1-10所列。从其模拟试验结果可以看出，土壤中的残膜对小麦的株高、单株干重、0～15cm土层根重、出苗性状、分蘖数等均有明显影响。

表1-10　农膜残留量对小麦生育性状影响试验结果

农膜残留量/(kg/hm^2)	出苗期	基本苗/(株/m^2)	缺苗数/(株/区)	冬前分蘖数/(株/m^2)	0～15cm土层根重/(g/株)	单株干重/(g/株)	株高/cm
0(对照)	12月1～3日	375		406	0.22	3.20	63.5
37.5	12月3～5日	282	620	337	0.21	3.18	63.0
75	12月3～5日	265	730	319	0.20	3.14	63.2
150	12月3～5日	259	770	307	0.19	3.10	62.5
225	12月3～5日	259	770	285	0.18	3.00	62.0
300	12月5～8日	244	870	274	0.17	2.90	61.2
375	12月5～8日	232	950	262	0.15	2.80	60.0
450	12月5～8日	225	1000	255	1.16	2.6	59.6

试验中发现：残膜区小麦出苗慢，出苗率低，苗不整齐，缺苗断垄多；幼苗长势弱，苗小而黄；基本苗少，冬前分蘖少；根系扎得浅，生长发育不良，且大部分不能穿透残膜碎片，呈弯曲状横向发展，随着废旧农膜积累的增加，对小麦剩余性状影响逐渐加重。

残膜不仅影响小麦的出苗、根系发育、幼苗生长，而且影响小麦的茎叶生长，从而导致干物质的积累受阻，穗小粒少，千粒重降低，造成大幅度减产，具体见表1-11。

表1-11　残膜对小麦产量的影响

农膜残留量/(kg/hm^2)	穗长/cm	穗粒重/(g/穗)	成穗/(个/m^2)	穗粒数/(粒/穗)	千粒重/(g/千粒)	小区产量/(kg/区)	单产/(kg/hm^2)	与对照对比/(kg/hm^2)
0(对照)	7.8	1.73	390	31.7	45	3.70	5550	
37.5	7.7	1.73	316	35.5	45	3.35	5025	－525
75	7.5	1.57	273	34.0	45	2.82	4230	－1320
150	7.3	1.59	265	34.0	44.9	2.70	4050	－1500
225	7.1	1.52	253	33.5	44.8	2.53	3795	－1755
300	7.0	1.46	255	31.7	44.2	2.38	3570	－1980
375	6.8	1.45	246	31.8	44.2	2.30	3450	－2100
450	6.5	1.43	240	31.0	43.7	2.17	3255	－2295

试验结果表明：使用普通农膜1～2a的地块，每亩[1]残留农膜碎片2.5～6.9kg，小麦减产7%～9%；连续使用5a的地块，每亩残留农膜碎片2.35kg，小麦减产26%。使用超薄膜1～2a的地块，小麦减产1%～5%；使用5a的地块，小麦减产15.6%。

[1] 1亩＝666.7m^2，下同。

2）残膜对玉米生育性状和产量的影响　赵素荣等在进行了残膜对玉米生育性状的影响试验后认为：残膜对玉米的单株鲜重、株高、茎粗、根数、穗长等生育性均具有明显影响。玉米残膜处理区比对照的出苗期推迟2～3d，缺苗1～7株，每亩缺苗100～700株，根长缩短0.8～4.4cm，侧根数、茎粗、叶宽、株高也比对照低。试验还表明，随着农膜用量的增加，集聚在土壤中的废膜逐渐增多，其对玉米生育性状的不良影响逐渐加重，不同处理小区生育性状有明显差异。

试验中还发现：残膜处理区的玉米出苗晚，缺苗多；胚根不易穿透地膜碎片，呈弯曲状横向发展，根扎得浅，苗小瘦弱，易死苗，生长发育不良，易倒伏；叶片小而黄，影响光合作用，导致干物质积累受阻，造成产量下降。农膜残留量每亩在3.5kg时，玉米减产11%～23%，具体见表1-12。

表1-12　残膜对玉米产量影响试验结果

农膜残留量/(kg/hm^2)	穗长/cm	穗粗/cm	穗粒数/(粒/穗)	百粒重/(g/百粒)	小区产量/(kg/区)	单产/(kg/hm^2)	与对照对比	
							玉米产量/kg	与对照相比玉米产量增加量/(kg/hm^2)
0(对照)	20.5	5.10	295	29.2	4.30	3.70	5550	
37.5	20.2	4.97	276	28.6	3.85	3.35	5025	－525
75	20.0	4.94	268	28.3	3.70	2.82	4230	－1320
150	19.1	4.87	259	27.9	3.45	2.70	4050	－1500
225	18.3	4.68	256	27.8	3.35	2.53	3795	－1755
300	17.5	4.65	255	27.3	3.20	2.38	3570	－1980
375	16.7	4.61	237	26.4	2.80	2.30	3450	－2100
450	14.6	4.58	225	25.1	2.40	2.17	3255	－2295

3）残膜对蔬菜生育性状和产量的影响　在不同农膜残留的土壤上种植白菜、移栽茄子，进行模拟试验。结果表明，残膜对茄子、白菜的植株根重、主根生长等有极显著的影响，可参考表1-13。由表中可看出，农膜残留量对茄子的株高影响不大，但是对其产量却有较大影响。农膜残留量在$2.5g/m^2$时，茄子减产达到29.5%，白菜减产1.95%；农膜残留量在$10.0g/m^2$时，茄子减产59.6%，白菜减产14.7%。

表1-13　残膜对茄子、白菜生育性状的影响

项　目	茄　　子				白　菜	
农膜残留量/(g/m^2)	地上鲜重/(g/株)	根鲜重/(g/株)	主根长/cm	株高/cm	根鲜重/(g/棵)	主根长/cm
2.5	57704	116.7	14.5	95.7	23.6	12.3
5.0	551.0	107.4	13.9	96.1	23.1	11.6
7.5	516.9	101.0	13.1	95.5	21.2	10.6
10.0	388.7	71.5	10.8	87.8	20.4	9.5
0(对照)	671.0	127.5	19.5	103.1	34.6	17.6

（2）对土壤的破坏

模拟试验表明，不同作物、不同地块中农膜残片存量虽有差异，但对土壤的物理性能影响基本相同。农膜残片影响土壤含水率、土壤容重、土壤孔隙率、土壤透气性和渗透性。一般来说，残片越大，影响越严重，但对土壤硬度影响不大。特别是聚烯烃类薄膜在土壤中抗机械破碎性强，妨碍气、热、水和肥等的流动和转化，使土壤物理性能变差，养分运输困难，最终造成减产。具体影响见表 1-14。

表 1-14 农膜残留量对土壤物理性状的影响

农膜残留量 /(kg/hm^2)	含水量 /%	容量 /(g/m^3)	密度 /(g/m^3)	孔隙度 /%	农膜残留量 /(kg/hm^2)	含水量 /%	容量 /(g/m^3)	密度 /(g/m^3)	孔隙度 /%
0(对照)	16.2	1.21	2.58	53.0	225	14.3	1.43	2.63	45.7
37.5	15.5	1.24	2.60	52.4	300	14.5	1.54	2.67	42.3
75	15.9	1.29	2.61	50.5	375	14.4	1.62	2.66	39.2
150	14.7	1.36	2.65	48.6	450	14.2	1.84	2.70	35.7

（3）残膜的化学污染

农用塑料膜是聚乙烯化合物，在生产过程中需加 40%～60%的增塑剂，即邻苯二甲酸二异丁酯，其化学性能对植物的生长发育毒性很大，特别是对蔬菜毒性更大。

邻苯二甲酸二异丁酯从农膜散发到空气中，再经叶子气孔进入叶肉细胞，而植物的生长点和嫩叶生理活动旺盛，易受伤害。它的毒性作用主要是破坏叶绿素和阻碍叶绿素的形成。据对白菜叶切片的显微镜观察发现，受害叶细胞内叶绿素明显减少。由于叶绿素减少，影响了作物的光合作用，导致作物生长缓慢，严重者黄化死亡。

3. 农膜残留量估计和预测

由已有研究表明，农膜残留量和使用膜种类、用膜地、使用膜年限等因素有关。使用膜的年限不同，残留率不同（见上文数据）。

$$W_3 = \sum_{i=1}^{n} \lambda_i T_i$$

式中，W_3 为农膜残留量，t/a；λ_i 为不同地方不同膜在不同使用年限下该年单位土地的残留系数，kg/hm^2；T_i 为不同地方不同种类膜一年的使用量，t/a。

四、农村生活垃圾

农村生态系统中生活垃圾的主要来源是：农村和城镇居民的生活垃圾。生活垃圾的成分主要是厨房废弃物（废菜、煤灰、蛋壳、废弃的食品）以及废塑料、废纸、碎玻璃、碎陶瓷、废纤维、废电池及其他废弃的生活用品等，组成十分复杂。

农村和乡镇生活垃圾在组分和性质上基本与城市生活垃圾相似，只是在组成的比例上有一定区别，有机物含量多，水分大，同时掺杂化肥、农药等与农业生产有关的废弃物，因此有其鲜明的特点，有害性一般大于城市生活垃圾。

生活垃圾成分复杂，除含有碳、氮、磷、钾等植物所需的营养元素外，还含有一些有害元素。根据北京市环境卫生研究所调查，垃圾中含碳 12%～38%、氮 0.6%～2.0%、磷 0.14%～0.2%、钾 0.6%～2.0%、铁 2.57%、硅 19.9×10^{-6}、锰 350×10^{-6}、铬 52.47×10^{-6}、铅 14.51×10^{-6}、砷 10.21×10^{-6}、汞 0.062×10^{-6}、镉 0.0042×10^{-6}。

1. 生活垃圾的危害

城市生活垃圾有机物含量多，放置时间较长，会滋生多种微生物、病毒及蚊蝇，特别是含有毒有害城市生活垃圾废物时，如处理、处置不当，其中的有毒有害物质如化学物质、病原微生物等可以通过环境介质——大气、土壤、地表或地下水体进入生态系统形成化学物质型污染和病原体型污染，对人体产生危害，同时破坏生态环境，导致不可逆的生态变化。其具体途径取决于农村生活垃圾本身的物理、化学和生物性质，而且与农村生活垃圾处置所在场地的水质、水文条件有关，如有些可通过蒸发直接进入大气，但更多通过接触浸入、食用或通过进入受污染的饮用水或食物进入人体，其污染途径可参考图1-1。

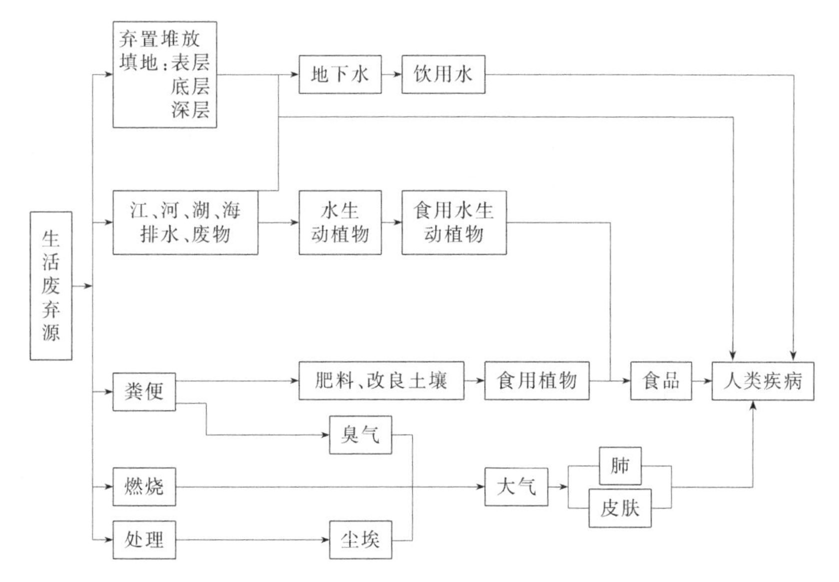

图1-1 病原体型微生物传播疾病的途径

生活垃圾对环境的影响主要表现在以下几个方面。

(1) 对土壤环境的影响

农村生活垃圾不加利用，任意露天堆放，不但占用一定的土地，导致可利用土地资源减少，而且如填埋处置不当，不进行严密的场地工程处理和填埋后的科学管理，容易污染土壤环境。土壤是许多细菌、真菌等微生物聚集的场所，这些微生物担负着与其周围环境构成一个生物系统，在大自然的物质循环中，担负着碳循环和氮循环的一部分重要任务，国际禁止使用的持续性有机污染物在环境中难以降解，这类废弃物进入水体或渗入土壤中，将会严重影响当代人和后代人的健康，对生态环境也会造成长期的不可低估的影响。残留毒害物质不仅在土壤里难以挥发消解，而且杀死土壤中微生物，改变土壤的性质和结构，阻碍植物根系的发育和生长，并在植物体内积蓄，破坏生态环境，而且会积存在人体内，对肝脏和神经系统造成严重损害，诱发癌症和使胎儿畸形。

(2) 对水体的影响

农村生活垃圾可随地表径流进入河流湖泊，或随风迁徙落入水体，从而将有毒有害物质带入水体，杀死水中生物，污染人类饮用水水源，危害人体健康。特别是在落后农村，由于没有自来水供水系统，如果还以河流作为饮用水水源，很容易暴发大规模传染病。农村生活垃圾堆积产生的渗滤液危害更大，它可进入土壤使地下水受污染，或通过地表径流流入河流、湖泊和海洋，造成水资源的水质型短缺。

农村生活垃圾不但含有大量的细菌和微生物，而且在堆放过程中产生大量的酸碱性物质，从而将垃圾中的有毒有害重金属溶出，成为集有机物、重金属和微生物于一体的综合污染源。生活垃圾中所含水分以及在堆放过程中进入垃圾的雨水会产生大量富含这些污染物的浸出液，如果控制不当进入周围地表水体或者浸入土壤，会造成严重污染。

(3) 对大气环境的影响

堆放的农村生活垃圾中的细微颗粒、粉尘等可随风飞扬，进入大气并扩散到很远的地方；特别是农村生活垃圾有机物含量高，在适宜的温度和湿度下还可发生生物降解，释放出沼气，在一定程度上消耗其上层空间的氧气，使种植物衰败；有毒有害废物还可发生化学反应产生有毒气体，扩散到大气中危害人体健康。

2. 农村生活垃圾预测

影响垃圾质和量的因素很多，主要有三类。

第一类是影响垃圾质和量变化的内在因素，主要是指直接导致生活垃圾质和量变化的因素。影响生活垃圾产量变化的因素如人口数量、居民生活水平、农村及乡镇建设水平等。人口增加在其他因素不变的情况下垃圾产量必然增加；同样，由于经济的发展，居民生活水平的提高，居民消费品数量与类别增加，相应垃圾产量也会增加；建城区范围增大，保洁区面积增大，垃圾产生量也增大。影响生活垃圾质变化的因素如居民生活水平、能源结构、生活的地域差异以及消费方式等。在以燃煤为主的地区以及北方采暖期，生活垃圾中无机灰渣的含量较高；生活水平提高，丢弃的厨余及废品量则有较大幅度上升；此外，在以一次性塑料制品及过度包装为消费时尚的当今社会中，塑料在垃圾中的含量近几年有很大幅度的上升。

第二类是影响垃圾质和量变化的社会因素，主要是指社会行为准则、社会道德规范、法律规章制度等，是一种外部的、间接的因素。它实际上是人类对垃圾产生系统的干预。如国外推行垃圾减量、回收和再利用措施，可以大幅度减少垃圾最终处理量；垃圾分类收集则是从源头改善垃圾的质，减少后续垃圾的处理难度，而且利于垃圾回收而减少垃圾最终处理量。

第三类是影响垃圾质和量变化的个体因素，主要是指垃圾产生的主体——人类本身个体的行为习惯和受教育程度等。

对生活垃圾的质和量进行预测，需综合以上三类因素，通过这些因素的变化情况，分析垃圾质和量的变化趋势，从而得出预测值。但是，以上三种因素并不是孤立的，它们之间存在极其复杂的联系。例如经济增长，一方面通过消费导致垃圾产量增加；另一方面则通过对社会因素的影响以及个体因素的配合，导致垃圾减量、回收与再利用措施的加强，使垃圾产量减少。

农村生活垃圾的产生量和成分，是开展乡镇、城市建设和管理的宝贵基础资料，是建设生活垃圾处理工程的重要依据。目前对生活垃圾产生量共有 3 种不同的统计方法：a. 车吨位，指按生活垃圾运输车辆的额定装载重量进行统计的生活垃圾产生量；b. 船吨位，指按生活垃圾运输船舶的额定装载重量进行统计的生活垃圾产生量；c. 实吨位，指通过标准计量装置实际称重或通过统计数据与车吨位或船吨位换算得出的生活垃圾产生量。在用车吨位和船吨位方法计量时，由于垃圾密度低，车船装满时常常达不到额定载重量，不能客观实际地反映垃圾实际重量，因此在进行固体废物预测模型建立工作之前必须规定垃圾量化标准，转化为实吨位，使之有统一、客观的比较基准。例如由于垃圾处理厂没有条件逐车称重，北京市历年垃圾清运量基本上是根据车的吨位数计算、统计而成的。但是由于垃圾密度低，车辆实际装载量通常达不到额定载重量，为此，统计得到的清运量与实际值有较大的差距。需要对各种车型的实际装载量抽样过磅称重，得到村镇垃圾清运量的平均修正系数，从而使垃圾量标准化。

垃圾产量预测方法较多，可分为两大类：一类是通过调查研究，收集资料，依据经验，利用简单的趋势方程进行推理判断，即简单趋势预测法；另一类是依据统计数据资料，建立数学模型，即数学模型法。后一类方法应用较广，对不同的变化规律有不同的预测模式，不同的城市考虑不同的主要影响因子，比较复杂。本书分别就这两大类方法介绍几种常用的城市垃圾预测方法，并尽量通过实例加强读者对各种方法的了解，具体可参考赵由才主编的《实用环境工程手册》一书。

（1）简单趋势预测法

1）几何平均预测法

$$A_k = A_0 G^k (1 \pm W)$$

$$W = \frac{\dfrac{\sum_{i=1}^{n-1} |G_i - G_i'|}{n-1}}{\dfrac{\sum_{i=1}^{n-1} G_i}{n-1}} = \frac{\sum_{i=1}^{n-1} |G_i - G_i'|}{\sum_{i=1}^{n-1} G_i}$$

$$G = \sqrt[n]{\frac{a_1}{a_0} \times \frac{a_2}{a_1} \times \frac{a_3}{a_2} \times \cdots \times \frac{a_n}{a_{n-1}}} = \sqrt[n]{\frac{a_n}{a_0}}$$

式中，G_i 为各期实际定基发展速度；G_i' 为各期理论定基发展速度；W 为平均差波动系数；G 为平均发展速度；A_0 为起点年的实际值；A_k 为对今后第 k 年的预测值；a_n 为第 n 年实际垃圾产量。

由平均发展速度的计算式可以看出，它所利用的资料和计算方法实际上只是最末一期水平对最初水平之比，中间各期水平被忽略了，如果中间各期发展水平的升降起伏幅度很大，那么此式计算出来的平均发展水平就不能如实反映客观情况，因此需要计算平均差波动系数加以补充和修正。平均差波动系数是用各期水平对固定基期（通常都用最初一年期）水平对比定基发展水平速度，与按平均发展速度推算出来的各期的理论定基之差计算出来的。它的作用是反映各期实际速度对理论速度的波动速度。

2）增长率公式法　利用增长率公式来预测若干年后的农村垃圾年产生量，其预测模式为

$$Q = Q_0 (1 + P)^n$$

式中，Q 为 n 年后的年总产生量；Q_0 为基准年垃圾年产生量；P 为平均年增长率，%；n 为距基准年的年数。

采用简单趋势预测法的优点是所需原始数据较少，调查成本低；缺点是预测不准确，它的成立前提是城市垃圾产量仍然按照原有的趋势变化，如果影响垃圾产量的因子发生质的变化，则垃圾产量变化趋势必然变化，按照原有趋势估计的产量必然有较大误差，因此它主要用于粗略估计或者短时期估计。如需长期估计和准确估计还需采用数学模型法。

（2）数学模型法

可以根据不同情况和需要或不同理论依据建立不同城市生活垃圾产生量的预测模型。简单的有单因子模型，只考虑影响城市垃圾产量的主要因子，其他不予考虑，优点是简单、预测成本低、在特殊情况和城市中可采用、可在较低成本情况下得到准确的预测；复杂的有多因子模型，考虑影响城市垃圾产量的多种主要影响因子，如数理统计模型、物流平衡模型、灰色模型等。

1）单因子法　单因子法认为影响生活垃圾产量的主要因子只有一个，其他影响因子可忽略不计，因此只需对垃圾产量与这个因子之间的关系进行预测。当一个城市或者乡镇垃圾产生量近似认为只受人口增长影响时候，可建立如下关系进行预测。

$$Q_n=Q_0(1+nP/100)$$

式中，Q_n 为 n 年的人均垃圾产生量，kg/a；Q_0 为基准年人均垃圾产生量，kg/a；P 为每年增加的百分比，%；n 为预测年到基准年的年数。

单因子法的优点是简单方便，所需数据少，调查简单；缺点是适用范围小，城市垃圾受到多种主要因素的影响时就不适用。

2）多因子法　如上所述，影响生活垃圾产量的变化因子很多，如人口密度、能源结构、地理位置、季节变化、生活习俗（如食品结构）、经济状况、废品回收习惯和回收率等，很明显垃圾产生量的预测中建立的模型方程应有如下形式。

$W=f$(人口密度，能源结构，地理位置，季节变化，生活习俗，经济状况，废品回收习惯和回收率等)

而几何平均预测法只是对前几年的垃圾产生量数据进行简单收集，并以垃圾产生量呈几何平均增长这一假设为前提得出的，因而当垃圾增长不符合这一假设或预测年限很长时就不能使用或得出的结果误差很大，只能作为一种粗略计算的方法。要想精确估计必须进行更为细致的调查和研究，找出以前垃圾产生量增长的规律，分析将来垃圾增长的规律，建立模型进行预测。

统计预测要遵守以下2条原则。a. 连贯性原则：是指所研究对象的发生和发展按照一定规律进行，这个规律在其发生和发展过程中贯穿始终，事物未来发展与过去、现在的发展无根本不同。b. 类推的原则：是指事物必须有某种结构，而这种结构及其变化要有一定的模型，可以根据所测定的模型，类比过去和现在，预测未来。因此统计测定的稳定结构是应用统计预测的必要条件，必须对已占有的大量统计数据进行认真研究之后再决定采用预测的方法。

举例如下。由于影响城市垃圾产生量的因素较多，本例认为影响垃圾产量的主要是人口、人均消费和总产值这三个因素，并建立模型预测。根据以往资料初步建立产量与人口、产量与人均消费、产量与总产值之间的单项线性关系。

产量与人口：　$Y_1=-4182.057+0.734X_1$，$R_1=0.937$

产量与人均消费：　$Y_2=919.541+4.672X_2$，$R_2=0.996$

产量与总产值：　$Y_3=-25542.631+352.988X_3$，$R_3=0947$

其中，R 为相关系数，较高，可采用三元线性回归法预测，设预测一般式为

$$Y=a+bX_1+cX_2+dX_3$$

$$\sum Y=na+b\sum X_1+c\sum X_2+d\sum X_3$$

$$\sum X=a\sum X_1+b\sum X_1^2+c\sum X_1X_2+d\sum X_2X_3$$

$$\sum X_3Y=a\sum X_3+b\sum X_1X_3+c\sum X_2X_3+d\sum X_3^2$$

取

$$y=Y-\overline{Y} \qquad \overline{Y}=\frac{\sum Y}{n}$$

$$x_1=X_1-\overline{X}_1 \qquad \overline{X}_1=\frac{\sum X_1}{n}$$

$$x_2=X_2-\overline{X}_2 \qquad \overline{X}_2=\frac{\sum X_2}{n}$$

$$x_3=X_3-\overline{X}_3 \qquad \overline{X}_3=\frac{\sum X_3}{n}$$

令 $\sum y=0$，$\sum x_1=0$，$\sum x_2=0$，$\sum x_3=0$，有下面几式成立。

$$\sum x_1y=b\sum x_1^2+c\sum x_1x_2+d\sum x_1x_3$$

$$\sum x_{21}y=b\sum x_1x_2+c\sum x_2^2+d\sum x_2x_3$$

$$\sum x_3 y = b\sum x_1 x_3 + c\sum x_2 x_3 + d\sum x_3^2$$

$$a = \overline{Y} - b\overline{X}_1 - c\overline{X}_2 - d\overline{X}_3$$

将数据（参见表1-15～表1-17）代入计算得

$$6966159.625 = 9478851.878b + 1456197.6260c + 40552519.37d$$

$$1237710.878 = 1456197.626b + 264966.878c + 7162693.12d$$

$$33515083.12 = 40552519.37b + 7162693.12c + 195601999.2d$$

解得 $b=0.1702$，$c=5.721$，$d=-0.0736$，$a=-621.499$。所以建立预测方程为

$$Y = -621.499 + 0.170X_1 + 5.721X_2 - 0.0736X_3$$

所以当2000年 $X_1 = 16000$ 万人、$X_2 = 2000$ 元/人、$X_3 = 33000$ 亿元时，计算得 $Y = 11115.3$ 万吨。

表1-15　统计预测法参数选值

年份	参数			
	垃圾量 Y/(t/a)	人口 X_1/万人	消费水平 X_2/元	社会总产值 X_3/亿元
1980年	3132	9448	468	8496
1981年	3130	9829	487	9049
1982年	3125	10136	500	9894
1983年	3425	10752	523	11052
1984年	3758	11461	592	13166
1985年	4477	11971	745	16588
1986年	5010	12258	865	19066
1987年	5398	12471	979	23083
合计 $n=8$	$\sum Y=31455$	$\sum X_1=88325$	$\sum X_2=5159$	$\sum X_3=110393$
平均	$\overline{Y}=3931.875$	$\overline{X}_1=11040.625$	$\overline{X}_2=644.875$	$\overline{X}_3=13799.125$

表1-16　统计预测法计算过程Ⅰ

y	x_1	x_2	x_3	x_1y	x_2y	x_3y
−799.875	−1592.625	−176.875	−5303.125	1273900.922	141477.891	4241837.11
−801.875	−1212.625	−157.875	−4751.125	972373.672	126596.016	3809808.359
−806.875	−904.625	−144.875	−3905.125	729919.297	116896.016	3150947.734
−506.875	−288.625	−121.875	−2747.125	146296.797	61775.391	132448.984
−173.875	420.375	−52.875	−633.125	−73092.703	9193.641	110284.609
545.125	930.375	100.125	2788.875	507170.672	54580.641	1520285.484
1078.125	1217.375	220.125	5266.875	1312482.422	237322.266	5678349.609
1466.125	1430.375	334.125	9283.875	2097108.547	489869.016	13611321.23
$\sum y=0$	$\sum x_1=0$	$\sum x_2=0$	$\sum x_3=0$	$\sum x_1y=6966159.625$	$\sum x_2y=1237710.878$	$\sum x_3y=33515083.12$

表1-17　统计预测法计算过程Ⅱ

x_1x_2	x_2x_3	x_1x_3	y^2	x_1^2	x_2^2	x_3^2
281695.547	937090.234	8445889.452	639800.156	2536454.391	31284.766	28123134.77
191443.172	750083.859	5761332.953	640035.156	1470459.391	24924.516	22573188.77
131057.547	505754.984	3532673.703	651047.266	818346.391	20988.766	15250001.27
35176.172	334805.859	792888.953	256922.266	83304.391	14853.516	7546695.766
−222270.328	33476.484	−266149.922	30232.516	176715.141	2795.766	400847.266
93153.797	279236.109	2594699.578	297161.266	865597.641	10025.016	7777823.766
267974.672	1159370.859	6411761.953	1162353.516	1482001.891	48455.016	27739972.27
477924.047	3101974.734	13279422.7	2149522.516	2045972.641	111639.516	86190335.02
$\sum x_1x_2=$ 1456197.626	$\sum x_2x_3=$ 7162693.122	$\sum x_1x_3=$ 40552519.37	$\sum y^2=$ 5827074.658	$\sum x_1^2=$ 9478851.878	$\sum x_2^2=$ 264966.878	$\sum x_3^2=$ 195601999.2

误差分析：$R=\sqrt{\dfrac{b\sum x_1y+c\sum x_2y+d\sum x_3y}{\sum y^2}}=\sqrt{\dfrac{5800175.243}{5827074.658}}=0.997689189$

因此回归曲线的重相关系数 $R=0.997689189$；单项相关系数 $r_1=0.937086495$；$r_2=0.995835314$；$r_3=0.962737995$。

从其重相关系数看十分置信，结果可信度高。本法建立了垃圾总量与人口、人均消费、国民经济总产值三因素的线性关系，比几何平均数法要精确，但是它的精确度又直接取决于人口、人均消费、国民经济总产值这三个参数的准确度，所以需要收集大量可靠数据，进行正确、有效的分析。本例中只取了三个参数，还可以根据具体情况，选择主要影响参数，忽略次要影响参数，建立预测方程进行预测。

五、农村固体废物产生量总体预测

综上所述，由于我国农业发展所产生的固体废物日益增加，已经直接威胁到人类自身的生存和发展，超出了农业生态环境所能够承载的环境容量；同时造成了资源的巨大浪费；并侵害人体，危害人自身身体健康；最终严重影响农业自身的发展，使得农业产量下降。必须针对农业固体废物采取有效治理措施，尽量资源化处理，并使其无害化，最终不影响人类生存，并实行可持续发展，建立良好的农业生态系统。当然这一切都建立在科学的研究和预测基础之上。

农村生活和生产固体废物总量预测公式为

$$W=W_1+W_2+W_3+W_4$$

式中，W 为农村生活和生产固体废物总量，t/a；W_1 为畜禽养殖业排放废物量，t/a；W_2 为农业秸秆物产生量，t/a；W_3 为残留农膜量，t/a；W_4 为农村和乡镇生活垃圾产生量，t/a。

第二节　乡镇工业固体废物

农村工业化的发展对于农业和农村的发展具有战略意义，乡镇企业是我国农民经济发展中的伟大创举。乡镇工业已成为我国农村经济乃至整个国民经济的重要组成部分，在我国经济发展中具有重要的战略地位。它打破了农村几千年以来以农为主的单一经济结构，形成了农、副、工、商、运输业、服务业等全面发展的经济结构，有力地推动了农村经济的协调发展，加速了我国工业化和城乡一体化的进程。如今乡镇企业的产值已经占到我国工业总产值的1/2。如今以乡镇工业为主的乡镇企业在我国经济和社会发展中起到了越来越重要的作用，主要表现在以下几方面。

1）壮大了农村集体经济　目前，乡镇企业的增加值占整个农村社会增加值的2/3，在沿海地区和大城市郊区则占2/3以上。而乡镇企业集体资产占整个农村集体资产的80%左右，有力地巩固和壮大了社会主义集体经济。

2）帮助农民实现了小康　乡镇企业的发展，使得农村经济迅速发展，农民收入和生活水平提高，缩小了城乡差距，实现了共同富裕。

3）加快了农村现代化进程　由于乡镇企业的发展，将先进的科学技术和生产力带到农村，提高了农民思想觉悟和生活水平，也加快了农业生产和农村的现代化进程，同时使得乡镇规模扩大，朝城市化方向发展。

4）吸纳了农村剩余劳动力　由于农业机械设备的使用，再加上我国农村人口过多，使得劳动力剩余。乡镇企业便成为吸收农村剩余劳动力的一个重要途径。

5）增加了社会有效供给　乡镇企业生产经营范围涉及国民经济的各个领域，目前乡镇企业的许多产品，特别是日用消费品，已占全国相当大的比重，为繁荣我国的城乡市场做出了历史性贡献。

6）乡镇企业推进了我国工业化进程　2010年乡镇工业企业增加值为77693亿元，占全国工业增加值的48.5%。城乡工业相互依托、相互结合、相互促进，开辟了有中国特色工业化的新路子，加快了我国工业化进程。

但是乡镇企业在发展过程中，随之带来工业污染，不仅影响农村人口的生存环境，而且污染农业生态环境，影响农业种植环境，降低农业产量。

一、乡镇工业企业发展状况

统计资料表明：1962～1978年期间，乡镇工业的平均增长率为10%，1978～1984年为35.1%，1985～1987年为32.1%，1988～1991年为25.6%，1992～1995年高达56.3%。乡镇企业发展状况可见表1-18和表1-19。

表1-18　改革开放以来全国GNP、工业和乡镇企业、乡镇工业年均增长率

年　份	全国GNP年均增长率/%	全国工业年均增长率/%	乡镇企业年均增长率/%	乡镇工业年均增长率/%
1978～1984年	2.7	12.1	38.2	35.1
1985～1987年	5.0	15.7	30.7	32.1
1988～1991年	7.5	11.4	21.5	25.6
1992～1995年	18.2	30.1	58.1	56.3

表1-19　全国乡镇企业发展状况

年份	1985年	1997年	2002年	2010年
乡镇企业数量/万个	1222.5	2015	2132.7	2742.5
职工人数/万人	6979	13050	13287.7	15892.6
占农村劳动力份额/%	18.8	28.4	27.6	32.4
乡镇企业增加值/亿元	772.31	20740.32	32385.80	112232
占全国国内生产总值份额/%	8.5	26.11	26.76	28.2
乡镇工业增加值/亿元	518.08	14517.99	22773.03	64769.17
占全国工业总产值份额/%	15.02	44.10	48.01	40.26
乡镇企业纯利润/亿元	217.4	4355.5	6962.7	27187.3
上缴税收/亿元	137.4	1526	2693.5	11328.0

乡镇企业已在国民经济和社会发展中起着重要的支撑作用。据统计，2010年乡镇企业增加值占国内生产总值的28.2%，乡镇工业增加值占全国工业总产值的40.26%。乡镇企业已成为我国农村经济和整个国民经济增长的主要来源。其稳定增长对于整个国民经济保持持续、快速、健康的增长起着越来越重要的作用。

根据我国乡镇企业发展规划，在今后的数年或者十年内，乡镇企业仍将以较高的速度发展，但乡镇企业的发展同世界各国工业的发展一样，在带来巨大物质财富的同时，也带来了环境污染问题。伴随着乡镇企业的迅速崛起，乡镇企业特别是乡镇工业对小城镇和农村环境的污染和生态破坏也日益突出。

乡镇工业几乎涉及了国民经济的各个领域，但是从产值利税、企业数目、就业人数等指标考察，乡镇工业主要集中在纺织业、化学原料及化学制品制造业、非金属矿物制造业、金属制品业、普通机械制造业、食品加工业等。

二、乡镇工业企业的环境污染排放状况

乡镇工业发展到今天已是一个包括40个大行业、几百个小行业的由农村集体和个体联户组成的中小工业体系，几乎包含了城市大工业所有的污染类型，而且还有一些乡镇工业所特有的行业污染。主要污染行业为小造纸、小印染、小电镀、小化工、农药、制革、金属冶炼、土法炼硫、土法炼焦、土法炼砷、水泥、砖瓦、食品加工、石棉等。

乡镇工业中原材料和初级产品加工业污染所占比重较大。乡镇工业中造纸、纺织、煤炭采选、非金属矿物制品、化工及食品加工业等行业的废水排放量占全国乡镇工业排放总量的73.1%；乡镇工业中的造纸、饮料、食品加工、纺织、化工等行业的化学耗氧量的排放量占总排放量的85.3%；乡镇工业中的水泥、砖瓦、陶瓷等非金属矿物制品业排放的二氧化硫为2.203×10^{6}t，占全国乡镇工业排放总量的49.9%；排放烟尘5.47×10^{6}t，占总排放量的64.4%；排放工业粉尘1.0175×10^{7}t，占总排放量的76.8%；乡镇工业煤炭采选业和矿业的固体废物排放量占全国乡镇工业固体废物排放总量的83.5%。尤其是中西部乡镇工业，虽然起步晚、起点低、技术水平和管理水平不如东部地区，但相应的污染水平却高于东部地区。据调查，中西部地区乡镇工业产值仅占我国乡镇工业总产值的22.4%，但污染企业的数量却占到60.3%。

三、乡镇工业固体废物污染源的特点

乡镇工业造成的最大变化，就是污染由过去的城市向农村转移和蔓延，转为现在的乡镇企业污染对城市形成包围之势。虽然农村地域辽阔，对固体废物具有较强的降解能力和较大的放置空间，但是乡镇工业固体废物的增长势头对环境的破坏日益严重，如果再不采取措施加以控制，必将破坏农村生态环境，影响农民生存环境，破坏农业生产。乡镇工业固体废物污染具有如下特点。

① 随着乡镇工业企业的发展和扩张，污染源在区域分布上有由点到面，逐步扩大的趋势。乡镇工业企业现在平均以每年20%的速度增长，但是工业污染物的控制和管理却因乡镇工业企业的技术、工艺、设备落后，跟不上发展速度。大量工业固体废物被堆积在工厂周围或者散积在田间，再加上由于固体废物对环境的污染不像水污染那样，具有呆滞性，对人体健康影响不是那么直接和明显，因此危害还不是很明显，但是随着排放量的增多，时间的积累，一旦对环境污染造成影响，就会产生相当严重的后果，并难以逆转。

② 乡镇工业企业规模小，数量大，分布散。由于乡镇大多数是利用本地资源，就地取材，就地设点，在发展过程中又受到行政管辖范围的限制，形成了乡镇工业企业各乡镇各自为政、分散经营的总格局。分散一方面有利于适度利用环境容载量和均匀利用土地承载力来自然净化污染物，减少人工处理费用；但是另一方面不利于科学规划和合理布局，不利于系统管理和控制，也容易造成污染的扩散。

③ 乡镇工业企业的固体废物产生量和排放量主要集中在煤炭采选业和矿业。其产生量、排放量分别占乡镇工业固体废物产生量和排放量的75%和83.5%。

④ 在有污染源的行业或者产业里面，由于乡镇工业企业规模不大，处理处置技术缺乏，往往采用落后工艺，因此其污染程度明显高于城市企业。例如其固体废物综合利用率只有31%。

⑤ 管理和治理困难较大。乡镇工业企业普遍规模较小，工艺技术落后，设备条件差，经济实力弱，因此难以在技术和资金上充分保证治理，常常出现偷偷排放现象。由于其分散度高，因此管理也较为困难。统计资料表明，乡镇工业企业的环境影响评价制度执行率仅为22.7%，与城市大中企业100%相比形成鲜明的对照；同时执行率也只有14.5%，与大中企业的执行率90%也有较大的差距。长此下去，乡镇工业固体废物必将成为我国环境污染的主体。

总体来说，乡镇工业企业结构存在的不合理问题如下：a. 资源配置不合理，高消耗（高耗能、高耗水）、重污染、低产出；b. 工业技术构成低，资源能源利用率低，大量资源以污染物的形式流失并危害环境；c. 企业规模过于小，经济上失去规模效应，污染治理不具备条件，造成多数企业排污失控，以牺牲环境为代价，同时所有乡镇工业企业都上污染治理设备，又面临重复建造，浪费资源和资金的问题；d. 分布不集中，经济上失去集聚效应，环保不能集中控制合并治理。这些与工业结构相关联的污染问题被称为结构性污染。

四、乡镇工业固体废物污染源的危害

乡镇工业企业发展占用大量土地，同时产生的固体废物由于没有相应技术处理减少其危害性，往往是简单地堆积在厂内，影响职工健康和环境卫生；在厂内无法积存情况下，往厂外堆积，占用农田，侵占大量土地。由于乡镇工业煤炭采选业和矿业的固体废物产生量和排放量在乡镇工业固体废物产生量和排放量中占据主体地位，而其中固体废物包含大量矿物质和重金属，在简单堆放场中，这些有毒有害的重金属往往会随着雨水和地表水流入河流和地下水中，最终进入人体饮用水源中或者进入灌溉水中，从而危害人体健康和农业生产。同时大量粉尘还随着风一起迁移，破坏大气环境。总结起来，乡镇工业固体废物的危害主要有如下几点。

1. 侵占大量农田

乡镇工业企业的发展最直接的危害是占用大量耕地。一些地区和地方政府在发展乡镇工业企业中急于发展经济，铺摊子，不经过合理规划，通过政治强迫等手段，使企业占用大量土地，而且往往是靠水、靠路交通便利的高品质良田。

小城镇工业占地过多的原因主要在于乡镇工业企业的粗放型生产方式和分布的分散性。表1-20反映了江苏省若干小城镇工业用地结构。通过对其分析可以看出，小城镇工业用地所占比例极高，平均达34%左右，比例最高的达到45.2%。另有资料表明，1995年苏、浙、闽、粤四省年内减少耕地中约14%为乡村集体占用（主要用于发展乡镇工业企业和集体经济）。

表1-20 江苏省若干小城镇工业用地结构

城镇	建设用地面积/亩	人均工业用地/(m^2/人)	工业用地站建设用地比例/%	城镇	建设用地面积/亩	人均工业用地/(m^2/人)	工业用地站建设用地比例/%
芦墟	233	108	41.2	蒋华	92	24	29
梅堰	128	122	45.2	姚王	24	15	35.8
莞坪	59	43	33.7	刁铺	181	40	27.7
薛埠	131	28	26				

注：1亩=666.67m^2。

2. 影响人类生存和工作环境

乡镇工业企业产生的有毒有害固体废物由于没有相应技术进行无害化处理，往往是简单堆积在厂内，通过累计效应，危害职工身体健康；并且在厂内无法积存情况下，往厂外堆积，占用农田，使得污染扩散，进入地下和饮水系统，严重影响周围农民的生存。统计资料表明由于乡镇工业企业的污染，使污染地区比对照地区（即比较清洁的地区）的急性病发病率增加了1.6倍，慢性病的患病率增加了70%，每10万人中多死亡98人，男性平均期望寿命下降了2.66岁，女性平均期望寿命下降了1.56岁。通过调查发现，在炼汞区，有8.1%的儿童的头发中含汞量超过了中毒标准，孕妇妊娠的异常率高达8.16%，而对照区仅为1.17%，污染使妊娠异常率增加了5.97倍；在铅污染区，31.1%的儿童的血液中含铅量超过了关注水平。

3. 污染水环境

乡镇工业企业产生的固体废物由于没有采用相关技术进行处理和处置，只是简单堆积，在风和雨作用下，必然会有一部分飘入河流，影响水的外观；更为严重的是，固体废物中的重金属以及其他可溶性有毒有害物质随着进入河流和地下水系统，最后进入饮用水区域，从而进入人的生活循环圈，并得以积累，最终危害人类生存。

4. 污染大气环境

乡镇工业废气已影响居民的生产、生活。主要表现为一部分未经改造的工业锅炉、窑炉排放的烟尘、粉尘以及化工企业排放的有毒有害气体。其他危害主要是简单堆积的固体废物的细小颗粒在风的作用下四处飘散，增加了大气悬浮物，降低了环境质量。

5. 破坏农业生产

由于乡镇工业企业高度分散，与农田纵横交错，单位污染物效应强；而且由于它们规模小，管理差，随意占用周围土地堆放材料、垃圾、废物等。这些生产废渣在堆放过程中由于雨水淋洗，有毒有害物质逐步进入水体和土壤中，对生态环境造成危害。镇江市丹阳化工实验厂将含有机氯化物的废渣长期堆放，有毒有害物质渗透到周围农田中，使得被污染的农田生长出的粮食全部不能食用，最后厂方不得不花巨资将受污染的农田买下作为工业用地。

五、乡镇工业企业污染成因

造成乡镇工业企业污染原因是很多的，主要有如下几点。

1. 乡镇工业企业追求目标低

乡镇工业企业的发展是在我国相对较为落后的基础上进行的，决定了其追求目标低的特点。其发展初衷是“转移农村剩余劳动力”和“增加农民收入”，同时包括乡镇收入。在农村追求富裕、国家又缺乏财力的情况下，让农民利用当地资源致富不失为一条有效途径。但是仅以增收、致富为目标的乡镇工业，不可能不破坏生态、不污染环境，在经济利益驱动下，环境保护措施不可能被自觉采纳，有些企业宁可交超标排污费，也不建立环保措施，引进环保设备。例如浙江省北调查的176335家企业中，仅有环保人员5190人，平均34家才有 1 个。薄弱的环保意识决定了有限的环保投资及其治理能力。

2. 超高速发展引起的不协调

乡镇工业企业片面追求经济效益，忽视环境效益。因此往往是产值较高但属于污染严重的项目，同时采用工艺的技术含量低，对资源利用率低，产生固体废物或者其他污染物较多。

3. 乡镇工业企业多追求粗放经营

乡镇工业企业生产技术和污染治理技术落后，使排放的污染强度很高，表现在如下几个方面：a. 平均规模小，投入产出低，单位产品的排污量大，造成污染治理的不经济性，难以寻求与之匹配的技术、经济均合理的污染治理技术和设备；b. 工艺技术落后，设备陈旧简陋，造成能耗、物耗大，生产中“跑、冒、滴、漏”现象严重，同时对资源利用率也不高，污染物排放量大；c. 资金缺乏，无力进行技术工艺的更新改造和污染治理；d. 行业结构不尽合理，重污染行业比例偏高；e. 污染源多、面广，没有合理的规划布局，不易控制和管理。

4. 法规不健全，管理薄弱，污染得不到有效遏制和控制

乡镇工业企业环境保护的法规、政策不健全，没有相应配套的管理办法。对已走向市场经济的乡镇工业企业体系，尚缺乏像城市工业环境管理那样的一套行之有效的环境保护的法规和政策。

乡镇工业企业的环境规划、合理布局没有跟上。在乡镇工业企业发展初期，由于认识上的原因没有重视环境规划和合理布局，致使现在形成了乡镇工业企业遍地开花的局面。这给污染的集中控制和治理以及环境管理带来了更大的困难。

乡镇工业企业环境管理力量薄弱，机构不健全，现有人员素质有待提高。据统计，全国县、乡镇一级环保机构力量薄弱。在有污染的乡镇工业企业里，平均每 26 个企业里只有 1 名专职环保人员。乡镇环境管理部门也缺乏最起码的管理经费。据调查，乡镇环保部门的相当一部分管理经费包括工资，要靠征收的排污费来解决。征收的排污费不能用来治理污染，环保政策的实施必然受到影响。更为严重的是，环保部门要依靠排污费维持生存型要求，在污染企业面前必然失去管理的权威。

5. 污染治理技术跟不上需要

乡镇工业企业规模小，因此产生污染小、面广。现有污染防治技术跟不上需要，往往现有成熟技术只适合处理大规模污染物，但是对于乡镇工业企业来说用于处理小规模污染物成本太高，因此不能被采纳或者企业难以承受运行费用。

6. 价格扭曲

从理论上讲，乡镇工业企业的技术水平低下，资源利用效率低下，是资源价格严重背离它的稀缺程度造成的。例如我国大多数乡镇采矿业和煤炭业，所采用工艺都是技术落后的土法，资源利用率低，造成极大的浪费，使得价格背离资源的真实价格。

7. 外部规模的不经济性

我国 92%的乡镇工业企业分布在自然村、7%在建制乡镇、1%在县城，这种“村村点

火，户户冒烟”式的分散格局状况，使乡镇工业企业缺乏利用外部规模经济提高经济效益的条件，也给乡镇工业企业带来采用污染治理措施的困难。此外，还有占用耕地过多的问题。

8. 缺乏适宜的诱导政策

在解决乡镇工业企业造成的环境污染问题上，政府经常采取的是关闭乡镇工业企业的措施。由于污染源乡镇工业企业承受不起由此带来的损失，往往在风头上象征性地停产一段时间，风头一过立即重新开始生产。由此说明，解决乡镇工业企业的污染问题，采取强制性措施的作用极为有限。

六、乡镇工业固体废物产量估算和预测

相对于农村生产和生活产生的固体废物产生量来说，乡镇工业固体废物的产量受乡镇工业企业数目、乡镇工业结构、采用工艺水平、经济发展环境和国家政策等多种因素的影响，即

$W=f$(乡镇工业企业数目，乡镇工业结构，采用工艺水平、经济发展环境和国家政策)

乡镇工业结构和国家政策的调整对固体废物的影响主要表现在：由于乡镇工业煤炭采选业和矿业的固体废物产生量占乡镇工业固体废物产生量的75.0%，乡镇工业煤炭采选业和矿业的工业固体废物排放量占乡镇工业固体废物排放总量的83.5%，所以调整工业结构，限制小规模的乡镇煤炭采选业和矿业工业企业的新建，并对旧有企业实行限制和关闭，必将大幅度减少固体废物排放量。

对旧有工艺进行改造，采用先进工艺和无污染的原材料，同样可以减少固体废物产量。因此新建乡镇工业企业采用的工艺先进程度以及对旧有工艺的改进程度均会影响乡镇工业固体废物产生量。

经济发展环境对乡镇工业固体废物产生量也有重要影响。经济迅速发展侧重于投资，则新建乡镇工业企业就会增多，从而增多固体废物产生；反之，经济萧条、投资低迷，新建厂商自然会减少，同时还有许多企业由于竞争力不行而倒闭，可导致固体废物排放量减少。

由于乡镇工业企业以企业为经营单位，在短时间内生产规模不会有大规模变化，原有工业固体废物产生量不会有较大变化，因此在精确度要求不高的情况下，可以采用下面三种方法进行估计。

1. 递增法

$$W=W_0+\sum_{j=1}^{m}k_jX_j$$

式中，W 为预测年乡镇工业企业固体废物产生量，t/a；W_0 为基准年乡镇工业企业固体废物产生量，t/a；X_j 为新建工业企业生产规模参数，如年生产产品数；k_j 为新建工业企业产品平均每单位产品的固体废物产生量，t/单位产品。

2. 主体考虑法

由于乡镇工业煤炭采选业和矿业的固体废物产生量占乡镇工业固体废物产生量的75.0%，乡镇工业煤炭采选业和矿业的工业固体废物排放量占乡镇工业固体废物排放总量的83.5%，因此可以只对乡镇工业煤炭采选业和矿业的工业固体废物进行预测，再除以其在整

个固体废物中的比例（采用上一年比例或者根据比例发展趋势估计预测年所占比例），就可以得到预测年整个固体废物产生量。这种方法简单而且调查对象缩小，但是由于其只考虑一部分企业，因此只适用于短期估计和预测，准确性不高，公式如下。

$$W=\frac{G_0+\sum_{j=1}^{m}X_j}{f}$$

式中，W 为预测年乡镇工业企业固体废物产生量，t/a；G_0 为乡镇工业企业基准年煤炭采选业和矿业固体废物产生量，t/a；X_j 为新建煤炭采选业和矿业生产所导致新增固体废物量，t/a；f 为煤炭采选业和矿业产生固体废物量在整个乡镇工业企业所产生固体废物中所占的比例，主要受到国家宏观调控和工业结构政策的影响。

3. 多因子法

如要对较长时间内乡镇工业企业产生的固体废物量进行预测，则需考虑经济、技术和政策多种因素，可采用如下公式进行预测：

$$W=W_0+\sum_{j=1}^{m}k_jX_j-\sum_{i=1}^{n}\alpha_iY_i-\sum_{l=1}^{g}Z_l$$

式中，W 为预测年乡镇工业企业固体废物产生量，t/a；W_0 为基准年乡镇工业企业固体废物产生量，t/a；X_j 为新建工业企业生产规模参数，如年生产产品数；k_j 为新建工业企业产品平均每单位产品的固体废物产生量，t/单位产品；Y_i 为由于经济或者政策原因倒闭或者降低生产规模而导致的产量降低量，t/a；α_i 为减少生产产品的单位产品平均废物产生量，t/单位产品；Z_l 为乡镇工业企业采用先进技术和工艺或对原有技术工艺进行改造导致的废物产生减少量。

七、乡镇工业企业固体废物的污染控制策略

1. 全面科学规划，合理布局，集中管理和治理

我国乡镇工业企业点多面广、分布散乱，这种分散化、无序化状况不但阻碍生产要素的合理流动和优化，还给污染控制和环境管理带来巨大困难。随着我国城市化进程的推进，居住区向集镇集中，小城镇的建设给控制乡镇工业企业环境污染带来良机，对工业园区进行统一规划，体现规模效应和集聚效应，对污染进行集中治理，对企业进行集中管理控制，降低运行监管成本。《国务院关于环境保护若干问题的决定》指出："地方各级人民政府要按照国务院的有关规定采取切实措施，加强对乡镇企业环境管理。要全面规划，合理布局，分类指导，因地制宜地发展少污染和无污染的产业，并与村镇建设相结合，相对集中建设乡镇企业，大幅度提高乡镇企业处理污染能力，根本扭转乡镇企业对环境污染和生态破坏加剧的状况"。

在农村和城镇设置乡镇企业工业小区，并设计和推行一套能使其有效运作的宏观调控政策，是消除乡镇工业企业发展中可能出现的环境问题必不可少的工作。乡镇工业企业发展区需要具备外延发展所需的空间和内涵发展所需的条件。由于各地发展水平差异较大，乡镇企业工业小区在区位选择上不宜采用同一个标准。一般来说，较为发达的地区应以县为单位设置乡镇企业工业小区，不发达地区应以地区为单位设置乡镇企业工业小区。鉴于乡镇工业企业自身具有追求内部和外部规模经济、避免内部规模不经济的动力，政府在确定乡镇企业工

业小区时要以规避外部规模不经济为主旨。

设置乡镇企业工业小区可以从更大范围内的劳动力转移入手加速工业化进程，从提高非农产业发展的空间集聚度入手加速城市化进程，同时可更快、更好地为乡镇工业企业获取外部规模经济、避免外部规模不经济创造条件，以降低乡镇工业企业空间集聚所需付出的代价，尤其是环境代价。设置乡镇工业企业发展区可以从以下几个方面避免或减轻可能发生的环境问题。

① 提高环境管理和监测工作的效率。我国目前仍是一个低收入的发展中国家，可用于环境管理和监测的资源都是很有限的。提高乡镇工业企业的空间集聚度，有助于降低环境管理和监测的成本。

② 加强资源综合利用管理和监督，对工业园区内企业进行合理的宏观调控，资源化生产中出现的废物。要做到每个产品的生产都不排放废弃物是非常困难的，但一个产品的废物有可能成为另一个产品的原料，所以乡镇工业企业的空间集中度越高，产品的种类越多，废物被利用的可能性就越大，从而生产中排放出来的废物所造成的环境问题就越少。

③ 在乡镇工业企业向工业小区集中的过程中，可适当引导乡镇工业企业的结构性调整。坚决关闭和撤销“十五小”企业；新上马的项目可选择污染小、资源能源消耗低的类型，严格执行“三同时”。原有的其他污染型的小企业在工业小区必须进行工艺改造，同时采取污染防治措施。整个小区的企业，可按排污总量控制办法进行环境管理。通过对乡镇工业企业布局的合理集中，既避免了对周围环境和居住区的污染，又为乡镇工业企业污染由点源分散治理向区域集中转变提供可能。

④ 充分利用环境治理中的规模经济。一般来说，只有当企业和企业群达到一定规模之后开展环境防治工作的成本就越低；企业集聚程度越高，其中具有一定规模、能开展环境治理的企业越多，发展环保产业的条件越好，环境治理中的规模经济的利用也越充分。

2. 积极开发推广适用于乡镇小规模工业的污染治理技术和管理策略，并确定防治重点

从近期的乡镇工业污染源调查结果来看，小造纸、小化工、小电镀、土焦、土硫黄、小土矿等造成的污染十分严重，是排放固体污染物的主要来源。所以在乡镇工业企业中，抓住这些重污染型行业的污染防治，就可以提高整个乡镇工业企业的污染防治水平。

目前，乡镇工业企业污染防治技术水平较低，多来自购买设计单位的成熟技术、定型产品等，不能切合乡镇工业企业特点，污染防治设施常常不能坚持正常运行；或者由于乡镇工业企业规模较小，每天产生废物量较少，其处理不能形成规模效应，处理成本较高，其污染防治设施的运行由于经济因素不能得到保证。应尽快从乡镇工业企业及其污染源特点、防治污染的能力、污染处理规模以及污染治理技术来源和技术水准出发，尽快研制、开发和引用适合乡镇工业企业不同类型的污染防治技术。乡镇工业企业污染治理技术开发上应考虑以下一些原则：a. 技术是成熟的，运行稳定，经过实践考验；b. 治理设施一次性投资不高，运行费用低；c. 设备运行操作简易；d. 节约能源和原料，综合利用。

最终还应强化乡镇工业企业环境管理。对同一规划区域或者行政区域的乡镇工业企业，进行合理规划，对相似工业企业进行集中管理和整治并进行协调，在不能单独处理或者单独处理初建费用和运行费用较高情况下，可以由环保部门牵头，统一筹资运作和治理，以达到规模效应。

3. 推广清洁生产工艺，倡导循环经济

工业污染主要是资源、能源开发利用方式不当和利用效率低下造成的，大量资源以有毒

有害污染物的形态排入环境造成污染。因此应提高资源、能源利用率，推广清洁生产的管理和技术，倡导循环经济，使得废物产生量减少，或者产生废物进入另一生产领域使其资源化，从而避免进入废物圈，减少废物产生量。清洁生产指在可行的范围内，通过消减废物源、废物循环和综合利用的途径，减少生产过程产生的有害废物量，尽量采用环保原料，提高利用率，减少废物产生量，努力达到最终产品对环境危害最少。废物最少化的手段一般有：消减废物源、废物循环利用和废物综合利用 3 种。消减废物源包括在生产过程中，运用各种技术方法和管理措施预防、消除或减少废物排放源及废物排量、降低废物毒性。废物循环利用包括：厂内循环——将废物直接用于原来的生产过程，或作为一种投料（或投料的替代品）用于厂内其他的生产过程；厂外循环——将废物作为一种投料（或投料的替代品）用于其他厂的生产过废物综合利用，又包括废弃成品的再使用（将废弃的成品降格使用或作其他用途，回收原材料并作其他用途重新利用），以及生产其他产品（利用废物加工制造其他有价值的产品或能源）。

综上所述，推广符合乡镇企业经济、技术承受能力的清洁生产技术，从源头进行废物减量化，改变过去只注意末端处理的情况，更易为企业所接受，是我国乡镇工业企业污染防治的必然发展趋势。

4. 调整产业结构

乡镇工业企业污染严重有其内在经济根源。乡镇工业企业发展初期一般是根据当地优势资源和本身技术水平选择项目，尽可能地将当地资源优势转化为经济优势而忽视了其对环境的危害和影响。因此乡镇工业企业在发展中表现出以下特点：a. 资源配置不合理，高消耗、重污染、低产出的行业门类多；b. 工业技术构成低，资源能源利用率低，大量资源以污染物形式流失并危害环境。这种经济增长方式伴生的结构型污染一旦形成，无法通过加强执法监督、增加环境投入等追加措施来弥补。解决结构性污染问题的最经济有效的办法是调整。政府部门需要制定相应的产业政策，鼓励发展无污染、少污染的行业和产品，抑制重污染的行业和产品的发展；对污染严重的工业企业实行关、停、并、转，对高新技术产品给予支持。而对于工业企业来说，应抓住国家两个根本性转变的机遇，提高乡镇工业企业增长质量。所谓提高乡镇工业企业增长质量，就是指将乡镇工业企业原先高能耗、低效益、高污染的粗放型经营方式，转变为以科学技术进步和管理水平现代化来提高企业的经济效益、生产效率、资源综合利用率，把对生态环境的危害降到最低限度。提高乡镇工业企业增长质量不仅是环境保护的需要，也是乡镇工业企业再次腾飞的需要。

5. 健全和完善乡镇工业企业环境管理的地方性立法，提高环境管理和执法队伍的素质

各地政府要根据当地实际情况制定地方性环境保护法规，并根据环境保护的有关法律法规制定乡镇工业企业主要污染行业的排污标准、总量控制标准、环境管理部门规章，使乡镇工业企业环境管理有法可依。同时对环境执法人员进行必要培训，使其执法能力提高，执法态度严肃，有法可依，执法必严，违法必究。

加强污染源和建设项目的环境管理。实行排污许可证制度，实施排污总量控制，对乡镇工业企业污染源从整体上有计划、有目的地削减污染物排放量，使环境质量逐步得到改善。对乡镇已建项目，工业污染源实施限期治理，地方政府要坚决关闭、取缔。严格执行环境影响评价和“三同时”制度。不准新上国家明令禁止、污染严重的项目，对违法建设的项目要

坚决取缔，并追究有关人员及当地政府领导人的责任。对未经环保部门同意的建设项目，一律不得上马。在环境敏感区扩建、改建项目，要“以新带老”，不能增加污染负荷；新建项目必须实行区域污染物总量削减，确保区域污染物排放总量不增加。对自然环境生态影响较大的资源开发项目，必须采取生态恢复或环境补偿措施。

6. 加强环境教育和宣传，鼓励公众参与

与城市相比，我国乡镇公众环境意识较为淡薄，这与缺乏环境保护宣传教育有关。公众对环境危害认识不清，对自己的环境权益不了解，往往在自身受到环境危害的威胁时还弄不清危害的源泉，搞不清楚维护自身权益的方法。因此必须强化公众的资源、环境和生态意识，提高节约能源、合理使用资源的自觉性，转变传统观念，树立环境资源价值论。同时必须对乡镇工业企业广大职工进行环境保护法律知识宣传，对领导和干部要进行培训，地方各级学校要开展环境教育。电视、广播、报纸等新闻媒体应积极报道和表彰环境保护工作中的先进分子，敢于公开揭露和批评严重污染和破坏农村生态环境的违法分子，尤其是领导干部。对那些严重损害和破坏环境的单位和个人予以曝光，充分发挥新闻的监督作用和正确的舆论导向作用。

第三节　生态农业与环境保护

一、生态农业

1. 生态农业的兴起与发展

中华人民共和国成立以来，特别是党的十一届三中全会以来，我国农业取得了举世瞩目的成就，基本解决了13亿人口的温饱问题。但由于我国长期对自然资源利用不当，整个国民经济以资源消耗型和粗放经营型快速增长，造成了严重的生态环境问题，构成了对农村可持续发展的挑战。我国农村的发展除面临如何阻止自然资源耗竭和生态环境恶化的挑战外，也面临着如何满足日益增长的农产品需求和如何使广大农村摆脱贫困落后面貌的挑战。

我国是一个有13.7亿人口的大国，其中6亿多农民住在广大农村，每年还以七百多万人口的速度增长；我国农业持续发展也同样面临着严重的挑战。为此，“有必要通过认真总结四十多年来，我国农业建设和国外农业发展正反两个方面的经验教训，探索既发展农业又保护生态环境的新途径，走符合我国国情的农业持续发展的路子”。1982年党中央在《当前农村经济改革若干问题》的文件中明确指出：必须控制人口，合理利用资源，保护良好的生态环境，并把这三项作为20世纪末战略目标的前提，在此基础上研究探索生态农业的发展，保护和改善农业生态环境，以保证我国农业的持续发展。此后生态农业作为一种新的农业发展模式在一些地区进行了试点研究。1984年国务院《关于环境保护工作的决定》强调，要认真保护农业生态环境，积极推广生态农业。1985年国务院环境保护委员会制定了《关于发展生态农业，加强农业生态环境保护工作的意见》，进一步推动了我国生态农业的发展。我国于20世纪80年代初开始提出将生态农业作为现代农业发展的新模式，并进行了广泛实践。经过实践证明，我国生态农业建设和发展，对改善和保护农业生态环境，促进农业可持续发展，发挥了积极作用。尤其是“十五”以来，我国逐步形成了生态省-生态市-生态县-环境优美乡镇-生态村的系列生态示范体系。“十五”期末，国家共批准528个生态示范区建设

试点，其中233个被命名为“国家级生态示范区”。全国有150余个市（县、区）开展了生态市（县、区）创建工作。生态农业经济效益显著，据初步调查，各地开展生态农业试点后，粮食总产量平均增幅15%以上，单产较试点前增长10%以上，分别为全国平均增长水平的4.5倍和9.2倍，人均粮食比试点前增加21.4%。生态农业在我国大江南北蓬勃发展的事实证明，它不仅能把我国农业生产提高到一个新的水平，同时又能使生态环境获得有效的保护和改善。因此，它是我国农业持续发展的模式。

我国在农业可持续发展战略的行动方面已处在国际的前列。在生态农业的实际建设中，我国生态农业的目标和指导思想是，协调农村经济发展与生态环境保护，资源的合理开发利用与保护及增值，是实现农业持续发展战略的最佳途径。它强调对农业生态系统的合理投入和高效益的产投比；在重视农田生态系统建设，实现稳产高产的同时，拓宽到全部土地资源的开发与建设；在技术体系上采取传统农业技术精华与现代农业科学技术组装配套，具有系统综合性特征。就许多地区的生态农业建设实践，在整体规划与设计的基础上，主要实施的比较成功的工程包括农、林、牧复合系统建设工程、种养加系列产品开发工程、水体立体养殖工程、农业多种群立体种植、综合节水农业工程、污水处理与农田利用的复合生态工程、保护地蔬菜、养殖与能源综合建设工程、污染区土壤处理系统工程、农业废弃物资源化再生循环利用工程、以水面及湿地资源开发为主的种养结合的池塘系统工程、大中型畜牧场粪便处理能源环境综合建设工程及水土流失区小流域治理与开发工程等。主要的经营模式是依据当地资源的潜力与优势，以资源永久利用为前提所进行的设计，它包括空间资源利用型、生物共生互补型、边际效应利用型及物质循环多链型。正如W. J. Mitsch 1991年所说：“从综述的中国生态工程的理论，以及看到像中国那样人口众多且密集的国家，如何在保证保护资源和环境的同时，最大限度地利用自然景观的生态工程的途径和方法，使西方科学家获益匪浅。对中国生态工艺技术的了解也大有收益，尤其是西方如在面临能源不足阶段而要发展持续经济时，中国这些生态工艺和生态工程经验是极其有用的”。

当然与国外日益发展的生态工程相比，我国的生态农业在理论与方法上仍有一定差异。例如，我国农业生态工程所处理的对象比国外更为复杂，所涉及的不仅是自然生态系统或简单的农田生态系统、畜牧业子系统，而是一个包括农、林、牧、渔等多产业的农业生态复合系统，并作为一种社会—经济—自然复合系统来对待，区域规模更大；设计原则不仅像国外生态工程那样重视系统的自我调节和自我组织，更重视人为的多方面干预与调控，通过系统的结构、技术、输出输入与信息调控，优化、重建或改造原有系统，以便获得三大效益同步的目标；系统内往往有更高的生物多样性及食物链的复杂性；其目标追求上并不像西方生态工程那样以环境保护为主，还强调商品及可用原料的产出，价值目标更重视经济的可行性。此外，我国的农业生态工程还应像国外生态工程那样向定量化方向发展。正如马世骏1990年在山东省第二期生态农业培训班上所指出，要使生态农业进一步发展，“就要达到模型化和定量化，能够按设计的模式进行施工，……我们国家南北之间差别很大，针对区域性的自然条件、经济基础和管理方式，通过定量化的过程进行优化组合，才能使我们的生态农业建设真正立足于科学化的基础上”。

我国生态农业建设已成为具有中国特色的农业可持续发展的有效途径。在目标追求的侧重点上，一方面重视产品的产量、数量，并要求与农民脱贫致富的目标相一致；另一方面重视产品的质量，生态环境的保护和自然资源的永续利用，达到经济的发展、社会需求与生态环境的保护并重。这与W. J. Mitsch所做的生态工程定义“为了人类社会及其自然环境两者利益而对人类社会及其自然环境进行的设计”以及马世骏所提出的“生态工程的目标就是在促进物质良性循环的前提下，充分发挥资源的生产潜力，防止环境污染，达到经济效益与生态效益同步发展”相一致。

2. 发展生态农业的意义

(1) 发展生态农业促进我国农业资源的可持续利用

虽然我国是一个发展中的农业大国，然而人均农业资源并不丰富，由于过去不合理的开发利用，农业资源的可持续利用不容乐观。

我国农业资源虽居世界前列，但由于人口多，主要农业资源的人均占有量远低于世界平均水平。目前我国人均占有土地资源只有世界的1/3，人均占有农、林、牧用地0.4hm^2，不到世界人均的1/4。从我国耕地资源的数量来看，目前我国耕地面积约为$1.35\times10^8hm^2$，人均耕地在0.1hm^2左右，不到世界人均水平的1/2，且1/2是山坡地和边远劣地，不少要逐步退耕。尽管我国耕地已严重不足，但每年仍有大量耕地被占用。仅1978～1990年间，全国净减少耕地就高达$3.71\times10^6hm^2$，平均每年减少$2.86\times10^5hm^2$。

我国的水资源总量约为$2.7\times10^{12}m^3$，排在世界第四位，但人均量仅为世界人均水平的1/4。我国水资源中农业灌溉水占国民经济用水量的65%以上，但仍有耕地少水、缺水或无水。我国水资源短缺严重，据统计，“十一五”期间，平均每年农田受旱面积达3亿亩以上，中等干旱年份灌区缺水$3\times10^{10}m^3$，每年因旱减产粮食数百亿千克。同时，农业水土资源组合不合理，淮河以南地区国土面积不到全国的40%，其水资源量占全国的85%以上，淮河以北地区的国土面积占全国的60%以上，而水资源占不到全国总量的15%。更令人担忧的是，随着今后建设用地、生态用水等需求的增长，农业水土资源还将进一步短缺化，水土资源短缺将会长期成为制约我国农业可持续发展的基础因素，将会长期困扰我国农业的发展。通过生态农业系统，可以有效节约用水，减缓耕地沙漠化，甚至使沙漠土地变成绿地。

(2) 我国生态农业兴起是农业生产发展和环境保护的需要

我国生态农业的兴起，是在环境保护部门的倡导和推动下形成的，可见它与环境保护关系的密切。农村环境保护状况将直接影响到我国环保事业的发展。

我国耕地面积只占世界面积的7%，但要养活的人口却占世界人口的22%，且每年还要增长七百多万人口。农业作为国民经济的基础，其任务是十分繁重而艰巨的。由于长期盲目追求高产，采取掠夺式经营，加上乡镇工业企业的发展，致使农业生态环境遭受污染、破坏，日趋恶化，自然抗灾能力减弱，人口不断增加又给生产和环境带来新的压力，过分利用资源的结果是造成了环境严重退化与资源短缺，对农业持续发展构成了巨大威胁。因此，继续采用高投入、污染环境、破坏生态的常规农业的生产模式，农业生产将难以为继，只有走生态农业道路，才能改变这种局面。

(3) 我国生态农业发展带动其他行业的生态化

我国生态农业的发展，已带动了林业、牧业和养殖业的生态化，全国各地已不断涌现出生态林业、生态牧业和生态养殖业的样板模型，这是在生态农业建设的带动下形成的。这些产业在生态农业中也存在，而作为主导独立的产业与农业很相近，因此它们易于采纳生态与经济协调发展的模式，从而促进了它们生态化的进程。

尽管工业的产业类型和生产结构与农业大不相同，但如今也开始了生态化的过程。生态工业的概念不仅已经形成，而且国内已有了样板。联合国工业发展组织“生态可持续性工业发展”的构想，明确指出：生态可持续性工业就是“在不损害基本生态进程的前提下，促进工业在长期内给社会和经济利益做出贡献的工业化模式。”一种工业生态化的浪潮正波及世界各国，各种各样的“绿色产品”不断出现，我国也出现了多种绿色无氟电冰箱，从生态农业到生态工业，这是世界持续发展的需要，也是当代环境保护的迫切要求。

世界工业化的历史表明，其发展是建立在依靠索取自然资源、大量消耗能源的基础之上的，把自然界当作取之不尽的资源库，掠夺性开发甚至任意挥霍浪费资源；与此同时，又把大自然作为“垃圾桶”，把大量废弃物毫无顾忌地倾泻于自然环境之中。这种不惜代价的单纯经济增长势必导致资源枯竭、环境污染、生态破坏的严重恶果。传统工业发展模式已经走到了尽头，我国国情也不允许继续采用这种工业发展模式。因此，我国工业化建设必须选择一条与我国社会主义市场经济相适应的发展道路，即实行保持工业生态系统良性循环的工业发展战略，寻求一种生态与经济相协调的生态经济效益型的现代化工业发展模式，走出一条适合我国国情的社会主义工业化、现代化的发展道路，这就是与生态农业相一致的生态工业之路。

(4) 我国生态农业建设促使环境保护技术重点将从污染治理转向清洁生产

生态农业把环境保护纳入生产过程，通过生态系统的调节，也就是通过生物与工程系统措施的合理组装，达到主动的在源头充分利用资源，减少废物产生的危害，改变过去被动的污染治理，总是在废物产生之后去进行治理，浪费财力、人力等。

例如养殖业的畜禽粪便可通过沼气发酵产生沼气、沼液和沼渣，用作燃料、饲料和肥料，补充农村紧缺的“三料”。这些废物通过再利用又回到生产中去。因此，生态农业能做到无（少）废物的清洁生产，不污染环境。这是与目前处理工业污染的技术方法完全不同的另一种环境保护技术方法。这种方法是在生产过程中控制污染物的产生，而不是等到污染物排放之后去进行处理。

近年来工业生产上也开始了无（少）废物的清洁生产，这与生态农业环境保护技术类型相同，它们都是把环境保护纳入生产过程，从生产的工艺设计上着手进行调控，防止或减少废物的产生，从而达到无（少）废物的清洁生产，彻底摆脱先污染后治理的被动局面。这是环境保护技术进步的发展方向。因为它不仅能主动有效地控制环境污染，而且更重要的是促进了资源的充分利用，这是工农业的持续发展所必需的。因此，随着这方面技术进展，环境保护的技术重点将从污染治理转向清洁生产。

(5) 成为实施农业可持续发展战略的重要举措

我国生态农业的理论和特点适应我国基本国情，符合传统技术与现代技术相结合的农业技术路线，顺应农业持续、稳定、协调发展的战略要求。自开始提出生态农业就引起国家和政府高度重视并上升为政府行为，被广泛宣传、推广并与农村改革与农业产业结构调整结合起来。各级行政领导的肯定和重视为大范围推广和实施生态农业并进行宏观、系统地优化设计提供强大的支持和动力。1984年《国务院关于环境保护工作的决定》提出“要认真保护生态环境，积极推广生态农业，防止农业环境污染和破坏”；1991年《国民经济和社会发展十年规划和第八个五年计划纲要》明确指出要搞好环境示范工程和生态农业建设；1992年国务院将发展生态农业列为我国环境与发展十大对策之一，进一步要求国家和地方增加对生态农业建设的投入、推广生态农业技术；1994年国务院批准由农业部、原国家计委、国家科委、财政部、水利部、林业部、国家环保局等七个部委提出的“关于发展生态农业的报告”，要求省、地、县各级政府因地制宜地积极开展生态农业试点，把推广生态农业、保护生态环境列入重要议事日程。为了促进生态农业的发展，中共中央和国务院多次强调“大力发展生态农业，保护农业生态环境”，并将其纳入国家建设发展计划，在《中华人民共和国国民经济和社会发展九五计划和2010年远景目标纲要》《中国环境与发展十大对策》《中国

21世纪议程》中，我国政府把发展生态农业作为一个重要的方面进行了阐述。2004年3月5日，在第十届全国人民代表大会上，时任总理温家宝指出要“推进农业和农村经济结构战略性调整”，就必须“大力发展优质、高产、高效、生态、安全农业，提高农产品的质量和竞争力”。2004年3月10日，在中央人口资源座谈会上，时任总书记胡锦涛在用科学的发展观对待我国人口资源环境工作中面临的诸多问题与挑战进行阐述时，要求“发展生态农业，整治农村环境，切实解决农业和农村面源污染问题”。新华社公布的《中共中央关于制定国民经济和社会发展第十三个五年规划的建议》中提出，“坚持绿色发展，着力改善生态环境”。《全国农业可持续发展规划（2015—2030年）》提出“治理环境污染，改善农业农村环境”的重点任务。

（6）我国生态农业是综合环境科学的重要内容

我国生态农业不仅研究农业生产，同时也研究生态环境保护和改善。因此，它既是农业科学也是环境科学。我国生态农业的发展引起了其他产业的生态化，使环境保护进入一个新时代，即从生产末端“三废”污染治理跃入生产全过程的废物控制而达到无（少）废物的清洁生产，而且促使环境科学成为各行业生产发展所必要的内容，环境保护不再是生产的额外负担，而变为发展生产的一种内在需要，从而改变以往环境保护的被动局面。因此，生态农业以及其他产业的生态化便是综合环境科学研究不可缺少的重要内容。

3. 生态农业的定义和特征

在1979年马世骏提出的生态工程定义的基础上，1987年他进一步阐述了农业生态工程的定义：“将生态工程原理应用于农业建设，即形成农业生态工程，也就是实现农业生态化的生态农业。可以认为，农业生态工程就是有效地运用生态系统中各生物种充分利用空间和资源的生物群落共生原理，多种成分相互协调和促进的功能原理，以及物质和能量多层次多途径利用和转化的原理，从而建立能合理利用自然资源、保持生态稳定和持续高效功能的农业生态系统”。他进一步指出：“农业生态工程是以社会、经济、生态三效益为指标，应用生态系统的整体协调、循环再生原理，结合系统工程方法设计的综合农业生产体系，在性质上属于社会-经济-自然复合生态系统的一个类型”。其内涵和本质如下。

（1）生态农业强调农业的生态本质

它要求人们在发展农业生产过程中尊重生态经济规律，协调生产、发展与生态环境之间的关系，保持生态，培植资源，防治污染，提供清洁产品和优美环境，把农业发展建立在健全的“绿色生产”的生态基础之上，寻求发展经济与保护环境、资源开发与可持续利用相协调的切入点。

（2）生态农业是可持续经营系统

生态农业系统强调生产系统的良性循环，强调系统功能的稳定性、持续性。因此，要求在结构设计上，体现多层次、多产业复合；在效益设计上，体现生态效益、经济效益和社会效益并重，同时，有利于充分发挥自然生产潜力，有利于培植资源。

（3）生态农业是技术集成型产业

生态农业是生态化和科学化的有机统一。依靠科技进步，有机结合传统农业技术的精华和现代科学技术，吸取一切能够发展农业生产的新技术和新方法，提高太阳能的利用率、生物能的转化率和废弃物的再循环率，以提高农业生态经济生产力和农业综合生产力，实现高效的生态良性循环和经济良性循环。高新农业综合技术包括现代种植技术（如生物技术、绿色无公害生产、产品的定向培育、土地资源的多层次合理利用、时空演替合理配置、良性循环多级利用技术）、现代养殖技术（如精确补饲饲养、免疫、特色养殖）、现代加工技术（洁净化处理、商品定型、贮藏与保鲜等）。这些技术是维系生态农业产业健康发展的基础。

（4）生态农业是以多资源利用为基础的综合农业

生态农业建设应当充分利用土地、生物、技术、信息、时间等资源，将农、林、牧、副、渔、加、商等诸业有机结合，建立健康有序的、多层次的、系统而持续高效的生产生态系统。

（5）生态农业是产业化经营体系

把农业生态生产系统的运行切实转移到良性的生态循环和经济循环的轨道上，同时以生态建设为基础，以市场为导向，以产业经营技术为支撑，促进形成农、工、商、贸一体化产业经营系统是生态农业体现持续高效的顶级模式。这一点，前人的研究似乎强调不够。

（6）生态农业具有明显的区域特色

即综合地貌不同、市场优势不同，都要求生态农业在内部结构设计上突出重点，建立与其环境相宜的合理化良性生产系统，其设计模式具有多样性、层次性、区域性，即体现共性和个性的统一。

（7）生态农业是大尺度的农业生产系统

生态建设应当贯穿于综合农业生产的全过程和全时期。农业发展必须强调大的农业环境的配套建设。以前全国实践的诸多典型生态农业模式在局部范围体现了局部效益的整合，建立了微生态生产系统，着实为大尺度生态农业系统的建立和经营提供了宝贵的技术财富，但它不能作为区域经济决策的重要参考。因此，其效益自然也是狭义的。所以对生态农业要求全面规划、相互协调，发展大尺度整体农业。生态农业要考虑系统内全部资源的合理利用，对人力资源、土地资源、生物资源和其他自然资源等，进行全面规划，统筹兼顾，合理布局，并不断优化其结构，使其相互协调，协同发展，从而提高系统的整体功能。

生态农业与传统农业的不同，其主要特点表现在如下几个方面。

（1）整体性

生态农业是整体性的农业，它的结构十分复杂，具有层次多、目标多、联系多的特点，构成复杂的立体网络。它按生态规律要求进行调控，把农、林、牧、副、渔、工、商、运输等各行业组成综合经营体系整体发展。

（2）层次性

生态农业有多级亚系统，如以户为单位的家庭生态农业、以村为单位的村生态农业、以县为单位的县域生态农业。各个亚系统在功能上有差别，有的从事粮食生产，有的从事蔬菜、水果、林木生产，也有的亚系统是综合性的。所有这些都为人类的食物生产开辟了多种途径，可通过横向联系，组成一个综合经营体。

（3）区域性

生态农业具有明显的区域性，因此必须树立因地制宜的观点，发挥地区优势。

（4）调控性

生态农业的调控措施主要有四条途径：第一，充分利用自然条件，如充分利用光能、热能，合理利用水、土资源等；第二，变不利因素为有利因素，如治理“三废”过程中农业的合理布局；第三，改造生态环节，如造林、治山、治水应用生物措施等；第四，把自然调控和人工调控结合起来，有效地保护和改善自然环境，促进农业发展。

（5）建设性

生态农业是一种建设性农业，重视统一规划，并注意运用现代新技术、新成果，努力完成发展生产和改善环境的双重任务，以利于建设生态、繁荣经济、美化环境。因此，生态农业能够把经济效益、生态效益、社会效益统一起来，在良性的轨道上持续发展。

4. 生态农业的基本原理

生态农业一词最初是美国土壤学家 W. Albreche 于 1970 年提出的，1981 年英国农学家 M. Worthington 将生态农业明确定义为："生态上能自我维持、低输入，经济上有生命力，在环境、伦理和审美方面可接受的小型农业"。这种以克服石油农业所带来的危机的各种替代农业，实际上都源于生态学思想，其中心思想是企图将农业建立在生态学基础上而不是化学基础上，但西方替代农业出现了一些片面遏制化学物质投入的极端做法。

我国的生态农业并不是出于发达国家生态农业的引入，而有其深厚、古老的农业传统背景与基础，可以说我国生态农业具有悠久的历史，有其一定的发生、发展过程，我国的生态农业是遵循自然规律和经济规律，以生态学、生态经济学原理为指导，以生态效益、经济效益、社会效益的协调统一为目标，运用系统工程方法和现代科学技术建立的具有生态与经济良性循环持续发展的多层次、多结构、多功能的综合农业生产体系。应当说，真正的、比较完整的生态农业理论与技术是在我国，而不是在西方。

我国生态农业最基本原理正如马世骏教授所精辟概括的整体、协调、循环、再生。具体有下列几项原理。

(1) 复合生态系统原理

农业生态系统是半人工生态系统。该系统中经济系统起主导作用。农业生产直接与自然进行交换，它的主要生产对象首先是可再生的自然资源，因此，生态系统的作用是基础。人们为了发展自身通过社会系统组织经济系统的运动，影响、强化生态系统的运行，经过反馈，最终保证了社会经济系统自身的发展。这一特点要求在设计和组织与环境保护相协调的农业生产时，要对经济规律和自然规律的作用并重，单纯依赖各种单项自然科学技术难以实现农业持续发展，只有制定正确的决策并与社会科学的交叉组合才有可能。

(2) 充分合理利用自然资源与结构合理性原则

农业生产与工业生产的区别在于它首先通过动物、植物及微生物等生命体与周围环境(光、热、水、土等)之间进行物质与能量交换过程，依靠其自身生长、发育机能来完成。因此，它必然首先是一个生态过程，即生物生命活动与外界环境之间的物质、能量变换过程，也就是开发自然资源的过程。提高农业生态经济系统的功能，促进农业的持续发展，要"针对资源特点选择模型，要不断调整、优化系统的结构，以提高其效率(功能)，使资源转化出更多、更好的产品"。

(3) 整体协调再生循环的原理

整体协调再生循环，分别反映了系统生态学的方法论、认识论、技术体系和动力学机制。只有从整体上把握系统动态，才能实现系统的合理调控；协调的实质是综合，是协调生物与环境或个体与整体之间的关系；再生是实现系统内的自组织、自调节；循环是该原理的核心，它体现了大自然得以生生不息、延续不止的生态动力学机理，体现了物质的循环、再生，信息的反馈、耦合。实践证明：只有通过循环的手段，才可能使农业生态系统中各子系统、各组分构造成一个协调再生的整体，通过改善生产环境与生态环境，获得高效与清洁生产的功能。农业生态工程中，良性循环主要体现在如下 3 个方面。

① 运用生态学原理及系统工程学方法组装生物措施与工程措施，对生态环境进行治理、立体种植与开发，在增强农业系统生产力的同时，使农、林、牧等产业优化组合，构成资源增值与开发同步的农林牧复合系统，改变对自然资源的掠夺式经营状况，增强生态适应性及农业生态系统的自我维持与自组能力，实现生态良性循环，增强生态系统的稳定性与持

续性。

② 运用生态经济学原理，适应市场经济规律，依据当地资源优势组建种养加贮运销的农副产品及资源开发增值链，促进结构调整、劳动力转移，增强经济实力和经济的适应性，实现经济的良性循环，提高农业经济系统适应市场的能力，增强经济发展持续性。

③ 运用生态学食物链原理开发宏观与微观生产的物质良性循环、能量多级利用的再生资源高效利用技术，提高资源利用效率，实现物质流动的良性循环，增强可再生资源利用与环境容纳量的持续性。

5. 生态农业的基本类型

我国的生态农业有鲜明的地方特色，由于我国地域辽阔，自然条件复杂多样，不同地域特色发展了不同技术特点的生态农业模式，主要有如下几种。

（1）立体种养技术

立体种养技术是根据物种间对资源利用的互补特性，利用了生物间生态位的差异，从而提高了整体对资源的利用率。应用光合作用原理，通过选择高光效作物、高矮搭配、层次嵌合、时序交叉等措施，可以增加单位耕地面积上的光合面积，延长光合时间，从而提高光合效率；利用物质循环转化原理，在农业生产过程中引入各种动物、微生物和加工环节，以提高绿色植物生产的有机物利用率，变废为宝，多级利用；利用生物互补原理作为合理安排不同物种的理论依据；利用气候生态学原理对于在丘陵山区立体综合开发如何利用梯度气候资源建立不同的耕作制度，具有很好的指导作用；利用生态位原理可以帮助我们合理地安排农业生物的空间、时间、营养和年龄结构，从而获得最大的整体生产力；利用耗散结构原理作为我们正确处理好投入与产出以及充分发挥立体农业系统的协同性和有序性的根据。

（2）物质循环型

这是一种按照生态系统内能量流动和物质循环规律而设计的一种良性循环的生态农业系统。如前所述，在该系统中，一个生产环节的产出（如废弃物排出）是另一个生产环节的投入，使得系统中的各种废弃物在生产过程中得到再次、多次和循环地利用，从而获得更高的资源利用率，并有效地防止了废弃物对农村环境的污染。

（3）生态环境综合治理型

采用生物措施和工程措施相结合的方法来综合治理诸如水土流失、草原退化、沙漠化、盐碱化等生态环境恶化区域，通过植树造林、改良土壤、兴修水利、农田基本建设等，并配合模拟自然顶级群落的方式，实行乔、灌、草结合，建立多层次、多年生、多品种的复合群落生物措施，是生物措施与工程技术的综合运用。

（4）病虫害防止型

利用生物防治技术，选用抗病虫害品种，保护天敌，利用生物以虫或菌来防止病虫害，选择高效、低毒、低残留农药，改进施药技术等，保证农作物优质、高效、安全。

（5）农林牧复合型

以先进适用的农业技术为基础，以保护和改善农业生态环境为核心，强化农田基本建设，提高单产。选择适地树种，引进优良种品，提高成活率，扩大森林覆盖率。制止开垦草原，合理利用草场资源，区划轮牧。种草要采取飞播、封育与人工营造相结合，乔、灌、草相结合，建立防风固沙带网，创建农牧林复合经营生产模式，增进生态效益、经济效益和社会效益。

（6）资源开发型

这类模式主要分布在山区及沿海滩涂和平原水网地区的滩涂，这些地区农业发展的潜力较大，有大量的自然资源未得到充分开发或很好地利用，阻碍了经济的发展，通过因地制宜、全面规划、综合开发，改造荒山、荒坡、荒滩、荒水，实行资源开发与环境治理相结合，治山与治穷相结合，全面促进环境建设、生产建设和经济建设。

（7）综合发展与全面建设型

此类系统是在一定的区域内，在全面规划的基础上，以结构调整为突破口，综合发展农、林、牧、副、渔、工、贸，带动山、水、林、田、路、渠的全面建设，并采取配套措施，实行优化的系统调控，使经济发展与生态建设在较高层次上达到良性循环。

6. 生态农业建设技术

（1）生态农业技术构成

由于农业生态工程往往是面对一个区域范围内，以第一性生产为主要内容的工程设计，在我国众多的区域生态农业建设的农业生态工程技术，主要在三个层次上进行。首先是通过农村生态系统诊断与规划，依据当地自然资源潜力与环境条件，从战略决策的层次上确定该区域农产品开发与资源、环境保护相协调的发展方向；其次是选择克服障碍因子，实现良性循环的工程，设计最佳生产方式；第三是优选最适宜当地条件，强化该系统内生物多样与环境保护的高效高产技术，通过系统组装、实施与工程建设，达到在大系统优化的基础上，建立一个生态与经济良性循环的生态经济系统，形成一个环状结构。它是通过农业生态系统内部结构的进一步完善和有效调控来实现的。其中包括耕作方式与种植制度的调控，选择相应的育种及其他生物技术以适应自然环境变化趋势；利用生态位共享的原理设计高效可行的间作、套种、混播，多层种植、立体养殖生物群落；利用共生相克的生物补偿原理，调整益害生物种群结构比例，发展生物防治技术，减轻环境污染；利用物质与能量在农业系统中多层次转化，多途径利用，重建优化的食物链网。总之，我国农业生态工程的技术构成主要体现在3个方面：a. 发扬传统农业技术精华并通过与现代农业技术有机结合，实现资源可持续利用的高效生产；b. 依靠现代农业技术及系统工程方法，因地制宜地引进并优化组装，当前在注重其先进性的同时，更要重视其适用性、技术间的协调性和总效果（即经济效益、生态效益、社会效益）的协同性；c. 开发资源再生、高效利用及无（少）废弃物生产的接口技术，用以促进农业生态经济系统的良性循环。这是当前农业生态工程研究的重点。通过这些接口技术，将系统内各组分衔接成良性循环的整体，加快系统内的物质循环流动，能量的多级传递，提高生态系统的自我调节与自组能力的同时，形成一个产投比高的开放经济系统。农业生态系统各组分的“套接”是实现良性循环与协调发展的关键，只有在定量化的基础上才能实现。因此，农业生态工程具有“软”“硬”技术结合，系统性、效益综合性与工程性的特征。它在理论上和技术上的深入研究与实践应用，对我国面向21世纪可持续发展战略的实施与推进，将起到极为重要的作用。

（2）建设生态农业的程序

从生态农业建设的时间顺序讲，建设生态农业的程序如下。

第一步，确定系统边界，进行系统调查。也就是明确进行生态农业建设的地理位置、行政范围，如是建设一个村、一个场，还是一个乡、一个县或一个流域等。在明确边界后，组织人员要对系统内生产、生态、环境、资源等现状进行详细调查，掌握系统内物质、能量循环方式及途径的第一手资料。

第二步，依据社会主义市场经济的要求，综合研究系统内的自然资源、社会资源情况，找出系统发展的障碍因素，制定发展目标。

第三步，在系统综合分析研究的基础上，制定中长期发展规划和年度实施计划。制定规划的方法应确定三大效益的建设目标、建设方案、保证实施的措施。建设方案的选定，要经过科学计算、专家论证、多方案优选等程序。规划制定后还应采取一定的形式，使其具有约束力，保证规划实施的连续性。

第四步，规划方案组织落实。在落实规划时，应从试点开始，分步实施。

第五步，进行动态评价，及时合理调整规划。在实施过程中每建设一步都应及时调查、评价，发现问题及时调整、更新技术措施，争取实现更好的目标。

（3）生态农业建设的技术原则

从生态农业建设所采取技术措施的横向关系看，主要技术原则如下。

① 农业生产与生态统一原则，从农业生产角度出发，要求生产力发展，取得好的经济效益；从生产角度出发，要求在进行农业生产活动中，采取措施，保证生态平衡及能、物流协调，资源得以合理利用、更新和增值，实现良性循环。也就是坚持生产要发展，生态要改善，生态与生产统一的技术原则。

② 从结构调整入手，功能优化着眼，提高系统生产力，以改善生态环境为目标的技术原则。进行生态农业建设的中心是调整系统结构，改善结构组成部分，改善和拓宽食物链，促进系统协调。在系统结构优化的基础上实现生产力提高，系统相对稳定，生产技术发展，能、物流良性循环。

③ 按照生态与经济位势的理论，进行农业生态系统生产链的组配与布局。人们的每一项农业生产活动都有它的生态、经济位势问题（对生态的正负影响及大小，经济效益的高低位次等），如何进行合理地组织匹配，实现生态与经济相辅相成、相得益彰，组成农业生态系统的生产链，这是进行生态农业建设的关键。

（4）生态农业的建设技术

在生态农业建设中经常采用一些建设技术，一般可分为平面建设技术、立体建设技术、时间序列建设技术、食物链建设技术和加工链建设技术。

1）平面建设技术　土地平面空间是进行农业生产的重要基础之一。平面建设技术就是在一定的区域内，根据各种不同的自然环境和社会条件，把农业生物各种群按一定比例安排好，使这种安排既符合自然生态环境特点，各种群都能“各得其所”产生最大的生物产量，又能保证环境质量和社会的需求。我们经常讲的调整农业结构，其实在很大程度上就是调整农业生物种群的平面布局。调整得好，就可以产生巨大的生态效益和经济效益。如种植棉花多少亩，种植果树多少亩，种植牧草多少亩，林木多少亩等。平面建设一般采取“适应、利用、改造相结合，以适应利用为主的方法”。适应、利用、改造既是对农业生物而言，也是对环境而言。在适应利用还不能达到人们目的的时候，就要采取改造的手段，如土地开发、梯田建设等就是对土地进行改造。对生物种群的改造主要是培育良种，以改造农业生物的适应性和经济性，以达到农业生物与环境的最佳组合。生态农业是大农业的概念，因此，生态农业平面建设技术也是拓展到全部国土资源和农业生物利用和改造的技术，使各种农业生物种群各得其所，使全部国土合理利用为人类生产出丰富的农产品。

2）立体建设技术　生态农业的立体建设技术是解决土地资源短缺，在有限的平面资源上生产出更多农产品的一项重要技术。一类生物适宜在一定的生态位下生长发育，同时又可生成另一新的生态位，生物间存在互利共生或相互拮抗等作用。立体建设技术就是根据生物与环境的相互作用原理，模拟自然生态群体加以人工改造而进行。立体建设技术可分为陆地、水体两大部分。陆地又可分为地面上、地面下两部分；在同一水体混养青、草、鲢、鳙四大家鱼，就是依据青鱼底栖，以螺蛳河蚌为食，草鱼属中下层，以草为食，鲢、鳙鱼生活在上层，以浮游生物为食的习性。在同一水体混养各得其所，互不妨碍，而草鱼食草后的鱼粪、食物残屑可使水体中浮游生物大量繁殖，为鲢鱼提供充足的饵料，同时也因浮游生物的光合作用，增加水中溶解氧的浓度，从而形成一个高效的结构类型，一亩水面可产生几亩水面的效益，就是水体立体建设技术的一种。陆地的立体建设是指使农业生物地上部分的干(茎)、枝、叶分布合理，叶面积系数值最大，从而使复合群体最大限度地利用光、气、热、水的技术措施。多层次分布的冠层不仅可充分利用农业资源，还可保护大地，防止土地侵蚀，对农业资源起保护作用。地下立体建设是利用不同种群根系分布特点，合理搭配，从而最大限度地利用不同层次的土壤养分、水分，增加物质、能量的利用率。如林粮间作、乔灌草结合等形式，都是较好的立体建设模式。

3）时间序列建设技术　农业生态系统中，农业生物群体的生长、发育受自身特性和人的支配，农业生物机能节律与环境节律不能十分和谐，造成了农业生物对自然资源利用不充分，影响了系统的生产力发挥。如某省中北部地区的冬小麦、春玉米，种两茬时间不够，种一茬存在着一个较长的生物群落空白期，造成了光、热等自然资源的浪费，还有冬季大田作物停止生长，光热资源被浪费。时间序列建设技术就是尽量多地利用自然资源，减少自然资源的浪费。常用的技术如下。

① 种群嵌合型：就是将两个或多个农业生物种群按其生育特点套嵌在一起，实现同一面积上、较长时间内保持较大的生物群落，多次产出产品。如上述某省中北部采用小麦、玉米带状种植，变一熟为两熟，实现了高产出。

② 种群密结型：就是把种群的幼龄阶段，用较小的面积集中培育，等长到一定程度后再分散栽种，使农业生物群落占用时间资源减少，增加产出，如水稻、树苗、菜秧的集中培育都属于此类。

③ 设施型：就是利用人工设施改变1～2个限制因子，使生物种群生长时间延长，转化较多的自然资源，如近年来普及的日光温室大棚、地膜覆盖温室养殖、鸡舍利用灯光延长光照时间等都属这类技术。

4）食物链建设技术　生态系统中绿色植物被草食动物所食，草食动物为肉食动物所食，小型肉食动物又被大型肉食动物所食，这种吃与被吃的关系，称作食物链。由于自然界生物种群的复杂性，往往吃与被吃的关系错综复杂，形成一个网状，称作食物链网。在农业生态系统中这种食物链网也是存在的，但往往是原始的，对人不一定有用。生态农业建设技术，就是合理利用自然界的这种规律，在原有的系统中加入新的营养级，人为建造各种新的食物链环产出人们所需的农产品，增加系统的产出。常用的技术有生产环、增益环、减耗环、复合环四种。生产环是新增的营养级，可以利用非经济产品（或加入部分经济产品）直接生产出经济产品，如用棉籽皮养菇、秸秆养畜等。增益环是指新增的营养级，虽不能直接生产出目前人们能直接利用的经济产品，但它可大量增加其他链环的效益。如利用粪便养殖蚯蚓和蝇蛆，可大大增加养鸡的效益，变鸡不能食用的粪便为鸡可食的高蛋白饲料。减耗环是指新增加的营养级，虽不能生产出经济产品，但可减少经济产品的耗损。如害虫危害农作物，使农作物减产，引入害虫的天敌，减少害虫对农作物的危害，以增加农业产量。复合环是指新引入的食物链环具有两种以上效益的类型，如稻田养鱼、棉田养鸡，不仅可减轻稻田草害、棉田虫害，还可生产出鱼蛋等产品。

5）加工链建设技术　随着社会的发展，社会分工、区域分工越来越重要，为增加系统的有效输出，增加经济效益，进行深加工是优化系统结构的重要一环；当然，这并不是要求小而全，什么都是自成系统，而是要根据规模效益的要求，依据资源的最佳配置而进行深加工开发建设的。因此，也可称之为生态农业加工链建设技术。加工链是指对某种农畜产品进行多层次加工，不断增加产值的过程。如小麦产区，对小麦加工成面粉和麸皮两部分，面粉再加工成方便面食品或更精的食品，麸皮可加工成兽药等高级产品，经过这一链式加工，产值往往可翻几番。当前强调发展龙型经济，其实质是以一业为主，多种经营，产生规模效益形成链式生产的模式。

当然生态农业模式有其地域性，一个地区可能用到一项、两项或多项技术，或用其一部分，不能生搬硬套，应该结合当地实际进行创造性地建设。

7. 生态农业建设标准

生态农业标准化体系由管理标准、技术标准和产品标准三部分组成。

（1）生态农业的管理标准

生态农业建设是政府组织的多部门、多行业协调作战的有序行为，其管理机制的建立和完善势必加速生态农业建设进程。生态农业主要包括组织、目标、规划、评价、验收等管理标准。

1）生态农业建设管理规范　包括组织、技术、目标三大管理体系。第一，组织管理，建立管理机构，明确管理层次，制定管理内容，划清职责分工。第二，技术合理，管理生态农业建设总体规划的背景调查、规划制定和论证；制定生态农业建设的生物技术和工程技术实施方案并监督实施；建立实施生态农业技术的数据库，完善技术档案的有序科学管埋。第三，目标管理，按区域、分层次、依目标进行规范管理，包括目标的制定、分段验收、综合评价等内容。

2）生态农业试验示范区建设技术规范　包括生态农业试验示范区建设的选择、实施、评价与验收三大内容。a. 生态农业试验示范区的选择：明确试验示范的边界，考虑区域代表性、工作基础条件、资源和生态环境现状、社会经济发展状况；编制试验示范区生态农业建设规划并通过逐级论证。b. 生态农业技术的实施：制定生态农业试验示范区建设的战略措施；发挥资源优势，选准开发项目；划分生态区，推广与之相适应的生态农业经营模式与技术；有针对性地设置环境设施工程和转化增值工程。c. 生态农业试验示范区建设成果评价与验收：遵循生态学、生态经济学原理，根据当地自然经济发展现状和战略目标科学制定评价指标树；通过小区试验和大面积示范制定各单项指标标准；按照规定验收程序和方法进行示范区建设验收。

（2）生态农业的技术标准

生态农业技术是一项先进的组装技术，其技术标准众多，构成了庞大的技术标准系列，其中有推荐性标准，也有强制性标准，除部分可以沿用现有的农业标准外，更多的需要重新制定。

生态农业技术标准大致可归纳为环境要素、生态农业模式、生态技术、加工增值四大类标准。

1）环境要素标准类　包括生态区域的环境要素标准（如农田灌溉水质标准、渔业水质标准、土壤环境质量标准、大气环境质量标准、城镇垃圾农田控制标准等）、环境检测技术规范、水土保持技术规范、土壤平衡配套施肥技术规范等。

2）生态农业模式标准类　包括众多模式的生产技术规范和模式的评价验收标准等。如已颁布的：利用棉田套种箭杆白、雪里蕻栽培技术规程，鄂东北地膜花生配套晚杂生产技术规程，棉菜多熟综合技术规范，小麦、西瓜、棉花三熟高产、优质、高效综合栽培技术规程，但更多的立体种养结合模式的生产操作规程有待制定，众多模式的评价、验收标准到目前基本还是空白，亟待组织制标。

3）生态技术标准类　包括生态优化的植保技术、生物物质多层次利用技术和农业生态系统环境净化的操作规范标准，如某省已对大米、茶叶、蔬菜、水果等农产品无公害生产的制标工作进行了初步探索，并出台了技术操作规程的试行稿。

4）加工增值标准类　随着生态农业建设的深入和技术水平的提高，此类制标工作需抓紧进行，以加速生态农业三大效益协调发展的进程。

（3）生态农业的产品标准

生态农业建设的最终目的是在维护生态平衡和改善生态环境的前提下获得人类需要的优质产品和高利润，所以生态农副产品标准是继生态农业管理标准、技术标准制标、贯标的最佳检验。生态农业产品标准是生态农业建设标准化体系的终结标准，也是农产品质量和商品化的直接依据。它包括产品质量品质和卫生标准以及农产品的加工、包装、储藏、保鲜等标准。

8. 21世纪生态农业展望

我国生态农业自20世纪80年代初由环保、农业等部门组织开展试点及建设至今已取得了举世瞩目的成就，在单元规模上已由户、村、乡向着县级或区域发展方向转变；在覆盖范围上由点向面的方向转变；在思想认识上开始实现由科研示范向着企业化发展转变；在组织实施上由部门和群众自发性向各级人民政府组织推动方面转变。可以说，我国生态农业建设已经迈上了一个新的台阶，但是生态农业在我国的发展毕竟只有近30年的历史，生态农业示范面积只占全国耕地面积的7%左右，有关部门、有关领导对发展生态农业是一条农业可持续发展的道路还认识不足；对生态农业是实现经济、社会和生态三大效益统一的最佳模式的总结和宣传尚重视不够；发展生态农业还缺乏必要的法规和条例、优惠政策和保障体系，也缺乏相应配套技术的研究和开发，因而必须排除种种障碍，克服前进中存在的问题。同时，重视总体规划，统筹安排，进一步开展理论研究和高新技术应用，改善农村环境，走企业化道路，才能使生态农业健全、稳步和持续地发展，使之规模更大、效益更高、影响更加深远。

（1）生态农业建设需要总体规划和统筹安排

生态农业建设是一项系统工程，要进一步在党和政府统一领导下，组织各部门、多学科，运用现代农业技术、生态学、系统工程等知识和先进技术手段，遵循自然规律和经济规律，因地制宜地结合“十三五规划”、《全国农业可持续发展规划（2015—2030年）》，制订出总体规划，把发展生态农业作为我国21世纪农业发展的方向。

（2）生态农业理论和实践将进一步深化和发展

多年来生态农业研究主要是从实践中总结群众经验，自发形成该地区行之有效的模式。随着试点规模的扩大，对各类试点的建设需要理论的指导才能得以进一步的发展，而实际上理论远远落后于需求，而已有的类型和模式也需要在理论上加以概括和升华，其研究内容包括定义的科学表述、指标和评价方法的完善、规划设计的定型化、各种模型的优选化以及生态农业基本理论体系的建立等。

（3）生态农业需要进一步应用现代高新技术

生态农业是建立在高产优质、高效低耗和无污染基础上的农业产品，而要实现这个目标就必须更多地利用现代高新技术才能实现，否则不能持续发展。例如：种植、养殖中的良种培育技术、无土栽培技术、合理施肥和有机肥处理技术、生物农药开发技术、节水工程技术、提高光能利用率技术、渔业养殖技术；农业生物技术中的生物遗传工程、酶工程、生物降解、微生物利用、动物基因疫菌等以及再生能源工程、废弃物资源化工程、害虫综合防治、生物活性肥料等环保生态工程技术。这些高新技术的应用，将更大地促进生态农业的发展。

（4）生态农业要有整体环境观念

生态农业着眼于保护生态环境，维持地球的生命支持体系，避免走先污染后治理的老路，通过丰收计划、星火计划、保护农业生态环境活动，向广大农民和干部传播生态农业知识，造成一个良好的“社会生态环境”。

（5）生态农业发展要有长久观念和计划

生态农业是长远之策，非权宜之计，需全面规划，合理组织，逐步实施，不因人员变更而使计划搁浅，良性循环变成“肠梗阻”。因此，应由人大立法，政府实施。生态农业是发展的，组成它的各种学科、各项技术都在发展与进步，科技投入也在继续增长，生物肥料、生物农药、会光解草纤维薄膜、生物工程等大量介入。我们需要不断实践，加强研究，探求合理科技组合，正确系统投入和工作上的革新与创造，永远不会停止在一个水平上。

（6）生态农业的发展将推动农村环境综合整治的进程

我国农村经济中单一传统的农业向工业化过渡期间，乡镇工业的崛起对推动农村的经济建设和经济发展起了重要作用，它的产生加剧了农村工业化的进程，但也带来了不可忽视的农村环境污染问题，而生态农业强调恢复绿色植被、改善土壤肥力、物质循环再利用、废物再生资源化、自然资源的合理利用，它在很大程度上控制了农业自身的污染及乡镇工业带来的环境污染，起着保护和维持农村环境质量的重要作用。而乡镇工业发展有了一定资金，又促进了生态农业技术的发展，二者之间相互依赖、相互促进，使整个农村环境综合整治有了坚实的基础。生态农业建设在取得经济、生态、社会三大效益的同时，必将加速整个农村和小城镇生态建设的步伐。

（7）迎接21世纪生态农业的革新

前面所述生态农业是一种高产优质高效低耗的无污染农业产品，要把农业产品变成商品农业，把生态农业的无污染绿色产品的优势转变为产品优势和经济优势，必须按不同的农业产品实行贸工农一体化，产加销一条龙经营，把它推向农业产业化。产业化是解决农业生产规模较小与提高农业劳动生产率矛盾的必然选择，也是解决市场经济发展要求与农民对市场调节不适应矛盾的必然选择，是现代化农业规模经营的一种重要形式。农业规模经营需要与技术集约型相结合，规模扩大，投入也要相应增加，而大量的资金集约不易做到，科技投入可以弥补资金的不足，因此依靠科技进行规模式的集约经营是根本的方向和出路。同时，与此相适应的还要建立多元化的生态农业和科技投入体系、科技创新体系以及符合市场经济需要的新的运行机制，包括科技推广和科技服务体系。

在高科技的指导下，21世纪有机农业、精确农业、海水农业、观光农业等将大放异彩，而具有中国特色的可持续生态农业将在实践中被再一次确认，且它将进入一个新的发展阶段，21世纪将是生态世纪、生态文明的新纪元。

二、农村环境保护

1. 农村发展中的环境问题

十一届三中全会以来，我国乡镇企业发展迅速，农村经济得到了快速发展。截至2010年年底，全国乡镇企业已达到2742.5万家，总产值46.47万亿元；但是随之也带来不少环境问题，如全国农药、化肥产量分别达到2.34×10^6t和6.6×10^7t，我国拥有农药企业1819家，农药产量已占世界农药产量的1/3以上。一方面，农药与化肥的应用对减少农业病、虫、草、鼠害，促进农业稳产高产发挥了重要的作用。据有关部门统计，农药每年可为我国挽回15%农作物产量损失，其中挽回粮食损失4.1×10^{10}kg，蔬菜损失8×10^9kg，减少经济损失300多亿元，带来巨大的经济效益。另一方面，伴随着乡镇企业畜禽养殖业的迅速发展和农药、化肥的大量不合理使用，使我国农村环境的污染与破坏程度进一步加剧，残留的农药随着地表径流进入地下水和河水，最终进入饮用水源，从而影响人类健康，并有可能导致大面积鸟类和其他生物的中毒死亡。农村中环境问题主要表现在以下几个方面。

(1) 乡镇企业导致的污染增长较快

乡镇企业的快速发展增加了农民的收入，改善了农民的生活，解决了农村剩余劳动力的就业，有力地支援了农业生产。但乡镇企业迅速发展的同时，也带来了严重的环境污染和生态破坏。乡镇企业对环境的污染和生态的破坏是我国环境质量总体恶化的重要原因之一。2000年全国工业固体废物排放量为3.186×10^7t，其中乡镇工业的排放量为2.146×10^7t，占排放总量的67.3%；全国废水排放总量4.15×10^{10}t，废水中COD排放量1.445×10^7t，乡镇工业废水排放量4.11×10^9t，占工业废水排放总量的21.2%，废水中COD排放量7.045×10^6t，占COD排放总量的48.8%；全国工业烟尘排放量9.533×10^6t，乡镇工业排放量为4.362×10^6t，占排放总量的45.8%；全国工业粉尘排放量1.092×10^7t，其中乡镇工业排放量为6.878×10^6t，占排放总量的63%。

据2006年公布的《全国乡镇工业污染源调查公报》显示，2005年全国乡镇工业“三废”排放量达到了工业企业“三废”排放量的1/4～1/3，一些主要污染物排放量已经接近或超过工业企业的1/2以上。特别小造纸、小水泥、小煤矿、小矿山对农村水域、大气、耕地的污染破坏已经十分突出。伴随着乡镇企业的迅速发展，乡镇工业对农村环境的污染和生态破坏影响也日益严重，形成了我国特有的农村环境问题。

(2) 生活垃圾污染农村环境

我国生活垃圾的数量巨大，7.7亿城镇人口按每人每天产生1kg计算，6亿农村人口按每人每天产生0.5kg计算，全国每天共产生生活垃圾1.07×10^6t，全年达约3.9×10^8t。由于生活垃圾利用率极低，大部分露天堆放，不仅占去了大片可耕地，还会传播疾病、污染环境。特别是现在的城市垃圾成分中塑料、包装纸、玻璃和金属物质等污染物占有越来越大的比重，其对城郊农田理化性质所造成的影响和污染更为严重和深刻。目前我国已有2/3的城市陷入垃圾的包围之中，大量生活垃圾的产生和在农村的堆积，加剧了农村生态环境的恶化。

(3) 传统农业中农药和化肥的不合理使用

合理科学地使用农药可提高农作物的产量，但过量使用或使用不当甚至滥用，则会对人类生活和生态环境造成不利的影响和严重破坏。1991年，中国农药年施用量达到2.5×10^5t，跃居世界第二位，1995年达到1.09×10^6t，2002年更是超过1.3×10^6t，2005年达到1.46×10^6t，且高毒、高残留的种类占相当大的比例。1983年以前，六六六、DDT等高残留有机氯农药在我国大面积广泛使用，中华人民共和国成立以来总使用量分别达到400多万吨与50多万吨，导致了许多地区土壤、水体、粮食作物与生态环境的严重污染，即使禁用后的十多年，个别地区仍然出现残留超标的情况。有机氯农药禁用后，替代品种甲胺磷、氨基甲酸酪类杀虫剂和磺酰胺类除草剂的使用又出现了新的环境污染问题。

2005年4月，农业部组织质检机构对我国37个城市蔬菜农药残留状况进行检测，结果表明：52种蔬菜3845个样品中，农药残留超标样品318个，超标率8.3%。2010年1月，海南豇豆在武汉白沙洲农副产品市场连续3次被检测出含有禁用农药水胺硫磷。随后在武汉、上海、郑州、合肥、杭州、广州等11个城市检测出海南豇豆农药残留超标。农药残留不仅使农产品直接受到污染，还会通过各种可能的途径危及农产品品质安全、人畜安全与破坏生态环境。赵玲等研究认为，农产品对农药残留具有较强的吸收和富集能力，如对六六六、DDT有机氯等农药，所形成的农药残留不仅降低农产品的品质，而且由于土壤的作用长期影响着农产品的安全。阎文圣等测算，中国受农药污染的土壤面积占可耕地面积的6.39%，超过$6.67\times10^6 hm^2$。一些农药种类因难于分解而进入地表水体或地下水，造成水体污染。同时，盲目地大量施用农药，使农作物病虫的抗药性大幅度上升。以华北地区为例，由于长期大剂量地使用各种剧毒农药造成棉铃虫天敌丧失、抗药性倍增、加上棉铃虫种群结构变化以及连作等原因，造成棉铃虫连年大发生，棉花产量降低30%以上。

在化肥使用方面同样如此，有害有利。我国的化肥使用量逐年增加，化肥对农作物的增产作用不容置疑，但过量使用化肥将造成土壤物理性质恶化，土壤板结，肥力下降，肥效降低。肥效的降低反过来又促使用量的增长，使农产品成本增高，并造成对农产品及生态环境的进一步污染。一般来说，各种作物对肥料的平均利用率，氮为40%～50%、磷为10%～20%、钾为30%～40%。通常化肥施用量越高，流失到环境中的量也就越大。

目前，我国化肥的施用量已接近或超过发达国家的施用量。2000年我国化肥施用量高达$4.124\times10^7 t$，平均每公顷400kg以上，已超过发达国家为防止化肥对水体造成污染而设置的$255kg/hm^2$的安全上限，2014年我国的化肥用量更是高达$5.996\times10^7 t$。由于长期过量使用化肥，忽视甚至已完全不使用有机肥，加上长期掠夺式利用土地，使土壤中的矿物质、有机质、水分、微生物遭到破坏和丧失，土壤酸化，蚯蚓锐减，破坏土壤的团粒结构，造成土壤板结、坚硬，地力下降，农作物的产量和质量下降。数据表明，我国土壤有机质小于0.6%的耕地占全国总耕地面积的11%，中低产田占耕地总面积的比例由过去的60%上升到现在的80%。

（4）残留农膜致使耕地质量下降

使用农膜增产幅度大，经济效益显著，适用作物多，使农膜成为我国农业生产的三大支柱农用化学品之一。2005年，我国农膜使用量为$1.76\times10^6 t$，其中，地膜为$9.59\times10^5 t$。2014年，我国农膜使用量为2.58×10^6，其中地膜为$1.441\times10^6 t$。地膜覆盖面积1981年为$1.4\times10^4 hm^2$，1983年为$6.29\times10^5 hm^2$，1988年为$2.295\times10^6 hm^2$，1995年为$6.493\times10^6 hm^2$，2005年为$1.35^2\times10^7 hm^2$，2014年为$1.814\times10^7 hm^2$。目前我国农膜产量和覆盖面积均居世界首位。农膜在自然条件下难以分解，且废弃农膜可改变土壤的性状，并影响农作物的生长发育，给农业生产带来严重的“白色污染”问题。

（5）畜禽养殖业带来的污染问题

随着城乡人民生活水平的提高，人们对肉、奶、禽、蛋类的需求大增。20世纪80年代中期特别是1988年国家提出建设“菜篮子工程”以来，城乡畜牧业发展迅速，也使得畜禽粪便的产量大幅度增加。据推算，1988年全国畜禽粪便产量为$18.84\times10^8 t$，为当年工业固废量的3.4倍；1995年达$24.85\times10^8 t$，约为当年工业固体废物量的3.9倍。2003年全国禽畜粪便年产量超过2×

10^9 t，是工业废弃物的 2.7 倍，2005 年畜禽粪便产量是工业固体废弃物的 4 倍。由于畜禽粪便没有很好地处理和利用，带来了不少环境问题。此外，水产养殖业也对一些湖泊、水库和局部海域造成污染，有的地方甚至还相当严重，成为水体的主要污染来源之一。这种污染的来源主要是：鱼类粪便；饵料沉淀；为水生植物生长而播撒的各种肥料。

2. 农村环境问题原因分析

农村城镇化过程中所产生的环境污染与生态破坏，已成为小城镇发展中所面临的一个重要问题。其中虽然不乏诸多客观原因，但最主要的还是人为的原因，如环境保护目标被迫服从于经济发展指标、环境管理薄弱等。

许多小城镇几乎是“摊大饼”似地自然发展起来的，没有明确的环境保护目标，缺乏完善的环境规划，甚至连完善的城镇规划也没有，这给环境管理带来很大被动。即使事前有所考虑或“规划”的小城镇，环境管理也困难重重。

(1) 小城镇环境规划薄弱

进行小城镇环境规划是小城镇发展的必要手段。小城镇发展规律一般是“工业立，商业兴，交通运输带镇”。然而人们往往注意城镇化对经济发展的作用，却忽略了它对环境的作用。小城镇环境规划为妥善调整乡镇工业的结构和布局提供了可能，为乡镇工业环境管理提供了组建基层行政机构的依托。环境规划对乡镇工业污染治理与结构调整，对小城镇和农村可持续发展具有重大意义。为保证小城镇应有的环境质量，防止小城镇建设中出现环境保护工作的“先天不足”和“疑难病症”，影响经济和社会的发展，客观上要求制定小城镇环境规划，使城镇建设在规划指导下进行，促进城镇的经济发展和建设。尽管环境规划非常重要，但在实际中存在诸多问题。第一，在小城镇建设中存在着重数量，轻质量现象。我国小城镇在成长，数量在大幅增长，已由 1978 年的 2854 个增加到 2011 年的 19683 多个，但不乏许多小城镇是在“摊大饼”中自然发展起来的，缺乏总体规划和长远发展计划。还有一些小城镇是在所谓“开发”基础上自然形成的，对其工业发展、引进项目采取称为“先设笼子后引鸟”的措施。“规划”之时尚不知会来什么鸟、来多少鸟，如何做出可行的环境规划？一些发达地区的小城镇大办工业小区、商贸区，任其发展，结果是城市功能难以完善，各种基础设施和公用设施难以兴建。由于缺乏规划，造成城镇功能不健全，沿海一些城镇已经不得不回过头补课，但广大中部地区在重复东部的老路。第二，马路城镇严重。广东、江苏出现带状城镇，城镇沿马路、新的交通干线延伸，基础设施欠缺，造成环境污染非常严重。1997 年，我国已有 75.25%的镇（乡）完成了镇（乡）域总体规划编制，但其中大部分规划都没有将环境规划纳入其中，小城镇环境建设带有很大的随意性。城镇布局零乱，工业、居住、文化教育、商业交错分布；生活污水和垃圾的处理能力很低；没有考虑对于环境保护有利的能源结构；绿化工作只是作为城镇建设的一些点缀；某些工厂选址不合理，或靠近居住文化商业区，或位于城镇上风向，或位于城镇饮水源旁，而无“三废”治理措施，污染了小城镇环境，同时也危害居民健康。由于缺少长远宏观规划，小城镇的水、电、煤气、通信等基础设施建设不能相互协调，存在重复布局、二次工程的现象，造成了人力、财力的极大浪费，同时也严重破坏了小城镇的景观和环境。河南省新乡市辉县全县 26 个乡镇，都没有形成所谓的小城镇，都是在一个村子的基础上盖上一座两层楼就变成了乡镇政府所在地，发展过程中的主要问题是乡镇建设规划问题（包括乡镇建设的环境保护规划）。江苏省连云港市连云区小城镇虽然有村镇建设规划，但其中只有绿化内容涉及环境保护，没有生活污水集中处理、烟尘及噪声污染控制等内容。在对高邮市三垛镇的调查中发现，由于三垛镇形成较早，城镇布局散乱，加之长期管理不严，各单位见缝插针、乱拆乱建。全镇区还有几家规模较大的工业企业设在镇中心区，“三废”污染严重干扰镇区居民的工作、生活。唯一的一条主要对外交通要道邮兴公路横穿镇区，交通污染严重。在对常州市的横山桥镇的调查中发现，该镇工业布局对保护环境尚有不合理之处：一是冬季主导风向条件下，潞横河河北片工业用地处于河南居住区的上风向，如发展二类、三类工业，势必对河南居住区生活环境造成影响；二是夏季上导风向为东或东偏南时，三山港东南的工业企业不仅对河南居住区的环境空气质量，而且对清明山、芳茂山的旅游环境也将产生明显的负面影响。

（2）与环境质量有关的基础设施建设滞后

小城镇在城市基础设施建设中，与环境质量有关的基础设施的建设滞后。调查表明，我国小城镇基础设施往往是住宅及商业、服务业率先启动和发展，在各项基础设施建设中处于领先水平，文化、教育事业也发展很快，医疗卫生事业、社会福利事业也有了较快发展。但是，技术性基础设施，如道路、自来水、生活用燃气、电话等虽然已经具有一定规模，但总体来说发展滞后，特别是对废水和垃圾的处理能力弱、处理率低。小城镇的基础设施落后表现为：给水设施大都直接饮用地下水，水质难以保证；排水设施极其简陋，只有简单的排水明沟或暗沟，有的甚至没有排水设施，生活污水不经处理随地排放，工业污水处理率极低，很难保证达标排放，使水体受到污染；环卫设施也比较短缺，生活垃圾不经任何处理随意堆放，对环境的影响极大；供热设施也很落后，大部分小城镇尚未采用集中统一的供热方式，冬季取暖采用一家一户的土暖气，能源以燃煤为主，加剧了环境污染。

（3）乡镇环境管理薄弱

目前，我国的环境保护重点在城市，农村及小城镇环境保护地位不及城市。所颁布的大部分环境政策和体系都是针对城市工业的。虽然部分相对于城市的环境管理制度已普遍在一些乡镇中推行，但由于缺少针对农村及乡镇环境管理的实施细则，操作上有不少困难。我国的基层环境保护能力相当薄弱。农村生态环境与乡镇工业的环境管理工作主要依靠县、乡（镇）两级环境保护主管部门负责，而这两级基层环境保护部门的机构、人员素质、技术设备远远跟不上形势的发展。根据有关统计数据整理，我国 1994 年共有县级单位数 2148 个，其中设有环境保护局的 2005 个（占 93.3%），其中有一部分县虽有机构但不能独立行使环境保护的行政职能，设有环境保护监测站的 1808 个（占 84.2%），设有环境保护监理站的 1348 个；每个县级环境保护局不足 9 人，每个县级环境保护监测站不足 11 人，每个县级环境保护监理站不足 7 人，特别是在广大乡镇一级基本上没有环境保护机构。小城镇地处城市与农村结合部位，大量的农村环境保护工作需要做，针对乡镇企业的有效、方便的环境管理制度不多，基层环境保护工作人员自身素质相对不高，基层的环境保护工作能力与需要进行的环境保护工作形成极大反差。

与此相对应的乡镇企业作为管理对象，作为一个新型的企业群体，多为自发出现，发展迅速，具有群立、群办、自生、自长、自灭的特点，相应的规划与管理无法跟上。不仅规模小、行业杂，在企业管理、工艺改造和污染治理等方面存在着很大的困难；而且企业很少注意自己的选点布局，大多数散布于乡镇或村落，与居住区、政府机关、医院、学校、商店等相互混杂，相互之间又没有隔离、防护带，不考虑风向、水源位置及地形、植被等的影响，取水排水往往是同一个水源，自己污染自己或者相互污染危害，形成一种恶性循环。

（4）乡镇企业自身环保意识薄弱

乡镇企业多数是由农民自筹资金创办的集体所有制企业。由于环境意识与生态观念淡薄，在农村商品经济和致富心理的直接驱动下，不少企业为了追求生产利润，往往选择那些急功近利的经济开发活动，形成一种“靠山吃山、靠水吃水”的拼资源的开发形式，结果使得乡镇企业越发达的地区，农村生态系统的破坏与污染越严重。

（5）小城镇环境保护缺乏财力支持

目前，小城镇基本上是以上缴上级财政为主，自身不是一级独立财政，无法把必要的、正当的环境投入列入财政预算和计划实施。加上小城镇自身财力不足，相当多的建制镇的年度财政收入不足100万，除了各项财政支出外，难于支持一般的环境保护工程的资金需求。总之，目前小城镇政府基本上属于上缴上级式的财政，小城镇基础设施建设和各项事业开支需求扩张，迫使政府寻求预算外资金和各种收费，加剧了急功近利的行为，加剧了对环境资源的掠夺和破坏，而且也无钱治理环境污染。这是影响小城镇环境保护工作的一个深层次的原因。

同时乡镇企业往往存在着资金短缺、设备陈旧、工艺技术落后等缺陷，而且其从业人员文化素质差，各种污染物无力控制，更无法回收处理，造成污染。

3. 农村环境问题解决方法

针对农村生态系统的基本特征以及我国目前广大农村地区资源、环境、社会、经济的现状，要充分发挥农村生态系统的功能，提高其整体效益，保护农村环境以及农村生态系统，以保持农村经济的持续稳定发展，必须从如下几个方面着手。

（1）进行小城镇规划

小城镇环境规划，是在农村工业化和城镇化过程中防止环境污染和生态破坏的根本措施之一。通过小城镇环境规划，可以协调乡镇社会经济和生态环境保护的关系，强化乡镇环境的宏观控制和管理，解决好乡镇企业与城镇环境保护问题，防止城镇污染向农村蔓延、扩散，保护农业和自然生态环境，使自然资源得到合理开发和永续利用，实现城镇生态环境效益、经济效益和社会效益的统一。

同时小城镇环境规划也是城镇经济和社会发展规划的重要组成部分，是城镇环境管理的核心，是加强宏观调控的重要手段，应该引起高度重视。小城镇环境规划的重要性体现在以下几个方面。

① 环境规划是加强政府环境保护职能的重要手段。我国正处于传统的计划经济向社会主义市场经济转变、经济增长方式从粗放型向集约型转变的时期，环境保护要依靠政府的宏观调控和管理，仅靠企业的自觉性和市场的自发性是不行的。有关发展的中长期规划是政府加强宏观调控的重要手段和综合体现。因此，在发展市场经济的背景下，环境规划工作是政府加强环境保护工作的重要手段。

② 进行小城镇环境规划是小城镇发展的必要手段。小城镇发展规律一般是“工业立，商业兴，交通运输带城镇”。然而人们往往注意城镇化对经济发展的作用，却忽略了它对环境的作用。小城镇为妥善调整乡镇工业企业的结构和布局提供了可能，为乡镇工业企业环境管理提供了组建基层行政机构的依托。为保证小城镇应有的环境质量，防止城镇建设中出现环境保护工作“先天不足”和“疑难病症”，影响经济和社会的发展，客观上要求制定小城镇环境规划，使城镇建设在规划指导下进行，促进城镇的经济发展和城镇建设。

③ 环境规划对乡镇工业企业污染治理与结构调整，对小城镇和农村可持续发展有重大意义。全国乡镇工业企业分布于广大的农村环境之中，许多有污染的工业企业基本上没有设置在事先规划的区域之中，布局高度分散。乡镇工业企业高度分散不仅增加了环境管理的难度，也使污染防治陷入不治理不行、治理又得不偿失的进退两难的困境之中。因此，只是局部地、单个地解决污染问题是远远不够的，需要通过规划来规范乡镇工业企业的经济行为，通过规划从“面”上、从更高的层次上进行宏观调控和综合整治，调整工业企业布局和产业

结构，控制乡镇工业企业带来的环境污染与生态破坏，协调农村经济发展和生态环境保护的关系，促使农村经济持续发展。

（2）加快农业和农村经济结构的调整

农村生态系统各组成之间在功能上具有一定的互补性，也就是说，农村生态系统的整体效益取决于各子系统之间的功能耦合程度，而并不是系统内的某种局部高效益。这种对“生态系统整体效益最优”目标的追求是农村经济持续发展的本质要求。针对目前我国农业生产连年丰收，农产品的供需形势发生了重大变化，主要农产品的供给由过去的短缺转变成结构性和地区性的相对过剩，以及我国已经进入WTO所面临的挑战等现实，农业结构的调整对发展我国农业和农村经济具有关键性的意义。影响可持续发展的决定性因素在于系统内各种资源的承载能力，因此作为农村生态系统之基础的自然生态子系统的循环再生与持续自生能力，便构成了农村经济持续发展的基础。自然生态子系统、农业生态子系统、村镇生态子系统三者之间的协调状况则决定了整个农村生态系统生态经济整体效益的高低。结构调控的目的就在于协调三个子系统之间的能流、物流的相互衔接关系，并使其处于一个稳定和谐的状态，实现彼此在功能上的互补，在生态效益与经济效益相统一的原则下寻求整体效益的最优。结构调控实质上是一项规模宏大的农村生态工程，所依据的生态学原理主要有协调共生原理与循环再生原理。协调共生原理指的是在生态系统中，通过不同组成（物种）之间的互利互惠以及生态位互补，可使整个系统获得多重效益。这便是农村生态系统通过结构调整而实现综合效益的理论基础。例如，在农业生态子系统中，可以充分利用不同物种的共生关系，建立各种形式的作物组合结构，既可使光、热、水、土、气等资源的利用更充分，提高单位面积上的干物质产量，又能减少对自然生态子系统的损害，达到保护生态平衡与生态环境的目的，如目前我国广大农村地区所普遍实施的各种农作物间作、套作与轮作体系，稻鱼共生、莲鱼共生、稻鸭共生、林蛙共生等共生系统，以及桑基鱼塘、蔗基鱼塘等基塘系统。循环再生原理指出：在良性循环的基础上，生态系统通过食物链以及分解与还原作用，能实现物质的循环再生与能量的多级利用。在农村生态系统中，通过这种循环再生机制，不仅可以拓宽农村经济的活动空间，实现资源的多级利用与增值，而且可以密切农村产业的相互关联，变废为宝，减少各种废弃物对生态环境的污染，从而实现资源开发、经济发展与环境保护三者之间的协调一致。具体来说，在农村生态系统内部，不仅要优化农业生态子系统中农、林、牧结构，充分开发利用各种农业资源，实现第一性生产与第二性生产的最大经济效率，同时还必须针对整个系统的资源特点，优化产业结构，大力发展乡镇企业，通过农工商一体化运转，实现总体资源高效利用、生态环境良性循环和社会经济可持续发展。

（3）加强乡镇工业企业的环境调控

加强乡镇工业企业的环境调控是我国农村经济持续发展的又一重大举措。针对目前乡镇工业企业所存在的产品选择不当、空间布局不合理、技术与设备条件差等问题，今后应主要从如下几个方面着手加强乡镇工业企业的环境管理。首先，应进一步调整乡镇工业企业的发展方向，加强农副产品加工过程中的生态工程建设。乡镇工业企业的发展应根据本地区的资源情况、技术条件与环境状况，实行全面规划、合理安排，特别要坚持“围绕农业办工业，办了工业为农业”的宗旨，积极发展农副产品的加工业。农副产品加工业的发展要适应农村生态系统内“协调共生”与“循环再生”的生态学原理，加强系统内各子系统之间的有机联系，实现物质与能量多层次的利用。为此，乡镇工业企业应进一步发展农副产品的深加工，最大限度地利用农副产品原料以提高物质循环利用率和能量的转化率，尽量使某些废弃物在生产过程中实现自我消化；同时应充分发挥农业生态子系统与村镇生态子系统之间的功能互补，将某些有机废物作为畜禽、水产养殖业的饲料或农田的水肥资源再生利用，再通过微生物转化为生物能（工业沼气）后将沼液、沼渣返回农业生态子系统。第二，结合村镇建设，合理安排乡镇工业企业的空间布局。在目前日趋普遍的村镇总体规划中，应特别加强乡镇工业企业的选点布局研究，将乡镇工业企业相对集中起来，划定工业小区，并留出隔离带，以改变其盲目乱建的混乱状态。第三，加强城乡经济的协调发展，坚决制止城市污染物向农村的转嫁。

（4）加强政府的调控职能

政府的宏观调控可以说是实现社会经济可持续发展的基本保障。农村生态系统的正常运转，除微观层次上的生物、工程等技术以外，还需要完善宏观软环境。从某种意义上讲，政府的宏观调控职能可以较大幅度地减轻对农村生态系统内部资源环境的累积性破坏。从可持续发展的角度看，农业和农村资源的可持续利用不仅涉及当代社会各部门之间利益的调整与重新分配，而且涉及资源价值的均衡代际转移，这其中难免有些单位和个人只顾局部利益与眼前利益，而牺牲整个社会的长远利益。因此，如果不加强各级政府的宏观调控职能，充分采取法律与经济手段来规范和约束人们的行为，农业资源的合理与持续利用也只是一句空话。为此，今后一是要进一步提高全民的环境意识。二是要健全法制，完善农业和农村资源的法律法规体系，改变目前我国农业资源法规由单项法构成，而这些单项法或多或少地隐含了部门管理的利益关系的局面。如我国有关农业土地资源方面的法规，如《土地法》、《森林法》和《草原法》等，对管理对象的表述上都强调了各自管理对象的范围，但却没有能力协调相互间的矛盾。针对这一现象，今后要积极推动我国农业自然资源法制体系由单项法向法典化方向发展，克服部门利益的影响，消除单项法之间的重叠、交叉和矛盾，提高立法质量。三是要制定适合国家与各地区特征的资源开发与农业发展科学政策，优化农业与农村资源的配置。四是要进一步健全市场经济机制，利用资源价值规律的作用来提高农村生态系统的整体效益。实践证明，合理的资源价格，不仅有利于资源的充分与合理利用，通过市场机制的杠杆作用促使资源利用者采取措施，提高资源的使用效率，而且有利于维护各方的权益，避免国有或集体所有的农业自然资源的利益流失。五是积极推广示范性生态型工业和农业，逐步开展制定、规划和建设区域性生态示范区。

（5）大力发展生态农业

生态农业是一种社会效益、经济效益与生态效益密切结合的现代农业模式。它既不同于那种系统目标单一、生产技术落后、投入少、产出低的自然经济型传统农业；也不同于那种通过大量投入化肥、农药和动力，不顾生态破坏与环境污染而一味追求高产出、高经济效益的商品化现代常规农业。生态农业要求，发展农业应主要依靠农业生态系统中的可再生资源，充分利用生态系统内物质与能量的循环与转换、各生物以及生物与环境之间的共生、相养规律，并通过在一定限度内合理利用化肥、农药，投入机械、劳动，以及改良生物品种、合理灌溉等，促进系统的不断开放，从而建立起一个综合发展、多级转化、良性循环的高效农业体系。实践的经验已经证明，生态农业把我国传统农业的精华和现代科学技术有机地结合在一起，形成了具有我国特色的农业新模式，它既重视农业与农村生态系统的建设，实现高产稳产，保证农业效益的提高，又加强对农业资源的合理开发利用和建设；既重视农村生态系统的良性循环，保护生态环境，又不排斥现代科技成果的合理使用，促进农村经济发展的需要。要充分发挥生态农业在我国农村经济发展与生态环境保护中的积极作用，目前首先必须加强生态农业的理论研究，将不同类型的生态农业典型所取得的经验加以总结与推广，并结合我国各地区的特点，探索一条符合我国国情的农业现代化道路。科学技术的进步是生态农业得以发展的基础，加强生物工程技术、生态工程技术和多种现代农业科学技术的应用研究，建立适合我国不同生态农业类型的技术体系，在今后生态农业的建设中显得十分的关键与迫切。

第二章
农村生活垃圾的收集与区域规划

第一节 农村生活垃圾的收集与运输

农村垃圾主要有3个来源：a. 农村生活垃圾，这类垃圾主要是农民家庭生活所产生的，主要成分一般是粪便、纸屑、玻璃、剩饭等物质，一般危害不大，但是容易堆积，影响周围居民生活环境，特别是农村没有完整和科学的卫生系统和排水系统，粪便堆积，容易滋生蚊蝇，污水乱排，进入河流，会影响饮用水系统，最终危害人类健康；b. 农业生产垃圾，这类垃圾主要是传统农业生产过程中产生的固体垃圾，例如畜禽业养殖产生的大量粪便、农业耕种产生的残膜以及作物的秸秆等；c. 乡镇工业固体废物，这类废物主要是由于乡镇工业企业的发展，在生产过程中产生的废弃物，相对于前两类，危害更大，而且随着乡镇工业企业规模的扩大，如果不加以控制和管理，产生的固体废物量将成倍增加，并成为农村垃圾的主要危害。由于这三类垃圾来源不一样，性质不一样，必然导致其收集的负责人、收集成本以及收集方式存在较大的差别。本节主要根据垃圾性质和已有有关经验，对上述三类垃圾的收集和运输做一定阐述。

一、农村生活垃圾的收集和运输

1. 农村生活垃圾的收集和运输的规划

谈到农村生活垃圾收集和运输，必然要想到农村的行政划分。农村根据其经济发展水平和行政范围可以分为两类：一类是经济还比较落后，生活水平尚不发达的村，这类村基本以农业种植为主要生产活动，家庭生活方式简单，没有集中的卫生系统（例如厕所及粪便处理系统）；另一类是经济比较发达的镇和乡，基本形成居民集中区，有自己的集市，已经基本形成自己独立的环卫系统，有专门的厕所和环卫工人，给水系统和排水系统也较完备，其发展趋势是中小城市。这两类农村类型具有不同的发展方向和特点，因此垃圾收集运输方式必然存在本质不同，制定的指导政策和规划也存在较大差异。

对于第一类经济比较落后的村，由于其居民生活水平较低，主要生活方式是自产自销，较低的生活收入必然使其主动进行废物利用，尽量进行循环使用，或者回收卖钱。其产生废物一般为无害废物，对人体危害也较少，但产生源较为分散，收集较为困难，原因如下。产生的废物由于利用价值较低，价值高的都被循环利用，因此不可能有个人主动进行收集和运输，但是如果由村委员会组织进行收集，必须拨给一定环卫经费，进行收集，并运输到指定填埋场，但是会增加本来就经济紧张的村财政支出，在没有受益情况下，可以想象农民和村委员会是不可能支出足够费用来进行垃圾收集和运输的，即便制定政策、下达文件，其执行效率也是非常低的。因此可以采用最简单的定点定期收集方式，每隔一定时间，在固定地点设定收集车辆，由各户自行送到指定地点，然后运输走，这样最大程度减少成本，同时达到收集目的。对于经济落后村的粪便问题，由于一般落后村都是自家设有简单的粪便池，没有排出系统和专人定时转运，因此常常溢出或者渗入地下水、污染水源。对于这类问题，可以设立公共厕所，指定专人定时收集，并运到附近农田用作肥料，充分利用其靠近农田这一优势，而且符合农村发展趋势，随着生活水平的提高，必然对环卫提出更高要求，自家设立的厕所必然被淘汰。

对于经济比较发达的乡镇，由于生活水平较高，产生垃圾量必然有较大涨幅，特别对于江南和沿海一带乡镇，其发展规模已经和城市相近，整体财政收入可以满足建立和维持生活垃圾收集和运输系统的运行，因此其垃圾收集、运输系统必然需经过科学规划。可以采用与城市生活垃圾相近的收集和运输模式。聘请有关专家，制定本乡镇发展生活垃圾处理处置规划，并根据处理处置方案，制定最优的收集方案和收集路线，必要时候可以与邻近的乡镇联合起来建立联合收集运输系统。

科学的乡镇垃圾清运处理设施规划应该建立在对乡镇垃圾产量、物理构成和物化特性现状以至对乡镇生活垃圾未来产量及其未来物理构成和物化特性预测的基础上，采用系统工程方法。

一个长期的乡镇垃圾清运处理设施规划包括：a. 乡镇垃圾再循环、处理或者处置建立的设施；b. 建立这些设施的地点和时间；c. 设计的容量。只有这样才能符合乡镇发展趋势，既满足乡镇当前的需要，也能够适应乡镇将来的发展变化，真正提高农村生活水平，为农民服务。

在提出多个可行方案后，必须在这些方案之间进行考核和技术评估。考虑因素有政治、成本、环境影响、技术可靠性和可行性、垃圾产量和性质的未来不确定性。在对所有方案进行了评估后，最后的选择就是政治决定。这种逐步的方法包括建立在可靠技术分析上的严格的政治决策和包含政治与技术方面的步骤。

图 2-1 为乡镇垃圾清运处理规划的编制步骤，但是实际的规划编制工作有可能并不是简单地按照图中步骤机械地进行，而是根据实际情况而发生变化，并受到决策者和技术专家影响的复杂过程。

2. 乡镇垃圾清运处理设施规划的基本原则

乡镇垃圾清运处理设施规划的编制工作，在可持续发展理论指导下，应该遵循以下一些

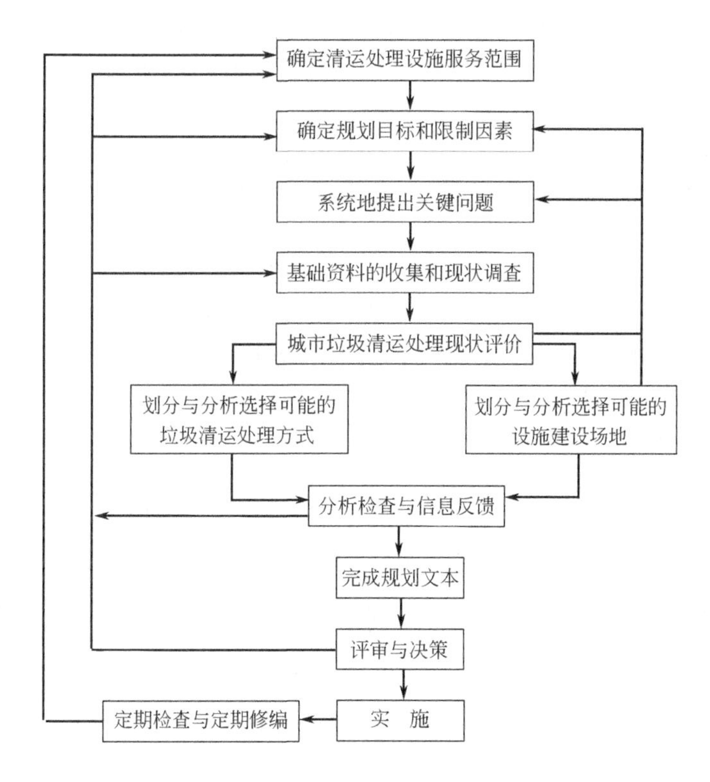

图 2-1　乡镇垃圾清运处理规划的编制步骤

原则。

（1）经济建设、城乡建设和环境建设同步的原则

经济建设、城乡建设和环境建设同步规划、同步实施、同步发展，实现经济效益、社会效益和环境效益的统一，促进经济、社会和环境持续协调的发展。上述原则是第二次全国环境保护会议上提出的我国环境保护工作的基本方针，标志着我国的发展战略从传统的只重视发展经济忽视环境污染的战略思想向取得经济效益和社会效益“双赢”，实现可持续发展的战略思想转变。这一转变是在我国总结过去发展经验和国外发达国家发展经历基础之上得出的宝贵经验、做出的明智之举。

由于垃圾清运处理系统工作任务的特殊性，使得其与一般意义上的环境规划相比，这项原则就显得尤为突出。垃圾清运处理设施的建设，直接受到乡镇经济建设、乡镇道路建设、乡镇基础设施建设等方面的影响。因此，垃圾清运处理设施系统如果不与经济建设、城乡建设、环境建设同步规划、同步实施、同步发展，其实现和运行将很难达到理想效果，甚至是一纸空文。

（2）遵循经济规律、符合国民经济计划要求的原则

垃圾治理与经济发展存在着相互依赖、相互制约的密切关系。一方面，经济发展需要消耗环境资源、排放污染物、施加环境压力，也就产生了乡镇垃圾问题；另一方面，垃圾的清运和处理需要资金、人力、技术、资源和能源，而所有这些又受到经济发展水平的制约。在经济与垃圾治理的双向关系中，经济起着主导作用，这表明乡镇垃圾清运处理问题归根到底是一个经济问题。

（3）预防为主、防治结合的原则

垃圾治理的可持续发展应该根据全面控制理论，以清洁生产、循环再生和污染控制为原

则。改变过去乡镇垃圾清运处理的混合收集状态，在源头利用废旧物资回收系统和分类收集等方式，对可资源化垃圾进行回收利用，从源头防止乡镇垃圾的产生。

(4) 实事求是、因地制宜的原则

首先，乡镇经济发展状况、地理位置、气候特性、生活习惯、消费水平、工资收入、能源结构等方面不同，产生垃圾的产量和组分性质会有较大的差异，因此其清运和治理必然要求不同；其次，垃圾清运需要的资金、人力、技术、资源和能源受到当地经济发展水平和乡镇经济承受能力的制约，因此，必须实事求是，从实际出发，因地制宜地制定切实可行的目标，而不能盲目地超越乡镇经济承受能力，投入大量资金采用所谓的高科技来清运和处理乡镇垃圾是不现实的，而应该根据设计情况，强化乡镇环卫管理，向管理要效益。

(5) 乡镇垃圾清运处理要与乡镇基础设施统一规划的原则

乡镇垃圾清运和治理问题贯穿于乡镇发展的全过程。因此在乡镇基础建设中，必须充分考虑乡镇垃圾清运处理设施的建设问题。乡镇垃圾清运处理系统的运行效果和乡镇基础设施建设关系较大，例如，较差的乡镇道路状况要保证道路清扫质量是十分困难的。此外，还应该强调乡镇垃圾和其他废弃物集中治理、配套规划。

3. 乡镇垃圾清运处理设施规划的编制步骤

(1) 确定规划的范围

根据与规划范围有关的基本内容和基本工作（包括垃圾清运处理系统的组成、规划所在地服务区的划分和规划期限的确定等）来确定规划范围。

1) 规划所在地服务区的划分　规划所在地服务区是指规划乡镇的垃圾清运处理系统包括的地理区域。服务区的划分是指在规划过程中，是将服务区划分为若干分区，每个分区设置一个独立的垃圾清运处理系统，还是将其作为一个整体来对待，设置一个完整的乡镇垃圾清运处理系统，或者和邻近地区的乡镇合并起来统一规划，将服务区的乡镇垃圾清运处理系统作为其中的一个子系统来进行规划。

有时为了达到规模效应，需要几个地区或者地方政府的相互合作。例如深圳市经济较发达，该市的城市垃圾清运处理服务区包括全市的自然村在内。目前深圳市郊区是以镇和街道办事处为单位解决城市垃圾清运处理问题的，由于各镇和街道办事处财力不足，无法建设标准的垃圾清运和处理设施，垃圾处理场地小而分散，污染控制水平低，对当地环境造成了污染。统一设置垃圾清运处理系统虽然可以集中财力，降低城市垃圾清运处理成本，但是又会增加各地区或者各行政地方政府之间的协调合作问题。

对某一垃圾处理设施来说，在同等技术水平下，处理规模相对小则意味着单位垃圾的处理成本更高，因此乡镇垃圾的清运处理设施的规模化、大型化和跨地区营运已经成为总的发展趋势。

2) 规划期限的确定　垃圾清运处理系统的规划期限一般应和乡镇总体规划统一划分，但是又不能过分僵硬，必要时将依据地方环境和需要来确定规划期限。必须将规划期划分为短期规划和长期规划：短期规划时期望 2～5 年后垃圾清运处理状况有一个实质性的改变；长期规划则为总体规划，一般为 10～20 年，通常为 15 年。

(2) 确定目标和限制因素

在乡镇垃圾清运处理系统规划过程中，一开始必须确定规划期内所要达到的目标。这些目标要有明确而简单的标准，从而可以用来评价垃圾清运处理设施的各种方案的优劣。

1) 目标和技术评价标准　垃圾清运处理设施规划的目标必须反映特定的地方条件，对每一个目标都要有一些特定的标准。这里列出其中一部分基本目标，并可根据当地实际情况列出其他目标。

① 环境影响：减少垃圾清运处理过程中所产生的二次污染。

② 健康影响：减少并预防垃圾在清运过程中可能产生的对乡镇居民的健康影响。

③ 技术可靠性：从技术角度确保所采用清运和处理处置技术在当地条件下是安全的、可行的和可持续的。

④ 经济可行性：确保所采用技术和设施在当地政府的可承受财力之内，同时最大限度降低成本，并提出其他的（通常是冲突的）目标和限制因素。

⑤ 资源回收：最大限度地利用垃圾中的可回收利用物质，从而减少最终进入处理处置设施的固体废物量，降低后续处理处置设施的负荷。

⑥ 资源保护：采用技术尽可能使填埋土地恢复利用，包括垃圾的源头减量化和分类收集回收，确保垃圾的无害化处理率达到或者接近100%。

⑦ 政治可接受性：根据地方条件，重要的目标包括最大限度地创造就业机会和设施的公众可接受性。

由于一个规划要达到许多目标，没有任何规划方案能够满足所有目标，但是可以采用多目标决策方法，如层次分析法，对可行方案进行综合评价，选择一个总体最优的方案。

2）限制因素　为了准确地判断不同设施系统的优劣，必须简化评价过程。简化的方法就是要确定最优先的目标，尽可能地减少目标的数量而由一些限制因素来代替。例如，对环境影响减少到最小程度的说法可由必须达到的环境标准来代替，然后将标准用于筛选出一些可供选择的方案。

我国是一个发展中国家，在各种限制因素中，首先需要加以特别考虑的是规划所在地的经济承受能力问题；其次要考虑技术人员的需求问题、设施用地问题、地区环境条件问题和设施建设时间问题等。

① 财政限制：我国各级政府在财政收入和支出方面是十分有限的，而且地区差异较大。财政问题表现在基础设施建设投资阶段的费用限制，设施投入使用后的运行费用限制。政府总是希望避免在收支平衡方面的不利影响，这些限制因素的范围和程度依赖于各个设施的筹措资金安排。例如，如果资金主要由上级政府提供，与由当地政府或者企业提供相比，就会产生不同的见解。

② 人力限制：我国人力资源丰富，劳动力并不缺乏。但是缺乏知识全面、了解乡镇垃圾清运处理技术和管理的高层次人才，许多地方政府对这个问题重视不够；此外，真正意义上的垃圾无害化处理处置，常需要接受过专门培训的操作人员和维修人员来进行。

我国许多地方在垃圾清运处理规划实施过程中，出现技术人员和技术工人缺乏的情况。这个限制因素直接关系到在当地操作条件下，设施的运行是否可靠，它也说明了培养高层次专业技术人才、增强地方操作人员技能的重要性。

③ 地区环境限制：发展中国家的许多市区，地下水位都较高，地下水常常是生活及工业用水的主要来源。对土地处置方案来说，这是一个自然环境限制因素的例子。气候也限制了一些方案的可应用性，例如太阳蒸发塘。

④ 时间限制：长时间和极为复杂的土地购买程序，或者强烈的地方主义导致对某些选址的拖延，这就成为时间限制因素。事实上，这种因素在选址时常常成为关键性因素。

（3）确定关键问题

在确定了规划所要达到的主要目标和主要限制因素后，就有可能形成规划过程中所要解决的一系列关键性问题。其中的一些问题在性质上具有普遍性，现说明如下：a. 确定需要清运处理的乡镇垃圾的产量、构成和随时间变化的规律；b. 确定垃圾收集方式，如采用分类收集方式，则需要确定垃圾分为哪些种类；c. 了解现存的垃圾收集运输系统的组成、主要问题和困难；d. 了解现存的可回收利用途径、主要问题和困难；e. 提出解决垃圾收集运输和回收利用中存在的问题和困难的方案，进行经济技术分析，对提出的不同方案进行优化组合，确定适合当地环境的最有效方案；f. 确定垃圾处理方式，确定处理设施的规模数量、设施地点以及需要优先建设的项目；g. 调整管理机构和管理方式，制定有关条例和法规，落实所需要的资金，保障规划的实施。每一个单独的规划问题都要提出一系列关键性问题。在规划目标、限制因素确定后，初步提出关键性问题；当进展到规划过程的后面步骤时，尤其是在对现状存在的问题和可利用方案进行综合分析后，可能需要集中详细研究，用更专门的术语重新确定关键问题。

（4）收集基础资料

在制定垃圾清运处理规划过程中，所有阶段都需要资料。收集资料不是一个一劳永逸的工作，收集到的资料也不能直接采用，而是伴随着规划的整个过程，从最初阶段的一般资料收集入手，然后对最关键、最敏感的问题集中收集资料。为了取得可靠翔实的资料，常需要投入一定的人力和财力。基础资料的收集包括乡镇垃圾产生的现状、未来产生状况的预测、现有设施的运行情况、材料回收的现状和发展方向几个方面。

1）乡镇垃圾产生现状的调查和预测　为了保证乡镇垃圾清运处理设施规划的科学合理性和可实施性，在乡镇垃圾产生现状的调查和规划期内乡镇垃圾产生规律的预测是一项不可缺少的基础工作。这项工作包括：确定垃圾产生源的分布情况，调查垃圾的产量、物理构成和物化特性以及垃圾清运处理系统的组成现状，并对其在规划期内的变化规律进行预测。

由于乡镇垃圾是乡镇居民日常生活活动的产物。因此，其产生状况必然随着乡镇居民日常生活活动状况的变化而发生变化。而乡镇居民的日常生活活动受到经济、政治、气候、季节等多种因素的影响，因此，乡镇垃圾产生状况总是在不断变化的。不管现状调查资料多么翔实，其结果只在调查时起主导地位的社会、政治和经济条件下才有效。对于未来状况，必须借助预测科学加以解决。

2）乡镇垃圾清运处理设施的现状调查　对于任何现有乡镇垃圾清运处理设施，应收集下列有关资料：设施位置、已经使用年限、设施类型、设施规模、人员配置、运行费用、管辖单位等。在收集以上资料的基础上，应对现有设施的运行效率和存在问题做出客观的评价，以确定在未来时间内，是否需要对之进行改造和重建。

3）废品回收系统的现状调查　我国属于发展中国家，乡镇居民生活水平较低，而且具有勤俭节约的传统，乡镇垃圾中可回收再用的物质一般由居民自行分类、集中存放后，出售给固体废物回收者，因此我国目前垃圾分类程度和废物回收利用率是比较高的。目前我国垃圾回收行业已经形成比较完整的体系，但是对废品回收系统的组成和营运情况，许多乡镇尚缺乏完整的资料。因此，应该对其进行全面系统的调查，并对其在现在和未来时期的作用及其发展前景进行评价。

（5）现状评价

初步收集资料后，需要对现状进行客观评价。评价的目的之一就是全面了解现有系统的主要问题和不足之处。评价报告中要重点阐述行动步骤，关键问题要用更具体的术语重新阐述，必要时候再根据需要收集更多的资料。

1）费用和效益评价　现有系统的运行费用和效益评价对规划十分重要。例如，当由于垃圾清运处理系统的运行问题而构成对公众健康威胁时，必须立即采取行动解决问题。如果影响不是太严重，则可在规划中根据相对效用来谨慎评价其费用和效益的关系，确定合理的解决办法。

2）财务状况分析　财务状况的主要对象是垃圾清运处理系统的建设、运行和维护费用。财务分析应该包括以下主要因素：a. 费用数据的准备，以便将各种现行技术方法和设施的费用进行比较，对其经济效益进行分析；b. 了解现存主要机构的组成以及其对清运处理系统的财务计划安排；c. 确认参与组织的财政计划，确立各组织的责任，估算各组织对全年投资和运行费用的分配，以及确认可能的财政来源。

（6）方式选择

了解目前垃圾清运处理设施的主要类型和数量，并确认设施的不足之处，再评价并选择各种可行方案。

规划人员应该选择适合规划所在地的技术方式和设施类型，并根据自己的目标来评价这些可供选择的方案。首先，要提供足够的资料来帮助拟订合适的选择方案，为了得到最适宜、最有成效的方法，还要充分掌握当地有关情况的具体资料。

① 对各种类型的清运处理方案，可以定出其优先等级，并对它们依次进行考虑，其目标是尽可能减少最终需要处理和处置的乡镇垃圾量，通常优先等级的划分次序是：a. 能否避免或者减少垃圾的清运量；b. 废品的循环再生或者回收利用系统是否切实可行；c. 清运处理方式是否能确保乡镇垃圾的污染控制；d. 投资费用是否合理；e. 方案的效益、资助的方式和资金来源。

② 对各种用于垃圾清运处理设施规划方案的选择，必须根据其对各自的特点进行比较和评价，而这种特点是由第二步建立的各种目标和制约因素获得的。

目前已经开放了许多有助于决策者比较选择方案的评价方法，其中最有用的大概是使用简单的表格或者矩阵表示形式。在这种表中混合列出了各种定性、定量的指标，通过对这些指标评价判断和直接比较可以得到一个选择，这样可以保证决策者能够系统地掌握有关信息。这种判断比较要求进行仔细的评定，并总是产生一个未来考虑的最佳选择。一般不宜采用机械的途径，例如按重要性排队、趋向于多维自然混合决策等。

（7）设施选择

垃圾清运处理设施的选址常常是规划过程中最为困难的问题。在分析各种规划方案时，应确定新建设施所需的场地，并对场地进行评估。

1）选址要求　主要清运处理设施的地址选择必须符合规划要求，包括安全性、环境、社会、政治以及技术制约等因素。选址工作的目标应与总体规划相一致，主要包括：a. 对人体健康的危害最小；b. 广大公众接受程度高；c. 对环境的影响最小；d. 成本最低。

对人体健康的危害，对环境的影响以及公众的可接受程度是选址过程中必须考虑的重要因素。在某些情况下，它们的重要性可能出现矛盾冲突。例如，在环境影响起主导地位的情况下，此时影响相对较小的健康因素就应该让位于前者；同样在满足健康和环境要求时，成本因素也很重要，对成本问题的考虑将取代此时影响相对较小的健康因素和环境因素。

2）选址的基本任务　为了实现选址目标，必须完成 2 个基本任务：a. 确定影响选址的因素及选址原则；b. 建立合理应用上述原则的方法。

（8）提交规划方案

当规划工作进行到这一步，除了完成规划文稿外，还应该提交一份规划说明书。在规划说明书中，要详细说明该地区所面临的问题，以及解决该问题的技术方案的产生过程。

在这一过程中，信息反馈体现在以下几个方面：a. 检查规划范围；b. 重新审核项目的目的和制约因素；c. 获得某些关键环节更有效的信息。

对可能采纳的技术及方法进行选择时，应尽可能多地考虑到各种替补方案。分析的详尽程度应达到可以确定输入数据的最重要的假定值或者数据项。这样可以投入更多的精力，以获取更为有效的信息，增加各项规划方案的合理性和可靠度。

(9) 评审与决策

在评审规划文件时，研究各种方案实施的难易程度是十分重要的。需要专门研究的问题有：a. 确保这种方案实施所需要的法律保障；b. 方案实施的难易度；c. 所需设置的各种机构是否变化较大；d. 整个系统应付局部故障的能力；e. 计划的财政来源。

需要对照所确定的目标及制约因素，对各种替代方案进行系统地评估、评价。然后根据评审专家的意见，同政府有关部门协商、经环卫主管部门同意后，进行文本的修改，确定文本的正式文稿。

(10) 实施与修编

原则上讲，规划文本一旦通过专家评审，确定正式文本后就可以进入实施阶段。然而任何一个垃圾清运处理设施规划文本都可能存在缺陷，因此规划的实施不仅是一个简单的执行过程，更是一个发现问题解决问题的过程。随着规划的实施深入和时间的推移，各方面的情况都会发生变化，在规划实施过程中，将会发现越来越多的问题，这时候就需要对规划进行修编工作。

二、农村生产垃圾的收集和运输

农业生产垃圾主要集中于耕地、农田以及畜禽养殖场所，主要为畜禽粪便、固体化肥的残留以及农用膜的剩余，作为农业生产的残余，其分散场所由于远离农民聚集地，因此对人群的危害较少，但是对于农田的耕种质量和产量将会产生巨大影响，具体参考第一章。同时由于这些垃圾分布较广、残留物与土地混集、集中收集运输成本较大，因此必须根据其性质和危害以及处理方法，采用不同的收集和运输方式。

对于大规模的畜禽养殖场所，适宜采取资源化方式，将粪便作为有机化肥施用，实现绿色农业；另外由于畜禽养殖场所具有法人，所以可以采取法人负责制，制定地方规章制度，强制畜禽养殖场所法人必须解决畜禽粪便出路问题；同时根据当地情况，适当采取宏观调控和指导宣传，对于生态农业发展较好，绿色农业兴起的地方，可以在宏观上为绿色农业的种植户和畜禽养殖场所法人牵线搭桥，有效解决粪便出路，一方面解决了粪便出路；另一方面有效进行了资源利用，双方互补。对于绿色农业落后，以传统农业、施用化肥为主的地方，一方面管理部门必须做好宣传，改变农民观念，使农民了解施用化肥的害处，减少化肥施用量，增加有机肥施用；另一方面，以对畜禽养殖场所法人管理为主，联系下家，适当建议畜禽养殖场所付给采用粪便有机肥的农民一定补助，有效解决其出路问题。这样的收集运输方式为管理部门宏观调控、协调，个体承担收集运输。对于有条件的乡镇，例如绿色农业较发达，有机天然肥料市场销路好，可以建立大型堆肥厂，进行堆肥发酵，制造高效的固体肥料和液体肥，从而使固体废物处理纳入市场道路，创造效益，不仅可以使得乡镇摆脱经济负担，而且可以有效实现循环，节约资源，创造社会效益和环境效益。

对于耕地和农田的残留化肥和农膜，由于其分散广泛，而且混杂在土地中，因此收集和运输较为复杂和困难，尚无有效的办法，只能加强宣传，从源头减少膜和化肥的使用量。

三、乡镇工业固体废物的收集和运输

乡镇工业固体废物特点是：组分复杂，有毒有害物质含量大；工业固体废物的处理处置技术要求高，乡镇工业企业具有法人，同时产生一定经济效益，以上特点决定了对乡镇工业固体废物的收集与城市生活垃圾的收集与运输具有明显不同。

(1) 乡镇工业固体废物收集要以工业区规划为基础

随着我国经济的发展，城镇化进程的推进，城镇规划、环境规划和区域职能划分越来越科学，从而提高了固体废物管理和控制的科学性、精确性和有效性。

经济发达的城镇或者正在发展的城镇可以通过建立工业区以及特殊行业工业区，将工业区和城镇生活区分离，并将某一类别行业的工业集中在某一区域，有利于集中进行环境管理和监控；对其产生的固体废物从宏观上进行监控，最大限度地进行资源综合利用；利用政府的宏观调控和桥梁作用，有效地克服了企业之间缺乏联系的缺陷，使某工厂的固体废物能够找到合适的位置，成为其他工厂的原材料，提高综合利用率，并减少运输成本。

我国乡镇工业企业的发展极大地带动了我国经济的发展，但是由于先期缺乏经验，没有较好地进行规划，因此分布较为分散，使企业之间物质循环利用发生困难。同时工业结构也存在一定矛盾，行业类别较多，不同乡镇一般没有结合当地优势，重点发展适合本城镇的工业或者行业，使得同一个乡镇中行业类别多，产生废物种类多、分散较广，给治理和收集运输带来了较大的困难。因此，必须首先对原有乡镇工业企业进行调查，了解乡镇工业企业所涉及行业，产生废物性质和数量，并对未来进行预测；其次根据企业特点，进行规划和宏观调控，使废物在企业之间形成有效循环，使收集和运输私有化，政府只是起桥梁和管理作用；对于不能循环使用的废物必须进行有效管理，强制企业收集后进行处理和处置。第三，管理部门根据发展形势，建立工业区，适当对乡镇工业企业进行集中，以便管理和运输，同时根据宏观情况进行工业结构调整，改变废物产生数量和性质，以方便收集和运输。

因此，在将来的工业发展中，除了考虑经济因素，还应该进行合理规划，考虑工业区内引进项目特点，合理规划、相互补充，尽量使之相互利用彼此排出废物，有效实现资源综合利用，同时减少其运输成本，减少危险废物的运输风险，缩短运输距离，建立特殊运输渠道或者运输方式。

(2) 乡镇工业固体废物的收集必须以企业为负责人，同时服从工业区域的整体规划或者工业固体废物管理机构的宏观调控

由于乡镇工业固体废物是由具体工业厂商或者企业产生的，而工业厂商和企业都具有法人代表，而且它们产生废物量相对于乡镇村人均生活垃圾产生量来说量相对较大，因此其处理处置不属于公益事业，必须遵循“谁污染，谁治理”的原则，产生源为具体负责人。

由于工业固体废物利用价值大，且存在较大错位性，一种工业生产产生的废物往往是另一种工业生产的资源，由于个别生产厂商或者企业自身的局限性，往往没有精力或者由于信息的不对称，找不到其产生废物综合利用的下家，从而一方面浪费资源，另一方面增加其自身的处理和处置成本。因此这就需要工业区成立宏观调控机构，对整个工业内部、工业区和工业区之间未来发展进行科学规划，对建立项目产生的废物排放量和性质进行科学调查和统计，对厂商相互之间的关系进行科学分析，从而从宏观上进行调控和指导，并给予优惠政策，使厂商或者企业之间进行合作，克服彼此之间的孤立，找到合适的资源利用方式，减少

废物产生量。

（3）在资源综合利用基础上实行规模处理和处置，建立厂商或者企业之间的资源综合利用路线图和集中处理处置运输路线图

乡镇工业固体废物的收集目标是以最小成本解决工业固体废物的归宿问题。固体废物处理处置技术首要是资源综合利用，因此收集路线的设计首先要考虑厂商或者企业的资源利用合作，为其设立合理的资源综合利用运输路线，减少运输成本，增加运输安全性；在无法实现资源综合利用基础上，对相同性质的工业固体废物进行收集，并根据需要建立中转站，最终进行集中处理，构成处理处置收集运输路线图，以达到规模效应，减少处理处置成本。

（4）建立乡镇工业固体废物收集运输调度机构

乡镇工业固体废物的管理原则是“谁污染，谁治理”。所以通常情况下，产生废物量比较大的单位都建有单独的废物堆积场，废物的收集、运输都由单位内部负责。但是对于小厂商和企业来说，每一个厂商都购买自己独立的运输车辆或者运输机构，必然会增加运输成本和维护成本，因此可根据需要建立工业区综合运输调度站，对运输车辆统一管理、统一调度，有利于降低成本，减少企业和厂商的工作任务。

对于某些大型工厂可以建有回收公司，定期到厂内收集废料、废物；对于中型工厂则定人定期回收；对于小型工厂划片包干，巡回收集，并配备管理人员，设置废物仓库，建立各类废物堆存资料卡，开展经常性的收集分类活动。

根据固体废物的性质应采取合适的运输途径。比较先进的收集运输方法是采用管道运输。对于泥状的废物通常根据处理工艺需要先进行脱水等处理工序。

（5）对于危险性或者有毒有害废物必须对运输路线进行科学规划

对于危险废物或者有毒有害废物必须根据需要进行科学的规划，有必要建立单独的运输路线，同时尽量避免经过生活区、商业区和繁华区，同时采用先进的运输方式和设备以及装置，保证不发生泄漏，并保证在发生事故时对周围环境产生尽可能小的影响，同时建立严格的运输管理条例和机制。

第二节　农村垃圾防治及处理的区域规划

区域发展规划（Regional Development Plan，RDP）是区域生产力和区域经济与社会发展到一定历史阶段的产物，是对未来一定时间和空间范围内经济和社会发展等方面所做的总体部署。它标志着人类在能动地改造自然，协调人口、资源、环境、经济发展与社会进步关系方面进入了一个新的发展阶段。西方发达国家早在20世纪初就把区域发展规划作为加强宏观调控、合理配置资源、激发经济增长和促进社会进步的长期战略。我国区域发展规划虽始于20世纪50年代中后期，但直到80年代以来伴随改革开放的不断深入，才获得蓬勃发展。进入20世纪90年代以后，随着社会主义市场经济体制的逐步形成以及政府职能的转变，整个国民经济管理朝着加强宏观调控、微观开放搞活的方向发展，各级政府在区域经济发展中获得了更多的自主权，对其管理水平提出了更新的要求，并且其编制依据也开始从经济效益和社会效益占主导地位逐渐转向经济效益、社会效益和环境效益三大效益并重。

区域规划文本是区域综合发展规划研究成果的表现形式，是规划研究和决策信息的载体，是联系规划编制阶段与规划实施阶段的纽带，是评价规划水平与质量的重要依据。同

时，区域规划文本的形成过程还是优化规划设计、控制与管理的关键线路。显而易见，将区域规划研究的各种文本、资料构成目标一致、相互关系的有机整体，即形成规划文本体系，实现规划文本整体结构和内容的规范化、系统化，是提高规划质量和规划规范化水平的重要问题。从规划工作的总体要求和规划文本的功能来考虑，规划文本作为一个相对完整的体系，应满足如下3个方面的编写要求：a. 规划编制工作成果鉴定和审批对规划文本的要求；b. 规划方案与现行规划/计划体系衔接，如区域中长期发展规划方案与国土规划、五年计划的衔接及对规划文本的要求；c. 规划方案在实施阶段反馈控制、适时调整对规划文本的要求。

改革开放以来，我国乡镇发展到现在已经走上一条稳步发展的道路，并逐渐成熟、定性。我国乡镇发展应该汲取城市发展道路的经验，对将来出现的农村固体废物收集运输和处理处置进行有效的规划，从而最大限度地降低经济成本，取得较高的社会效益和环境效益。农村垃圾的规划主要分为以下3个方面：a. 乡镇工业固体废物防治规划；b. 农业环境保护规划；c. 村镇生态建设规划。其中又以乡镇工业固体废物防治规划为主，这主要是由于其产生废物量大、毒性大、对人体危害大，并且随着经济的增长和乡镇的发展，其产量必然成为农村固体废物的主要来源，对人类居住的危害也最大。

一、乡镇工业固体废物防治规划

编制小城镇工业固体废物防治规划，首先是要根据规划区域的资源特点和经济发展水平提出区域的环境功能，进而确定规划目标。在此基础上掌握社会经济发展现状、所有制结构、产业布局、查明城镇工业“三废”排放特征、主要污染源、污染物、企业生产过程中原材料利用率、产品销售量等及其对生态环境的污染现状，以便制定合理的切实可行的小城镇工业污染防治规划。

（1）现状调查

1）污染源分类　根据小城镇工业污染物的来源、特性、结构形态和调查研究的目的不同，污染源分类系统也不一样。根据污染物来源的不同，可将污染源分为自然污染源和人为污染源两类。对于小城镇工业污染防治规划而言，主要考虑人为污染源，即工业生产性污染源。根据污染源产生污染物的特性不同可分为冶金工业、电力工业、化学工业、建筑工业等几种。根据污染源的移动性不同，污染源可分为固定源和移动源两种。根据估算污染物在环境中输送、扩散、传输模式的要求不同，又可将污染源分为点源、线源和面源。

污染源的分类方式很多，不同类型的污染源对环境影响的方式和影响程度也不同。

2）污染物分类　与污染源的分类方法相似，污染物也有不同的分类方法。

根据污染物的理化特性不同，可将污染物分为物理污染物（噪声、光、热、电磁辐射、放射性辐射等）、化学污染物（无机污染物、有机污染物、重金属等）、生物污染物（病菌、病毒、霉菌、寄生虫卵等）和综合污染物（烟尘、废渣、致病有机物等）四种。

根据污染物存在形态不同，可将污染物分为阳离子态污染物、阴离子态污染物、分子态污染物、简单有机污染物、复杂有机污染物和颗粒污染物几种。

根据环境要素来分，可将污染物分为大气污染物（如硫氧化物、氮氧化物、臭氧、颗粒物等）、水环境污染物（如COD、BOD、SS、pH值、重金属等）、综合污染物（如烟尘、粉尘、酸雾等）等。不同环境要素的污染物可以互相转化。

3）污染源调查内容　城镇工业污染源排放的污染物质的种类、数量、排放方式、途径及污染源的类型和位置，直接关系到其影响对象、范围和程度。污染源调查就是要了解、掌握上述情况及其他有关问题。

小城镇工业污染源调查内容共包括如下10个方面。

① 企业概况：企业名称、厂址、企业性质、企业规模、厂区占地面积、职工构成、固定资产、投产年代、产品、产量、产值、利润、生产水平、企业环境保护机构名称、辅助设施、配套工程、运输和贮存方式等。

② 工艺调查：工艺原理、工艺流程、工艺水平、设备水平、环保设施。

③ 能源、水源、原辅材料情况调查：能源构成产地、成分、单耗、总耗；水源类型、供水方式、供水量、循环水量、循环利用率、水平衡；原辅材料种类、产地、成分及含量、消耗定额、总消耗量。

④ 生产布局调查：企业总体布局、原料和燃料堆放场、车间、办公室、厂区、居民区、堆渣区、污染源的位置、绿化带等。

⑤ 管理调查：管理体制、编制、生产制度、管理水平及经济指标；环境保护管理机构编制、环境管理水平等。

⑥ 污染物治理调查：工艺改革、综合利用、管理措施、治理方法、治理工艺、投资、效果。

⑦ 运行费用调查：副产品的成本及销路、存在问题、改进措施、今后治理规划或设想。

⑧ 污染物排放情况调查：污染物种类、数量、成分、性质；排放方式、规律、途径、排放浓度、排放量；排放口位置、类型、数量、控制方法；排放去向、历史情况、事故排放情况。

⑨ 污染危害调查：人体健康危害、动植物危害、污染物危害造成的经济损失、危害生态系统情况。

⑩ 发展规划调查：生产发展方向、规模、指标，“三同时”措施，预期效果及存在问题。

4）确定主要污染物、重点污染行业及主要污染源　调查评价对象主要是乡镇工业。

① 确定主要污染物。根据污染源调查的数据资料，按下列原则确定主要固体废物污染物：a. 量大面广、排放量大，对乡镇环境影响大的；b. 对人体健康和生态环境危害严重或潜在危害严重的；c. 当前的技术水平和管理水平能够监控管理的。在制定乡镇环境规划时可将主要污染物分为两类：a. 在全国范围内具有普遍性的污染物，例如烟尘、工业粉尘以及其他工业固体废物，这类主要污染物量大面广、排放量大，对乡镇环境影响大；b. 危害严重的污染物，这类污染物的排放量不一定大，也不是全国普遍的，而是因地而异，但这类污染物对环境危害却不容忽视，如磷、酚、砷、铅、铜、汞等对人体有害的重金属。

② 确定重点污染行业。参照国家公布的重点污染行业名单，结合调查资料对乡镇工业按行业进行分析比较，确定本地区的重点污染行业。

Ⅰ. 国家公布的重点污染行业名单：重点污染行业包括造纸、印染、电镀、化工、制革、淀粉、酿酒、制糖、炼焦、炼磺、金属冶炼、炼汞、炼金、煤炭洗选、选矿、水泥、砖瓦、陶瓷18个行业。

Ⅱ. 根据调查资料分析比较　按行业进行下列三个方面的分析比较（评价），确定本地区的重点污染行业：其一，按行业计算其等标污染负荷；其二，调查各行业的污染效应，主要是人体效应和经济效应，按行业由大到小排队；其三，污染治理难度（技术难度和投资大小）及环境管理和污染防治水平。综合分析以上三个方面确定本地区的重点污染行业。

Ⅲ. 确定主要污染源。计算固体废物各污染源的等标污染负荷，分别由大到小排队。然后，由各队中分别截取一定数量的污染源，截取的污染源所排放的污染负荷之和占本地区污染负荷总量的80%～85%。

（2）乡镇工业固体废物污染综合防治目标

1）确定乡镇工业企业污染综合防治目标

① 确定农村固体废物污染综合防治目标的依据。《国家环境保护“十三五”规划基本思路》已编制完成，初步提出了“十三五”期间环境保护奋斗目标，主要包括两个阶段性目标。“首先，到2020年，主要污染物排放总量显著减少，空气和水环境质量总体改善，土壤环境恶化趋势得到遏制，生态系统稳定性增强，辐射环境质量继续保持良好，环境风险得到有效管控，生态文明制度体系系统完整，生态文明水平与全面小康社会相适应。其次，到2030年，全国城市环境空气质量基本达标，水环境质量达到功能区标准，土壤环境质量得到好转，生态环境质量全面改善，经济社会发展与环境保护基本协调，生态文明水平全面提高。”

新华社公布的《中共中央关于制定国民经济和社会发展第十三个五年规划的建议》，在第五项“坚持绿色发展，着力改善生态环境”中提出：“加大环境治理力度。以提高环境质量为核心，实行最严格的环境保护制度，形成政府、企业、公众共治的环境治理体系。推进多污染物综合防治和环境治理，实行联防联控和流域共治，深入实施大气、水、土壤污染防治行动计划。实施工业污染源全面达标排放计划，实现城镇生活污水垃圾处理设施全覆盖和稳定运行。扩大污染物总量控制范围，将细颗粒物等环境质量指标列入约束性指标。坚持城乡环境治理并重，加大农业面源污染防治力度，统筹农村饮水安全、改水改厕、垃圾处理，推进种养业废弃物资源化利用、无害化处置。”

② 因地制宜，从实际情况出发。确定乡镇工业企业污染综合防治目标的另一重要依据，就是本地区的生态特征、环境污染现状、污染治理水平以及实际技术经济发展水平。

2）乡镇工业企业污染综合防治规划目标的指标体系

① 环境质量指标。有条件的地区可以采用如下指标：a. 主要固体污染物排放总量对大气（或水）环境质量的影响不能超过某一限制（$\mu g/m^3$ 或 mg/m^3）；b. 主要固体污染物排放总量对土壤的环境影响不能超过某一限值（mg/kg）。

② 主要污染物排放总量控制指标。分两类来确定：a. 全国性的，如烟尘、工业粉尘、工业固体废物；b. 地区性的，如铅、铜、汞等重金属，联苯胺、危险废物等。

③ 乡镇工业污染控制指标　根据对工业污染进行全过程控制，降低乡镇工业单位经济活动的环境代价，减少主要污染物排放量的要求，可采用下列指标：a. 万元产值综合能耗年均递减率（%）；b. 万元产值主要污染物排放量年均递减率（%）；c. 工业固废综合利用率（%）；d. 乡镇工业清洁生产度；e. 乡镇工业经济发展科技贡献率（%）；f. 乡镇工业的环境保护投资比（%）。

3）确定环境目标　以控制乡镇工业污染对乡镇环境（包括农业环境）的影响不能超过的某一限值的要求为依据，通过测算和经验判断，确定乡镇工业污染的最佳（或实际可行）控制水平。经可行性分析再做必要的调整。

（3）城镇固体废物污染防治规划的制定

1）合理调整产业结构　主要包括行业结构、产品结构、技术结构和规模结构等方面的调整。城镇工业的第一、第二、第三产业应融于整体农村经济发展格局中予以综合分析，推算城镇工业合理比例结构。

调整城镇工业的行业结构，根据国家产业政策和本地区城镇工业的实际情况，将城镇工业分为以下四类。

① 严重污染、浪费资源，应禁止发展、关停取缔的行业。根据《国务院关于环境保护若干问题的决定》应关停取缔的“15小”企业，即小造纸、小印染、小制革、土法炼焦、土炼硫、土炼砷、土炼汞、土法炼铅锌、土法炼油、土法选金、土法农药、土法漂染、土法电镀、土法生产石棉制品、土法生产放射性制品。上述“15小”企业的共同特点是：规模小、生产工艺落后，浪费资源、效益差，严重污染环境、治理难度大。

② 本地区调查评价确定的重污染行业，都应限制发展。一般将这类行业在本地区城镇工业中所占的比重控制在不超过5%，最多不超过10%。

③ 中度污染型的城镇工业，可以适度发展。

④ 轻污染及无污染的城镇工业应大力发展。特别注重发展农副产品深加工以及高新技术产业。

2）调整城镇工业的规模结构　根据经济发展规律及实践经验，国家的产业政策规定了各个行业的适度规模。如造纸行业，年产浆1×10^4t以下的造纸厂，达不到应有的经济效益和环境效益。所以要按国家的产业政策，调整乡镇工业的规模结构。

在结构调整过程中，大中型城镇工业企业应当主攻“高、名、尖、外”，引进高新技术，加速产品更新换代，并通过兼并联合，优化资产结构和资源配置，发展企业集团，形成规模经营。大量小型城镇工业，则应向“专、精、新、特”的方向发展，与大公司、大企业配套。

3）工业企业选址与合理布局　城镇工业应聚集到小城镇，布局重点放在镇上，引导乡镇工业适当集中，逐步形成以镇为基础的农村工业新格局。规划布局应从保护土壤资源、不危害水源和缓解城镇大气污染，以及保护资源和生态环境入手，并纳入当地的发展总体规划。

① 进行城镇工业用地生态适宜度分析。如有条件，可将市域（或县域）城镇环境规划区划分为若干个$1km^2$（或$2\sim4\ km^2$）的网格，按网格进行生态登记，在此基础上按规定程序进行城镇工业企业用地生态适宜度分析，并结合农业区划及本地区城镇环境经济特征，提出城镇工业企业用地开发的优化排序。在没有条件进行生态登记和生态适宜度分析的地区，可以参照城镇建设总体规划的功能区划和本地区的农业区划，提出城镇工业企业合理布局的方案。

② 对现有城镇工业布局的环境经济评价。主要是对城镇已建成投产的污染型工业的厂址逐个进行环境经济综合评价，提出调整方案。具体方法是：选定评价因子（一般是3～5个），如经济效益（包括对厂址所在地经济发展的贡献）、对城镇环境的影响（包括农业生态环境）、污染的可治理性、迁厂难度等。

分级评分、综合分析，将所有参与评价的城镇工业分为三类，即必迁、可迁可不迁、不迁。征求各部门意见，结合城镇建设总体规划的要求，提出调整现有布局的方案。

③ 转变经济增长方式，推行清洁生产。乡镇工业企业大多工艺落后、管理不善，至今仍沿用着以大量消耗资源、粗放经营为特征的经济增长模式，所以排污量大、经济效益差。如果以万元投入净收益（正贡献）、万元投入污染损失（负贡献）两个指标来评价乡镇工业企业的综合效益，则相当多数的乡镇工业企业综合效益是负值（综合效益＝万元投入净收益－万元投入污染损失）。相当多数的乡镇工业企业万元投入污染损失大于万元投入净收益。长此以往，不但会严重污染损害环境，而且乡镇工业企业的经济发展也难以为继，不可能实现可持续发展。

改变这一状况的出路就是要从粗放型增长模式向集约型增长模式转变，企业的经营管理要十分注重质量、效率、效益，以最低的环境代价和最低的资源消耗取得最佳的综合效益。

为此，要因地制宜采取下列措施。a. 依靠技术进步，推行清洁生产。节能、降耗、减少污染物排放量，以无毒无害的原辅材料替代有毒有害的原辅材料，使用清洁能源，改进产品结构，实施绿色产品设计，使用清洁便于回收的包装材料。b. 合理利用环境自净能力。将各种污染防治方式有机组合，利用荒滩地、草地等处理废水，合理分配污染负荷。

4）因地制宜，提高污染治理能力

① 乡镇工业企业系统内部，设计合理的工业链。乡镇工业区是一个“人与工业环境组成的人工生态系统”，在系统内部设计合理的“工业链”，可以提高资源的综合利用率，清除污染，较好地实现循环。例如利用制砖、混凝土制品等建材工业，可以同时取得良好的经济效益与环境效益。

② 污染治理社会化。由于固体废物可重复利用价值较高，具有一定的错位性，在一个地方是废物，在另外一个地方就是资源，因此小城镇的固体废物治理社会化，经国内外的实践证明是一条切实可行的途径。这种办法可以拓宽污染治理的投资渠道，提高污染治理的效率和效益。

污染治理社会化引入市场机制，有多种形式，“环境保护设施运营专业化”就是一种较好的形式。还有对各企业进行调查，对废物进行合理调度，可以使得废物重新变废为宝。

5）健全环境法制，强化环境管理

① 提高乡镇工业管理人员的环境意识。通过宣传教育，提高企业领导及职工的环境保护国策意识、环境法治意识、生态观点、环境道德观，以及懂得实施可持续发展战略的重要意义，不将环境成本转嫁给社会，自觉地为降低单位经济活动的环境代价而努力。

② 坚持实行行之有效的环境管理制度。主要有环境与发展综合决策制度、公众参与制度、环境规划制度、环境影响评价制度、“三同时”制度、污染物排放量总量控制制度、排污申报登记和排污许可证制度、污染者付费制度等。

③ 乡镇工业企业污染全过程控制。对乡镇工业企业的生产过程及产品的生命周期进行全过程监控，并考核其下列指标：万元产值排污量年均递减率、万元产值综合能耗年均递减率（万元产值以不变价计算）。

二、农业生活垃圾处理区域规划

农村经济落后，居民居住分散，产生垃圾利用价值不高，因此其收集运输成本较高（具体可见第二章第一节），对其处理处置也是如此。对农村生活垃圾的处理规划应该遵循以下几个原则。

1. 联合处理处置规划

单个村落垃圾产生量少，因此收集运输成本高，其处理处置成本也高，难以达到规模效应，而且单个村落一般难以承受处理处置的费用，村落联合处理处置，有利于集中各自资金，同时形成规模，产生经济效益。

2. 垃圾组分类似地区尽量划分为一个区域内，同时考虑地理位置和交通

垃圾组分相似，意味着其处理处置方式一致，可以将其划分在一个区域内使得处理处置简单化，降低处理处置成本，当然也要考虑地理位置和交通是否便利，但是不同村落划分到

一个处理区域，也会增加不同村落之间的协作难度以及处理费用摊派问题。

3. 处理处置规划尽量采用资源化方式，坚持就地利用原则

区域处理处置规划必须首先考虑资源化利用，这样才能最低限度降低处理处置成本，使之收到经济效益，从而纳入市场轨道，摆脱公益事业范围，达到最大效益。同时还必须坚持就地利用原则，这样可以最大限度地降低运输成本。例如对于内地农村，由于家禽较多，可以每一个村落建立沼气发酵装置，将整个村落收集的粪便进行集中发酵，产生沼气用来取暖或者厨用，一方面节约能源，另一方面防治其他污染，达到双重效果。

对于发达的乡镇，其生活垃圾比较集中，产生量大，多以纸屑、玻璃、食品等物质为多，因此比较容易收集运输，区域规划要求如下：a. 建立并发展完整的环卫体系，向城市化推进；b. 进行科学的规划，完善收集运输系统；c. 制定适宜垃圾特点处理处置方针和政策，并指导乡镇工业固体废物处理处置的发展。如确立主导处理处置方针：先分选，再资源化利用，最后进行填埋。

三、村镇生态建设规划

总而言之，农村的固体废物收集以及处理区域规划，是农村生态建设规划的一个子系统，建立完善的农村生态系统，可以从源头减少固体废物的产生，并对产生的固体废物尽量资源化，使其在不同消费者或者生产者之间进行循环，从而最终减少了固体废物的处理处置，因此村镇生态系统的完善与否影响着村镇固体废物区域规划发展的指导方针、发展规模以及处理处置效果。

农村生态规划包含农村生活垃圾处理处置规划和乡镇工业固体废物防治及处理规划，它们之间相互影响相互作用。

通常说的村镇，是指现行体制下的广大村庄（行政村）和集镇。以生态理论为指导进行生态建设，是乡镇环境综合整治的重要组成部分。目的是保护和改善乡镇生态环境，城乡结合增强城市生态系统的调节能力，促进良性循环。

1. 基本原则

（1）以生态理论为指导，与村镇建设总体规划同步制定

村镇是以居民为主体，人类与其居住环境组合而成的人工生态系统，它与农业生态系统、乡镇企业生态系统紧密结合在一起，形成复合生态系统。所以，村镇的生态建设不但是村镇人工生态系统的设计和建设，还涉及更为复杂的复合生态系统内各生态子系统之间的关系。因此，必须以生态理论为指导，才能制定和实施村镇生态建设规划。村镇建设总体规划，是在全县（或全乡）范围内进行的村镇布局规划和相应的各项建设的全面安排。在县（或乡）范围内按照经济社会发展的需要和建设的可能性，确定村镇主要性质、发展方向、规模和位置，村镇之间的交通运输系统，电力、电讯线路的走向，以及公共建筑物和生产基地位置等。这些内容都与生态建设相关，应作为制定生态建设规划依据。而生态建设规划又可从生态的角度，检查评价“总体规划”的各项建设安排是否符合生态要求，应按“三同步”方针要求“同步规划”。

（2）不断提高生产生态位与生活生态位

村镇生态建设要有利于生产、方便生活，生活区和工业区布局要相协调，这样村镇生态

系统的生产功能和生活功能逐步提高，生产生态位与生活生态位也不断接近理想生态位的目标。

(3) 控制规模，改善结构

控制村镇规模，既要便于集中进行城市基础设施建设，又要便于就地开发和保护自然资源发展农业生产。其总体构型、人口密度等要符合生态要求。

2. 村镇生态建设目标

村镇生态建设的长远目标，是在市域（或县域）范围内建设成布局合理、生态可持续性发展的村镇群，也就是设计和建设处于良性循环状态的能持续稳定运行的人工生态系统。

《中华人民共和国国民经济和社会发展第十三个五年规划纲要》第八篇“推进新型城镇化”提出：“坚持以人的城镇化为核心、以城市群为主体形态、以城市综合承载能力为支撑、以体制机制创新为保障，加快新型城镇化步伐，提高社会主义新农村建设水平，努力缩小城乡发展差距，推进城乡发展一体化。”经济、技术发展水平不同，城镇化的速度不同，城镇体系内的村镇生态建设奋斗目标要因地制宜。下面提出一些供参考的建议。

(1) 村镇生态建设的指标体系

主要包括：相关的经济、社会指标，生产生态位，生活生态位，生态可持续性。

1) 相关的经济、社会指标　从村镇生态系统的良性循环、可持续稳定运行来考虑可选择下列指标。如人均GDP，经济密度，能耗密度，万元GDP耗水量；人口密度，人口自然增长率，万人大学生人数；科技普及率，环境意识，经济发展科技贡献率等。

2) 生产生态位　主要体现在村镇生态环境对生态系统发挥生态功能的保证程度，可选择下列指标组成指标体系。如：城镇化水平，市场发育程度，生产力布局适宜率，水、能源、土地、生物资源等自然资源保证率，生产投资保证率，环保投资比，科技创新投资比，技术改造投资比，交通运输及信息化保证程度，生态工业园区的比重，清洁生产的比重等。

3) 生活生态位　即作为村镇生态系统主体的居民的生存状态和生活条件。要达到环境清洁、卫生、安静、优美、方便、舒适、生活质量高，可采用下列指标来描述。如：环境污染物（TSP、SO_2、NO_x、COD、固体废物等）的含量水平达到国家规定的环境质量标准（或优于标准），环境噪声达标率，交通噪声达标率；环境安全度（饮用水、食品安全）；景观优美度；人均绿地面积；人均居住面积，人均道路，电话普及率；恩格尔系数；人均预期寿命等。

4) 生态可持续性　建议选取下列指标。如：水、土地资源单项承载力预测评价值，资源与环境综合承载力评价值；环境与经济协调度；真实储蓄变化率，真实储蓄占GDP的比例；森林覆盖率，大绿地系统结构评价值；自然保护区面积，自然保护区面积占生态建设规划区总面积的比例等。

(2) 确定奋斗目标

根据上述建议指标，结合本市域（或县域）的实际选取一定数量的有代表性的指标，组成指标体系。指标不可过多，一般以20～25项为宜。为了使指标体系更切合实际，可以采用专家咨询的方法，或是采用邀请有关部门的负责人和专家共同讨论的方法来确定指标体系。指标体系建立后，每项指标在各规划期的控制水平，可以根据本地区的需要与可能来确定。

3. 村镇生态建设规划的主要措施

(1) 积极提高城镇化水平，合理布局

《中共中央关于制定国民经济和社会发展第十三个五年规划的建议》在第四项中提出

“坚持协调发展，着力形成平衡发展结构。”“发展特色县域经济，加快培育中小城市和特色小城镇，促进农产品精深加工和农村服务业发展，拓展农民增收渠道，完善农民收入增长支持政策体系，增强农村发展内生动力。推进以人为核心的新型城镇化。提高城市规划、建设、管理水平。”“发展小城镇是推动我国城镇化的重要途径。小城镇建设要合理布局、科学规划、规模适度、注重实效。”

1）采取有力措施，积极发展小城镇　当前，我国城镇化水平已滞后于国民经济的发展，应根据以上建议的精神积极推进小城镇的发展。但要规模适度、镇村结合，提高质量。所谓规模适度、镇村结合，就是指在市域（或县域）范围内的广大农村地区，分布着众多小城镇和集中的居民聚居点（合并后的大行政村），这些小城镇（5万～10万人为宜）和大行政村（2万～5万人为宜）规模不可过小，但也不可过大。要便于集中进行给排水、道路、输配电等基础设施建设，生活排放的废气、废水、垃圾又能就地消纳净化。所谓提高质量，就是要改变旧的村镇建设的观念，以生态理论为指导，在全市域（或县域）范围内建成镇村结合的结构功能良好的村镇体系，逐步发展成为处于良性循环状态、能持续稳定运行的人工生态系统。

2）合理布局　以村镇建设总体规划为基础，首先协调好工业区及生活区的布局。a. 工业按污染划分类型（兼顾行业特点）。将污染型工业安排在生态适宜度大的地区，形成规模适当的工业区。工业区的结构要合理组合，形成低消耗（资源、能源利用率高）、高效益的工业经济体系，经济密度大，污染负荷小。b. 劳动密集型的无污染工业（如编织、服装业）与村镇生活区统一安排，便于就近参加劳动生产，又不干扰日常生活。c. 创造条件创建高新技术及清洁生产工业区。d. 工业区与生活区之间要有隔离带，从总体构型上要把工业区与生活区融合到大的自然环境中去。

（2）强化环境质量管理

为了维护居民生存及身体健康，不断提高生活生态位，必须强化环境质量管理。

① 明确管理重点，主要是控制污染、改善生态环境、保障环境安全。a. 按功能区进行污染控制，建立烟尘控制区、噪声控制（达标）小区，控制村镇环境污染；b. 居民区的综合环境质量控制在“基本舒适”以上，保证居民健康不受损害；c. 严格控制饮水水质、食品工业用水水质、农田灌溉水质，严防污染物随水进入食物链；d. 严格控制饲料添加剂、食品添加剂以及食品（包括制酒）加工设备的材质等，严防对人体有害的化学物质（如环境激素等）通过食物链进入人体。

② 严格执行环境标准，建立监控系统，正确理解和严格执行环境质量标准，按照管理重点建立环境质量控制系统，并积极创造条件，定期向居民报告环境质量现状。

（3）制定和实施生态建设工程

因地制宜选择重点建设项目，制定具体建设规划和实施步骤，并落实投资。主要包括：保护植被、控制水土流失；退耕还草、退耕还林，建设并完善大绿地系统，增大森林覆盖率；改善村镇绿化系统结构，优化树种组合，使各类绿地的比例相协调；建立自然保护区，保护生物多样性；建设生态（绿色）居住区示范工程；建设生态工业园区示范工程等。

（4）评价村镇可持续发展能力，采取措施不断提高村镇的可持续发展能力

研究建立评价村镇可持续发展能力的方法，通过评价找出存在问题，有针对性地采取措施提高村镇的可持续发展能力。

（5）积极开展环境教育，提高领导层及广大居民的环境意识

环境保护、教育为本，搞好生态建设必须积极开展环境教育。实践证明，“人类-环境”系统出现的矛盾和问题，主要在人类，在于人类对环境价值和环境问题的认识，在于能否正

确处理经济发展与环境保护的关系，以及长远利益和眼前利益的关系，提高领导层的环境意识和环境警觉，克服短期行为，进行环境与发展综合决策，实现“三个效益的统一”是制定和实施好生态建设规划的关键。

同时面向企业界、面向广大居民，普及环境科学基础知识，普及环保法，树立环境道德观，树立贯彻国策人人有责的思想，使企业界与广大居民自觉地把保护环境、进行生态建设视为自身应尽的责任和义务，是搞好生态建设的又一关键环节。

第三节　农村生活垃圾处理的技术比选

农村生活垃圾处理处置方式多样，一般有资源化利用、焚烧、发酵、堆肥等，一般都是几种技术相结合，形成综合处理处置方案。可以说具体采用什么样技术路线主要受3个条件的限制。

1）所要处理的固体废物的性质　例如有机物含量高，适宜采用堆肥发酵；可燃物组分含量高，适宜采用焚烧方法。

2）当地的经济条件　采用何种处理处置方式受到当地财政收入的限制，对于一个内地的穷县，即便垃圾可燃组分高，也无法采用先进的焚烧技术，并能维持其运行，必然还是采用成本低廉的填埋或者其他，而不能不顾现实条件的限制采用高成本的处理技术。

3）市场的约束　如果产生固体废物可以产生经济效益，必然可以纳入市场体系，由市场提供资金，政府只需要进行管理，可以很大程度上减轻政府负担；如果处理处置固体废物不产生经济效益，则必然是公益事业，要由政府出面并出资，必然降低工作效率，增加管理者负担，因此市场也是一个决定因素。

农村生活垃圾处理路线一般有如下几种。

① 垃圾中有机组分比较多的处理路线见图2-2(a)。

② 对于可燃物比较多且经济允许的垃圾，处理路线见图2-2(b)。

③ 对于经济比较落后，垃圾产量较少，可利用成分较少的村镇，可以采用最简单收集处理路线，收集填埋。

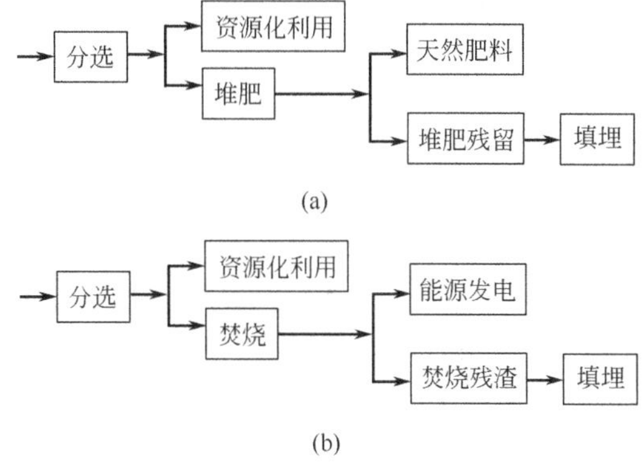

图2-2　农村生活垃圾处理路线

不同的收集路线有不同的优缺点，必须根据实际情况因地制宜地进行选择。例如图2-2(a)路线的优点是可较好地实现资源化，同时产生天然肥料，减少人造化肥的使用，进一步保护了环境，缺点是受市场和农民使用习惯的影响，由于堆肥技术的不成熟，产生肥料肥效不高，相对于人造化肥较脏、体积大，一般农民不爱使用，因此生产出来的肥料往往堆积在仓库里面，还不如简单填埋掉；图2-2(b)路线可较好地回收能源，且产生垃圾残渣较少，代表了乡镇发展方向，但是其建造和运行成本较高，对于整体经济落后的农村来说，不具有典型性，可被沿海以及相对富裕的乡镇采用；路线③没有实现资源化和能源化，不代表乡镇发展方向，但是处理成本低，处理方式简单，对于相对较为落后的地区可以采用。

第三章

农业固体废物的预处理

固体废物纷繁复杂，其形状、大小、结构与性质各异，为了使其转变为更适合于运输、贮存、资源化利用，以及某一特定的处理处置方式的状态，往往需要预先进行一些前期准备加工工序，即预处理。固体废物的预处理一般可分为两种情况：其一是分选作业之前的预处理，主要包括筛分、分级、破碎等，以使固体废物单体分离或分成适当的级别，更利于下一步工序的进行；其二是运输前或最终处理前的预处理，主要包括破碎、压缩等，其目的是使废物减容以利于运输、贮存、填埋等。

预处理主要包括对固体废物进行破碎、分选等单元操作技术，主要是运用物理或化学方法来完成。常常涉及其中某些目标物质的分离与集中，同时，往往又是从其中回收有用成分的过程。这对于许多考虑到资源化和再利用的先进有效的固体废物处理系统而言，都是必不可少的重要组成部分。

第一节　固体废物的破碎

一、概述

复杂且不均匀、体积庞大是固体废物的特点，这对整个固体废物处理处置系统而言，都是极为不利的。在许多情况下，减小最大颗粒尺寸对提高处理系统的可靠性是极为重要的。

为达到废物尺寸缩减，通常所用的方法就是破碎，更确切地称为颗粒尺寸减小，是通过人力或机械等外力的作用，破坏物体内部的凝聚力和分子间作用力而使物体破裂变碎的操作过程。破碎是固体废物处理技术中最常用的预处理工艺。它不是最终处理的作业，而是运输、贮存、填埋、压缩等其他作业的预处理作业。换而言之，破碎的目的是为了使上述操作能够或容易进行，或者更加经济有效。

经破碎处理后，固体废物的性质发生改变，消除了其中较大的空隙，使物料整体密度增加，并达到使固体废物混合体更为均一的颗粒尺寸分布，使其更适合于各类后处理工序所要求的形状、尺寸与容重等。

破碎之所以成为几乎所有固体废物处理方法中必不可少的预处理工序，主要基于以下几项优点。

① 对于填埋处理而言，破碎后固体废物置于填埋场并施行压缩，其有效密度要比未破碎物高25%～60%，减少了填埋场工作人员用土覆盖的频率，加快实现垃圾干燥覆土还原。与好氧条件相组合，还可有效去除蚊蝇，减轻臭味，减少了昆虫、鼠类的疾病传播可能。

② 破碎后，原来组成复杂且不均匀的废物变得混合均一，比表面积增加，有助于提高堆肥效率。

③ 废物容重的增加，使贮存与远距离运输更加经济有效，易于进行。

④ 为分选提供符合要求的入选粒度，使原来的联生矿物或联结在一起的异种材料等单体分离，从而更有利于提取其中的有用物质与材料。

⑤ 防止不可预料的大块、锋利的固体废物损坏运行中的处理机械如分选机、炉膛等。

⑥ 尺寸减小后的废物颗粒不易被风吹走。

⑦ 容易通过磁选等方法回收小块的贵重金属。

1. 破碎难易程度衡量

固体废物种类很多，不同的固体废物，其破碎的难易程度是不同的。破碎的难易程度通常用机械强度或硬度来衡量。

（1）机械强度

固体废物的机械强度是指固体废物抗破碎的阻力，通常都用静载下测定的抗压强度、抗拉强度、抗剪强度和抗弯强度来表示。其中抗压强度最大，抗剪强度次之，抗弯强度较小，抗拉强度最小。一般以固体废物的抗压强度为标准来衡量：抗压强度大于250MPa的为坚硬固体废物；40～250MPa的为中硬固体废物；小于40MPa的为软固体废物。机械强度越大的固体废物，破碎越困难。固体废物的机械强度与其颗粒粒度有关，粒度小的废物颗粒，其宏观和微观裂隙比大粒度颗粒要小，因而机械强度较高，破碎较困难。

（2）硬度

固体废物的硬度是指固体废物抵抗外力机械侵入的能力。一般硬度越大的固体废物，其破碎难度越大。固体废物的硬度有两种表示方法：一种是对照矿物硬度确定。矿物的硬度可按莫氏硬度分为十级，其软硬排列顺序如下：滑石、石膏、方解石、萤石、磷灰石、长石、石英、黄玉石、刚玉和金刚石。各种固体废物的硬度可通过与这些矿物相比较来确定。另一种是按废物破碎时的性状，固体废物可分为最坚硬物料、坚硬物料、中硬物料和软质物料四种。

在需要破碎的废物当中，大多数都呈现脆性，废物在碎裂之前的塑性变形很小。但也有一些需要破碎的废物在常温下呈现较高的韧性和塑性，因此用传统的破碎方法难以将其破碎，在这种情况下就需要采用特殊的破碎手段。例如，橡胶在压力作用下能产生较大的塑性变形却不断裂，但可利用它在低温时变脆的特性来有效地破碎。

2. 破碎比与破碎段

在破碎过程当中，原废物粒度与破碎产物粒度的比值称为破碎比。破碎比表示废物粒度在破碎过程中减少的倍数，也就是表征了废物被破碎的程度。破碎机的能量消耗和处理能力都与破碎比有关。破碎比的计算方法有以下两种。

① 用废物破碎前的最大粒度（D_{max}）与破碎后的最大粒度（d_{max}）之比值来确定破碎比（i）

$$i=D_{max}/d_{max}$$

用该法确定的破碎比称为极限破碎比，在工程设计中常被采用。根据最大物料直径来选择破碎机给料口的宽度。

② 用废物破碎前的平均粒度（D_{cp}）与破碎后的平均粒度（d_{cp}）的比值来确定破碎比（i）

$$i=D_{cp}/d_{cp}$$

用该法确定的破碎比称为真实破碎比，能较真实地反映破碎程度，在科研和理论研究中常被采用。

一般破碎机的平均破碎比在3～30之间。

固体废物每经过一次破碎机或磨碎机称为一个破碎段。若要求的破碎比不大，则一段破碎即可。但对有些固体废物的分选工艺，例如浮选、磁选等而言，由于要求入料的粒度很细，破碎比很大，所以往往根据实际需要将几台破碎机或磨碎机依次串联起来组成破碎流程。对固体废物进行多次（段）破碎，其总破碎比等于各段破碎比（i_1，i_2，…，i_n）的乘积，如下式所示。

$$i=i_1\times i_2\times\cdots\times i_n$$

破碎段数是决定破碎工艺流程的基本指标，它主要决定破碎废物的原始粒度和最终粒度。破碎段数越多，破碎流程就越复杂，工程投资相应增加，因此，如果条件允许的话，应尽量减少破碎段数。

3. 破碎方法

破碎方法可分为干式、湿式、半湿式破碎三类。其中，湿式破碎与半湿式破碎是在破碎的同时兼有分级分选的处理。干式破碎即通常所说的破碎，按所用的外力即消耗能量形式的不同，干式破碎（以下简称破碎）又可分为机械能破碎和非机械能破碎两种方法。机械能破碎是利用破碎工具如破碎机的齿板、锤子和球磨机的钢球等对固体废物施力而将其破碎的；非机械能破碎则是利用电能、热能等对固体废物进行破碎的新方法，如低温破碎、热力破碎、低压破碎或超声波破碎等。低温冷冻破碎已用于废塑料及其制品、废橡胶及其制品、废电线（塑料橡胶被覆）等的破碎。图3-1是常用破碎机的破碎方式。

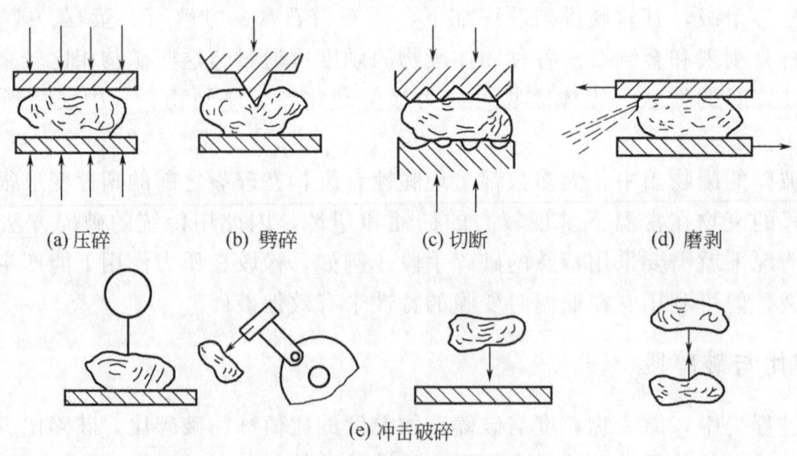

图3-1 常用破碎机的破碎方式

目前广泛采用的破碎方法有挤压破碎、冲击破碎、剪切破碎、摩擦破碎等，此外还有专用的低温破碎、湿式破碎。

① 挤压破碎是指废物在两个相对运动的硬面之间的挤压作用下破碎。

② 冲击破碎有重力冲击和动冲击两种形式。重力冲击是使废物落到一个硬的表面上，就像瓶子落到混凝土上使它破碎一样。动冲击是使废物碰到一个比它硬的快速旋转的表面时而产生冲击作用。在动冲击过程中，废物是无支承的，冲击力使破碎的颗粒向各个方向加速，如锤式破碎机利用的就是动冲击的原理。

③ 剪切破碎是指在剪切作用下使废物破碎，剪切作用包括劈开、撕破和折断等。

④ 摩擦破碎是指废物在两个相对运动的硬面摩擦作用下破碎。如碾磨机是借助旋转磨轮沿环形底盘运动来连续摩擦、压碎和磨削废物。

⑤ 低温破碎是指利用塑料、橡胶类废物在低温下脆化的特性进行破碎。

⑥ 湿式破碎是指利用湿法使纸类、纤维类废物调制成浆状，然后加以利用的一种方法。

为避免机器的过度磨损，工业固体废物的尺寸减小往往分几步进行，一般采用三级破碎，第一级破碎可以把材料的尺寸减小到3in[1]，第二级破碎减小到1in，第三级破碎减小到1/8in。

固体废物的机械强度，特别是废物的硬度直接影响到破碎方法的选择。在有待破碎的废物（如各种废石和废渣等）中，大多数呈现脆硬性，宜采用劈碎、冲击、挤压破碎；对于柔韧性废物（如废橡胶，废钢铁，废器材等）在常温下用传统的破碎机难以破碎，压力只能使其产生较大的塑性变形而不断裂，这时，宜利用其低温变脆的性能来有效地破碎，或是剪切、冲击破碎；而当废物体积较大不能直接将其供入破碎机时，需先行将其切割到可以装入进料口的尺寸，再送入破碎机内；对于含有大量废纸的城市垃圾，近几年来国外已采用半湿式和湿式破碎。

鉴于固体废物组成的复杂性，一般的破碎机兼有多种破碎方法，通常是破碎机的组件与要被破碎的物料间多种作用力在一起混合作用，如压碎和折断、冲击破碎和磨（剥）等。

二、破碎设备

破碎农村固体废物的常用破碎机有颚式破碎机、冲击式破碎机、剪切式破碎机、辊式破碎机等。另外还有圆锥破碎机、破碎分选机等新型的破碎设备。

1. 颚式破碎机

颚式破碎机俗称老虎口，属于挤压形破碎机械。颚式破碎机出现于1858年。它虽然是一种古老的破碎设备，但是由于具有构造简单、工作可靠、制造容易、维修方便等优点，所以至今仍获得广泛应用。在固体废物破碎处理中主要用于破碎强度及韧性高、腐蚀性强的废物。

颚式破碎机的主要部件为固定颚板、可动颚板、连接于传动轴的偏心转动轮、固定颚板和可动颚板构成破碎腔。

根据可动颚板的运动特性分为简单摆动型与复式摆动型两种。近年来，液压技术在破碎设备上得到应用，出现了液压颚式破碎机。图3-2所示为颚式破碎机的主要类型。

---

[1] 1in=0.0254m，下同。

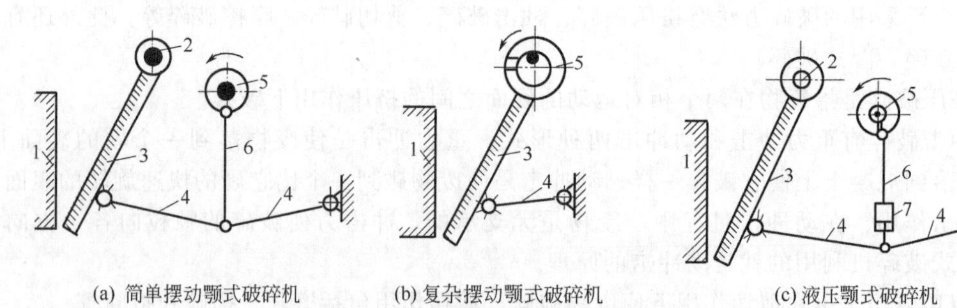

图 3-2 颚式破碎机的主要类型

1—固定颚板；2—动颚悬挂轴；3—可动颚板；4—前（后）推力板；5—偏心轴；6—连杆；7—连杆液压油缸；8—调整液压油缺

(1) 简单摆动型颚式破碎机

图 3-3 所示为国产 2100mm×1500mm 简单摆动型颚式破碎机构造。该机由机架、工作机构、传动机构、保险装置等部分组成。其中固定颚和动颚构成破碎腔。送入破碎腔中的废料由于动颚被转动的偏心轴带动呈往复摆动而被挤压、破裂和弯曲破碎。当动颚离开固定颚时，破碎腔内下部已破碎到小于排料口的物料靠其自身重力从排料口排出，位于破碎腔上部的尚未充分压碎的料块当下落一定距离后，在动颚板的继续压碎下被破碎。

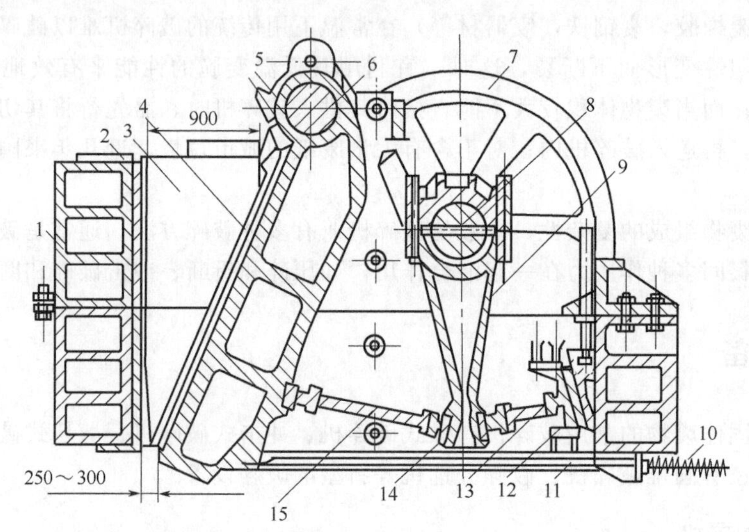

图 3-3 国产 2100mm×1500mm 简单摆动型颚式破碎机构造

1—机架；2—破碎齿板；3—侧面衬板；4—破碎齿板；5—可动颚板；6—心轴；7—飞轮；8—偏心轴；9—连杆；10—弹簧；11—拉杆；12—砌块；13—后推力板；14—肘板支座；15—前推力板

(2) 复杂摆动型颚式破碎机

图 3-4 为复杂摆动型颚式破碎机构造。从构造上来看，复杂摆动型颚式破碎机与简单摆动型颚式破碎机的区别是少了一根动颚悬挂的心轴，动颚与连杆合为一个部件，没有垂直连杆，轴板也只有一块。可见，复杂摆动型颚式破碎机构造简单。但动鄂的运动却较简单摆动型颚式破碎机复杂，动颚在水平方向上有摆动，同时在垂直方向上也有运动，是一种复杂运动，故称复杂摆动型颚式破碎机。

复杂摆动型颚式破碎机的破碎产品粒度较细，破碎比大（一般可达 4～8，而简摆型只能达 3～6）。复杂摆动型动颚上部行程较大，可以满足废物破碎时所需要的破碎量，动鄂向下运动时有促进排料的作用，因而规格相同时，复摆型比简摆型破碎机的生产率高20%～30%。但是复杂摆动型动颚垂直行程大，使颚板磨损加快。简单摆动型给料口水平行程小，因此压缩量不够，生产率较低。

2. 冲击式破碎机

冲击式破碎机大多是旋转式的，都是利用冲击作用进行破碎，这与锤式破碎机很相似，但其锤子数要少很多，一般为2～4个不等。冲击式破碎机的工作原理是：给入破碎机的物料，被绕中心轴以23～40m/s的速度高速旋转的转子猛烈冲撞后，受到第一次破碎；然后物料从转子获得能量高速飞向坚硬的机壁，受到第二次破碎；在冲击过程中弹回的物料再次被转子击碎，难于破碎的物料，被转子和固定板挟持而剪断，破碎产品由下部排出。当要求的破碎产品粒度为40mm时，此时足以达到目的，而若要求粒度小于20mm时，接下来还需经锤子与研磨板的作用，进一步细化物料，其间空隙远小于冲击板与锤子之间的空隙，若底部再设有箅筛，可更为有效地控制出料尺寸。

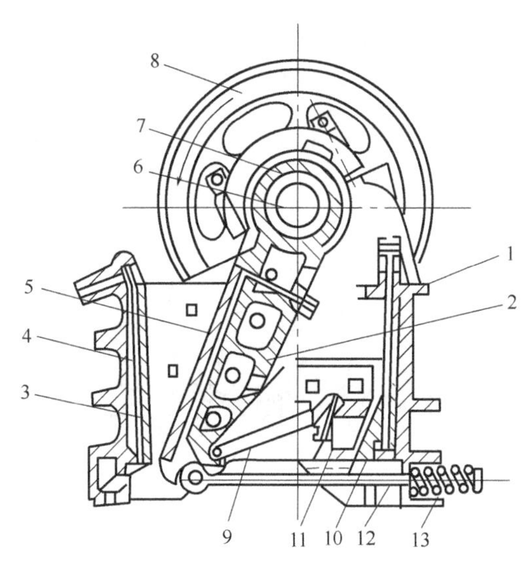

图3-4　复杂摆动型颚式破碎机构造

1—机架；2—可动颚板；3—固定颚板；4，5—破碎齿板；6—偏心转动轴；7—轴孔；8—飞轮；9—肘板；10—调节楔；11—楔块；12—水平拉杆；13—弹簧

冲击板与锤子之间的距离，以及冲击板倾斜度是可以调节的。合理布置冲击板，使破碎物存在于破碎循环中，直至其充分破碎，使其能通过锤子与板间空隙或箅筛筛孔，排出机外。

冲击式破碎机具有破碎比大、适应性强、构造简单、外形尺寸小、操作方便、易于维护等特点。适用于破碎中等硬度、软质、脆性、韧性及纤维状等多种固体废物。

冲击式破碎机的主要类型有反击式破碎机、锤式破碎机和笼式破碎机。这三类破碎机的规格都是以转子的直径R和长度L表示的。下面介绍目前国内外应用较多的、适用于破碎各种固体废物的冲击式破碎机。

(1) 反击式破碎机

反击式破碎机是一种新型高效破碎设备，它具有破碎比大、适应性广（可破碎中硬、软、脆、韧性、纤维性物料）、构造简单、外形尺寸小、安全方便、易于维护等许多优点。

反击式破碎机主要包括Universa型和Hazemag型两种，如图3-5所示。

Universa型反击式破碎机的板锤只有两个，利用一般楔块或液压装置固定在转子的槽内，冲击板用弹簧支撑，由一组钢条组成（约10个）。冲击板下面是研磨板，后面有筛条。当要求的破碎产品粒度为40mm时，仅用冲击板即可，研磨板和筛条可以拆除，当要求粒度为20mm时，需装上研磨板。当要求粒度较小或软物料且容重较轻时，则冲击板、研磨板和筛条都应装上。由于研磨板和筛条可以装上或拆下，因而对各种固体废物的破碎适应性较强。

Hazemag型反击式破碎机装有两块反击板，形成两个破碎腔。转子上安有两个坚硬的板锤。机体内表面装有特殊钢衬板，用以保护机体不受损坏。这种破碎机主要用于破碎家具、电视机、杂器等生活废物。处理能力为50～60m^3/h，碎块为30cm。也可用来破碎瓶

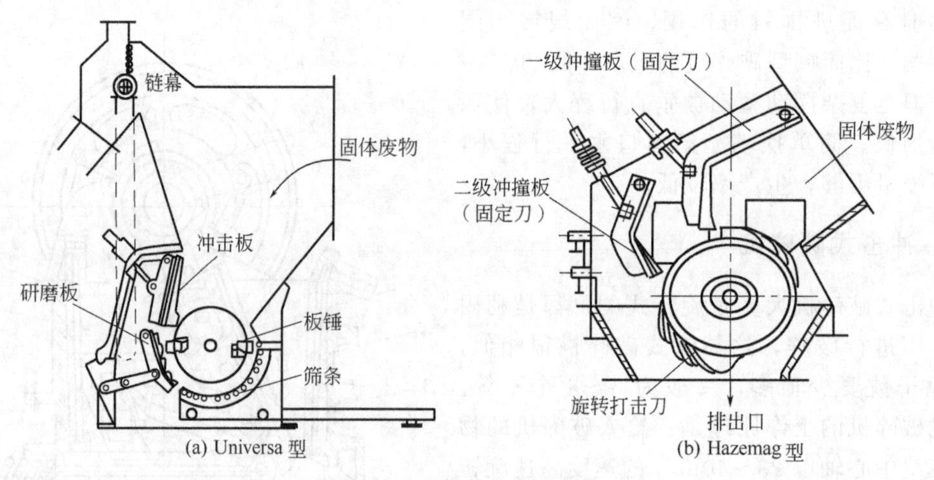

(a) Universa 型　　(b) Hazemag 型

图 3-5　反击式破碎机示意

类、罐头盒等不燃废物，处理能力 15～90 m^3/h。对于破布、金属丝等废物可通过月牙形、齿状打击刀和冲击板间隙进行挤压和剪切破碎。

(2) 锤式破碎机

锤式破碎机是最普通的一种工业破碎设备，它是利用冲击摩擦和剪切作用将固体废物破碎。其主要部件是利用冲击摩擦和剪切作用对固体废物进行破碎的。它有一个电动机带动的大转子，转子上铰接着一些重锤，重锤以铰链为轴转动，并随转子一起旋转，就像转子上带有许多锯片。破碎机有一个坚硬的外壳，其一端有一块硬板，通常称为破碎板，进入供料口的固体废物借助高转速的重锤冲击作用被打碎，并被抛射到破碎板上，通过颗粒与破碎板之间的冲击作用、颗粒与颗粒之间的摩擦作用以及锤头引起的剪切作用，使废物磨成更小的尺寸。

锤式破碎机主要由供料斗、主机架、轴承、转子装置、破碎板和筛板组成。按转子数目可分为单转子锤式破碎机（只有一个转子）和双转子锤式破碎机（有两个做相对运动回转的转子）两类。单转子破碎机根据转子的转动方向又可分为可逆式(转子可两个方向转动）和不可逆式(转子只能一个方向转动）两种，图 3-6(a) 所示为不可逆式单转子锤式破碎机，图 3-6(b) 所示为可逆式单转子锤式破碎机。目前普遍采用可逆单转子锤式破碎机。可逆单转子锤式破碎机的转子首先向一个方向转动，该方向的衬板、筛板和锤子端部就受到磨损。磨损到一定程度后，转子改为另一个方向旋转，利用锤子的另一端及另一个方向的衬板和筛板继续工作，从而连续工作的寿命几乎提高 1 倍。

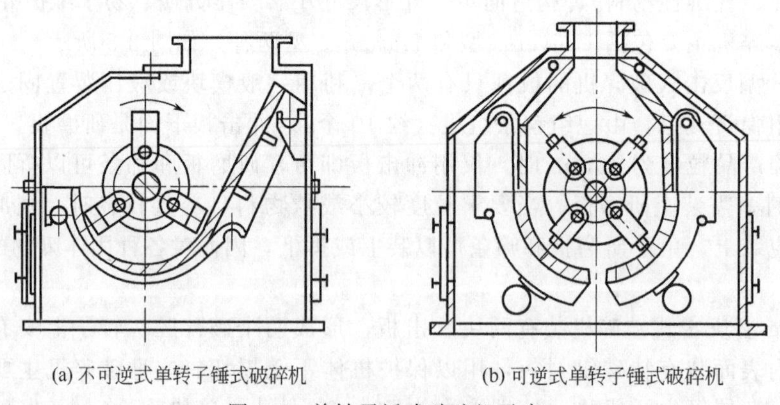
(a) 不可逆式单转子锤式破碎机　　(b) 可逆式单转子锤式破碎机

图 3-6　单转子锤式破碎机示意

供料斗的尺寸通常根据处理废物的尺寸来确定，以容许大颗粒的物料通过而又不致堵塞和卡住为宜。转子通常装在一根中部直径较大的合金钢轴上。锤头分固定式和活动式两种。活动锤用销钉销在转子上，当锤头的一端磨损时，可调换位置使锤头各部位均匀磨损，锤头一般用耐磨材料制成。根据破碎要求选择锤头的自重。重锤转速低，适于粗破碎；轻锤转速高，适于细破碎。破碎板一般由耐磨钢材或衬有特种耐磨蚀衬层的普通钢材支撑，可以更换，主要用来吸收废物被锤头抛射到它上面产生的冲击作用力，筛板把破碎的废物围在破碎室内，直到废物可通过筛孔为止。

废物经锤式破碎机破碎以后，由于尺寸减小而密度增加。几种固体废物破碎前后的密度对比列于表 3-1。从表中可见，破碎处理可使废物的密度增加 2～10 倍。

表 3-1　固体废物破碎前后的密度对比

废物种类	破碎前密度/(g/cm^3)	破碎后密度/(g/cm^3)	倍　率
金属(家用电器等)	0.1～0.2	1～1.2	5～10
木质类(家具等)	0.05	0.2～3.0	5～6
塑料类	0.1	0.2～0.3	2～3
瓦砾类	0.5	1～1.5	2～3

锤式破碎机包括卧轴锤式破碎机和立轴锤式破碎机两种，常见的是卧轴锤式破碎机，即水平轴式破碎机。水平轴由两端的轴承支持，原料借助重力或用输送机送入。转子下方装有箅条筛，箅条缝隙的大小决定破碎后的颗粒的大小。图 3-7 所示为不可逆式单转子卧轴锤式破碎机结构示意。

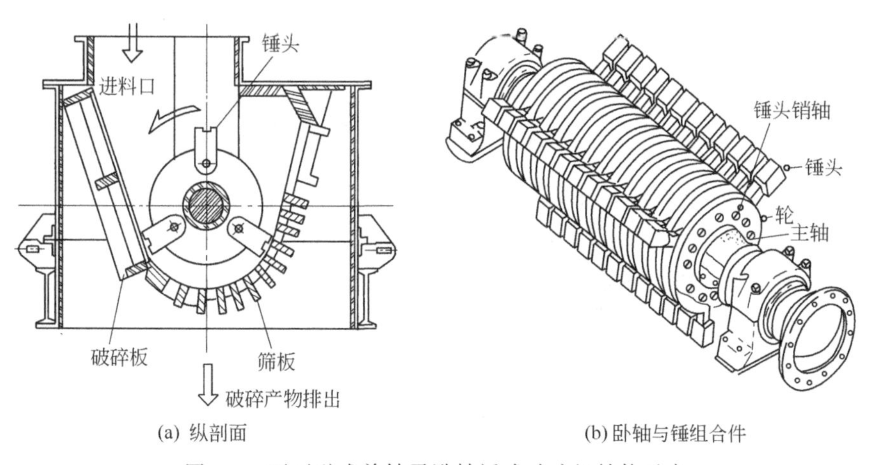

(a) 纵剖面　　(b) 卧轴与锤组合件

图 3-7　不可逆式单转子卧轴锤式破碎机结构示意

该机主体破碎部件是多排重锤和破碎板。锤头以铰链方式装在各圆盘之间的销轴上，可以在销轴上摆动。电动机带动主轴、圆盘、销轴及锤头高速旋转。这个包括主轴、圆盘、销轴及锤头的部件称为转子。破碎板固定在机架上，可通过推力板调整它与转子之间的空隙大小。需破碎的固体废物从上部进料口给入机内，立刻遭受高速旋转的重锤冲击与破碎板间的磨切作用，完成破碎过程，并通过下面的筛板排除粒度小于筛孔的破碎物料，大于筛孔的物料被阻留在筛板上继续受到锤头的冲击和研磨，最后通过筛板排出。

水平锤式破碎机（Horizontal Hammer Mill）的中心部位是转子。它由主轴、圆盘、销轴和转子组成。锤子可以是固定的或是自由摆动的。固体废物由破碎室顶部给料口供入机内的“锤子区域”，立即受到高速旋转的锤子的冲击、剪切、挤压和研磨等作用而被破碎。很明显，颗粒尺寸分布将随锤头数而变。一般地，锤头运动的速度足以使大多数废物的尺寸缩减在最初的冲击下完成。破碎室底部设有筛板，尺寸从 3in×6in 到 14in×20in。那些经破碎后尺寸足够小的颗粒透筛至传输带上，而那些大于筛孔尺寸不能透筛的颗粒，被阻留在机内直至被破碎得足够小。同时，总有一些始终未能透筛的物料则由位于一侧的斜槽排出系统。

水平锤式破碎机较为典型的是应用于汽车破碎、堆肥操作的混合废物处理中。垂直锤式破碎机在设计与运行方面与水平式类似，不同的是转轴是垂直地安装于稍呈圆锥形的破碎室内，且底部不设筛板。

上述破碎机均以高速度旋转，转速约为 1000r/min，需要约为 700kW 的较大功率。在破碎机运行过程中锤子、内壁、筛子都有很大的磨损，其中尤以锤子前端磨损最为严重。这样就使锤式破碎机的维护工作变得尤为重要。需要经常更换锤子或在锤子上焊接耐磨材料以代替运行中磨去的金属，锤子通常由高锰钢或其他的合金钢制成，并且有各种形式。这些都是考虑到其耐磨性质而设计的。若将锤子制成钩形，则也可对金属切屑类物质施加剪切、撕拉等作用而将其破碎。

目前专用于破碎固体废物的锤式破碎机有以下几种类型。

(1) Hammer Mills 型锤式破碎机

Hammer Mills 型锤式破碎机的构造如图 3-8 所示。机体分成两部分：压缩机部分和锤碎机部分。大型固体废物先经压缩机压缩，再给入锤式破碎机，转子由大小两种锤子组成，大锤子磨损后改作小锤用，锤子铰接悬挂在绕中心旋转的转子上做高速旋转。转子下方半周安装有箅子筛板，筛板两端安装有固定反击板，起二次破碎和剪切作用。这种锤碎机用于破碎废汽车等粗大固体废物。

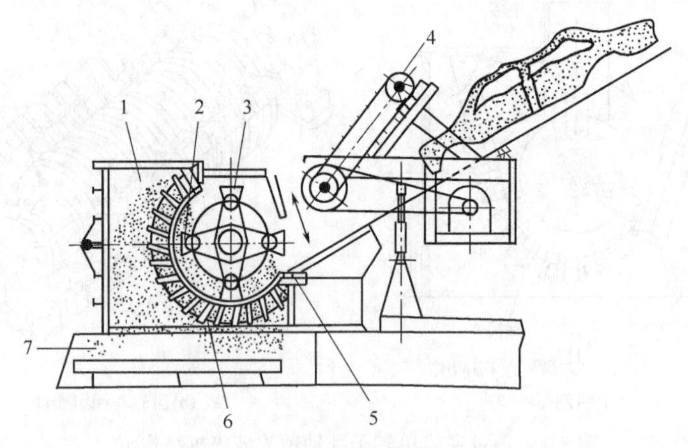

图 3-8 Hammer Mills 型锤式破碎机

1—切碎机本体；2—小锤头；3—大锤头；4—压缩给料器；5—切断垫圈；
6—栅条；7—输送器

(2) BJD 型锤式破碎机

BJD 型锤式破碎机如图 3-9 所示，转子转速 1500～4500r/min，处理量为 7～55t/h，它主要用于破碎废旧家具、厨房用具、床垫、电视机、电冰箱、洗衣机等大型废物，可以破碎到 50mm 左右。该机设有旁路，不能破碎的废物由旁路排出。

(3) BJD 型破碎金属切屑锤式破碎机

BJD 型破碎金属切屑锤式破碎机结构如图 3-10 所示。经该机破碎后，可使金属切屑的松散体积减小 3～8 倍，便于运输。锤子呈钩形，对金属切屑施加剪切、拉撕等作用使其破碎。

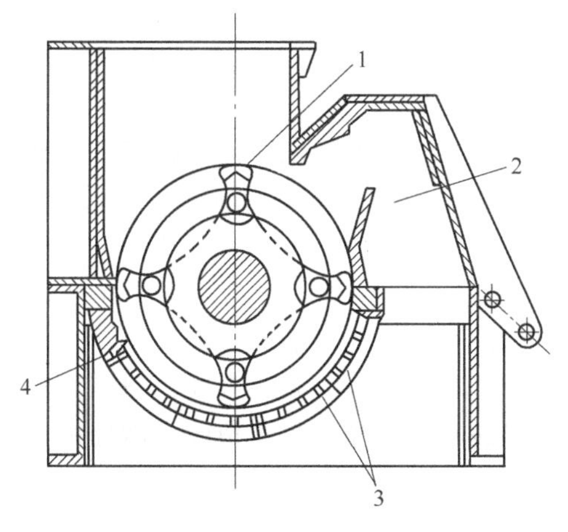

图 3-9 BJD 型锤式破碎机
1—锤；2—旁路；3—格栅；4—测量头

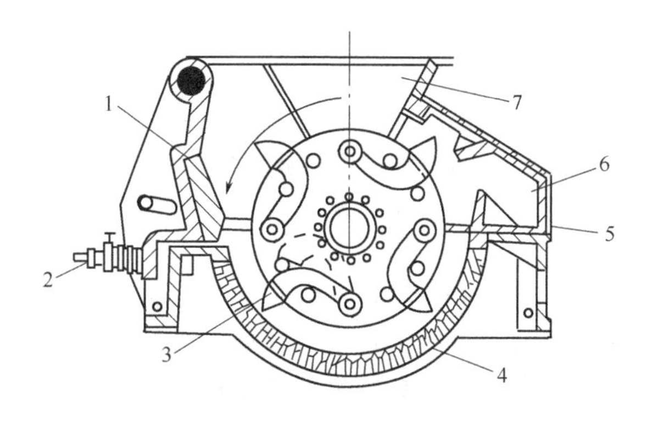

图 3-10 BJD 型破碎金属切屑锤式破碎机结构
1—衬板；2—弹簧；3—锤子；4—筛条；5—小门；
6—非破碎物收集区；7—进料口

(4) Novorotor 型双转子锤式破碎机

Novorotor 型双转子锤式破碎机如图 3-11 所示。这种破碎机具有两个旋转方向的转子，转子下方均装有研磨板。物料自右方给料口送入机内，经右方转子破碎后颗粒排至左方破碎腔。再沿左方研磨板运动 3/4 圆周后，借风力排至上部的旋转式风力分级板排出机外。该机破碎比可达 30。

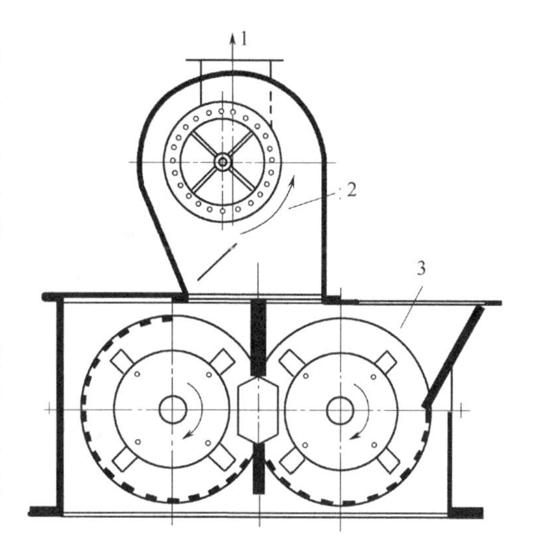

图 3-11 Novorotor 型双转子锤式破碎机
1—细料级产品出口；2—风力分组器；
3—物料入口

总体来讲，锤式破碎机主要用于破碎中等硬度且腐蚀性弱，体积较大的固体废物。还可用于破碎含水分及含油质的有机物、纤维结构物质、弹性和韧性较强的木块、石棉水泥废料，并回收石棉纤维和金属切屑等。

3. 剪切式破碎机

剪切式破碎机无疑是以剪切破碎作用为主的破碎机，安装有固定刃和可动刃，可动刃又分为往复刃和回转刃。通过固定刃和可动刃之间的啮合作用，将固体废物破碎成适宜的形状和尺寸。剪切式破碎机特别适合破碎低二氧化硅含量的松散物料。

最简单的剪切式破碎机类型就像一组成直线状安装在枢轴上的剪刀一样。它们都向上开口。另外一种是在转子上布置刀片，可以是旋转刀片与定子刀片组合，也可以是反向旋转的刀片组合。两种情况下，都必须有机械措施阻止在万一发生堵塞时所可能造成的损害。通常由一负荷传感器检测超压与否，必要时使刀片自动反转。剪切式破碎机属于低速破碎机，转速一般为 20～60r/min。

不管物料是软的还是硬的，有无弹性，破碎总是发生在切割边之间。刀片宽度或旋转剪切破碎机的齿面宽度（约为 0.1mm）决定了物料尺寸减小的程度。若物料黏附于刀片上时，破碎不能充分进行。为了确保纺织品类或城市固体废物中体积庞大的废物能快速地供料，可以使用水压等方法，将其强制供向切割区域。实践经验表明，最好在剪切破碎机运行前，人工去除坚硬的大块物体如金属块、轮胎及其他的不可破碎物，这样可有效确保系统正常运行。

目前被广泛使用的剪切破碎机主要有冯·罗尔（Von Roll）型往复剪切式破碎机、林德曼（Lindemann）型剪切式破碎机、旋转剪切式破碎机等。

（1）冯·罗尔型往复剪切式破碎机

图 3-12 所示为冯·罗尔型往复剪切式破碎机结构示意。固定刃和活动刃交错排列，通过下端活动铰轴连接，尤似一把无柄剪刀。当呈开口状态时，从侧面看固定刃和活动刃呈 V 字形。固体废物由上端给入，通过液压装置缓缓将活动刃推向固定刃，当 V 字形闭合时，废物被挤压破碎，虽然驱动速度慢，但驱动力很大。当破碎阻力超过最大值时，破碎机自然开启，避免损坏刀具。

该机由 7 片固定刃和 6 片活动动刃构成，宽度为 30mm。由特殊钢制成，磨损后可以更换。液压油泵最高压力为 $130kgf/cm^2$[1]，马达为 37kW，电压 220V，处理量 $80\sim150m^3/h$（因废物种类而异），可将厚度 200mm 的普通钢板剪至 30mm，适用于松散的片、条状废物的破碎。

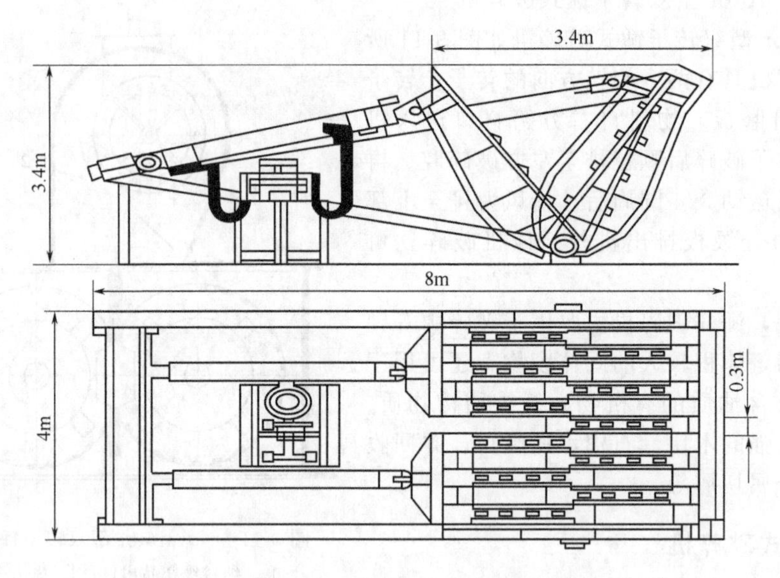

图 3-12　冯·罗尔型往复剪切式破碎机结构示意

（2）林德曼型剪切式破碎机

图 3-13 所示为林德曼型剪切式破碎机结构示意。该机分为预备压缩机和剪切机两部分。固体废物送入后先压缩，再剪切。预备压缩机通过一对钳形压块开闭将固体废物压缩。压块一端固定在机座上，另一端由液压杆推进或拉回。剪切机由送料器、压紧器和剪切刀片组成。送料将固体废物每向前推进一次，压块即将废物压紧定位，剪刀从上往下将废物剪断，如此往返工作。

（3）旋转式剪切破碎机

图 3-14 所示为旋转式剪切破碎机结构示意。它由固定刀（1～2 片）和旋转刀（3～5

---

[1] $1kgf/cm^2=98.0665kPa$。

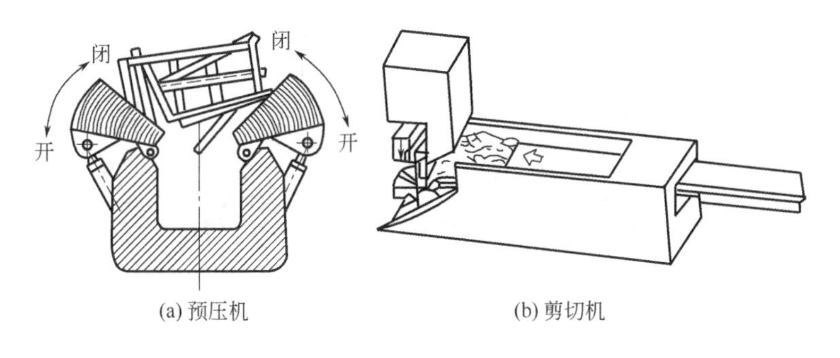

图 3-13　林德曼型剪切式破碎机结构示意

片）组成。固体废物给入料斗，依靠高速转动的旋转刀和固定刀之间的间隙挤压和剪切破碎，破碎产品经筛缝排出机外。该机的缺点是当混入硬度较大的杂物时，易发生操作事故。这种破碎机适合家庭生活垃圾的破碎。

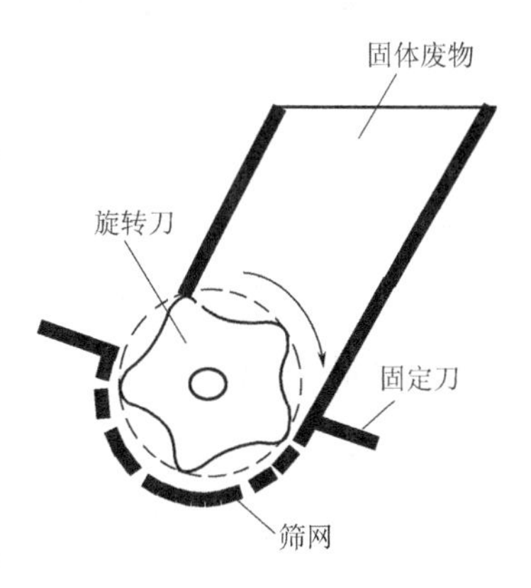

图 3-14　旋转式剪切破碎机结构示意

4. 辊式破碎机

辊式破碎机主要靠剪切和挤压作用。根据辊子的特点，可将辊式破碎机分为光辊破碎机和齿辊破碎机。顾名思义，光辊破碎机的辊子表面光滑，主要作用为挤压与研磨，可用于硬度较大的固体废物的中碎与细碎。图 3-15 所示为双辊式(光面）破碎机结构，它由破碎辊、调整装置、弹簧保险装置、传动装置和机架等组成。而齿辊破碎机辊子表面有破碎齿牙，使其主要作用为劈裂，可用于脆性或黏性较大的废物，也可用于堆肥物料的破碎。

按齿辊数目的多少可将齿辊破碎机分为单齿辊和双齿辊两种，如图 3-16 所示。

① 单齿辊破碎机由一旋转的齿辊和一固定的弧形破碎板组成。破碎板和齿辊之间形成上宽下窄的破碎腔。固体废物由上方给入破碎腔，大块废物在破碎腔上部被长齿劈碎，随后继续落在破碎腔下部进一步被齿辊轧碎，合格破碎产品从下部缝隙排出。

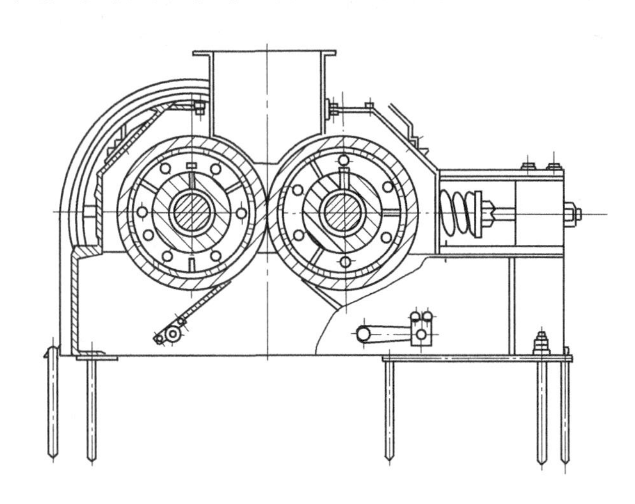
图 3-15　双辊式（光面）破碎机结构

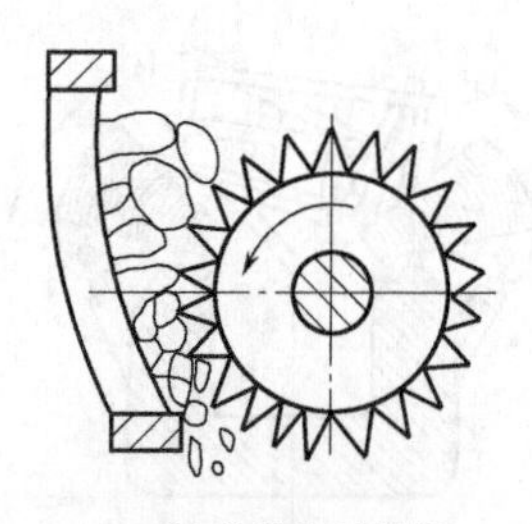

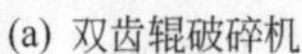

(a) 双齿辊破碎机　　(b) 单齿辊破碎机

图 3-16　齿辊破碎机

② 双齿辊破碎机由两个相对运动的齿辊组成。固体废物由上方给入两齿辊中间，当两齿辊相对运动时，辊面上的齿牙将废物咬住并加以劈碎，破碎后产品随齿辊转动由下部排出。破碎产品粒度由两齿辊的间隙大小决定。

辊式破碎机的特点是能耗低、构造简单、工作可靠、价格低廉、产品过粉碎程度小等。辊式破碎机广泛用于处理脆性物料和含泥性物料，作为中、细破碎之用。但其破碎效果不如锤式破碎机，运行时间长，使设备较为庞大。

5. 破碎分选机

中国市政工程西南设计院的科研人员在参照日本 SPC2 型选择破碎机基础上研制出了 LPF2 型垃圾破碎分选机。图 3-17 为 LPF2-10 型垃圾破碎分选机外形。

图 3-17　LPF2-10 型垃圾破碎分选机外形

（1）组成结构和工作原理

设备为卧式结构，由驱动装置、旋转筛筒、旋转刮板、筛筒刮板、进料口、出料口、转轴、护罩等组成，转轴与旋转筛筒套装后水平放置，各部件组装固定在同一机架上。

LPF2 型垃圾破碎分选机工作原理如图 3-18 所示。工作时，转轴与旋转筛筒分别在各自驱动装置的带动下，同向差动转动。根据垃圾中各组分耐冲击、耐压缩和耐剪切力的不同，利用选择性破碎分选原理，在转轴刮板的撞击、剪切作用下，将垃圾中能破碎的组分破碎，通过筛筒筛出，输往后续系统；不能破碎的组分就从旋转筛筒末端排出机外，从而达到在一机内同时进行破碎和筛分的目的。

（2）主要技术参数

a. 处理能力≤15t/h；b. 机器的破碎筛分性能：可堆肥物料的破碎筛分率≥70%，厨房垃

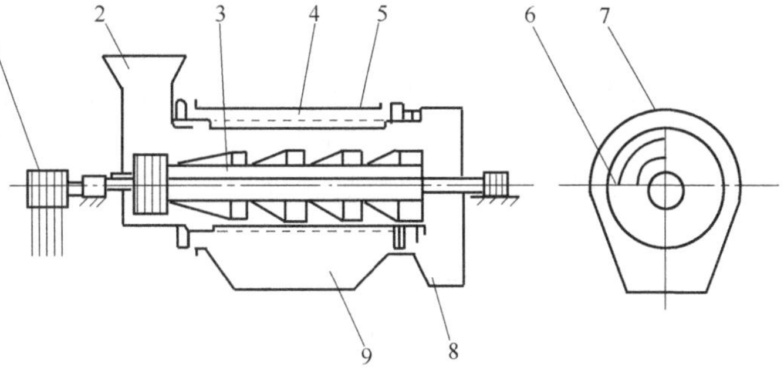

图 3-18 LPF2 型垃圾破碎分选机工作原理

1—驱动装置；2—进料口；3—转轴；4—旋转筛筒；5—护罩；6—旋转刮板；
7—筛筒刮板；8—不可堆肥物出口；9—可堆肥物出口

圾的破碎筛分率≥90%，金属、塑料、电池等杂物分离率≥70%，可堆肥物料粒径≤50mm。c. 动力配置：转轴电机功率 $P_1=15$kW；筛筒电机功率 $P_2=11$kW；d. 转轴转速 $V_1=55$r/min；筛筒转速 $V_2=30$r/min；e. 振动、噪声、粉尘等指标接近国外同类设备水平；经测试，转轴消耗功率 7.83kW；筛筒消耗功率 5.3kW；噪声 80dB（A）；振动、粉尘很低；f. 使用寿命≥10 年。

表 3-2 为 LPF2-10 型破碎分选机运行测试记录。

表 3-2　LPF2-10 型破碎分选机运行测试记录

进料量/kg	转动时间/min	不可堆肥物量/kg	不可堆肥物抽查情况			处理能力/(t/h)	可堆肥物破碎筛分率/%	易腐物料破碎筛分率/%
			抽查量/kg	易腐物含量/kg	残留量/%			
4840.0	21	615.7	42.2	5.3	12.56	13.80	87.30	96.64
5650.0	22	1153.0	105.1	8.5	8.09	15.41	79.59	96.53
5500.0	22	1105.0	121.2	10.4	8.60	15.00	79.91	96.39
4980.0	22	846.0	108.8	7.6	7.00	13.61	83.00	97.50
5230.0	23	942.4	112.3	10.5	9.35	13.64	81.98	94.46
5600.0	24	1230.4	153.6	15.6	10.16	14.00	78.03	95.30
5300.0	23	1123.6	147.4	13.2	8.96	13.83	78.80	96.00
5120.0	22	973.8	85.3	7.3	8.50	13.96	78.23	96.60
4950.0	22	891.3	86.4	9.0	10.40	13.50	82.00	96.00
4680.0	21	890.0	91.1	8.2	9.01	13.37	80.98	96.40
5221.0	23	1045.4	103.6	11.5	11.10	13.62	79.98	95.33
6301.5	27	1255.3	105.4	10.4	9.87	14.00	80.08	95.86
6032.2	27	1084.6	110.2	10.4	9.44	13.40	82.00	96.43
5912.0	27	1054.2	112.1	12.9	11.5	13.14	82.17	95.69
75325.7	326	14210.9	1484.7	140.8	9.84	13.86	81.13	96.23

(3) 主要特点

a. 集破碎、筛分功能为一体，工艺路线短，效率高，破碎筛分效果好；b. 筛孔不易堵塞，特别适用于含水量高的垃圾预处理；c. 干电池不被破坏，避免了重金属的污染；d. 当发生硬性物料卡阻时，可快速自动解脱，确保机器工作安全可靠；e. 有防软纤维物料缠绕功能；f. 采用软破碎原理破碎，可防止过度破碎，过载时不停机即可自动卸荷，能耗低；

g. 低转速运转，振动小、噪声低。

(4) 应用

我国有上千个地市级以上的城市都面临垃圾处理问题。随着经济的发展，综合治理垃圾必将列入各级政府的议事日程。在垃圾处理中，技术先进的专用设备必不可少。因此，LPF2 型垃圾破碎分选机作为城市生活垃圾预处理的专用设备，有很好的推广应用前景。

该设备能很容易地将成分复杂的混合垃圾破碎筛分成两大类：一类用于堆肥发酵；另一类可再分选，回收有用物质或焚烧、填埋处理，使机械化、无害化、资源化综合处理垃圾成为可能，社会效益、环境效益显著。

6. 低温破碎

对于一些在常温下难以破碎的固体废物如汽车轮胎、包覆电线、废家用电器等，可以利用其低温变脆的性能而有效地施行破碎，也可利用不同废物脆化温度的差异进行在低温下选择性破碎。低温破碎通常需要配置制冷系统，液氮是常用的制冷剂。因液氮制冷效果好、无毒、无爆炸性且货源充足。但是所需的液氮量较大，且制备液氮需要消耗大量的能量，故出于经济上的考虑，低温破碎对象仅限于常温下破碎机回收成本高的合成材料，如橡胶和塑料。

(1) 原理和流程

固体废物各组分物质在低温冷冻（－120～－60℃）条件下易脆化，且脆化温度不同，其中某些物质易冷脆，另一些物质则不易冷脆。利用低温变脆既可将一些废物有效地破碎，又可以利用不同材质脆化温度的差异进一步进行选择性分选。

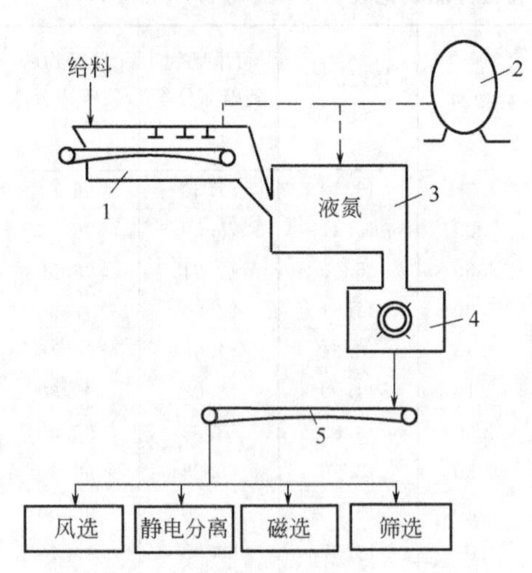

图 3-19　低温冷冻破碎的工艺流程

1—预冷装置；2—液氮贮槽；3—浸没冷却装置；4—高速冲击破碎机；5—皮带运输机

低温冷冻破碎的工艺流程如图 3-19 所示。将固体废物如钢丝胶管、塑料或橡胶包覆电线电缆、废家用电器等复合制品，先投入预冷装置，再进入浸没冷却装置，这样橡胶、塑料等易冷脆物质迅速脆化，之后送入高速冲击破碎机破碎，使易脆化物质脱落粉碎。破碎产物再进入各种分选设备进行分选。

(2) 低温破碎的优点

低温破碎具有许多常温破碎所没有的优点：a. 低温破碎所需动力较低，仅为常温破碎的 1/4；b. 噪声约降低 7dB，振动减轻约 1/5～1/4；c. 由于同一材质破碎后粒度均匀，异质废物则有不同破碎尺寸，这便于进一步筛分，使复合材质的物料破碎后能得到较纯的材质更有利于其资源的回收；d. 对于常温下极难破碎的并且塑性极高的氟塑料废物，采用液氮低温破碎可获得碎块粉末。

(3) 低温破碎的应用

1) 塑料低温破碎　有关塑料低温破碎的研究成果可归纳如下。

① 各种塑料的脆化点：聚氯乙烯（PVC）为－20～－5℃，聚乙烯（PE）为－135～

−95℃，聚丙烯（PP）为−20～0℃。

② 将塑料放在4m长的皮带运输机上，在装有300mm厚隔热板的冷却槽内移动；从槽顶喷入液氮，4min后温度降至−75℃；62min后温度降至−167℃。

③ 采用仅具有拉伸、弯曲、压缩作用力的破碎机时，所需动力比常温破碎机要大。如用带冲击力的破碎机时，情况正好相反。因此，若以冲击破碎为主，配合张力和剪切力破碎机最适于低温选择破碎。

2）从有色金属混合物等废物中回收铜、铝及锌的低温破碎　美国矿山局利用低温破碎技术，从废轮胎、有色金属混合物、包覆电线电缆等固废中回收铜、铝。研究结果表明，对25～75mm大小的混合金属采用液氮冷冻后冲击破碎（−72℃，1min）25mm以下产物中可回收97.2%的铜，100%的铝（不含锌）；25mm以下产物中可回收2.8%的铜、100%的锌（不含铝）。这些说明此法能进行选择性破碎分离。若进行常温破碎，由于锌延迟破碎，在25mm以上物料中残留82.7%的锌，说明常温下不能进行选择性破碎。

3）汽车轮胎的低温破碎　图3-20所示为废汽车轮胎的低温破碎工艺。经皮带运输机送来的废轮胎采用穿孔机穿孔后，经喷洒式冷却装置预冷，再送浸没式冷却装置冷却。通过辊式破碎机破碎分离成"橡胶和夹丝布"与"车轮圆缘"两部分，然后送至安装有磁选机的皮带运输机进行磁选。前者经锤碎机二次破碎后送筛选机分离成不同粒度至再生利用工序。

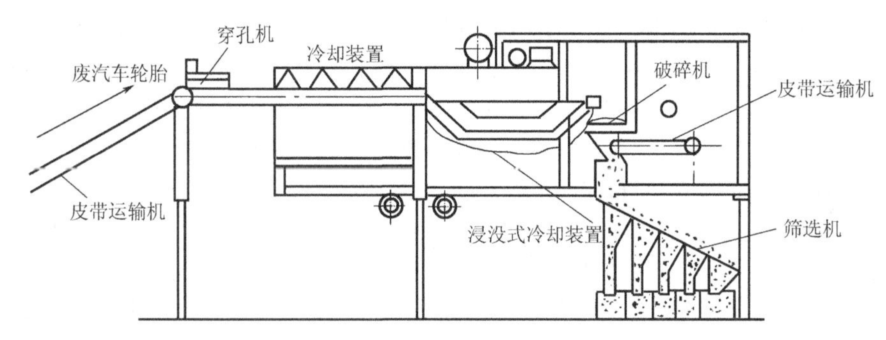

图3-20　废汽车轮胎的低温破碎工艺

7. 半湿式选择性破碎分选

（1）半湿式选择性破碎分选原理

半湿式选择性破碎分选是利用城市垃圾中各种不同物质的强度和脆性的差异，在一定湿度下破碎成不同粒度的碎块，然后通过不同筛孔加以分离的过程。由于该过程是在半湿（加少量水）状态下，通过兼有选择性破碎和筛分两种功能的装置中实现的，因此把这种装置称为半湿式选择性破碎分选机。

半湿式选择性破碎分选可充分回收垃圾中有利用价值的各种物质。因为城市垃圾中各种组分的耐剪切、耐压缩、耐冲击性能差异很大，例如纸类在适量水分存在时强度降低，玻璃类受冲击时容易破碎成小块，蔬菜类废物耐冲击、耐剪切性能均差，很容易破碎，根据这些差异，采用半湿法在特制的具有冲击、剪切作用的装置里，对废物进行选择性破碎，使其变成不同粒径的碎块，然后通过网眼大小不同的筛网加以分选。

（2）半湿式选择性破碎机

图3-21是半湿式选择性破碎机的结构和工作原理示意。

1）结构　半湿式选择性破碎分选机是把破碎机械和筛分机械构成一体同时进行破碎、

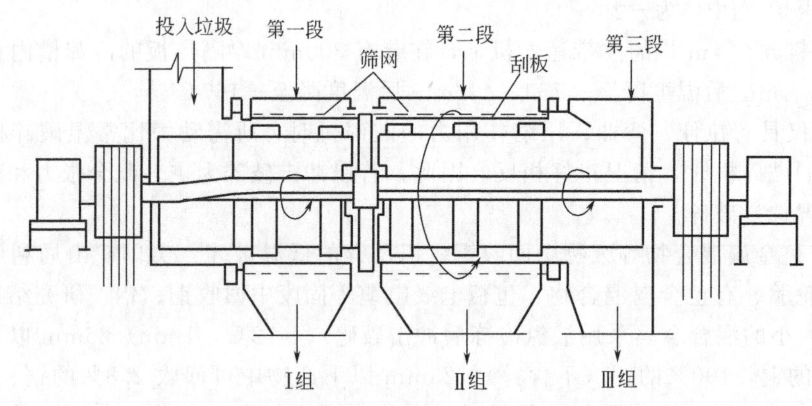

图 3-21 半湿式选择性破碎分选机结构和工作原理示意

分选两个过程的一种机械装置。它由两种具有不同孔眼筛网的回转滚筒组成，滚筒内与第一筛网和第二筛网分别对应安装有不同转速的刮板。分选装置分为三段，第一、二两段设筛网，第三段不设筛网。

2）工作原理 垃圾给入圆筒筛首部，并沿筛壁上升而后在重力作用下落下，同时被反向旋转的破碎板撞击，从而垃圾中脆性物质如玻璃、陶器、瓦片、厨房垃圾等被破碎成细片状，通过第一段筛壁筛孔排出，进一步经分选机将厨房垃圾与玻璃片等物质分开。剩余垃圾进入第二段，此时喷射水分，中等粒度的纸类变成浆状从第二段排出，从而回收纸浆。粒度最大的纤维、竹木类、橡胶、皮革、金属等类物质从终端排出，再进入密度分选装置，按密度分为金属、纤维、竹木、橡胶、皮革和塑料膜等类物质。这些类别的物质还可以进一步分选，例如利用磁选从金属类中分出铁等。

日本藤泽市城市垃圾半湿式破碎分选结果如下。a. 第一段排出物：玻璃、砂土、瓦砾类占95%左右；堆肥原料——厨房垃圾占90%～95%。b. 第二段排出物：纸类50%～60%，纯度85%～95%。纸类回收率低的原因是由于质地差的粗纸进入第一段，疏水性强的纸（如牛皮纸等）进入第三段，只有好的纸能选择性地从第二段排出。c. 第三段（最终排出端）产物：金属类、纤维类的绝大部分；塑料类的70%～80%。d. 从筛子排出产物粒度为15～16mm。e. 消耗动力在2kW·h/t垃圾以下，比其他破碎机小得多，同时在一个作业中实现破碎和分选作业。f. 回收纸浆制成的再生纸，其强度比新闻纸的再生纸要大。

（3）半湿式选择性破碎技术的特点

a. 在同一设备工序中同时实现破碎分选作业。b. 能充分有效地回收垃圾中的有用物质，如从分选出的第一段物料中可分别去除玻璃、塑料等，有望得到以厨余为主（含量可达到80%）的堆肥沼气发酵原料。第二段物料中可回收含量为85%～95%的纸类，难以分选的塑料类废物可在第三段后经分选达到95%的纯度，废铁可达98%。c. 对进料适应性好，易破碎物及时排出，不会出现过破碎现象。d. 动力消耗低，磨损小，易维修。e. 当投入的垃圾在组成上有所变化及以后的处理系统另有要求时，要改变滚筒长度、破碎板段数、筛网孔径等，以适应其变化。

8. 湿式破碎

（1）湿式破碎的原理和设备

湿式破碎是利用特制的破碎机将投入机内的含纸垃圾和大量水流一起剧烈搅拌和破碎成为浆液的过程，从而可以回收垃圾中的纸纤维。这种使含纸垃圾浆液化的特制破碎机称为湿式破碎机。湿式破碎技术是为回收城市垃圾中的大量纸类为目的而发展起来的，美国 Franklin 市和日本东京都已安装了湿式破碎机，从城市垃圾中回收纸浆。

湿式破碎机的构造如图 3-22 所示，是在 20 世纪 70 年代由美国一家生产造纸设备的 BLACK-CLAUSON 公司研制完成的。该破碎机为一圆形立式转筒，底部设有多孔筛。初步分选的垃圾经由传输带投入机内后，靠筛上安装的六只切割叶轮的旋转作用，使废物与大量水流在同一个水槽内急速旋转、搅拌、破碎成泥浆状。浆体由底部筛孔流出，经湿式旋风分离器除去无机物，送到纸浆纤维回收工序进行洗涤、过筛与脱水。除去纸浆的有机残渣可再与 4%浓度的城市下水污泥混合，脱水至 50%后，送至焚烧炉焚烧，回收热能。破碎机内未能粉碎和未通过筛板的金属、陶瓷类物质从机内的底部侧口压出，由提升斗送到传输带，由磁选器进行分离。

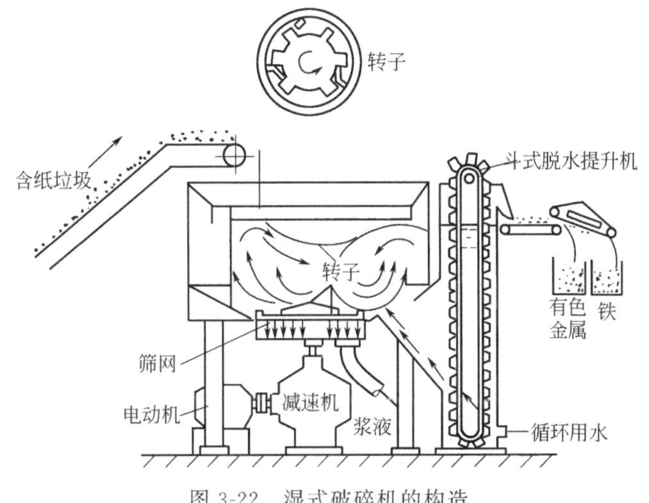

图 3-22　湿式破碎机的构造

（2）湿式破碎技术的优点

湿式破碎把垃圾变成泥浆状，物料均匀，呈流态化操作，具有以下优点：a. 垃圾变成均质浆状物，可按流体处理法处理；b. 不会滋生蚊蝇和恶臭，符合卫生条件；c. 不会产生噪声、发热和爆炸的危险性；d. 脱水有机残渣，无论质量、粒度大小、水分等变化都小；e. 在化学物质、纸和纸浆、矿物等处理中均可使用，可以回收纸纤维、玻璃、铁和有色金属，剩余泥土等可作堆肥。

垃圾的湿式破碎技术只有在垃圾的纸类含量高或垃圾经过分离分选而回收的纸类，才适于选用。

第二节　固体废物的筛分

一、筛分的基本原理

1. 筛分过程的基本概念

筛分是利用筛子将物料中小于筛孔的细粒物料透过筛面，而大于筛孔的粗粒物料留在筛面上，完成粗、细粒物料分离的过程。该分离过程可看作是物料分层和细粒透筛两个阶段组成的。物料分层是完成分离的条件，细粒透筛是分离的目的。

为了使粗、细物料通过筛面而分离，必须使物料和筛面之间具有适当的相对运动，使筛面上的物料层呈现出具有“活性”的松散状态，即按颗粒大小分层，形成粗粒位于上层，细粒处于下层的规则排列，细粒到达筛面并透过筛孔。同时，物料和筛面的相对运动还可使堵在筛孔上的颗粒脱离筛孔，以利于细粒透过筛孔。

分离过程可以认为是由物料分层和细粒透筛两个阶段所构成。但是分层和透筛不是先后的关系，而是相互交错同时进行的。

由于物料和筛面间相对运动的方式不同，从而形成了不同的筛分方法，如图 3-23 所示。

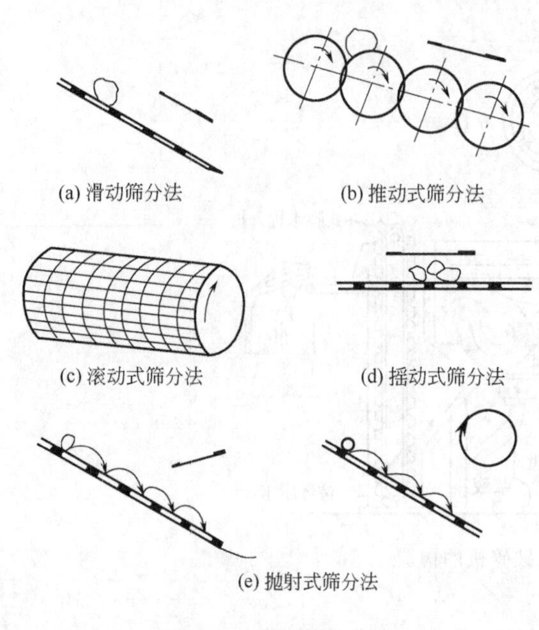

图 3-23　各种筛分方法

1）滑动筛分法　物料在斜置固定不动的筛面上靠本身自重下滑［图 3-23(a)］。这是早期使用的筛分方法，其筛分效率低、处理量小。

2）推动式筛分法　由于组成筛面的筛条转动，物料通过筛面运动构件的接力推送，沿筛面向前运动［图 3-23(b)］，如滚轴筛。

3）滚动式筛分法　筛面是个倾斜安置的圆筒，工作时匀速转动，物料在倾斜的转筒内滚动［图 3-23(c)］，如早期使用的圆筒筛。

4）摇动式筛分法　筛面可以水平安置，也可倾斜安置，工作时筛面在平面内做往复运动。为了使物料和筛面之间有相对运动，如筛面呈水平安置时，筛面要做差动运动；筛面倾斜安置时，筛面在平面内做谐振动，物料沿筛面呈步步前进的状态运动［图 3-23(d)］。

5）抛射式筛分法　筛面在垂直的纵平面内做谐振动或准谐振动。筛面运动轨迹呈直线，也可呈圆形或椭圆形。物料在垂直的纵平面上被抛射而前进［图 3-23(e)］，如振动筛。

从上述各种筛分方法可知，虽然物料与筛面相对运动的方式不同，其目的是为了使物料处于一定的松散状态，从而使每个颗粒都能获得相互位移所必需的能量和空间，同时保证细粒顺利透筛。

实际的筛分过程是大量粒度大小不同、粗细混杂的碎散物料进入筛面，只有一部分颗粒与筛面直接接触。而接触筛面的这部分物料中，又不全是小于筛孔的细粒。大部分小于筛孔的颗粒，分布在整个料层的各处。但是由于物料与筛面做相对运动，筛面上的料层被松散，使大颗粒本来就存在的较大间隙被进一步扩大，小颗粒趁机穿过间隙转移到下层。由于小颗粒间隙小，大颗粒不能穿过，因此大颗粒在运动中位置不断升高。于是，原来杂乱无章排列的颗粒群发生析离，即按颗粒大小进行了分层，形成小粒在下、粗粒居上的规则排列。到达筛面的小颗粒，经过与筛孔进行大小比较，然后，小于筛孔者透筛，最终实现了粗细粒分离，完成了筛分过程。

细颗粒透筛时，虽然颗粒都小于筛孔，但它们透筛的难易程度不同。经验得知，颗粒越小，透筛越容易。和筛孔尺寸相近的颗粒，很难通过筛面下层大颗粒的间隙，因而也就较难于透过筛孔。

细粒透筛时，尽管粒度都小于筛孔，但它们透筛的难易程度却不同。筛分实践表明，粒度小于筛孔尺寸 3/4 的颗粒，很容易通过粗粒形成的间隙到达筛面而透筛，称为“易筛粒”；粒度大于筛孔尺寸 3/4 的颗粒，很难通过粗粒形成的间隙，而且粒度越接近筛孔尺寸就越难透筛，这种颗粒称为“难筛粒”。

在分层过程中，直径超过筛孔尺寸 1.5 倍的粗粒，对“易筛粒”和“难筛粒”自上而下向筛面转移时所设置的障碍并不大。直径小于筛孔尺寸 1～1.5 倍的粗粒，在筛面所组成的下层物料，却能使粒度接近“难筛粒”的颗粒难以接近筛孔。所以，粒度大于筛孔，但又小于筛孔 1.5 倍的颗粒，称为“阻碍粒”。

现代筛分主要是采用抛射式筛分法，尤其是在原料中“难筛粒”“阻碍粒”较多时，和其他筛分法比较，具有明显的优越性。

2. 筛分效率

(1) 筛分效率的计算

从理论上讲，固体废物中凡是粒度小于筛孔尺寸的细粒都应该透过筛孔成为筛下产品，而大于筛孔尺寸的粗粒应全部留在筛上排出成为筛上产品。但是，实际上由于筛分过程中受各种因素的影响，总会有一些小于筛孔的细粒留在筛上随粗粒一起排出成为筛上产品，筛上产品中未透过筛孔的细粒越多，说明筛分效果越差。为了评定筛分设备的分离效率，引入筛分效率这一指标。

筛分效率是指实际得到的筛下产品质量与入筛废物中所含小于筛孔尺寸的细粒物料质量之比，用百分数表示，即

$$E=\frac{Q_1}{Q\times\frac{\alpha}{100}}\times 100\%=\frac{Q_1}{Q\alpha}\times 10^4\%$$

式中，E 为筛分效率，%(质量分数)；Q 为入筛固体废物质量；Q_1 为筛下产品质量；α 为入筛固体废物中小于筛孔的细粒含量，%(质量分数)。

但是，在实际筛分过程中要测定 Q_1 和 Q 是比较困难的，因此，必须变换成便于应用的计算式。按图 3-24 测定出筛下产品中小于筛孔尺寸的粗粒，可以列出以下两个公式。

① 固体废物入筛质量（Q）等于筛上产品质量（Q_2）和筛下产品质量（Q_1）之和，即

$$Q=Q_1+Q_2$$

② 固体废物中小于筛孔尺寸的细粒质量等于筛上产品与筛下产品中所含有小于筛孔尺寸的细粒质量之和，即

$$Q\alpha=100Q_1+Q_2\theta$$

式中，θ 为筛上产品中有含有小于筛孔尺寸的细粒质量分数，%。

将固体废物入筛质量计算式代入上式得

$$Q_1=\frac{(\alpha-\theta)Q}{100-\theta}$$

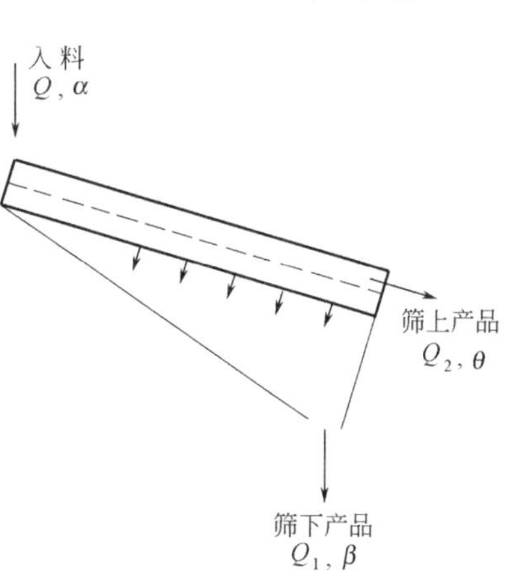

图 3-24　筛分效率的测定

将上式代入筛分效率计算式得

$$E=\frac{\alpha-\theta}{\alpha(100-\theta)}\times 10^4\%$$

必须指出，筛分效率的计算公式是在筛下产品100%都是小于筛孔尺寸（$\beta=100\%$）的前提下推导出来的。实际生产中由于筛网磨损而常有部分大于筛孔尺寸的粗粒进入筛下产品。如果考虑到这种情况，$Q\alpha$ 计算式中的筛下产品项不是 $100Q_1$，而是 $Q_1\beta$，按此推导出另一种筛分效率计算公式，即

$$E=\frac{\beta(\alpha-\theta)}{\alpha(\beta-\theta)}\times 100\%$$

当筛网磨损严重时，采用上式来计算筛分效率。

（2）筛分效率的影响因素

1）固体废物性质的影响　固体废物的粒度组成对筛分效率影响较大。废物中“易筛粒”含量越多，筛分效率越高；而粒度接近筛孔尺寸的“难筛粒”越多，筛分效率则越低。

固体废物的含水率和含泥量对筛分效率也有一定的影响。废物外表水分会使细粒结团或附着在粗粒上而不易透筛。当筛孔较大、废物含水率较高时，反而造成颗粒活动性的提高，此时水分有促进细粒透筛作用，但此时已属于湿式筛分法，即湿式筛分法的筛分效率较高。水分影响还与含泥量有关，当废物中含泥量高时，稍有水分也能引起细粒结团。

另外，废物颗粒形状对筛分效率也有影响，一般球形、立方形、多边形颗粒相对而言筛分效率较高；而颗粒呈扁平状或长方块，用方形或圆形筛孔的筛子筛分，其筛分效率越低。

2）筛分设备性能的影响　常见的筛面有棒条筛面、钢板冲孔筛面及钢丝编织筛网三种。其中棒条筛面有效面积小，筛分效率低；编织筛网则相反，有效面积大，筛分效率高；冲孔筛面介于两者之间。

筛子运动方式对筛分效率有较大的影响，同一种固体废物采用不同类型的筛子进行筛分时，不同类型筛子的筛分效率如表3-3所列。

表3-3　不同类型筛子的筛分效率

筛子类型	固定筛	转筒筛	摇动筛	振动筛
筛分效率/%	50～60	60	70～80	90以上

即使是同一类型的筛子，如振动筛，它的筛分效率也受运动强度的影响而有差别。如果筛子运动强度不足时，筛面上物料不易松散和分层，细粒不易透筛，筛分效率就不高；但运动强度过大又使废物很快通过筛面排出，筛分效率也不高。

筛面宽度主要影响筛子的处理能力，其长度则影响筛分效率。负荷相等时，过窄的筛面使废物层增厚而不利于细粒接近筛面；过宽的筛面则又使废物筛分时间太短，一般宽长比为1∶(2.5～3)。

筛面倾角是为了便于筛上产品的排出，倾角过小起不到此作用；倾角过大时，废物过筛速度过快，筛分时间短，筛分效率低。一般筛面倾角以15°～25°较适宜。

3）筛分操作条件的影响　在筛分操作中应注意连续均匀给料，使废物沿整个筛面宽度铺成一薄层，既充分利用筛面，又便于细粒透筛，可以提高筛子的处理能力和筛分效率。及时清理和维修筛面也是保证筛分效率重要条件。

3. 筛分设备的选择

选择筛分设备时应考虑如下因素：a. 颗粒大小、形状、整体密度、含水率、黏结或缠绕的可能；b. 筛分器的构造材料，筛孔尺寸、形状，筛孔所占筛面比例，转筒筛的转速、长与直径，振动筛的振动频率、长与宽；c. 筛分效率与总体效果要求；d. 运行特征如能耗、日常维护、运行难易、可靠性、噪声、非正常振动与堵塞的可能等。

二、筛分设备

在固体废物处理中常用的筛分设备有以下几种类型。

1. 固定筛

筛面由许多平行排列的筛条组成，可以水平安装或倾斜安装。由于构造简单、不耗用动力、设备费用低和维修方便，故在固体废物处理中被广泛应用。固定筛又可分为格筛和棒条筛两种。格筛一般安装在粗碎机之前，起到保证入料块度适宜的作用。棒条筛主要用于粗碎和中碎之前，安装倾角应大于废物对筛面的摩擦角，一般为30°～35°，以保证废物沿筛面下滑。棒条筛筛孔尺寸为要求筛下粒度的1.1～1.2倍，一般筛孔尺寸不小于50mm。筛条宽度应大于固体废物中最大块度的2.5倍。该筛适用于筛分粒度大于50mm的粗粒废物。

2. 滚筒筛

滚筒筛也称转筒筛，是物料处理中重要的运行单元。滚筒筛为一缓慢旋转（一般转速控制在10～15r/min）的圆柱形筛分面，以筛筒轴线倾角为3°～5°安装。筛面可用各种构造材料，制成编织筛网，但筛分线状物料时会很困难，最常用的则是冲击筛板。

筛分时，固体废物由稍高一端供入，随即跟着转筒在筛内不断翻滚，细颗粒最终穿过筛孔而透筛。滚筒筛倾斜角度决定了物料轴向运行速度，而垂直于筒轴的物料行为则由转速决定。物料在筛子中的运动有3种状态。

1）沉落状态　此时筛子的转速很低，物料颗粒由于筛子的圆周运动而被带起，然后滚落到向上运动的颗粒层上面，物料混合很不充分，不易使中间的细料翻滚移向边缘而触及筛孔。

2）抛落状态　当转速足够高但又低于临界速度时，颗粒克服重力作用沿筒壁上升，直至到达转筒最高点之前。这时重力超过了离心力，颗粒沿抛物线轨迹落回筛底。这种情况下，颗粒以可能的最大距离下落（如转筒直径），翻滚程度最为剧烈，很少有堆积现象发生，筛子的筛分效率最高，物料以螺旋状前进方式移出滚筒筛。

3）离心状态　若滚筒筛的转速进一步提高，达到某一临界速度，物料由于离心作用附着在筒壁上而无下落、翻滚现象，这时的筛分效率很低。

操作运行中，应尽可能使物料处于最佳的抛落状态。根据经验，筛子的最佳速度约为临界速度的45%。不同的负荷条件下的试验数据表明，筛分效率随倾角的增大而迅速降低。随着筛分器负荷增加，物料在筒内所占容积比例增加。这时，要达到抛落状态的转速以及功率要求也随之增加。实际上，筛子完全充满时，已无可能进入抛落状态。

（1）筛筒结构

筛筒为圆柱形筒体，如图3-25所示，主要由框架、筛板、导料板等组成。筛板材料为

65Mn，筛孔尺寸一般根据用户要求而定。导料板是可拆卸的，当所筛物料≥60mm时，去掉导料板；当15mm≤所筛物料≤60mm时，则保留导料板。

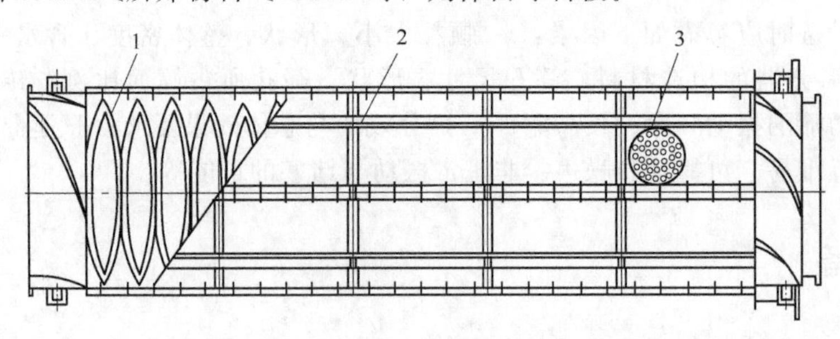

图3-25　筛筒

1—导料板；2—框架；3—筛板

(2) 工作原理

滚筒筛的筛筒由4个滚轮支承，工作时，由电机、减速机等带动筒体一侧的两个主动滚轮旋转，依靠摩擦力作用，主动滚轮带动筒体回转，而另一侧的两个滚轮则起从动作用。滚筒筛的倾斜角会影响垃圾物料在筛筒体内的滞留时间，一般情况下，滚筒筛的倾斜角在2°～5°范围内选取，有时考虑到最佳的效能（生产率），也可超出这个范围。被筛物料从筒体的一端（进料斗）进入筒内，由于筒体的回转，物料沿筒内壁滑动，细粒物料通过工作表面上的筛孔落到接收槽中，而粗粒物料则从筒体的一端（排料斗）排出。

滚筒筛的转速很低（通常在10～18r/min范围内选取），且采用摩擦传动，因此它运转平稳，噪声小。

(3) 应用

在城市生活垃圾堆肥的预处理或中间处理中，滚筒筛去除粒度大于100mm的无机物，为下道工序做准备，即筛上物焚烧和筛下物发酵，是一种较理想的分选设备。

3. 振动筛

振动筛是许多工业部门应用非常广泛的一种设备。它的特点是振动方向与筛面垂直或近似垂直，振动次数600～3600r/min，振幅0.5～1.5mm。物料在筛面上发生离析现象，密度大而粒度小的颗粒钻过密度小而粒度大的颗粒的空隙，进入下层达到筛面。振动筛的倾角一般控制在8°～40°之间。倾角过小使物料移动缓慢，单位时间内的筛分效率势必降低；但倾角过大同样也使筛分效率降低，因为物料在筛面上移动过快，还未充分透筛即排出筛外。振动筛由于筛面强烈振动，消除了堵塞筛孔的现象，有利于湿物料的筛分，可用于粗、中、细粒的筛分。振动筛主要有圆振动筛、直线振动筛、椭圆振动筛等许多种。

(1) 圆振动筛

圆振动筛是在固体废物处理中使用较多的一种筛分机。这种筛子结构简单，维修量少，多用于筛分粗粒级物料。在固体废物处理中，主要用于手选前的准备筛分，也可用于固体废物处理一般分级筛分。圆振动筛按使用激振器的个数分为单轴圆振动筛和双轴圆振动筛。在单轴圆振动筛中，又分为简单惯性式圆振动筛和自定中心式圆振动筛。

我国固体废物处理中使用的简单惯性式圆振动筛有WK型、SXG-1型以及SZ型振动筛。图3-26是WK型圆振动筛的构造示意。筛箱1利用弹簧吊挂装置2悬吊起来，电动机3通过皮带传动装置4带动激振器轴5和不平衡重轮6回转，产生径向的方向变化的离心惯性力（激振力），驱动筛箱做圆形（或近似圆形）的振动，被筛物料受筛面向上运动的作用力被抛起，前进了一段距离后，再落回到筛面上。如此反复进行，并在从给料端向排料端运动的过程中完成筛分。振动筛的转数一般选择在远离共振区，即工作转数比共振转数大几倍。由于在远离共振区工作，所以振幅比较平稳，弹簧刚度小，弹簧软，而且激振力方向与筛箱振动方向要相反。图 3-27 是筛箱和不平衡重块位移情况。当不平衡重块转到上方［图 3-27(b)］时，激振力向上，而筛箱向下；不平衡重块转到下方［图 3-27(c)］时，激振力向下，而筛箱位置向上。在筛箱的前、后方各设有水平弹簧，防止在启动或停机时，由于共振而产生强烈摇摆。由上述可知，简单惯性圆振动筛激振器的轴和皮带轮与筛箱一起都参与振动，筛箱做振幅为 A 的圆振动，其轴和皮带轮在空间也做半径为 A 的圆振动。因此，皮带轮的中心线在空间的位置是变化的。

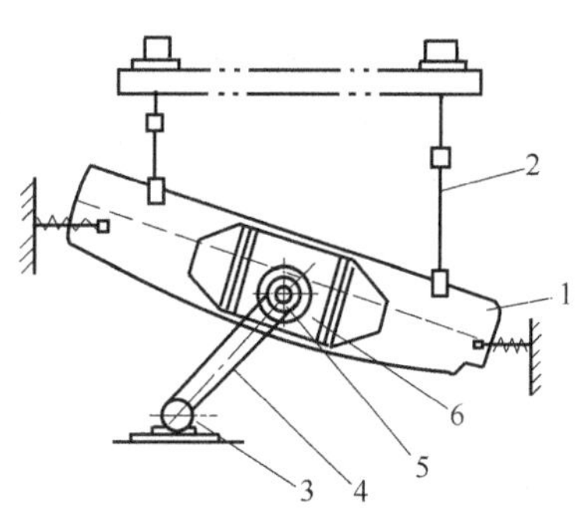

图 3-26　WK 型圆振动筛的构造示意

1—筛箱；2—吊挂装置；3—电动机；4—皮带传动装置；5—激振器轴；6—不平衡重轮

WK 型振动筛技术特征见表 3-4。

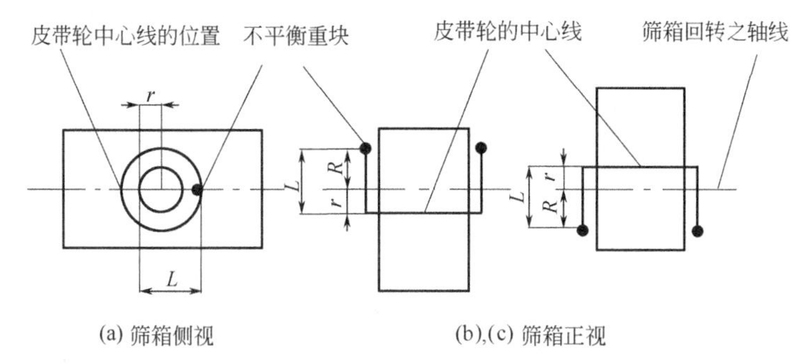

图 3-27　筛箱和不平衡重块位移情况

表 3-4　WK 型振动筛技术特征

筛箱规格 /mm	生产率 /(t/h)	入料粒度 /mm	筛孔尺寸 /mm	筛面工作面积 /m^2	振动频率 /(1/min)	振幅 /mm	筛箱倾角 /(°)	电动机功率 /kW	质量 /kg
1650×3700	300	500～0	100～50	5.5	1000～200	1.4～2.3	15	7.5	3027

国产自定中心式圆振动筛技术特征见表 3-5。

表 3-5　国产自定中心式圆振动筛技术特征

型　号	筛面尺寸 (宽×长)/m	工作面积 /m^2	筛面层数	最大入料粒度/mm	筛孔尺寸 /mm	处理能力 /(t/h)	电动机功率/kW
DD1235	1.25×3.5	3.5	1	400	50,100	150～210	5.5
DD1740	1.75×4.0	6.0	1	400	50,100	240～360	7.5
DD1556	1.50×5.6	7.5	1	400	25,50	225～450	10.0
DD1756	1.75×5.6	9.0	1	400	25,50	270～540	13.0
DD2056	2.00×5.6	10.0	1	400	25,50,75,100,125	300～1000	17.0
D1235	1.25×3.5	3.5	1	400	50,100	150～210	5.5
ZD1740	1.75×4.0	6.0	1	400	50,100	240～360	7.5
ZD1556	1.50×5.6	7.5	1	400	25,50	225～450	10.0
ZD1756	1.75×5.6	9.0	1	400	25,50	270～540	13.0
ZD2056	2.00×5.6	10.0	1	400	25,50,75,100,125	300～1000	17.0

续表

型　号	筛面尺寸（宽×长）/m	工作面积/m^2	筛面层数	最大入料粒度/mm	筛孔尺寸/mm	处理能力/(t/h)	电动机功率/kW
2DD1556	1.50×5.6	7.5	2	300	上层 25～100 下层 6～25	上层 90～450 下层 30～90	17.0
2DD2056	2.00×5.6	10.0	2	300	上层 25～100 下层 6～25	上层 120～600 下层 40～120	17.0
2ZD1556	1.50×5.6	7.5	2	300	上层 25～100 下层 6～25	上层 90～450 下层 30～90	17.0
2ZD2056	2.00×5.6	10.0	2	300	上层 25～100 下层 6～25	上层 120～600 下层 40～120	17.0

(2) 直线振动筛

直线振动筛是利用同步异向旋转的双不平衡重激振器，使筛箱振动的筛子。其筛面可采取水平或缓倾斜安装，筛箱运动轨迹为直线，它与水平线的夹角为30°、45°和60°。

直线振动筛箱有较大的加速度，所以适合于固体废物中细粒级的脱水、脱泥和脱介，也可用于中、细粒级物料的分级。该机结构简单、使用可靠、筛分效果好，是目前国内外固体废物处理中使用最广泛的一种筛分设备。

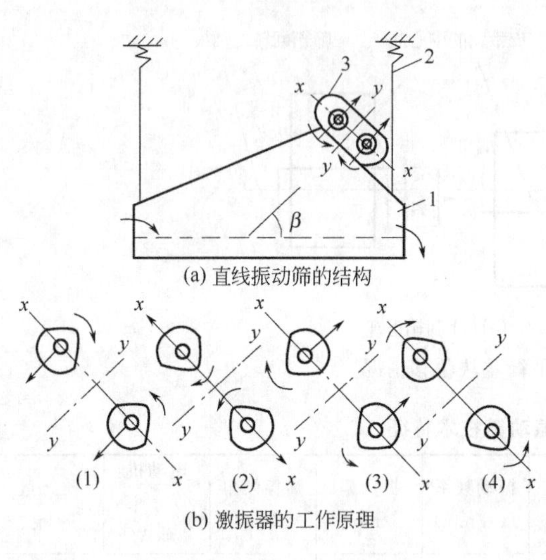

图 3-28　直线振动筛的结构及激振器的工作原理
1—筛箱；2—弹簧吊杆；3—双轴激振器

1）直线振动筛的工作原理　图3-28(a)为直线振动筛的结构示意。图中筛箱1用四根弹簧吊杆悬挂在机架或横梁上（也有采用弹簧支承在基础上），双轴激振器安装在筛箱上，依靠激振器，实际上是由两个单不平衡重激振器组合而成。因此，当两个单不平衡重激振器的两根轴同步异向回转时，在各瞬时位置中，两根轴上不平衡重所产生的离心惯性力，沿x-x方向的分力总是互相抵消，而沿y-y方向的分力总是互相叠加。因此，形成了单一的沿y-y方向的激振力，依靠此力驱动筛箱做直线往复振动。激振器的工作原理如图3-28(b)所示。当双不平衡重激振器运转到(1)和(3)位置时，其离心力完全叠加，激振力最大；在转到(2)和(4)位置时，其离心力完全抵消，激振力为零。直线振动筛一般是远离共振区工作的，这时，筛箱振动的方向和激振力的方向相反，筛箱斜向振动时，物料被斜向抛起后又落下，并进行筛分。

2）直线振动筛的构造　我国在固体废物处理中使用的直线振动筛主要有DS系列、ZZS型振动筛以及ZS系列。

① DS系列直线振动筛：为吊挂式振动筛。该筛分机有单层筛面和双层筛面两种。图3-29是2DS1256型直线振动筛结构。它由双层筛面的筛箱、激振器和吊挂装置组成。吊挂装置包括钢丝绳、隔振螺旋弹簧和防摆配重。倾斜装设的激振器由电动机通过皮带传动系统带动，产生与筛面成45°的激振力。筛箱在激振力的作用下，做抛射角为45°的往复直线运动。被筛物料从给料端加入，在筛面上跳跃前进；筛下产物自下部排出，收集在筛下漏斗中；筛上产物从排料端排出。

② ZZS型直线振动筛：它也是一种吊挂式振动筛，和WP型直线振动筛的构造基本相

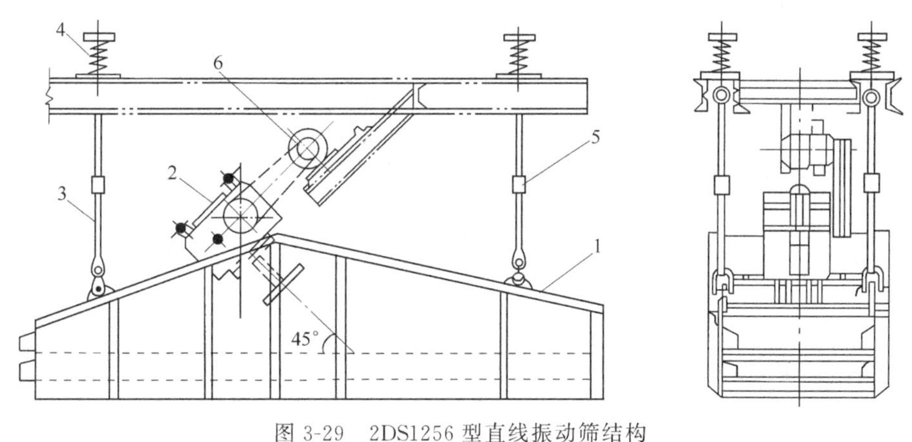

图 3-29　2DS1256 型直线振动筛结构

1—筛箱；2—激振器；3—钢丝绳；4—隔振螺旋弹簧；5—防摆配重；6—电动机

同。有 ZZDS2-1.5 型和 ZZS1-1.8 型两种，前者为双层筛面，后者为单层筛面。这种筛分机结构简单，工作可靠。

ZZDS2-1.5 型直线振动筛的结构见图 3-30。它与 DS 系列直线振动筛比较，其主要区别在于激振器的结构不同。

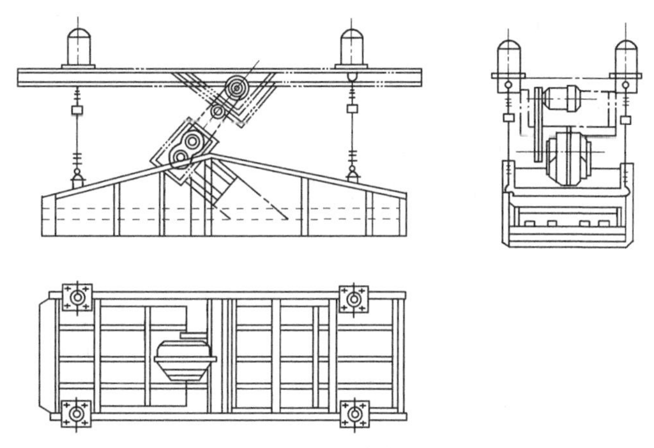

图 3-30　ZZS2-1.5 型直线振动筛结构

ZZS 型直线振动筛采用垂直剖分式激振器。图 3-31 为 ZZS 型垂直剖分的箱式激振器结构。激振器的箱体用 45 号铸钢制成，它分左右两部分。剖分面与传动轴垂直，并用螺栓互相连接。主动轴和从动轴各有一对不平衡重块。齿轮对布置在轴中间，借齿轮传动使两轴做反向同步回转，从而产生定向的激振力。齿轮采用 20CrMn 钢，传动轴采用 40Cr 钢制造。这种激振器的优点是结构紧凑；因剖分面不受激振力，故箱体受力情况比较合理；同时对左右两部分的连接结构要求较低。但是，由于箱体垂直剖分，因而传动部分维修安装很不方便；又由于不平衡重块位于箱体内，工作时频繁地撞击箱内润滑油，容易产生发热现象；还有不平衡重量不能调节，难以改变筛箱振幅。

③ ZS 系列直线振动筛：ZS 系列直线振动筛是座式振动筛。这种筛分机分双层筛面和单层筛面两种。图 3-32 为 2ZS1756 型直线振动筛结构。具有双层筛面的筛箱安放在四组支承装置上，支承装置包括座耳、压板、弹簧和弹簧座。座耳为铰链式，套在筛框中部伸出侧板之外的两根横轴（用无缝钢管制造）上，便于调整筛箱的倾角。更换弹簧座可以将筛箱倾

角调整到0°、2.5°和5°的位置。

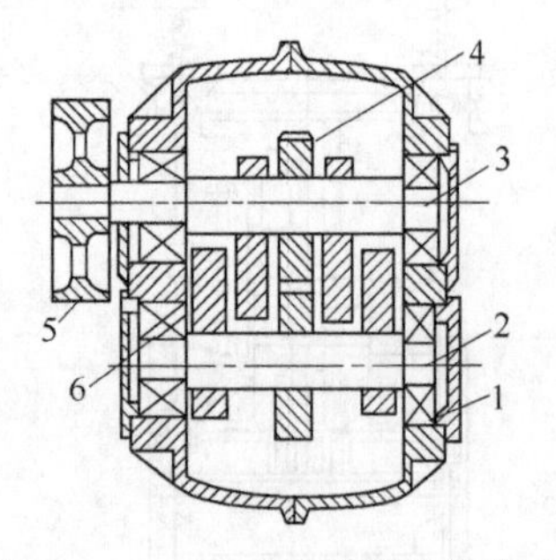

图 3-31 ZZS型垂直剖分的箱式激振器结构

1—轴承；2—从动轴；3—主动轴；4—直齿齿轮；5—皮带轮；6—不平衡重块

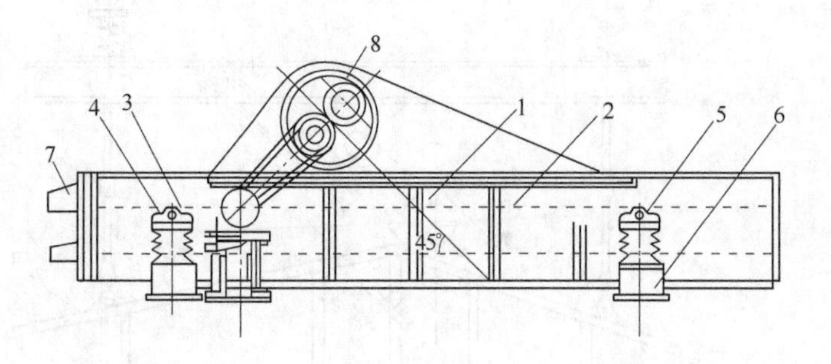

图 3-32 2ZS1756型直线振动筛

1—筛箱；2—筛面；3—座耳；4—压板；5—弹簧；6—弹簧座；7—排料口；8—激振器

④ 双电动机拖动的直线振动筛：我国固体废物处理中广泛使用的直线振动筛，过去激振器均采用齿轮传动，这种强迫联系的激振器结构紧凑，成本较低。但是由于振动筛的振次高，齿轮线速度大，所以齿轮需要较好的材质和较高的制造精度；如使用稀油润滑，其回转轴密封装置的结构要求也高。因此在生产中激振器经常出现发热、漏油和强烈的噪声，这给生产和维修带来不少困难。为了克服这些缺点，近年来出现了双电动机拖动的直线振动筛，即自同步直线振动筛。

我国生产的直线振动筛有单电动机拖动和双电动机拖动之分。对现有的ZS型直线振动筛，只需改动少量零件，就成为双电机拖动的直线振动筛（见图3-33），这方面我国固体废物处理中已有成功的经验。国产直线振动筛的技术特征见表3-6。

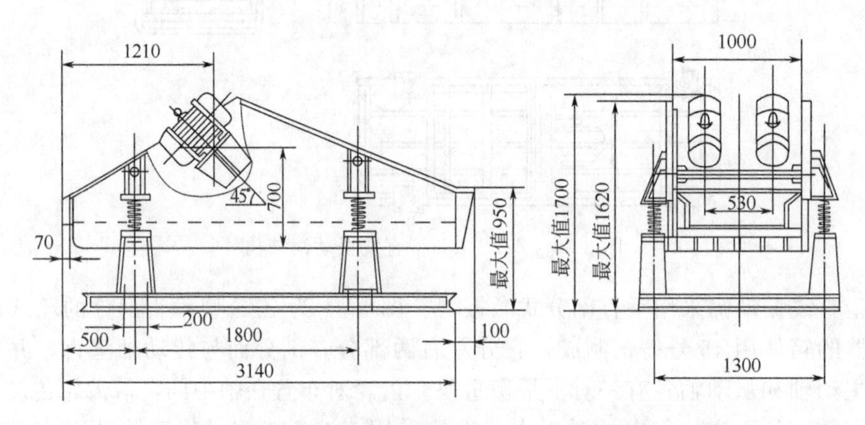

图 3-33 双电动机拖动的直线振动筛结构（单位为mm）

表 3-6 国产直线振动筛的技术特征

型号	筛面尺寸（长×宽）/m	工作面积/m^2	筛面层数	最大入料粒度/mm	筛孔尺寸/mm		电动机功率/kW	处理能力/(t/h)	质量/kg
					上层	下层			
DS1256，ZS1256	1.25×5.60	6	1	300	0.5，6，8，10，13				
2DS1256，2ZS1256			2		13，25	0.5，6，8，10，13	13	40～54	4336

续表

型号	筛面尺寸(长×宽)/m	工作面积/m^2	筛面层数	最大入料粒度/mm	筛孔尺寸/mm		电动机功率/kW	处理能力/(t/h)	质量/kg
					上层	下层			
DS1556,ZS1556	1.50×5.60	7.5	1	300	0.5,6,8,10,13		13	最大值 60	4497
2DS1556,2ZS1556			2		13,25	0.5,6,8,10,13	13	最大值 60	5504
DS1756,ZS1756	1.75×5.60	9	1	300	0.5,6,8,10,13		13(双电机每个 7.5)	50~80	4953(双电机 5030)
2DS1756,2ZS1756			2		13,25	0.5,6,8,10,13	13(双电机每个 7.5)	50~80	5960(双电机 6052)
DS2065,ZS2065	2.00×6.50	12	1	300	0.5,6,8,10,13		17(双电机每个 10)	70~100	6399(双电机 6471)
2DS2065,2ZS2065			2		13,25	0.5,6,8,10,13	17(双电机每个 10)		7768(双电机 7840)
ZS2570	2.50×7.00	16	1	300			26(双电机每个 13)	90~150	9700
2ZS2570			2		条缝筛板		26(双电机每个 13)	90~150	11864

(3) 椭圆振动筛

在正常工作时筛箱运动轨迹为椭圆的振动筛称椭圆振动筛。近年来，这种筛分机在世界各国的筛分领域中引起了很大重视。它兼有圆运动筛和直线运动筛的优点，其椭圆轨迹的“长轴”是强化物料输送的分量，而“短轴”是促进被筛物料松散的分量。因此，其特点是：物料运送速度大，料层薄；颗粒不易堵塞筛孔、有较大的有效筛分面积；被筛物料松散，而且分层好，有较高的筛分效率。生产实践表明，它的处理能力比圆振动筛和直线振动筛高25%左右，如果在处理能力相同的条件下，可有较小的筛分面积。椭圆振动筛和一般的直线振动筛十分相似，其区别仅仅是激振器不同。要想实现椭圆运动轨迹，必须使激振器的两个不平衡重块质量 m_1 和 m_2 不相等，或使两个不平衡重块的回转半径 r_1 和 r_2 不相等。因此，下面介绍日本古河 E 型椭圆振动筛。

该筛分机用于中、小粒级固体废物的干式或湿式筛分，也可用于脱水、脱泥和脱介。如分级时可水平安装，脱水时筛面倾角 0°~6°，处理大块固体废物时筛面倾角则为 5°~8°。图 3-34 为古河 E 型椭圆振动筛外形。古河 E 型椭圆振动筛的激振器如图 3-35 所示。两根偏心轴通过一对斜齿轮产生异向同步回转。但由于两根轴的偏心质量不相等（$m_1>m_2$），而且两轴的相对位置与一般直线振动筛也不同，故使筛箱做椭圆运动。激振器的工作原理如图 3-35 所示。这里，不平衡重块回转半径 $r_1=r_2=r$，激振器轴的回转频率 $\omega_1=\omega_2=\omega$。筛箱重心在两激振器轴心连线中间的垂直线上，即激振器两轴心连线 x-x 与该连线中点和筛箱重心连线 y-y 是互

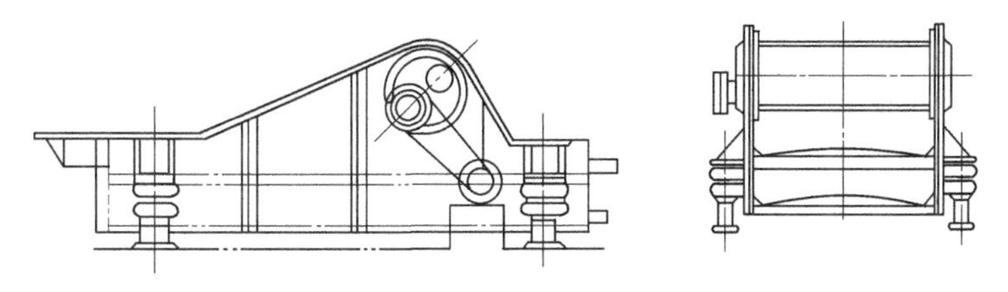

图 3-34 古河 E 型椭圆振动筛外形

相垂直的。因 $m_1>m_2$，故离心力 $F_1>F_2$。在 1、3 位置上，两离心力抵消一部分，作用在筛箱上的合力为 F_1-F_2，在椭圆轨迹上对应为短轴 b 的位置。在 2、4 位置上，两离心力叠加，作用在筛箱上的合力为 F_1+F_2，在椭圆轨迹上对应为长轴 a 位置，长轴 a 相当于筛子的双振幅。古河 E 型筛椭圆轨迹长短轴之比为 6∶1。古河 E 型振动筛的工作参数见表 3-7。

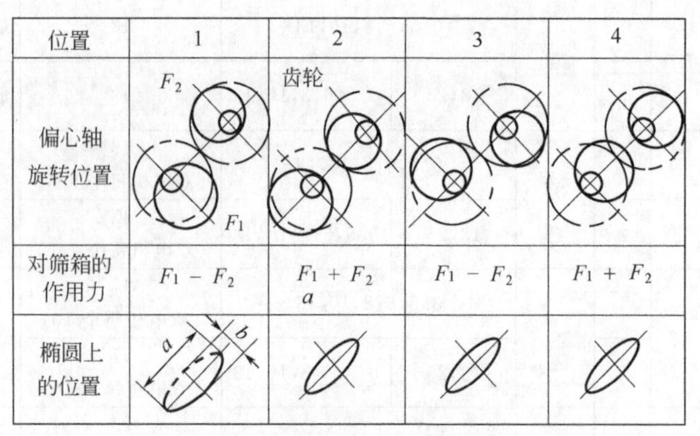

注：a为长轴（筛子的双振幅）；b为短轴。

图 3-35 古河 E 型椭圆振动筛激振器工作原理

表 3-7 古河 E 型椭圆振动筛工作参数

用　途	筛　面	振幅/mm	频率/(1/min)	筛面倾角/(°)	备　注
分级	冲孔筛板、纺织筛网	8～12	850～900	0	干式或湿式
脱泥	纺织筛网、条缝筛板	10～14	850～900	0	湿式

4. 双向运输筛分烘干机

双向运输筛分烘干机（ZL972282718）是用于大宗固体松散物料的粒度分级、水分烘干、原料与产品运输、装仓的大型组合功能设备。该设备具有三种功能。

1）运输功能　正向输送物料和筛上产品，反向收集筛下产品并运往排料口装仓，运输距离 40～200m，视现场需要而定。

2）筛分功能　最小分级粒度 4mm，最大分级粒度 50mm，4～50mm 任意粒度 2～8 级筛分，同一台设备筛分能力大于运输能力。

3）烘干功能　运输途中烘干原料或产品，如原料水分较大，先烘干再筛分，或边筛分边烘干，或单纯烘干产品。可用于固体废物烘干、型煤烘干、粮食烘干、化工中间料烘干等，可去掉水分 1%～4%。

(1) 工作原理

双向运输筛分烘干机的工作原理是利用物料在运输过程中少量连续送进、摊薄、变厚、翻滚等多种运动形态，特别是无规则翻滚使颗粒自由面不断翻转，颗粒携带的水分在热空气介质中充分暴露，通过负压抽风从物料表面剥离带走，达到烘干物料的目的。双向运输筛分烘干机工作示意见图 3-36。300℃左右的热空气从左端下腔进热气口进入烘干段，通过运输机中筛板孔进入上腔，穿透料层与物料充分接触，带着水汽从上腔右端排气口排出烘干段。

(2) 结构设计

双向运输筛分烘干机是在双向运输筛分机基础上设计的，这里只介绍烘干功能设计。

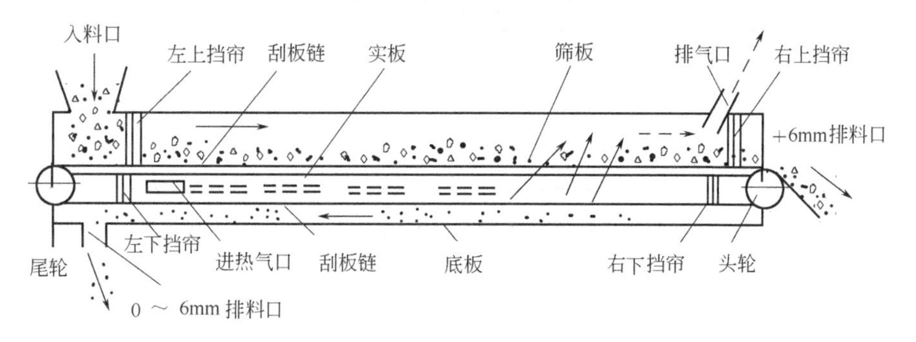

图 3-36 双向运输筛分烘干机工作示意

① 热能配置原则是在工作期间使整个烘干段腔内形成不低于60℃的环境温度。热源选择根据就近、经济、便捷的原则，采用煤、油、气、电均可。

如果采用煤、油、气燃料可自建加热炉，待烟气稍冷却后（<300℃）直接送入烘干段。若烘干物怕污染，可用红外热风炉，将干净热空气送入烘干段。如果用电较为方便，可将烘干机承料板制成电热板，用电能直接加热物料。如果使用蒸汽，可将烘干物料用管道加热。烘干段内空气的高速流动是烘干物料的重要手段。引风机在腔内形成较大负压，使腔内的湿气立即排出烘干段。

② 烘干段的密封、保温和物料松散、滞留设计需对烘干段进行必要的密封和保温以减少热能、风能损失。考虑到保温和密封，将运输机的槽箱体设计成为一节节盒体。节与节由法兰和密封垫连接，成为一个整体。物料的松散是烘干段能量转换的重要条件，除了双向运输筛分机的物料滚动松散技术原理外，还设计了不同的松散技术：a. 烘干筛分机的下腔设计高度较高，透筛颗粒下落过程延长，提高细小颗粒的松散度；b. 齿状刮板松散物料；c. 弓形刮板松散物料；d. 犁板松散物料。齿形刮板、弓形刮板、犁板、低矮刮板等结构，都是使物料滞后运输速度的设计。

③ 进、出风口设计原则要针对被烘干对象考虑以下因素：a. 烘干最佳加热方式和过程；b. 安全；c. 余热利用；d. 避开污染。一般情况下用燃煤火焰炉直接加热，若烘干筛下产品，热风进气口在产品排料口前边，出风口在上腔。如果是烘干原料，可将进、出风口全放在上腔，料与空气流动方向相反。如果是烘干型煤或粮食，要求加热温度徐徐提高，热空气应迎着物料移动方向。如果是烘干煤泥、煤粉之类易燃易爆物料，进风口必须离干燥产品远些，防止火灾和尘爆危险。

（3）样机性能测试

1）烘干试验评价 表 3-8 是双向运输筛分烘干机样机烘干效果。由表可知，原煤未烘干前水分为全水分(Mt)，其值为 9.04%，0～6mm 产品第一个烘干样品 Mt=3.92%，第二个样品为 Mt=4.92%。第二次取样样品反映了该试验的烘干效果，烘去水分 4.12%是很理想的。但还存在以下问题：a. 产品在烘干段仅停留 65s，能量转换时间太短，效果较差；b. 设备未进行较好的保温处理，火焰炉供热跟不上，当生产正常后，供热不足，散热太快，腔内温度达不到 60℃，影响烘干效果；c. 该设备未进行密封处理，引风机风流不能集中在腔体内，腔内形不成大风流，影响烘干效果；d. 除设备本身机构外，未加其他松散、滞留物料措施；e. 工厂没有高速上料手段，人工上煤速度不均，前 3min 可保持 1.5 锹/s，后 1min 仅保持 1 锹/s 水平。由于试验时间较短，问题没有充分暴露。

表 3-8 双向运输筛分烘干机样机烘干效果

试 样	试验编号	Mt/%	试验日期	备 注
原 煤	98-866	9.04	1999年6月28日	
样品 1	99-868	3.92	1999年6月28日	第一次取样
样品 2	99-867	4.92	1999年6月28日	第二次取样
样品 3	99-869	7.7	1999年6月28日	块煤样品

2）工业性试验 为了验证双向运输筛分烘干机的工作效果，太原金山兴煤炭加工设备厂和大同市华日实业有限责任公司合作，在大同市左云县东窑头专门建立了60万吨/年洗煤配套工艺中试厂，对设备进行工业性试验。所试验设备除运输、筛分、两次烘干功能外，又增加了两次脱水功能，成为双向运输筛分脱水烘干机。即从洗煤机排出的精煤＋水混合物，在该设备上完成4mm分级、0.5mm分级，同时将4～50mm、0.5～4mm两个精煤产品烘干。目的是使大同高寒地区冬季洗煤产品不冻结。该设备宽600mm，全长52m，电动机功率15kW。在设备中部留入料口，口下为4mm箅条筛板共12m，成为一次脱水筛分段；运输机的底板改为0.5mm箅条筛板，共15m，为2次脱水筛分段。煤泥水流入附设的导水槽，通过管路流回煤泥池。2个烘干段各有一台火焰炉供热，一台引风机抽风，下腔机头端、机尾端为进热风口，中间靠近上料口处为出风口，两台引风机的乏风合并到一个风筒进入入料口：一方面除尘；另一方面利用其余热防止冰冻入料口。整机架在钢架上，用红砖砌墙密封，墙与机器间充填蛭石保温。混精煤第一次脱水筛分后，筛上产品4～50mm精煤向机头方向运动，进入1号烘干段，此段长24m，烘干后的产品从机头流出。第一次筛分脱水后的筛下物在下腔进行二次筛分脱水，筛上物0.5～4mm精煤由回链带动向机尾运动，进入2号烘干段，此段长16m，烘干后的产品从机尾排出。

（4）应用

国内外某些行业如煤炭、有机矿物、无机矿物、垃圾、粮食、化工中间产品等特大宗固体松散物料的粒度、湿度不一致是客观特征，而大规模现代化生产要求粒度、湿度较为整齐一致，故筛分或烘干十分必要。常规的加工方法是用单一功能设备组成工艺系统进行，占用设备多，用人多，用电多，运转成本高，加工量少。本技术采用功能组合型设备，在运输途中即完成了有关加工工序，试验效果较为满意，特别是它的功能可自由组合，运输机、筛分机、烘干机可单独使用，也可组合使用，还可增加清洗功能、脱水功能，多工序一次完成。与传统技术相比节省大量辅助设备、人力、工时，运输距离可长可短，筛分粒度可大可小，烘干程度可高可低，灵活机动。建设投资少、周期短，工作可靠，运转成本低是本技术的特点，该技术应用范围广，有推广价值。

第三节 固体废物的分选

固体废物分选就是将固体废物中各种有用资源或不利于后续处理工艺要求的废物组分采用人工或机械的方法分门别类地分离出来的过程。废物分选是根据废物组成中各种物质的性质差异，即粒度、密度、磁性、电性、光电性、摩擦性及表面润湿性的差异不同而进行的。

固体废物分选方法很多，但可简单概括成两类：手工拣选和机械分选。手工拣选是最早采用的分选方法，适用于废物产源地、收集站、处理中心、转运站或处置场。不需进行预处理的物品，特别是对危险性或有毒有害物品，必须通过手工拣选。目前，手工拣选大多数集中在转运站或处理中心的废物传送带两旁。

机械分选大多要在废物分选前进行预处理，一般至少需经过破碎处理。机械分选方法按分选原理的不同，可分为物理分选、物理化学分选、化学分选及微生物分选等。

① 物理分选是根据固体废物颗粒的某种物理性质（如粒度、密度、形状、硬度、颜色、光泽、磁性及带电性等）的差别，采用物理方法来实现对固体废物的加工处理。物理分选主要是指重力分选，同时还包括电磁分选及古老的拣选等。重力分选主要有跳汰分选、重介质分选、空气重介质流化床干法分选、风力分选、斜槽和摇床分选等。

② 物理化学分选中的浮游分选（简称浮选），是依据矿物表面物理化学性质的差别进行分选的方法。浮选包括泡沫浮选、浮选柱、油团浮选、表层浮选和选择性絮凝等。由于实际上常使用泡沫浮选分选细粒固体废物，所以通常所说的浮选主要指泡沫浮选。

③ 化学分选是借助化学反应使固体废物中有用成分富集或除去杂质和有害成分的工艺过程。化学分选方法主要有氢氟酸法、熔融碱法、氧化法和溶剂萃取法等。

④ 微生物分选是应用微生物脱除固体废物中的有害成分。它是利用某些自养性和异养性微生物能直接或间接地利用其代谢产物从固体废物中溶浸有害物质从而达到分选的目的。在现阶段有发展前途的有三种：堆积浸滤法、空气搅拌浸出法和表面氧化法。表3-9列出了固体废物机械分选技术与应用。

表 3-9 固体废物机械分选技术与应用

分选技术	分选的固体废物	预处理要求	应用场合
手工拣选	废纸、钢铁等、非铁金属、木材等	不需要	商业、工业与家庭垃圾收集站检选皱纹纸、高质纸、金属、木材等
筛选	玻璃、粗细集料	可不预处理或先破碎或风选	从重组分中分选玻璃或获得不同粒级的固体废物
风选	废报纸、皱纹纸等可燃性物质	不需要	轻组分中可燃性固体废物或重组分中金属、玻璃等资源的分选
浮选	无机有用组分	破碎浆化	细小有用组分的分选
磁选	铁金属	破碎、风选	大规模用于工业固体废物和城市垃圾的分选
光选	玻璃类	破碎、风选	从不透明的废物中分选碎玻璃或从彩色玻璃中分选硬质玻璃
重介质分选	铝及其他非铁金属	破碎、风选	通过调整介质的密度分离多种金属，每种金属需用一组介质分离单元
静电分选	玻璃类、粉煤灰等	破碎、风选、筛选	含铅和玻璃废物的分选或从粉煤灰中分选炭

一、重力分选

1. 跳汰分选

（1）跳汰分选基本原理

跳汰分选是古老的选矿方式，已有400多年的历史。在固体废物分选方面，作为混合金属的分离、回收综合流程中的一个选别工序，已在国内外得到广泛应用，对于在筛分和分选作用中没有得到回收的金属细粒来说，可以采用跳汰分选法回收。

跳汰分选是在垂直变速介质流中按密度分选固体废物的一种方法。根据分选介质，跳汰分选分为两种，分选介质是水，称为水力跳汰；若为空气，称为风力跳汰。目前，固体废物分选多用水力跳汰。

跳汰分选分层过程如图 3-37 所示。跳汰分选时，在垂直脉冲运动的介质流中按密度分层，结果不同密度的粒子群在高度上占据不同的位置，大密度的粒子群位于下层，小密度的粒子群位于上层，从而实现分离的目的。

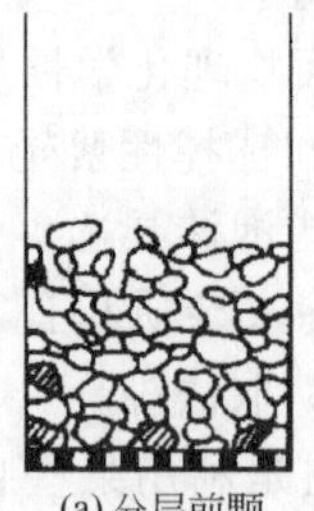
(a) 分层前颗粒混杂堆积

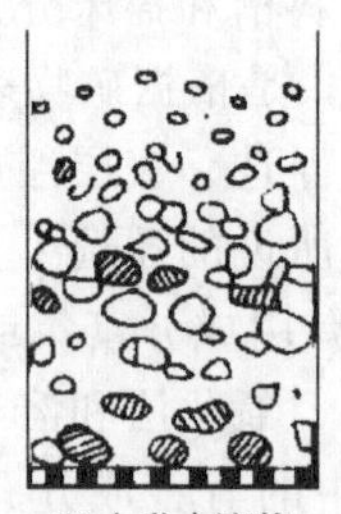
(b) 上升水流将床层抬起

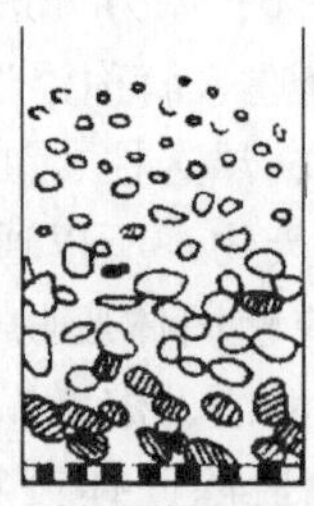
(c) 颗粒在水流中沉降分层

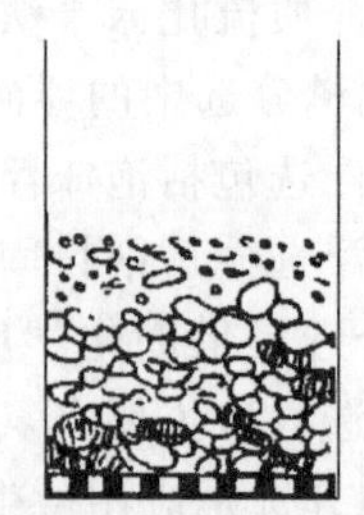
(d) 下降水流，床层紧密，重颗粒进入底层

图 3-37　颗粒在跳汰时的分层过程

（2）跳汰分选设备

跳汰机主要采用无活塞跳汰机。按跳汰室和压缩空气室的配置方式不同，可将无活塞式跳汰机分为两种类型：压缩空气室配置在跳汰机旁侧的筛侧空气室跳汰机和压缩空气室直接设在跳汰室的筛板下方的筛下空气室跳汰机。

1）筛侧空气室跳汰机　是目前使用较多的跳汰机，目前我国生产的筛侧空气室跳汰机主要有 LTG 型、LTW 型、BM 型和 CTW 型。国外有许多国家生产，型号繁多，下面仅就我国的 LTG 型做一介绍。

LTG-15 型筛侧空气室跳汰机的结构及外形如图 3-38 所示。主要由机体、风阀、筛板、排料装置、排重产物道、排中产物道等部分组成。纵向隔板将机体分为空气室和跳汰室。风阀将压缩空气交替地给入和排出空气室，使跳汰室中形成垂直方向的脉动水流。脉动水流特性决定于风阀结构、转速及给入的压缩空气量。从空气室下部给入的顶水用以改变脉动水流特性及固体废物在床层中松散与分层。跳汰机的另一部分用水和入料一起加入。分层后的重产物分别经过各末端的排料装置排到机体下部并与透筛的小颗粒重产物相会合，一并由斗子提升机排出，轻产物自溢流口排出机外。

2）筛下空气室跳汰机　与筛侧空气室跳汰机相比具有水流沿筛面横向分布均匀、质量轻、占地面积小、分选效果好且易于实现大型化的优点。目前筛下空气室跳汰机已在许多国家制造和使用。我国生产的筛下空气室跳汰机主要有 LTX 系列、SKT 系列和 X 系列。国外生产的筛下空气室跳汰机影响最为深远的是日本的高桑跳汰机，它是各种形式筛下空气室跳汰机的前身，而目前应用较广泛的是德国的巴达克跳汰机。筛下空气室跳汰机除了把空气室移到筛板下面以外，其他部分与筛侧空气室跳汰机基本相同。它们的工作过程也大致相同，但风阀的进气压力较筛侧空气室跳汰机要大，约为 35kPa。我国生产 LTX 系列跳汰机共有七种规格，目前生产使用的主要有 LTX-8 型、LTX-14 型和 LTX-35 型。LTX-14 型筛下空气室跳汰机结构如图 3-39 所示。该机采用旋转风阀，每个格室由单独的风阀供气。同时采用低溢流堰、自动排料方式，由大型浮标带动棘爪轮转速，实现自动排料过程。该系列产品

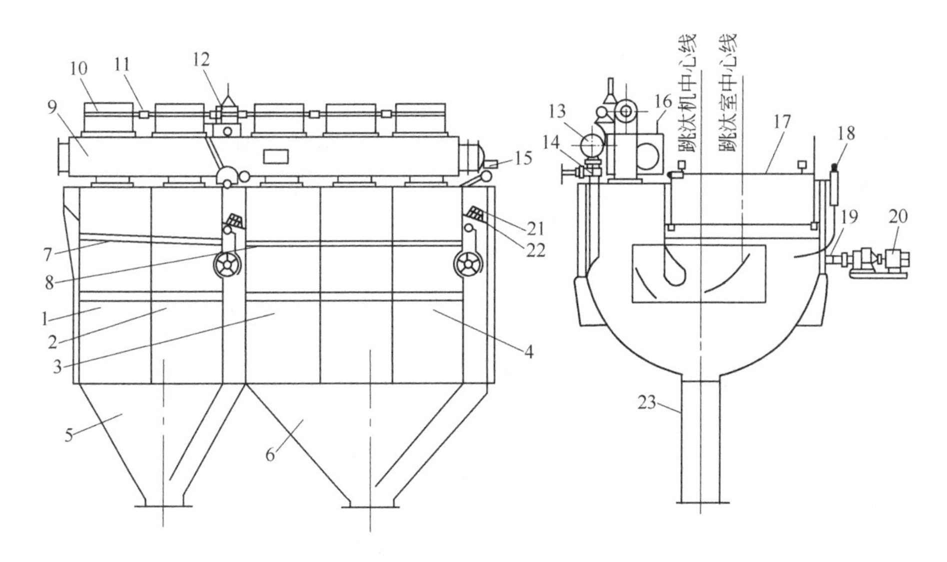

图 3-38 LTG-15 型筛侧空气室跳汰机的结构及外形

1—机体第一段；2—机体第二段；3—机体第三段；4—机体第四段；5—矸石段漏斗；6—中煤段漏斗；7—矸石段筛板；8—中煤段筛板；9—空气箱；10—风阀；11—链式联轴节；12—风阀传动装置；13—总水管；14—暗插楔式闸门；15—电动蝶阀；16—压力表；17—排料闸门；18—测压管；19—排料装置；20—排料轮传动装置；21—压铁；22—人孔盖；23—检查孔

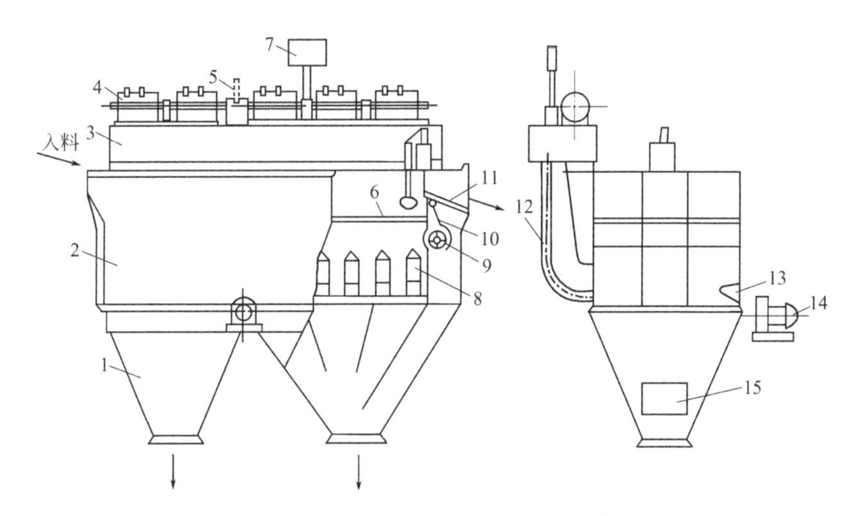

图 3-39 LTX-14 型筛下空气室跳汰机结构

1—下机体；2—上机体；3—风水包；4—风阀；5—风阀传动装置；6—筛板；7—水位灯光指示器；8—空气室；9—排料装置；10—中产物段护板；11—溢流堰盖板；12—水管；13—水位接点；14—排料装置电动机；15—检查孔

应用较广的是 LTX-14 型。巴达克型跳汰机因合适的风阀结构，筛下空气室的布置方式及床层控制机构和较高的操作自动化水平，具有较高的分选工艺指标。

2. 重介质分选

重介质分选适用于分离密度不同的固体颗粒。在国外，此法用于从废金属混合物中回收铝，已经达到了实用化程度。在重力选矿过程中，通常都采用密度低于入选废物颗粒密度的水或空气作为分选介质。而重介质是指密度大于 $1g/cm^3$ 的重液或重悬浮液流体。废物颗粒在重介质中进行分选的过程即称为重介质选矿。

(1) 原理

重介质选矿法是当前最先进的一种重力选矿法，它的基本原理是阿基米德原理：即浸在介质里的物体受到的浮力等于物体所排开的同体积介质的重量。因此，物体在介质中的重力 G_0(N) 等于物体在真空中的重量与同体积介质重量之差，即

$$G_0=V(\delta-\rho_{su})g \quad 或 \quad G_0=\frac{\pi d_V^3}{6}(\delta-\rho_{su})g$$

式中，V 为物体的体积，m^3；d_V 为物体的当量直径，m；δ 为物体的密度，kg/m^3；ρ_{su} 为介质的密度，kg/m^3；g 为重力加速度，m/s^2。

固体废物在介质中所受重力 G_0 的大小与废物的体积、废物与介质间的密度差成正比；G_0 的方向只取决于 $\delta-\rho_{su}$ 值的符号。凡密度大于分选介质密度的废物颗粒，G_0 为正值，废物颗粒在介质中下沉；反之 G_0 为负值，废物颗粒即上浮。

在重介分选机中，固体废物在重介质作用下按密度分选为两种产品，分别收集这两种产品，即可达到按密度选矿的目的。因此，在重介质分选过程中，介质的性质（主要是密度）是分选的最重要的因素。

虽然固体废物在分选机中的分层过程主要决定于固体废物的密度和介质的密度，但是它的分层速度慢时，往往有一部分细粒级废物颗粒，在分选机中来不及分层就被排出，降低了分选效率。同时，分选机中悬浮液（重液）的流动和涡流，固体废物之间的碰撞，悬浮液对废物颗粒运动阻力和废物颗粒的粒度、形状等因素的影响，都会降低分选效果。

(2) 鼓形重介质分选机

鼓形重介质分选机的构造和原理如图 3-40 所示。由图可见，该设备外形是一圆筒形转鼓，由四个辊轮支撑，通过圆筒腰间的大齿轮由传动装置带动旋转（转速为 2r/min）。在圆筒的内壁沿纵向设有扬板，用以提升重产物到溜槽内。圆筒水平安装。固体废物和重介质一起由圆筒一端给入，在向另一端流动过程中，密度大于重介质的颗粒沉于槽底，由扬板提升落入溜槽内，排出槽外成为重产物；密度小于重介质的颗粒随重介质流从圆筒溢流口排出成为轻产物。

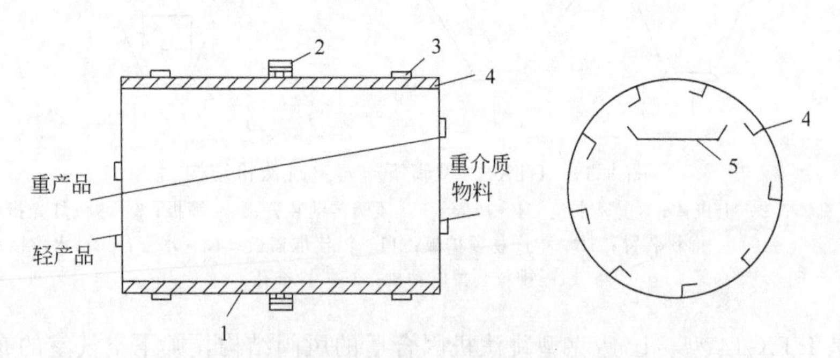

图 3-40 鼓形重介质分选机的构造和原理示意

1—圆筒形转鼓；2—大齿轮；3—辊轮；4—扬板；5—溜槽

鼓形重介质分选机适用于分离粒度较粗（40～60mm）的固体废物，具有结构简单、紧凑、便于操作、分选机内密度分布均匀、动力消耗低等优点。缺点是轻重产物量调节不方便。

3. 风力分选

风选是最常用的一种固体废物分选方法。从物理学知，在真空中，性质不同的物质，它们的运动状态完全相同，因此在真空中不可能依据它们的运动状态差异使它们彼此分离。但在介质中则完全不同，由于介质具有质量和黏性，对性质不同的运动物质产生不同的浮力和阻力（介质动力），因此，性质不同的物质将出现运动状态的差异，可借此将它们分离，且在一定的范围内，介质的密度越大，这种差异越显著，分选效果越好。风选是重选的一种。重选所用介质可分为水、重介质和空气，风选所用介质为空气。

（1）风选原理

任何物质在静止介质中，都同时受两个力的作用：浮力和重力，分别用 P 和 G 表示。根据阿基米德定律，浮力 P 的大小等于物体排开的同体积介质的重量，即

$$P=V\rho g$$

式中，V 为固体颗粒的体积，cm^3；ρ 为介质密度，g/cm^3；g 为重力加速度，$9.81m/s^2$。而固体颗粒所受重力 G 为

$$G=V\rho_s g$$

式中，ρ_s 为固体颗粒密度，g/cm^3。

因此，固体颗粒在介质中的有效重力（合力），用 G_0 表示，可表达如下。

$$G_0=G-P=V\rho_s g-V\rho g=V(\rho_s-\rho)g$$

若 $\rho_s>\rho$，则 $G_0>0$，固体颗粒做向下沉降运动；若 $\rho_s=\rho$，则 $G_0=0$，固体颗粒在介质中呈悬浮状态；若 $\rho_s<\rho$，则 $G_0<0$，固体颗粒做向上飘浮运动。可见，在静止介质中固体废物的运动状态主要受介质密度的影响。任何颗粒，一旦与介质做相对运动，就会同时受到介质阻力的作用。由于在空气介质中，任何固体废物颗粒的密度均大于空气密度，即 $\rho_s>\rho$，因此，任何固体废物颗粒在静止空气中都做向下的沉降运动，受到的空气阻力与它的运动方向相反。图 3-41 所示为球形颗粒在静止介质中的受力分析。

空气阻力化：空气阻力 $R=\varphi d^2 v^2 \rho$

式中，φ 为阻力系数；d 为颗粒粒度；v 为沉降速度。

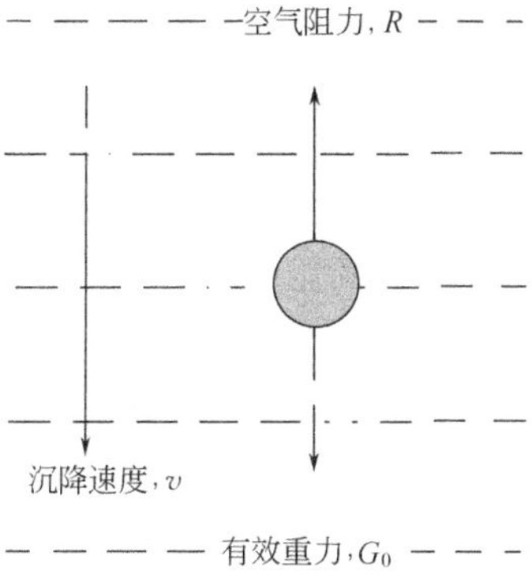

图 3-41　球形颗粒在静止介质中的受力分析

根据牛顿定律 $$G_0-R=m\frac{dv}{dt}$$

则有

$$\frac{dv}{dt}=\frac{G_0-R}{m}=\frac{V(\rho_s-\rho)g-\varphi d^2 v^2 \rho}{V\rho_s}$$

$$=\frac{\frac{\pi}{6}d^3(\rho_s-\rho)g-\varphi d^2 v^2 \rho}{\frac{\pi}{6}d^3\rho_s}=\frac{\rho_s-\rho}{\rho}g-\frac{6\varphi v^2 \rho}{\pi d\rho_s}$$

刚开始沉降时，$v=0$，此时 $\frac{dv}{dt}=\frac{\rho_s-\rho}{\rho}g$，为球形颗粒的初加速度，也是最大加速度。随着沉降时间的延长，v 逐渐增大，导致 $\frac{dv}{dt}$ 逐渐减小，最后 $\frac{dv}{dt}=0$ 时，沉降速度达到最大，

固体颗粒在 G_0、R 的作用下达到动态平衡而做等速沉降运动。

设最大沉降速度为 v_0，称为沉降末速，则可根据下式求出。

$$\frac{dv}{dt}=\frac{\rho_s-\rho}{\rho}g-\frac{6\varphi v^2\rho}{\pi d\rho_s}=0$$

$$v_0=\sqrt{\frac{\pi d(\rho_s-\rho)g}{6\varphi\rho}}$$

在空气介质中，$\rho\approx0$，又由于 π、ρ、g 为常数；$\varphi=f(Re)$，Re 为雷诺数，在一定的介质中，φ 为定值，因此有

$$v_0=\sqrt{\frac{\pi d\rho_s g}{6\varphi\rho}}=f(d,\rho_s)$$

对于 d 一定的固体废物，$v_0=f(\rho_s)$，此时密度越大的颗粒，沉降末速越大，因此，可借助于沉降末速的不同分离不同密度的固体颗粒。对于 ρ_s 一定的固体废物，$v_0=f(d)$，此时粒度越大的颗粒，沉降末速越大，因此，可借助于沉降末速的不同分离不同粒度的固体颗粒，也即风力分级。如果固体废物的 d 和 ρ_s 都不定，则可能导致 d 和 ρ_s 不同的颗粒具有相同的沉降末速，也即不具备按 d 分级或按 ρ_s 分离不同废物颗粒的条件。因此，只有 ρ_s 相差不大的固体废物才能按粒度风力分级；也只有 d 相差不大的固体废物才能按密度分离，也就是说，要按密度风力分离固体颗粒，必须将固体颗粒控制在窄级别粒度范围。

固体颗粒在静止介质中具有不同的沉降末速，可借助于沉降末速的不同分离不同密度的固体颗粒，但由于固体废物中大多数颗粒 ρ_s 的差别不大，因此，它们的沉降末速不会差别很大。为了扩大固体颗粒间沉降末速的差异，提高不同颗粒的分离精度，风选常在运动气流中进行。气流运动方向向上（称为上升气流）或水平（称为水平气流）。增加了运动气流，固体颗粒的沉降速度大小或方向就会有所改变，从而提高分离精度。增加上升气流时，球形颗粒在上升气流中的受力分析如图 3-42 所示。此时，固体颗粒实际沉降速度 $v=v_0-u_a$。

当 $v_0>u_a$ 时，$v>0$，颗粒向下做沉降运动；当 $v_0=u_a$ 时，$v=0$，颗粒做悬浮运动；当 $v_0<u_a$ 时，$v<0$，颗粒向上做飘浮运动。因此，可通过控制上升气流速度，控制固体废物中不同密度颗粒的运动状态，使有的固体颗粒上浮，有的下沉，从而将这些不同密度的固体颗粒加以分离。

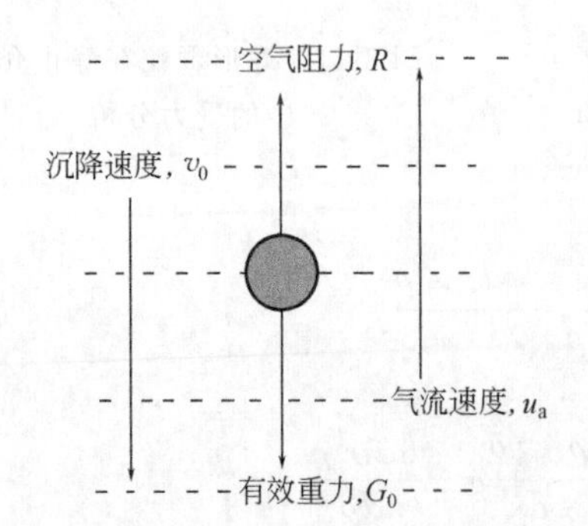

图 3-42　球形颗粒在上升气流中受力分析

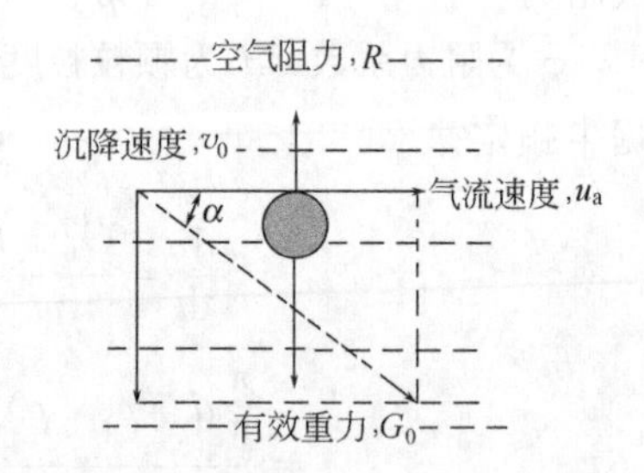

图 3-43　球形颗粒在水平气流中受力分析

增加水平气流时，球形颗粒在水平气流中的受力分析如图 3-43 所示。固体颗粒的实际运动方向 u_a 一定时，对窄级别固体颗粒，其密度 ρ_s 越大，沉降距离离出发点越近。沿着气流运动方向，获得的固体颗粒的密度逐渐减小。因此，通过控制水平气流速度，就可控制不同密度颗粒的沉降位置，从而有效地分离不同密度的固体颗粒。

$$\tan\alpha=\frac{v_0}{u_a}=\frac{\sqrt{\frac{\pi d\rho_s}{6\varphi\rho}g}}{u_a}$$

(2) 风选设备

按工作气流的主流向，风选设备可分成卧式风力分选机（又称水平气流风选机）和立式风力分选机（又称上升气流风选机）。

1）卧式风力分选机　图 3-44 所示为卧式风力分选机结构和工作原理示意。固体废物经破碎机破碎和圆筒筛筛分后，获得粒度均匀的给料。物料定量均匀地给入机内，当废物在机内下落时，被鼓风机鼓入的水平气流吹散，固体废物中各种组分沿着不同运动轨迹分别落入重质组分、中重质组分和轻质组分中。

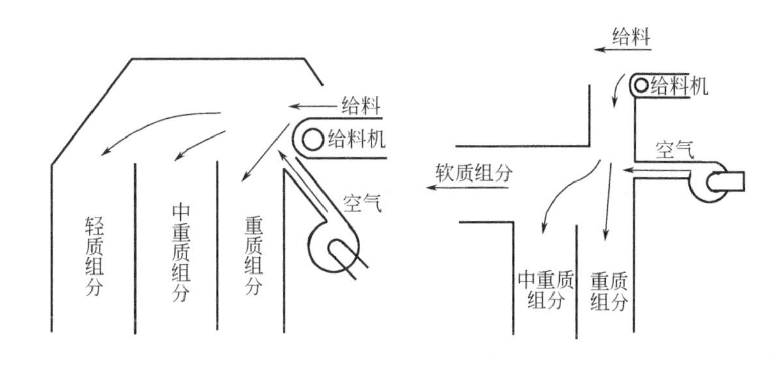

图 3-44　卧式风力分选机结构和工作原理示意

卧式风力分选机构造简单，维修方便，但分选精度不高。一般很少单独使用，常与破碎、筛分、立式风力分选机联合使用。

2）立式风力分选机　图 3-45 所示为立式风力分选机结构和工作原理示意。经破碎的固体废物从中部给入机内，固体废物在上升气流作用下，各组分按密度进行分离，重质组分从底部排出，轻质组分从顶部排出，经旋风除尘器进行气固分离。与卧式风力分选机相比，立式风力分选机分选精度较高。

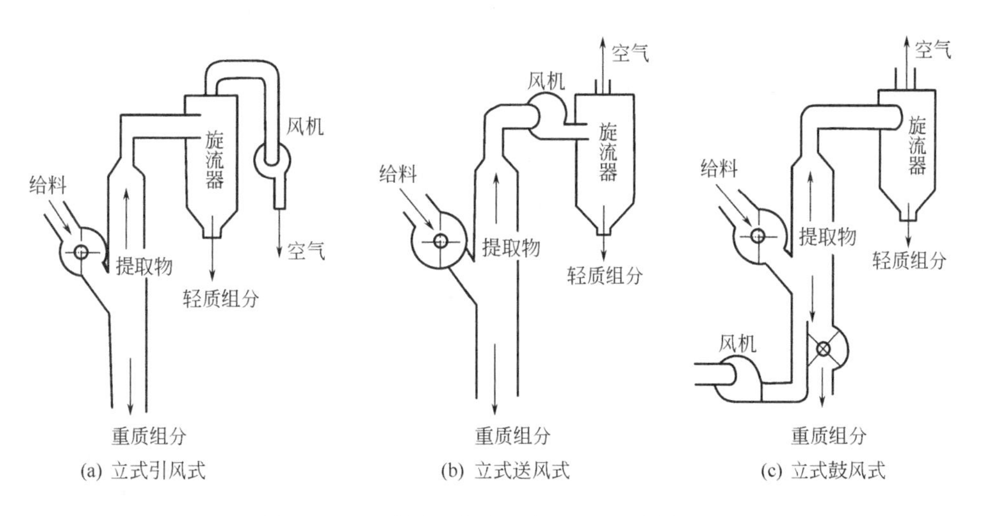

图 3-45　立式风力分选机结构和工作原理示意

风力分选机有效识别轻、重组分的一个重要的条件就是使气流在分选筒中产生湍流和剪切力，借此分散废物团块，以达到较好的分选效果。为强化风选机对废物的分散作用，通常采用锯齿形、振动式或回转式分选筒的气流通道，它是让气流通过一个垂直放置的、具有一系列直角或60℃转折的筒体，锯齿形、振动式和回转式风力分选机如图3-46所示。

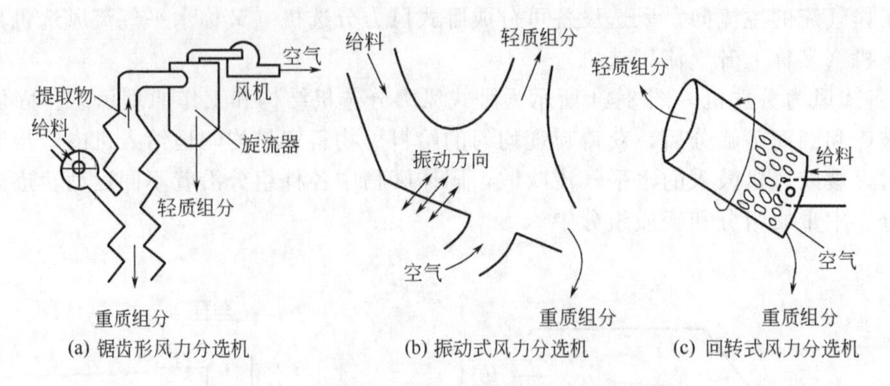

图3-46　锯齿形、振动式和回转式风力分选机

当通过筒体的气流速度达到一定的数值以后，即可以在整个空间形成完全的湍流状态，废物团块在进入湍流后立即被破碎，轻组分进入气流的上部，重组分则从一个转折落到下一个转折。在沉降过程中，气流对于没有被分散的固体废物团块继续施加破碎作用。重组分沿管壁下滑到转折点后，即受到上升气流的冲击，此时对于不同速度和质量的废物组分将出现不同的后果，质量大和速度大的颗粒将进入下一个转折，而下降速度慢的轻颗粒则被上升气流所裹带。因此每个转折实际上起到了单独的一个分选机的作用。

美国犹他大学对于锯齿型风力分选机结构做了进一步的改善，他们将每个转折点的下斜面去掉，并将分选筒体改成上大下小的锥形，使气流速度从上到下逐渐降低。逐渐变小的气流速度大大减少了由上升气流所夹带的重组分的数量。有时可将其他分选手段与风力分选在一个设备中结合起来，如振动式风力分选机和回转式风力分选机。前者是兼有振动和气流分选的作用，它是让给料沿着一个斜面振动，较轻的废物逐渐集中于表面层，随后由气流带走。后者实际上兼有圆筒筛的筛分作用和风力分选的作用，当圆筒旋转时，较轻组分悬浮在气流中而被带往集料斗，较重和较小的组分则透过圆筒壁上的筛孔落下，较重的大组分颗粒则在圆筒的下端排出。

4. 摇床

摇床用于分选细粒固体废物，具有精度高、设备简单、操作方便、生产成本低等特点。但由于它的处理能力低、占地面积大，在生产中推广使用受到限制。多层悬挂式新型摇床的出现改变了这一局面。

所有摇床基本上由床面、机架、传动机构三大部分组成。典型摇床结构如图3-47所示。床面近似梯形，床面横向呈微斜，其倾角不大于10°；纵向自给料端至精矿端细微向上倾斜，倾角为1°～2°，但一般为0°。床面用木材或铝制作，表面涂漆或用橡胶覆盖。给料槽和给水槽布置在倾斜床面坡度高的一侧。在床面上沿纵向布置有若干排床条（也称格条，俗称来复条），床条高度自传动端向对侧逐渐降低，沿一条或两条斜线尖灭。整个床面由机架支撑或吊挂。机架安设调坡装置，可根据需要调整床面的横向倾角。在床面纵向靠近给料槽一端配有传动装置，由其带动床面做往复差动摇动。即床面前进运动时速度由慢变快，以正加速度前进；床面后退运动时，速度则由快变慢，以负加速度后退。

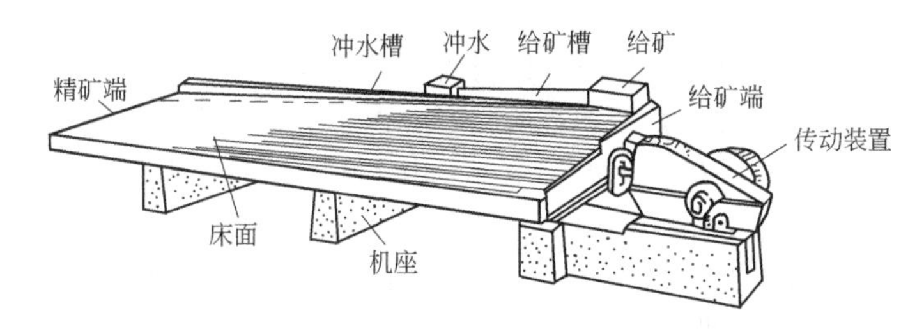

图 3-47 典型摇床结构示意

固体废物在摇床床面上分选，主要是床条的型式、床面的倾斜、床面的不对称运动及床面上的横向冲水综合作用的结果。首先床面上床条的激烈摇动，加强了斜面水流的扰动作用，由此产生的水流垂直分速度促使固体废物松散和悬浮，使固体废物按密度和粒度分层，重而粗的固体废物落到底层，同时床面的摇动还将产生固体废物按粒度的析离作用，使上面为轻而粗的，中层是轻而细的，下层是重而粗的，最底层是重而细的固体废物。

在床面差动运动和横向冲水的作用下，每个颗粒都同时获得纵向速度和横向速度。由于密度和粒度不同的颗粒的横向速度的显著不同：粗而轻的＞轻而细的＞重而粗＞重而细的，使不同密度和粒度的颗粒最终到达床层边缘位置（图 3-48），从而实现轻、重产品的分选。我国分选厂目前使用的摇床主要是 XLY 型、3LYJ 型和 4LYL 型。

综上所述，摇床分选具有以下特点：a. 床面的强烈摇动使松散分层和迁移分离得到加强，分选过程中析离分层占主导，使其按密度分选更加完善；b. 摇床分选是斜面薄层水流分选的一种，因此，等降颗粒可因移动速度的不同而达到按密度分选；c. 不同性质颗粒的分离，不单纯取决于纵向和横向的移动速度，而主要取决于它们的合速度偏离摇动方向的角度。

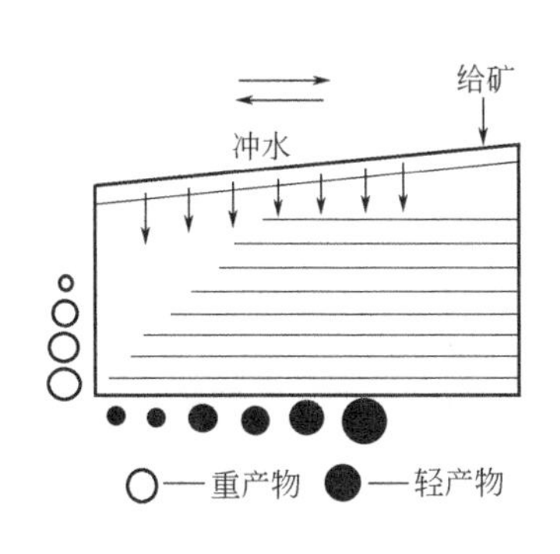

图 3-48 产品在床面上的扇形分布

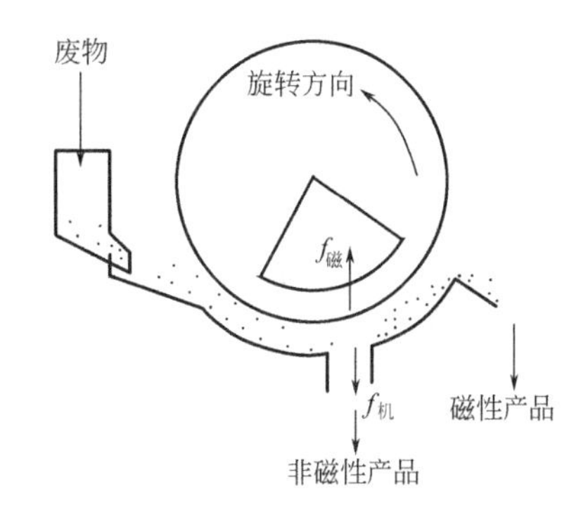

图 3-49 固体废物颗粒在磁选机中的分离示意

二、磁力分选

磁选是利用固体废物中各种物质的磁性差异在不均匀磁场中进行分选的一种处理方法。固体废物颗粒在磁选机中的分离如图 3-49 所示。

固体废物进入磁选机后，磁性颗粒在不均匀磁场作用下被磁化，从而受磁场吸引力的作用，使磁性颗粒吸在圆筒上，并随圆筒进入排料端排出。非磁性颗粒由于所受的磁场作用力很小，仍留在废物中而被排出。

1. **磁选原理**

固体废物颗粒通过磁选机的磁场时，同时受到磁力和机械力（包括重力、离心力、介质阻力、摩擦力等）的作用。磁性强的颗粒所受的磁力大于其所受的机械力，而磁性弱的或非磁性颗粒所受的磁力很小，其机械力大于磁力。由于作用在各种颗粒上的磁力和机械力的合力不同，因而它们的运动轨迹不同。因此，磁选分离的必要条件是磁性颗粒所受的磁力 $f_{磁}$ 必须大于它所受的机械力 $\sum f_{机}$，而非磁性颗粒或磁性较小的磁性颗粒所受的磁力 $f_{非磁}$ 必须小于它所受的机械力 $\sum f_{机}$，即满足条件：$f_{磁} > \sum f_{机} > f_{非磁}$。

可见，磁选分离的关键是确定合适的 $f_{磁}$，而

$$f_{磁} = m x_0 H gradH$$

式中，m 为废物颗粒的质量，g；x_0 为废物颗粒的比磁化系数，cm^3/g；H 为磁选机的磁场强度，Oe；$gradH$ 为磁选机的磁场梯度，Oe/cm。

mx_0 反映废物颗粒本身的性质。根据 x_0 的大小，废物可分成三类：a. 强磁性物质，$x_0 > 38\times10^{-6} cm^3/g$；b. 弱磁性物质，$x_0 = (0.19\sim7.5)\times10^{-6} cm^3/g$；c. 非磁性物质，$x_0 < 0.19\times10^{-6} cm^3/g$。此外，$m$ 大的颗粒，其磁性也大。

$HgradH$ 反映磁选设备特性。根据 H 的大小，磁选设备可分为三类：a. 弱磁场磁选设备，磁极表面 $H \leqslant 1700$Oe，用于选别 x_0 大的颗粒；b. 强磁场磁选设备，磁极表面 $H=6000\sim26000$Oe，用于选别 x_0 小的颗粒；c. 中等磁场磁选设备，磁极表面 $H=2000\sim6000$Oe，用于选别 x_0 居中的颗粒。此外，$gradH \neq 0$，也就是说磁选必须在非均匀磁场中进行。

2. **常用磁选机**

磁选机种类很多，固体废物磁选时常用的磁选机主要有以下几种类型。

（1）吸持型磁选机

吸持型磁选机有滚筒式和带式两种类型，如图 3-50 所示，废物颗粒通过输送带直接送至收集面上。

滚筒式吸持磁选机的水平滚筒外壳由黄铜或不锈钢制造，内包有半环形磁铁。废物颗粒由传送带上落至滚筒表面时，铁磁产品被吸引，至下部刮板处，被刮脱至收集斗，非铁金属与其他非磁性产品由滚筒面直接落入另一集料斗。

带式吸持磁选机的磁性滚筒与废物传送带合为一体，当传送带随滚筒旋转而移动时，带上废物颗粒至磁性面时，即发生如图 3-50(a) 的分选作用。

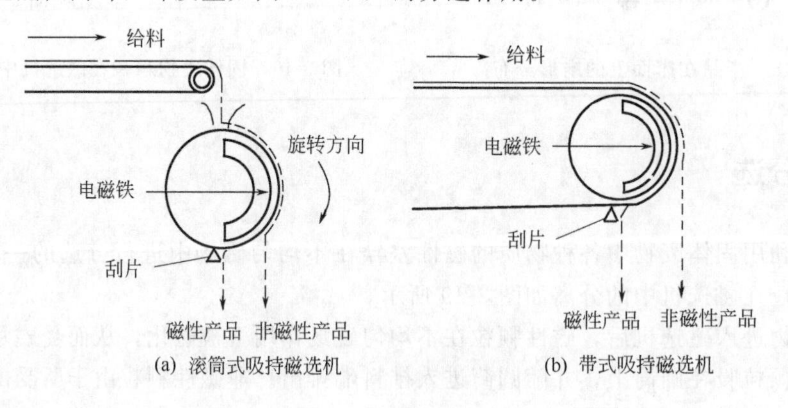

图 3-50 吸持型磁选机

（2）悬吸型磁选机

悬吸型磁选机主要用于除去城市垃圾中的铁器，保护破碎设备及其他设备免受损坏。它有两种类型，如图 3-51 所示。

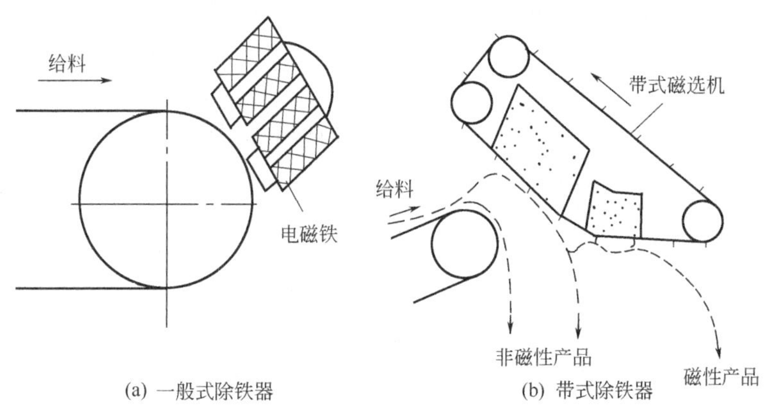

图 3-51　悬吸型磁选机

当铁物数量少时采用一般式除铁器，当铁物数量多时采用带式除铁器。这类磁选机的给料是通过传送带将废物颗粒输送穿过有较大梯度的磁场，其中铁器等黑色金属被磁选器悬吸引，而弱磁性产品不被吸引。一般式除铁器为间断工作式，通过切断电磁铁的电流排除铁物。而带式除铁器为连续工作式，磁性材料产品被悬吸至弱磁场处收集，非磁性产品则直接由传送带端部落入集料斗。

（3）磁力滚筒

磁力滚筒又称磁滑轮。这类磁选机主要由磁滚筒和输送皮带组成。磁滚筒有永磁滚筒和电磁滚筒两种。应用较多的是永磁滚筒，其结构与工作原理如图 3-52 所示。

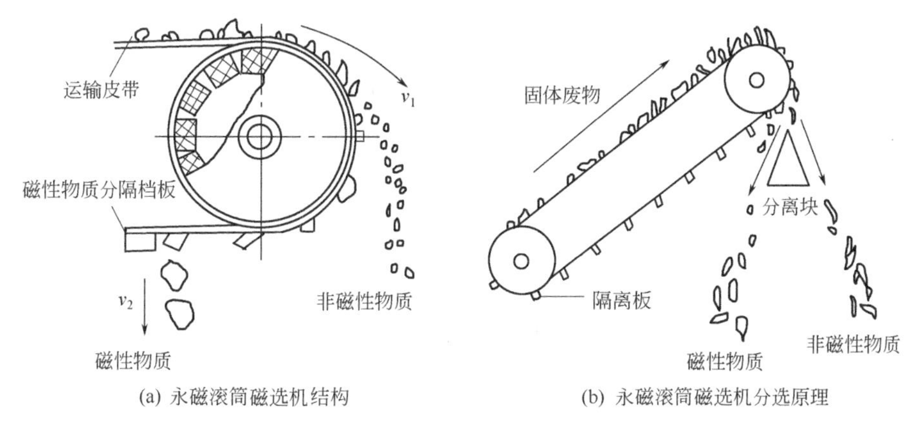

图 3-52　永磁滚筒磁选机结构与工作原理

这种设备的主要组成部分是一个回转的多极磁系和套在磁系外面的用不锈钢或铜、铝等非导磁材料制成的圆筒。一般磁系包角为 360°。磁系与圆筒固定在同一个轴上，安装在皮带运输机头部（代替传动滚筒）。

电磁辊筒的磁力可通过调节激磁线圈电流的大小来加以控制，这是电磁辊筒的主要优点，但电磁辊筒的价格高出永磁辊筒许多。两种辊筒的工作过程相似，都是用磁辊筒作为皮带输送机的驱动滚筒。将固体废物均匀地给在皮带运输机上，当废物经过磁力滚筒时，非磁性固体废物在重力及惯性力的作用下，被抛落到辊筒的前方，而铁磁物质则在磁力作用下被吸附到皮带上，并随皮带一起继续向前运动。当铁磁物质转到辊筒下方逐渐远离辊筒时，磁力也将逐渐减小，这时可能出现这样一些情况：若铁块较大，在重力和惯性力的作用下就可能脱开皮带而落下，但若铁磁物质颗粒较小，且平皮带上无阻滞条或隔板，则铁颗粒就可能又被磁辊筒吸回。这样，颗粒就可能在辊筒下面相对于皮带做来回的往复运动，以致在辊筒的下部集存大量的铁磁物质而不下落。此时可切断激磁线圈电流，去磁后而使磁铁物质下落，或在皮带上加上阻滞条或隔离板，使铁磁物质能顺利地落入预定的收集区。

这种设备主要用于工业固体废物或城市垃圾的破碎设备或焚烧炉前，除去废物中的铁器，防止损坏破碎设备或焚烧炉。

(4) 湿式 CNT 型永磁圆筒式磁选机

湿式 CNT 型永磁圆筒式磁选机分顺流型和逆流型两种，常用的为逆流型。图 3-53 所示为湿式逆流型永磁圆筒式磁选机构造。它的给料方向和圆筒旋转方向或磁性物质的移动方向相反。固体废物由给料箱直接进入圆筒的磁系下方，非磁性物质由磁系左边下方的底板上排料口排出。磁性物质随圆筒逆着给料方向移到磁性物质排料端，排入磁性物质收集槽中。

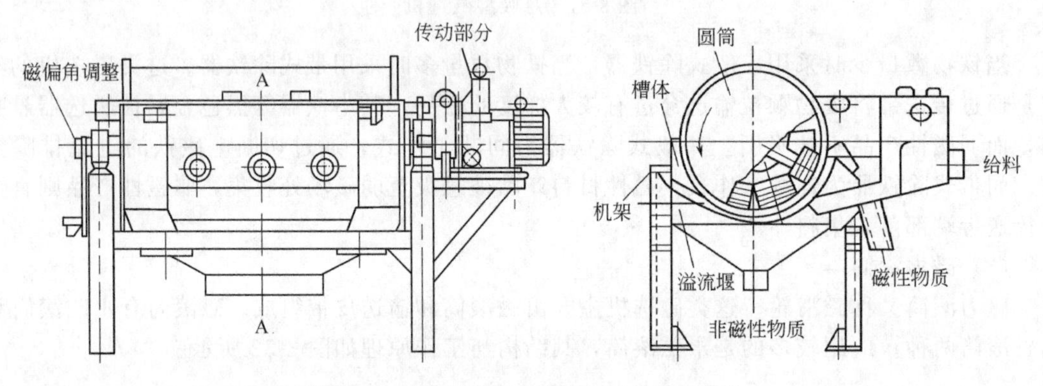

图 3-53 湿式逆流型永磁圆筒式磁选机构造

这种磁选机主要适用于粒度小于 0.6mm 的强磁性颗粒的回收及从钢铁冶炼排出的含铁尘泥和氧化铁皮中回收铁，以及回收重介质分选产品中的加重质。

三、电力分选

电力分选（简称电选）是利用固体废物中各种组分在高压电场中电性的差异而实现分选的一种方法。物质根据其导电性，分为导体、半导体和非导体三种。大多数固体废物属于半导体和非导体。因此，电选实际是分离半导体和非导体的固体废物的过程。电选对于塑料、橡胶、纤维、废纸、合成皮革、树脂等与某些固体废物的分离，各种导体、半导体和绝缘体的分离等都十分简便有效。

1. 原理

目前使用的电选机，按电场特征主要分为静电分选机和复合电场分选机两种。

(1) 静电分选机电选原理

静电分选机中废物的带电方式为直接传导带电。废物直接与传导电极接触，导电性好的废物将获得和电极极性相同的电荷而被排斥，导电性差的废物或非导体与带电滚筒接触被极化，在靠近滚筒一端产生相反的束缚电荷被滚筒吸引，从而实现不同电性的废物分离。

静电分选机既可以从导体与绝缘体的混合物中分离出导体，也可以对含不同介电常数的绝缘体进行分离。对于导体（如金属类）和绝缘体（如玻璃、砖瓦、塑料与纸类等）混合颗粒静电分选装置的主要部件由一个带负电的绝缘滚筒与靠近滚筒和供料器的一组正电极组成。当固体废物接近滚筒表面时，由于高压电场的感应作用，导体颗粒表面发生极化作用而带正电荷，被滚筒的聚合电场所吸引。而接触后，由于传导作用又使之带负电荷，在库仑力的作用下又被滚筒排斥，脱离滚筒而下落。绝缘体因不产生上述作用，被滚筒迅速甩落，达到导体与绝缘体的分离。对于不同介电常数的绝缘体，静电分选是将待分离的混合颗粒悬浮于其介电常数介于两种绝缘体间的液体中，在悬浮物间建立会聚电场，介电常数高于液体的绝缘体向电场增强的方向移动，低介电常数的绝缘体则向反向移动，达到分离目的。

静电分选可用于各种塑料、橡胶和纤维纸、合成皮革和胶卷等物质的分选，如将两种性能不同的塑料混合物施以电压，使一种塑料荷带负电；另一种塑料荷带正电，就可以使两种性能不同的塑料得以有效分离。静电分选可使塑料类回收率达到99%以上，纸类高达100%。含水率对静电分选的影响与其他分选方法相反，随含水率升高而回收率增大。一般电极中心距约为0.15m，电压需用35～50kV。

（2）复合电场分选机电选原理

复合电场分选机的电场为电晕-静电复合电场。目前大多数电选机应用的是电晕-静电复合电场。电晕电场是不均匀电场，在电场中有两个电极：电晕电极（带负电）和辊筒电极（带正电）。当两电极间的电位差达到某一数值时，负极发出大量电子，并在电场中以很高的速度运动。当它们与空气分子碰撞时，便使空气分子电离。空气的负离子飞向正极。导电性不同的物质进入电场后，都获得负电荷，但它们在电场中的表现行为不同。导电性好的物质将负电荷迅速传给正极而不受正极作用。导电性差的物质传递电荷速度很慢，而受到正极的吸引作用。利用这一差异分离导电性不同的物质，如电晕电选机。在电晕电选机中，不同废物颗粒在电晕电场中的分离过程如图3-54所示。

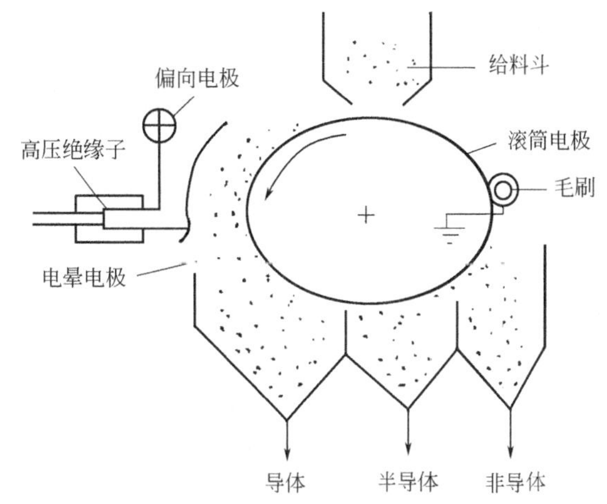

图3-54 不同废物颗粒在电晕电场中的分离过程

废物由给料斗均匀地给入辊筒上，随着辊筒的旋转进入电晕电场区。由于电场区空间带有电荷，导体和非导体颗粒都获得负电荷，导体颗粒一面荷电，一面又把电荷传给辊筒（接地电极），其放电速度快。因此当废物颗粒随辊筒旋转离开电晕电场区而进入静电场区时，导体颗粒的剩余电荷少，而非导体颗粒则因放电较慢，致使剩余电荷多。导体颗粒进入静电场后不再继续获得负电荷，但仍继续放电，直至放完全部负电荷，并从辊筒上得到正电荷而被辊筒排斥，在电力、离心力和重力分力的综合作用下，其运动轨迹偏离辊筒，而在辊筒前方落下。非导体颗粒由于有较多的剩余负电荷，将与辊筒相吸，被吸附在辊筒下，带到辊筒后方，被毛刷强制刷下。半导体颗粒的运动轨迹则介于导体与非导体颗粒之间，成为半导体产品落下，从而完成电选分离过程。

2. 电选设备

目前常用的电选机有静电辊筒式分选机和YD-4型高压电选机两种，如图3-55所示。

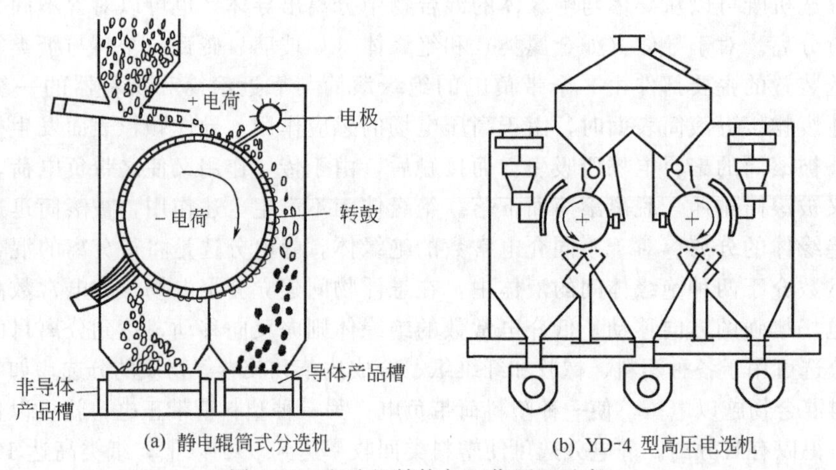

(a) 静电辊筒式分选机　　(b) YD-4 型高压电选机

图 3-55　电选机结构与工作原理示意

辊筒式静电分选机的分选过程为将含有铝和玻璃的废物通过电振给料器均匀地给到带电辊筒上，铝为良导体，从辊筒电极获得相同符号的大量电荷，因而被辊筒电极排斥落入铝收集槽内。玻璃为非导体，与带电辊筒接触被极化，在靠近辊筒一端产生相反的束缚电荷，被辊筒吸住，随辊筒带至后面被毛刷强制刷落进入玻璃收集槽，从而实现铝与玻璃的分离。

YD-4 型高压电选机具有较宽的电晕电场区、特殊的下料装置和防积灰漏电措施。整机密封性能好。采用双筒并列式，结构合理、紧凑，处理能力大，效率高。

四、浮选

浮选主要指泡沫浮选，是按固体废物表面物理化学性质的差异来分离各种细粒的方法。浮选过程是指在气、液、固三相体系中完成的复杂的物理化学过程。其实质是疏水的有用固体废物黏附在气泡上，亲水的固体废物留在水中，从而实现彼此分离。浮选的基本过程和概念见图 3-56。

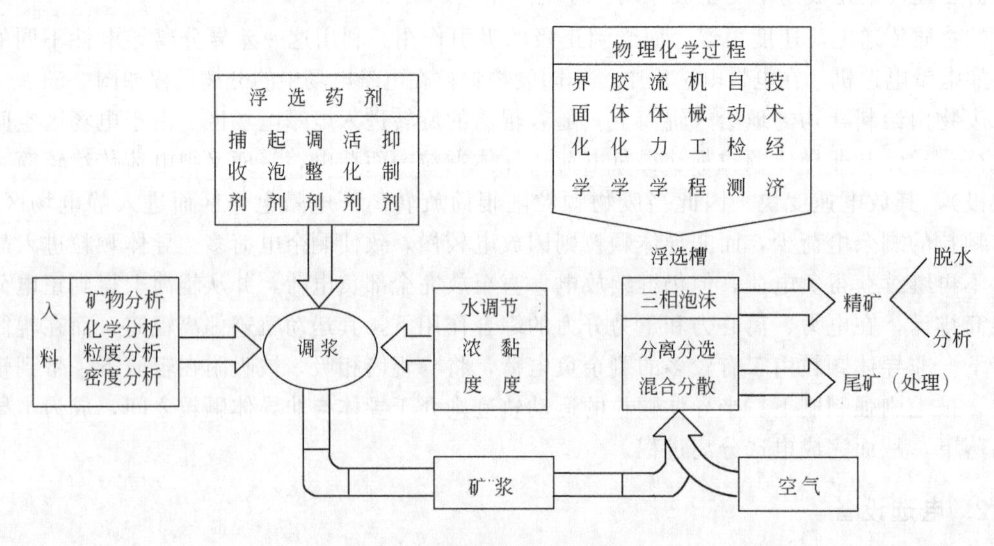

图 3-56　浮选的基本过程和概念

1. 浮游分选的基本原理

固体废物根据表面性质可分为极性的和非极性的，它们与强极性水分子作用的程度不同，非极性矿物表面分子与极性水分子之间的作用力属于诱导效应和色散效应的作用力，比水分子之间的定向力和氢键作用要弱许多；极性矿物质颗粒表面与水分子的作用是离子与极性水分子之间的作用，在一定范围内作用力超过水分子之间的作用力。因此非极性矿物颗粒表面吸附的水分子少而稀疏，其水化膜薄而易破裂；而极矿物质颗粒表面吸附的水分子量大而密集，其水化膜厚且很难破裂。非极性矿物的表面所具有的这种不易被水润湿的性质为疏水性，极性矿物质表面所具有的这种易被水润湿的性质为亲水性。疏水性和亲水性只是定性表示物质的润湿性，物质润湿性可用气-液-固三相的接触角 θ 来定量表示（图 3-57）。若物质极亲水，气相不能排开液相，接触角为 0°；反之，若物质表面极疏水，气相完全排开液相，则接触角为 180°。但实际上，物质的接触角还未发现有超过 180°的，所以各种物质的接触角都在 0°～180°之间。接触角 θ 的大小决定于气泡、矿物表面和三相界面张力的平衡状态。

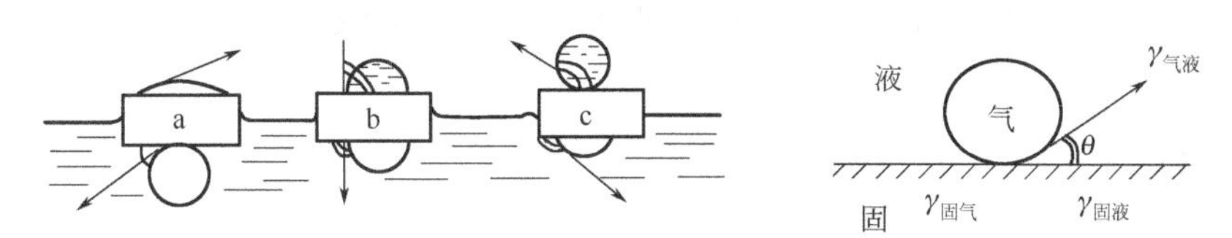

图 3-57　固体表面的接触角

由于固体废物浆中矿物质各自的湿润特性的差异，当非极性矿物颗粒与气泡发生碰撞时，气泡易于排开其表面薄且容易破裂的水化膜，使废物颗粒黏附到气泡的表面，从而进入泡沫产品；极性矿物质表面与气泡碰撞时，颗粒表面的水化膜很难破裂，气泡很难附着到矿物质颗粒的表面上，因此极性矿物质留在料浆中，从而实现了分离。

2. 浮选药剂

任何物质它们的天然可浮性差异较小，仅利用它们的天然可浮性差异进行分选，分选效率很低。浮选的发展主要靠人为地改变物质的可浮性。要造成人为的可浮性，目前最有效的方法是加浮选药剂处理。正确选择、使用浮选药剂是调整物质可浮性的主要外因条件。浮选药剂根据它在浮选过程中的作用不同，可分为捕收剂、起泡剂和调整剂三大类。

（1）捕收剂

捕收剂的主要作用是使欲浮的废物颗粒表面疏水，增加可浮性，使其易于向气泡附着。常用的捕收剂主要有异极性捕收剂和非极性油类捕收剂两类。异极性捕收剂的分子结构中包含两个基团：极性基和非极性基。极性基活泼，能与废物表面发生作用而吸附于废物表面，满足废物表面未饱和的性能。非极性基起疏水作用，具有石蜡或烃类那样的疏水性，朝外排水而造成废物表面的“人为可浮性”，这就是捕收剂与废物表面作用的基本原理。典型的异极性捕收剂有黄药、油酸等。

黄药是工业上的名称，学名为烃基二硫代碳酸盐，通式为 ROCSSMe，式中 R 为烃基，Me 为碱金属离子。烃链越长，捕收能力越强，但烃链过长，药剂的溶解性下降，捕收效果下降。常用的黄药烃链中含碳数为 2～5 个。凡是能与黄药反应生成难溶盐化合物的废物颗粒都可用黄药作为捕收剂，如含 Hg、Au、Bi、Cu、Pb、Co、Ni 等重金属、贵金属的废物，它们与黄药生成的化合物的溶度积小于 10^{-10}，都可用黄药作为捕收剂。黄药捕收铜化

合物的反应式为

$$2R-OCSSNa+Cu^{2+} \longrightarrow (R-OCSS)_2Cu+2Na^+$$

非极性油类捕收剂主要包括脂肪烷烃 C_nH_{2n+2}、脂环烃 C_nH_{2n} 和芳香烃三类。这类捕收剂因难溶于水、不能解离为离子而得名。常用的非极性油类捕收剂有煤油、柴油、燃料油、重油、变压器油等。目前，单独使用非极性油类捕收剂的只是一些天然可浮性很好的非极性废物颗粒，如粉煤灰中回收未燃尽炭、废石墨等。

(2) 起泡剂

起泡剂是一种表面活性物质，主要作用在水-气界面上使其界面张力降低，促使空气在料浆中弥散，形成小气泡，防止气泡兼并，增大分选界面，提高气泡与颗粒的黏附和上浮过程中的稳定性，以保证气泡上浮形成泡沫层。常用的起泡剂有松油、松醇油、脂肪醇等。

(3) 调整剂

调整剂的主要作用是调整捕收剂的作用及介质条件。其中促进欲浮废物颗粒与捕收剂作用的称为活化剂；抑制非欲浮颗粒可浮性的称为抑制剂；调整介质 pH 值的称为 pH 值调整剂；促使料浆中欲浮细粒联合变成较大团粒的称为絮凝剂；促使料浆中非欲浮细粒成分散状态的药剂称为分散剂。

3. 浮选机

我国使用最多的是机械搅拌式浮选机，它属于一种带辐射叶轮的空气自吸式机械搅拌浮选机，其结构如图 3-58 所示。

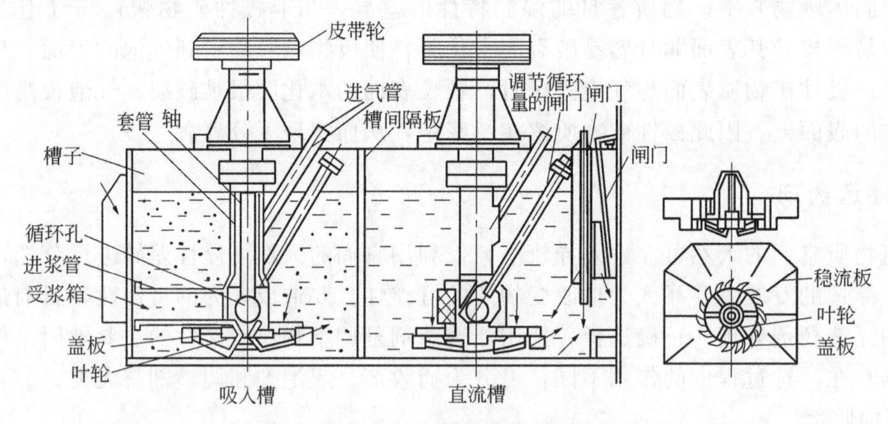

图 3-58　空气自吸式机械搅拌浮选机的结构

这种浮选机由两个槽子构成一个机组，第一槽（带有进浆管）为抽吸槽或称吸入槽，第二槽（没有进浆管）为自流槽或称直流槽。在第一槽与第二槽之间设有中间室。叶轮安装在主轴的下端，主轴上端有皮带轮，通过电机带动旋转。空气由进气管吸入。每一组槽子的料浆水平面用闸门进行调节。叶轮上方装有盖板和空气筒（或称竖管），此空气筒上开有孔，用以安装进浆管、返回管或作料浆循环之用，其孔的大小可通过拉杆进行调节。浮选机工作时，料浆由进浆管给到盖板的中心处，叶轮旋转产生的离心力将料浆甩出，在叶轮与盖板间形成一定的负压，外界的空气便自动地经由进气管而被吸入，与料浆混合后一起被叶轮甩出。在叶轮的强烈搅拌作用下，料浆与空气得到充分混合，同时气流被分割成细小的气泡，欲选废物颗粒与气泡碰撞黏附在气泡上而浮升至料浆表面形成泡沫层，经刮泡机刮出成为泡沫产品，再经消泡脱水后即可回收。

五、其他分选技术

1. 摩擦与弹跳分选

摩擦与弹跳分选是根据固体废物中各组分摩擦系数和碰撞系数的差异，在斜面上运动或与斜面碰撞弹跳时产生不同的运动速度和弹跳轨迹而实现彼此分离的一种处理方法。

（1）分选原理

固体废物从斜面顶端给入，并沿着斜面向下运动时，其运动方式随颗粒的形状或密度不同而不同，其中纤维状废物或片状废物几乎全靠滑动，球形颗粒有滑动、滚动和弹跳三种运动方式。

单颗粒体在斜面上向下运动时，纤维状或片状体的滑动加速度较小，运动速度较小，所以它脱离斜面抛出的初速度较小，而球形颗粒由于是滑动、滚动和弹跳相结合的运动，其加速度较大，运动速度较快，因此它脱离斜面抛出的初速度较大。

当废物离开斜面抛出时，受空气阻力的影响，抛射轨迹并不严格沿着抛物线前进，其中纤维废物由于形状特殊，受空气阻力影响较大，在空气中减速很快，抛射轨迹表现严重的不对称（抛射开始接近抛物线，其后接近垂直落下），故抛射不远。球形颗粒受空气阻力影响较小，在空气中运动减速较慢，抛射轨迹表现对称，抛射较远。因此，在固体废物中，纤维状废物与颗粒废物、片状废物与颗粒废物，因形状不同在斜面上运动或弹跳时，产生不同的运动速度和运动轨迹，因而可以彼此分离。

（2）分选设备

摩擦与弹跳设备有带式筛、斜板运输分选机和反弹滚筒分选机三种，如图 3-59 所示。

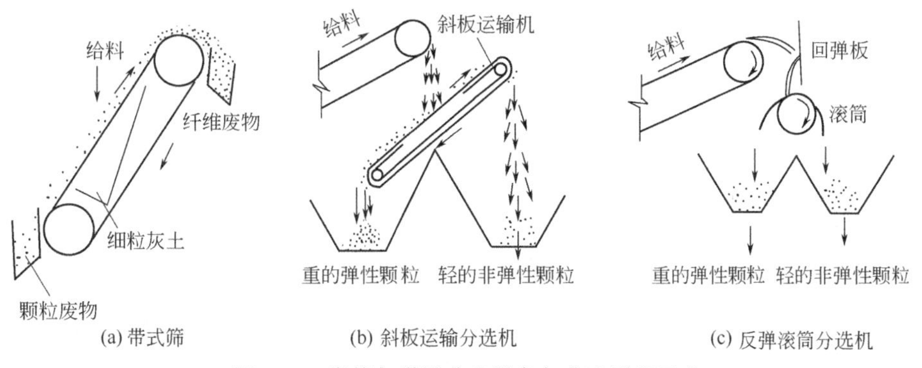

图 3-59　摩擦与弹跳分选设备与分选原理示意

带式筛是一种倾斜安装且带有振打装置的运输带，其带面由筛网或刻沟的胶带制成。带面安装倾角大于颗粒废物的摩擦角，小于纤维废物的摩擦角。废物由带面的下半部的上方给入，由于带面的振动，颗粒废物在带面上做弹性碰撞，向带的下部弹跳，又因带面的倾角大于颗粒废物的摩擦角，所以颗粒废物还有下滑的运动，最后由带的下端排出。纤维废物与带面为塑性碰撞，不产生弹跳，并且带面倾角小于纤维废物的摩擦角，所以纤维废物不沿带面下滑，而随带面一起向上运动，从带的上端排出。在向上运动过程中，由于带面的振动使一些细粒灰土透过筛孔从筛下排出，从而使颗粒状废物与纤维状废物分离。

斜板运输分选机分选过程如下。废物由给料皮带运输机从斜板运输分选机的下半部的上方给入，其中砖瓦、铁块、玻璃等与斜板板面产生弹性碰撞，向板面下部弹跳，从斜板分选机下端排入重的弹性产物收集仓。而纤维织物、木屑等与斜板板面为塑性碰撞，不产生弹跳，因而随斜板运输板向上运动，从斜板上端排入轻的非弹性产物收集仓，从而实现分离。反弹滚筒分选机分选系统由抛物皮带运输机、回弹板、滚筒和产品收集仓组成，其分选过程是废物由倾斜抛物皮带运输机抛出，与回弹板碰撞，其中铁块、砖瓦、玻璃等与回弹板、分料滚筒产生弹性碰撞，被抛入重的弹性产品收集仓。而纤维废物、木屑等与回弹板为塑性碰撞，不产生弹跳，被分料滚筒抛入轻的非弹性产品收集仓，从而实现分离。

2. 光电分选

利用物质表面光反射特性的不同而分离固体废物的方法称为光电分选，图 3-60 是光电分选机分选原理示意。光电分选系统由给料系统、光检系统和分离系统三部分组成。给料系统包括料斗、振动溜槽等。固体废物入选前，需要预先进行筛分分级，使之成为窄粒级固体废物，并清除废物中的粉尘，以保证信号清晰，提高分离精度。分选时，使预处理后的固体废物颗粒排队呈单行，逐一通过光检区，保证分离效果。

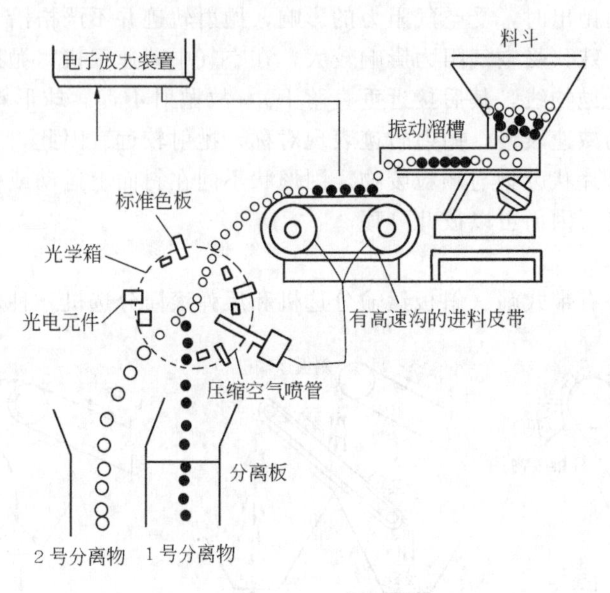

图 3-60　光电分选机分选原理示意

光检系统包括光源、透镜、光敏元件及电子系统等。这是光电分选机的心脏。因此，要求光检系统工作准确可靠，工作中要维护保养好，经常清洗，减少粉尘污染。固体废物通过光检系统后，进入分离系统。其检测所收到的光电信号经过电子电路放大，与规定值进行比较处理，然后驱动执行机构，一般为高频气阀（频率为 300Hz），将其中一种物质从废物流中吹动使其偏离出来，从而使废物中不同物质得以分离。

光电分选过程如下。固体废物经预先分级后进入料斗，由振动溜槽均匀地逐个落入高速沟槽进料皮带上，在皮带上拉开一定距离并排队前进，从皮带首端抛入光检箱受检。当颗粒通过光检测区时，受光源照射，背景板显示颗粒的颜色或色调，当欲选颗粒的颜色与背景颜色不同时，反射光经光电倍增管转换为电信号（此信号随反射光的强度变化），电子电路分析该信号后，产生控制信号驱动高频气阀，喷射出压缩空气，将电子电路分析出的异色颗粒（即欲选颗粒）吹离原来下落轨道，加以收集。而颜色符合要求的颗粒仍按原来的轨道自由下落加以收集，从而实现分离。

六、农村垃圾分选回收流程

图 3-61 所示为农村垃圾分选回收流程。将农村垃圾用输送带从料仓输入初破碎机（锤式破碎机），垃圾在破碎机内进行破碎。然后将一部分均质垃圾输入第一个滚筒筛，筛上产物主要由纸和塑料组成。

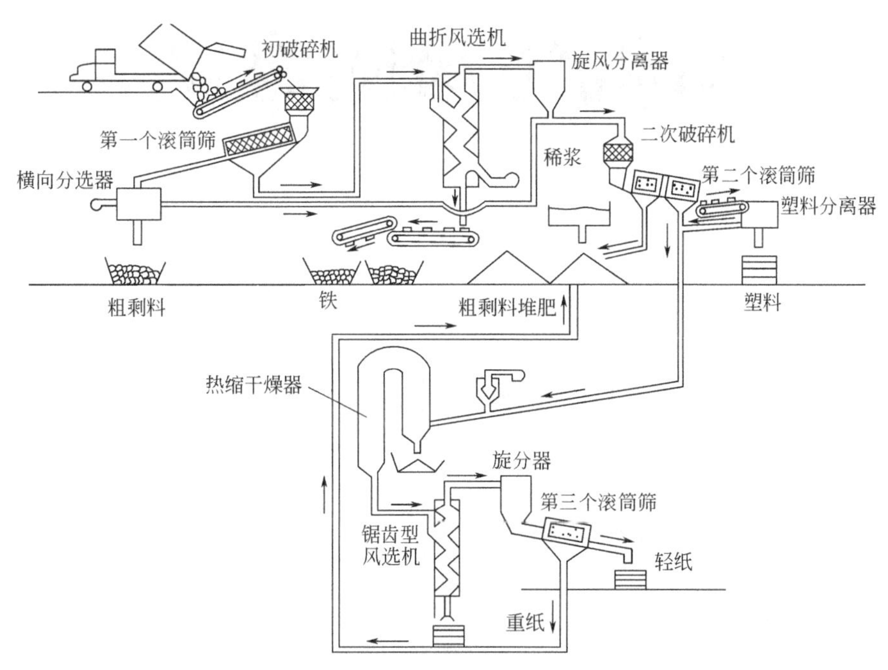

图 3-61　农村垃圾分选回收流程

轻质组分由横流风选机分离并导入循环，粗剩料被析出。筛下物输入锯齿形风选机，在风选机内分成轻和重两种馏分。重馏分借助磁选机分成金属和粗粒剩料。轻馏分（塑料、纸和有机物）输入旋风分离器，经旋分器再输入二次破碎机（锤式破碎机）。流程配备了两种不同筛目的第二个滚筒筛（先小后大），筛分出纸和有机成分。有机馏分可用于堆肥。由纸和塑料组成的一种混合体形成筛上物并输入静电塑料分离器，塑料成分被选出和压缩。分离出的纸重新输入其他纸馏分。从滚筒和塑料分选器析出的纸成分输入热缩干燥器，这些材料在热气流中干燥，随后进入热冲击器。这种热冲击器能使剩余的塑料成分收缩，因此与轻纸成分相比发生了形态变化。随后由干燥器析出的材料在第二台锯齿型风选机中分离成轻馏分和重馏分。重馏分包括热挤压的塑料成分，轻馏分通过旋分器输入第三个滚筒筛，其筛目直径约 4mm，纸在这里从细成分中分离出来，并通过第三次筛选改善质量，细成分可进行堆肥。

第四章

有机垃圾的堆肥

第一节　概　述

一、堆肥化定义、堆肥作用及用途

1. 堆肥化定义

堆肥化就是在人工控制下，在一定的湿度、温度、C/N 比和通风条件下，利用自然界广泛分布的细菌、放线菌、真菌等微生物的发酵作用，人为地促进可生物降解的有机物向稳定的腐殖质生化转化的微生物学过程。

堆肥化的产物称为堆肥。它是一种深褐色、质地疏松、有泥土气味的物质，类似于腐殖质土壤，故也称为“腐殖土”，也是具有一定肥效的土壤改良剂和调节剂。

堆肥化系统有三种分类方法。按需氧程度分，有好氧堆肥和厌氧堆肥；按温度分，有中温堆肥和高温堆肥；按技术分，有露天堆肥和机械密封堆肥。习惯上按好氧堆肥与厌氧堆肥区分。现代化堆肥工艺，基本上都是好氧堆肥，这是因为好氧堆肥具有温度高、基质分解比较彻底、堆制周期短、异味小、可以大规模采用机械处理等优点。厌氧堆肥是利用厌氧微生物完成分解反应、空气与堆肥相隔绝、温度低、工艺比较简单、产品中氮保存量比较多的特点，但堆制周期太长、异味浓烈、产品中含有分解不充分的杂质。

2. 堆肥作用

堆肥化是可降解的有机垃圾人为地发酵成腐殖质的过程，也可以说堆肥即人工腐殖质，但其中常常残留一部分可降解的有机物。施用堆肥后，能够增加土壤中稳定的腐殖质，形成土壤的团粒结构，并有以下一系列作用。

① 使土质松软、多孔隙、易耕作，增加保水性、透水性及渗水性，改善土壤的物理性能。

② 肥料中氮、磷、钾等营养成分都是以阳离子形态存在的。由于腐殖质带负电荷，有吸附阳离子作用，有助于黏土保住阳离子，即能保住养分，提高保肥能力。腐殖质阳离子交换容量是普通黏土的几倍到几十倍。

③ 腐殖质中某种成分有螯合作用（某种有机化合物和金属起特殊的结合作用，把金属维持在液化状态）。有这种作用的物质和酸性土壤中含量较多的活性铝结合后，使其半数变成非活性物质，因而能抑制活性铝和磷酸结合的有害作用。施用堆肥时，由于其中螯合剂能和铝、铁等金属结合，使稳定状态变成易分解状态。所以能促进有机物分解，促进氮肥和其他养分的供应。另外，对于作物有害的铜、铝、镉等重金属也可与腐殖质反应而降低其危害程度，有利于植物生长。

④ 腐殖质有缓冲作用。当土壤中腐殖质较多时，即使肥料施得过多或过少，也不易受到损害；即使气象条件恶化也可减轻其影响；即使其他条件稍微恶化，也能减少冲击，例如水分不足时，可防止植物枯萎，起到缓冲作用。

⑤ 堆肥是缓效性肥料。和硫铵、尿素等化肥中的氮不同，堆肥中的氮肥几乎都以蛋白质的氮形态存在，当施到田里时，蛋白质经氮微生物分解成氨氮，在旱地里部分变成硝酸盐氮。两者都是能被吸收的氮，施用堆肥不会出现施化肥那样短暂有效或施肥过头的情况。经过上述过程缓慢持久地起作用，不致对农作物产生危害。

⑥ 腐殖化的有机物具有调节植物生长的作用，也有助于根系的发育和生长。

⑦ 将富含微生物的堆肥施于土壤中，可增加其中的微生物数量。微生物分泌的各种有效成分能直接或间接地被植物吸收而起到有益作用，故堆肥是昼夜均有效的肥料。

⑧ 堆肥是二氧化碳的供给源。如与外界空气隔绝的密封罩内二氧化碳浓度低，当大量施用堆肥后，罩内较高的温度可促使堆肥分解放出二氧化碳。

总之，堆肥作为一种人工腐殖质，能有效改善土壤物理、化学、生物性质，使土壤环境保持适于农作物生长的良好状态，且有增进化肥肥效的作用。

3. 堆肥用途

堆肥的用途很广，既可以用作农田、果园、菜园、苗圃、畜牧场、庭院及景区绿化等种植肥料，也可以用来制作蘑菇盖面、过滤材料、隔声板及纤维板等。表 4-1 是堆肥产品农用示例。

表 4-1 堆肥产品农用示例

用途	肥料等级	施肥期	施用法	施用量/(t/hm^2)
谷物种植	初级堆肥或成品堆肥	秋天或春天	施入土壤表面	40～100
牧场	细粒初级堆肥或成品堆肥	全年皆可	施入浅层表土	20～60
果树种植	初级堆肥或成品堆肥	除收获季节外均可	施入土壤表面	100～200
葡萄种植	初级堆肥或成品堆肥	葡萄收获后和返青前	均匀地撒于表面	200～300
蔬菜种植	初级堆肥或特殊堆肥	除收获季节外均可	施于土壤浅表层	60～100
温室	初级堆肥或特殊堆肥	除收获季节外均可	施于土壤浅表层	10～15
蘑菇培植	成品堆肥	全年均可	堆肥：黑泥炭：石灰：黏土＝70：20：5：5	40～50
苗圃	成品堆肥或特殊堆肥	全年均可	施于土壤表层	30～40

注：$1hm^2=10^4m^2$。

施用堆肥时，需注意如下问题。

① 成熟的堆肥富含有活的微生物，其耗氧量虽然比未成熟堆肥要少，仍易成为厌氧状态，所以在施用时需要特别注意。用于农田施肥时，不要将堆肥埋起来，最好让其在土壤表

面暴露于空气中，蚯蚓可使堆肥和泥土适当混合，进入土中而起作用。经过耕作，堆肥也可适当混入土层中。堆肥的厚度不要超过1～2cm。若是优质的堆肥，厚度为1mm已足够。

② 新鲜堆肥宜用作底肥。粗堆肥最好用于黏质、淤泥和板结的土壤；细堆肥用于干燥、疏散及多沙的土壤。含有5%以上石灰的城市堆肥，属于石灰质肥料，建议用于酸性土壤和土壤有酸化趋向的土地。

③ 城市垃圾堆肥C/N比大，即含氮量低，最好和氮肥配合施用，以免出现土壤的“氮饥饿”现象。

④ 堆肥不应装在密封的袋中搬运或保存。必要时，在袋上开空气流通孔。

二、堆肥原理

根据堆肥化过程中微生物对氧气不同的需求情况，可以把堆肥化方法分成好氧堆肥和厌氧堆肥两种。好氧堆肥是在通气条件好、氧气充足的条件下借助好氧微生物的生命活动降解有机物，通常好氧堆肥堆温高，一般在55～60℃，极限可达80～90℃，所以好氧堆肥也称为高温堆肥；厌氧堆肥则是在通气条件差、氧气不足的条件下借助厌氧微生物发酵堆肥。

1. 好氧堆肥原理

好氧堆肥是在有氧条件下，依靠好氧微生物的作用来进行的。在堆肥化过程中，有机垃圾中的可溶性物质可透过微生物的细胞壁和细胞膜被微生物直接吸收；而不溶的胶体有机物质，先被吸附在微生物体外，依靠微生物分泌的胞外酶分解为可溶性物质，再渗入细胞。微生物通过自身的生命代谢活动，进行分解代谢（氧化还原过程）和合成代谢（生物合成过程），把一部分被吸收的有机物氧化成简单的无机物，并放出生物生长、活动所需要的能量，把另一部分有机物转化合成新的细胞物质，使微生物生长繁殖，产生更多的生物体。图4-1简要地说明了堆肥有机物好氧分解过程。

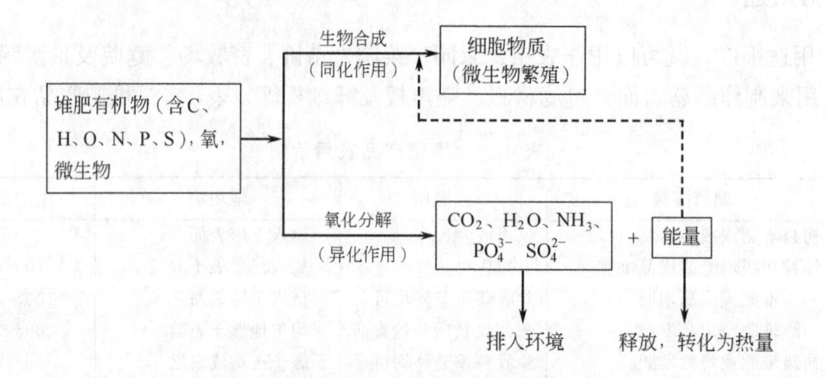

图4-1 堆肥有机物好氧分解过程示意

下式可以反映堆肥化过程中有机物氧化分解关系。

$$C_sH_tN_uO_v \cdot aH_2O + bO_2 \longrightarrow$$

$$C_wH_xN_yO_z \cdot cH_2O + dH_2O\text{（气）} + eH_2O\text{(液)} + fCO_2 + gNH_3 + \text{能量}$$

由于堆温较高，部分水以蒸气形式排出。堆肥成品 $C_wH_xN_yO_z \cdot cH_2O$ 与堆肥原料 $C_sH_tN_uO_v \cdot aH_2O$ 之比为0.3～0.5（这是氧化分解减量化的结果）。

上式中 w、x、y、z 通常可取如下范围：$w=5\sim10$，$x=7\sim17$，$y=1$，$z=2\sim8$。

好氧堆肥过程可大致分成三个阶段。

(1) 中温阶段

也称产热阶段，是指堆肥过程的初期，堆层基本呈15～45℃的中温，嗜温性微生物较为活跃并利用堆肥中可溶性有机物进行旺盛的生命活动。这些嗜温性微生物包括真菌、细菌和放线菌，主要以糖类和淀粉类为基质。真菌菌丝体能够延伸到堆肥原料的所有部分，并会出现中温真菌的子实体。同时螨虫、千足虫等将摄取有机废物。腐烂植物的纤维素将维持线虫和线蚁的生长，而更高一级的消费者中弹尾目昆虫以真菌为食，缨甲科昆虫以真菌孢子为食，线虫摄食细菌，原生动物以细菌为食。

(2) 高温阶段

当堆温升至45℃以上时即进入高温阶段，在这一阶段，嗜温微生物受到抑制甚至死亡，取而代之的是嗜热微生物。堆肥中残留的和新形成的可溶性有机物质继续被氧化分解，堆肥中复杂的有机物如半纤维素、纤维素和蛋白质也开始被强烈分解，在高温阶段中，各种嗜热性的微生物的最适宜温度也是不相同的，在温度的上升过程中，嗜热微生物的类群和种群是互相接替的。通常在50℃左右最活跃的是嗜热性真菌和放线菌；当温度上升到60℃时，真菌则几乎完全停止活动，仅为嗜热性放线菌和细菌的活动；温度升到70℃以上时，对大多数嗜热性微生物已不再适应，从而大批进入死亡和休眠状态。现代化堆肥生产的最佳温度一般为55℃，这是因为大多数微生物在45～80℃范围内最活跃，最易分解有机物，其中的病原菌和寄生虫大多数可被杀死。

与细菌的生长繁殖规律一样，可将微生物在高温阶段生长过程细分为三个时期，即对数生长期、减速生长期和内源呼吸期。在高温阶段微生物活性经历了三个时期变化后，堆积层内开始发生与有机物分解相对应的另一过程，即腐殖质的形成过程，堆肥物质逐步进入稳定化状态。

(3) 降温阶段

在内源呼吸后期，只剩下部分较难分解的有机物和新形成的腐殖质。此时微生物的活性下降，发热量减少，温度下降，嗜温性微生物又占优势，对残余较难分解的有机物做进一步分解，腐殖质不断增多且稳定化，堆肥进入腐熟阶段，需氧量大大减少，含水率也降低，堆肥物孔隙增大，氧扩散能力增强，此时只需自然通风。

2. 厌氧堆肥原理

厌氧堆肥是在缺氧条件下利用厌氧微生物进行的一种腐败发酵分解，其终产物除二氧化碳和水外，还有氨、硫化氢、甲烷和其他有机酸等还原性终产物，其中氨、硫化氢及其他还原性终产物有令人讨厌的异臭，而且厌氧堆肥需要的时间也很长，完全腐熟往往需要几个月的时间。传统的农家肥就是厌氧堆肥。

厌氧堆肥过程主要分成两个阶段。

第一阶段是产酸阶段，产酸菌将大分子有机物降解为小分子的有机酸、乙醇和丙醇等物质，并提供部分能量因子ATP，以乳酸菌分解有机物为例。

$$C_6H_{12}O_6 \xrightarrow{\text{乳酸菌}} 2C_3H_6O_3\text{(乳酸)} + 2ATP$$

第二阶段为产甲烷阶段。甲烷菌把有机酸继续分解为甲烷气体。

$$2C_3H_6O_3 \xrightarrow{\text{甲烷菌}} 3CH_4 + 3CO_2 + \text{能量}$$

厌氧过程没有氧参加，酸化过程产生的能量较少，许多能量保留在有机酸分子中，在甲烷细菌作用下以甲烷气体的形式释放出来，厌氧堆肥的特点是反应步骤多、速度慢、周期长。

3. 堆肥微生物

堆肥化是微生物作用于有机废物的生化降解过程，说明微生物是堆肥过程的主体。堆肥微生物的来源主要有两个方面：一是来自有机废物内部固有的大量微生物种群，如在城市垃圾中一般的细菌数量在10^{14}～10^{16}个/kg；二是人工加入的特殊菌种，这些菌种在一定条件下对某些有机物废物具有较强的分解能力，具有活性强、繁殖快、分解有机物迅速等特点，能加速堆肥反应的进程，缩短堆肥反应的时间。

堆肥中发挥作用的微生物主要是细菌和放线菌，还有真菌和原生动物等。随着堆肥化过程有机物的逐步降解，堆肥微生物的种群和数量也随之发生变化。

细菌是堆肥中形体最小、数量最多的微生物，它们分解了大部分的有机物并产生热量。细菌是单细胞生物，形状有杆状、球状和螺旋状，有些还能运动。在堆肥初期温度低于40℃时，嗜温性的细菌占优势。当堆肥温度升至40℃以上时，嗜热性细菌逐步占优势。这阶段微生物多数是杆菌。杆菌种群的差异在50～55℃时是相当大的，而在温度超过60℃时差异又变得很小。当环境改变不利于微生物生长时，杆菌通过形成孢子壁而幸存下来。厚壁孢子对热、冷、干燥及食物不足都有很强的耐受力，一旦周围环境改善，它们又将恢复活性。

成品堆肥散发的泥土气息是由放线菌引起的。在堆肥化的过程中它们在分解诸如纤维素、木质素、角质素和蛋白质这些复杂有机物时发挥着重要的作用。它们的酶能够帮助分解诸如树皮、报纸一类坚硬的有机物。

真菌在堆肥后期当水分逐步减少时发挥着重要的作用。它与细菌竞争食物，与细菌相比，它们更能够忍受低温的环境，并且部分真菌对氮的需求比细菌低，因此能够分解木质素，而细菌则不能。

微型生物在堆肥过程中也发挥着重要的作用。轮虫、线虫、跳虫、潮虫、甲虫和蚯蚓通过在堆肥中移动和吞食作用，不仅能消纳部分有机废物，而且还能增大表面积，并促进微生物的生命活动。

陈世和等对堆肥过程中的微生物类群进行了分离鉴定。中温菌共分离出57株，经复筛得12株进行鉴定；高温菌共分离32株，经复筛得7株进行鉴定，并对各菌株进行了蛋白酶、淀粉酶、果胶酶、纤维素酶活力的测定和温度对酶活力的影响的研究，证明在高温阶段高温微生物其各种酶的反应速率远大于中温微生物的反应速率，生理最佳温度为70℃。

4. 影响堆肥化的因素分析

（1）C/N 比和 C/P 比

在微生物分解所需的各种元素中，碳和氮是最重要的。碳提供能源和组成微生物细胞50%的物质，氮则是构成蛋白质、核酸、氨基酸、酶等细胞生长必需物质的重要元素。通常用 C/N 比来反映这两种关键元素。

为了使参与有机物分解的微生物营养处于平衡状态，堆肥 C/N 比应满足微生物所需的最佳值（25～35）∶1，最多不能超过40，应通过补加氮素材料（含氮较多的物质）的方法来调整 C/N 比，畜禽粪便、肉食品加工废弃物、污泥均在可利用之列。

磷是磷酸和细胞核的重要组成元素，也是生物能 ATP 的重要组成成分，一般要求堆肥料的 C/P 比在75～150为宜。

(2) 含水率

堆肥原料的最佳含水率通常在50%～60%之间，当含水率太低（<30%）时将影响微生物的生命活动，太高会降低堆肥速度，导致厌氧分解并产生臭气以及营养物质的沥出。不同有机废物的含水率相差很大，通常要把不同种类的堆肥原料混在一起进行堆制。堆肥物质的含水率还与设备的通风能力及堆肥物质的结构强度密切相关，若含水率超过60%，水就会挤走空气，堆肥物质便呈致密状态，堆肥就会朝厌氧方向发展，此时应加强通风。反之，堆肥物质中的含水率低于12%，微生物将停止活动，

(3) 温度

对堆肥而言，温度是堆肥得以顺利进行的重要因素，温度的作用主要是影响微生物的生长，一般认为高温菌对有机物的降解效率高于中温菌，现在的快速、高温、好氧堆肥正是利用了这一点。初堆肥时，堆体温度一般与环境温度相一致，经过中温菌1～2d的作用，堆肥温度便能达到高温菌的理想温度50～65℃，在这样的高温下，一般堆肥只要5～6d即可达到无害化。过低的温度将大大延长堆肥达到腐熟的时间，而过高的堆温（≥70℃）将对堆肥微生物产生有害的影响。

(4) 通风供氧

通风供氧是堆肥成功的关键因素之一。堆肥需氧的多少与堆肥材料中有机物含量息息相关，堆肥材料中有机碳越多，其好氧率越大。堆肥过程中合适的氧浓度为18%，一旦低于8%，就成为好氧堆肥中微生物生命活动的限制因素，容易使堆肥厌氧而产生恶臭。

(5) pH值

微生物的降解活动，需要一个微酸性或中性的环境条件。但大部分植物残渣却有很高的酸性，pH值为4.5～6.0。因此为了调节原料的pH值为6.5，应向每吨堆料中加0.6～6.1kg消石灰或0.8～8.5kg的碳酸钙。利用秸秆堆肥，由于秸秆在分解过程中能产生大量的有机酸，因此需要添加石灰中和。如果采用畜禽粪便作为氮源，其中的氨气会中和堆腐材料中的有机酸。

(6) 接种剂

向堆料中加入接种剂可以加快堆腐材料的发酵速度。向堆肥中加入分解较好的厩肥或加入占原始材料体10%～20%的腐熟堆肥，能加快发酵速度。在堆制中，按自然方式形成了参与有机废物发酵以及从分解产物中形成腐殖质化合物的微生物群落。通过有效的菌系选择，可从中分离出具有很大活性的微生物培养物，建立人工种群——堆肥发酵要素母液。Tiwari比较了添加纤维分解真菌和添加固氮菌及溶磷剂对堆肥总氮和C/N比的影响，其效果非常明显。

(7) 堆肥原料尺寸

因为微生物通常在有机颗粒的表面活动，所以降低颗粒物尺寸，增加表面积，将促进微生物的活动并加快堆肥速度；若原料太细，会阻碍堆层中空气的流动，将减少堆层中可利用的氧气量，反过来又会减缓微生物活动的速度。

5. 堆肥腐熟度评价

堆肥腐熟度评价是保证有机废物达到无害化处理的必要环节，目的是评价堆肥产品是否熟化，以确定其能否安全应用于农业生产。

用于腐熟度评价的指标和方法有物理方法、化学方法、微生物活性、酶学分析以及植物毒性分析等，其中较常用和简便的有温度、固相C/N值、液相C/N值、NH_4^+-N含

量及水堇（Cress）种子的发芽系数等。堆肥二次发酵阶段温度明显下降，当堆体温度趋于环境温度时堆肥已经腐熟化，且熟化堆肥应是无恶臭气味、呈均匀褐色的疏松团粒结构。

固相C/N比是最常用的堆肥腐熟度评价方法之一，当堆肥的C/N比从开始（25～30）∶1减至20∶1以下时堆肥达到腐熟。Chanyasak V. 等提出液相C/N比作为腐熟度的评价指标，认为腐熟堆肥的液相C/N比为（5～6）∶1，与堆肥物料无关。由于微生物的分解作用，有机氮随温度上升不断分解释放出大量NH_3，pH值快速上升并在堆肥开始3～5d内达到最大值，之后随NH_3量逐渐减少而pH值下降。Zucconi F. 等提出当NH_4^+-N含量<400mg/kg时堆肥腐熟。未腐熟堆肥的植物毒性主要来自小分子有机酸和大量NH_3、多酚等物质，种子发芽试验是一个综合性指标，是最敏感且最有效的评价指标之一。Zucconi F. 等认为水堇种子的发芽系数达50%表示堆肥已达腐熟。加拿大堆肥产品标准则认为水堇种子的发芽率达90%时堆肥才腐熟。

三、堆肥基本工序

目前堆肥生产一般采用高温好氧堆肥工艺。尽管堆肥系统多种多样，但其基本工序通常都由前处理、主发酵（一次发酵）、后发酵（二次发酵）、后处理及贮藏等工序组成。堆肥过程的流程见图4-2。底料是堆肥系统处理的对象，一般是污泥、城市有机垃圾、农林废物和庭院废物等。调理剂可分为结构调理剂和能源调理剂两种类型。

1）结构调理剂　它是一种加入堆肥底料的物料（无机物或有机物），可减少底料容重，增加底料空隙，从而有利于通风。

2）能源调理剂　它是加入堆肥底料的一种有机物，可增加可生化降解有机物的含量，从而增加了混合物的能量。

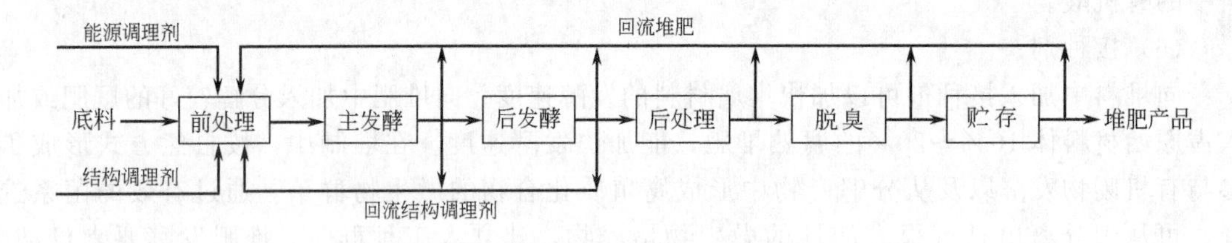

图4-2　堆肥过程的流程示意

1. 前处理

在以家畜粪便、污泥等为堆肥原料时，前处理主要是调整水分和C/N比，或者添加菌种和酶制剂。在以城市生活垃圾为堆肥原料时，由于其中往往含有粗大垃圾和不能堆肥的物质，前处理包括破碎、分选、筛分等工序，这些工序可去除粗大垃圾和不能堆肥的物质，使堆肥原料和含水率达到一定程度的均匀化；同时原料的表面积增大，更便于微生物的繁殖，提高了发酵速度。从理论上讲，粒径越小越容易分解。但是，考虑到在增加物料表面积的同时，还必须保持一定的孔隙率，以便于通风而使物料能够获得充足的氧气。一般而言，适宜的粒径范围是12～60mm。最佳粒径随垃圾物理特性的变化而变化。如果堆肥物质结构坚固，不易挤压，则粒径应小些，否则粒径应大些。此外，决定垃圾粒径大小时，还应从经济方面考虑，因为破碎得越细小，动力消耗就越大，处理垃圾的费用就会增加。

2. 主发酵（一次发酵）

主发酵可在露天或发酵装置内进行，通过翻堆或强制通风向堆积层或发酵装置内供给氧气。在露天堆肥或发酵装置内堆肥时，由于原料和土壤中存在的微生物作用而开始发酵。首先是易分解物质分解，产生二氧化碳和水，同时产生热量，使堆温上升。这时微生物吸取有机物的硫氮营养成分，在细菌自身繁殖的同时，将细胞中吸收的物质分解而产生热量。

发酵初期物质的分解作用是靠嗜温菌（30～40℃为其最适宜生长温度）进行的，随着堆温的上升，适宜45～65℃生长的嗜热菌取代了嗜温菌。通常，将温度升高到开始降低为止的阶段为主发酵阶段。以生活垃圾和家畜粪尿为主体的好氧堆肥，主发酵期为4～12d。

3. 后发酵（二次发酵）

经过主发酵的半成品被送到后发酵工序，将主发酵工序尚未分解的易分解和较难分解的有机物进一步分解，使之变成腐殖酸、氨基酸等比较稳定的有机物，得到完全成熟的堆肥制品。通常，把物料堆积到1～2m高以进行后发酵，并要有防雨水流入的装置，有时还要进行翻堆或通风。

后发酵时间的长短决定于堆肥的使用情况。例如，堆肥用于温床（能够利用堆肥的分解热）时，可在主发酵后直接使用；对几个月不种作物的土地，大部分可以不进行后发酵而直接施用堆肥；对一直在种作物的土地，则要使堆肥进行到能不致夺取土壤中氮的程度。后发酵时间通常在20～30d。

4. 后处理

经过二次发酵的物料中，几乎所有的有机物都已细碎和变形，数量也有所减少，成为粗堆肥。根据堆肥应用的要求，常常需要进一步的后处理。例如，在从城市生活垃圾精制堆肥时，在预分选工序没有去除的塑料、玻璃、陶瓷、金属、小石块等杂物依然存在，因此需要经过一道分选工序以去除杂物，并进行再次破碎。

5. 脱臭

在堆肥过程中，由于堆肥物料局部或某段时间内的厌氧发酵会导致臭气产生，污染工作环境。因此，必须进行堆肥排气的脱臭处理。去除臭气的方法主要有化学除臭剂除臭、碱水和水溶液过滤、熟堆肥或活性炭、沸石等吸附剂过滤。较为常用的除臭装置是堆肥过滤器，当臭气通过该装置时，恶臭成分被熟化后的堆肥吸附，进而被其中好氧微生物分解而脱臭。也可用特种土壤代替熟堆肥使用，这种过滤器叫土壤脱臭过滤器。若条件许可，也可采用热力法，将堆肥排气（含氧量约为18%）作为焚烧炉或工业锅炉的助燃空气，利用炉内高温，热力降解臭味分子，消除臭味。

6. 贮存

堆肥一般在春秋两季使用，夏冬两季生产的堆肥只能贮存，所以要建立可贮存6个月生产量的库房。贮存方式可直接堆存在二次发酵仓中或袋装，这种要求干燥而透气，如果密闭和受潮则会影响制品的质量。

四、堆肥的优势、限制及发展前景

1. 堆肥的优势

有机垃圾的堆肥化技术是一种最常用的固体废物生物转换技术，是对固体废物进行稳定化、无害化处理的重要方式之一，也是实现固体废物资源化、能源化的系统技术之一。

堆肥化作为有机垃圾处理处置的三种主要方法之一，正日益受到国内外的关注。从国内外发展形势看，虽然卫生填埋因初期投资和运行成本较低，目前仍为许多国家和地区采用，但垃圾填埋不仅占地大、选址困难；而且很容易对地下水、地表水、土壤和大气等周围环境造成不利影响。现今，填埋场渗滤液和填埋沼气所引发的环境事故层出不穷，同时，随着环保标准的不断提高，其初期投资和填埋运行费用也越来越高。因此，国外正逐步减少垃圾直接填埋量，尤其是在发达国家，已强调垃圾填埋只能是最终处置手段，而且填埋对象只能是无机垃圾，有机物含量大于5%的垃圾不能进入填埋场。由此可见，垃圾填埋的适应性有限。垃圾焚烧以其减量化最大、无害化程度最高而受到人们的推崇。但由于初期投资和运行成本过高、焚烧尾气的二次污染和二噁英问题，又让人们望而却步。此外，我国垃圾热值低、含水率高、可燃成分少也是难以采用焚烧法的一个重要原因。

随着我国经济的发展和人民生活水平的提高，日常生产和生活中所产生的废物及其中有机垃圾的含量正同步逐渐提高，采用堆肥处理技术，不仅可将其中的有机可腐物转化为农业土壤可接受且迫切需要的腐殖质，而且有效地解决了有机垃圾的出路，维持了自然界的良性物质循环，在一定程度上实现了垃圾的无害化、减量化和资源化。

目前，农业上大量使用化肥已使土壤板结，地力下降，堆肥技术的引入可消纳、转化大量的各类有机垃圾，如城市生活垃圾、农林废物、各种有机污泥以及人畜粪便等为符合农用标准的腐熟堆肥基料，并通过其他有效成分的添加，可配制出高效的系列有机复混肥，作为我国农业的重要肥源；从环境效益上看这也具有重要意义。

因此，尽管堆肥技术及其应用，因其特点有所受限，但国内外对它的发展前景十分看好。堆肥技术近年来在我国又出现了蓬勃发展的势头，很多地区兴建了垃圾堆肥厂，利用垃圾生产有机肥或复合肥。目前，各种小型、移动式、专用型的堆肥设备和工艺应运而生，堆肥成品也正向生物有机肥、高效复混肥、微生物肥等方向发展。

2. 堆肥的限制

在欧美发达国家，垃圾收集大多是分类进行的，有机垃圾中所含有的灰分和无机质是很少的，但即便如此，生活垃圾用作堆肥原料还是受到了严格限制。只有来自庭院修剪物、果品蔬菜加工废物、厨余残渣、养殖场动物粪便和酿造厂废物等的原料，所堆制的有机肥料方可用于农业生产；一般的垃圾混合堆肥只能用于城市园林、沙漠、盐碱地、海边滩涂绿化和森林植被保护。

虽然我国堆肥历史悠久，实践经验也比较成熟，但目前堆肥所面临的问题有：a. 堆肥原料分选和收集困难，特别是城市垃圾中有机成分和无机成分、可燃成分和不可燃成分常混在一起收集和运输，其他的堆肥原料，如农林废物、畜禽粪便、泔脚等，集中化的收集和处理体系尚未形成；b. 堆肥的技术和装置水平不高，使得堆肥成品质量和堆肥效率不高，难以满足大规模农用的质量和卫生要求；c. 堆肥操作占地大且堆制过程常有恶臭产生，污染了环境；d. 堆肥的成本偏高，周期长，与化肥相比，在市场上因缺乏竞争力而没有销路。

3. 堆肥的发展前景

近年来许多国家以不同方式发展堆肥技术，使垃圾堆肥又有所回升。发展较快的方式有两种：一是庭院垃圾堆肥的回归。近年来，美国非常注重垃圾堆肥的应用，尤其是庭院垃圾堆肥和厨余垃圾堆肥等在美国应用很广，而且成为了废物资源循环再生的重要措施；二是有机肥、腐殖类肥料、无机-有机复合肥、微生物肥等新型肥料技术的发展。堆肥产品不仅要提高肥效，而且要适应不同土壤和不同作物的需求。人们对垃圾堆肥的概念也有了变化，垃圾堆肥不再被视为一种肥料，而被视为一种土壤改良剂，并且开辟了垃圾堆肥产品的多种用途，如作为路基填充物、建材添加物等。

国外有机垃圾的堆肥技术将朝着精化和多用途方向发展。国外开发了一种利用 EM 菌（有效微生物菌群）发酵垃圾的堆肥技术。EM 菌群是由光合细菌、酵母菌、乳酸菌、放线菌等约 80 种微生物培养而成的菌群。将这种液态的 EM 菌种按 1∶50 的比例加入麦糠、稻壳、糖稀等进行搅拌发酵，最后制成粉末状的 EM 菌种。利用这种菌种进行堆肥可缩短堆肥周期，而且有机物腐熟均匀，操作简单。

生产高质量的精堆肥和多用途的复混肥将是我国堆肥产品发展的趋势。以前盛行的粗堆肥应摒弃，粗堆肥只能用于沙漠地区，用于防止土地继续沙化、培植植被或用于绿化目的。精堆肥用于农作物也应慎重，首先应考虑农产品对人体的影响，其次还应对使用堆肥后土地的重金属含量进行跟踪监测。为尽可能地使堆肥产品不含杂质和有害物质，应该尽量使用仅由有机物组成的原料。单一有机废物进行堆肥，投入的技术量少，产出的堆肥质量高。混合垃圾因成分复杂，堆肥产品杂质和有害物质多、质量差。实践证明，提高垃圾堆肥质量的关键是实施有机垃圾的分类收集和提高堆肥技术水平。我国应积极研究开发垃圾机械筛分、重金属去除、有机质提高等堆肥新工艺，把堆肥的危害降至最低，同时进一步完善国产化有机复合肥成套生产技术与设备，拓宽堆肥市场，使其有稳定的市场需求。

使用优质的有机肥，发展有机农业，生产绿色食品，将成为世界农业的主流。西方农业曾单纯依靠化肥农药大面积大幅度地提高了作物产量，经济效益十分可观。但这是以消耗大量能源、牺牲环境生态、降低土壤肥力和农产品品质为代价的。现在西方国家纷纷提倡发展有机农业、生态农业、生物农业等，即尽可能不用人工合成的化学药品包括化肥、农药、植物激素等；提倡依靠轮作、施用作物残体、人畜粪尿等有机废物供给作物养分，保持土壤肥力和可耕作性；采用生物防治技术控制病虫杂草。这些回归自然的农业模式是与我国传统农业的特色相符的。

当前，在我国大量施用有机肥，发展有机农业，生产绿色食品具有传统优势。加入 WTO 后，这种优势将是我国农产品赢得国际竞争的资本。因此，发展适用性强、高效优质的有机复混肥将具有广阔前景。

第二节　可堆肥原料的选择及工艺

一、概述

按照规定，堆肥原料特性（CJ/T 3059—1996）应满足：a. 可堆肥原料密度一般为

350～650kg/m^3；b. 组成中（湿重）有机物含量不少于20%；c. 原料含水率为40%～60%；d. 原料C/N为（20～30）：1。

因此，可供堆肥的原料种类繁多，有城市垃圾、畜禽粪便、污泥、农林废物、泔脚、工业废物等。堆肥原料的来源不同、有机物含量也不同，决定了堆肥工艺也会有所差别。

1. 堆肥原料中有机物含量的调节

对于快速、高温、机械化堆肥而言，首要的是对物料的热值要求和产生的温度间的平衡问题。一方面有机质含量低的物质在发酵过程中产生的热量不足以维持堆肥所需要的温度需求，而且由此产出的堆肥会因肥效低而影响其销路；但另一方面，若堆肥物料中的有机质含量过高，又将给通风供氧带来不利影响，往往造成供氧不足而产生恶臭。研究表明：在高温好氧堆肥中，有机物含量变化的最适合范围为20%～80%。

因此，适当调整和适当增加堆肥原料的有机组分是十分必要的。具体的做法有：a. 对堆肥原料进行预处理，通过破碎、筛分等工艺去掉其中的部分无机成分，使有机物含量提高到50%以上；b. 发酵前在堆肥原料中掺入一定比例的稀粪、城市污水、污泥、畜粪等，在这些掺进物中，以掺稀粪者为最多，它既可增加堆肥原料中的有机物含量，又可调节原料的含水率，同时也为城市的粪便处理找到一条出路；c. 城市生活垃圾和污泥混合堆肥，这种方法既可以提高堆肥有机物含量，又能同时解决城市生活垃圾和下水污泥的出路问题。

2. 堆肥过程的C/N比控制

在微生物所需营养物中，以碳、氮最多。碳主要为微生物生命活动提供能源，氮则用于合成细胞原生质。正常的好氧堆肥原料中要求有一定的C/N比，但最佳的C/N比究竟应为多少却众说纷纭。实践证明：当C/N比为(25～35)：1时发酵过程最快。若C/N比过低(低于20：1)，微生物的繁殖就会因能量不足而受到抑制，导致分解缓慢且不彻底。而一旦C/N比过高（超过40：1)，则在堆肥施入土壤后，将会发生夺取土壤中氮素的现象，产生“氮饥饿”状态，导致对作物生长产生不良影响。总的趋势是，随着堆肥发酵的进行，在整个过程中C/N比逐渐下降。

为保证成品堆肥中一定的C/N比［一般为（10～20）：1］和在堆肥过程中有理想的分解速度，必须调整好堆肥原料的C/N比。初始原料的C/N比一般都高于最佳值，调整的方法是加入人粪尿、畜粪以及城市污泥等调节剂，使C/N比调到30：1以下。表4-2所列的各种有机废物的氮含量和C/N比较低，用来调整堆肥原料的C/N比可收到较理想的效果。

表4-2 各种有机废物的氮含量和C/N比

物质	氮含量/%	C/N比	物质	氮含量/%	C/N比
大便	5.5～6.5	(6～10)：1	厨房垃圾	2.15	25：1
小便	15～18	0.8：1	羊厩肥	8.75	—
家禽肥料	6.3	—	猪厩肥	3.75	—
混合的屠宰场废物	7～10	2：1	混合垃圾	1.05	34：1
活性污泥	5.0～6.0	6：1	农家庭院垃圾	2.15	14：1
马齿苋	4.5	8：1	牛厩肥	1.7	18：1
嫩草	4.0	12：1	干麦秸	0.53	87：1
杂草	2.4	19：1	干稻草	0.63	67：1
马厩肥	2.3	25：1	玉米秸	0.75	53：1

当有机原料的C/N比为已知时，可按下式计算所需添加的氮源物质的数量。

$$K=\frac{C_1+C_2}{N_1+N_2}$$

式中，K 为混合原料的 C/N 比，通常最佳范围值配合后为 35∶1；C_1、C_2、N_1、N_2 分别为有机原料和添加物料的碳、氮含量。

二、城市垃圾

1. 城市生活垃圾的组成和分类

城市垃圾是指城市居民日常生活、商业活动、机关办公、市政维护过程产生的固体废物，其物理成分构成受到自然环境、气候条件、城市发展规模、食品结构、能源结构及经济发展水平等多种因素的影响，主要成分大致包括厨余物、废纸、废织物、废旧家具、玻璃陶瓷碎物、废旧塑料制品、瓦砖渣土及粪便等。表 4-3 是北京市 1989 年和 2000 年城市生活垃圾典型组成。

表 4-3　北京市 1989 年和 2000 年城市生活垃圾典型组成　　单位：%

年份	有机物	无机物		废品类						其他
	食品	灰土	砖瓦	塑料	纸类	织物	木竹	玻璃	金属	
1989 年	32.6	47.2	4.79	1.88	6.04	1.74	1.17	3.79	0.76	0.20
2000 年	44.2	2.02	0.88	13.6	14.3	9.58	7.47	6.34	1.17	0.50

从表 4-3 中可以看出，1989～2000 年，垃圾中各组分均有较大的变化。主要表现在灰土、砖瓦呈明显的下降趋势，这是因为燃煤居民区大范围减少，双气居民区的增加使得垃圾中的无机组分有了明显降低。可回收物（如塑料、玻璃、纸类、金属和织物）所占比例明显升高，占垃圾的 40%左右。食品呈明显增加趋势，从 1989 年的 32.6%增加到 2000 年的 44.2%。

根据城市垃圾的性质，如可燃性能、化学成分、燃烧热值及容重等指标，可将其进行分类。城市垃圾中能用作堆肥原料的是有机物，不可堆腐物必须经过分选回收等手段去除后，才能用于生产堆肥。随着垃圾中有机组分含量和比例的增大，垃圾资源的优越性也会进一步增加。由城市生活垃圾获得堆肥成品的工艺流程如图 4-3 所示。

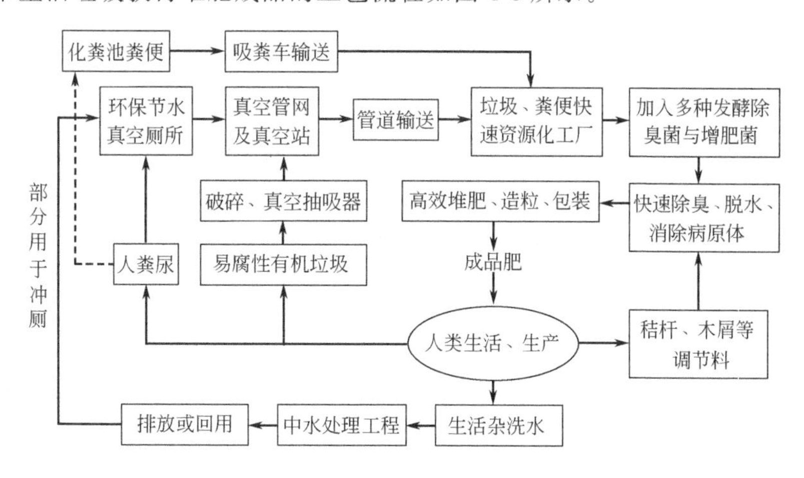

图 4-3　由城市生活垃圾获得堆肥成品的工艺流程

2. 典型的城市垃圾堆肥工艺

(1) 好氧静态堆肥工艺

好氧静态堆肥工艺可分为一次性发酵和二次发酵工艺，其工艺流程如图 4-4、图 4-5 所示。

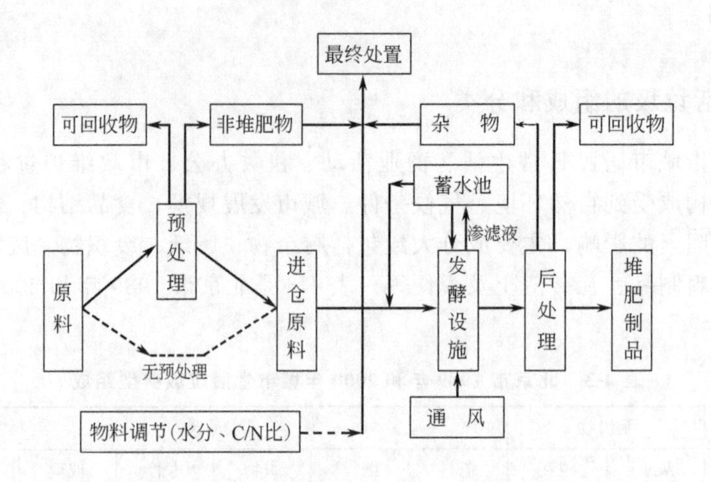

图 4-4　一次性发酵工艺流程示意

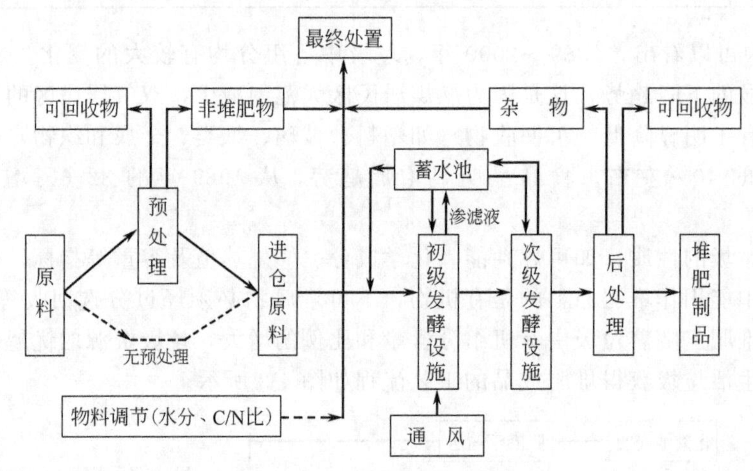

图 4-5　二次发酵工艺流程示意

静态堆肥常采用露天的静态强制通风垛形式，或在密闭的发酵池、发酵箱、静态发酵仓内进行。一批原料堆积成条垛或置于发酵装置内后，不再添加新料和翻倒，直到堆肥腐熟后运出。由于堆肥物料一直处于静止状态，导致物料及微生物生长的不均匀性，尤其是对有机质含量高于 50% 的物料，静态强制通风较困难，易造成厌氧状态，使发酵周期延长，此为其局限性。

(2) 间歇式好氧动态堆肥工艺

间歇式堆肥采用静态一次发酵的技术路线，其发酵周期缩短，堆肥体积减小。它是将原料一批批地发酵，一般采用间歇翻堆的强制通风垛或间歇进出料的发酵仓。对于高有机质含量的物料，在采用强制通风的同时，用翻堆机械将物料间歇性地翻堆，以防止堆肥物料结块，使其混合均匀，有利于通风，从而加快发酵过程，缩短发酵周期。间歇式发酵装置有长方形池式发酵仓、倾斜床式发酵仓、立式圆筒形发酵等，各配设通风管，有的还配设搅拌或翻堆装置。间歇式好氧动态堆肥技术可以常州市垃圾处理场现行工艺为例，其特点是采用分层均匀进出料方式：一次发酵仓底部每天均匀出料一层，顶部每天均匀进料一层，分层发酵。发酵仓内一直控制着一定温度，促使菌种在最佳条件下繁殖，每天新加的垃圾得到迅速发酵分解，底部已熟化的垃圾及时输出。这样大大缩短了发酵周期（本工艺的发酵周期为5d），发酵仓数也可比静态一次性发酵工艺减少1/2。

(3) 连续式好氧动态堆肥

连续式堆肥是一种发酵时间更短的动态二次发酵工艺。它是采取连续进料和连续出料的方式，原料在一个专设的发酵装置内进行一次发酵过程。物料处于一种连续翻动的动态情况下，物料组分混合均匀，易于形成空隙，水分易于蒸发，因而使发酵周期缩短，可有效地杀灭病原微生物，并可防止异味的产生。

连续式堆肥可有效地处理高有机质含量的原料。正是由于具有这些优点，连续式动态堆肥工艺和装置在一些发达国家被广泛地采用。图4-6是使用DANO卧式回转窑式发酵器的垃圾堆肥系统流程。其主体设备为一个倾斜的卧式回转窑（滚筒）。物料由转筒的上端进入，并随着转筒的连续旋转而不断翻滚、搅和和混合，并逐渐向转筒下端移动，直到最后排出。与此同时，空气则由沿转筒轴向装设的两排喷管通入筒内，发酵过程中产生的废气则通过转筒上端的出口向外排放。

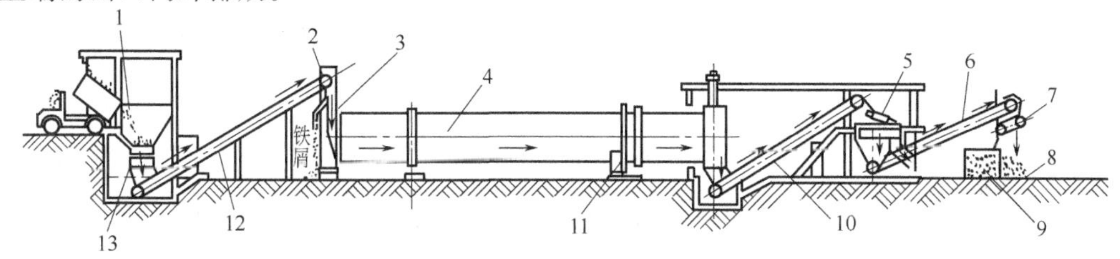

图4-6　DANO卧式回转窑式发酵器的垃圾堆肥系统流程

1—加料斗；2—磁选机；3—给料机；4—DANO式回转窑发酵仓；5—振动筛；6—三号皮带运输机；7—玻璃选出机；8—堆肥；9—玻璃片；10—二号皮带运输机；11—驱动装置；12—一号皮带运输机；13—板式给料机

DANO动态堆肥工艺的特点是：由于堆料的不停翻动，在极大程度上使其中有机成分、水分、温度和供氧等的均匀性得到提高和加速，这样就直接为传质和传热创造了条件，加快了有机物的降解速率，亦即缩短了一次发酵周期，使全过程提前完成。这对节省工程投资，提高处理能力都是十分重要的。

3. 城市垃圾堆肥厂介绍

“七五”和“八五”期间，我国相继开展了机械化程度较高的动态高温堆肥研究和开发，取得了一定的成果。20世纪90年代中期又相继建成了多个动态堆肥场，典型工程如常州市环境卫生综合处理厂和北京南宫堆肥厂。

我国较早建立的一次性发酵工艺堆肥厂是天津河西区堆肥厂。规模最大的为上海安亭垃圾处理厂，处理量为300t/d（工艺流程如图4-7所示）。二次发酵工艺最早由北京环卫科研所进行小试，1986年由同济大学、无锡市环卫处共同承担的科研项目中完成和建设了当时我国规模最大的二次发酵工艺垃圾处理厂——处理量为100t/d的无锡环境卫生工程实验厂。好氧静态堆肥的基础研究和工艺均较为成熟，是我国城市气化率低、垃圾组成中有机质含量在15%～40%并含有30%～70%煤渣的条件下所适宜采用的工艺。

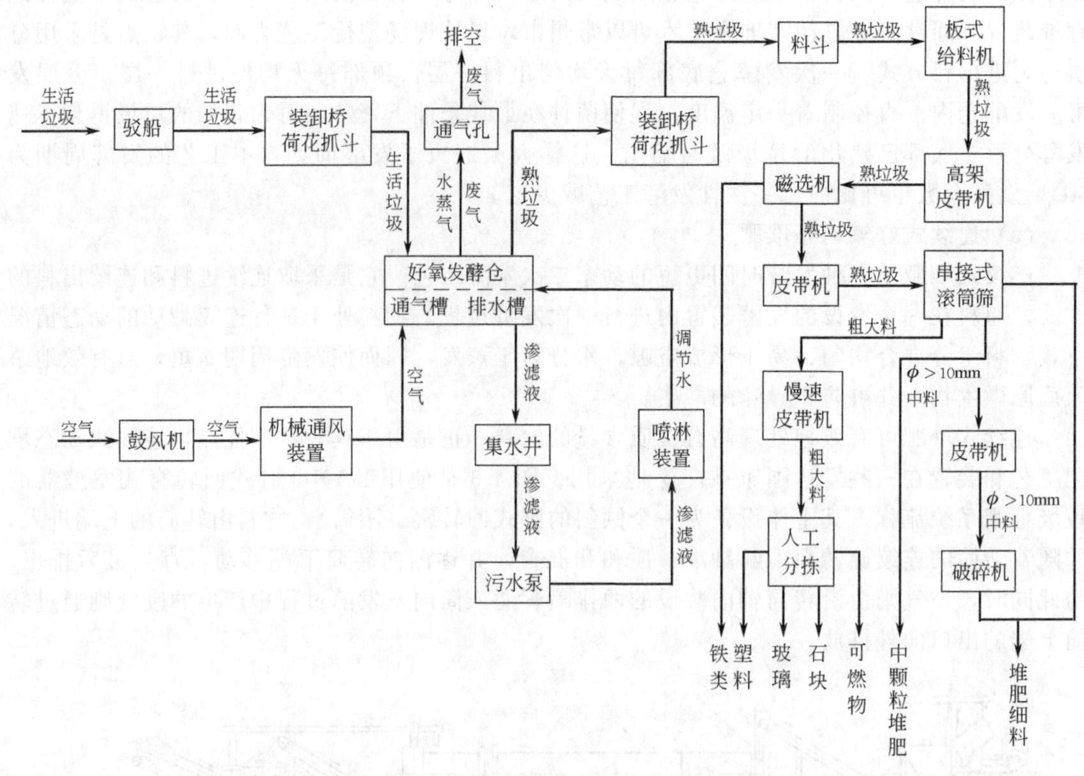

图 4-7　上海安亭垃圾处理厂工艺流程

随着人民生活水平的提高，垃圾组成中有机质含量的不断增加，我国在 1987 年前后开始了动态堆肥的研究。北京董村建立了规模为 100t/d 的间歇式翻堆工艺的堆肥厂，杭州市环卫科研所建立了规模为 10t/d 的装置，采用了间歇式出料的动态工艺。城市建设研究院在海口市建立了 50 t/d 规模的 DANO 式连续动态发酵试验装置。1992 年，中国市政工程西南设计研究院设计开发了处理量为 70～80t/d 的卧式发酵滚筒设备用于惠州市垃圾堆肥处理。北京密云污水厂亦采用卧式发酵滚筒进行干化污泥堆肥。从 20 世纪 80 年代初到 90 年代中期，是我国机械化高温堆肥技术发展的鼎盛时期，北京、上海、天津、无锡、杭州、常州等城市均建有机械化高温堆肥厂（典型工艺流程如图 4-8 所示）。但由于堆肥质量不好，产销路不佳，运行费用不能保证等原因，到 1995 年大多数已停产，只有少数在运行。北京南宫垃圾堆肥厂是迄今为止全国连续运转时间最长、规模最大的现代化垃圾堆肥厂，该厂采用国际先进的隧道式高温好氧堆肥发酵技术。南宫垃圾堆肥厂于 1998 年 12 月 8 日正式投入运行，原设计处理能力为 400t/d，经过 2008 年、2009 年、2014 年 3 次工艺改进，现生产能力已经达到 2000t/d 以上，至今已经连续运转 20 年。

首先，一部分由转运站运来的经分选后的生活垃圾计量称重后卸入垃圾缓存池；另一部分转运来的原生垃圾经过磁选、滚筒筛分后，80mm 以上的垃圾经压缩站压缩后转运到填埋场，80mm 以下的垃圾也进入缓存池。垃圾在料仓内缓存后（≤3d），由天车抓斗上料，经皮带传送机传送至布料机（在输送过程中添加外援生物菌），由布料机对强制发酵仓布料。布料完成后，进行 7d 的强制通风发酵，中控室通过工艺计算机对发酵仓内的温度、湿度、氧气含量等参数进行控制，保证垃圾发酵效果。隧道发酵阶段完成后，由装载机进行出料，送入破碎机，破碎后的物料直接进入滚筒筛，筛分成大于 25mm 及小于 25mm 的两部分。

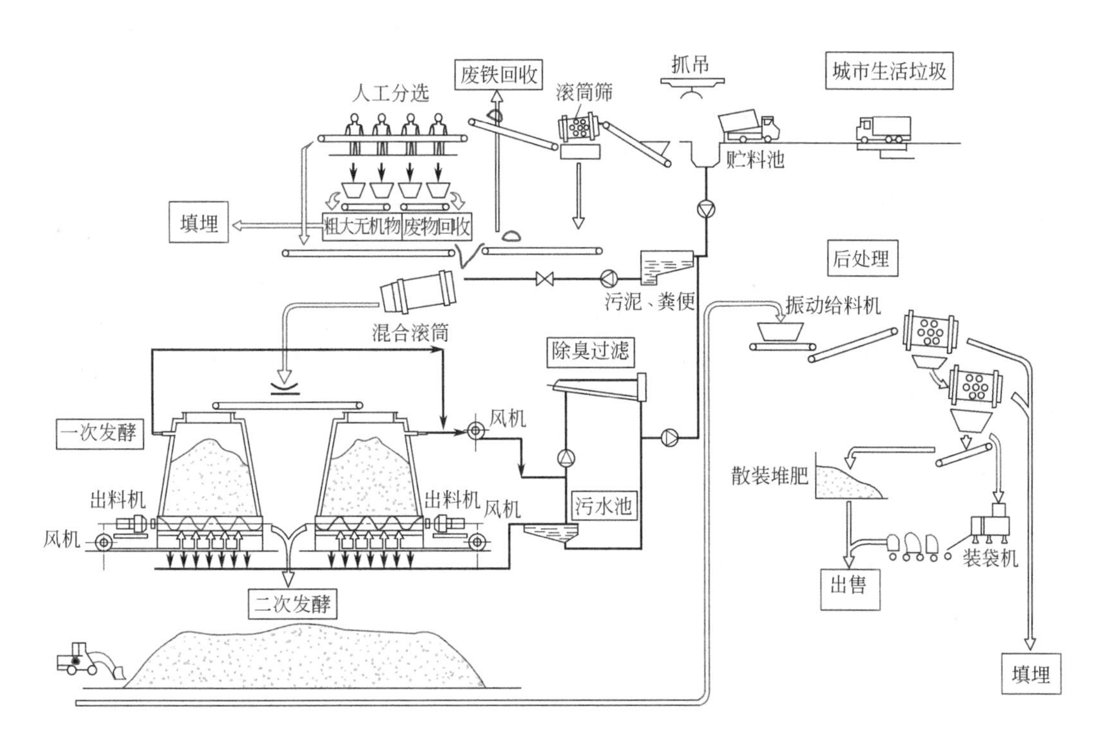

图 4-8　机械化高温堆肥厂的典型工艺流程

大于 25mm 的垃圾运往填埋场进行填埋；25mm 以下的物料直接传送到后熟化平台。在后熟化区，垃圾经过强制通风，富氧熟化 20d 后的物料在弹跳筛上筛分成小于 7mm 的细堆肥及 7～25mm 的粗堆肥。

垃圾堆肥过程采用全密闭的方式进行作业，臭气经统一收集后，利用两个生物除臭塔和另外一座化学除臭塔处理。堆肥过程中产生渗滤液和生活污水部分用于垃圾喷淋，剩余渗滤液和生活污水一起进入新建的渗滤液处理系统。垃圾暂存池、渗滤液收集池等底部及四周已做防渗处理，垃圾发酵车间、垃圾发酵隧道以及垃圾熟化平台底部均做了防渗处理及渗滤液导排系统，有效地防止了对地下水源的污染。

4. 城市垃圾堆肥所面临的问题

考虑到我国城市垃圾中有机质含量不高的实际，堆肥之前的分选、熟化后的精处理等操作则更需十分严格。在我国垃圾还远未实现分类收集、人们对垃圾堆肥对土地和农作物的影响缺乏正确认识和了解的情况下，若盲目地将城市垃圾堆肥应用于农业生产，其后果是令人担忧的。当前，垃圾堆肥农用面临的主要问题如下。

① 堆肥产品肥效不高，堆肥中的 N、P、K 混合含量通常都很低，很少有达到 3%的。我国垃圾堆肥中的 N、P、K 含量比发展中国家的还低。我国与国外堆肥肥效比较见表 4-4。

表 4-4　我国与国外堆肥肥效比较

单位：%

元素	发达国家	发展中国家	中国
N	1.37	0.99	0.66
P	0.51	0.49	0.18
K	0.71	0.97	0.83

② 城市生活垃圾成分复杂，致使获取合格堆肥原料的前处理工序劳动强度过大，投资和处理费用偏高。

③ 产品杂质含量较高，其中废塑料、碎玻璃、陶瓷、金属等不易腐化物质的存在，降低了产品的应用价值和减容率，施用于农田，会造成地表粗糙，不利于农作物生长；而堆肥

中如有未被杀死的病原微生物，会有致病作用；某些重金属在土壤中积累后，含量会明显提高。

④ 市场前景不佳，由于堆肥肥效和成本都无法和化肥竞争；产品膨松，体积大，施肥量和运输量都比化肥大得多，造成堆肥产品的销路不好。

⑤ 堆肥设备投资大、处理效率低、环境卫生差。据估算，建设一座机械化堆肥厂，投资额与处理能力之比为 1 万元/(t·d)。堆肥的生产设施一般都按照就近的原则建在市内，操作过程会产生恶臭，对环境卫生不利，必须投入较多资金装配排臭设施；同时，在生产过程中原料的运入和产品的输出，都要花费大量资金。几年的实践表明，由于盲目引进不适合国情的外国设备，或者国产设备不过关，再加上大量低劣肥料根本卖不出去，众多的堆肥厂大都处于停产和半停产状态。

三、畜禽粪便

1. 畜禽粪便的组成和特性

随着养殖业的发展，畜禽粪便急剧增加，这不仅占用堆放场所、产生恶臭、滋生蚊蝇、污染环境，而且携带了大量虫卵、病菌，需经无害化处理才能农用。但畜禽粪便中有机质、N、P、K 及微量元素含量丰富，C/N 比也比较低，是微生物的良好营养物质，非常适合作堆肥原料。畜禽粪便中主要可利用成分见表 4-5。

围绕粪便的干燥、除臭、杀灭有害菌和虫卵，主要有物理的、化学的与生物的技术路线。物理方法通过沉淀、离心、冷冻过滤等将粪便中固体与液体分开，或用动力进行直接烘干与直接焚烧，以去除水分、杀死病原微生物、杂草种子。化学方法是通过添加絮凝剂，加快固体物在畜禽排泄物中的分离。生物技术处理畜禽粪便可分为厌气池、好氧氧化池与高温堆肥 3 种方法。生物技术处理畜禽粪便的方法比较见表 4-6。

表 4-5 畜禽粪便中主要可利用成分

种类	干物质/%	可利用氮/(kg/t)	总磷/(kg/t)	总钾/(kg/t)
肉鸡粪	60	10.0	25.0	18.0
蛋鸡粪	30	5.0	13.0	9.0
羊粪	12	1.2	0.8	5.0
牛粪	10	0.9	1.2	3.5
马粪	8	1.5	2.0	4.0
猪粪	6	1.8	3.0	3.0

表 4-6 生物技术处理畜禽粪便的方法比较

方法	厌气池(沼气池)	好氧氧化池	高温堆肥
工艺	利用自然微生物或接种微生物，在无氧条件下，将有机物转化为 CO_2 和 CH_4	在有氧条件下，利用自然微生物将有机物转化为 CO_2 和 H_2O	利用混合机将畜禽粪便和添加物质按一定比例进行混合，在有氧条件下，借助嗜氧微生物的作用，使堆肥能自行升温、除臭、降水，在短期内达到腐熟
优点	产生的 CH_4 可作为能源利用	氧化池的体积小	终产物臭气较少，且较干燥，便于撒施
缺点	NH_3 挥发损失多，处理池体积大，且只能就地处理与利用	有大量的 NH_3 挥发损失、需要通气与增氧设备	不能完全控制臭气，需要的场地大，处理时间长

传统的堆肥法存在体积庞大、发酵时间长、无害化程度及肥力低等缺点，限制了其使用价值。近年来，有些地方采用加热烘干畜禽粪便，生产有机菌肥，但一次性投资大、成本高，在我国尚未得到大面积推广应用。

而高温堆肥集有机和无机物质、微生物及微量元素为一体，发酵时间短，营养全面，肥效持久，并且处理设备占地面积小，管理方便，生产成本低，预期效益好。根据需要还可以掺入一定量的氮、磷、钾肥，生产多种作物所需的专用复合肥。如鸡粪经高温堆肥处理达到无害化指标的堆放时间由自然发酵所需的60d缩短为20d，发酵产物对作物生长安全性指标由自然堆制的30d缩短为20d。其工艺流程一般包括预处理—通风发酵—干燥—粉碎—造粒—包装，主要设备有混合机、粉碎机和造粒机等。

高温堆肥处理技术为城乡集约化养殖业而排泄出的大量畜禽粪便的综合治理和有效利用，找到了一种最佳的方式，同时也开辟了生产优质活性有机肥的新领域。

2. 利用秸秆和畜禽粪便混合堆肥生产有机复混肥

秸秆和畜禽粪便进行混合堆肥是生产优质有机肥的重要途径。一般秸秆和畜禽粪便的主要成分如表 4-7 所列。

表 4-7　一般秸秆和畜禽粪便的主要成分

项　　目	有机碳/%	N/%	C/N 比	P_2O_5/%	K_2O/%
秸秆	44.22	0.62	70	0.25	1.44
畜禽粪便	14.5	0.3～1.5	12.5	0.3～1.5	0.5～1.5

按堆肥的 C/N 比为 30∶1 计，秸秆和畜禽粪便的堆肥用量比为 2.5∶1。堆肥施用对象是玉米和小麦等农作物，按生产 1t 通用复混肥养分比例计算，设计堆肥的 $N+P_2O_5+K_2O\geqslant 20\%$，扣除堆肥中原有养分中 $N+P_2O_5+K_2O=5\%$，需添加化肥的 N、P_2O_5、K_2O 比例为 6%、4%、5%，换算成尿素、过磷酸钙和氯化钾的量，得到原料的配比和堆肥原料的日需要量。每天每吨成品肥所需的原料量配比如下。堆肥原料配比：堆肥 0.66t/d，堆肥损失系数和水分 0.5 t/d，干秸秆 1.0 t/d，施鸡粪 2.5 t/d，矿物质 0.21 t/d，菌液 0.02 t/d，其他 0.04 t/d。复混肥原料配比：堆肥 0.66 t/d，尿素 0.111 t/d，过磷酸钙 0.243 t/d，氯化钾 0.07 t/d。实际生产规模（t/d）乘以上述单位规模配比，即得到实际生产规模下各种原料用量的配比。

河北省某复混肥厂利用鸡粪进行堆肥，添加化肥制成复混肥。采用生产活性堆肥、颗粒复混肥和活性生物有机复混肥 3 种肥料的技术路线，如图 4-9 所示。

3. 用鸡粪生产有机复合肥料

在各种畜禽粪便中，鸡粪是一种最优质的有机肥料。由于鸡的消化道短，加上鸡无唇、无齿、嗉囊分泌液没有消化能力，饲料通过肠道停留时间短，消化能力差，吃进去的饲料中有 70%的营养物质未被吸收而排出体外，因而，鸡粪含有丰富的养分，与其他家畜家禽粪便相比养分含量居于首位，见表 4-5。

国外在鸡粪处理方面起步较早，技术比较成熟，经处理的鸡粪已被广泛应用于有机肥料和再生饲料的生产中。在国内，鸡粪处理后的利用途径基本走肥料化的道路，在干燥鸡粪中配入基础肥料制成粒状有机复合肥料，也可将干鸡粪装袋密封后直接出售用作肥料。

鸡粪中不仅含有营养成分，也含有部分有害物质。未经处理鸡粪中的氮以尿酸形态为主（约占总氮量的 70%），其中尿酸对植物根系有害；所含的硝酸盐和亚硝酸盐可能污染地下

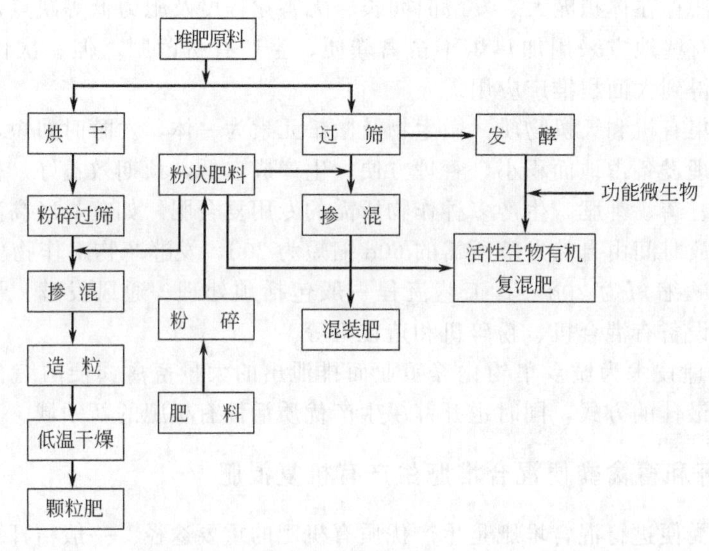

图 4-9　秸秆和畜禽粪便堆肥生产工艺流程

水。另外鸡粪若不及时处理，会分解产生氨和硫化氢气体，散发出恶臭。未经处理的鸡粪施于农田，虫菌寄生，气味恶臭，肥分损失大，对作物的生长反而不利。因此，必须对鸡粪妥善处理，消除其不利影响，才能转化为有用的资源。

目前，国内已开发了多种鸡粪处理工艺，各种工艺的比较见表 4-8。

经处理后的鸡粪，水分含量从 75%降至 15%左右，干鸡粪经粉碎，按复合肥配方要求配以无机肥料，经混合、造粒、烘干、筛分、包装后即制成高效有机复合肥料。

四、污泥

1. 污泥的有机组成和特性

污泥是指城市生活污水及某些工业废水处理过程中产生的固态、半固态泥状物质。污泥中含有大量的有机物，N、K、P 等营养元素以及各种微量元素如 Ca、Mg、Cu、Zn、Fe 等，既可以作为植物生长的养分，又能改良土壤结构，增加土壤肥力，促进作物的生长。但由于污泥中含有重金属、有毒的有机污染物、病原菌、寄生虫等，使用时应注意防止其对地下水、植物等的污染，以降低使用风险。

表 4-8　鸡粪处理工艺的比较

处理工艺	工艺原理	优　点	限　制
沼气发酵法	利用厌氧微生物的作用，将鸡粪中复杂有机物分解，产生沼气，同时杀虫灭菌	可直接处理水粪，耗能少，产生沼气	投资高，全年产气不均，沼液沼渣易引发二次污染
发酵干燥法	利用好氧发酵和太阳能，蒸干鸡粪，并将其降解转化，同时杀虫灭菌	工艺简单，成本低，干粪性能好	周期长，占地大，发酵前期散发臭气
火力烘干法	利用煤燃烧产生的烟道气为热源，再回转滚筒中加热鸡粪，使其中水分迅速蒸发，同时使鸡粪达到杀虫灭菌的效果	集快速烘干、灭菌、除臭于一体，占地小，可连续生产	能耗高，处理成本高，干鸡粪施于土壤中通水后可能再次发酵
热喷处理法	将鸡粪装入热喷机内，密封并保持压力 10min，然后突然减至常压喷放后即得	具有消毒、灭菌、除臭、膨松等特点	处理成本高

续表

处理工艺	工艺原理	优　点	限　制
充氧动态发酵法	将鸡粪及发酵菌种装入充氧动态发酵机内，经搅拌混合并通入热空气，在40℃左右恒温饱和吸氧条件下快速发酵	杀虫灭菌的同时，分解鸡粪中的有机成分，营养成分损失小	必须进行预干燥，将含水量降低到40%以下
微波处理法	将预干燥的鸡粪通过微波加热器，利用微波产生的超高频电场使物料内、外同时升温，达到杀虫、灭菌、除臭的目的	处理时间短，鸡粪升温较小，各种营养成分损失小	处理成本高
膨化处理法	鸡粪经过螺杆挤压机内腔的高温高压作用，达到灭菌、除臭、熟化的目的	处理时间短，鸡粪升温较小，营养损失小	必须进行预干燥，将含水量降低到24%以下

国内外城市污泥的农用技术主要就是将污泥作为肥料或土壤改良剂使用。英国、瑞士、瑞典和荷兰等国城市污泥的农用资源化率达40%左右，法国达52%，卢森堡达80%以上。其利用方法分为污泥直接和间接施用两大类，适用的土地有农田、林地、草地、市政绿化、育苗基质、高尔夫球场、果园、菜田以及已被破坏的废地等。

污泥的农用价值首先在于其肥效性，其次为其物理性状（通透性）。表4-9是我国城市污水处理厂污泥典型肥分，表4-10是污泥及几种有机肥、栽培介质养分。这两表表明，污泥和其他有机物、栽培介质、优良耕作土壤一样，含有作物生长需要的养分。表4-10以几种常见的有机肥、培土为参考，采用pH值、有机质（物）、N、P、K等农业上常用的养分指标对污泥肥效进行评价。从表中可以看到污泥中有机质含量明显高于腐质土、火山灰等优质栽培土而与几种优质农肥接近；污泥中的速效N、P、K含量也很高，这部分养分更容易被植物吸收利用。此外，污泥在形成及堆放过程中还繁殖了大量的微生物、藻类、原生动物活性物质。其中的消化细菌、甲烷单孢菌、假单孢菌等是污泥中特有的重要菌种，在自然界的氮循环中起着重要作用，所以污泥也是一种微生物肥料，对提高土壤微生物活性有积极的作用。

表4-9　我国城市污水处理厂污泥典型肥分　　单位：%

污泥类别	总氮	磷(以 P_2O_5 计)	钾(以 K_2O 计)	有机物
初沉污泥	2～3	1～3	0.1～0.5	50～60
活性污泥	3.3～7.7	0.78～4.3	0.22～0.44	60～70
消化污泥	1.6～3.4	0.6～0.8		25～30

表4-10　污泥及几种有机肥、栽培介质养分一览表

项　目	有机质	pH值	总　氮	总　磷	总　钾	有效氮/(mg/kg)	有效磷/(mg/kg)	有效钾/(mg/kg)
污泥	38.0	6.5～8.0	2.03	3.78	0.79	1104.6	1553.6	1665.9
人粪	59.61	7.6	5.60	1.208	1.575			
沤肥	45.70	8.15	1.593	0.303	2.2			
农用垃圾	29.66	8.7	1.255	0.265	1.628			
腐质土	23.05		0.868	0.092	1.66	405.0	15.3	210.0
火山灰	19.45		0.780	0.180	0.85	335.9	3.4	90.0
红土	3.90	5.6	0.147	0.106	0.86	172.4	2.0	14.0

注：除pH值和注明外，其余单位均为%（干重）。

污泥中营养物质的可利用性还与污泥的种类有关。消化后的污泥可利用率大大提高。例如原生污泥中氮的可利用率为30%～40%，而消化污泥则达到85%。这是因为污泥中含氮有机化合物经消化后部分分解并转变为溶解状态的氨，易于被作物吸收。因此消化污泥比原生污泥更有农田施用价值。

2. 污泥堆肥及其工艺

高温堆肥技术是从20世纪60年代后期迅速发展起来的生物处理技术。它是根据污泥的组成和微生物对混合堆料中C/N比、C/P比、颗粒大小、水分含量和pH值等的要求，向其中加入一定量的调理剂（如锯末、秸秆、树叶、粪便等）与膨胀剂（如木屑、花生壳、玉米芯等），然后进行堆积，利用堆肥材料中的微生物分解有机物产生的热量，使堆体温度达到60～70℃，从而使其中有害的病原菌及寄生虫（卵）达到无害化，同时堆料中有机碳转化为稳定性较高的腐殖质。经过堆肥化处理后，污泥的物理性状明显改善（水分含量≤40%），成品疏松分散、呈细粒状、无蚊蝇滋生、基本无味、便于贮藏、运输和使用。

目前，英国、美国、德国、日本等国家已广泛采用这种技术对污泥进行无害化处理，先后建立起数百项污泥堆肥处理工程。在美国，每年约有49%的污泥制成肥料施用于农田或林地。我国在20世纪60年代开始研究用好氧堆肥技术处理城市污泥，“八五”“九五”期间又陆续进行了大量的试验，还在唐山等城市建立了污泥堆肥厂。至今为止，我国已在污泥堆肥技术方面取得了一定的收获和积累，且仍具有很大的发展潜力。典型污泥堆肥化工艺流程如图4-10所示。

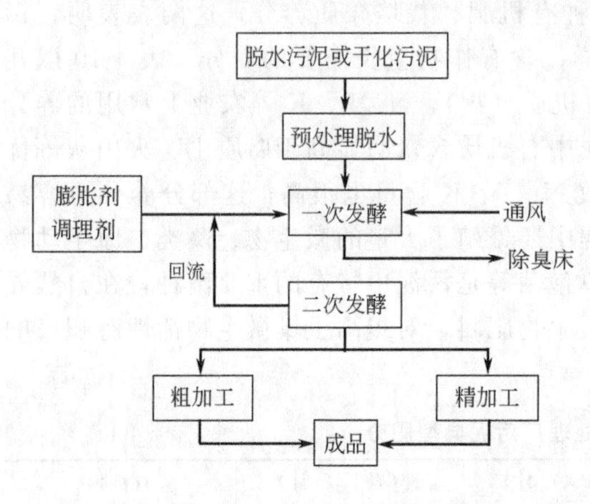

图4-10 典型污泥堆肥化工艺流程

玛丽娅·马木提等对城市污水污泥与麻黄废渣进行了堆肥无害化处理。王洪君等采用堆肥法处理了含油污泥，效果良好。李桂菊利用自然通风和机械强制通风对制革污泥进行堆肥试验，结果表明采用强制通风堆肥技术可使污泥堆在30d内基本达到腐熟，温度、通气完全满足要求，堆肥结束后，其中有机质、N等养分含量均能达到堆肥的成品要求。王德汉以造纸污泥为主要原料，在添加少量鸡粪、尿素、陈旧树皮等调整了水分与C/N比后，在强制通风与定期翻堆情况下，经过2个月左右的高温堆肥，获得了高效的有机肥。周建红等把含铬电镀污泥进行了堆肥化处理，施肥于花卉，有较好的生长响应，并且避开了人类食物链，具有较好的经济效益和社会效益，为含铬污泥的处理和资源化提供了初步依据。

3. 国内外的污泥堆肥实践

在美国，许多污水处理厂将污泥堆肥干燥及颗粒化后出售，这种颗粒肥易于同其他肥料混合，便于运输及使用。深圳金百合肥料公司针对污泥堆肥肥效不高的限制，该公司根据土壤养分状况和植物对养分的需求，将污泥堆肥烘干、粉碎，然后给其中添加适量的化学肥料（尿素、氯化钾、硫酸钾等）制成颗粒状有机复合肥料，或加入一定量的有益微生物（固氮菌、解磷菌、解钾菌等）制成生物型有机复合肥料。该肥料产品符合广东省有机复混肥料地方标准和企业标准，产品试销表明，对水稻、蔬菜、果树等增产效果明显，市场前景良好。

深圳金百合肥料有限公司将脱水污泥、干污泥及树叶等按一定的比例充分混匀，保持混合物料水分含量在50%～65%，C/N比为（15～30）：1，装入直径1.6m、高度1.5m的发酵桶，将发酵桶放入长36m、宽1.7m的发酵槽中，发酵槽侧墙高2m，槽中铺设供发酵桶滚动的铁轨，发酵槽四周密封，顶部有防雨工棚。沿发酵槽侧壁有臭气收集管道，将发酵过程中产生的臭气收集排放。利用发酵桶的自重，使其在坡度3°～5°的铁轨上缓慢滚动，每天滚动1周，从而达到物料的翻动通气，该发酵周期5～6d，温度可上升至50℃以上2～3d，然后将物料转入二次发酵池，采用强制通气发酵，该过程约2～3周，可得腐熟堆肥。该堆肥水分含量小于50%，臭味减少，病原菌和寄生虫（卵）大部分被杀灭。滚动式好氧发酵仓为国内首创，已申请了专利。或将上述比例的污泥混合物装入长10m、宽2.0m、高1.5m的强制通气发酵池中，发酵池底部有两条30cm宽、15cm深、相距50cm的通气道，采用鼓风机间歇式强制通气，通风量控制在6～12m^3空气/m^3混合物。堆体温度在55℃以上保持5～7d。一次发酵过程约2周，中间翻垛1次，然后将物料转入二次发酵池进行后熟发酵，通气量增加到10～20m^3空气/m^3混合物。持续约2～3周，即可得腐熟堆肥。该腐熟堆肥无臭味，病原菌和寄生虫（卵）被杀灭，不招惹蚊蝇等，水分含量小于45%，适于土地利用。综合分析表明，强制通气静态垛发酵工艺比滚筒发酵工艺经济、可靠且维持费用较低。

徐州污水处理厂在进行二期扩建工程的同时，与江苏徐州四通环保设备公司合作，采用中国农业科学研究院生产有机复混肥的专利技术、先对污泥进行烘干，杀灭致病菌，使其无害化，再以其为载体，添加其他营养成分，生产有机复混肥料。其工艺采用BF型复混肥生产工艺，流程如图4-11所示。

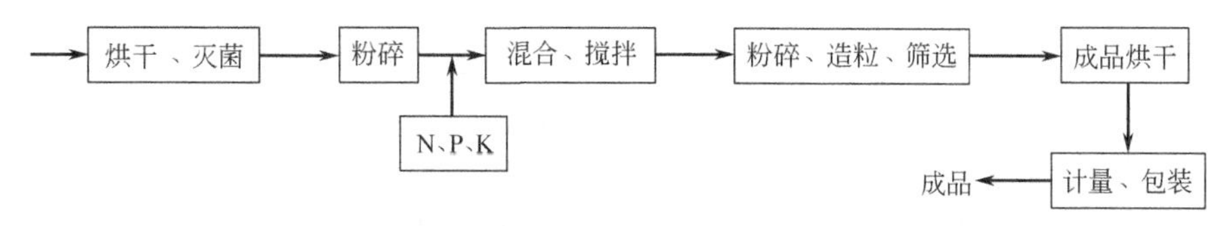

图4-11　有机复混肥生产工艺流程

北京市环境保护科学研究院根据市场需要研究了城市污水污泥生产复合肥的技术，已通过了北京市科委的技术鉴定并建成了年产3000t的生产线，通过对城市污水处理厂所产生的脱水污泥进行动态发酵，使污泥得到熟化，然后根据使用目的和用户要求生产有机复合肥和复混肥。污泥的发酵装置采用卧式滚筒，污泥从上端加入，通过间歇性旋转和强制通风，污泥从下端流出。发酵周期为5d。经过在发酵槽中高温好氧发酵，污泥成为性状良好的腐殖颗粒。然后可按照不同农肥的含量标准添加一定比例的N、P、K等化学原料，通过粉碎、搅拌后进行造粒，成型后经干燥、筛分，成品包装入库或出售。在制作复混肥的过程中，充分考虑了N、P、K等肥分和重金属的问题，复混肥中污泥的添加量在25%以下。

唐山西郊污水处理厂污泥堆肥项目是我国第一个机械化堆肥示范工程，该项目采用SACT污泥快速堆肥工艺，成品肥为有机无机复混肥，年产量达4350t。本工程的污泥无害化稳定处理满足《城镇污水处理厂污染物排放标准》（GB 18918—2002），成品肥料满足有机无机复混肥料（GB 18877—2002）标准的相关要求。本项目2006年3月完成全部设备安装调试、试运行工作。本工程采用SACT-C预干化污泥好氧发酵工艺，将含水率为80%的脱水污泥烘干后再与工业废料——粉煤灰、回填物及除臭剂作为调整剂按一定比例投入混料机混合，物料通过布料机均匀输送到卧式发酵仓内，在发酵仓内强制通风使物料充分好氧发酵，同时通过翻堆机搅拌使其均匀发酵并且推动物料向前运动。经10余天发酵后物料的含水率已降至25%左右，干燥后的物料一部分作为回填物循环利用，一部分再进行磁选和粉碎，通过物料调整装置调节含水率和物流量，加入营养素输送到精混机中充分混合。造粒成形后，进入气流干燥机进行风干。干燥后的肥料经装袋机包装成袋装肥料。为了防止发酵过程中的臭气和粉尘对环境造成污染，在发酵仓和气流干燥机分别安置臭气处理装置和除尘器。收集的粉尘作为回填物循环利用。工艺流程如图4-12所示。

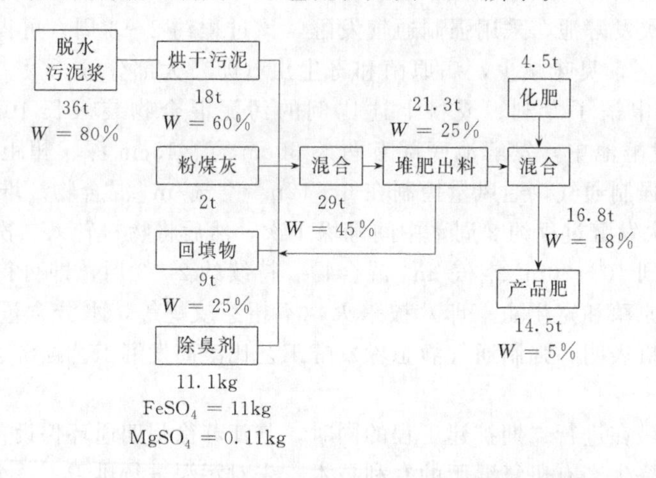

图4-12 唐山西郊污水处理厂污泥堆肥工艺流程

广州市奥特农化好氧堆肥厂位于广东肇庆鼎湖区塘口村，该厂占地为15hm²。生产车间共10个，每个车间有发酵槽4条，共40条发酵槽，每条发酵槽长60m、宽3.6m、高1.8m，每槽发酵物料容量为220～250t。另有一个专用污泥码头，8000m²的二次发酵车间，2000m²的仓库，1000t的储液塔罐。平均每个车间一次可处理城市污泥280t，发酵周期为7d，每天可用1.5个车间来接收新泥，即湿污泥处理能力为400t/d。利用广州市城市污泥生产有机肥，生物干化技术使污泥含水率在7d内由80%降至42%，出槽干泥的各项重金属含量指标符合《城镇污水处理厂污泥处置农用泥质》（CJ/T 309—2009）中的A级污泥标准，技术上可行。湿污泥的处理成本为193元/t，经济上合理。制肥工艺过程如下：配料与进槽—发酵干化—出槽筛分—二次发酵与制肥。

1）配料与进槽　在密闭的配料车间里快速配料。以干化过筛的粗粒与发酵调理剂作为干料，通过配料装置将新泥和干料进行调配，新泥与干料质量比约为1∶(2～3)，发酵调理剂占湿污泥比重5%～6%，混合物料初始水分<55%。用皮带输送系统将混合物料送入发酵槽，发酵升温开始生物干化。

2）发酵干化　配好的物料进入发酵槽后即开始通风、翻堆、加料、调碳氮比等程序。好氧发酵过程开始后，在10～12h内发酵温度由环境温度迅速升至70℃以上，菌液投加量占湿污泥比重为5%～6%。保持高温7d，使发酵物料快速干化，水分在7d内迅速降至42%左右。为防止槽底通风管堵塞，采用木板压管的方法，木板间设缝隙使空气沿发酵槽均匀析出。为使发酵槽内水分快速蒸发，用插孔机械沿发酵槽均匀插孔，孔径为60mm，间距为200mm。

3）出槽筛分　完成干化过程后的物料，用铲车出槽。经自卸车载至密闭的破碎车间，由破碎机、皮带输送过振动筛分出肥料素材和粗头料。有机素材装袋后进二次发酵车间，粗头料回干料槽。

4）二次发酵与制肥　用编织袋包装的有机素材经15d以上的中温发酵，水分降至30%以下，物料温度降至环境温度，完成二次发酵腐熟过程。按各类有机肥的标准及市场需求，二次发酵腐熟的素材原料通过添加氮、磷、钾养分和微量元素、功能微生物菌种等原料，在有机肥生产线上经配料、混料、破碎、圆盘、筛分、包装等工序生产出符合标准的各类有机肥料产品。为保证有机肥使用过程中的安全性，以城市污泥为原料生产的有机肥料用于种植面积广且需肥量大的桉树及园林绿化。

污泥堆肥作为肥料利用，一是比污泥直接施用干净卫生；二是减少了运输费用，但其养分含量毕竟低于化肥，单位养分的运输成本还是较高，农民购买的积极性不高。因此运行良好、规模较大的污泥堆肥厂在我国为数不多。

五、农林废物

1. 农林废物的组成和特性

农林废物是指农、林、牧、渔各业生产加工及农民日常生活过程中产生的废物，主要以秸秆、树叶、杂草和木屑等为主，还包括相应的粮食加工厂、酿造厂、农副产品加工厂的下脚料、加工残渣，如糠皮、麦麸、糟渣、玉米芯、豆荚、花生壳、棉籽壳等。

各种农林废物不但种类繁多、数量巨大、分布广泛、廉价易得，还是微生物良好的营养物质和堆肥的理想原料。目前，已在生产上应用于堆制肥料的农林废物有秸秆、蔗渣、滤泥、酒精（味精）废液、糠醛渣、粪便、沼渣、烟渣、药渣、谷壳、花生壳、剑麻渣、木屑、棉秆、山茅草、灌木枝、枯树叶、锯末、刨花等。

由于作物品种和产地的不同，农林废物的物质组成、理化性质和工艺技术特性均存在着很大差异，但也有其共性。

① 在组成元素上，主要为碳水化合物，其中 C、O、H 的总含量达 70%～90%；其次，都含有丰富的 N、P、K、S、Si 等常量元素以及多种微量元素，属于典型的有机物质。

② 从组成化合物看，这类有机废料均不同程度地含有纤维素、木质素、淀粉、蛋白质、戊聚糖等营养成分，以及生物碱、植物甾醇、单宁质、胶质或蜡质、酚基和醛基化合物等生物有机体，在灰分中含有大量无机矿物。

③ 在构造形式上，该类有机废料内存在着大量由坚固细胞壁构成的植物纤维，细胞内腔和细胞之间有大量的微细孔隙。

④ 在物理技术性质上，普遍具有表面密度小、韧性大、抗拉、抗弯、抗冲击能力强的特点。干燥品对热、电的绝缘性和对声音的吸收能力较好。

⑤ 干燥后的农业废料具有较好的可燃性，并能产生一定的热量，热值一般为 $(1.2\sim1.6)\times10^4$ kJ/kg，虽较煤低，但因含硫量极少，燃烧清洁，灰分用途广泛。

2. 农林废物的堆肥

刘秋娟分析测定了稻草碱木素的腐殖酸含量，并利用稻草碱木素研制了多种复合肥料，进行了粮食作物和蔬菜大田施肥试验。结果表明，稻草碱木素具有较高的游离腐殖酸含量，其活性高，肥效好，用稻草碱木素与其他肥料营养元素配制成的复合肥可提高农作物产量，降低施肥成本。

张相锋等采用温度反馈通气量控制的静态好氧堆肥技术，对蔬菜废物（西芹）和花卉废物（石竹）联合堆肥在 45d 内获得了高质量的堆肥产品，将堆肥产品返还土壤能有效减少固体废物非点源污染、提高土壤肥力。

山东农业大学和淄博市农科所共同研制秸秆有机复合肥，即将秸秆经热膨化后，再配以氮、磷、钾肥及微量元素等，经试验表明，比单纯使用同量的化肥增产 20%～30%，成本降低30%以上。

王宜明等利用Faby菌处理花卉秸秆生产有机肥的研究表明，该工艺具有过程湿度高、反应速度快、有机质（纤维素等）分解速率快、能在较短时间达到腐熟的特点。经好氧发酵后的最终堆肥产物呈深褐色，无臭味，不吸引蚊蝇，含水率不高，呈疏松团粒结构，易于存放、加工和使用。

陈育如等将秸秆进行酶水解，把水解液作为培养基对解磷细菌进行培养，再用纤维物料吸附菌液（水解残渣一起并入固体制剂，成为基料的一部分），制成了磷细菌肥，作物秸秆可全部得到利用。

Vallini等在意大利佛罗伦萨建立了处理能力为5t/d的动态好氧堆肥沟装置，用于处理蔬菜废物。装置在长方形反应沟顶部设置轨道，轨道上有一桥式翻堆装置，随着翻堆装置在轨道上移动可以将底部的物料翻至表层，达到供氧的效果。堆肥产品在反应沟中完成一次发酵，时间为35d，最高温度达到75℃。然后转移进行二次发酵。EI-Haggar提出了适用于热带地区的便携式小型好氧堆肥处理装置技术。该装置呈圆筒形，直径0.4m，高0.5m，容积0.1m^3，压缩空气通过贯穿圆筒中心的穿孔管鼓入物料，供气装置通过时间控制器控制进行间歇操作。装置安放在一个带水平轴的支架上，可以绕轴转动以混合物料。每次投放物料10kg（60%蔬菜，40%草），每2d翻转装置3min以混合物料，防止局部厌氧。试验表明，第2d堆温即可达到65℃，第9d物料温度恢复室温（32℃），由于试验地区位于阿联酋，气候干燥，到2周后含水率降至37%，物料遂成为性状良好的有机肥。

六、泔脚

1. 泔脚的概念、来源和基本特性

泔脚是居民在生活消费过程中产生的一种有机废物。主要包括米和面粉类食品残余、蔬菜、动植物油、肉骨、鱼刺等。从化学组成上，它以有机组分为主，含有大量的淀粉、纤维素、蛋白质、脂类等；无机盐中NaCl的含量较高，且含有一定量钙、镁、钾、铁等微量元素。从泔脚产生的主要发生源看，居民区、饭店、各种企事业单位的食堂是泔脚垃圾的集中排放场所。

泔脚的组成、性质和产生量受多种因素的影响，总体上，泔脚垃圾具有以下特性。

① 感官性状上，油腻腻、湿淋淋的泔脚对人和周围环境造成不良影响，影响人的视觉、味觉等的舒适感和生活卫生条件。

② 含水率较高，80%～90%。较高的含水率对泔脚的收集、运输和处理都带来难度。泔脚渗滤水可通过地表径流和渗透作用，污染地表水和地下水。

③ 易腐性。泔脚有机物含量高，在温度较高的条件下，能很快腐烂发臭，引出新的污染。

④ 来源复杂，如不加以适当处理而直接利用，会造成病原菌、致病菌的传播和感染。

⑤ 富含有机物、氮、磷、钾、钙以及各种微量元素，营养物种类全。

⑥ 组成较简单，有毒有害物质（如重金属等）含量少，有利于泔脚垃圾的处理和再利用。

2. 泔脚的堆肥处理

泔脚中有机物含量高、营养元素全面、C/N比较低，非常适于作堆肥原料。同时，泔

脚中含有大量的微生物菌种，易于堆肥过程的正常进行。此外，泔脚中惰性废物（如废塑料等）含量较少，利于堆肥产品的农用。

（1）泔脚高温机械堆肥工艺流程

泔脚高温机械堆肥工艺包括泔脚的前处理、一次发酵、二次发酵和后处理等工序。

泔脚垃圾进入场区后首先称重计量，取样测定水分后进行脱水处理，调节含水率到50%～60%。水分调节后通过破碎机对泔脚垃圾中粗大物料进行破碎处理，再由装载机送入地面带有通风装置的一次发酵池内，强制通风12～15d后进行二次发酵。二次发酵产物可作为成品肥直接销售，为了提高堆肥产品的品质，可对堆肥产品进行精加工，制成精品堆肥销售，可获得较好的经济效益。泔脚堆肥的工艺流程如图4-13所示。

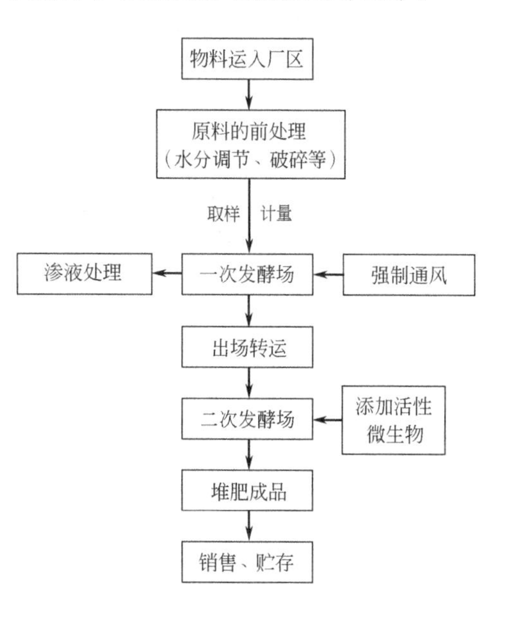

图4-13　泔脚堆肥的工艺流程

（2）泔脚垃圾厌氧发酵处理工艺流程

由于泔脚的含水率、有机物含量较高，在反应过程中对一些因素必须严格控制，如含水率、pH值、碱度等。过高的含水率会影响反应的升温过程，从而直接影响反应周期，同时高的含水率也降低了反应器的容积负荷，降低了反应器的效率。因此，对泔脚垃圾的水分进行调节，提高含固率是必要的。在泔脚厌氧发酵中，有机物的酸化过程产生大量有机酸的积累，pH值下降，保持足够的碱度才能保证产甲烷过程的正常进行。另外，泔脚垃圾中氮、硫量亦较高，一定浓度的游离NH_3、H_2S对甲烷细菌均有抑制作用，可视具体情况，通过控制适当的pH值和投加调理剂对其进行控制。

泔脚的厌氧发酵包括脱水、破碎等前处理过程、厌氧发酵、渗滤液处理、气体净化及贮存等环节。首先是通过离心机等机械进行物料的水分调节。破碎则利用破碎机对物料中的粗大物体（如骨头等）进行破碎，有利于后续发酵单元的顺利进行。厌氧发酵阶段通过投加兼性和厌氧微生物菌种，强化物料中有机组分的分解，以生成较稳定的发酵产品和以甲烷为主的发酵气体。利用水处理装置对物料脱水形成的有机废水进行处理，防止渗滤液形成二次污染。另外，甲烷是一种有较高经济利用价值的气体，通过净化装置去除发酵气中H_2S等杂质气体，能提高发酵气的利用价值。泔脚厌氧发酵工艺流程如图4-14所示。

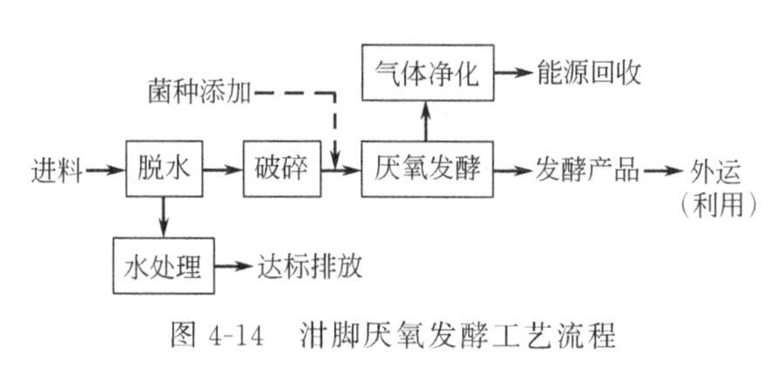

图4-14　泔脚厌氧发酵工艺流程

七、工业固体废物

随着工业固体废物产量的急剧增长，从处理处置废物的“三化”原则考虑，钢渣、粉煤灰、冶金渣等来自工业领域的许多工业固体废物因其富含较高的硅、钙及各种微量元素和有机质，也正成为堆肥的原料来源。如利用粉煤灰、炉渣、黄磷渣和赤泥及铁合金渣等制作硅钙肥，铬渣制造钙镁磷肥等，施于农田均具有较好的肥效，不但可提供农作物所需的营养元素，还有改良土壤的作用，使作物增产，同时还有改善植物吸收磷的能力。工业固体废物堆肥工艺流程如图 4-15 所示。

虽然工业固体废物的堆肥产物大都可以还田再利用，但是某些具有遗传毒性的有机物能在土壤中存在很长时间而不被微生物所降解，甚至毒性增强。含有这些成分的工业固体废物的堆肥产物还田后，其毒性成分可能通过农作物的吸收等途径危害人类。因此在堆肥利用之前，必须对各种有毒工业固体废物的堆肥处理效果进行毒性检测。

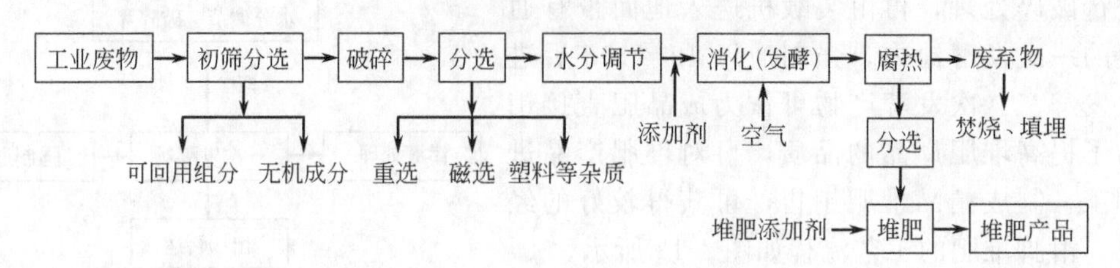

图 4-15　工业固体废物堆肥工艺流程

另外，工业固体废物堆肥技术的推广，可消纳工业领域中产生的大量废渣和有机质，在一定程度上能实现废物的无害化和减量化，但所实现的资源化较为有限。

1. 钢渣

钢渣中含有 P、Si、Ca、Mg 等有利用价值的元素，其中 P、Si 虽不溶于水，但具有较好的枸溶性，可根据钢渣中有效元素含量作不同的利用。中、高磷铁水炼钢时，在不加萤石造渣条件下所得钢渣可用于制备钢渣磷肥。钢渣中的 F 可降低渣中 P_2O_5 的枸溶率，因此要求钢渣中 F 含量应<0.5%。据研究钢渣中 CaO/SiO_2 和 SiO_2/P_2O_5 的值越大，其 P_2O_5 的枸溶率越大。钢渣磷肥的肥效是由 P_2O_5 含量和枸溶率两方面所确定的，一般要求钢渣中 P_2O_5 含量>4%，细磨后可作为低磷肥使用，相当于等量磷的效果，而超过钙镁磷肥的增产效果。国内只有马鞍山钢铁（集团）公司制定了行业暂行标准，要求钢渣磷肥中有效 P_2O_5 含量≥10%，其一等品 P_2O_5 含量≥16%。钢渣磷肥不仅在酸性土壤里施用效果好，在缺磷碱性土壤里施用也有增产效果，不仅水田施用效果好，旱田也有一定肥效。钢渣磷肥在我国许多酸性板结耕地和缺磷地区有良好的应用前景。此外将 SiO_2 含量>15%钢渣细磨至 60 目以下，可用于水稻施肥，但只有施用量较大时（一般 100kg/亩）才有明显的增产效果。除用作农肥外，钢渣还可用作酸性土壤改良剂。含 Ca、Mg 高的钢渣细磨后可用作土壤改良剂，同时也达到利用钢渣中 P、Si 等有益元素的目的。

2. 粉煤灰

粉煤灰的良好理化性能，使之能广泛应用于农业生产。可用于改造重黏土、生土、酸性土和碱盐土，弥补其“黏、酸、板、瘦”的缺陷。上述土壤掺入粉煤灰后，容重降低，孔隙率增加，透水与通气得到明显改善，酸性得到中和，团粒结构得到改善，并具有抑制盐、碱作用，从而利于微生物生长繁殖，加速有机物的分解，提高土壤的有效养分含量和保温保水能力，增强了作物的防病抗旱能力。

粉煤灰含有大量的枸溶性 Si、Ca、Mg、P 等农作物必需的营养元素。当含有较高枸溶性 Ca、Mg 时，可作改良酸性土壤的钙镁肥；当含有大量枸溶性 Si 时，可作硅肥；若含磷量较低时，也可适当添加磷矿石等，经焙烧、研磨，制成钙镁磷肥；添加适量石灰石、钾长石、煤粉等，经焙烧研制可成硅钾肥。此外，粉煤灰含有大量SiO_2、CaO、MgO及少量P_2O_5、S、Fe、Mo、B、Zn等有用成分，因而也被用作复合微量元素肥料。

磁化复合肥是对掺有粉煤灰的复合肥进行磁化后而制成的一种新型复合肥。它具有磁性，可通过磁场作用于土壤及作物，提高养分的有效性，改善土壤结构，促进根系的生长。与一般的化学肥料及有机肥不同之处，它是一种物理化学肥料，不仅通过化学元素而且通过物理因素（磁）起作用。20世纪80年代我国开始进行粉煤灰磁化农用的研究；90年代初，在工业化生产磁化复合肥方面已取得初步成功。江苏、新疆、广西等地已建厂生产。

3. 泥炭

泥炭、褐煤和风化煤等均属发热量低而富含腐殖酸的煤类。其中尤以泥炭所含腐殖酸的分散度（呈可溶状态的能力）最大，活性基因（羧基、酚羟基、甲氧基）含量最高（7.59mmol/g）。以它们为原料生产的有机-无机复合肥，既有无机肥的速效性，又兼有有机肥的长效性和良好改土作用。施用后不仅能活化土壤中的许多元素（如Fe、Mg、Mo、B等）供作物吸收利用，同时还有良好的固氮固磷能力，从而既能刺激作物生长、提高产量、改良品质，又能减少病虫害。如图4-16所示的堆沤发酵法从泥炭制备有机复合肥流程，泥炭的利用率高，可消除大量的工业废渣，缺点是需要较大的生产场地，两次翻匀和压实，机械化程度要求较高。

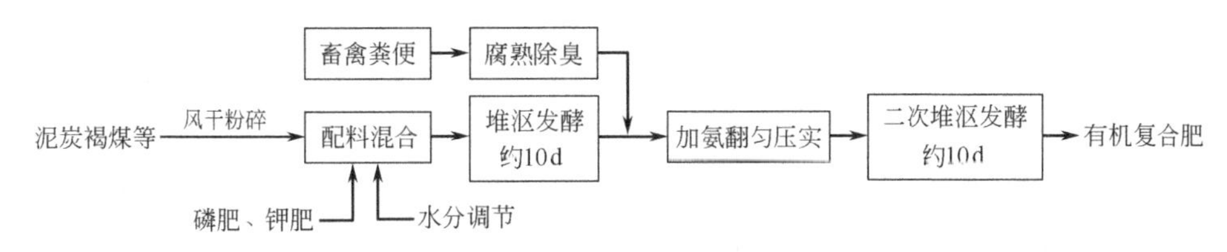

图4-16　堆沤发酵法从泥炭制备有机复合肥流程

4. 赤泥

赤泥是制铝工业从铝土矿中提取氧化铝后的弃渣，因含有氧化铁，表面呈赤色泥状，故称赤泥。赤泥为强碱性残渣，属有害渣。赤泥中除含有较高的硅钙成分外，还含有农作物生长必需的多种元素，用赤泥生产的碱性复合硅钙肥料，可以促进农作物生长，增强农作物的抗病能力，降低土壤酸性，提高农作物产量，改善粮食品质，在酸性、中性、微碱性土壤中均可用作基肥，特别是对南方酸性土壤更为合适。在江西景德镇试验表明，水稻增产12%～16%；在山东济宁等地试验也表明，对水稻、玉米、地瓜、花生等农作物均有增产效果，一般为8%～10%。

5. 磷石膏

磷石膏中除含有主要成分$CaSO_4$外，还含有0.3%～0.6%的P_2O_5和Mg、Fe、Al、So、F等矿物质，这些均是农作物需要的营养元素。利用磷石膏的特性，在生产N、P、K复合肥时作为填充剂，用量控制在10%～20%（质量分数）。这样既增加了复合肥中的微量元素含量，也使其具备了一定的改良土壤功能。国内某些厂家已有在有机肥中添加约20%磷石膏的尝试并取得了较好效果。另外，磷石膏与碳铵、氨水混合施用，能中和氨，起到一定的固氮保氮作用。二水石膏和尿素在高湿度下混合，再经加热干燥，可制得吸湿性小而肥效比尿素还高的尿素石膏$[CaSO_4 \cdot 4CO(NH_2)]_2$。

八、其他有机废物

随着工农业的迅速发展，各类废物日益增加，这不仅占用土地、污染环境，还浪费了其中的有价资源。若利用其中的有机废物堆制成肥料后，重新施用于土壤，既减轻了污染、利用了资源，又实现了自然界的物质循环，一举数得。

各种堆肥技术和设备的改进和提高，增加了可堆肥原料的种类，人们立足于工农业的生产实践，从许多富含有机质的废物中制得了更多类型的肥料。除了上面传统的堆肥原料外，其他的可堆肥原料还包括高浓度有机废水、酒精废醪液、蔗渣、滤泥、糠醛废渣、锯木屑、废纤维制品等。

赵莉等利用酵母工业废液与秸秆、粪便进行发酵，可获得固态微生物有机肥。其方法是：将1kg发酵废液加50～100kg水稀释后，撒入固态肥基料（粉碎了的农作物秸秆及人、禽、畜粪便，杂草，糠壳，麦皮等）中，搅拌均匀，感受干湿程度以手感握住后，放开不松散为宜。然后压实，堆、垛或装池，用塑料布密封，使其厌氧发酵10～15d，有酒味即可撒施或与种子拌和使用。

谷氨酸废液的COD约为5×10^4mg/L，含有机质41%～45%，全氮13%～14%，全磷0.26%，全钾0.42%。田晓燕等采用如图4-17所示的流程得到了有机肥。

HCl　液氨

谷氨酸母液→浓缩→酸水解→中和→冷却→造粒→干燥→冷却→有机肥成品

图4-17　由谷氨酸母液制备有机肥的工艺流程

向造纸废水絮凝渣中加入酵素菌、钾细菌等菌种进行发酵可产生大量的腐殖酸。腐殖酸与配入的微量元素、无机化肥中的金属离子有交换吸附、螯合等作用，金属离子对木质素的降解也有催化作用，再配入适量的氮、磷、钾等元素，所制得的肥料具有增效、长效、改良土壤、刺激农作物的生长、改善农产品质量等特点。造纸废水絮凝渣制取高效复合生物有机肥的工艺流程如图4-18所示。

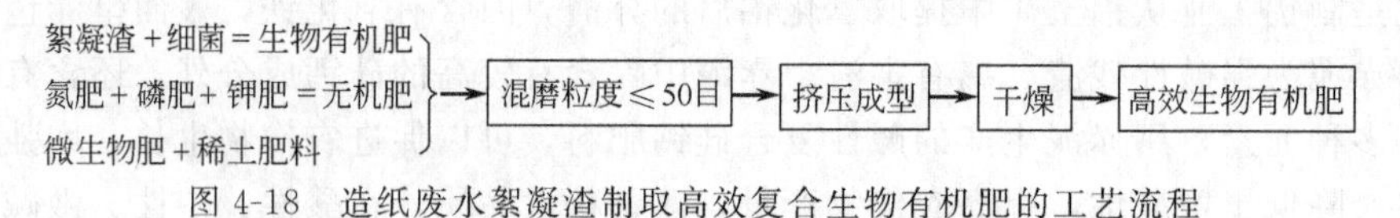

图4-18　造纸废水絮凝渣制取高效复合生物有机肥的工艺流程

河北省永年县红旗糠醛厂利用微生物来进行高温堆肥发酵处理糠醛废渣，同时还利用微生物发酵后产生的热能来处理糠醛废水。废渣、废水经过生物菌群降解后，成为优质环保有机肥。其原理是利用三角形长垄堆肥的特殊造型，使大量较低温度的空气进入高温堆肥中，与大量的微生物菌体和物料（包括水分）进行接触，变成较热空气上升，从堆肥的顶部排出。由于热空气上升能带走大量的水分，这就是所谓的烟囱效应。合理调控堆肥的含水率，可以处理大量的糠醛厂的有害废水与废渣，其中大量的有害物质，在堆肥中经过微生物菌群的降解，成为无害化的有机肥料。

用糖蜜酒精废液生产半有机肥料，分两步骤进行，第一步是首先将酒精废液经中和后，送入四效蒸发系统进行蒸发浓缩，把酒精废液的浓度从12～15 Bé，提高到70 Bé左右，作为原料备用；第二步是用糖蜜酒精废液浓缩液为原料，按比例配入钙镁磷肥、氯化钾，再加入硫酸脱水固化，此后再经过打散、烘干造粒、冷却等工序制成半成品，最后将半成品与尿素按比例配合，制成半有机肥料，按相关标准进行产品配方和生产。

莫文生等利用酒精废水浓缩液、蔗渣、滤泥等经生化堆肥处理得到的有机肥产品（工艺流程如图 4-19 所示），分别在蔬菜、甘蔗种植进行了肥效试验。在生菜上进行的试验表明，使用该肥，蔬菜色泽更深绿，口感更好，与对照试验比增长 14.3%。

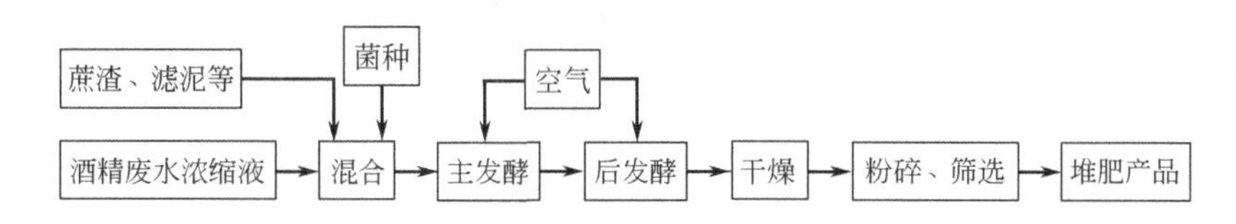

图 4-19 酒精废水浓缩液、蔗渣、滤泥等堆肥工艺流程

第三节 小型堆肥设备及其运行

一、堆肥设备概述

随着堆肥技术在有机废物处理中的广泛应用，与之相关的堆肥设备也得到了极大发展，堆肥设备包括原料处理、翻堆、堆肥发酵、熟化和除臭设备等。

1. 原料处理设备

原料处理设备包括破碎、筛选、混合和输送设备。

（1）破碎设备

破碎的目的是把废物破碎至处理工艺所需要的大致均一化的形状和尺寸。在堆肥化处理中，废物经破碎得到均匀颗粒，从而使其中有机物的表面积增加以促进有机物的好氧分解，缩短堆肥发酵周期，同时也保证堆肥产品的粒度要求。

破碎设备主要有冲击磨、破碎机、槽式粉碎机、水平旋转磨和切割机等。

（2）筛选设备

筛选设备是用来将废物中各组分进行分类的机械装置。一般堆肥厂选用筛选设备的目的是将可堆肥物和不可堆肥物分开，这有利于堆肥质量的提高。由于工业废物的物料性质不同、组分复杂、形状不一、干湿程度悬殊，从而增加了筛选分离的难度。所以在实际生产中，一般都配备多种适用性强的筛选机械，以满足生产要求。

常用的筛选设备有振动格筛、滚筒筛、振动筛、弛张筛等。其中前两种设备是用来进行废物预分选的，为发酵做准备；而后两种则用于精分选，堆肥经充分发酵腐熟后必须经过精分选设备的分选，才能制备成符合国家堆肥农用标准的产品。

（3）混合设备

混合设备主要有斗式装载机、肥料撒播机、搅拌机、转鼓混合机和间歇混合机。混合设备直接影响原料的结构，这关系到堆肥过程能否顺利进行，因此，混合设备是原料处理设备中最重要的一部分。可从工程和经济两方面评价混合设备，工程评价内容主要是不同配比的物料混合物容重、孔隙率和空气阻力；经济评价包括设备投资和运行费用。经济评价表明，混合设备运行费用的大小依次为搅拌机>斗式装载机>移动式混合设备。

（4）输送设备

堆肥厂的运输与传动装置主要用于堆肥厂内物料的提升与搬运。它用来完成新鲜垃圾、中间物料、堆肥成品和二次废弃物残渣的搬运等。堆肥厂内物料的运输传动形式有很多种，关键在于合理的选择，这是确保工艺流程的实施、提高垃圾处理效率、实现堆肥厂机械化、自动化的保障。同时，它也是降低工程造价和工厂运行费用的重要环节。堆肥厂常用的运输传动装置有起重机械、链板输送机、皮带输送机、斗式提升机、螺旋输送机等。

2. 翻堆设备

条垛堆肥系统的翻堆设备分为斗式装载机或推土机、跨式翻堆机和侧式翻堆机三类。翻堆设备可由拖拉机等牵引或自行推进。中、小规模的条垛宜采用斗式装载机或推土机；大规模的条垛宜采用跨式翻堆机或侧式翻堆机。跨式翻堆机不需要牵引机械，侧式翻堆机需要拖拉机牵引。美国常用的是跨式翻堆机，而侧式翻堆机在欧洲比较普遍。这三类翻堆设备的优缺点见表 4-11。

表 4-11　不同翻堆设备的优缺点

优缺点	斗式装载机或推土机	跨式翻堆机	侧式翻堆机
优点	便宜，操作简单	条垛间距小，堆肥占地面积小	翻堆彻底，堆料混合均匀，条垛大小不受限制
缺点	堆料易压实，堆料混合不均匀，条垛间距应≥10m，可利用的堆肥场地小	条垛大小受到严重限制，处理的物料少	易损坏，翻堆能力小

3. 堆肥发酵装置

堆肥发酵装置是堆肥处理工艺的核心。堆肥工艺分为好氧发酵与厌氧发酵两种。厌氧发酵工艺由于有机物分解缓慢、发酵周期长（4～6 个月）、占地面积过大而不适合大规模的有机废物处置。现代工艺大多采用高温好氧堆肥，它具有有机物分解率高、堆肥周期短、气味较小的优点，代表了堆肥工艺发展的主流。

成功的发酵装置和堆肥化系统，其关键是能够向微生物提供生存和繁殖的良好条件。要堆制好的肥料，必须把握好微生物、堆肥物质和发酵设备之间的关系。因此，为了使微生物的新陈代谢旺盛，保持微生物生长的最佳环境以及促进发酵顺利进行，设计出结构合理、造价低廉的发酵装置是极为重要的。目前，它的类型有立式堆肥发酵塔、筒仓式堆肥发酵仓、卧式堆肥发酵滚筒和箱式堆肥发酵池等。各种发酵装置对比见表 4-12。

表 4-12　各种发酵装置对比

发酵装置种类	立式堆肥发酵塔	
发酵装置名称	立式多层圆筒式堆肥发酵塔	立式多层板闭合门式堆肥发酵塔
结构	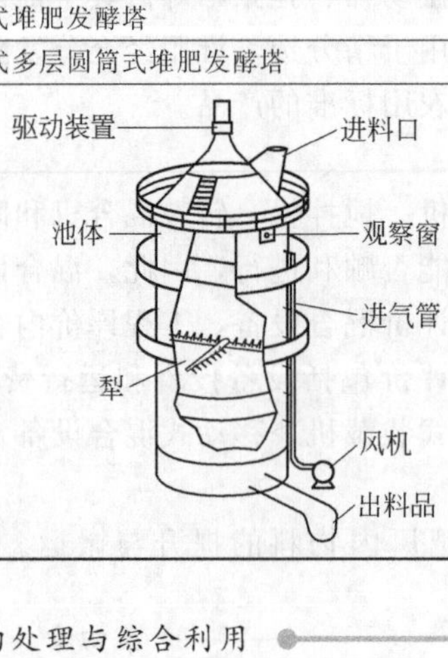 驱动装置 进料口 池体 观察窗 进气管 犁 风机 出料品	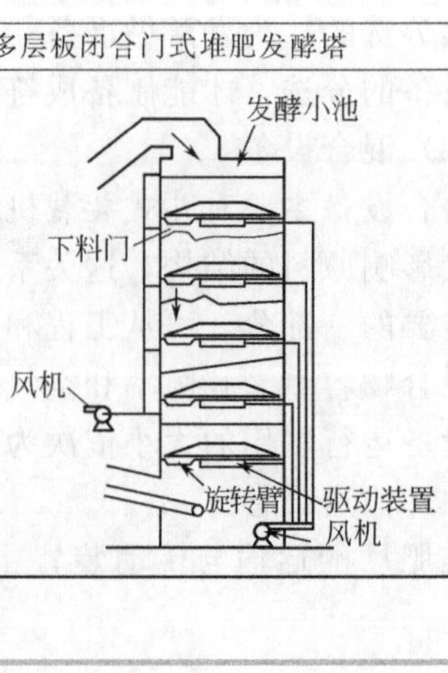 发酵小池 下料门 风机 旋转臂 驱动装置 风机

续表

发酵装置种类	立式堆肥发酵塔	
发酵装置名称	立式多层圆筒式堆肥发酵塔	立式多层板闭合门式堆肥发酵塔
概况	该装置呈多层圆筒形，每层堆高0.3m。它利用每层之间的固定旋转间隙，同时对原料进行反复切断及输送，原料从塔顶送入，由塔底排出	这套装置呈多层条形，每层堆高不超过1m。在每一层床都有闭合门，在反复切断输送的同时，利用打开闭合门来顺序向下输送原料
一次发酵天数	3～7d	5～10d
重复切断方法及频率	立式多层发酵塔是利用固定间隙进行重复切断的，频率为1次/d	多层板闭合门式发酵塔的重复切断是利用各层闭合门的开闭来完成的，频率为1次/(1～2d)
通气方法	空气是通过每层床来通入的，并且集中向槽上部排气	每层交替进行通气和排气
压实块状化及通气性能	由于是利用固定间隙进行重复切断的，所以原料压在间隙内易产生压实块状，因此导致通气性能也不太好	多层板闭合门式发酵塔的重复切断是由闭合门自由下落来完成的，所以它没有破碎功能，无压实块状化，通气性能好
通气阻力	中	中(30mmHg)
通气动力	中	中
除臭类型	密闭型	密闭型
优点	占地面积小；除臭设备体积小	占地面积小；除臭设备体积小
缺点	堆积低，容积有效利用率低；装置运行所需的动力大；在堆肥过程中物料容易呈压实块状化，通气性能差；多层结构，整个装置很高	物料在输送过程中是利用自由下落而进行重复切断的，没有破碎作用，通气性能差；必须配备原料供给装置；多层结构，装置很高
发配装置种类	立式堆肥发酵塔	
发酵装置名称	立式多层桨叶刮板式堆肥发酵塔	立式多层移动式堆肥发酵塔
结构	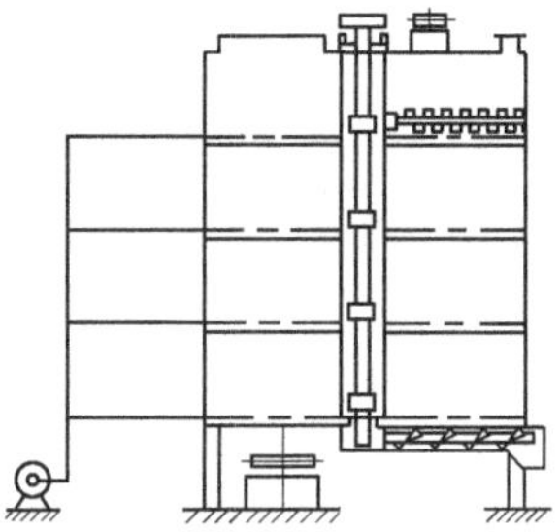	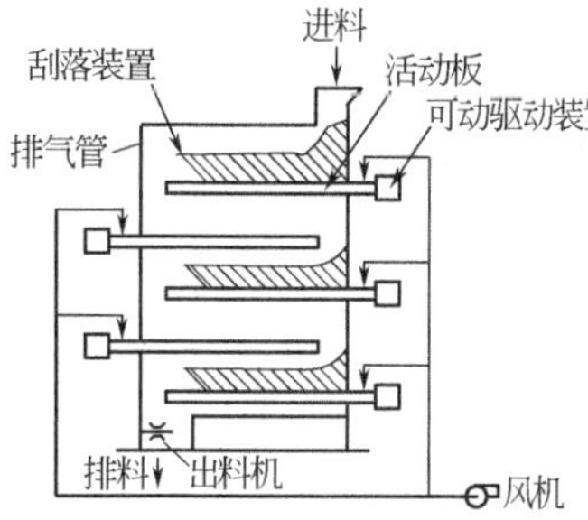
概况	呈多层圆筒形，每层堆高1～1.5m。利用各段内旋转的刮板同时进行原料的反复切断及输送。原料落在与刮板相反方向的叶片上，按顺序向下输送	该装置呈多层条形，每层堆高为2.5m。各层床构成整体的移动床。由水平运动将原料推出，顺序输送到下层
一次发酵天数	3～7d	8～10d
重复切断方法及频率	装置的重复切断方法是利用各层旋转的刮板来进行原料的切断，频率为1次/d	该装置是利用每层床的水平移动进行重复切断的，频率为1次/2d
通气方法	空气由风机鼓入，通过床层，集中向槽上部排出	空气是通过每层床通入的，并且集中向槽上部排气
压实块状化及通气性能	因为是利用刮板重复切断，对原料进行粉碎后缓慢堆积，所以没有压实块状化现象，因此通气性好	利用床的移动进行物料输送的，原料被推向筒壁，很容易压实，所以造成通气性能不好
通气阻力	小(5mmHg)	大
通气动力	小	大
除臭类型	密闭型	密闭型
优点	利用旋转刮板重复切断，无压实块状化；通气阻力及动力消耗小；占地面积小；除臭设备体积小	占地面积小；除臭设备体积小
缺点	多层结构，装置很高	物料容易压实，通气性能差；床的移动机构复杂；多层结构，装置很高

续表

发酵装置种类	筒仓式堆肥发酵仓	
发酵装置名称	筒仓式静态发酵仓	筒仓式动态发酵仓
结构	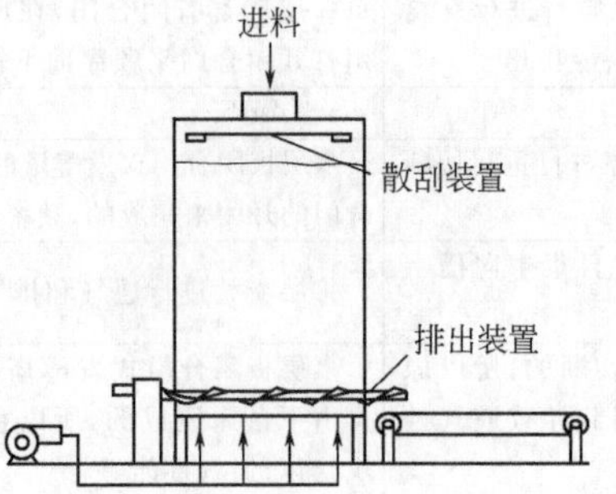 进料 散刮装置 排出装置	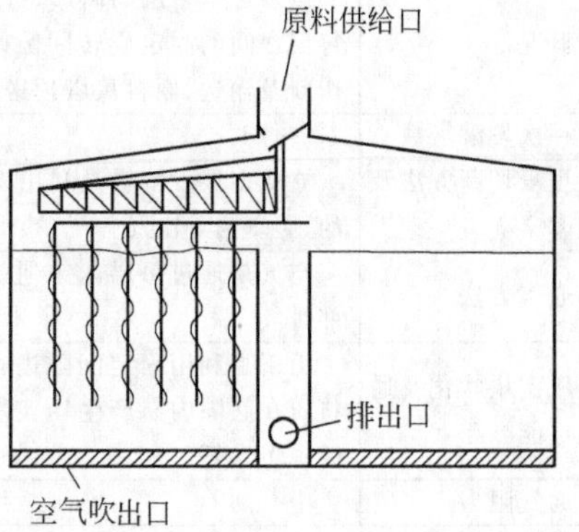 原料供给口 排出口 空气吹出口
概况	呈单层圆筒形，堆积高度4～5m。堆肥物由仓顶经布料机进入仓内，顺序向下移动，由仓底的螺杆出料机出料	单层圆筒形，堆积高度为1.5～2m，螺旋推进器在仓内旋转，自外围投入的原料受到重复切断后，又接着输送到槽的中心部位的排出口排出
一次发酵天数	10～12d	5～7d
重复切断方法及频率	无	利用螺旋推进器的叶片进行重复切断，频率为1次/d
通气方法	由仓底部通气，并向上部排出	利用仓底部的管路通风供氧，并向上排气
压实块状化及通气性能	仓内没有重复切断装置，原料呈压实块状，通气性能差	利用螺旋叶片重复切断，原料被压在螺旋面上，容易产生压实块状，通气性能不太好
通气阻力	非常大	中
通气动力	非常大	中
优点	占地面积小；发酵仓利用率高	排出口的高度和原料的滞留时间均可调节
缺点	堆积高，呈压实状；通风阻力大，动力消耗大；产品难以均质化	原料滞留时间不均匀，产品呈不均质状；易呈块状，通气性能差；不易密闭
发酵装置种类	卧式堆肥发酵滚筒	箱式堆肥发酵池
发酵装置名称	旋转发酵池	卧式刮板发酵池
结构	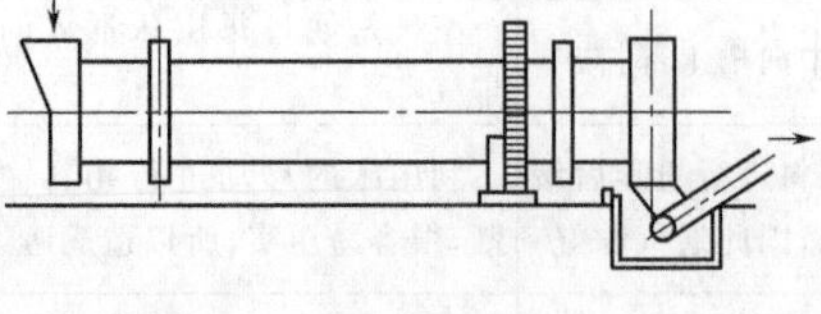	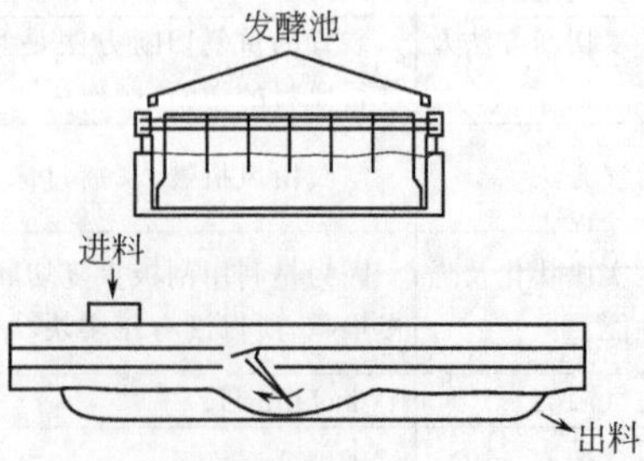 发酵池 进料 出料
概况	利用低速旋转滚筒进行经常的反复搅拌和输送	平面型（最大槽长为25m，堆积高度1.5m），能横向行走的刮板进行锯齿形运行，同时进行原料的重复搅拌和输送，原料缓慢堆积放在与刮板相反方向的叶片上

发酵装置种类	卧式堆肥发酵滚筒	箱式堆肥发酵池
发酵装置名称	旋转发酵池	卧式刮板发酵池
一次发酵天数	2～5d	8～12d
重复切断方法及频率	利用筒的旋转连续进行	利用锯齿形行走的刮板进行重复切断，频率为1次/d
通气方法	空气从筒的原料排出口进入，并从进料口排出	利用底部管路通气
压实块状化及通气性能	在发酵过程中，筒体不断地旋转，对物料进行重复切断，所以易产生压实现象，不能对原料进行充分通气	利用刮板重复切断、破碎原料，缓慢堆积，不会产生压实现象，通气性能非常好
通气阻力	小	小
通气动力	小	小
除臭类型	半敞开式	敞开式
优点		利用旋转刮板重复切断，无压实呈块现象；通气性能好，发酵时间短；通气阻力小，动力消耗少
缺点	原料滞留时间短，发酵不充分；密闭困难；容易产生压实现象，通气性能差，产品不易均质化；能耗高	占地面积大；环境条件差；除臭设备体积大
发酵装置种类	箱式堆肥发酵池	
发酵装置名称	戽斗翻倒式发酵池	卧式桨叶发酵池
结构	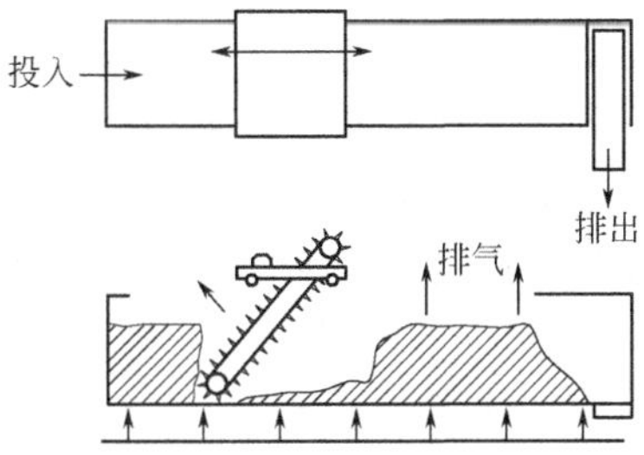 投入 排出 排气	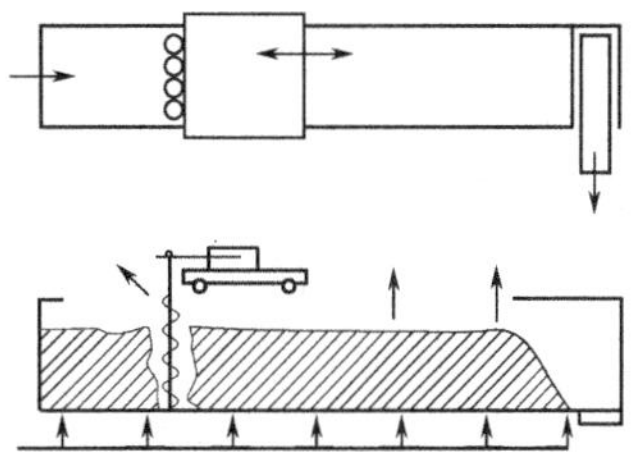
概况	平面型（最大槽长为31m，高为1.5m），利用行走式戽斗同时进行原料的重复搅拌和输送，原料到达戽斗的投入口时，向上提升到排出口再将戽斗返回	平面型（最大槽长为31m，堆高1.5m），利用行走螺旋输送机的同时进行原料的反复搅拌和输送，原料到达螺旋输送机的投入端时提升到排出端后再返回
一次发酵天数	8～12d	8～12d
重复切断方法及频率	利用行走戽斗来进行重复切断，频率为1次/d	利用行走螺旋输送机构中的叶片，频率为1次/d
通气方法	利用发酵池底部管路通风	利用底部的管路通风
压实块状化及通气性能	利用戽斗将切下的原料进行重复切断输送，很少产生压实成块现象，通气性能好	利用螺旋叶片进行重复切断和输送，将原料通向螺旋面，易产生压实呈块现象，通气性能不太好
通气阻力	小	中
通气动力	小	中
除臭类型	敞开式	敞开式
优点	很少产生压实成块现象；通气阻力小，动力消耗小	
缺点	占地面积大；环境条件差；戽斗的长度决定于槽的长度，发酵池的有效利用率低	环境条件差；占地面积大；螺旋的总长度取决于槽的长度；易产生压实成块现象

注：1mmHg＝133.322Pa。

4. 熟化设备

发酵处理后的产品熟化，能有效地提高产品的价值和防止二次污染。因此，考虑到产品的应用，最好安装熟化设备。熟化设备有各种类型，如露天堆积式、多段池式、犁翻倒式、翻转式和筒仓式等。有必要预先充分调查其经济及二次污染情况。

5. 除臭设备

有效的臭味控制是衡量堆肥厂成功运转的一个重要标志。控制臭味至少必须采取五种措施：a. 堆肥过程控制；b. 调查可能的臭味来源；c. 臭味收集系统；d. 臭味处理系统；e. 残留臭味的有效扩散。堆肥过程控制是减少臭味产生的关键因素，但不能完全有效地控制臭味。根据臭味来源的调查结果，建立适当的臭味收集和处理系统。臭味处理系统包括化学除臭器、生物过滤器等。化学除臭器包括：a. 去除氨气的硫酸部分；b. 氧化有机硫化物和其他臭味物质的次氯酸钠或氢氧化钠部分。

实践中，常采用生物过滤器处理臭味，它的组成材料为熟化的堆肥、树皮、木片和粒状泥炭等，负荷为 $80\sim120m^3/(m^3\cdot h)$，出气温度维持在 20～40℃，保持生物过滤器中过滤床一定的含水率［40%～60%（质量分数）］是实现其最佳操作的关键。控制臭味的最常用的综合措施是封闭堆肥设备、采用生物过滤器和进行过程控制。

二、小型堆肥设备及其运行

鉴于经济、臭味控制和占地等方面的考虑，大型堆肥反应器、强制通风静态垛和条垛堆肥系统在实际应用中越来越受到限制。针对农业和农村中有机废物产量大、分布广、集中收集处理难于实现等特点，家庭堆肥器和小型堆肥设备应运而生。一方面，家庭堆肥器从源头上减少了有机废物的处理量；另一方面，小型堆肥设备为那些没有足够场地和废物产生量少的机构团体，如酒店、社区、学校、医院、研究所等，提供了一种适宜的有机废物处理技术。因而，堆肥设备的发展趋势是小型化、移动化和专用化。

英国 Country Mulch 公司建造了两套可移动堆肥系统（容积为 $30.584\sim38.23m^3$），形状类似滚式集装箱，进料采用斗式装载机，出料时吊车把集装箱吊起，物料从集装箱的后门倒出来；并采用计算机控制温度和氧含量。该系统虽仅出现几年，却在小型污水处理厂、食品行业、餐饮业、学校和商业团体等各行业赢得了广泛关注和应用，目前它主要用于食品残渣处理。市售小容量反应器堆肥系统有箱式系统、搅拌仓和旋转消化器等，但目前最常用的是箱式堆肥系统，该系统可间歇或连续操作，具有良好的过程控制、投资和运行费用低、设备简单、易于操作和组装等优点。目前美国和加拿大分别有 50 个和 25 个箱式堆肥系统运行。一个典型的箱式堆肥系统处理规模为 10～40 t/d，由若干个箱子组成，其中 2 个箱子用作生物过滤器。为便于现场操作和移动，混合设备和反应器与拖车连接。

据报道，日本已经研制出了使用 EM 菌种进行生活垃圾堆肥的小型垃圾堆肥器，这种堆肥器已经产品化，并得到了推广。该堆肥器适于宾馆、学校、饭店、集贸市场等地的生活垃圾的处理。这种堆肥器的品种很多，如 CR-200EM 型堆肥器，其处理能力是 100kg。第一次向堆肥器中加入 100kg 生垃圾，再加入 50kgEM 菌种，经自动加热搅拌 15h 后，可生成 70kg 有机肥料，然后再加入 2kg 的 EM 菌种，就可得到 30kg 堆肥。另有报道，在长野县将 EM 菌种投入垃圾发酵滚筒，垃圾在滚筒内加热发酵 3h 后，取出装入一次腐熟箱中继续发酵 3～4 周，然后进行二次腐熟堆放，2 个月后可制成优质堆肥产品。采用 EM 菌种进行垃圾堆肥可缩短堆肥周期，垃圾腐熟均匀，操作简单。

同集中、大规模的堆肥系统相比，家庭堆肥具有显著的优点：费用低、使用简单方便、并可实现有机废物源头减量化。在美国西雅图，用于泔脚堆肥的家庭堆肥器有两种：蚯蚓箱和锥形桶。过去常用的是蚯蚓箱，现在流行的是锥形桶，锥形桶高约 0.9m，内有一个高度为 0.46m 的篮子，它能容纳一个三口之家在 6～9 个月之内产生的食品废物；用于庭院废弃物的家庭堆肥器有 $0.34m^3$ 和 $0.59m^3$ 两种。制造家庭堆肥器的材料为木材、再生聚乙烯和不锈钢。通过对一个家庭堆肥器（容积 600L），材料为再生聚乙烯，采用穿孔滤板和穿孔壁，孔径 ϕ1.2cm，上覆盖板，长达一年的研究表明，机械搅拌能极大地提高堆肥产品的质量。

堆肥马桶适于无水或少水的地方，如大型堆肥马桶适于公园、高速公路车站等，小型堆肥马桶适于轮船等。市售堆肥马桶分为自含式和集中式，这两类均可采用间歇或连续方式运行，材质为玻璃丝和聚乙烯。自含式是堆肥器设置在马桶旁边，而集中式是设置在地下室或建筑物的旁边。间歇运行的堆肥马桶含有一个以上的室，当一个室盛满以后，便转到另一个室，它的好处是腐熟堆肥不会被新鲜的粪便污染；连续运行的堆肥马桶只有一个室，新鲜粪便和腐熟堆肥混在一起。

席北斗等以复合微生物菌剂降解生活垃圾的适宜条件为出发点，根据堆肥小试试验结果，确定了进料垃圾特性、合理的工艺参数及一次发酵完成时间，结合制备装置材料的保温性、堆肥物料平衡、热量平衡，开发了直径 500mm、高 1.3m、有效容积为 250L 的翻转式垃圾堆肥反应装置，如图 4-20 所示。该装置采用自控系统，具有进出料简单方便、供气均衡、搅拌均匀、不易缠绕、渗滤液易实现自动回流、臭气便于集中处理等优点。因此，该装置的开发对城镇小区生活垃圾的处理具有重要意义。

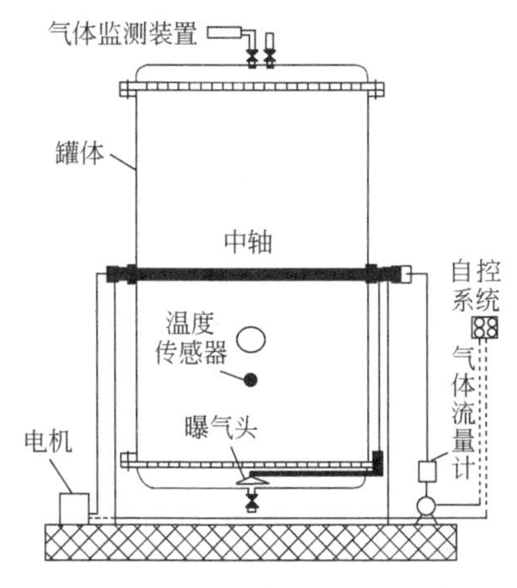

图 4-20　小型翻转式垃圾堆肥装置

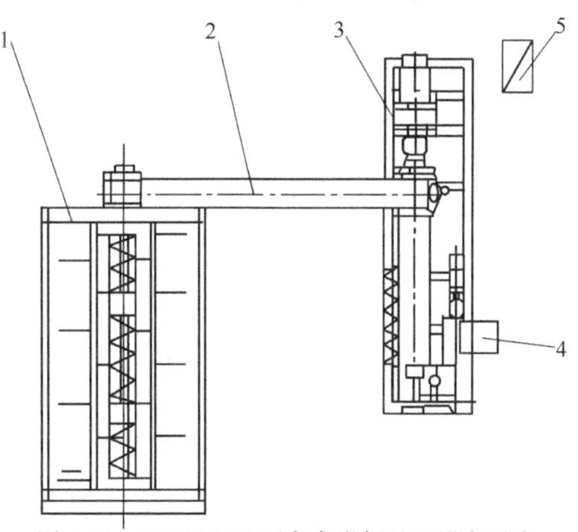

图 4-21　QFCS-5-01 型畜禽粪便处理设备示意

1—混合搅拌机；2—螺旋输送机；3—加压混炼机；4—粉碎机；5—电气控制系统

三、畜禽粪便堆肥设备及运行

1. QFCS-5-01 型畜禽粪便处理设备

大连市环科院在借鉴国内外先进技术的基础上，研制开发了实用的畜禽粪便处理设备与技术。几年的实践证明，它既可解决养殖场粪便污染问题，又能为农业提供优质的有机肥，并且还可为畜禽养殖场带来可观的经济效益，其社会效益也是相当显著的。

QFCS-5-01型畜禽粪便处理设备主要由五部分组成（见图4-21）。该设备系统工作时，先把畜禽粪便与配料按规定的比例送入混合搅拌机，进行搅拌混合使其均匀，然后通过螺旋输送机进一步搅拌并送入加压混炼机，通过加压混炼机的加压摩擦，使该机体内的混合物温度自行升高，杀死或抑制低温菌、蛔虫卵和有害菌，然后提供适当的空气和水分，为高温菌发酵创造适宜的条件，完成快速发酵，再通过粉碎机粉碎松散，最后送入堆置发酵场堆放8～10d，即成为有机肥。该设备堆肥工艺流程如图4-22所示。

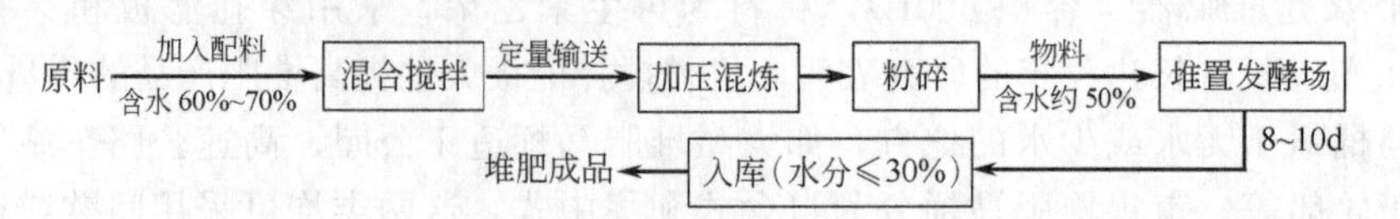

图4-22 QFCS-5-01型畜禽粪便处理设备堆肥的工艺流程

该设备处理畜禽粪便的特点如下：a. 运行不受季节限制，一次性投资和占地小，操作简单，维护方便，运行费用低；b. 畜禽粪便经过该设备，立即转成好氧发酵，没有臭味；c. 畜禽粪便从被处理到有机肥产生仅需10d左右，有机肥生产周期短；d. 该设备技术生产的有机肥发酵彻底，施用后不会出现二次发酵，施用后增产效果良好，是粮食作物、蔬菜、果树、草坪、花卉等作物首选的优质绿色肥料。

该设备生产的有机肥经过权威部门检验，有机质含量达47.5%，总养分（$N+P_2O_5+K_2O$）含量高于6%，水分低于30%，有机肥中含有对农作物极为有利的Fe、Zn、Mg、Cu等微量元素，含有大量的活性菌（活菌数0.8万～1.5万个/g）。

2. G.P畜禽粪便处理机

G.P畜禽粪便处理机是引进日本专利技术国内生产的设备，主要处理功能由两部分组成，即混合搅拌部分和混炼部分。操作中畜禽粪便等废物首先借助搅拌机与调理剂充分混合，在通过混炼机时物料进一步被匀质，抑制部分恶臭的散发，在1h左右升温达40℃，继续堆垛翻动发酵即可在当天或第2天达到50℃以上，在深秋气温较低的情况下更显其优越性。未经混炼的物料初始温度接近气温，需3～7d才能赶上经混炼的物料温度，机械处理缩短了有机物腐熟时间。

在整个好氧机械发酵过程中，原料水分的控制是关键，经证明水分控制在51%～54%之间最佳。由于机械处理机要求的水分指标与新鲜畜禽粪便水分含量相差很大，而且畜禽粪便质地细腻不宜直接加压混炼，也不利于好氧发酵，因此降低粪便水分的办法是增加调理剂和部分发酵料返回料斗，加入一些干燥且疏松多孔的物质作调理剂，既调节水分又改善物料的物理性状，可供选择的材料有秸秆、糠麸、木屑、农副业加工的废渣等植物材料和石灰、沸石粉、磷矿粉等矿物质及少量助剂，一般使用最多的是作物秸秆和木屑。首先是这些植物材料自身C/N比高，与C/N比低的畜禽粪便混合发酵有利于微生物的活动。其次是植物材料近一半成分与畜禽粪便同步降解，既是肥分又是发酵的能源物质，添加量占总量的20%～30%，其中微生物容易利用的物质前期降解相对较快，并大量释放CO_2，料温急剧升高，因此前期碳损失也大，1～2周之间CO_2释放进入高峰，而占植物材料近半数的纤维素、木质素降解较慢。

G.P畜禽粪便处理机最大特点是通过混炼提高物料初始温度，并使各种材料进一步匀质，增加吸附力，消减臭味，但对物料水分要求严格，因此应重视调理剂的使用，以调节

C/N 比和物料水分，改善物理性状，同时调理剂中植物材料近 1/2 成分应与粪肥同步降解并为发酵提供能源。

四、农林废物堆肥设备及运行

胡天觉设计的仓式堆肥装置为间歇式堆肥发酵器，一次堆肥量控制在 115L 以下，堆肥物料由干、湿农林废物和污泥等构成。该装置为有机玻璃制成的圆柱状密闭容器（见图 4-23）。装置体积 120L，筒高 40cm，高径比约为 2∶3。装置空间设计的主要特点如下。

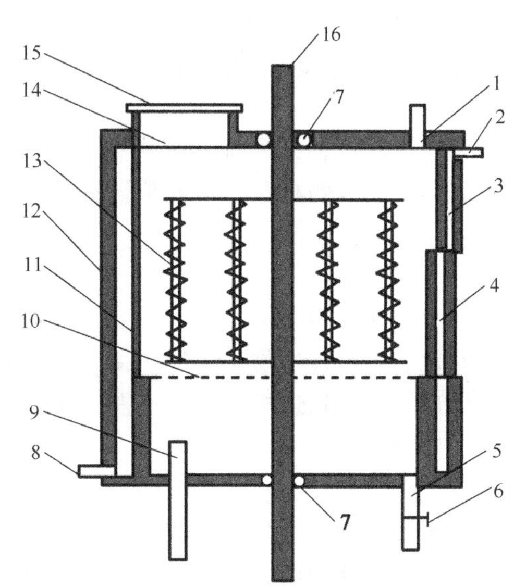

图 4-23　仓式堆肥装置立面剖面

1—排气管；2—热水出水管；3—热水保温层；4—堆肥出料孔；5—排液管；6—阀门；7—轴承；8—热水进水管；9—通气管；10—筛网；11—容器壁内层；12—容器壁外层；13—搅拌齿；14—堆肥进料孔；15—孔盖；16—搅拌轴

① 装置外套有一个 4cm 厚夹层，用于给堆肥物料加热或保温。通常仓式堆肥装置加热是内热式，即在装置内装有加热器，但内热式有一重大缺点，即在装置内装有加热器，加热器周边温度很高，易杀死发酵微生物；另外，电加热器产生的电场、磁场对堆肥反应不利。

② 装置设计有强制通风、供气结构。装置底部有一个 15cm 高的缓冲层，通风由外源鼓送至缓冲层，再缓慢经通风孔道进入堆肥物料中，其特点是风流在缓冲层得到控制，并均匀地渗入堆肥中，不会带有强有力的冲击性或局部通风强弱不均，影响微生物生长。

③ 设计有动力搅拌装置。搅拌装置是多齿螺旋搅拌器，齿直径为 7.3cm，螺旋搅拌器高 32cm，两个螺旋搅拌杆间隔 5cm，有效覆盖整个容器，可全面翻动、拌匀堆肥物料。同滚筒式堆肥翻动装置比具有耗能小、效率高的特点。

④ 通风缓冲层又可作为堆肥渗滤液接装容器。通常堆肥无论是厌氧或好氧都需一定湿度。而堆肥过程中也有大量水分产生，因此，通风缓冲层作为渗滤液接装容器解决了滤液乱流的毛病，同时，还可使通风中保持有一定湿度利于堆肥反应，提高整个装置效率。

因此，该堆肥装置完善地设计了进料、供气、控温、取样、排水、排气、排料等功能，其空间结构合理、装置紧凑、功能齐全。装置运行功能如图 4-24 所示。

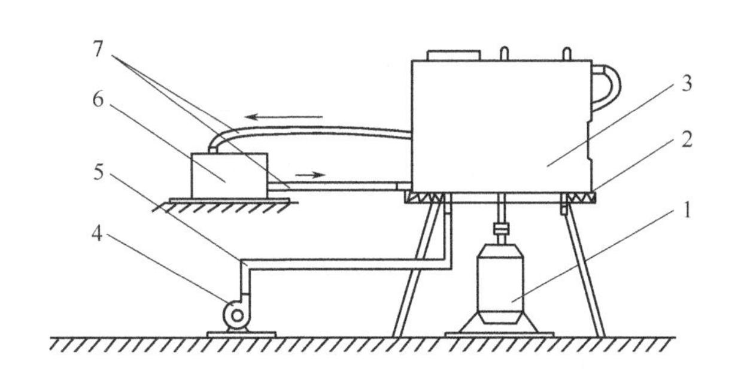

图 4-24　装置运行功能

1—电机；2—支架；3—堆肥仓；4—风机；5—风管；6—恒温水槽；7—水管

五、污泥堆肥设备及运行

污泥堆肥设备分为前处理设备、堆肥发酵设备和后处理设备，由于污泥的特殊性质，与其他固体有机废物相比，其堆肥设备又有其特殊性，现介绍如下。

1. 前处理设备

（1）输送设备

污泥有极特殊的物化性能，由于它的黏性使其进入容器后易形成搭桥现象阻碍物料下行，因此普通的输送机械无法正常工作。目前主要采用空心螺旋设备及多螺旋推进器等来解决以上问题。

（2）混合设备

脱水污泥含水率高，孔隙率小，不适合直接用于堆肥。若在堆肥前将其与适当的添加剂混合，调整最佳的堆肥参数，即可解决问题。目前国内外采用的混合设备都是专用于污泥的多叶片混料机，它的特点是转速快，转矩大，且每个叶片的形状和曲率各不相同，从而能使物料充分彻底地混合。

（3）布料设备

在大容积的堆肥仓内要将污泥均匀的堆积，工作强度大而且有一定的难度。在这方面国外已经应用了多层伸缩式皮带布料机，运行中由人工控制布料头的摆动。在吸收国外技术的基础上，我国已经研制出了落料器与供料机卸料器同步运动且自动控制落料位置、行驶速度及落料厚度的全自动布料机。

2. 堆肥发酵设备

堆肥发酵设备必须具有改善和促进微生物新陈代谢的功能。在发酵过程中要运用翻堆、曝气、搅拌、混合、协助通风等设备来控制温度和含水率。同时设备还要解决物料自动移动出料的问题。最终达到提高发酵速率，缩短发酵周期，完全实现机械化生产的目的。

（1）多层立式发酵塔

发酵塔的内外层均由水泥或钢板制成，物料从塔顶进入，通过发酵塔旋转壁上的犁形搅拌桨搅拌翻动，逐层向下移动，由最底层出料。物料下移同时用鼓风机将空气送到各层进行强制通风。这种堆肥设备具有处理量大、占地面积小的优点，但一次性投资较高。多层立式发酵塔如图 4-25 所示。日本秋田污泥堆肥厂采用的就是这种发酵设备。

（2）筒仓式发酵槽

这种槽是立式结构，仓内不分层，物料的移动和搅拌靠槽内螺旋杆的运动进行，空气从槽下部强制送入。立式结构的物料层高，易发生压实现象，会使部分物料处于厌氧状态，因此该装置多用于二次发酵工艺。美国的查尔斯顿污泥堆肥厂采用的就是这种发酵设备。

（3）达诺式发酵滚筒

这种发酵设备结构简单，物料在滚筒内反复升高、跌落，可充分地调整物料的温度、水分，达到与曝气同样的效果，实现物料预发酵的功能。随着螺旋板的拨动，滚筒中的旋转物料不断向另一端推进，物料随滚筒旋转而不断地塌落，以至新鲜空气不断进入，臭气不断被抽走，充分保证了微生物好氧分解的条件。这种设备主要应用于预发酵阶段，常与立式发酵塔组合使用，在德国的应用尤为广泛。

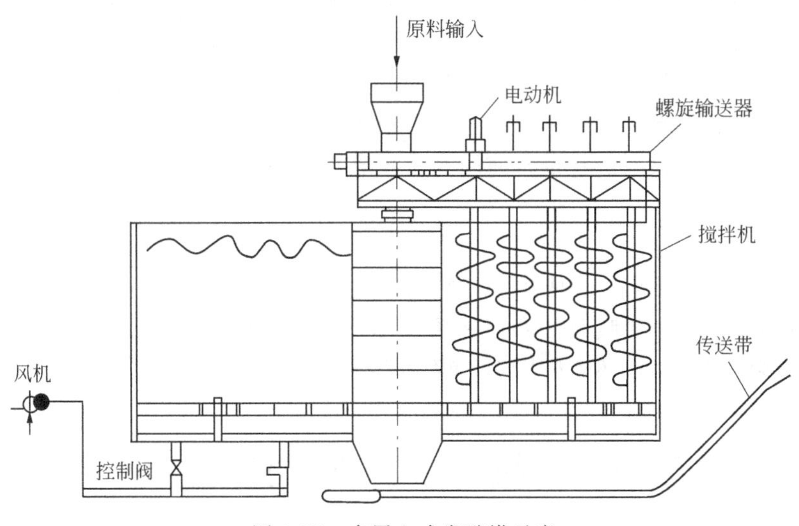

图 4-25　多层立式发酵塔示意

(4) 卧式敞口发酵仓

这种发酵仓设置在地下，仓底曝气，上有往复运动的翻堆设备，物料在发酵仓内间歇移动。这种方式的投资少而且处理量大，效果好，是一种经济有效的堆肥方式，装置示意见图4-26。唐山市污泥堆肥厂采用的就是这种发酵仓。

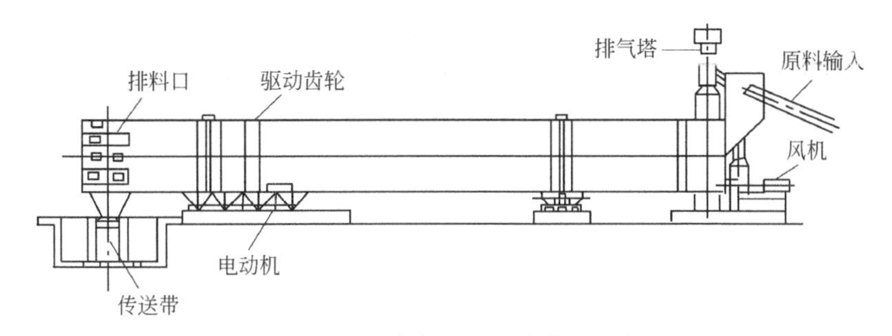

图 4-26　卧式敞口发酵仓装置示意

(5) 翻堆机

按工艺要求，国内外研制了多种与发酵仓配套的翻堆设备。目前常用的翻堆机主要有以下 3 种。

1) 犁式翻堆机　具有与耕犁一样的功能，使物料翻堆均匀，保持好氧状态，并能将物料向出口处移动。它的通气装置安装在料仓的底部，空气输送管道配有一种特殊的爪形散气口，通过强制通风提供所需的空气。

2) 戽斗式翻堆机　通过安装在槽两边的翻堆机来对物料进行搅拌，使物料水分均匀并充分接触空气，还兼具移动物料的功能。翻堆机通过转仓装置可以在两个发酵仓之间移动，并能自动返回到翻堆的起始位置。

3) 条垛式翻堆机　该设备主要用于露天的条垛式发酵场，翻堆量大，效率高，具有单机作业的优势，无需外部辅助设施。

3. 后处理设备

(1) 造粒设备

堆肥后的污泥必须经造粒具有一定强度和形状才能作为有机肥料施用。目前我国的造粒机主要应用于饲料行业和肥料行业，其型式主要有平膜型、环膜型和圆盘型。造粒技术在国内也发展得比较成熟。随着污泥的含水率降低，其硬度大大增加，造成了造粒机磨损大、产量小。结合平膜式和环膜式造粒机的优点，所制成的高压造粒机将是造粒设备发展的方向，而解决造粒盘的磨损、提高造粒设备使用寿命将成为下一步发展的重点。

(2) 除臭设备

污泥堆肥过程中产生的大量臭气，会严重影响环境，干扰职工和周围人群的生活。除去臭气的方法有吸收法、凝聚法、吸附法、热力氧化以及化学或生物除臭法。目前国外普遍采用生物除臭滤池，它结合了吸收法和生物法，臭气处理率可以达到95%以上。我国在这方面也进行了较多的研究，但还未应用于工程中。

第四节　有机肥及其在农业上的应用

一、我国农业施肥所面临的问题

20世纪化肥工业的发展有力地促进了全球的粮食生产，也使农作物施肥结构发生了根本变化。我国自20世纪70年代起，在农业上开始大量使用无机化肥，每亩耕地的年化肥施用量已高达40kg。随着化肥特别是氮肥用量的大幅度增加和有机肥用量的大幅度下降，土壤酸化板结，土壤有机质和供肥能力逐年下降。目前，我国农业施肥所面临的主要问题如下。

1. 重施化肥，轻施有机肥

作物有机肥的用量比例从20世纪50年代的95%下降到90年代的40%左右，下降幅度近60%。在有一定土壤肥力的条件下，施用化肥具有肥效高、见效快、运输施用方便、省工省时的优点。但长期用化肥代替有机肥单施或偏施的结果，会造成土壤板结，破坏土壤团粒结构，使土壤有机质含量降低，保水、保肥、通气性能下降。如果不能使所施化肥有效地在土壤中结合固定，大部分有效成分将被淋溶损失，这样既降低化肥利用率，又污染环境；同时也使得土壤中微生物的种群单一，数量减少，地力下降。上述恶果最终导致农产品品质低劣，饭不香、菜不鲜、瓜果不甜。据联合国粮农组织调查报告指出，全世界因土壤退化而丧失的可耕地，每年多达数十万平方千米，并把我国列为土壤退化最为严重的国家之一。

2. 重施氮肥，轻施磷、钾肥

据统计，仅浙江省2009年氮肥施用量就高达5.338×10^5t，$m(N):m(P_2O_5):m(K_2O)$为1∶0.23∶0.13，化肥中P、K营养元素，尤其是K元素比例低，已不能适应农业增产的需求。当氮肥供应过量时，被强迫吸进植株体内的N，超过了作物构成正常组织的需要，出现组织生长的亢进，在这种情况下，一方面作物体内过剩的N成为发病的基础，表现徒长倒伏，病虫害加重；另一方面，有相当一部分N没有被植物吸收，成为游离N，表现为施肥效率降低。而且P能促进N代谢和脂肪合成，K能促进糖代谢和蛋白质合成，P、K都能增强作物的抗逆能力。当P、K不足时，植物各种代谢过程受到抑制，生长发育迟缓，抗病虫能力下降，对产量影响较大。

3. 忽视微量元素肥料

农作物需要的营养元素，共有16种，其中C、H、O可从空气和水中获得，一般不需要以肥料的形式提供；N、P、K、Ca、Mg、S等，在作物体内含量较多，吸收也较多，占干物质的百分之几到千分之几，称为大量元素；Cl、Fe、Mn、B、Zn、Cu、Mo等作物需要量很少，占干物质的万分之几到十万分之几，称为微量元素。由于农作物所需微量元素的量很少，往往未引起重视，所以，常少施或不施微量元素肥料，但它们却是植株体内酶或辅酶的组成部分，具有很强的专一性。当作物缺乏它所需的任何一种微量元素时，尽管它的含量极少，仍会引起作物的生长发育受阻，产量和品质下降，严重的甚至欠收，例如水稻缺Zn使植株矮化等。

研究表明，肥料有同等重要律、不可替代律和最小养分律三大定律，即大量元素与微量元素同等重要，缺一不可；各种营养元素不能相互替代，缺什么元素，就必须施用含有该营养元素的肥料；要保证作物正常生长发育而获得高产，必须满足它所需要的一切营养元素，其中有一个达不到需要的数量，生长就会受到影响，产量就受这一最少的营养元素所制约。

21世纪的中国化肥工业，为确保粮食供应，将不能再单纯依靠扩大生产能力，而是要通过技术更新、产品开发，生产高效、节能、复合型的肥料。有机肥料、生物肥料和复合肥料将是21世纪的主要肥料。

二、有机肥概述

1. 国内外有机肥的发展历史

人类利用有机废物堆制有机肥，已有几千年历史。早在我国宋代的《农书》中就已经详细记录了我国农村已广为采用的堆肥技术，文中精确地描述了堆肥的设施、方法及肥料施用的过程：“粪屋之中，凿为深池，筑以砖壁，勿使渗漏，凡扫除之土，焙烧之灰，簸扬之糠秕，断篙落叶，积而焚之，沃以粪汁，积之即久，不觉甚多，凡欲播种，筛去瓦石，取其细者，和匀种子，疏把撮之，待其苗长，又撒以壅之，何患收成不倍厚也哉。”

几个世纪以来，有机肥一直是农业肥料的主要来源。世界各地的农村中，早就有将秸秆、落叶、杂草和动物粪便等堆积起来使其发酵制取肥料的做法。但都是手工操作，劳动强度大，堆制时间长，原料也多限于农林废物和人畜粪便，属于“露天堆积法”。

真正对堆肥技术进行科学地探讨始于20世纪初。1925年在印度A. Howard发明了印多尔法，即将树叶、垃圾、动物及人的粪尿等堆积成1.5m高的土堆，隔数月翻堆1～2次，共进行6个月的厌氧发酵过程。后来，该法进一步改良成将废物与粪便多层交互重叠堆积，并进行多次翻堆，堆积4～6个月的贝盖洛尔法。

1922年，贝卡利法在意大利取得专利。这是一种封闭系统，这种方法先使固体有机物厌氧发酵，然后送空气促其好氧发酵。作为此种方法改良的维尔德利尔法，使厌氧发酵的渗出液循环使用，再充分供给空气，以促进物料早期熟化。博达斯法是依靠插入管子进行堆内充分的通风，不用厌氧发酵，发酵周期可缩短20d左右。

1939年，厄普托马斯法在美国取得了专利，该法用多段竖炉发酵仓通过接种特种细菌而使堆肥时间缩短1～3个月。该法的出现促使高温堆肥迅速发展。1949年美国的弗兰泽法将腐熟的堆肥制品掺入发酵堆肥中，重复使用，可省去接种特种细菌。此后，美国又相继研制出采用密闭发酵槽进行堆肥的福列萨法和箱型间歇堆肥等新工艺。

20世纪80年代，一些发达国家机械化的堆肥化工厂相继出现，堆肥化已成为城市垃圾、生活下水污泥、农林牧废物、人畜粪便资源化的途径之一。一些国家制定了堆肥产品的技术标准，并根据相关技术标准生产了多种用途的堆肥产品，以适应不同作物、不同土壤和不同用肥途径（如家庭养植花卉、庭院苗圃、绿地等）的需求，力图拓宽垃圾堆肥产品的市场。

20世纪90年代中期以来，利用城市垃圾堆肥的大型机械化装置处于倒闭或停滞状态，而利用庭院垃圾、农林废物和动物粪便进行堆肥的设施不断增加。据报道，法国所有垃圾堆肥厂生产的堆肥产品均按国家制定的《有机土壤改良剂》标准销售。由于动物粪便堆肥中N、P、K含量高，可按有机肥出售。

目前，发展中国家的堆肥生产，多采用土法、半机械化法，如印度一直很重视推行堆肥技术，目前全印度已有大、中、小型堆肥工厂2500多座。

我国施用有机肥历史悠久，但是直到20世纪70年代，随着农业、畜牧业和食品工业等发展，出现了大量有机固体废弃物需要异地消纳与处理，商品有机肥的生产才逐渐兴起。

在国内，社会各界对化肥破坏土壤结构，导致地力下降使作物品质变坏，损害人体健康等已形成共识，因此要求开发无毒无害、对环境无污染的新型肥料的呼声越来越高。有机肥在传统堆制工艺的基础上，各类改进方法也得到了迅猛发展，并经历了两个主要阶段。

1）有机肥＋化学肥料　有机肥的发展初期，主要是以人畜粪便、农林废物等有机质作为基础肥料，添加N、P、K等化合物复混而成，这种产品外观很差，气味较重，而且养分配比不合理，不能满足发展绿色农业的需要，只是解决了土壤板结的问题。

2）有机菌肥　通过对传统农牧业废弃物科学灭菌，加工、加入有益的菌种，合理配比，制成洁净美观的颗粒，极大地提高了有机肥料的性能。

2. 农用肥和商品有机肥

我国有机肥种类多、数量大、来源广，一直是我国农业生产的主要肥源。有机肥不仅能为农作物提供全面营养，且肥效长，可增加和更新土壤有机质，促进微生物繁殖，改善土壤的理化性质和生物活性。按照堆制规模和机械化程度的不同，它主要可分两大类，即农民自己堆积的农家肥和企业生产的商品型有机肥。

目前，农家肥有14类100多种。根据原料的不同，农家肥主要包括以下8种。

1）传统堆肥　以各类秸秆、落叶、青草、动植物残体、人畜粪便为原料，与少量泥土混合堆积而成的一种有机肥料。

2）沤肥　沤肥所用原料与堆肥基本相同，只是在淹水条件下进行发酵而成。

3）厩肥　指猪、牛、马、羊、鸡、鸭等畜禽的粪尿与秸秆垫料堆沤制成的肥料。

4）沼肥　在沼气池中有机物质解产生沼气后的副产物，包括沼液和沼渣。

5）绿肥　利用栽培或野生的绿色植物体作肥料，常用的有绿豆、蚕豆、草木樨、苜蓿、毛苕子、黑麦草、水花生等。

6）作物秸秆　农作物秸秆在适宜条件下通过土壤微生物的作用，将其中的营养元素经过矿化再回到土壤中，为作物吸收利用。

7）饼肥　油料作物榨油后的下脚料，如菜籽饼、棉籽饼、豆饼、芝麻饼、蓖麻饼等。

8）泥肥　未经污染的河泥、塘泥、沟泥、港泥、湖泥等。

随着传统农业向现代农业的转化，过去那种一家一户传统的“铲草皮、攒灶灰、拾散粪”的积肥方式已不能满足现代农业对有机肥的要求。同时，农家肥通常含有大量的生物物质、动植物残体及一些有机废物等，它一般是经由自然厌氧发酵而形成的，肥料臭味比较浓，而无法商品化。因此，用量小、肥效高又便于包装运输的新型高质量有机肥，越来越受到农业生产者的青睐。

商品型有机肥是指利用植物秸秆、畜禽粪便及多种有机物料，经过生物反应器连续数天高温腐熟发酵，并在这种肥料中人为地加入目的微生物，利用微生物的分解作用，将大分子有机质变为小分子，然后达到除臭、腐熟、脱水、干燥的目的。这种肥料一般 w(有机质)$\geqslant 35\%$，$w(N+P_2O_5+K_2O)\geqslant 6\%$，因具有肥效高、操作卫生方便、营养成分丰富、可同其他肥料复配生产等特点，已成为当今有机肥的发展趋势。

3. 影响有机肥肥效的因素

(1) 微生物菌

不同微生物菌及其代谢产物是影响肥效的重要因素，微生物菌通过直接和间接作用（加固氮、解磷、解钾和根际促生作用）影响到有机肥的肥效。

(2) 有机物质

有机肥中有机物质的 C/N 比也是影响肥效的重要因素，如粗脂肪、粗蛋白含量高则土壤有益微生物增加，病原菌减少；有机物中含 C 量高则有助于土壤真菌的增多，含 N 量高则有助于土壤细菌的增多，C/N 比协调则放线菌增多；有机物中含硫氨基酸含量高则对病原菌抑制效果明显；几丁质类动物废渣含量高将带来土壤木霉、青霉等有益微生物的增多；有益微生物菌的增多、病原菌的减少，间接提高了有机肥的肥效。

(3) 养分

不同有机肥的组成，其养分含量和有效性不同，如含动物性废渣、禽粪、饼粕高的有机肥，其肥效高于含畜粪、秸秆高的有机肥。

(4) 钙

含钙高的有机肥较含钙低的有机肥具有明显的抗病作用，进而肥效较高。

(5) 有机肥的腐熟度

未完全腐熟的有机肥对土壤微生物的影响大，特别是对微生物量、区系、密度、拮抗菌等的影响大，进而导致肥效明显；完全腐熟的生物有机肥对土壤微生物的影响小，肥效较差。

4. 有机肥的优势与不足

在未出现化肥的时代，我国传统农业之所以五千年繁衍不衰，与长期施用有机肥料（即农家肥）、培肥地力、把用地与养地有机地结合起来是分不开的。有机肥料属于绿色产品，它的施用有利于农业的可持续发展，在农业生产中有着极为重要的作用。

施用有机肥料的优势在于：a. 肥效持久，营养元素全面，能提供农作物生长所需的常量和微量元素，增加土壤有机质含量，促进土壤团粒结构的形成，增强土壤保水、保肥、通气能力；b. 能促进土壤微生物繁殖，增加土壤中微生物的种类、数量，加速养分在土壤中的分解、积累；c. 能活化土壤养分，增加和更新土壤有机质，结合、固定速效化肥的有效成分，提高化肥利用率，减少化肥的淋溶损失，避免对环境的污染，保护生态；d. 活跃土壤中微生物的新陈代谢，以降解土壤中的有毒物质，使土地保持活力；e. 有机废物既是肥源，又是污染源，充分利用有机肥料，是变废为宝、提高环境质量的有效措施。实践证明，增施有机肥料是培肥土壤、提高地力的一项有效措施。

与化肥相比，有机肥的不足之处在于：a. 有效成分低、肥料用量大、供肥强度弱、肥效释放慢、不易满足作物不同发育阶段对养分的要求；b. 积造费工费时，体积大，不方便运输；c. 不便于采用机械施肥，人工施肥也费工费时，劳动强度大，效率低。因此，有机肥通常需要和速效性的化肥配合施用。

三、有机肥的农业效用

1. 有机肥的改土作用

有机肥对农业土壤的影响主要包括土壤物理性质、化学性质和微生物性质 3 个方面。

(1) 改善土壤结构

我国中低产耕地土壤大致有旱薄土、盐碱土、白浆土、黏结土、冷浸土、砂板土、酸毒土等八大类。在这些土壤中，耕层薄、结构差的占大多数。有机肥是最好的土壤结构改良剂，通过有机肥与土壤的相融，有机胶体与土壤矿质黏粒复合，可以促进土壤团粒结构的形成，从而改善土壤理化性质。施用有机肥对土壤理化性质的改变见表 4-13。四川盆地紫色土区采用的旱地聚土免耕的栽培方法中，十分重视有机肥对紫色土的改良作用，强调聚土时垄基用有机肥垫底，沟内施有机肥强化培肥，通过垄沟互换，实现全土培肥，这样可以克服紫色土旱地耕层薄而且易旱的弱点，有效地加厚土壤结构层，从而提高了紫色土的肥力。新疆有不少绿洲荒漠土壤，由于受次生盐渍化的影响，土壤板结，肥力差，通过实行草田轮作和绿肥、作物倒茬轮作，收到了既脱盐培肥了地力、又增产增收的效果。压田菁鲜草 28.5t/hm^2，小麦增产幅度达 62%，而且第 2 年利用绿肥后，小麦仍可以增产 18%。

表 4-13　施用有机肥对土壤理化性质的改变

处　理	有机质/%	容重/(g/cm)	总孔隙率/%	持水量/%	pH 值
未用有机肥	2.06	1.62	35.1	14.1	5.9
施用有机肥	4.43	1.15	57.8	23.6	7.3
效果对比	增加 115%	降低 40%	增加 60%	增加 67%	酸性降低

改土的堆肥实践证明，有些中低田如质地黏重的胶泥田，养分含量并不见得低，但土壤生产力由于受不良结构制约，施用有机肥料后，土壤腐殖质得到补充和更新，改变了土壤中胶体的性质，土壤干燥过程中板结紧实程度降低，单位体积内的土壤质量减轻，土体的孔隙率提高，相应地改善了土体的通透性能，调节了土体的水、肥、气、热比例，土壤性能变好了，作物产量也得以提高。

(2) 增加土壤养分

有机肥含有作物生长必需的养分，而且各有机肥料品种所含养分各有特点，粪尿类含 N、P 比较丰富，如人粪含 N 1.159%、P 1.59%左右，羊粪含 N 高达 2.01%左右。多数秸秆和绿肥含 K 较多，如水稻秸秆含 K 1.50%以上。不仅如此，有机肥还含有各种微量营养元素，如谷类作物含 B 6～9mg/kg，含 Mn 22～100mg/kg，含 Cu 3～10mg/kg，含 Mo 0.2～1.0mg/kg，含 Zn 15～20mg/kg。有机肥的养分有两个重要特点：一是有机物质吸附量大，许多养分不易流失；二是有机肥养分齐全，易分解，其所含营养元素的含量和配比很适合作物吸收利用。施用有机肥不但补充了土壤养分，同时从养分循环的角度看，还可以使作物从土壤中吸收的营养元素得到再生，减少土壤养分的亏缺。研究表明，水稻秸秆中累积的N量占水稻全株吸收总N量的35%～41%，P、K分别占21%～33%和82%～84%；麦秆N、P、K分别为16%～26%、11%～14%和76%～79%；玉米秆分别为31%、7%和72%。可见，作物吸收的养分，特别是K大都残存于秸秆中。因此，秸秆还田以及施用固氮的豆科绿肥，各种还田的粪尿肥，都增加了土壤养分含量，起到培肥地力的作用。施用有机肥对土壤养分含量的改变见表4-14。

表4-14 施用有机肥对土壤养分含量的改变

处 理	全氮/%	全磷/(g/cm)	碱解氮/%	速效磷/%	速效钾/%
未用有机肥	0.14	0.06	109	8.9	64
施用有机肥	0.19	0.12	154	25.5	107
效果对比	增加34.3%	增加101%	增加41.1%	增加186%	增加76%

施有机肥料在补给土壤养分的同时，还能活化土壤中的养分，如有机肥分解产生的有机酸或某些有机物基团与Fe、Al螯合或络合，减少土壤对磷的固定；有机肥分解，尤其是在淹水条件下分解，可提高土壤的还原性，使Fe、Al成还原态而提高P的溶解度；有机肥料提高土壤微生物活性，增强CO_2在土壤中的渗透，在一定程度上调节土壤的pH值；石灰性土壤施用有机肥后，pH值虽然略微降低，但对固相Ca-P溶解度影响很大；酸性土壤施用后，由于有机肥料含有丰富的盐基离子，又能适当提高pH值，而增加土壤中的P的溶出。研究发现，施用有机肥料，能增加土壤中微量元素如Zn、Mn、Fe等的有效性，补偿作物根际养分亏缺，有助于改善作物的微量营养状况，提高土壤生物活性。

(3) 提高土壤的生物活性

有机肥含有丰富的有机物质，如人畜粪含粗有机物58.15%、厩肥含39.16%、秸秆含84.95%、绿肥含83.18%，为土壤微生物和酶提供了充足的养分和能源，加速了微生物的生长和繁殖，不仅使其数量增加，而且活性提高，这在有机质的矿化、营养元素的累积、腐殖质的合成等方面起着重要作用。在微生物的作用下，有机养分不断分解转化为植物能吸收利用的有效养分，同时也能将被土壤固定的一些养分释放出来。例如微生物能分解含P化合物，使被土壤固定的P释放出来，钾细菌可以提高土壤中K的活性。微生物还能固定土壤中的易流失养分，例如对土壤游离氮的微生物固定。在绿色食品基地北京巨山农场保护地的黄瓜及番茄茬口取土，测定土壤微生物数量，土壤微生物总量的变化如表4-15所列。

表4-15 土壤微生物总量的变化 单位：个/g干土

处 理	黄瓜地	番茄地	处 理	黄瓜地	番茄地
高温堆肥	15.9×10^9	17.8×10^9	化肥	6.69×10^9	4.5×10^9
当地沤肥	7.50×10^9	7.38×10^9			

表4-15表明，化肥区土壤微生物数量最低，随着堆肥时间的延长，其微生物活性（即微生物数量）并不增加，堆肥处理的生物总数较高，而沤肥处理的土壤微生物数量略高于化肥区；由此可见，堆肥处理的确有利于改善土壤微生物学性状。沤肥由于其腐熟程度不高，有效养分较低，培肥效益较差。

此外由于长期施用堆肥，土壤自生固氮菌数量和生物活性都有大幅度增加，因此也就增加了大气氮的固定数量，对提高土壤N元素供应能力有显著的作用。有机肥是酶促作用的基质，土壤有机质含量的增加、酶活性的增强，加速了土壤养分的分解、转化、合成。土壤中动物数量极多，有机肥为其生存和繁殖提供了丰富的养分。土壤动物的旺盛生命活动对有机物的分解及各种化合物的合成也起着极为重要的作用。这些小动物排出的粪便增加了土壤的养分，对改善土壤理化性状、提高土壤肥力方面也有重要作用。

2. 有机肥的增产作用

由于施用有机肥可以改善土壤结构、增加土壤肥力、提供作物全面的营养物质，因此可起到提高作物产量并改善农产品品质的作用。

无论是秸秆还是畜禽粪便或是垃圾和污泥，其堆肥的产品从根本上主要来自植物性产品，因此，堆肥产品从组成和性质上都与作物相类似。在养分组成上适于作物生长的需求，在养分供应方式上能够在时间和空间上与作物吸收和利用同步，在性质上能够提供植物生长所需的生态环境。堆肥中的有机物经微生物分解转化产生的降解物，如维生素、腐殖酸、激素等，具有刺激作用，能促进作物根系旺盛生长，提高其对养分尤其是磷钾元素的吸收能力；同时还可增强作物的光合作用，使作物根系发达，从而生长茁壮，叶片多而宽，干物质积累多，成穗率高，穗部性状改善，产量提高。

有机肥养分全面，既含有多种无机元素，又含有多种有机养分，还含有大量的微生物和酶，具有任何化学肥料都无法比拟的优越性，对改善农产品品质、保持其营养风味具有特殊作用。有机肥含有的多种无机元素能促进作物正常生长发育，使其不易因缺乏某种元素而影响其品质，有目的地使用某种有机肥还可以改善并提高产品的品质风味，例如富含 K 的草木灰、秸秆类有机肥适用于甜菜，可提高其含糖量；种植薄荷施入人粪尿，其中的铵态氮可以促进植株体内的还原作用，增加挥发性油含量。

有机肥含有的各种有机养分，有的可以被植物直接吸收利用，如氨基酸、糖类、核酸分解物等，它们既是作物蛋白质、碳水化合物等的合成材料，又是作物重要的有机 N 源和 P 源，具有特殊的营养效果，对作物的代谢和品质有重要作用。

国内外的许多研究和实践表明，只要有机肥施用得当都有增产作用。日本土壤学会对垃圾堆肥的农业效用所做的评价是堆肥对于水稻一般都有增产作用。施用量大时，稻苗返青推迟，最高分蘖期前的生长虽然受到暂时抑制，但后期叶色转深，生长旺盛，产量高于对照区。对于不同土壤上的旱作物，连施 4 年堆肥，马铃薯和萝卜都有增产作用，施用量大时增产效果明显。

中国农林科学院的研究表明，施用数量适宜的优质堆肥，一般均有较好的增产作用。田间试验结果表明：亩施堆肥 5000kg，配合 20～40kg 化肥，增产效果较好。菜田试验结果表明：堆肥施用于中、低肥力的菜地或新菜地，比施用于肥力高的菜地增产效果更大。因此可认为，堆肥在低洼瘠薄和黏重的土地上尤为适宜。试验还表明，使用堆肥可以提高菜的品质，降低烂菜率，并能提高蔬菜中的 K 和 Ca 的含量，显著降低硝酸盐和亚硝酸盐的含量。南昌市蔬菜研究所徐毅等在蔬菜上施用腐肥，增产 2.9%～57.8%，大白菜含糖量增加 28%，VC 含量增加 3%，番茄糖含量提高 8%，马铃薯蛋白质含量增加了 40.5%。沈阳农业大学土化系牛明芬等的试验证明，给草莓施用经蚯蚓处理过的城市垃圾肥，草莓增产 65.1%～76.4%，品质得到改善，VC 含量提高 16.3%～21.4%，可溶性糖含量提高 11.6%～14.5%。

黄秉嘉报道了在太湖流域的 3 个不同地点进行的为期 4 年、重复 6 次、184 个处理的试验。结果表明，增施有机肥出叶速度快，植株生长量大，发蘖早，分蘖多，光合作用强，增加了物质积累，灌浆强度大，因穗多、粒多、粒重而增产。

3. 增强作物抗逆性

有机肥能改善土壤结构，增强土壤蓄水、保水能力，减少水分的无效蒸发，提高保温效果，从而提高了作物抗旱、抗寒和抗冻能力，使其在恶劣的气候条件下，能较好地保持其内在和外观品质。施用有机肥提高了土壤微生物的活性，增加了抗生物质，促进作物健壮生长，提高抗病性，如能提高小麦抗青死病、大豆抗细菌性斑点病的能力，减轻了病害对作物外观品质的危害。有机肥养分齐全，在作物生长发育期间协调供应大量元素和微量元素，避免了作物因缺乏某种元素而引起的病害，如马铃薯因缺钾而引起的黑斑病，甜菜因缺锌而发生的烂心病等，从而改善了作物品质。

四、有机-无机复混肥的农业应用

1. 有机-无机复混肥的作用原理

有机肥具有养分齐全、肥效持久的优点，但也有其明显的缺点。如堆制与施用费工费时，运输不便；化肥养分浓度高，吸收快，但成分较单一或不齐全，改土效果较差。两者配合施用，则可优势互补，发挥用地与养地的双重作用，既能提高土壤活性、减少化肥养分流失，又能提高化肥利用率、保持地力更新，从而从总体上提高养分的供给率。例如：有机肥具有较大的阳离子交换量，能够有效地吸附和保存化肥中一些易淋失的养分；土壤腐殖质对氨氮的吸附，可显著地减少氨的气态损失；有机肥分解产生的有机酸能提高钙、镁、磷肥中迟效磷的有效性，从而提高了化肥肥效。

有机肥不仅养分完全，供肥持续稳定，而且能改善土壤结构和理化性质，提高土壤肥力，活化土壤养分。有机肥的这些优点，为作物的生长发育提供了协调的水、肥、气、热环境，为高产稳产打下了坚实的基础。但是有机肥肥效慢，养分浓度低；有机肥养分的分解和释放受土壤温度、湿度、微生物活性以及有机肥本身C/N比值大小等诸多因素的影响，因而是比较难控制的预测的；施用有机肥可把作物从土壤中带走的养分再归还土壤，是一种封闭式的物质循环，要大幅度提高作物产量还必须投入新的物质，因而单靠有机肥不能满足大面积大幅度提高作物产量的现代农业的要求。

化肥是近代科学的产物，具有养分浓度高、肥效高、供肥强度大等优点。其致命的缺点是不能为土壤提供大量的有机物质，对改善土壤结构、改善土壤理化性质、增加土壤活性物质等较为不利，由于其养分浓度高，施用不当容易造成肥害，长期大量施用化肥还会降低其肥效，增高成本，造成污染。

把两种肥料配合施用，就能优势互补，扬长避短。有机肥的“容量因子”和化肥的“强度因子”相结合，充分发挥有机物肥养分完全、肥效稳定持久的优点和化肥养分浓度高、肥效快的优势，在重施有机肥的基础上，根据土壤、气候、作物品种以及田间生长的情况，按照缺什么补什么的原则施用化肥，既满足了作物高产稳产的养分需求，又保证了土壤肥力的继续提高。

2. 有机-无机复混肥施用时需注意的问题

（1）有机肥和无机肥的比例

有机物养分的释放是通过微生物的作用来分解的，C/N比既是影响有机物分解过程中氮固定或矿化强弱消长的主要因素，也是调控供氮强度及持久性的有利因素，确定有机肥-无机肥的比例，必须以C/N比为指标，根据C/N比与供氮状况的关系来确定，同时，还要考虑土壤的质地和黏土矿物的种类以及腐殖质的含量等因素。凡是质地较重、黏土矿物以蒙脱石或伊利石为主，以及腐殖质含量较多的土壤，则有机肥比例可适当少些；反之，土壤质地较轻、有机质含量较少，可适当增加有机肥的比例。但是对于酸性红、黄壤，虽然土壤质地较黏重，由于黏土矿物以高岭石及水化氧化铁等为主，有机质含量一般很少，宜多施有机肥料，以改善土壤结构，提高团粒比例，增加土壤的保肥性，提高土壤肥力及化肥利用率。目前，在我国还没有制定以有机肥为主的配方肥国标，应根据各地情况酌情制定。

(2) 根据不同作物确定N、P、K的合理配比

有机-无机复混肥的供氮过程比较稳定，供肥强度与持久性较为协调，与作物生长各时期的需肥规律较为适应，而且其中的P、K有效性多，不易被固定。但是，不同作物及同一作物不同生长阶段，对营养元素的需求是不同的。如油菜、棉花、花生、小麦等需N肥较多，早稻需P肥较多，晚稻特别是杂交稻对钾素敏感。由此可见，只有根据不同作物进行N、P、K的合理配比，才能同时满足各种作物对C、N营养的需要，从而更好地协调作物的营养生长和生殖生长。一般来说，作物复混肥的N、P、K合理配比应根据土壤检测及田间试验结果来确定。

(3) 补充作物所需的微量元素及有益元素

根据土壤检测结果，补充土壤所缺而作物所需的微量元素及有益元素，但必须考虑到元素间的相互作用。例如：Ca对多种元素有拮抗作用，若土壤富Ca，则易诱发缺B、Zn、Mg；而高P则可诱发缺Zn；过量的Ca肥和K肥都会加重植株的缺B症状，而N肥和K肥同时施用，会使缺Cu症状减轻。由此可见，要补充微量元素，必须考虑到元素间的协同作用和拮抗作用，保持养分平衡，提高养分的利用率。另外，对于禾本科作物，还必须添加诸如Si等有益元素，有利于改善植株通气组织，增加细胞壁厚度，提高抗病能力。

(4) 适量添加调理剂

调理剂通常具有黏结、润滑和防潮等功能，并具有调节土壤pH值、提高化肥利用率、改善土壤理化性状等作用。黏土矿物中的沸石、硅藻土等具有黏结、增强原粒硬度、调节供肥强度和持久性等功能，是一种较好的调理剂；此外，钙粉、MgO中含有Ca、Mg元素，既能补充土壤中的营养元素，又能增强黏结力，并具有防潮功能，也是一种很好的调理剂。

3. 有机-无机复混肥配方的设计

利用熟化堆肥作基料生产有机复混肥的技术关键在于养分配方，包括N、P、K配比以及微量营养元素的补充调节。如何根据农作物种类和土壤类型进行有机复混肥养分比例调配，以期调节土壤、作物之间养分供求关系的平衡，满足不同作物和不同土壤类型对养分的需求。这固然要缜密进行养分合理配方的设计，而更重要的是要经过几个点验证，以便优化配方，切忌片面性或缺乏针对性，特别是微量营养元素的补充调节更应慎重。虽然微量营养元素对作物产量和质量影响很大，在有机复混肥中加入适量微量元素可以提高肥效，但因为作物对微量元素的需求量较低且敏感，因此加入量应适量和安全，必须适于土壤和作物的需求，否则适得其反，造成不良后果。养分配方设计应该根据作物品种、根系分布、吸收能力和土壤结构、pH值、水分、有机质、养分数量、养分存在形态以及有机复混肥的特点，确定土壤-作物的供求关系，然后拟定设计方案。养分配方有两种类型：一是通用型（普广型）配方；二是专用型配方。

(1) 通用复混肥配方

通用复混肥配方的应用对象是某一地区对养分（主要指N、P、K）需求差异不太悬殊的多种主要作物。例如在广东，水稻、叶菜类、桑、林木一类作物，应用11∶3∶7或10∶2.5∶6的通用配方，均有较好效果。多年实践表明，有机复混肥使用范围较广，在等N或

等重施用条件下，增产效果比一般无机复混肥高而成本降低。在某些情况下（砂质土、瘦土）施用时，甚至还优于专用型无机复混肥。利用熟化堆肥配制有机复合肥时，可采用普广型配方。堆肥和添加剂可按上述比例进行调配来研制高效有机复混肥。由于腐熟堆肥含有机质高，利用这种通用配方可达到供求平衡，同时其中腐殖酸铵有助于农作物和林木的生理调节作用。

通用型复混肥配方的养分设计举例见表4-16。表中列出了一些主要的容易获得的原料，从中可对化肥原料和废物原料数量和比例有一个具体的认识。各地可按原料的价格和丰缺情况做适当调整。例如亚法滤泥、泥炭都可以代替或部分代替糠醛渣，蔗渣可用谷壳、棉秆、剑麻渣或畜禽粪代替，普钙可用部分钙镁磷代替。若制高浓度复混肥，普钙宜用磷铵代替或部分代替。某些原料中以三要素含量较高的鸡粪、酒精废液浓缩物为主时，化肥的用量需相应减少。上述例子未给出调理剂，是因为调理剂加入量小，可以按主要原料种类和比例以及当地土壤条件而定。调理剂加入量可从有机或无机原料（蔗渣、滤泥）中减除。

表4-16　通用型复混肥配方的养分设计举例

肥料类型及养分比例	原料百分比/%										
	尿素	硝铵	磷铵	普钙	硫酸钾	氯化钾	浓缩液	滤泥	蔗渣	云石粉	粉煤灰
通用型(11∶3∶7)（稻、菜、桑）	23.5		—	21	—	11	20	6	10.5		10.5
烟(9.0∶5.4∶16)	9.6	10	8	15	25	5.8	—	10	7.4	5	5
茶(14∶2.9∶3.0)	30.4			21		5		20	10		9
甘蔗(11∶3∶9)	24			21		15		15	15		10
香蕉(9∶2.4∶15)	18		4	4		25	10	10	19	5	5
花生(9∶3.5∶8)	19.5			25		13	10	10	10	8	5.5
叶菜(11∶3∶7)	16.5	10		21		11		20	10	7	7
番茄(10∶3∶9)	21.7			21		15		20	8	10	2.3

通用配方P的含量及比例均低于一般的无机复混肥。其原因是：有机复混肥中P的活性较高，过多P反而会降低Zn等元素的有效性。而且实践表明，这一比例及用量，效果相当好，即使在红壤上施用，也不会出现P不足的现象。与P相比，N的比例相应要高些。氮肥的利用率较无机复混肥高，多年实践表明，适当提高N的比例，肥效更好。这可从两方面来解释：一是有机复混肥的供肥平衡，波动小；二是有助于形成具有生理调节作用的腐殖酸铵。

在通用型复混配方中，适当配施一些其他肥料，有更大适应范围和更好效果。例如对幼龄茶和林木作基肥施用时，可适当加些磷肥，效果更好。对成龄茶，则可加大N比例。对挂果期的果树，宜加施一些钾肥。

（2）专用复混肥配方

专用型配方完全是针对某些土壤-作物供求关系中对N、P、K有较特殊需求，或者某类土壤生长的农作物或林木出现缺素症，而对某种微量元素有特殊需求所拟定的养分配方。这类养分配方设计是针对某些作物品种和土壤类型的，用以调节这些作物与土壤的供求平衡，满足作物生长所需，针对性明显。例如香蕉和烟草对K的需求很高，对N的供应需有一定的限制，防止质量受损。而茶对N的需求量很高，对P、K则需控制在一定范围内。一般的通用肥难以满足其特殊需求。另外，这类作物经济价值高，也是配置专用肥的一个重要原因。表4-17列出了一些有代表性作物的专用配方。

表 4-17 一些有代表性作物的专用配方

项目	水稻	小麦	棉花	白菜	球甘蔗	甘蔗	花生	大豆	香蕉	甘薯	黄瓜	烟草	苹果	柑橘
N	3	3	3	2	3	3	5	4.7	1	1	3	2.5	2	3
P_2O_5	1	1	1	1	1	1	1	1	0.2	1	1	1	1	1
K_2O	2	3	3	2.6	4	4	3	1.6	3.7	2.5	9	3.5	2	5

表 4-17 反映了作物对 N、P、K 三要素的吸收特性，可供专用肥配制及使用参考。利用熟化堆肥配制专用型有机复合肥的 N、P、K 配方设计可参考此表，还要考虑土壤中 N、P、K 的流通量。

表 4-17 中所列的作物吸收三要素比例是确定专用肥三要素配比的参考依据。但应注意，上述比例是比较粗放的，还会随不同经济产量、不同的生长期和品种而有变化。例如，棉花的经济产量在每公顷产皮棉为 750kg、1125kg、1500kg 时，对三要素的吸收比例分别是 2.8∶1∶2.4、3.1∶1∶3.1 和 2.9∶1∶2.9；施肥的三要素比例为 1.6∶1∶1.5、2.2∶1∶2.5 和 1.4∶1∶2。多年生作物如苹果、柑橘，幼年树对三要素吸收比例为 1∶2∶1，与成年树 2∶1∶2 不同。不同地区不同单位的研究材料也有相当差异。

豆科这类根瘤固氮的作物，对氮的需求有一半由根瘤供给，因此，在指定施肥三要素时需减少氮肥的比例。对耐某元素缺乏的品种，施该种肥的比例要适当减少。作物根系的类型和密度以及根系盐基交换量（CEC）对养分吸收也有很大影响。例如，同体积土壤中玉米可吸收 47%交换性 K，而洋葱仅可吸收 6%。同样，黑麦吸 K 速率比白三叶草快 2～5 倍。根系 CEC 小的作物对吸收 K 有利，所以需按照养分的生物有效性作调整。禾谷类作物须根发达，能吸收间层 K，且 CEC 较低，本身对 K 需求并非特别高，故这类作物的专用肥中 K 的比例可适当减少。

专用肥配方的特殊性不仅表现在三要素比例及其形态，如氮肥的硝态、氨态，而且还表现在中、微量元素的调节。例如，叶菜类蔬菜的三要素与通用型类似，也是 11∶3∶7。但需要考虑加入 Ca、Mg、S 较多，故以这类原料取代了酒精废液浓缩物，或可部分取代之。又如番茄的需 Ca 量甚高，可达 5%以上，比 N 的需求量还高，且是对 Mg 缺乏最敏感的作物之一，故需加大云石粉等原料用量或加入适量镁盐。有些粉煤灰含 B 较高，故对于十字花科一类需 B 的蔬菜尤应加大其用量。当然，加入这类废物原料，还需同时考虑其理化性质的变化是否合乎商品肥的要求。实践表明，通过废物原料徐徐不断地补充中、微量元素可维持土壤-作物养分供求平衡，对于减少作物的生理性和病原性病害，效果明显。

专用肥养分的配方设计，除了需考虑作物种类、品种和土壤状况外，还需考虑不同生育期、不同季节时作物的养分需求变化。对于某一作物，因不同季节和不同生育期可能需几种专用肥。因此，专用肥品种可能很多，这对厂家生产管理和市场销售会带来不利影响。例如，某一专用肥使用范围太窄，可能会积压。为此需根据产品销售范围的作物类型及其面积，确定几种基本的在一定范围内可通用的专用配方。例如，果树和茄果类蔬菜的专用肥可以考虑通用。在确定专用肥品种时，还需考虑该作物的经济价值和面积。例如，对丘陵区荔枝这一大经济作物，有必要考虑配制荔枝专用肥。在连片种植甘蔗的地区，如广东雷州半岛应配制甘蔗专用肥，可考虑按生育期的不同和土壤类型的不同配制相应的专用甘蔗肥。

综上所述，有机-无机复混肥配方的设计，应该根据作物吸肥特点和特性，土壤养分含量及有关理化性质、气候条件、复混肥的特点、不同生育期和不同季节时作物的养分需求变化、当地的施肥习惯等因素而定，并需经多点验证，完善后才能定出较优化的配方，仅仅按作物吸肥的比例或按土壤养分状况而定出配方，往往有片面性。根据作物种类、种植面积及季节，可定出几种基本专用肥配方。在一定条件下，把不同基本专用肥按一定比例相互组合，可得到更多种类的专用肥，这不仅有利于生产管理和更好地适应市场变化，而且对于提高肥效也有较好作用。

五、有机肥的生产

1. 有机肥的原料与发酵方法

有机肥生产的原料主要有由禽粪（鸡、鹌鹑、鸽子、鸭、鹅等）、畜粪（猪、羊、牛等）、其他动物粪（兔、蚕、海鸟、蚯蚓、虫等）、秸秆、饼粕、草炭、风化煤、农产品加工废弃物（食用菌渣、糠醛渣、骨粉等）。

有机肥的生产工艺一般包括原料前处理、接种微生物、发酵、干燥、粉碎、筛分、包装、计量等。

有机肥的配料方法因原料来源、发酵方法、微生物种类和设备的不同而各有差异。配料的一般原则是：在总物料中的有机质含量应高于30%，最好在50%～70%；C/N比为(30～35)∶1，腐熟后达到(15～20)∶1；pH值为6～7.5；水分含量控制在50%左右为宜，但在有些加菌发酵方法中可调节到30%～70%。

有机物料发酵腐熟的方法及其效果与所采用的发酵工艺和设备紧密相关。一般包括三种。

1）平地堆置发酵法　在发酵棚中将调配好的原料堆成宽2m、高1.5m的长垄，10d左右翻堆一次，45～60d腐熟。

2）发酵槽发酵法　发酵槽为水泥、砖砌造，一般每槽内空长5～10m、宽6m、高2m，若干个发酵槽排列组合，置于封闭或半封闭的发酵房中。每槽底部埋设1.5mm通气管，物料填入后用高压送风机定时强制通风，以保持槽内通气良好，促进好氧微生物迅速繁殖。使用铲装车或专用工具定期翻堆，每3d翻堆一次。经过25～30d发酵，温度由最高时的70～80℃逐步下降至稳定，即已腐熟。

3）塔式发酵厢发酵法　发酵厢为矩形塔，内部是分层结构，上下通风透气、体积可大可小。多个塔可组合成塔群。有机物料被提升到塔的顶层，通过自动翻板定时翻动，同时落向下层。5～7d后下落到底层，即发酵腐熟，由皮带运输机自动出料。

在实践中应用的发酵微生物往往是由酵母菌、真菌、细菌和放线菌等所组成的一个复合菌群，它们一般是通过从自然界中分离、纯化得到。影响发酵的主要环境因素有温度、水分、C/N比和pH值。在工厂化发酵中，可通过人为调控，为好氧微生物活动创造适宜的环境，促进发酵的快速进行。

2. 有机肥的生产实例

天津市盐碱地生态绿化工程中心开发的盐碱土专用有机肥在本市盐碱地进行了植树、种植蔬菜、花草等大量的试验，结果表明，增产效果平均达到30%以上，每公顷增产蔬菜10t多；且具有显著的脱盐改碱的效果，脱盐率增加32%，碱化度降低11%，减少了城市和郊区的污染源。该肥在国内尚属独家生产，专家鉴定该技术水平达国内领先。

四川神工环保公司开发了一种含氨基酸的有机复合磷肥。它是由磷矿石、堆肥、蛋白质、浓硫酸以及水混合化合而成，该肥料中含有大量的有效活性菌和氨基酸、有机质、微量元素等营养成分，能够改善土壤的养分状况，提高土壤供肥能力，为农作物提供较全面的多种营养成分，可提高作物产量、改善农产品品质，增强作物的抗逆性和对不良环境的适应能力，同时完成了有机质资源的回收再利用。

张显军等以农村丰富的原料来源为基本配方，生产出的一种高效、全量营养的粉状、粒状和液体生物有机肥及生物半有机肥，它富含 N、P、K 和多种中、微量元素、有益元素等。可全部代替化肥，避免或减少农作物病虫害的发生，改善土壤结构、培肥地力，使粮食、瓜果、蔬菜等农作物明显改善品质和提高产量 20%～25%，使农作物早熟 10～20d，用于无公害的AA级、A级绿色食品和普通食品的生产，可满足发展高效农业、生态农业、可持续农业发展的需求。

吉林大学开发出一套利用生物工程技术转化生活垃圾为高效生物有机肥的技术，及在处理过程中使用的发酵地罐与高效生物发酵剂。发酵制剂由绿色木霉、放线菌、酵母菌、地衣芽孢杆菌组成，经处理的垃圾在由排空管、箱体、测温管护管、出气管、进气管、排污水管、盖托架组成的发酵地罐中进行发酵后，进熟化池，筛选、磁选、粉碎与复合生物菌剂混合，即得高效生物有机肥。

3. 商品有机肥生产情况

20 世纪 80～90 年代，为了消除传统有机肥养分含量低、堆制难、产品与生产环境差、生产费时费工、劳动强度大等诸多缺陷，国内开展了大量的攻关研究，从而促进了商品有机肥工业化生产的发展。20 世纪 90 年代中后期，随着有机肥工业化生产技术的开发和推广应用，商品有机肥料的生产与利用得到了快速的发展。同时，农业部实施的“沃土工程”及发展“绿色食品”和推行“无公害农产品”行动计划，也进一步推进了有机肥料产业的进程。

我国商品有机肥的生产原料主要来源于养殖场的畜禽粪便，2008 年全国共有商品有机肥企业 3021 家，年设计总能力 4.42×10^6t，年实际生产总量 2.488×10^7t，分别占规模化养殖畜禽粪便总量的 6.11%和 3.21%。其中，年产量大于 1×10^5t 的企业 81 家，产量在 2×10^4～1×10^5t 之间的企业 478 家，共占企业总数的 18.5%；绝大多数企业的年产量在 2×10^4t 以下。

我国商品有机肥企业的产品主要是有机肥，其次是有机无机复混肥和生物有机肥（见表 4-18）。其中，有机肥企业 1723 家，占总数的 57.0%；有机无机复混肥料企业 1011 家，占总数的 33.5%；生物有机肥企业 270 家，占总数的 8.94%。总的来说，2008 年商品有机肥的实际生产量为 2.488×10^7t，仅占总设计生产能力的 52.5%。其中，有机肥生产量 1.115×10^7t，占生产能力的 49.5%，有机无机复混肥用量 9.2×10^6t，占生产能力的 46.9%，生物有机肥用量 3.45×10^6t，占生产能力的 83.6%，说明商品有机肥企业普遍开工不足，商品有机肥市场有待进一步拓展。

表 4-18　2008 年全国商品有机肥料生产企业数及有机肥生产量

有机肥企业类型	企业数/个	年设计能力/10^4t	年生产量/10^4t
有机肥料	1723	2251	1115
有机无机复混肥料	1011	1961	920
生物有机肥料	270	412	345
其他	17	118	108

4. 有机肥生产的发展趋势

为促进农业可持续发展，农业部在 2015 年 3 月出台了《到 2020 年化肥使用量零增长行动方案》。2015年8月，财政部、海关总署和国家税务总局印发了《关于对化肥恢复征收增值税政策的通知》，规定对纳税人销售和进口的化肥，统一按13%税率征收增值税，意味着有机肥将继续享受增值税免税的优惠政策。

随着人们对无公害农产品需求的不断增加和可持续发展的要求，增施有机肥、少施化肥、加快农业有机废物的无害化、资源化利用已成为21世纪农业生产的主流和方向。可以预测，有机肥是未来农业生产发展不可缺少的肥料品种，通过高效微生物菌的进一步选育，有机肥原料的科学配方、处理工艺、生产工艺及施肥技术的不断完善，有机肥的肥效将得到进一步提高，成本将进一步下降，经济收益和社会效益会更加明显。有机肥的发展趋势如下。

1）规模化和商品化　随着有机肥农用价值的日益凸显，它的生产将逐渐由小型、分散的作坊式，走向大型、集中的工厂化生产；绿色农业的发展也推动着其机械化、规模化和自动化程度的日益提高，并且由于原料加工处理技术、生产装置设计和产品复配技术的不断完善，其商品化程度也会逐步加强，从而可实现由有机废物直接获得商品型有机肥。

2）复合化和高效化　颗粒化的复混肥作为一种能同时提供多种营养成分的肥料，具有养分均衡、使用方便、便于运输等优点。复混肥中有机和无机成分相结合的方式，不仅可以以无机促有机，而且可以以有机保无机，减少了肥料中养分的流失，同时也可利用有机质改良土壤。今后，有机肥的高效化方向是在有机肥基料的基础上，生产用量小、肥效高的有机-无机复混肥、磁性有机肥、微生物有机肥等高级肥料。

3）规范化和洁净化　受到传统农用肥堆制工艺的影响，有机肥的生产中的原料种类、发酵过程、工艺流程和成品精制等工序还远未实现规范化；另外，随着堆肥卫生标准的提高，实现有机肥的洁净化生产，防止生产中的二次污染势在必行。

第五节　农产品加工废物的堆肥

一、蔬菜废物的堆肥

1. 蔬菜废物的特性

随着农村产业结构的调整和人民生活水平的提高，蔬菜作物的种植在农业中的比重越来越大，由此产生的蔬菜及其加工废物也日益增多，这已成为影响城市和乡村的环境问题。

蔬菜废物具有高含水率、高营养成分和基本无毒害的特性。表4-19是一些蔬菜废物的含水率和营养元素分析。可以看出，蔬菜废物的含水率通常在90%左右，以干基计算含N 3%～4%、P 0.3%～0.5%、K 1.8%～5.3%，其营养成分与常用的天然有机肥相当。正常种植的蔬菜废物除了部分发生病虫害的蔬菜组织之外，不含其他的有毒有害物质。

表4-19　一些蔬菜废物的含水率和营养元素分析（干基）

蔬　菜	含水率/%	全氮/%	全磷/%	全钾/%
白菜	92.22	3.412	0.564	4.403
莲花白	89.91	3.667	0.296	1.577
西芹	92.75	3.959	0.667	4.998
生菜	93.93	3.561	0.470	5.369
青花	88.68	3.998	0.346	1.851

蔬菜废物的产生地主要集中在种植田地和蔬菜加工交易场所中，不易和生活垃圾等混合，可以实现单独收集处理。而如果将蔬菜废物简单按照一般生活垃圾的方式进行处理处置，成本高昂，而且在某种程度上是资源浪费。美国马萨诸塞州的一项统计表明，连锁超市在经营过程中产生的蔬菜和水果等剩余废物，如果运往卫生填埋场填埋，成本约为 90 美元/t，而如果和农场合作将蔬菜、水果废物用堆肥方法生产有机肥料，处理成本只需约 50 美元/t。由此可见，如果针对蔬菜废物的特殊性质来寻找蔬菜废物污染问题的解决方案，将能以更低廉的成本达到更好的处理效果。

2. 蔬菜废物的堆肥工艺

与其他有机废物相比，蔬菜废物具有较明显的特殊性质。国外研究表明，好氧堆肥、厌氧消化以及厌氧-好氧联合处理等这些传统方法，在针对蔬菜废物的特性进行专门设计后，都能得到一定的处理效果。但考虑我国农业生产方式和气候特点，这些方法从处理成本、处理量以及产物质量等方面，都还不能完全满足我国解决蔬菜废物污染问题的需要。接种微生物自然堆沤处理法提出了分散处理蔬菜废物直接还田回用的新思路，如果能最终获得成功，将是一种能符合我国国情的低成本、高效处理蔬菜废物的方法。

(1) 好氧堆肥工艺

由于高含水率和植物组织中原有的微生物群落特点，蔬菜废物的好氧堆肥需要以下条件。首先，必须将蔬菜废物和各种膨松物质混合，以增加孔隙率，降低含水率并防止堆肥物料过度塌陷。Haggar 提出，在堆肥物料中添加 40%的干草作为调节剂。其次，应该通过连续通气和翻堆防止局部厌氧状态的发生。再次，应在初始物料中混入已经腐熟的堆肥产品作为微生物接种剂，加速高温阶段的启动。Vallini 认为，添加 15%的木屑和 5%的堆肥产品则可以达到较理想的效果。

对蔬菜废物进行好氧堆肥处理是一种有效的方法，所需设备比较简单，可以根据应用地区的气候特点因地制宜进行设计，产品经过高温阶段去除病虫害，是比较理想的有机肥料。对蔬菜废物进行好氧堆肥处理的不足在于，由于纯蔬菜废物含水率过高，必须添加膨松性的填充物质调节含水率，造成成本升高，处理效率降低。

(2) 厌氧消化工艺

厌氧消化是指在厌氧微生物作用下，有控制地使废物中可生物降解的部分趋向稳定的生物化学过程，它的最大优点是可以回收沼气能源。对于一般的固体废物，如果进行厌氧处理，则需要采用高固体厌氧方法工艺（固体含量在 30%左右），运行条件较为苛刻，工艺不容易掌握。但是对于蔬菜废物来说，由于高含水率这一特点已经符合一般厌氧处理的固体含量（10%左右）。可见厌氧消化处理可能成为蔬菜废物的理想途径，因为这种方式可以不经预处理就能实现比较完全的废物稳定化和能源回收利用。

Weiland 等设计了单步法和双步法厌氧发酵处理蔬菜废物的中试装置。单步法和双步法都设有完全充满式的机械混合反应器，这种反应器的顶部和底部均为圆锥形。单步法的消化反应器体积为 $6m^3$。双步法的第一个体积为 $2.5m^3$ 的反应器用于废物的水解和酸化，然后连接一个 $1m^3$ 的甲烷反应器进行产甲烷反应。单步法、双步法厌氧消化处理蔬菜废物工艺流程如图 4-27 和图 4-28 所示。研究表明，当物料 C/N 比 <10、COD 负荷达到 $3kg/(m^3 \cdot d)$ 时，单步法失效，这是由于氨积累产生的毒性造成挥发性有机酸堆积，使微生物不能适应。而双步法产甲烷反应器中微生物含量更高，污泥龄更长，微生物对氨积累有更强的适应性，可以适应高达 $10kg/(m^3 \cdot d)$ 的 COD 负荷。

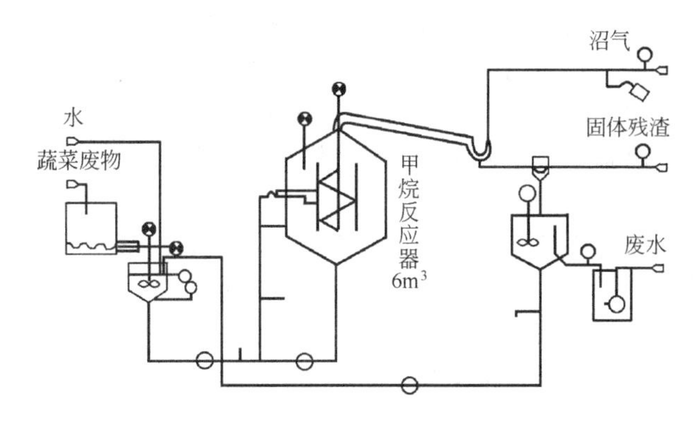

图 4-27　单步法厌氧消化处理蔬菜废物工艺流程

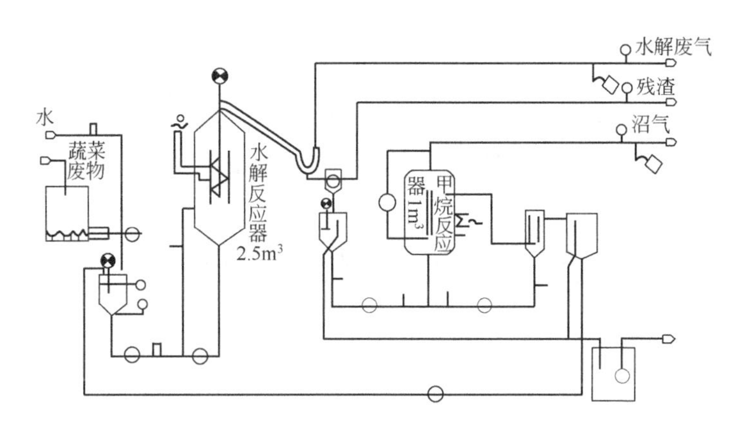

图 4-28　双步法厌氧消化处理蔬菜废物工艺流程

厌氧消化处理蔬菜废物技术虽然具有生产周期短、能同时实现废物的稳定化和能源化应用的特点，但设备比较复杂，需要工厂化运作，还有最终的废水、废渣处理问题，因此其只适合于大型连锁超市或者食品加工企业蔬菜废物的集成化处理。

（3）厌氧-好氧集成处理工艺

厌氧-好氧联合处理城市有机固体废物或者蔬菜废物的方案是由 Cecchi 等提出的。他们认为，由于单纯厌氧处理的产物直接用于土壤改良仍有一定生物毒性，因此，应该通过对产物进行好氧堆肥处理使其应用更加安全可靠。

厌氧-好氧集成处理工艺结合了好氧方法和厌氧方法的优点，能够达到最佳的处理效果。研究结果表明，首先，该技术彻底消除了产物的生物毒性，通过 Cress 发芽试验，分别在堆肥处理 7d 和 28d 后，10％和 30％浓度的产物浸出液发芽指数已经高于 60，表示生物毒性已经消失。其次，厌氧消化产物进行好氧堆肥，解决了单纯厌氧反应的废渣和废水问题，避免了二次污染。另外，在消化过程中可以回收部分沼气作为能源。但是，同时需要建立好氧和厌氧两套系统，在设备和运行成本方面都不具有优势。

（4）接种微生物自然堆沤处理工艺

上述几种工艺均需一定的投资建设成本，而且对具体操作、运行管理都有相应的技术要求，这对于在我国广大的农村地区推广来说，存在相当大的难度。而接种微生物自然堆沤处理工艺则有可能克服上述缺点。这一方法的思路是，在广大农村地区设立成本低廉的农户型双室堆沤池，农民只需将蔬菜废物堆放于池中，并按操作规程添加微生物菌剂，加速有机质分解液化，即可将液化沤肥产品作为液肥使用。

实验室研究表明，通过接种纤维素分解菌，能够加速蔬菜废物向液态肥料的转化。对蔬菜混合物的自然堆沤模拟小试表明，通过接种系列纤维素分解菌株，在自然堆沤14d后，接种菌液的材料在液化程度（以固体残留率表示）和液肥营养物质含量等方面，都明显优于对照组合；经检测，其可溶态N、P达到了一般化肥稀释喷施液的浓度。这一方法如能在现场试验中获得成功，将具有广阔的应用前景。

目前，这项技术所需解决的问题是，由于在自然堆沤状态下，堆温上升不明显，不能有效地杀灭堆料中的致病菌。因此有必要进一步研究沤肥产品的生物毒性和致病性等指标。另外，从方法上可以通过化学法（如氧化杀菌法）、物理法（如太阳能加热灭菌、微电解杀菌等）和生物学方法（农用抗生素、微生物杀虫剂等）对沤肥产品的病虫害防治进行研究。

二、秸秆堆肥

我国年产农作物秸秆$7\times10^8\sim1\times10^9$t，秸秆中含有大量有机质、氮、磷、钾和微量元素，是农业生产中重要的有机肥源之一。几种作物秸秆中的有机成分与元素成分见表4-20。研究表明，每100kg鲜秸秆中大约含N 0.48kg、P 0.38kg、K 1.67kg，相当于2.4kg氮肥、3.8kg磷肥、3.4kg钾肥。

表4-20　几种作物秸秆中的有机成分与元素成分　　单位：%

种　类	灰分	纤维素	脂肪	蛋白质	木质素	N	P	K	Ca	Mg	Mn	Si
水稻	17.8	35.0	3.82	3.28	7.95	0.60	0.09	1.00	0.14	0.12	0.02	7.99
小麦	4.30	34.3	0.67	3.00	21.2	0.50	0.03	0.73	0.14	0.02	0.003	3.95
大豆	1.80	35.4	2.02	4.70	20.4	1.93	0.03	1.55	0.84	0.07	—	—
油菜	6.20	30.6	0.77	3.50	14.8	0.52	0.03	0.65	0.42	0.05	0.004	0.18

秸秆作为有机肥料还田利用方法有三种：高温堆肥、秸秆直接还田和生化快速腐熟技术制造优质有机肥。

1）高温堆肥　高温堆肥是利用夏秋高温季节，采用厌氧发酵沤制的一种传统积肥方式，其特点是时间长、受环境影响大、劳动强度高、产出量少、成本低廉，目前农村已很少采用。

2）秸秆直接还田　秸秆直接还田是近年来的推广项目，采用秸秆还田机作业，机械化程度高、秸秆处理时间短、腐烂时间长，是用机械对秸秆进行简单处理的方法。由于碎秸秆在土壤里不能很快腐烂，影响犁耕和旋耕作业，不利于小麦的播种。近年来，多次发生将粉碎秸秆烧掉的事情，既达不到秸秆还田的目的，又增加了农业成本，还污染了环境。

3）生化快速腐熟技术　生化快速腐熟技术制造优质有机肥，是一种应用先进的生物技术，也是将秸秆制造成优质生物有机肥的先进方法，在国外已实现产业化。其特点是：用高新技术进行菌种的培养和生产，用现代化设备控制温度、湿度、数量、质量和时间，经机械翻抛、高温堆腐、生物发酵等过程，将农业废弃物转换成优质有机肥。它自动化程度高（生产设备1人即可操纵）、腐熟周期短（4～6周时间）、产量高（一台设备可年产肥料$2\times10^4\sim3\times10^4$t）、无环境污染（采用好氧发酵无恶臭气味）、科学配比肥效高。目前，秸秆生化制有机肥生产中的菌种培养、设备制造、生产工艺等全过程技术趋于成熟。

根据制肥工艺的不同，秸秆制肥设备主要有以下2种。

① 全液压或机械式翻抛设备：目前主要有拖拉机改装式翻抛机和自走式全液压翻抛机，它将秸秆露天堆放成条形，翻抛机一边行走，一边将条状原料翻抛。该设备能

一次完成翻抛、喷洒水或菌种、行走等作业，而且工作高度、行走速度、翻抛机构转速可调。

② 罐状连续发酵制肥设备：采用大型发酵罐，将秸秆按顺序装入罐中，用电子监控设备控制罐内的温度和湿度，创造有利于生物菌种繁殖的环境，进行生物发酵，实现有机肥的连续生产。

三、利用糠醛渣生产糠肥

糠肥的原料，除了氮肥、磷肥、钾肥外，主要为糠醛渣，取自蔗糖厂糠醛车间，含粗有机质95%、腐殖质总量为30%以上、含氮0.5%、五氧化二磷0.1%、氧化钾1.4%。把适量添加剂与商品氮肥、磷肥、钾肥按一定比例混合，然后进入造粒机进行造粒。造粒方法可用挤压造粒。由于挤压造粒不像转筒造粒机用蒸汽加热，挤压造粒机可用水进行降温，不会使有机质分解。此外，糠肥还可以用打砖机械制成不同规格的块状肥料，作为果树的专用肥料。用糠肥制复混肥的其他工艺设备与晒盐硝皮制复混肥完全相同。

通过用糠肥与花生饼、进口复混肥进行菜、水稻等作物等价试验，即施用成本相同的肥料进行比较，结果表明：糠肥对蔬菜的肥效优于花生饼；在与其他肥料相同质量条件下比较，糠肥的增产、增收更为显著；糠肥与复混肥配合使用，效果与复混肥接近；在基础肥力低的红壤中，糠肥对水稻的增产明显，表明糠肥的优越性在瘦瘠的土壤上更明显。因此，在低产田上施用糠肥，对于提高我国粮食产量，具有较高的价值。通过调整糠肥中N、P、K比例及施用量，可进一步提高其肥效和经济效益。

四、沼气发酵余物的利用

在厌氧条件下，各种农业废物和人畜粪便等有机物质经过沼气发酵后，除碳、氮组成沼气外，其他有利于农作物的元素N、P、K几乎没有损失。这种发酵余物是一种优质的有机肥，通常称为沼气肥。其中，沼液称为沼气水肥，沼渣称为沼气渣肥。沼气肥与其他有机肥主要成分比较见表4-21。

表4-21 沼气肥与其他有机肥主要成分比较

肥料	成分/%				
	有机质	腐殖酸	全氮	全磷	全钾
沼气水肥	—	—	0.03～0.08	0.02～0.06	0.05～0.1
沼气渣肥	30～50	5～20	0.5～1.5	0.4～0.6	0.6～1.20
人尿粪	5～10	—	0.5～0.8	0.2～0.4	0.2～0.3
猪粪	15	—	0.56	0.4	0.44

可见，沼气肥的有机质含量比人粪尿高5～6倍，氮素比例也略高。水肥中可溶性养分多，但含量较低。渣肥的养分含量高，含有丰富的有机质和较多的腐殖酸。沼气肥具有原料来源广、成本低、养分全、肥效长、能改良土壤等特点。

1. 沼液的利用

沼液是一种速效肥料，适于菜田或有灌溉条件的旱田作追肥使用。沼液可随水灌入田内。因沼液中的氨态氮易挥发，尽量在傍晚时灌溉。旱田施后要及时覆土。也可用氨水施肥机、氨水犁将沼液直接深施入土层内，以减少肥分损失。除用机械施用外，还可将沼液装入氨水袋、粪箱或抗旱水箱里，并在粪箱或水箱后面安装好开关和喷水管，用手扶拖拉机牵引，在耕地前普遍喷洒，然后起垄、播种，既省工，肥效也高。每亩用量为1000～1500kg。长期施用沼液可促进土壤团粒结构的形成，使土壤疏松，增强土壤保肥保水能力，改善土壤理化性状，是土壤有机质、全氮、全磷及有效磷等养分均有不同程度的提高，因此，对农作物有明显的增肥效果。

用沼液进行根外追肥，或进行叶面喷施，其营养成分可直接被作物茎叶吸收，参与光合作用，从而增加产量，提高品质，同时增强抗病和防冻能力。对防治作物病虫害很有益，若将沼液和农药配合使用则会大大超过单施农药的治虫效果。

2. 沼渣的利用

沼渣含有较全面的养分和丰富的有机物，是一种缓速兼备又有改良土壤功效的优质肥料。连年施用沼气渣肥的试验表明，使用沼渣的土壤中，有机质N、P含量都比未施沼渣肥的土壤均有所增加，而土壤容重下降，孔隙率增加，土壤的理化性状得到改善，保水保肥能力增强。施用沼渣肥后土壤理化性状的变化见表4-22。

表4-22 施用沼渣肥后土壤理化性状的变化

类别 \ 项目	酸碱度(pH值)	有机质/%	含量/%			有效量/(mg/kg)			容重/(g/cm³)	孔隙率/%
			氮	磷	钾	氮	磷	钾		
对照	7.62	1.37	0.062	0.154	1.58	73.5	32.9	79.4	1.37	48.7
施沼渣肥	7.62	2.17	0.080	0.156	1.64	96.2	36.3	112.8	1.18	55.0

沼渣单作基肥效果很好，若和沼液浸种、根外追肥相结合，效果更好，还可使作物和果树在整个生育期内基本不发生病虫害，减少化肥和农药的施用量。

旱地施用沼气渣肥，最好施入10cm深的土中，或结合田间操作，使土壤和肥料融合在一起。水田施用可将沼渣撒在田里，再经犁、耙使其与泥土混拌。一般每亩用沼渣1000kg左右。

沼气渣肥应用试验表明，沼渣肥用在水稻上的效果好于旱地作物，沼液用在旱地作物上的效果好于水田。沼气渣肥与化肥配合施用，效果好于单用一种的增产效果之和。因为有机肥是迟效肥而化肥是速效肥，二者配合使用能相互取长补短，既保证了较快较高的肥效，又能避免连续大量施用化肥对土壤结构造成破坏及土壤肥力的降低。

农村通过沼气发酵，将农作物秸秆、人畜粪便等有机废料转变成廉价优质的能源和高效无害的有机肥，这就使有机废物转化为有益于人类的生物能源。沼气及其发酵余物的广泛应用，不仅能保护和增殖自然资源，加速物质循环与能量转化，发展无废料、无公害农业，而且能为人类提供清洁的食品，为农业提供优良的生态环境，从而促进农业的可持续发展。

五、食用菌菌渣生产有机肥

食用菌是一种营养丰富、味道鲜美的大众食品，含有较高的蛋白质、碳水化合物、多种氨基酸、维生素以及多糖等营养成分，是世界公认的健康食品，目前，我国食用菌产量占世界总产量70%以上，是我国农副产品出口创汇的主要商品。食用菌已成为继粮食、油料、果品和蔬菜之后的第五大种植产业，成为人们生活中不可缺少的重要食品。据中国食用菌协会调查，2014年，我国食用菌总产量3.27×10^{7}t，产值2258.1亿元；食用菌类出口量5.82×10^{5}t（干、鲜混计），创汇29.06亿美元。

很多农作物残体如稻草、玉米秸秆、玉米芯、麦草、菜秆、菜壳、胡豆秆、胡豆壳、豌豆秆、豌豆壳、棉籽壳等都可用来种植鸡腿菇、蘑菇、草菇、姬松茸、阿魏菇、金福菇、香菇、金针菇、杏鲍菇、秀珍菇、平菇、凤尾菇、白背毛木耳、金顶侧耳等食用菌。食用菌产业的发展在带来丰富菇产品的同时，也伴随产生了大量的废弃物——菌渣。据估算，我国每年产生的菌渣至少为4×10^{6}t，处理这些菌渣的传统方法是丢弃或燃烧，随意丢弃是对资源的浪费，同时造成了环境污染。

食用菌菌渣含有大量有机营养成分以及矿物质元素，几种不同菌渣的营养成分见表4-23。由于绝大多数植物残体在食用菌菌丝的生产过程中被菌丝分解而腐化，可以减少新鲜植物残体制造有机肥的堆腐发酵的过程，节省发酵时间，同时菌丝可以将植物残体中的一些植物营养元素有效化，形成有机形态的有效化养分，使养分形态多样化，有利于植物生长过程的利用。而且菌丝生长过程和植物残体分解过程中会分泌一些激素和酶类，这些激素和酶类中有些能刺激植物根系发育，从而促进植物生长。因此，菌渣是制造有机肥很好的原材料，可以生产出与生物有机肥功效相近的有机肥。

表4-23　不同菌渣营养成分比较　　单位：%

菌渣种类	干物质	粗蛋白	粗脂肪	粗纤维	无氮浸出物	灰分	钙	磷
棉籽壳菌渣	85.61	8.09	0.55	22.95	38.5	15.52	2.12	0.25
稻草菌渣	87.57	8.37	0.95	15.84	38.66	23.75	2.19	0.33
木屑菌渣	85.36	6.73	0.7	19.8	37.82	13.81	1.81	0.34
玉米	86.50	9.00	4.0	2.00	70.10	1.4	0.02	0.25

石光森等发现施用菌渣能改善土壤条件和氮、磷的有效性，从而提高青椒果实的产量及糖分和维生素C的含量。黄秀声等报道了蘑菇菌渣回田对水稻产量及土壤肥力影响，结果表明，当菌渣底肥分别为1.5t/亩、2.0t/亩、2.5t/亩的中、高肥时，植株生产高度增长较为显著。在稻草质量方面，以菌渣2.0t/亩效果最佳。从两年不同菌渣施用量对水稻产量构成分析，每亩菌渣底肥含N量不超过14.72kg，水稻产量构成表现较好，每亩菌渣全N量达18.39kg时，水稻出现贪青和徒长现象，产量锐减。从两年施用菌渣对土壤肥力影响分析，施用菌渣可提高土壤N、P、K等养分含量，而高菌渣则使土壤全P含量明显提高，随着菌渣施用量的增大，土壤有机质含量有升高的趋势。

1）堆肥发酵菌株筛选　堆肥发酵的效果决定了肥料质量，因此，发酵菌剂的选用是堆肥的关键环节。我国罗涛、王煌平等的试验测定了菌株羧甲基纤维素钠酶、内切酶、外切酶的活力，筛选纤维素降解常温菌株，并从堆肥菌剂、漳州宏宇肥业菌渣、宁德市金海西食用菌有限公司菌渣取样，进行分离纯化，50℃培养，筛选纤维素降解高温菌。胡清秀等从东北漠河、北京郊区的森林、农田土壤、腐烂的秸秆、腐烂的木材等初筛出23株具有明显羧甲基纤维素钠水解圈的菌株，其中细菌20株、放线菌1株、真菌5株，并进行滤纸崩解和酶活测定，筛选出2株菌株作为实验菌株用于堆肥试验。其他有关的筛选工作正在各地开展。

2）专用有机肥的研究　如漳州宏宇肥业有限公司采购蘑菇土和茶叶渣为发酵主料，以糠粉为合理C/N比值的调理剂，为了有效地利用蘑菇土并降低茶叶渣的水分含量，将谷糠粉、茶叶渣和蘑菇土按照一定比例进行堆肥发酵，蘑菇土：茶叶渣：谷糠粉的比例为3：

6∶1，这是工厂生产的最佳配比。另外，由堆肥结果可知添加有机物料腐熟剂和自制菌剂堆肥效果较好，但尚未对堆肥物料腐熟度的相关指标进行测定。

3）菌渣复合肥工艺　国内林代炎等已初步分析了双孢蘑菇、姬松茸等菌渣的有机质、N、P、K等肥料有效成分。目前开展了利用机械分离菌渣中的渣土试验和堆肥处理物料配方试验，以期为优化菌渣肥生产工艺奠定基础。

以工业化生产模式进行有机肥、有机-无机肥的发酵及以草生菌的下脚料作为农作物肥料，国内外均有较多的研究和应用。但以食用菌渣为基质进行有机肥和有机-无机肥高效优化发酵技术至今报道的仍然较少，也没有具体的生产技术标准。菌渣的利用要讲究便捷与有效，这无疑对加工技术提出更高要求。目前我国以食用菌菌渣为基质或有机肥的工厂开始在各地兴建，但基础理论研究尚未跟上。

第五章 沼气发酵

我国是一个农业大国，有80%的人口居住在农村，人口众多，能源消费水平低。在农村能源消费中，有商品能源煤、油、电，有大量的生物质能源木柴、秸秆、柴草等，又有正在开发利用的沼气、太阳能、地热、风能、潮汐能等新能源。由于各地资源条件和供应情况的不同，存在着地区的差异，但沼气作为一种高品位的气体燃料在农村能源结构中占有越来越重要的作用。据悉，中国工程院能源战略研究项目对33位国内农村能源领域的高级专家进行《农村能源发展战略支点与技术的选择评价》(24项技术）问卷调查，在24项技术选择排序结果中，家用沼气池和大中型沼气工程在2000～2010年，分别排在第4位和第5位；2010～2020年分别排在第9位和第1位；2020～2050年排在第9位和第2位。

农业要获得持续发展，农村经济的发展必须与自然资源和生态环境的保护同步。在种植业和养殖业之间应当建立有机融合枢纽，以既促进种植业高质、高产，又能维护良好的土壤颗粒结构，还能将养殖业产生的畜禽粪便和污物全部纳入农业生产的良性生态循环中。通过沼气发酵可以将人畜禽粪便、秸秆、农业有机剩余物、农副产品加工的有机废水、工业废水、城市污水和垃圾、水生植物和藻类等转化为沼气，是一种利用生物质制能的有效方法，它既可以获得能源，又能使有机废物得到处理，有利于农业生态建设和环境保护。越来越多的实践表明：采用沼气技术不仅可以提供能源，也是种植业和养殖业之间良性融合，促进农村经济和农业生态环境卫生与自然资源同步发展的优先选择。

第一节 沼气发酵原理

一、沼气与沼气发酵

生产和生活中，经常见到从沼泽、池塘、粪坑、污水沟和城市下水道等处的底部冒出气泡，这种气泡中的气体具可燃性，俗称为沼气。我国古书记载“泽中有火”就是指的这种天然气体。人畜粪便和植物秸秆等有机物在长期缺氧堆置时也会产生大量沼气，因此又称为粪料气。

人类在地球上繁衍和人类活动强度的增加，对自然环境产生了很大影响，沼气发酵也同样受到了人类的影响。人类生产活动增加了许多沼气发酵源。例如水稻田在夏天会释放大量沼气到大气中。据估计全球的稻田每年向大气中释放的甲烷量为 6×10^7t，占全球甲烷排放总量的12%。城市垃圾填埋场也是一个巨大的产沼气场所，如位于成都龙泉的垃圾填埋场，每天产生的沼气有数万立方米。食品工业产生大量有机废水，这些废水未处理而排放时，也会产生大量沼气。就是人类饲养的牛这类反刍动物，当其打嗝时，从嘴里也呼出不少沼气。有人测量过，一头成年牛每天产生的沼气如能被利用的话可以煮好一顿饭。已有的研究结果表明，地球大气层中的甲烷（沼气的主要成分）浓度近20年有很大增加。由于1个分子甲烷气体对温室效应的“贡献”相当于20个二氧化碳分子，因此人们公认大气层中的甲烷浓度增加是造成温室效应的第二号祸首。用废弃有机物生产沼气不仅能回收可再生能源、减少污染，还能减缓温室效应。例如稻田若施用经过沼气发酵的肥料，甲烷排放通量为3.92～7.76mg/(m^2·h)，而施用堆肥的甲烷排放通量为10.26mg/(m^2·h)，由此可见沼气发酵后，甲烷排放要少得多。

沼气是由有机物质经过微生物的分解作用产生的一种可燃性混合气体。它的成分比较复杂，其中最主要的成分是甲烷(CH_4)和二氧化碳(CO_2)。其中甲烷占55%～70%，二氧化碳占25%～40%，此外还含有少量的一氧化碳(CO)、氢气(H_2)、硫化氢(H_2S)、氧气(O_2)、氮气(N_2)、氨气(NH_3)、磷化氢(PH_3)和烃类化合物(C_mH_n)等，总量不超过5%。

沼气发酵可定义为：“在没有硝酸盐、硫酸盐、氧气和光线的条件下，经过微生物氧化分解作用，复杂有机物中的碳素化合物彻底氧化分解成二氧化碳，一部分碳素彻底还原成甲烷的过程。”二氧化碳为碳素氧化的终产物，甲烷为碳素还原的终产物。在水污染控制工程中，习惯地称之为厌氧发酵或厌氧消化，而把进行这一生化过程的构筑物称为厌氧发酵设备或厌氧消化池；在沼气生产工艺技术中，称之为沼气发酵，把进行发酵过程的构筑物称为沼气池或沼气发酵罐。

二、沼气的物理化学性质及其特点

沼气的性质由组成它的气体性质及相对含量来决定。沼气中以甲烷和二氧化碳对沼气的性质影响最大。下面简要介绍沼气的主要成分及相应的理化特性。

1. 甲烷(CH_4)

纯甲烷是一种无味、无臭、无色的有机气体，由于沼气中含有少量的硫化氢气体，因此常带有微弱的臭味。甲烷气体比较轻，它对空气的相对密度是0.554，约为空气的1/2。

沼气略比空气轻，它对空气的相对密度为0.85，甲烷的扩散速度较空气快3倍。甲烷在水中的溶解度小，在101.3kPa、0℃时为0.033%，20℃时为3%。甲烷较难液化，在−82.5℃和4640.7kPa下才能液化，体积变为原体积的1%，其液态相对密度为0.42，熔点为−182.5℃，沸点为161.6℃，着火点为650～750℃，热值为35847～39796kJ/m^3。而沼气的着火点比甲烷略低，为645℃，热值为5500～6500kJ/m^3，甲烷是一种最简单的有机化合物，只含一个碳原子，甲烷燃烧时发出淡蓝色火焰，温度可达1400℃以上。

$$CH_4 + 2O_2 \longrightarrow CO_2 + 2H_2O + 889kJ$$

据以上反应式可知，甲烷和空气的理论混合量为空气的9.47%，即1份甲烷约需10份空气始能完全燃烧。空气中如混有5%～15%的甲烷，在封闭条件下遇火会发生爆炸。甲烷本身无毒，但在空气中含量达到25%～30%时，对人畜有一定的麻醉作用，含量达50%～70%时也能使人窒息。沼气中甲烷含量占30%时，可勉强点燃，含量在50%时方可正常燃烧。

2. 二氧化碳(CO_2)

二氧化碳是无色气体，不能燃烧也没有助燃性，有弱酸味，密度比空气大1.53倍。二氧化碳易溶于水，在101.3kPa、20℃下，1体积的水可以溶解1.71体积的二氧化碳，二氧化碳溶解后与水作用生成碳酸。

3. 硫化氢(H_2S)

硫化氢具有强烈的臭鸡蛋味，比空气重，具有毒性，吸入高浓度的硫化氢会引起窒息而死亡。按规定空气中的硫化氢浓度不得超过0.01mg/L。硫化氢在空气中能燃烧，火焰呈蓝色，硫化氢完全燃烧时生成二氧化硫，不完全燃烧时生成硫黄。硫化氢溶于水后生成氢硫酸，氢硫酸是一种弱酸，能与铁等金属起反应，具有强烈的腐蚀作用，因此在沼气的生产、运输和使用等过程中应该注意防腐处理。

4. 氢气(H_2)

氢气是一种无色无味无毒的气体，比空气轻，密度约为空气的7%，在空气中的扩散速度最快。氢气熔点−259℃，沸点−253℃，在水中溶解度很小。纯净的氢气会在氧气或空气里平静地燃烧，但氢气和氧气或空气的混合物遇火会发生爆炸。在沼气发酵过程中，碳水化合物与金属钙、镁作用可以产生氢气，这种生物作用放氢迅速，易被利用，是甲烷细菌很好的基质。

5. 一氧化碳(CO)

一氧化碳是无色无臭的气体，比空气轻，不易溶于水，也不和酸碱作用。一氧化碳具有夺取生物组织中的氧而生成二氧化碳的特性，当空气中一氧化碳含量达到0.1%时，就会使人中毒，以致死亡。对一氧化碳的毒性，有关工业规定，空气中的含量不得超过0.02mg/L。一氧化碳能燃烧，火焰呈蓝色。

三、沼气发酵三（四）阶段理论

早期的理论认为有机物的厌氧分解分为两个阶段——酸性发酵和碱性发酵阶段，其中酸性发酵是产酸菌利用胞外酶将复杂的大分子水解成小分子，并进一步转化为有机酸。此阶段也称产酸阶段。碱性发酵是甲烷细菌利用上阶段产生的有机酸为底物，生成甲烷和二氧化碳。此阶段又称为产气阶段。

两阶段理论作为厌氧处理的基本理论，多年来一直为人们所认可。直到20世纪60年代末期，人们对厌氧过程进行了深入的研究，尤其是对其中发挥重要作用的甲烷细菌的研究表明，甲烷细菌在厌氧处理过程中发挥了极其重要的作用，它只能以乙酸、甲酸、氢等极少数的物质为底物。因此，厌氧过程中还应该有产生甲烷细菌底物的步骤。于是，厌氧处理理论发展为三阶段（或四阶段）理论，见图5-1。

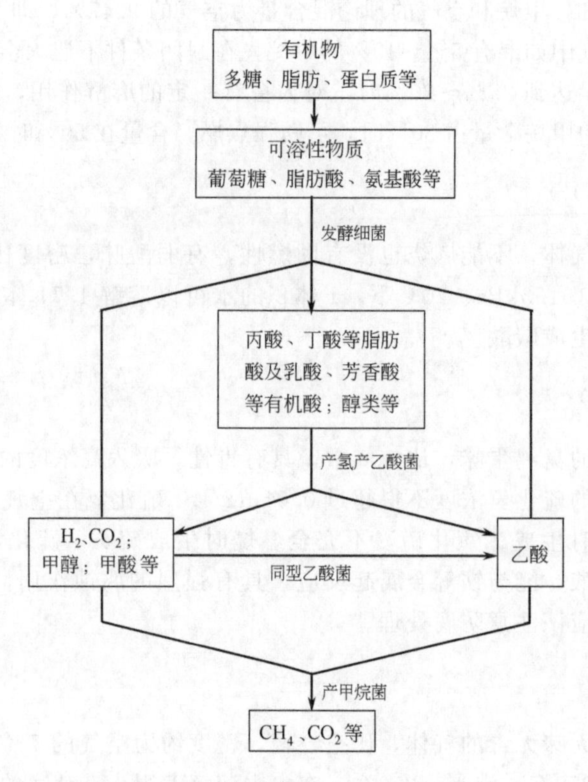

图 5-1　厌氧处理过程三（四）阶段理论

1. 水解阶段

沼气发酵系统中，发酵细菌利用的最主要的基质是纤维素、淀粉、脂肪和蛋白质。这些复杂有机物首先在水解酶的作用下分解为水溶性的简单化合物，其中包括单糖、甘油、高级脂肪酸及氨基酸等。这些水解酶是由发酵细菌分泌到细胞外的酶，故也称胞外酶。

（1）纤维素$(C_6H_{10}O_5)_n$的水解

纤维素的生物水解反应分两步进行，依次由纤维素酶和纤维二糖酶催化生成纤维二糖和葡萄糖。

$$2(C_6H_{10}O_5)_n(\text{纤维素})+nH_2O \xrightarrow{\text{纤维素酶}} nC_{12}H_{22}O_{11}(\text{纤维二糖})$$

$$C_{12}H_{22}O_{11}(\text{纤维二糖})+H_2O \xrightarrow{\text{纤维二糖酶}} 2C_6H_{12}O_6(\text{葡萄糖})$$

（2）淀粉$(C_6H_{10}O_5)_n$的水解

废水、粪便或生活垃圾中的淀粉是易被微生物降解的有机污染物。水解淀粉的酶称为淀粉酶，大致分为四种：α-淀粉酶，β-淀粉酶，淀粉-1,6 糊精酶，淀粉-1,4(1,6)葡萄糖苷酶。在上述四种酶的共同作用下，淀粉水解的最终产物均是葡萄糖，其反应如下。

$$2(C_6H_{10}O_5)_n(\text{淀粉})+nH_2O \xrightarrow{\text{淀粉酶}} nC_{12}H_{22}O_{11}(\text{麦芽糖})$$

$$C_{12}H_{22}O_{11}(\text{麦芽糖})+H_2O \xrightarrow{\text{麦芽糖酶}} 2C_6H_{12}O_6(\text{葡萄糖})$$

（3）蛋白质的水解

蛋白质是由多种氨基酸组合而成的高分子化合物，是生物体的一种主要组成物质。在胞外水解阶段，蛋白质在蛋白酶的催化下逐步分解成氨基酸，其步骤如下。

$$蛋白质 \xrightarrow{蛋白酶(内肽酶)} 蛋白胨 \xrightarrow{蛋白酶(内肽酶)} 多肽 \xrightarrow{肽酶(外肽酶)} 氨基酸$$

在此水解过程中，首先由内肽酶作用于蛋白质大分子内部的肽键（—CO—NH—）上，使其逐步水解断裂，直至形成小片段的多肽；然后由外肽酶作用于多肽的外端肽键，每次断裂出一个氨基酸。

（4）脂肪的水解

在微生物胞外酶——脂肪酶的作用下，脂肪首先被水解为甘油和脂肪酸，甘油（丙三醇）在微生物细胞内，除被微生物吸收利用转化为细胞物质外，主要被分解为丙酮酸。丙酮酸在厌氧条件下，进一步分解为丙酸、丁酸、琥珀酸、乙醇和乳酸等。

脂肪酸在微生物细胞内通过β-氧化，使碳原子两个、两个地从脂肪酸链上不断地断裂下来，形成乙酰辅酶 A（$CH_3CO—SCoA$）。在厌氧条件下，乙酰辅酶 A 再转化为乙酸等低分子有机物。

2. 发酵酸化阶段

这些水解产物再经发酵细菌的胞内代谢，除产生无机的 CO_2、NH_3、H_2S 及 H_2 外，主要转化为一系列的有机酸和醇类物质而排泄到环境中去，这一阶段称为发酵酸化阶段。有时将上述两个阶段合为一个阶段，称水解酸化阶段。这些代谢产物，主要是可降解的中间产物，最多的是乙酸、丙酸、丁酸、乙醇和乳酸，其次是戊酸、己酸、丙酮、丙醇、异丙醇、丁醇、琥珀酸等。发酵酸化反应产生的 H_2 很少，是由丙酮酸脱水产生的，不同于产氢产乙酸阶段产生大量 H_2 的机理。NH_3 是由氨基酸降解产生的，它的产生对沼气发酵也很重要，一方面 NH_3 在高浓度下对细菌有抑制作用；另一方面它又是微生物的营养，细菌需要氨态氮作为它的氮源。H_2S 则是硫酸盐还原菌还原硫酸盐得到的。

在沼气发酵过程中，葡萄糖经过糖酵解的 EMP 途径转化成丙酮酸后，进一步的转化方式随参与代谢的微生物种类不同和控制的环境条件（温度、pH 值、浓度等）的不同而异。

例如，瘤胃月形单胞菌可将糖酵解产物丙酮酸进一步转化为不同的产物，其反应如下。

$$CH_3COCOO^- + 2NADH + 2H^+ \longrightarrow CH_3CH_2COO^-(丙酸) + 2NAD^+ + H_2O$$

$$CH_3COCOO^- + CH_3COO^- + NADH + H^+ \longrightarrow CH_3(CH_2)_2COO^-(丁酸) + NAD^+ + HCO_3^-$$

$$CH_3COCOO^- + HCO_3^- + 2NADH + 2H^+ \longrightarrow {}^-OOC(CH_2)_2COO^-(琥珀酸) + 2NAD^+ + 2H_2O$$

$$CH_3COCOO^- + NADH + H^+ + H_2O \longrightarrow CH_3CH_2OH(乙醇) + NAD^+ + HCO_3^-$$

$$CH_3COCOO^- + NADH + H^+ \longrightarrow CH_3CHOHCOO^-(乳酸) + NAD^+$$

就以上反应的热力学条件来看，由丙酮酸形成丙酸的生化反应最易进行，因而首先形成丙酸。当丙酸有所积累时，便形成了丁酸。以后依次形成琥珀酸、乙酸和乳酸。

3. 产氢产乙酸阶段（厌氧氧化阶段）

专性厌氧的产氢产乙酸细菌将上阶段的产物进一步利用，生成乙酸和 H_2、CO_2；同时同型乙酸细菌将 H_2 和 CO_2 合成乙酸。其反应如下。

$$CH_3CHOHCOO^-(乳酸) + 2H_2O \longrightarrow CH_3COO^- + HCO_3^- + H^+ + 2H_2$$

$$CH_3CH_2OH(乙醇) + H_2O \longrightarrow CH_3COO^- + H^+ + 2H_2$$

$$CH_3CH_2CH_2COO^-(\text{丁酸})+2H_2O \longrightarrow 2CH_3COO^- + H^+ + 2H_2$$

$$CH_3CH_2COO^-(\text{丙酸})+3H_2O \longrightarrow CH_3COO^- + HCO_3^- + H^+ + 3H_2$$

$$4CH_3OH(\text{甲醇})+2CO_2 \longrightarrow 3CH_3COOH+2H_2O$$

较高级的脂肪酸遵循β-氧化机理进行生物降解。在其降解过程中，脂肪酸末端每次脱落两个碳原子（即乙酸）。对于含偶数个碳原子的较高级的脂肪酸，这一反应终产物为乙酸，而对含奇数个碳原子的脂肪酸，最终要形成一个丙酸。不饱和脂肪酸首先通过氢化作用变成饱和脂肪酸，然后按β-氧化过程降解。例如棕榈酸（含16个碳原子）的反应将是

$$CH_3(CH_2)_{14}COO^-(\text{棕榈酸})+14H_2O \longrightarrow 8CH_3COO^- + 7H^+ + 14H_2$$

含有17个碳的脂肪酸的降解将是

$$CH_3(CH_2)_{15}COO^- + 14H_2O \longrightarrow 7CH_3COO^- + CH_3CH_2COO^- + 7H^+ + 14H_2$$

4. 甲烷化阶段

产氢产乙酸阶段（厌氧氧化阶段）的产物，主要是乙酸和H_2，被属于古细菌的甲烷细菌所利用，形成CH_4。主要有两类甲烷细菌参与了反应：a. 分解乙酸的甲烷细菌，将乙酸分解为CH_4和CO_2；b. 氧化H_2的甲烷细菌，将CO_2还原为CH_4。通常认为，厌氧消化产生的CH_4中，约有2/3来源于乙酸，其余部分来自H_2、CO_2和一碳化合物。除了转化为细胞物质的电子外，被处理废液中的几乎所有能量都以CH_4形式被回收了。

甲烷细菌（最严格的专性厌氧菌）利用乙酸、H_2、CO_2和一碳化合物产生CH_4的转化途径如下。

$$CH_3COOH \longrightarrow CH_4 + CO_2$$

$$CO_2 + 4H_2 \longrightarrow CH_4 + 2H_2O$$

$$HCOOH(\text{甲酸})+3H_2 \longrightarrow CH_4 + 2H_2O$$

$$CH_3OH(\text{甲醇})+H_2 \longrightarrow CH_4 + 2H_2O$$

$$4CH_3NH_2(\text{甲胺})+2H_2O+4H^+ \longrightarrow 3CH_4 + CO_2 + 4NH_4^+$$

上述阶段不再像以前认为的那样是简单的接续关系，而是一个复杂平衡的生态系统，存在着互生、共生关系。

四、水解阶段

发酵原料中的碳水化合物、蛋白质、类脂化合物的分子量大，结构复杂，不能直接进入沼气微生物细胞内。这些不溶性有机物在被代谢消耗之前，必须被溶解。此外，大的溶解性有机物分子必须变为小分子，以有利于其透过细胞膜。进行溶解和使分子变小的是水解反应，由细菌分泌产生的胞外酶（如纤维素酶、淀粉酶和蛋白酶等）催化进行。故水解反应可以定义为复杂的非溶解性的聚合物被转化为简单的溶解性单体或二聚体的过程。水解的产物是单糖、氨基酸、脂肪酸等能溶于水的小分子化合物。

水解反应的速度和进行程度受很多因素影响，如水解温度、发酵原料中有机质的组成、有机质颗粒大小、pH值、水解产物的浓度等。胞外酶能否有效接触到底物对水解速度影响很大，因此大的颗粒比小的颗粒底物降解要慢得多。对于来自于植物的物料，其生物可降解性很大程度上取决于纤维素和半纤维素被木质素包裹的程度。纤维素和半纤维素是可以降解的，但木质素难以降解，当木质素包裹在纤维素和半纤维素表面时，酶无法接触纤维素和半纤维素，导致降解缓慢。

在处理含高浓度非溶解性有机物的厌氧消化器中，水解反应的速度往往对产甲烷的速度产生决定性影响。已有研究证实当水力停留时间为7d、温度为35℃时，反应器中溶解性COD只占全部可生物降解COD的7%以下时，产甲烷速度正比于固体底物的水解速度。因此在由不溶性底物厌氧降解产生甲烷的过程中，水解即是一级反应，也是限速反应。水解常数K_p受到水解温度的极大影响。整个厌氧过程的产气速率($r_{气}$) 等于水解速率($r_{水解}$)，它与可生物降解的不溶性有机物浓度成正比。

$$r_{气}=r_{水解}=K_pP$$

式中，K_p为水解常数；P为可生物降解的不溶性有机物浓度。

在20℃以下，水解速度相当慢。特别是类脂在20℃以下基本上不降解，碳水化合物也降解得相当慢。所以在沼气发酵工艺设计中，对于常温发酵的沼气池，总固体含量不宜过高。

五、发酵酸化阶段

发酵可以被定义为有机化合物既作为电子受体也是电子供体的生物降解过程，在此过程中，溶解性有机物被转化为以挥发性脂肪酸为主的末端产物。因此这一过程也称为酸化。

酸化过程是由大量的、多种多样的发酵细菌完成的。其中重要的类群有梭菌属(*Clostridium*)和拟杆菌属(*Bacteroides*)，还有一些属于丁酸弧菌属(*Butyrivibrio*)、真菌属(*Eubacterium*)、双歧杆菌属(*Bifidobacterium*)等的专性厌氧细菌和兼性厌氧的链球菌和肠道菌。梭状芽孢杆菌是厌氧的、产芽孢的细菌，因此它们能在恶劣的环境条件下存活。拟杆菌大量存在于有机物丰富的地方，它们分解糖、氨基酸和有机酸。

水解细菌和发酵细菌组成了一个相当多样化的兼性和专性厌氧细菌群。最初认为兼性菌占大部分，但事实证明正好相反，一般认为，专性厌氧微生物的数量比兼性厌氧微生物的数量多出100多倍。这并不意味着兼性细菌就不重要，因为当进水中含有大量细菌，或者进入反应器的易发酵基质负荷剧增，或者投料带进少量空气时，兼性细菌相对数量就增加，这些兼性厌氧菌能够起到保护像甲烷细菌这样的严格厌氧菌免受氧的损害与抑制。

尽管如此，最重要的水解反应和发酵反应确实是由专性厌氧微生物例如畸形菌(*Bacteroide*)、梭状芽孢杆菌和双歧杆菌完成的，基质性质决定着细菌的种类。

六、产氢产乙酸阶段(厌氧氧化阶段)

专性厌氧的产氢产乙酸细菌将上阶段的产物进一步利用，生成H_2、CO_2和乙酸；同时同型乙酸细菌将H_2和CO_2合成乙酸。

长链脂肪酸被氧化为乙酸，电子从还原性携带体直接传递给H^+。由于反应热力学原因，H_2分压变高会抑制厌氧氧化反应，而由丙酮酸产生H_2的反应却不会受到抑制。

厌氧氧化产生H_2对于厌氧处理的正常运行是非常重要的。首先，H_2是形成CH_4的重要基质之一。第二，如果没有H_2形成，长链脂肪酸就不会氧化为乙酸，而乙酸是主要的溶解性有机产物。这时，能产生乙酸的唯一反应是发酵反应。在发酵反应中，一种有机化合物氧化所释放的电子被传递给另外一种作为电子受体的有机化合物，产生由氧化产物和还原产物组成的混合物。因此，溶解性有机物的能量水平不会得到显著改变，因为所有最初存在的电子仍以有机物形式存在于溶液之中。然而，当H_2作为还原产物形成时，因为它是一种气体，可以从水相中逸出，因而导致废水能量水平降低。在实际应用中，H_2 并没有逸出，而是用作生成 CH_4 的一种基质，但是 CH_4 作为气体被排出，因此使能量水平降低。最后，如果没有形成 H_2，却形成了还原性有机产物（如进行丙酸发酵和丁酸发酵生成丙酸和丁酸），由于其不能用作形成 CH_4 的基质，会在水中积累。只有乙酸、H_2、甲醇和甲胺才能被用于生成 CH_4。

同时同型乙酸菌能将一些 H_2 与 CO_2 结合形成乙酸，有时也可将乙酸转变为 H_2 和 CO_2，由于 H_2、CO_2 和乙酸都能作为甲烷细菌的基质，所以研究沼气发酵时并不把该反应作为主要研究目标。

由于产 H_2 的酶系统受到 H_2 非常严格的控制，使得尽管沼气发酵反应的微生物的特性已经得到相当多研究，但对产氢乙酸细菌却知之甚少。早期研究试图在试验中有 H_2 积累情况下收集氢形成菌，却低估了 H_2 的反馈抑制作用。产氢产乙酸细菌的典型代表是从所谓“奥氏甲烷芽孢杆菌”混合培养物中分离出的“S”有机体，在甲烷杆菌存在时，“S”有机体可以分解代谢乙醇。在此启发下，以后又陆续分离出了代谢脂肪酸产氢的细菌，如氧化丁酸、戊酸等的沃尔夫互营单胞菌(*Syntrophomonas wolfei*)，降解丙酸的沃林互营杆菌(*Syntrophobacter wolinii*)，氧化丙酮酸的互营单胞菌（*Syntrophomonas*）和降解苯甲酸盐的 *Syntrophus buswellii* 等。此外，部分硫酸盐还原菌，如脱硫弧菌和普通脱硫弧菌，在环境中没有硫酸盐，却有甲烷细菌存在时，也可在乙醇或乳酸盐培养基上生长，并氧化乙醇或乳酸生成乙酸和 H_2。

七、甲烷化阶段

甲烷细菌是甲烷发酵阶段的主角。曾有研究报道，1L 消化污泥中检出 10^8 个甲烷细菌。在电子显微镜下观察，甲烷细菌虽然大小与细菌相似，但细胞壁结构不同。根据这些微生物的基因记载，发现它们既不同于一般细菌，也不同于真菌，而是属于与真菌谱系和单细胞生物谱系无关的第三谱系，称为古细菌。在细胞膜结构上，甲烷细菌的细胞壁不含二氨基庚二酸和胞壁酸，也不像其他原核生物那样含有肽聚糖。甲烷细菌在代谢过程中有许多特殊的辅酶，如辅酶 M、F_{420}、F_{430} 等，这些辅酶在非甲烷细菌上都未曾发现过。

各种甲烷细菌在形态上是不同的，有短杆状、长杆状或弯杆状、丝状、球状、不规则拟球状单体和集合成假八叠球菌状。常见的甲烷细菌有八叠球状、杆状、球状和螺旋状四种形态。按照甲烷细菌的形态和生理生态特征，可将甲烷细菌分类，见图 5-2。

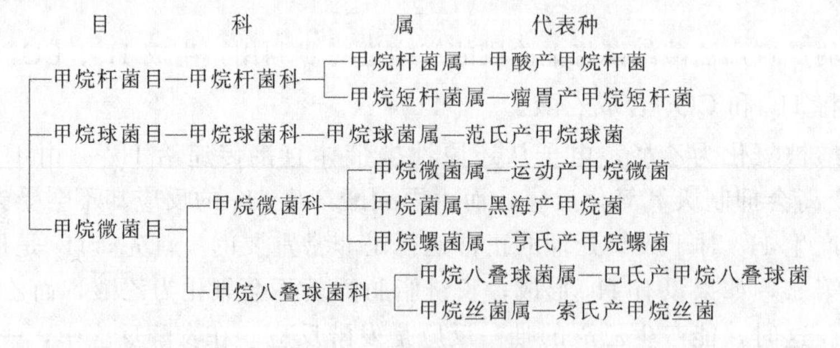

图 5-2　甲烷细菌的分类

氧化 H_2 的甲烷细菌在古细菌类中分为 3 个科：a. 甲烷杆菌科(Methanobacteriales)；b. 甲烷球菌科(Methanococcales)；c. 甲烷微菌科(Methanomicrobials)。从厌氧消化器中已培养分离育出大量的这类细菌，包括第一科的 *Methanobrevibacter* 和 *Methanobacterium* 属，以及第三科的 *Methanospirillum* 和 *Methanogenium* 属。它们都是严格专性厌氧微生物。

从 H_2 氧化中获得能量，从 CO_2 中获得碳。由于它们的生活模式属自养型，所以利用单位 H_2 所合成的细胞物质的量低。在新陈代谢过程中，它们也以 CO_2 作为最终电子受体，形成 CH_4。它们的电子供体是极有限的，通常是 H_2 和甲酸盐，有时也能利用短链醇类。氢营养甲烷细菌利用 H_2 的效率高（远高于乙酸营养型甲烷细菌），如嗜树木甲烷短杆菌 AZ 菌株吸收 H_2 的速率可达到 115mmol/(g·h)。在厌氧消化器中，氢营养混合群对 H_2 的最大吸收速率在 33℃时可达到 15mmol/(L·h)，对 H_2 的 K_s 值可低达 0.078mmol/L，表现出对 H_2 极大的亲和力。因此，在产甲烷厌氧生境中，存在着高效的氢缓冲作用，使得生活环境中的 H_2 分压始终保持在非常低的水平，这对厌氧消化过程的正常进行是非常重要的。

尽管分解乙酸产生 CH_4 这条途径很重要，但得到培养和鉴定的分解乙酸的甲烷细菌较少。甲烷八叠球菌(*Methanosarcina*) 常被视作乙酸营养型甲烷细菌的代表，可在厌氧处理过程中培养，是已知种类最多的甲烷细菌之一。实际上它是混合营养型的，能够以 H_2 和 CO_2、甲醇、甲胺和乙酸作为基质，其中 H_2 往往作为主要能源，对乙酸的亲和力还相当低。当乙酸作为基质时，乙酸被分解为甲基和羧基，甲基最终转化为 CH_4，羧基转化为 CO_2。

乙酸浓度高时，甲烷八叠球菌生长速率相对比较快，尽管它对乙酸浓度变化非常敏感。此外，H_2 对乙酸的利用有调节作用，H_2 分压升高时就会导致反应停止（因为甲烷八叠球菌对 H_2 的亲和力很高）。乙酸营养型甲烷细菌的真正代表应该是索氏甲烷丝状菌(*Methanosaeta*，以前为 *Methanothrix*)，它能够有效地利用乙酸，只以乙酸作为电子和碳供体，对乙酸的亲和力比甲烷八叠球菌高出 10 倍左右。不仅如此，索氏甲烷丝状菌还能够把所吸收乙酸的 98%～99%的甲基转化成 CH_4，因此是消化污泥和淡水沉积物等生境中最为重要的乙酸营养型甲烷细菌。当乙酸浓度高时，它们的生长速率比甲烷八叠球菌小得多，但它们受乙酸浓度的影响不像甲烷八叠球菌那样强烈，可以在后者生长速率低的情况下与之有效地竞争。因此，厌氧处理的设计和运行方式将决定处理系统中分解乙酸营养型甲烷细菌的优势类型。

八、微生物群落及其相互作用

在厌氧生物处理反应器中，不产甲烷细菌和甲烷细菌相互依赖，互为对方创造与维持生命活动所需要的良好环境和条件，但又相互制约。厌氧处理中有三类细菌参与酸解反应，有两类细菌参与产甲烷反应。发酵细菌将氨基酸和单糖转化成乙酸、挥发性酸和少量的 H_2，厌氧氧化细菌将长链脂肪酸和挥发性酸转化为乙酸和大量 H_2。氧化 H_2 的产乙酸菌还将 CO_2 和 H_2 转化生成乙酸，但是这种细菌的作用在厌氧废水处理中并不重要，所以在此将不再考虑。两类甲烷细菌是将乙酸分解为 CH_4 和 CO_2 的乙酸分解甲烷细菌和还原 CO_2 的 H_2 氧化甲烷细菌。这样，不产甲烷细菌通过其生命活动，为甲烷细菌提供了合成细胞物质和产甲烷所需的碳前体和电子供体、氢供体和氮源。甲烷细菌充当厌氧环境有机物分解中微生物食物链的最后一个生物体。厌氧微生物群体间的相互关系表现在以下几个方面。

(1) 不产甲烷细菌为甲烷细菌创造适宜的氧化还原条件

厌氧发酵初期，由于加料使空气进入发酵池，原料、水本身也携带有空气，这显然对于甲烷细菌是有害的。它的去除需要依赖不产甲烷细菌类群中那些需氧和兼性厌氧微生物的活动。各种厌氧微生物对氧化还原电位的适应也不相同，通过它们有顺序地交替生长和代谢活动，使发酵液氧化还原电位不断下降，逐步为甲烷细菌生长和产甲烷创造适宜的氧化还原条件。

(2) 不产甲烷细菌为甲烷细菌清除有毒物质

在以工业废水或废弃物为发酵原料时，其中可能含有酚类、苯甲酸、氰化物、长链脂肪酸、重金属等对于甲烷细菌有毒害作用的物质。不产甲烷细菌中有许多种类能裂解苯环、降解氰化物，从中获得能源和碳源。这些作用不仅解除了对甲烷细菌的毒害，而且给甲烷细菌提供了养分。此外，不产甲烷细菌的产物 H_2S，可以与重金属离子作用生成不溶性的金属硫化物沉淀，从而解除一些重金属的毒害作用。

(3) 不产甲烷细菌和甲烷细菌共同维持环境中适宜的 pH 值

在厌氧发酵初期，不产甲烷细菌首先降解原料中的糖类、淀粉等，产生大量的有机酸，产生的 CO_2 也部分溶于水，使发酵液的 pH 值明显下降。而此时，一方面不产甲烷细菌类群中的氨化细菌迅速进行氨化作用，产生的氨中和部分酸；另一方面，甲烷细菌利用乙酸、甲酸、H_2 和 CO_2 形成甲烷，消耗酸和 CO_2。两个类群的共同作用使 pH 值稳定在一个适宜范围。

(4) 甲烷细菌为不产甲烷细菌的生化反应解除反馈抑制

前面已经提到，H_2 产生过程中接纳电子对于产生乙酸作为最终酸解产物是非常关键的。在标准条件下，由长链脂肪酸、挥发性酸、氨基酸和碳水化合物生成乙酸和 H_2 的反应具有正的标准自由能，在热力学上是不利的。因此，当 H_2 分压高时，这些反应将不会进行，而发酵反应则会进行，从而产生前面刚讨论过的结果。当 H_2 分压为 10^{-4} atm[1] 或更低时，对这些反应是有利的，反应能够进行，产生能被转化为 CH_4 的最终产物（乙酸和 H_2）。这意味着，产 H_2 的细菌与利用 H_2 的甲烷细菌是专性相连的。只有甲烷细菌通过不断地产生甲烷来去除 H_2 时，H_2 才能维持足够低的分压，使得乙酸和 H_2 作为酸解反应的最终产物被不断产生。例如乙酸化阶段产生的 H_2 如不加以去除，则会使发酵途径变化，产生丙酸（称为丙酸型发酵），丙酸积累会导致反应器中的酸性末端增加，pH 值降低，厌氧消化停止。类似地，甲烷细菌与完成酸解反应的细菌专性相连，因为后者产生前者所需的生长基质。两类微生物之间的这种关系称为专性互生。

如前所述，厌氧生物处理中主要的有害微生物是硫酸盐还原菌，其在废水中硫酸盐浓度高时会引起麻烦。硫酸盐还原菌都是专性厌氧型细菌。它们形态多样，但有一个共同特性，即都能以硫酸盐作为电子受体。Ⅰ类硫酸盐还原菌能以不同有机化合物作为电子受体，将其氧化为乙酸，并将硫酸盐还原为硫化物。去磺弧菌是厌氧生物处理中常见的此类细菌。Ⅱ类硫酸盐还原菌能专性地将脂肪酸特别是乙酸氧化为 CO_2，同时将硫酸盐还原为硫化物。脱硫菌就是这类细菌中的重要一类。

九、沼气发酵微生物动力学

一般讲，在沼气发酵原料中存在各种各样的化合物，它们的组成、浓度和温度可随时间变化，因此在实践中对生物转化速度作精确的数学表达实际上是不可能的，即使对于化学组成相对简单的原料，这也是相当困难的。因此，数学公式与厌氧工艺的实际情况往往并不吻合，因而复杂数学公式的推导更多的是学术上的意义。即使如此，对各种反应的动力学参数的数量级的可靠了解并由此深入理解它们对反应过程的影响依然是十

[1] 1atm＝101325Pa，下同。

分重要的，工艺过程设计的理论基础对于认识厌氧工艺的能力与局限、避免纯粹的经验主义是不可缺少的。

为了完整地了解厌氧系统中微生物生长与基质利用动力学，应该对所有微生物类群的动力学参数进行表征。然而，这并不是一件容易的事情，因为 H_2 能够调节微生物活性，生成 H_2 的细菌和消耗 H_2 的细菌之间存在着密切的联系。由于这个原因，同时因为直到最近才认识到的各微生物类群之间的复杂相互作用，大多数厌氧处理过程动力学研究所测量的是整个群落而不是单独的微生物种类的生长速率。这类文献非常之广，难以在此处尽揽，但综述性文献可提供很好的总结。

随着对厌氧过程相互作用理解的不断深入，工程师们试着从更基础的层次来研究厌氧系统模型，包括设一个重要微生物类群的反应步骤。尽管这些研究复杂系统动力学的努力还是比较初步的，但是其所提供的信息有助于理解厌氧细菌的动力学特性。由于厌氧处理的温度通常为 35℃左右，所以下面的参数都是在这一温度范围。发酵细菌利用氨基酸和单糖的生长速率相对比较快，其动力学可以用 Monod 方程来表征，其 μ_{max}（最大比生长速度）值为 0.25/h，K_s（半饱和系数）值为 20～25mgCOD/L。现有的数据表明，发酵反应不会限制系统功能。氧化长链脂肪酸的细菌比发酵细菌生长慢得多，并且受 H_2 抑制。其 μ_{max} 和 K_s 值取决于作为生长基质的脂肪酸的饱和程度，饱和脂肪酸的 μ_{max} 和 K_s 值小于不饱和脂肪酸。尽管如此，Bryers 采用 μ_{max} 值 0.01/h、K_s 值 500mgCOD/L 作为这类细菌的代表数值。短链脂肪酸中的丁酸的降解方式类似于长链脂肪酸，利用丁酸的细菌动力学参数与降解长链脂肪酸的细菌相近。丙酸的降解是由生长比较缓慢更专门的细菌来完成的。Gujer 和 Zehnder 报道，丙酸降解菌的 μ_{max} 和 K_s 值分别是 0.0065/h 和 250mgCOD/L；Bryers 则分别选择了 0.0033/h 和 800mgCOD/L。虽然这两套数值在大小上有所不同，但都表明，利用丙酸的细菌，其生长速率比利用其他脂肪酸的细菌生长慢得多。

分解乙酸的产甲烷反应是厌氧处理中非常重要的一个反应，因为它产生的 CH_4 约为 70%。厌氧系统中可能出现两种主要的分解乙酸营养型甲烷细菌，但它们的生长条件明显不同，所以哪一种细菌占优势将取决于反应器条件。甲烷八叠球菌生长速度非常快，但对乙酸亲和力不高，其 μ_{max} 和 K_s 的代表值分别为 0.014/h 和 300mgCOD/L（以乙酸的 COD 表示）。相反，索氏甲烷丝状菌生长比较慢，但乙酸亲和力比较高，μ_{max} 和 K_s 的数值分别为 0.003/h 和 30～40mgCOD/L（以乙酸的 COD 表示）。最后，氧化 H_2 的甲烷细菌由 H_2 生成 CH_4，因而保持低 H_2 浓度，并使产 H_2 反应顺利进行。据报道，它们的生长动力学参数值是，μ_{max}0.06/h，及 K_s0.6mgCOD/L（以溶解 H_2 的 COD 表示），但也有人报道 K_s 值范围为 0.03～0.21mgCOD/L（以溶解 H_2 的 COD 表示）。

第二节　沼气发酵工艺

人们在自然界中早就观察到厌氧微生物分解有机物产生沼气的现象，而且有目的地利用这种气体已有相当长的历史，但是人类主动把厌氧消化产沼气过程用于保护环境和获得能源只是近百年来的事。如今，沼气发酵工艺的研究已有百年历史，人们已开发出多种沼气发酵工艺技术，其应用领域也越来越广。按不同的标准，沼气发酵可划分出不同的工艺。

沼气发酵工艺包括从发酵原料到生产沼气的整个过程所采用的技术和方法。它主要含有原料的收集和预处理，接种物的选择和富集，进出料的方式，温度和酸碱度的控制，沼气发酵装置的选择、启动和日常运行管理等技术措施。

一、发酵原料

1. 沼气发酵原料性质

人工制取沼气所利用的主要原料有畜禽粪便污水，食品加工业、制药和化工废水，生活污水等。在农村主要用畜禽粪便和农作物秸秆制取沼气。从是否溶于水来看，沼气发酵原料可用两种方式表示。一种方式是用挥发性固体表示，简写为 VS。为了便于农户和农村沼气技术员掌握，也常用总固体(TS) 表示，虽然不很精确，但方便实用。发酵原料中总固体与挥发性固体关系可用图 5-3 表示。只有挥发性固体中的一部分能被转化为沼气。农村常用沼气发酵原料可用总固体表示：一般风干的农作物秸秆总固体有 85%左右，北方地区可达到 90%，南方地区有时只有 80%。新鲜猪粪（不含尿）总固体含量大约为 20%，奶牛粪大约为 14%。

图 5-3　发酵原料中总固体与挥发性固体关系

另一种方式是沼气发酵原料用 COD 来表示，COD 往往表示一般工业有机废水的浓度。例如玉米酒精蒸馏废水的 COD 浓度为 40000mg/L。有些沼气发酵料液肉眼看来好像不“浓”，但可溶性组分多，实际上能产很多沼气。

进料浓度关系到发酵浓度，对不同沼气装置来说，所需的最佳浓度是不同的。例如目前先进的以工业有机废水为原料的沼气池，如 UASB、AF、EGSB 对原料的固体含量要求很低，一般不超过 1%，但对可溶性 COD 浓度则无限制。

农作物秸秆、非冲洗式猪舍的粪便发酵时其浓度可以稀释调节。目前的研究结果表明，在总固体含量不高于 40%的条件下，沼气发酵都能进行，只是速度较慢。例如城市垃圾填埋场，水分不多但沼气发酵可持续数十年。作物秸秆采用总固体浓度为 25%时，发酵很好。大多数沼气工程所采用的粪便浓度为 5%～8%。这种浓度选择考虑更多的是原料本身具有的浓度和进料泵对浓度的承接能力。已有的沼气池运行例子表明在常温条件下，猪粪高浓度发酵在技术和实践上都是可能的，例如不经稀释的猪粪浓度为总固体 18%左右，直接入沼气池发酵已获成功，且池容产气率也达到年平均 $0.35m^3/(m^3 \cdot d)$ 以上。表 5-1 列举了几种发酵原料的水分、总固体及挥发性固体含量的百分比。

表 5-1　几种发酵原料的水分、总固体及挥发性固体含量的百分比　　单位：%

原料名称	含水率	总固体	挥发性固体	原料名称	含水率	总固体	挥发性固体
干稻草	17.0	83.0	84.0	人粪	80.0	20.0	88.4
干麦草	18.0	82.0	83.2	猪粪	82.0	18.0	83.9
玉米秸	20.0	80.0	89.0	牛粪	83.0	17.0	74.0
青草	76.0	24.0	81.3	马粪	78.0	22.0	83.8
高粱秸	10.2	89.8	81.9	羊粪	25.0	75.0	—
树叶	70.0	30.0	81.0	鸡粪	70.0	30.0	82.2
大豆茎	10.3	89.7	85.5	风干粪	35.0	65.0	—
花生茎叶	11.6	88.4	—				

2. 原料产气率

单位质量原料的产气量称为原料产气率，根据不同情况可分为理论产气率、实验室产气率和生产实际产气率。理论产气率可用原料化学成分计算，是不变的。实验室产气率可用具体试验来测定，它有一定变化。生产产气率通常是根据大量实际情况来估计或进行实测。

理论产气率用巴斯维尔公式计算。只要测出了沼气发酵原料化组成中的 C、H、O 元素含量就可计算出。

$$C_nH_aO_b+\left(n-\frac{a}{4}-\frac{b}{2}\right)H_2O\xrightarrow{\text{厌氧发酵}}\left(\frac{n}{2}+\frac{a}{8}-\frac{b}{4}\right)CH_4+\left(\frac{n}{2}-\frac{a}{8}+\frac{b}{4}\right)CO_2$$

碳水化合物、脂肪、蛋白质三大类物质种类很多，但其 C、H、O 元素的组成大致差不多。由于一部分产生的沼气将溶于水中，一部分有机物要用于微生物的合成，实际沼气产量要比理论值小。一般说来，糖类物质厌氧消化的沼气产量较少，沼气中甲烷含量也较低。脂类物质沼气产量较高，甲烷含量也较多。表 5-2 列出了常用发酵原料的产沼气率。

表 5-2　常用发酵原料的产沼气率

原料名称	每吨干物质产生的沼气量/m^3	甲烷含量/%	产气持续时间/d	原料名称	每吨干物质产生的沼气量/m^3	甲烷含量/%	产气持续时间/d
牲畜厩肥	260～280	50～60	—	杂树叶	210～294	58	—
猪粪	561	65	60	马铃薯梗叶	260～280	60	60
牛粪	280	59	90	谷壳	651	62	90
马粪	200～300	60	90	向日葵梗	300	58	—
人粪	240	50	30	废物污泥	640	50	—
青草	630	70	60	酒厂废水	300～600	58	—
亚麻梗	359	59	90	碳水化合物	750	49	—
玉米秆	250	53	90	类脂化合物	1400	72	—
麦秸	342	59	—	蛋白质	980	50	—
松树叶	310	69	65				

高浓度有机废水常用 COD 来表示废水浓度，一般 1gCOD 在厌氧条件下完全降解可以生成 0.25gCH_4，相当于在标准状态下沼气体积 0.35L。如果能测出 COD 浓度，也可算出原料理论产气量。

3. 沼气发酵原料种类

食品厂高浓度有机废水、污水处理厂剩余污泥、城市有机固体废物都可作沼气发酵的原料。农村沼气发酵原料尽管很多，但从沼气利用的角度考虑，主要可分为秸秆类与粪便类。

(1) 秸秆类特点

① 随农事活动批量获得，能长时间存放不影响产气，可随时满足沼气池进料需要，可一次性大量入池。

② 每立方米沼气池只能容纳风干秸秆 50kg 左右。一旦入池后，从沼气池内取出较为困难。通常采用批量入池、批量取出的方法。

③ 入池前需要进行切短、堆沤等预处理。

④ 和粪便一起发酵时效果好。

⑤ 需要较长时间才能分解达到预期的沼气产量。

(2) 粪便类特点

① 不管是否使用每天都要产生，存放后产气量大大减少，因此适合每天进入沼气池。

② 分解速度相对较快。

③ 入池和发酵后取出都很方便。

④ 单独使用产气效果也很好。

正是由于上述特点，目前很多地方，只采用粪便作为沼气发酵原料，秸秆则不再使用。由于养猪水平提高，农户养猪一般 6 个月就能出栏。由此推算，当每户每年出栏生猪 4 头时，生猪常年存栏数就只有 2 头多（折合 50kg 一头）。这样年沼气产量就会因原料不足而只有 200 多立方米。在那些不采用秸秆的地方，沼气产量通常取决于养猪量和当地气候条件。

二、发酵温度

与所有生物处理工艺一样，沼气发酵工艺的性能受运行温度的显著影响。最佳性能只有在最佳温度范围内才能达到，即中温范围 30～40℃、高温范围 50～60℃。大多数厌氧工艺的设计都采用这两个温度范围。这两个范围代表着甲烷细菌最佳生长温度范围。尽管如此，甲烷细菌还可以在更低的温度下生长，此时需要采用比较长的生物固体停留时间（SRT）以弥补比较低的最大比生长速率的影响。

虽然甲烷细菌对温度很敏感，但是运行温度也会影响水解和产酸反应。对于含大量简单和易生物降解有机物的废水，温度对产甲烷过程的影响是首要考虑的问题。然而，对于含大量复杂有机物或者颗粒态有机物的废水，应该首先考虑温度对水解和产酸反应的影响。由上一节的讨论可知，这时候水解反应往往是沼气发酵的限制性步骤。根据发酵温度，沼气发酵工艺可分为高温发酵工艺、中温发酵工艺和常温发酵工艺。

1. 高温发酵工艺

指发酵温度在 50～60℃之间的沼气发酵。其特点是微生物特别活跃，有机物分解消化快，滞留期短，产气率高［一般在 $2.0m^3/(m^3$ 料液·d）以上］，但气体中所含 CH_4 所占比例比中温发酵低。高温发酵工艺主要适用于处理温度较高的有机废物和废水，如酒厂的酒糟废液、豆腐厂废水等。对于有特殊要求的有机废物，例如杀灭人粪中的寄生虫卵和病菌，也可采用该工艺。

高温发酵工艺可以增加反应速率，缩小反应器体积，提高病原微生物灭活效率，但在高温运行时，能量消耗增加，温度变化的敏感性也增加，另外挥发性有机酸浓度增加使得工艺稳定性降低，氨氮浓度提高会使毒性增加，泡沫增多，臭味增加。由于其优点常常不稳定，又有许多缺点，所以除非有现场中试试验或现场生产性系统的经验，否则的话，根据高温厌氧工艺运行的一般经验进行设计需要谨慎小心。农村沼气发酵很少采用高温发酵工艺。

2. 中温发酵工艺

指发酵温度维持在 30～35℃的沼气发酵。此发酵工艺有机物消化速度较快，产气率较高［一般在 $1m^3/(m^3$ 料液·d）以上］。与高温发酵工艺相比，中温发酵工艺所需的热量要少得多。从能量回收的角度，该工艺被认为是一种较理想的发酵工艺类型。目前世界各国的大、中型沼气工程普遍采用此工艺。农村沼气发酵很多也采用中温发酵工艺。

中温发酵工艺需要增温装置，然而增设增温装置必然要耗费能源。根据 1982 年 12 月在成都举行的“中美生物质能转换技术学术讨论会”上美国代表所提供的资料进行分析，增温后的沼气池所增大的沼气能量与增温装置的耗能量大体上相当。所以，增温装置最好是采用余热利用的热传导器。可是余热利用在广阔的农村中并不全部都具备这个条件。所以，最切实可行的办法是利用太阳能。太阳能的利用在建筑构件预制厂已经取得可喜的成果。他们利用太阳能的装置很简单，只有一个特制的玻璃钢透明罩（透明度越高越好），并在罩内放一块黑色的塑料薄膜来吸收太阳光中的红外线，将太阳所散射的热集聚在罩内。这样简单的装置，集聚热的效果很好。如当气温在20℃左右，则罩内的温度可提高到45℃左右。如果是在夏天，罩内的温度可以提高到65℃以上。

3. 常温发酵工艺

常温发酵工艺是指在自然温度下进行的沼气发酵。该工艺的发酵温度不受人为控制，基本上是随气温变化而变化，通常夏季产气率较高，冬季产气率较低。这种工艺的优点是沼气池结构相对简单、造价较低，因此农村沼气池常采用常温发酵。

在修建沼气池时，将它与猪舍改造相结合，将沼气池建在猪舍下面，不仅可节约沼气池占地，而且冬天池温会高2～3℃，这对冬天产气是极为有利的。在北方，将沼气池建在太阳能猪舍下并与太阳能蔬菜大棚相接合，可使冬天池温提高5℃以上，达到10℃以上。此法解决了北方地区沼气池越冬和产气问题。

由于农村沼气池常采用常温发酵工艺，因此启动时间最好不超过11月。我国南方地区有相当部分沼气池是在秋收农忙结束后修建的，因此面临气温较低的问题。目前只有采用加大接种物数量、加长堆沤时间的办法来解决。北方地区冬天一般不能正常启动，只有等待来年。

三、pH值和碱度

与所有生物处理一样，pH值对沼气发酵的运行有着重要的影响。当pH值偏离最佳值时，生物活性会下降。这种影响对于沼气发酵尤其明显，因为甲烷细菌比其他微生物受影响的程度更大。因此，当pH值偏离最佳值时，甲烷细菌活性下降得更多。对于甲烷细菌，最佳pH值范围是6.8～7.4，而pH值在6.8～7.4之间是保持适当的活性所必需的范围。pH值也会影响产酸细菌的活性，但是这种影响并不那么重要，主要是影响产物的性质。pH值降低会增加比较高分子量的挥发性有机酸，尤其是丙酸和丁酸，而乙酸产生量减少。

由于甲烷细菌对于pH值的敏感性，再加上挥发性有机酸是有机物降解过程的中间产物，使得厌氧系统对pH值下降的响应并不稳定。这种不稳定在高水力负荷（或者说高进料量）下更严重，导致产酸细菌产生更多的挥发性有机酸。如果挥发性有机酸产生量的增加速度超过了甲烷细菌利用乙酸和H_2的最大能力，多余的挥发性有机酸开始积累，引起pH值下降。pH值降低使得甲烷细菌的活性减弱，从而减少它们对乙酸和H_2的利用，引起挥发性有机酸进一步积累和pH值进一步降低。如果这种情况再发展下去，pH值会大幅度下降，大分子挥发性有机酸积累，甲烷细菌活性几乎停止。

这个问题可以在运行初期解决，调整相关的环境因素使产酸细菌和甲烷细菌之间达到平衡。对于以上情况，可以减少水力负荷（或者说减少进料量），直到挥发性有机酸产生量小于其消耗量。这样就可以使系统中多余的挥发性有机酸消耗掉，pH恢复到中性，甲烷细菌活性重新增加。等系统恢复到能够利用全负荷的状态，可以再提高进料量。在极端情况下，可以在降低负荷的同时结合投加化学药剂，以调整 pH 值，如下所述。

碱度系指沼气发酵液结合 H^+ 的能力。这种结合能力的大小，一般是用与之相当的 $CaCO_3$ 浓度(mg/L) 来表示。碱度是衡量发酵体系缓冲能力的尺度。然而，过去在沼气发酵监测指标中，人们往往只重视了反映发酵液酸碱强弱程度的 pH 值的测试，而忽视了溶液中与 H^+ 结合能力的碱度测定。

沼气发酵液的碱度主要由碳酸盐（CO_3^{2-}）、重碳酸盐（HCO_3^-）以及部分氢氧化物（OH^-）组成。它们对发酵液中一定量的过酸过碱物质能起缓冲作用，使发酵液 pH 值变化较小。

消化液的酸度通常由其中的脂肪酸含量决定。脂肪酸含量较多的有乙酸、丙酸、丁酸，其次为甲酸、己酸、戊酸、乳酸等。丙酸的积累是造成酸抑制的基本原因。试验研究表明，脂肪酸含量大于 2000mg/L 会使发酵过程受阻。

消化液的碱度通常由其中的氨氮含量决定。它能中和酸而使发酵液保持适宜的 pH 值。氨有一定的毒性，一般以不超过 1000mg/L 为宜。

水解与发酵菌及产氢产乙酸菌对 pH 值的适应范围为 6.5～8，而甲烷细菌对 pH 值的适应范围为 6.8～7.2。如果水解发酵阶段与产酸阶段的反应速率超过产甲烷阶段，则 pH 值会降低，影响甲烷细菌的生活环境。但是在发酵系统中，氨与 CO_2 反应生成的 NH_4HCO_3 使得发酵液具有一定的缓冲能力，在一定的范围内可以避免发生这种情况。缓冲剂是在有机物分解过程中产生的，发酵液中的 NH_4^+ 一般是以 NH_4HCO_3 存在，故重碳酸盐（HCO_3^-）与碳酸（H_2CO_3）组成缓冲溶液。

$$H^+ + HCO_3^- \rightleftharpoons H_2CO_3$$

$$K' = \frac{[H^+][HCO_3^-]}{[H_2CO_3]}$$

取对数得

$$pH = -\lg K' + \lg \frac{[HCO_3^-]}{[H_2CO_3]}$$

式中，K'为弱酸电离常数。

可见缓冲溶液的 pH 值是弱酸电离常数的负对数及重碳酸盐浓度与碳酸浓度比例的函数。当溶液中脂肪酸浓度增加时，反应向右进行，直到平衡条件重新恢复。由于发酵液中 HCO_3^- 与 CO_2 的浓度都很高，故脂肪酸在一定的范围内变化，上式右侧的数值变化不会很大，不足以导致 pH 值的变化。因此在发酵系统中，应保持碱度在 2000mg/L 以上，使其有足够的缓冲能力，可有效地防止 pH 值的下降。发酵液中的脂肪酸是甲烷发酵的底物，其浓度也应保持在 2000mg/L 左右。如果脂肪酸积累过多，便与 NH_4HCO_3 反应生成脂肪酸铵和 CO_2，削弱了消化液的缓冲能力。

$$NH_4^+ + HCO_3^- + RCOOH \longrightarrow NH_4^+ + RCOO^- + H_2O + CO_2$$

根据试验，总碱度在 3000～8000mg/L 时，由于发酵液对所形成的挥发酸具有较强的缓冲能力，在消化器运行过程中，发酵液内挥发酸浓度在一定范围变化时，都不会对发酵液的 pH 值有多大影响，因而可以使沼气发酵正常而稳定地进行。但在发酵过程中，如挥发酸大量积累，碳酸盐碱度低于 1000mg/L 时，发酵液 pH 值的变化即进入警戒点，因为此时缓冲能力已所剩无几，挥发酸继续积累将会造成发酵液 pH 值的明显下降，甚至导致发酵的失败。

四、进出料方式

1. 进料方式

(1) 按进料方式分类

沼气发酵可分为批量发酵、连续发酵与半连续发酵。

1) 批量发酵　是指将发酵原料和接种物一次性装满沼气池，中途不再添加新料，产气结束后一次性出料。产气特点是初期少，以后逐渐增加，然后产气保持基本稳定，再后产气又逐步减少，直到出料。因此，该工艺的发酵产气是不均衡的。目前，该工艺主要应用于研究有机物沼气发酵的规律和发酵产气的关系等方面。固体含量高的原料，如作物秸秆、有机垃圾等，由于日常进出料不方便，进行沼气发酵也可采用这一方法。

综合我国的研究结果指出，不同原料的产气速度是不同的。猪粪、马粪、青草等在35℃的发酵温度下发酵，15d内的产气量占总产气量的80%；在相同的发酵温度下，玉米秸秆、麦秆在20d内的产气量占总产气量的80%。如果以80%的总产气量所需的时间作为产气高峰期，则产气高峰期的大体上只有20d左右的时间，过了产气高峰期，产气率很低，而且需要延续5～6月、甚至更长的时间才能逐渐停止消化。因此，从使用价值考虑问题，真正有用的是产气高峰期。可见，对于一次性大进料制度的批量发酵工艺，原料液在池中的滞留时间（HRT）不宜超过产气高峰期，否则沼气池利用率很低。

2) 连续发酵　是指沼气池加满料正常产气后，每天分几次或连续不断地加入预先设计的原料，同时也排走相同体积的发酵料液。其发酵过程能够长期连续进行。大中型沼气工程通常采用，但该工艺往往要求较低的原料固形物浓度。

3) 半连续发酵　介于上述两者之间。在沼气池启动时一次性加入较多原料，正常产气后，不定期、不定量地添加新料。在发酵过程中，往往根据其他因素（例如农田用肥需要）不定量地出料；到一定阶段后，将大部分料液取走用作它用。我国广大农村由于原料特点和农村用肥集中等原因，主要是采用这种发酵工艺。

可根据是否采用秸秆，把农村沼气池通常采用的半连续发酵工艺分为两种不同的工艺流程（见图5-4和图5-5）。

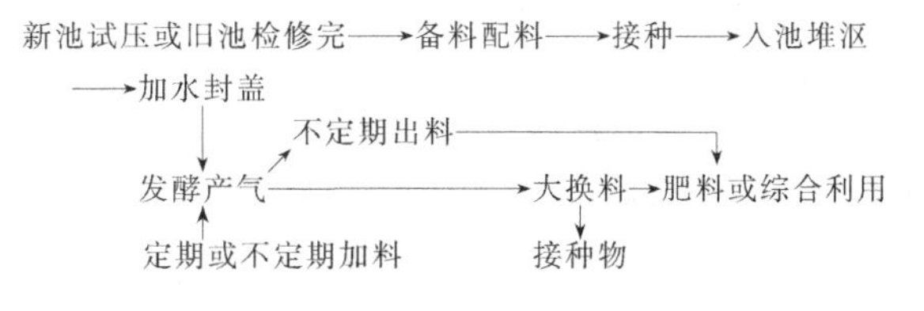

图5-4　采用秸秆的沼气发酵工艺流程

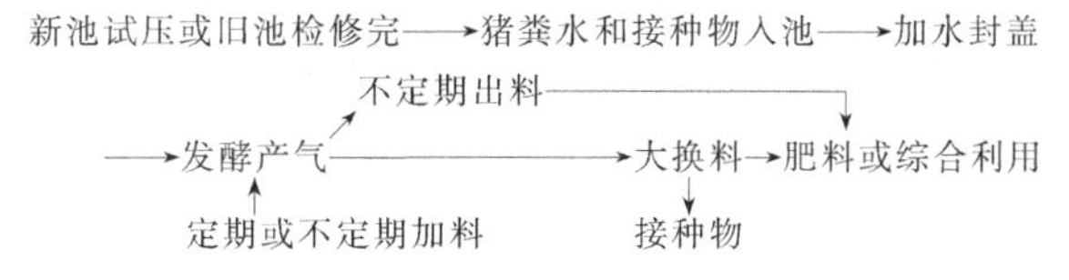

图5-5　不采用秸秆的沼气发酵工艺流程

(2) 沼气发酵工艺流程

1) 接种物的选取　在各种有机物厌氧消化的地方采集接种物。下水道污泥，屠宰场、肉食品加工厂、豆腐房、酒厂、糖厂等地的阴沟污泥，湖泊、塘堰等的沉积污泥，正常发酵的沼气池底污泥或发酵料液，以及陈年老粪坑底部粪便等，均含有大量沼气微生物，都可以采集为接种物。新建沼气池投料或旧池大换料时，一般应加入占原料量30%以上的活性污泥，或留下10%以上正常发酵的沼气池脚污泥，或10%～30%沼气池发酵料液作启动菌种。若新建沼气池没有活性污泥，也可以用堆沤10d以上的畜粪或者粪坑底部粪便作接种物。加入适量的接种物是加快沼气池启动速度、加速原料分解、提高产气量的一个重要步骤。此外，有条件的地方最好能对所选取的接种物进行富集、驯化和扩大培养。这样，既可以使不同区系的沼气微生物个体得到增殖，又可以使大量接种微生物群体适应入池后的新环境。

2）备料配料　是沼气发酵工艺的首要步骤，含原料的收集与预处理。固体有机物半连续沼气发酵工艺的预处理通常是指适度的切碎。秸秆的预处理关系到发酵的好坏。通常是要切短，一方面有利于产气；另一方面也有利于今后出料。其切后长度最好不超过20cm。切好的秸秆先用水泼湿；大约半天后按质量1∶1∶1的比例将接种物、粪便和秸秆混合好，然后放入沼气池内。单纯采用粪便作原料进行沼气发酵比较简单，只需将粪便与接种物混合即可，1份粪便，3份水量，投料的总量达到沼气池容积的80%，接种物的量一般占发酵料液的15%～30%。

3）拌料投料　秸秆为主要发酵原料启动时，先将风干铡短或粉碎的作物秸秆铺于沼气池旁空地或晒坝上，其厚度在30cm左右，泼上搅拌均匀的粪类原料、接种物和适量的水(其用水量以淋湿不流为宜，一般不得超过总加水量的1/3，在此用量范围内，冬季宜少)。拌料时，要求边泼洒边拌匀，操作要迅速，以免造成粪液和水分流失。将接种物与发酵原料在池外混合均匀后投入沼气池。没有条件拌料入池的地方，可用分层加料、分层接种的办法进行，先加一层秸秆，再加一层粪类和接种物，每层不宜太厚，并要层层踩压紧实。堆好后用塑料膜覆盖，进行堆沤处理，一般夏季2～3d，冬季5～7d。

4）堆沤　采用秸秆的沼气发酵工艺流程需要进行堆沤。堆沤在沼气池外进行时，经过堆沤的秸秆体积减小，便于入池发酵，在堆沤过程中，发酵细菌大量繁殖，温度上升，最高温度可达60℃。堆沤也可以在沼气池内进行，在已入池的接种原料中喷洒少量的水（用水量以淋湿为宜，一般不得超过总用水量的1/3)，敞口堆沤数天，一般夏、春季1～2d，秋、冬季3～5d为宜。

5）加水封池　在池内堆沤过程中，由于好氧和兼性微生物的作用，发酵料液的温度不断升高。当池内发酵原料温度上升到40～60℃时（上述堆沤时间内，一般可达到此温度范围）即可分别从进出料口加水。加水量以保证池内发酵原料总固体浓度为：南方各省夏天6%，冬天10%；北方各省10%。加水完毕，检验发酵料液pH值，若pH值在6以上，即可封池；若pH值低于6，加入适宜草木灰、氨水或澄清石灰水等碱性物质调整至7左右后，再封池。

6）放气试火　按上述工艺流程操作，当沼气压力表的水柱压力差达到40cm以上时，将气体全部放掉，此时沼气不能点燃，是因为沼气池气室内的空气没排放掉，当沼气压力再升高时，随着气体中甲烷含量的增加，沼气即可点燃使用。一般在封池2～3d后所产生的沼气即可使用，做点火试验，如能点燃，则说明沼气发酵已开始正常运行。

2. 大出料方式

(1) 建有活动盖的小沼气池出料方式

农村中建有活动盖的农户池，大出料前应撬开活动盖，从活动盖处用耙梳（类似钉耙的一种农具）或锄头将浮渣起出，此时浮渣离地面的高度较小，出渣的劳动强度较小，浮渣一般应堆沤一个月后再使用。浮渣基本出尽后，再采用手提抽粪器或机动液肥泵抽出粪液。建池时未安装活塞筒的用户，可在出料间架设活塞筒，采用手提抽粪器抽出粪液，剩下的少量残渣，可用水或清粪水冲，使之能够流动，流到出料间后，用长把粪瓢舀粪。

（2）没有活动盖的小沼气池出料方式

农村中没有建活动盖的农户池，大出料前应先采用手提抽粪器或机动液肥泵把能流动的粪液出完（注意负压间距），此时浮渣和沉渣已堆积在一起，进出料口一般都已能通风，但还应采用人工鼓风或扇风，使池内有足够的氧气，放入小动物，小动物无异常反应时，人方可下到出料间用耙梳或锄头从出料间起出粪渣，粪渣应加入氨水堆沤 7d 左右，使粪渣成为无有害病菌和活寄生虫卵的复合高效有机堆肥。

（3）中型和较大型的沼气池的出料方式

农村中建的较大型和中型沼气池都建有活动盖，大出料前应启开活动盖，从活动盖口用抓卸器抓起浮渣。无抓卸器的地方也可采用耙梳、锄头抓起浮渣，经堆沤后再使用。浮渣基本出尽后，宜采用 7YF-1000 液肥车抽取易流动的粪液，也可用机动液肥泵抽取粪液。剩下的少量残渣可用水冲，使之能够流动，然后用液肥车抽取，如果抽取物浓度低，可用此低浓度粪液反复冲洗不流动的残渣，这样能减少用水和运肥量。

五、搅拌

在生物反应器中，生物化学反应依靠微生物的代谢活动而进行，这就需使微生物不断接触新的食料。在分批投料发酵时，搅拌是使微生物与食物接触的有效手段；而在连续投料系统中，特别是高浓度产气量大的原料，在运行过程中由进料和产气时气泡形成和上升过程所造成的搅拌则构成了食料与微生物接触的主要动力。

在成批投料消化器里，发酵料液通常自然沉淀而分成四层，从上到下分别为浮渣层、上清液、活性层和沉渣层。在这种情况下，厌氧微生物活动较为旺盛的场所只限于活性层内。而其他各层或因可被利用的原料缺乏，或因条件不适宜微生物的活动，使厌氧消化难以进行。因此，在这类消化器里应采用搅拌措施来促进厌氧消化。对消化器进行有限的搅拌，可使微生物与发酵原料充分接触，同时打破分层现象，使活性层扩大到全部发酵液内。此外，搅拌尚有防止沉渣沉淀，防止产生或破坏浮渣层，保证池温均一，促进气液分离等功能。

对于农村小型沼气池，沼气池搅拌是大多数用户忽视的问题。沼气池长期不搅拌，所进发酵料受到池内气体和旧渣堆积托载而堆积在进料筒内，并在进料筒内发酵，所产沼气随进料管壁上升而散失掉，池体里面的旧渣液也由于长期不搅拌而得不到轮回排出，形成发酵料进出循环断路，代谢失调。沼气池适当搅拌，可使新入池发酵料进入池内并与池内旧料混合发酵，有利于加快沼气池发酵料液的发酵进程，同时，搅拌有利于旧渣的适当清排，畅通沼气池，提高沼气池利用效率。

搅拌的方式共有 5 种。

1）机械搅拌　机械搅拌通常在大中型工程全混合式沼气装置采用，农村户用沼气池一般未安装机械搅拌器。

2）沼气回流搅拌　将沼气压缩后从池底输入池内，随着气体向上逸出，达到搅拌目的，通常也在大中型沼气工程中采用。

3）料液回流搅拌　农村户用沼气池经常采用的方式，可将出料间的料液取出，再从进料间冲入，使池内的料液达到搅动的目的。

4）人工抽提搅拌　简易的人工抽粪器由一根硬质塑料管及配有活塞的提杆组成，可以固定在池顶部，管的直径为100～120mm，活塞为两个半圆形合页，随着提杆的上下移动，料液产生振动，达到搅拌的目的。同时也可以用作人工出料器。目前这种简易搅拌器已在四川、湖南、云南等省推广使用。

5）人工搅拌器搅拌　人工搅拌是我国在农村中推广小型沼气池以后，由群众创造出的适合我国农村条件的简便有效的方法。这种简便的搅拌措施包括：大量推广能自行进行搅拌的水压式沼气池，利用进料管和出料管，应用棒子樋入沼气池进行定期搅拌。这种搅拌方法，江苏省有了新的发展。经过试验，将进料安装成与水平面为α的角度（根据池型经试验测量得出），并在棒的下端加装一个交叉形状的搅拌器，当这种搅拌棒樋入进料管进行往复的上下运动，使料液的喷流速度逐步得到加强，并引起料液翻滚流动，产生了很好的搅拌效果，所以说是很有价值的革新。

六、营养物质

沼气发酵过程是培养微生物的过程，发酵原料或所处理的废水应看作是培养基，因而必须考虑微生物生长所必需的C、N、P以及其他微量元素和维生素等营养物质。

厌氧消化池中，细菌生长所需营养由污泥提供。合成细胞所需的碳源担负着双重任务：其一是作为反应过程的能源，其二是合成新细胞，N则只用于细胞建造。麦卡蒂(McCarty)等提出污泥细胞质（原生质）的分子式是$C_5H_7NO_3$，即合成细胞的C/N比约为5：1。因此要求C/N比以达到(10～20)：1为宜。如C/N比太高，细胞的N量不足，消化液的缓冲能力低，pH值容易降低；C/N比太低，微生物在生长过程中就会将多余的氮素分解为氨而放出，使发酵液中构成碱度的物质NH_4HCO_3增加，虽可以提高发酵液的缓冲能力，但氮量过多，pH值可能上升，铵盐容易积累，会抑制消化进程。

发酵原料的C/N比是指原料中有机碳素和氮素含量的比例关系，因为微生物生长对C/N比有一定要求。在沼气发酵过程中，原料的C/N比在不断变化，细菌不断将有机碳素转化为CH_4和CO_2放出，同时将一部分碳素和氮素合成细胞物质，多余的氮素物则被分解，以NH_4HCO_3的形式溶于发酵液中。经过这样一轮分解，C/N比则下降一次，生成的细胞物质死亡后又可被用作原料。因此，消化器中发酵液的C/N比总是要比原料低得多，而微生物生长的环境是在消化器内，所以这里所说营养物的C/N比是消化器中发酵液的C/N比。

沼气发酵适宜的C/N比值范围较宽，有人认为(13～16)：1最好，但也有试验说明（6～30)：1的范围仍然合适。一般认为在厌氧发酵的启动阶段C/N比不应大于30：1。只要消化器内的C/N比适宜，进料的C/N比则可高些。因为厌氧细菌生长缓慢，同时老细胞又可作为N素来源。所以，污泥在消化器内的滞留期越长，对投入N素的需求越少。

如何进行原料液的C/N比配制，有的学者认为用常规化学分析C、N含量有时并不能正确反映发酵原料中的C、N比例关系。例如，木质素虽然含C量很高，但多数微生物不能利用，这些碳可称为无效碳。

以COD为标准计算，在处理复杂有机物废水时，由于细菌生长较多，要求COD：N：P的比值为350：5：1。如果以挥发酸废水为原料，细菌生长量低，其COD：N：P的比值可为1000：5：1。在N、P、S不足的废水中，应考虑加入铵态氮（NH_4HCO_3、NH_4Cl)、磷酸盐和硫酸盐以补充其不足。此外，加入微量元素如 Co、Al、Ni 及 Zn 等对发酵有一定促进作用，但其用量都应在 50μmol 以下，加入过多反而会产生毒害作用。发酵原料或工业污水中 N、P 不足时，可适当添加一定比例的粪尿液以补充氨源不足，有利于促进沼气发酵的进行。

农村常用沼气发酵原料如人畜粪便、秸秆和杂草等都是由生物质所构成，用这些原料进行沼气发酵，从营养成分来看是比较齐全而丰富的，一般不需添加什么营养成分。为使发酵过程有一个较高的产气量，可将贫氮原料与富氮原料适当配合成具有适宜 C/N 比的混合原料。农村常用沼气发酵原料的 C/N 比（近似值）列于表 5-3。

表 5-3　农村常用沼气发酵原料的 C/N 比（近似值）

原　料	碳素占原料质量/%	氮素占原料质量/%	C/N 比	原　料	碳素占原料质量/%	氮素占原料质量/%	C/N 比
鲜人粪	2.5	0.85	2.9∶1	野草	14	0.54	26∶1
鲜猪粪	7.8	0.60	13∶1	大豆茎	41	1.30	32∶1
鲜马粪	10	0.42	24∶1	落叶	41	1.00	41∶1
鲜牛粪	7.3	0.29	25∶1	玉米秆	40	0.75	53∶1
鲜羊粪	16	0.55	29∶1	干稻草	42	0.63	67∶1
花生茎叶	11	0.59	19∶1	干麦草	46	0.53	87∶1

注：由于原料来源不同，原料中的成分也会有差异，此表中的数字只是参考近似值。

七、沼气池运行与管理

1. 沼气发酵的异常与对策

沼气发酵是一个系统较为复杂的生物化学过程，必须在一定温度、浓度及酸碱度的厌氧环境下进行。通过观察水压间料液的变化，可以判断沼气池发酵、产气是否正常，颇为准确。

料液呈浅绿色或灰色，表面泡沫较少。这种情况属于发酵原料不足，缺少菌种，发酵料液浓度偏低，往往导致沼气池不产气或产气少。多见于新池刚投料或长期少养或不养猪的农户使用的沼气池。应在多投发酵原料的同时，及时加入菌种，使沼气池运行正常。

料液表面生白膜，这说明沼气池已经酸化，发酵偏酸。主要原因是冬春季节温度偏低，新池投料少，没有加入足够量的菌种（约占总投料量的 30%）或单一粪便发酵，根本不加入菌种所致。处理方法是：利用 pH 值试纸测试料液偏酸程度，pH 值介于 6～7 之间的，可加入一定量的石灰水予以中和，并同时加入一定量的菌种即可；如 pH 值<6，则建议清池重新投料。

料液呈酱油色或黑色，液面泡沫厚积。这说明沼气池发酵，产气都很正常，料液发酵完全。只要保持每天小进小出，均衡出料，科学管理，沼气池就可以保持最佳运转状态。

2. 沼气池的日常管理

每日补充新鲜原料，总量在 150～180kg 之间，采用先出料，再进料，出料量不能过多，要保证池内料液高度在进出料管口之上。

经常监测料液的 pH 值，一般采用广泛 pH 值试纸进行检测，正常 pH 值在 6.8～7.5 之间，如果由于配料不当，或投入过量的作物秸秆、畜禽粪便，会导致发酵料液产酸过高，

pH 值下降，如果 pH 值低于 6，则需采取调整措施，可通过投加大量菌种进行调节，或者加入适量的草木灰、澄清的石灰水，将 pH 值调整到 6.8。

沼气池内料液要经常进行搅拌，搅拌可使新鲜原料与发酵微生物充分接触，避免沼气池产生短路和死角，提高原料利用率和产气率。

经常进行输气管道的检查，观察压力表，气压是否正常，如出现漏气或管道堵塞，及时处理。

3. 沼气池的安全使用及管理

沼气的安全管理使用，主要抓以下几个环节。

(1) 安全发酵

① 各种剧毒农药，特别是有机杀菌剂以及抗生素等，刚喷洒了农药的作物茎叶，刚消过毒的畜禽粪便；能作土农药的各种植物，如大蒜、桃树叶、皮皂子嫩果、马钱子果等；重金属化合物、盐类，如电镀废水等都不能进入沼气池，以防沼气细菌中毒而停止产气。如发生这种情况，应将池内发酵料液全部清除再重新装入新料。

② 禁止把油枯、骨粉和磷矿粉等含磷物质加入沼气池，以防产生剧毒的 PH_3 气体，给人以后入池带来危险。

③ 加入的青杂草过多时，应同时加入部分草木灰或石灰水和接种物，防止产酸过多，使 pH 值下降到 6.5 以下发生酸中毒，导致甲烷含量减少甚至停止产气。

④ 防止碱中毒。发生这种现象主要是人为地加入碱性物质过多，如石灰，使料液 pH 值超过 8.5 时发生的中毒现象，有时也伴随氨态氮的增加。碱中毒现象与酸中毒相同。

⑤ 防止氨中毒。主要是加入了含 N 量高的人畜粪便过多，发酵料液浓度过大，接种物少，使氨态氮浓度过高引起的中毒现象，其现象与碱中毒的现象相同，均表现出强烈的抑制作用。

(2) 安全管理

① 沼气池的出料口要加盖，防止人、畜掉进池内造成死亡。

② 经常检查输气系统，防止漏气着火。

③ 要教育小孩不要在沼气池边和输气管道上玩火，不要随便扭动开关。

④ 要经常观察压力表中压力值的变化。当沼气池产气旺盛、池内压力过大时，要立即用气和放气，以防胀坏气箱，冲开池盖，压力表充水。如池盖一旦被冲开，要立即熄灭沼气池附近的明火，以免引起火灾。

⑤ 加料或污水入池，如数量较大，应打开开关，慢慢地加入，一次出料较多，压力表水柱下降到零时，打开开关，以免产生负压过大而损坏沼气池。

⑥ 注意防寒防冻。

(3) 安全用气

① 沼气灯、灶具和输气管道不能靠近柴草等易燃物品，以防失火。一旦发生火灾，不要惊慌失措，应立即关闭开关或把输气管从导气管上拔掉，切断气源后，立即把火扑灭。

② 鉴别新装料沼气池是否已产生沼气，只能用输气管引到灶具上进行试火，严禁在导气管口和出料口点火，以免引起回火炸坏池子。

③ 使用沼气时，要先点燃引火物，再开开关，以防一时沼气放出过多，烧到身上或引起火灾。

④ 如在室内闻到腐臭蛋味时，应迅速打开门窗或风扇，将沼气排出室外，这时不能使用明火，以防引起火灾。

(4) 安全出料和维修

① 下池出料、维修一定要做好安全防护措施。打开活动顶盖敞开几小时，先去掉浮渣和部分料液，使进出料口、活动盖三口都通风，排除池内残留沼气。下池时为防止意外，要求池外有人照护并系好安全带，发生情况可以及时处理。如果在池内工作时感到头昏、发闷，要马上到池外休息，当进入停止使用多年的沼气池出料时更要特别注意，因为在池内粪壳和沉渣下面还积存一部分沼气，如果麻痹大意，轻率下池，不按安全操作办事，很可能发生事故。要大力推广沼气出肥器，这样可以做到人不入池，既方便又安全。

② 揭开活动顶盖时，不要在沼气池周围点火吸烟。进池出料、维修，只能用手电或电灯照明，不能用油灯、蜡烛等照明，不能在池内抽烟。

(5) 事故的一般抢救方法

① 一旦发生池内人员昏倒，而又不能迅速救出时，应立即采用人工办法向池内送风，输入新鲜空气，切不可盲目入池抢救，以免造成连续发生窒息中毒事故。

② 将窒息人员抬到地面避风处，解开上衣和裤带，注意保暖。轻度中毒人员不久即可苏醒；较重人员应就近送医院抢救。

③ 灭火。被沼气烧伤的人员，应迅速脱掉着火的衣服，或卧地慢慢打滚或跳入水中，或由他人采取各种办法进行灭火。切不可用手扑打，更不能仓皇奔跑，助长火势，如在池内着火要从上往下泼水灭火，并尽快将人员救出池外。

④ 保护伤面。灭火后，先剪开被烧烂的衣服，用清水冲洗身上污物，并用清洁衣服或被单裹住伤面或全身，寒冷季节应注意保暖，然后送医院急救。

第三节　沼气发酵设备

从发展的角度来看，沼气发酵设备经历了两个大的发展阶段。第一阶段的发酵设备称为传统发酵设备系统。传统的发酵设备系统是主要用于间歇性、低容量、小型的农业或半工业化人工制取沼气的最基本设备。人们一般把传统的发酵设备系统称为沼气发酵池、沼气发生器或厌氧消化器。第二阶段的发酵设备称为现代高效工业化发酵设备系统，后者是在前者的基础上发展起来的，工业化、系统化、高效化的能够大量处理城市垃圾、废弃污泥、高浓度有机废水等的现代沼气发酵处理系统。

传统的发酵设备内一般没有搅拌设备，发酵基质投入池中后，难以和原有厌氧活性污泥充分接触，因此生化反应速率往往很慢。要得到较完全的发酵，必须有很长的水力停留时间，从而导致负荷率很低。传统发酵罐内分层现象十分严重，液面上有很厚的浮渣层，久而久之，会形成板结层，妨碍气体的顺利逸出；池底堆积的老化（惰性）污泥很难及时排出，在某些角落长期堆存，占去了有效容积；中间的清液（常称上清液）含有很高的溶解态有机污染物，但因难以与底层的厌氧活性污泥接触，处理效果很差。除以上方面外，传统发酵设备往往没有人工加热设施，这也是导致其效率很低的重要原因。但传统的发酵设备投资小、见效快、施工简单，是尤其适合广大农村使用的小型沼气发酵设备。

普通沼气发酵系统借助于发酵罐内的厌氧活性污泥来净化有机污染物，产生沼气。传统发酵系统中发酵池的建造材料通常有炉渣、碎石、卵石、石灰、砖、水泥、混凝土、三合土、钢板、镀锌管件等。发酵池的种类很多，按发酵间的结构形式有圆形池、长方形池、钟形池和扁球池等；按贮气方式有气袋式、水压式和浮罩式；按埋没方式有地下式、半埋式和地上式。

我国沼气发酵池类型较多，其中，水压式沼气池是在农村推广的主要池型，已有60年以上历史和运行经验，特别受到发展中国家的欢迎，被誉为“中国式沼气池”。

一、水压式沼气池的结构与工作原理

水压式沼气池是通过进料管和出料管的连接，将发酵-贮气间和水压间共同组成一个异形连通管的工作机构，并由排气管将沼气输送给沼气灶进行工作。水压式沼气池工作原理如图5-6所示。

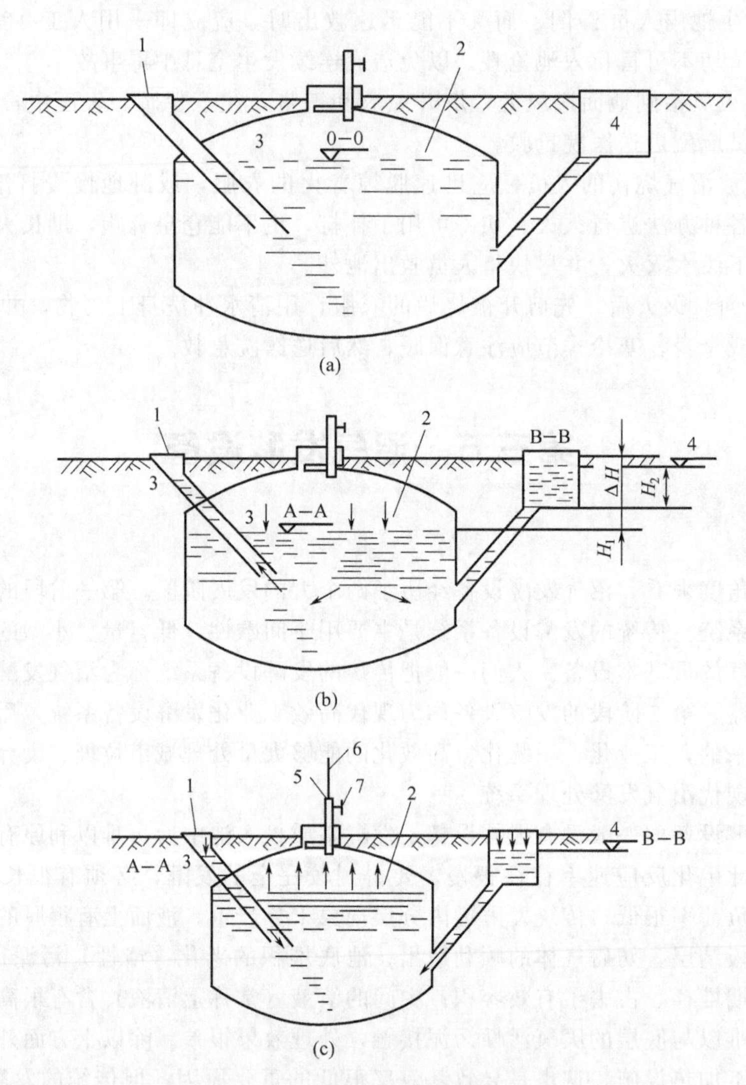

图5-6 水压式沼气池工作原理示意

(a) 1—加料管；2—发酵间（贮气部分）；3—池内液面0—0；4—出料间液面

(b) 1—加料管；2—发酵间（贮气部分）；3—池内料液液面A—A；4—出料间液面B—B

(c) 1—加料管；2—发酵间（贮气部分）；3—池内料液液面A—A；4—出料间液面B—B；5—导气管；6—沼气输气管；7—控制阀

要正确地进行水压式沼气池的工作机构的设计，首先应当明了它的工作原理。只有这样才能正确地掌握水压式沼气池池形设计的构造设置规则，并为编制池形设计规定提供依据。

水压式沼气池的工作机构是根据连通管的工作原理和气体的状态反应规律而设计的。当水压式沼气池在进料之后、封闭了发酵-贮气间时，留存在发酵-贮气间内的气体就处在密闭的气体状态中。这时密闭气体的气压和空气中的气压相等，因而发酵-贮气间内的料液面和水压间内的料液面同时受 1.01×10^5Pa 的作用，而使发酵-贮气间的池内外的料液面处在同一个的料液面上。产气以后，发酵-贮气间内贮存了沼气，则要从发酵-贮气间内排出与贮气量同体积的料液进入水压间，而使发酵-贮气间内的料液面下降，同时水压间内的料液面则上升，结果出现了液位差。液位差所产生的水压力和发酵-贮气间内的沼气压力将时时处于动态平衡状态，所以当用户开始用气，由于耗气引起了与耗气量同体积的料液要从水压间内回流入发酵-贮气间，则使水压间内的料液下降，发酵-贮气间内的料液面则上升了。此时，液位差所产生的水压力和发酵-贮气间内的沼气压力又处在另一个动态平衡状态。这样，在产气和用气的无限循环过程中，为了维持压力的动态平衡条件，必然要驱使发酵原料液在发酵-贮气间和水压间之间进行着往返流动，对发酵原料液进行着缓慢的搅拌。原料液的往返流动，迫使发酵-贮气间内的原料液进行着忽上忽下的沉浮运动。料液面上的浮渣结层受到发酵-贮气间的池盖内壁的约束作用，又引起了浮渣结层进行着忽聚忽散的水平运动。其结果是对浮渣结层进行了搅拌，使沼气容易从浮渣结层的缝隙中溢出料液面。这就是水压式沼气池的工作原理。

至此，我们还可以看到水压式沼气池另外两个特点，即沼气压力不稳定，发酵-贮气间的贮气容积时而贮气时而贮料，并不断在相互转换，使直接参加发酵产气的料液量经常在变化着。

水压式沼气池（这里仅指发酵罐）内空间分为两部分：第一部分是贮装发酵原料的部分，称为发酵间；第二部分是贮存沼气的部分，称为贮气间。人们习惯地把沼气池的发酵间和贮气间容积之和称为沼气池的容积（即不包括进料斗及其进料管和水压间及其出料斗在内）。

水压式沼气池在生产沼气的过程中，其发酵间、贮气间和水压间三部分的介质所占的空间在不停地相互变化。图 5-6 (a) 是沼气池启动前的状态。池内初加新料，处于尚未产生沼气阶段，沼气池内的气体气压为 1atm，发酵间的液面为 0—0 水平，此时发酵间与水压间的液面处在同一水平，称为初始工作状态。这时，发酵间内的发酵料液体积为最大设计体积（即设计最大值），而贮气间的沼气体积和水压间的料液体积为最小体积（即设计最小值）。发酵间内尚存的空间为死气箱容积。由于零压线 0—0 以上的发酵-贮气间的容积在产气以前已被空气占满空间，当用户开始用气，空气逐渐被全部排出，代之以沼气填充这部分容积。但是，由于压差等于零，所以这部分容积内的沼气排不出去，用户无法使用这部分的沼气。故此，称这部分容积为发酵-贮气间的无效贮气容积，也称死气箱容积，用 V_0 表示。另外设零压线以下的水压间容积为 v_0，在产气以前已被料液占领，产气以后不能贮存从发酵-贮气间内排除出与贮气量同体积的料液。则称 v_0 为水压间的无效贮料容积。所以，必须取 v_0 等于零。至此，得到设计水压式沼气池的一个重要规则——以零压线的位置 0—0 作为水压间的底面标高。图 5-6 (a) 就是这样表示的。(部分学者认为将初始投料时池内液面的零压线作为计算水压间容积的基准是不合理的。因为沼气池正常运转时，由于燃烧器额定压强的限制，农民不可能将沼气使用到压强为零。按这种假设的“零压线”设计，可能出现水压间有效容积减小、实际压强大于设计控制压强的情况。)

图 5-6（b）是启动后状态。此时，发酵池内发酵产气，发酵间的气压随产气量增加而增大，造成水压间液面高于发酵间液面。当发酵间内贮气量达到最大量时，发酵间的液面下降到可下降的最低位置 A—A 水平，水压间的液面上升到可上升的最高位置 B—B 水平，这时，称为极限工作状态。极限工作状态时两液面的高差最大，称为极限沼气压强，其值可用下式表示。

$$\Delta H=H_1+H_2$$

式中，H_1 为发酵间液面最大下降值；H_2 为水压间液面最大上升值；ΔH 为沼气池最大液面差。

以发酵间和水压间设计最大极限料位差来计算出发酵间排入水压间的料液体积，即为该沼气池的最大贮气量。

图 5-6（c）表示使用沼气时，发酵间压力减小，水压间液体被压回发酵间。这样不断产气和不断用气，发酵间和水压间液面总是在初始状态和极限状态间不断上升或下降。

二、水压式沼气池设计参数的取值

1. 气压

农村家用沼气池，主要用于农户生产沼气，一般用于炊事和照明，沼气产量较多的农户，除炊事和照明外，还可以用作淋浴、冬季取暖、水果和蔬菜保鲜等诸多用途，其沼气气压和秒流量的设计，应根据产气源到用气点的距离、用气速度等来确定输气管的大小。

沼气池的设计沼气压力 P 的取值，是为了保证沼气池所产生的沼气压力，通过排气设备所产生的沼气压力损失以后，仍然具有足够的压力强度提供给沼气灶进行工作，并使沼气灶点火后不离焰、不回火，以保证沼气燃烧时的热效率不低于 55% 的良好灶前压力值。因此沼气池的设计沼气压 P 的取值，应根据以下的因素来确定。

1）沼气灶的标准额定工作压力 p　根据全国沼气灶具的标准化定型会议确定沼气灶的沼气燃烧时不离焰、不回火、沼气燃烧的热效率超过 55% 时，所要求的沼气压力值作为沼气灶的标准额定工作压力，其定值是 $p=80\sim150\mathrm{mmH_2O}$[1]，或者说，沼气灶标准额定工作压力的上限值 $p_{\max}=150\mathrm{mmH_2O}$，沼气灶的标准额工作压力的下限值 $p_{\min}=80\mathrm{mmH_2O}$，这个工作压力标准的上限值是保证沼气灶在沼气燃烧时不产生离焰的限制条件，下限值则是保证不产生回火的限制条件。

2）排气管所引起的沼气压力损失 p_1　沼气通过排气管后，由于管壁的摩擦和管道转弯处的阻力都会引起沼气压力的降低。所以排气管所产生的沼气压力损失 p_1（$\mathrm{mmH_2O}$）按下式进行计算。

$$p_1=l\Delta p_1+ia$$

式中，l 为排气管的设计长度，m，为了减少沼气压力损失，设计时应尽可能地使沼气池建在离灶间邻近的地点；Δp_1 为沼气通过排气管时的沼气压力损失梯度，$\mathrm{mmH_2O/m}$；i 为排气管的转弯处的数目；a 为排气管每一个转弯点的沼气压力损失值，$\mathrm{mmH_2O}$。

---

[1] $1\mathrm{mmH_2O}=9.80665\mathrm{Pa}$，下同。

3）沼气通过开关后所产生的沼气压力损失 p_2　由于各地所生产的开关规格不统一，质量优劣悬殊，所以开关所产生的沼气压力损失值相差很大，p_2 大致上在 15～270mmH$_2$O 的范围内。为了减少沼气压力的损失，建议选用优质开关。

4）沼气灶工作后，由于耗气所引起的沼气压力损失 p_3　因为水压式沼气池在用户用气后要引起与耗气量同体积的料液从水压间内回灌入发酵-贮气间，使水压间内的料液面下降，发酵-贮气间的料液面上升。所以，用气所产生的沼气压力的下降值相当于液位差的降低值。假如，用户每日三餐的耗气量按早餐消耗 20%，中、晚餐各消耗 40%进行分配，则 p_3 为

$$p_3=0.4p=0.4(p_{max}-p_{min})$$

式中，p_{max} 为沼气灶的标准额工作压力的上限值，mmH$_2$O，取 $p_{max}=150$mmH$_2$O（下同）；p_{min} 为沼气灶的标准额定工作压力的下限值（下同），mmH$_2$O，$p_{min}=80$mmH$_2$O。故此取 $p_3=28$mmH$_2$O。

综上所述，沼气池的最小设计沼气压力 P_{min} 和最大设计沼气压力 P_{max} 的取值应分别按如下取值。

① 对于水压式沼气池，应按 $P_{max}=p_{max}+p_1+p_2+p_3$，$P_{min}=p_{min}+p_1+p_2+p_3$；

② 对于浮罩分离式沼气池，应按 $P_{max}=p_{max}+p_1+p_2$，$P_{min}=p_{min}+p_1+p_2$。

但是，完全依照这些条件来确定沼气池的设计气压，作为大众使用的农村家用沼气池，势必过于复杂，技术过于专业化，很难达到定型和通用的目的，根据全国各地农村家用沼气的选址调查，绝大多数都建于畜禽圈栏旁和靠近圈栏，有的地区干脆建在畜禽圈内（上为畜禽圈，下为沼气池），离用气点不超过 20m，根据送气和低压沼气灶燃烧效果测试，这类沼气池气压在 1960～5880Pa 之间完全可以满足灶前压气需要，所以农村家用沼气池设计气压取值为 2000Pa$\leqslant P \leqslant$6000Pa 比较适宜。其中分 2 种情况：a. 水压式沼气池以气压不大于 6000Pa 为宜；b. 设有分离式贮气罩（袋）沼气气压不应大于 3000Pa。

2. 产气率

对产气率有两种称谓：一种为公称产气率，即池容产气率（以沼气池发酵间和贮气间的建筑容积为准，不含水压间和进料口），即 24h 沼气产量除以沼气池建筑容积之商，即沼气池建筑容积每立方米在 24h 所产的沼气量（在 2000～6000Pa 压力条件下的体积），单位为 m^3/（m^3・d）；另一种为有效发酵原料体积产气率，即 24h 所产沼气总量除以沼气池实际装存的料液体积的商。

农村家用沼气池产气率一般与池型没有明显直接的关系，而与发酵原料、发酵温度和管理技术（即发酵工艺）关系密切，在 14～30℃气温条件下，适宜的粪便浓度和进料量，其料液产气率可达到 0.40m^3/（m^3・d）甚至更多，反之，其产气率要达到 0.15m^3/（m^3・d）都较困难。

沼气池的设计必须满足产气量与耗气量的供需平衡。这样就可以用最小发酵原料液的用量达到正常用气的效果。因此，需要确定沼气池的各种设计容积（如贮料容积、贮气容积、水压间容积等），并且首先必须确定沼气池的净总容积。确定这些容积的依据是用户的耗气量和原料液的产气率。这就要求对产气率的取值要准确。为了准确地确定产气率的取值，必须明了产气率的分布特性。

一定量的原料液在各种条件保持不变时，产气率随发酵温度变化的特性可以这样描述：在

低温的10～40℃范围内，产气率的大小与发酵温度的高低成正比；在中高温的40～60℃的范围内，产气率随着发酵温度的提高而迅速增大，而在50～60℃时产气率最高；一旦发酵温度达到或超过65℃以后，产气率就急剧下降。因此，我国农村中使用的沼气池通常是利用常温发酵的。所以可以依据在低温条件下的产气率的分布特性来确定标准产气率的取值。

在自然温度发酵的沼气池在一年内产气率和地温的变化趋势如图5-7所示。根据全国各地区对池温和地温的测定结果说明，在－2.5～－2.0m的深度内，地埋式沼气池的池温与地温几乎相同（在－1.5m处也很接近）。所以，可以用－2.5～－2.0m处（也可用－1.5m处）的地温来表示池温。按照山东省五个地区的地温资料（－2.5～－2.0m处的地温）绘制出如图5-7的一年中的地温变化曲线。

又根据搜集到的少部分沼气池在一年中的实测产气率画出了频数曲线，也是一条与地温分布曲线相似的单峰曲线（图5-7）。这又证明了，在常温条件下的沼气池的产气率与发酵温度之间的关系简化为成正比例的关系是成立的。

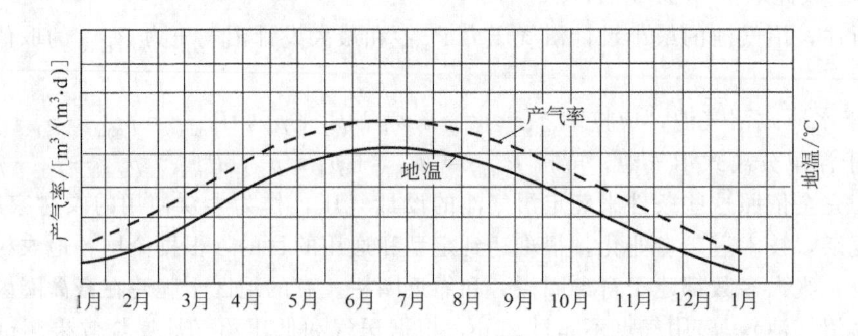

图5-7　在自然温度发酵的沼气池在一年内产气率和地温的变化趋势

所以可以得到如下的结论。利用自然温度发酵的地埋式沼气池，在一年中的产气率分布曲线是一条与地温在一年中分布曲线相似的单峰曲线。这条曲线与按正态规律分布的曲线一样。因此，产气率在一年中的分布特性符合正态分布。

由于利用自然温度发酵的沼气池，其产气率在全年中的波动幅度很大，出于设计需要，必须确定一个标准产气率μ。

要正确地确定标准产气率μ的取值，既要避免将取值定得过高，又要防止将取值取得过低。因此，沼气池的设计必须保持日产气量与日耗费量的供需平衡。如果产气率的取值偏高，则使所设计的沼气池的贮料容积过小，这时实际的产气率达不到标准产气率。因此，日产气量必然小于日耗气量，以至用户长期处在供气不足的情况下使用。假如将取值定得偏低，当然是要将沼气池的贮料容积设计得大些。可是，实际的产气率高于标准产气率，这样，日产气量一定大于日耗气量。故此，将使所设计的贮气箱贮存不了所生产的沼气。可见，不合理的产气率的取值，都会造成所设计的沼气池中各部分的容积不协调，而成为畸形的沼气池。

考虑到一户农家所用的沼气池，起码应当保证在大部分的时间内能烧好三餐饭菜。从各地区的实践中得到，如果日气温能保持在15℃以上，利用自然温度发酵的地埋式沼气池是能正常产气的。

为了使用户在沼气池的正常工作时间内，或者说在气温大于15℃的所有时间内，能保证在95％的时间内可以保持日产气量与日耗气量的供需平衡，换句通俗话说，能在95％的时间内保证能烧好三餐饭菜，则将标准产气率的取值原则（按平均值减去一倍均方差的取值原则进行整理统计，其标准值具有95%的保证率）定为在统计区间内的平均产气率减去一倍均方差，因此，标准产气率可用下式表示。

$$\mu=\bar{\mu}-\sigma_r=(1-G_r)\bar{\mu}$$

式中，μ 为沼气池的发酵原料液的标准产气率；$\bar{\mu}$ 为实测产气率的平均值；σ_r 为产气率的均方差，$\sigma_r=\sqrt{\frac{1}{n}\sum_{i=1}^{n}(\mu_i-\bar{\mu})^2}$；$n$ 为实测数据的总数；μ_i 为实测值；G_r 为产气率的变异系数，$G_r=\frac{\sigma_r}{\bar{\mu}}$。

上述计算稍显复杂。目前不鼓励把农业秸秆投进沼气池，因为农业秸秆进池容易出池难，这是有过教训的。人畜粪便进池发酵，产生的沉渣和浮渣较少，能确保沼气池长期正常运行，进料出料都较容易，便于管理，产气稳定，因此，本书仅以人畜粪便和自然气温为依据，确定设计产气率经验值在0.15～0.35$m^3/(m^3 \cdot d)$之间。

3. 水压间容积的确定

目前，多数地区农村家用沼气池，采用水压间方式贮气，即水压式沼气池，这种沼气池的水压间修建简单，质量可靠，因而广大农户乐于接受。一方面作为炊事，一日三餐，用气量比较集中，因而必须有相应的沼气贮存量，供作炊时集中使用；另一方面，由于晚间至次日上午，用气很少甚至几乎不用气，而沼气池产气却是连续的，如果设计时对水压间贮气量考虑过小或过大，就会造成所产沼气溢出或水压间容积闲置浪费，根据家庭生活用气调查统计，水压间容积为该沼气池日产气量的50%为宜。

4. 贮气装置容积的确定

水压间实际上是一个间接的贮气装置，有的地区专门设置直接的贮气装置，如贮气罩、贮气袋等。四川省宁南县农户普遍用分离式铁丝水泥贮气罩，黑龙江省望奎县则使用塑料或橡胶气袋，无论采用何种材料的专门贮气装置，其设计容积大小均以日总产气量的50%为宜，即沼气池12h所产的沼气量。

5. 沼气池的容积确定

一方面，由于农户的生活习惯存在差异，加上充足的国家电力供应，有的农户在生活用能源方面使用电能的情况较多，而沼气的使用量相应较少；另一方面，有的农户人畜粪便较充裕，而有的农户则较欠缺、很难以用电用气比例和粪便原料的多少来确定农户修建沼气池的大小，为此，本书仅按生活用沼气为依据，平均每人每天用气量为0.3～0.4m^3计算，3～6口人之家，沼气池建造容积为6～10m^3。

6. 发酵原料液投料率的取值

投料率（k）系指最大限度投入的料液所占发酵间容积的百分比。为了避免装料引起料液碎渣堵塞排气管，并防止蛆虫爬入排气管阻塞排气通道。要求排气管应离开零压线5～10cm，并且应使排气管外露出池盖内壁约5cm的长度。所以，对于发酵间的无效贮气容积V_0，不能取$V_0=0$，而应当取$V_0 \leqslant 0.05V$，$V_0=(1-k)V$（V是发酵间的净总容积）。因此，原料液的投料率应取$k \leqslant 0.95$。也有些专家认为发酵原料液的投料率不要取得过大，最好取$k \leqslant 0.90$。

所以对于水压式沼气池，应认为合理的大进料的投料 k 可取 0.90～0.95。这个取值是全面考虑了圆形水压式的沼气池的工作要求所得出的。对于分离浮罩式沼气池，由于其中发酵液紊动比较小，k 值可取的略高些，建议取 0.95～0.97。

三、浮罩式沼气池

图 5-8 是活动浮罩式沼气池，图 5-9 是分离浮罩式沼气池。浮罩式沼气池也多采用地下埋设方式，它把发酵间和贮气间分开，因而具有压力低、发酵好、产气多等优点。产生的沼气由浮沉式的气罩贮存起来。气罩可直接安装在沼气发酵池顶，如图 5-8 所示，也称顶浮罩式沼气池；也可安装在沼气发酵池侧，如图 5-9 所示，也称侧浮罩式沼气池。浮沉式气罩由水封池和气罩两部分组成。当沼气压力大于气罩重量时，气罩便沿水池内壁的导向轨道上升，直至平衡为止。当用气时，罩内气压下降，气罩也随之下沉。

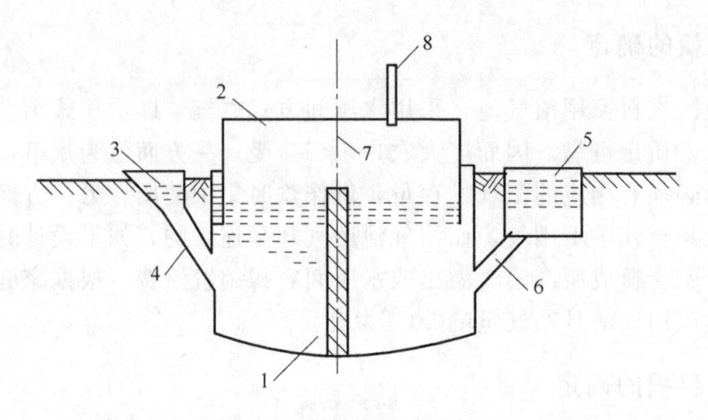

图 5-8　活动浮罩式沼气池

1—发酵间；2—贮气罩；3—进料斗；4—进料管；5—水压间（出料间）；6—出料管；7—中心导轨；8—导气管

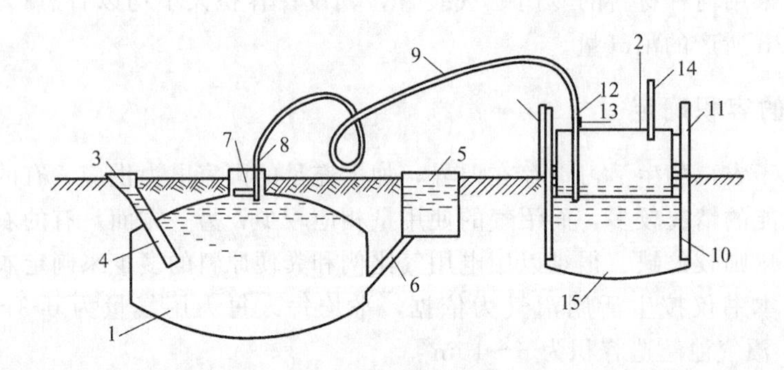

图 5-9　分离浮罩式沼气池

1—发酵间；2—贮气罩；3—进料斗；4—进料管；5—水压间；6—出料管；7—活动盖；8—导气管；9—导气软管；10—贮气罩导轨；11—贮气罩导轮；12—进气管；13—开关；14—输出气管；15—贮气间

顶浮罩式沼气贮气池造价比较低，但气压不够稳定。侧浮罩式沼气贮气池气压稳定，比较适合沼气发酵工艺的要求，但对材料要求比较高，造价昂贵。侧浮罩式沼气贮气池也可采用气袋式。浮罩一般用钢丝网水泥制成，根据浮罩大小选用不同直径的钢丝网。浮罩式沼气池的优点如下。

① 活动浮罩可以从沼气池圆筒中抬出来，尤其对于顶浮罩式沼气贮气池，清理沼气池的浮渣和沉渣都比较方便。

② 沼气池的气压比较稳定，其最高和最低气压波动范围不会超出 196～490Pa，即 20～50mmH_2O之间（注：条件是必须保证浮罩内有沼气，否则就可能会产生负压）。因此，顶浮罩式沼气池和侧浮罩式沼气池一样，沼气压力都很稳定，使燃烧器（灶具）火力稳定，不会因为沼气池中的沼气量减少而气压越来越低影响燃烧效果。

③ 浮罩式沼气池的水压间可以设计得很小，甚至可以不要水压间，因为沼气的贮存由浮罩（或气袋）承担，当沼气量增加时，浮罩就上升，当沼气量减少时，浮罩就下降。不会像水压式沼气池那样，当沼气量增加时，发酵间的沼气体积就增大，从而把发酵间内的发酵料液排挤出去，进入水压间；反之，当沼气池内的沼气量减少时，因其贮气间的沼气体积变小，水压间的发酵液又返回发酵间，去填充沼气体积减小的空间，故参与发酵的料液量不稳定。所以，浮罩式沼气池能相对稳定地保持发酵间内发酵料液的有效数量，从而较水压式沼气池产气更稳定，产气率也相应提高。但是浮罩式沼气池对发酵液的搅拌效果不如水压式沼气池好。目前国内使用较好的贮气装置有钢丝水泥贮气罩和橡胶气袋或加强软塑料气袋等贮气装置，其容积确定如下：a. 钢丝水泥贮气罩的最大沼气气压以不大于 3000Pa 为宜；b. 气袋式贮气装置的最大沼气气压设计以 3000Pa 为宜，为防止产气猛烈时部分料液随快速气流卷入气袋，其发酵间容积以小于 90%为好。

四、沼气池的主要池型

世界各国所建的沼气池池型很多，诸如长方形、正方形、纺锤形、球形、椭球形、圆管形、圆筒形（亦称圆形）、坛子形、扁球形等，其池型之多，不胜枚举，然而所有这些形状的沼气池，大致可以分为三类。

1. 平面形组合沼气池

这种沼气池各部分均由平面组成。

正方形沼气池（图 5-10）在国外居多，国内地基较好的地区也常见使用，其主要优点是施工比较方便。长方形沼气池如图 5-11 所示。

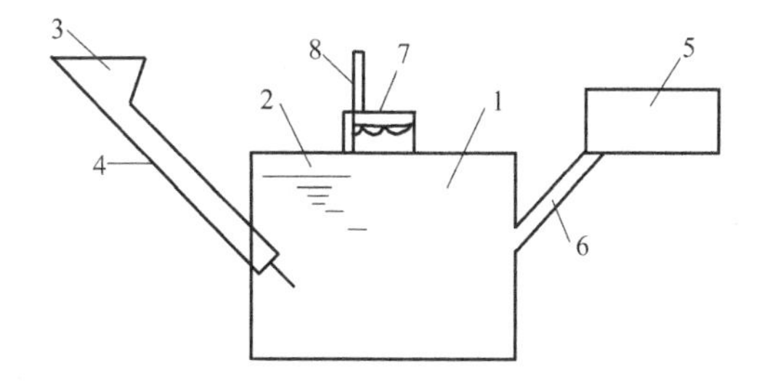

图 5-10　正方形沼气池

1—发酵间；2—贮气间；3—进料斗；4—进料管；5—水压间；6—出料管；7—活动盖；8—导气管

2. 球面形组合沼气池

这类沼气池由球面或不同曲面组成，适合于地基软弱地区，如沿海、地下水位较高的淤泥流沙地基。图 5-12 是球形沼气池。上海市采用球形和管形沼气池较多，而椭球形沼气池主要在江西地区采用较多。

3. 由平面和曲面组合成的沼气池

这种沼气池的池型由球面或其他曲面与圆筒或其他平面（如两端封头为直墙）组合而成。

(1) 卧式圆管形沼气池

如图 5-13 所示。

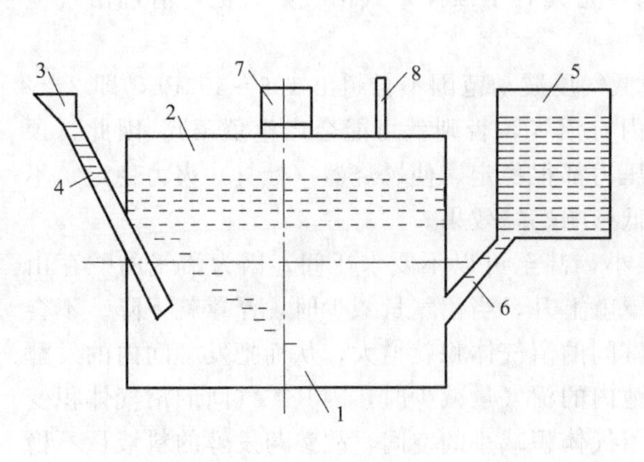

图 5-11　长方形沼气池

1—发酵间；2—贮气间；3—进料斗；4—进料管；
5—水压间；6—出料管；7—活动盖；8—导气管

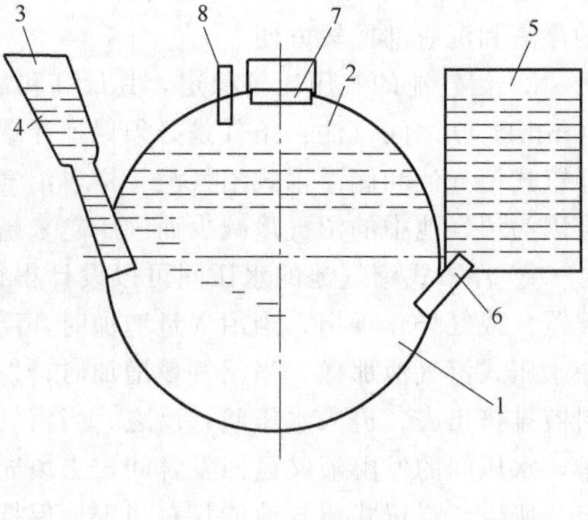

图 5-12　球形沼气池

1—发酵间；2—贮气间；3—进料斗；4—进料管；
5—水压间；6—出料管；7—活动盖；8—导气管

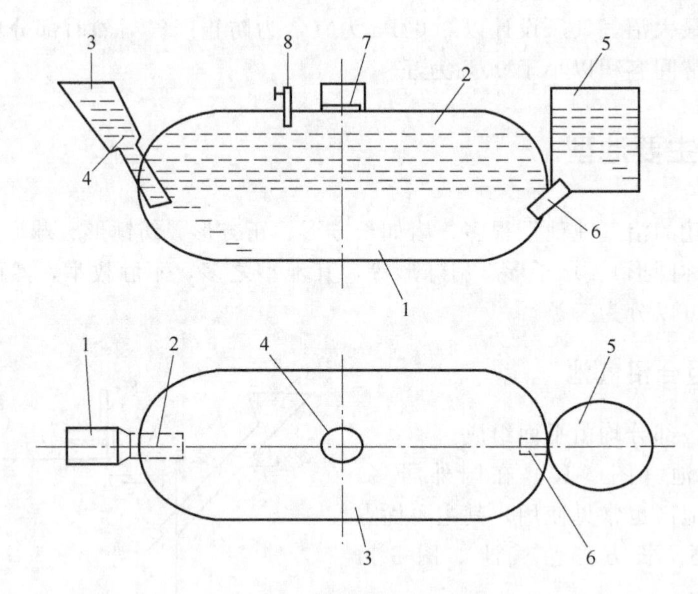

图 5-13　卧式圆管形沼气池

1—发酵间；2—贮气间；3—进料斗；4—进料管；5—水压间；6—出料管；7—活动盖；8—导气管

(2) 椭球形沼气池

如图 5-14 所示。

这种沼气池由一个圆管和两只球冠壳封头组成，封头也可以采用平面形圆板，采用混凝土浇筑或砖、石砌块砌筑，其特点是可深埋，适于高地下水位地区使用，适用于商品化集中预制成型，运到现场安装，提高现场施工速度。进出料口分别设在发酵间两端，发酵料液流线长，使新鲜料液直接冲入出料管的情况受到抑制。

(3) 直墙拱顶沼气池

直墙拱顶沼气池（图 5-15）类似于隧道式建筑，它由两边矮短的直墙、圆弧拱顶和拱底组构而成，两个端头一般采用直墙封头，沼气池的高度约高于圆管沼气池，适宜地基较为坚实地区的建筑。由于拱顶会对直墙产生水平推力，因此要求直墙的刚度较大，地基土比较坚实，才能平衡水平推力，否则需在拱脚处设置一定数量的拉杆。这种沼气池适宜在山区和丘陵地区建造。拱顶可采用砖石材料砌筑，施工简单。

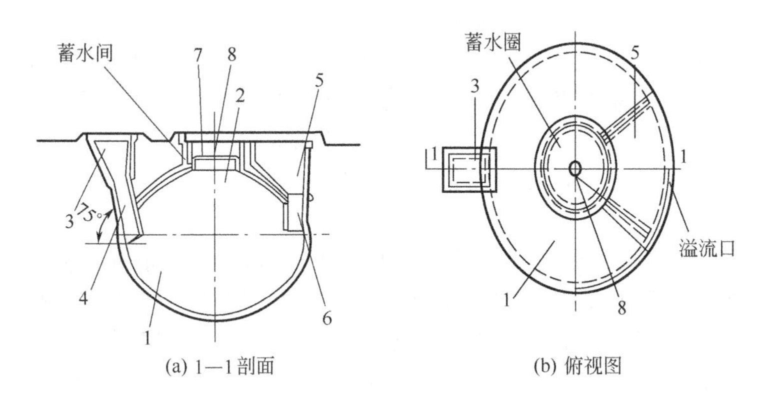

图 5-14　椭球形沼气池

1—发酵间；2—贮气间；3—进料间；4—进料管；5—出料间；6—出料管；7—活动盖；8—导气管

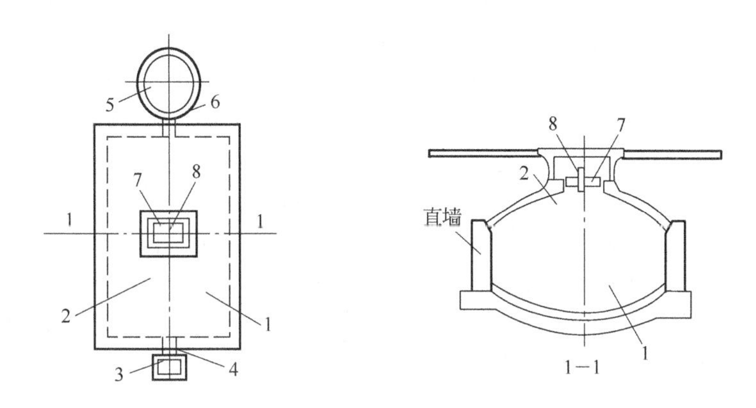

图 5-15　直墙拱顶沼气池

1—发酵间；2—贮气间；3—进料间；4—进料管；5—出料间；6—出料管；7—活动盖；8—导气管

（4）立式圆筒形沼气池

立式圆筒形沼气池在农村家用沼气池中是建造量比较大的一种池型。图 5-6 就是这种池型。这种沼气池的池盖和池底都由球冠组成，池身为一个圆筒，结构简单明确。池体总体高度适中（一般在 2m 左右），几乎各种地基情况都能适用，适应多种地质、水文、气象和环境条件。这种池型优化后的体表比接近于球形沼气池，表明其建筑材料耗用量较省。这种池型对材料品种的选择也比较广泛，砖、石、混凝土、预制块都可以，可以采用混凝土现浇，也可以采用砖或石料砌筑，还可以用混凝土预制成预制件，在现场拼装，是一种比较受用户欢迎的池型。

五、沼气池常见故障及处理

沼气池在运转过程中，由于使用者养护不及时或疏于管理，常造成产气不均、跑气、漏气等问题，影响了池体正常运转，降低了沼气使用效率。现就沼气池使用易发生故障及处理简要介绍如下。

压力表水柱上升缓慢，产气量低。可用正负压法进行测定。即当第1天压力表水柱由零上升到10cm时，从导管处拔出输气管，放完沼气后在导管处安装临时U形压力表。从水压间提取粪水，使池内降为负压，再经24h，将提取的粪水悉数倒回池内，观察压力表水柱上升高度，若与第1天水柱高度相同，说明产气慢；如果比第1天水柱高度高，说明池体漏气，这时，也应检查输气系统是否漏气，如有漏气应及时处理。如属产气慢，原因有可能是：a. 发酵原料不足，浓度低；b. 池内接种物量不够；c. 池内含抑制物浓度过高，使沼气细菌无法正常繁殖生长。因此，必须查清原因，然后对症下药，及时处理，才能恢复正常运转产气和使用。

大换料重新投料后产气不好。除了因换料初期的一些因素外，很有可能是顶圈受损，或池内壁特别是气箱干裂造成漏水漏气。遇到这种情况，可在进料前洗净池顶，先修补破损处，刷水泥浆2～3遍。大换料不要选择雨季进行，同时要及时补料，维持池体内外压力平衡。

压力表水柱很高，但气不耐用或用时下降快，火力弱，闭上开关水柱又返回原处等。出现这些情况的原因可能是：a. 发酵料液装太多、贮气间减小，应做到勤进勤出料，保证足够贮气间容量；b. 雨季雨水流入池内；c. 导气管堵塞、输气管转弯处扭折或灶距沼气池太远。可通过疏通导气管，整修管道扭曲处或加大输气管和管件内孔径来解决。

打开开关，压力表水柱上下波动，火力时强时弱。这是因为输气管道安装不规范，管内积水，致使沼气流通不畅。安装时，输气管朝池体方向留0.5%坡度或于管道最低处加凝水器。

水压间取肥，压力表水柱倒流入输气管。这是开关、活动盖未打开时，出料间出肥过多，液面迅速下降，出现负压将压力表内水柱吸入输气管中。因此，大出料在池顶口进行，小出料过多时要把输气管从导管拔下。取肥后再装好输气管。

压力表水柱被冲掉。这是因为压力表管道太短或没及时用气使池内产生高压。应将压力表按90cmH_2O高度设计安装或在压力表顶端装安全瓶。

进出料口鼓泡翻气。主要是由于池内发酵原料结壳，造成沼气从进出料口逸出。这种情况需安装抽粪器或搅拌器，定期搅拌。

第四节　沼气、沼液与沼渣的综合利用

沼气及沼气发酵产物（沼液及沼渣）在农业生产中的直接利用统称为沼气综合利用，有的地方又称作三沼利用（沼气、沼液、沼渣利用）。实践表明，沼气发酵产物不仅可以解决生活能源，而且可以当成一种农业生产资料，作为肥料、饲料和饵料，用于作物浸种、防治作物病虫害、提高作物果品产量和质量、农产品贮存保鲜等。沼气综合利用把沼气与农业生产活动直接联系起来，成为发展庭院经济、发展生态农业、增加农户收入的重要手段，也开拓了沼气研究的新领域。沼气综合利用是我国发展沼气的特点和优点。

一、沼气的综合利用

1. 沼气作为能源的利用

沼气作为能源使用，既可满足煮饭、炒菜、烧水、点灯等生活用能的需要，又可广泛用作生产能源，如利用沼气升温育秧、孵化幼雏、烘干农产品，还可用于锅炉、内燃机、发

电等。

$1m^3$ 沼气的有效热值，相当于秸秆 10kg、木柴 7.5kg、原煤 3kg、汽油 0.7kg，可供三口之家一日三餐烧饭菜用。能发电 1.25 度，能驱动 1 马力❶内燃机工作 2h。用沼气做饭，无烟无尘，省时省工。实践表明，凡常年养猪 5 头以上的建池农户，大都能做到一年 12 个月用沼气，其中有 8～10 个月基本不烧柴和煤。养猪更多的农户，冬天也能保证全部炊事用沼气，甚至还有沼气供取暖。随着对沼气的开发利用，目前沼气应用于生产的项目已有 20 多个，大体有三种情况：a. 代替柴油或汽油开动内燃机，搞发电或农副产品加工；b. 用沼气制造厌氧环境，贮粮灭虫和水果保鲜；c. 用沼气升温育秧、孵化、烘干农副产品。

沼气是一种优质廉价的气体燃料，不但可作为民用燃料，也可作为内燃机的燃料。利用沼气开动内燃机，是解决农村中日益增长的燃料动力能源需要的一种新途径。

沼气一般含甲烷 60%～70%，通常沼气的热值为 20000～29000kJ/m^3。甲烷的辛烷值在 105～115 之间，而沼气还要高些（>120）。沼气不但具有较高的热值，而且抗爆性能好，有宽阔的可燃范围等特性，是一种很好的内燃机燃料。在密闭的条件下，甲烷与空气混合比例在 5%～15%时，遇火种引燃，即迅速燃烧、膨胀。人们正是利用这一特性来使内燃机工作的。沼气和空气混合后，可形成宽广的可燃范围，所以发动机工作时可以获得较理想的工作范围。因此，同样工作容积的内燃机，在使用沼气时可获得不低于原机的功率，并可降低成本，节约大量燃油（60%以上）。

沼气可用来点灯照明，但沼气灯耗气量较大，从提高沼气热能利用率以及安全卫生角度考虑，用沼气发电，再以电灯照明，既经济又方便。沼气发电一般每千瓦时耗气 $0.75m^3$，可供 25 盏 40W 电灯照明 1h。若用沼气直接点灯照明，$0.75m^3$ 沼气只能供 7 盏沼气灯照明 1h。因此，近年来我国小型沼气发电有较大发展，全国目前已有小型沼气发电站 2000 余处，主要采用异步发电机。用双燃料发动机作动力，带动三相交流异步发电机，即成为双燃料异步发电机组。它具有结构简单，操作维护方便，故障较少，比较安全及售价低廉等优点，能承受超载 10%运行；当外线发生短路事故时，也不会烧坏发电机，能承受不对称负荷。适宜于一般居住较集中的农村使用。其缺点是发电质量差，电压不稳，动力负荷小，只能占总容量 20%以下。15kW 以下，可采用异步发电机。

沼气发动机与发电机配套，即可建成沼气电站，为照明、抽水等提供电力。除了发电外，沼气发动机也可以用来开动汽车和拖拉机，还可以直接驱动水泵、饲料粉碎机、碾米机及其他需要动力的机械。

2. 沼气储粮技术

沼气储粮的主要原理是减少粮堆中的氧气含量，使各种危害粮食的害虫因缺氧而死亡。沼气储粮方法分为农户储粮和粮库储粮两类。

(1) 农户储粮

农户储粮一般量较少，常用坛、罐、桶等容器。具体方法是用木料做一个盖，盖上钻两个小孔（直径以能插入沼气进出气管为准）。一个小孔插入进气管，另一小孔插入出气管。进气管与一根沼气分配管相连。沼气分配管可由竹管制成，方法是打通竹节，但保留最后一个竹节，在竹管周围每隔 5cm 钻一小孔。将留有竹节的一端插入装粮容器的底部。出气管可以再连接沼气压力表和沼气炉。采用这种方法时，每次用气时沼气就自然通过粮堆。因此

❶ 1 马力=735.499W，下同。

这种连接法要求每个部位均不能漏气，容器盖与容器连接处，进出气管与容器盖的连接处需用石蜡密封，盖上要压重物。另一方法是出气管不连炉具，每次通入沼气时，打开出气管开关，排出的沼气放空，通完再关闭出气管阀门。要求每15d通一次沼气，每次沼气通入量为储粮容器容积的1.5倍。这种储粮方式可串联多个储粮容器，装置示意见图5-16。

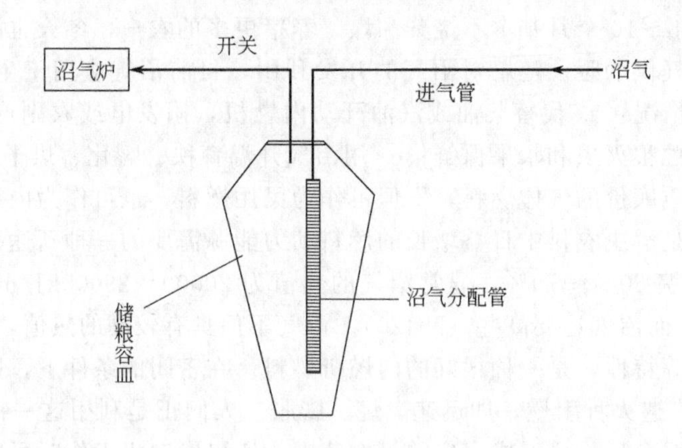

图5-16　农户沼气储粮装置示意

(2) 粮库储粮

粮库储粮贮藏数量很大，它由原有粮仓、沼气进出系统、塑料薄膜封盖组成。关键是各部分必须密闭不漏气。沼气粮库储粮系统示意见图5-17。

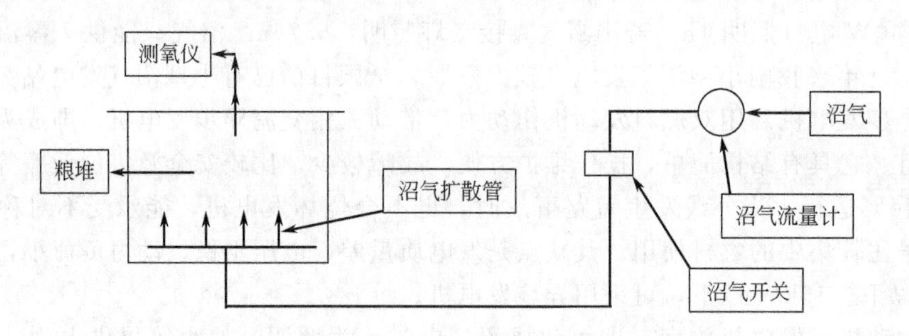

图5-17　沼气粮库储粮系统示意

1) 储粮装置安装　在粮堆底部设置"十字形"、中上部设置"井"字形沼气扩散管。扩散管要达到粮堆边沿，以使沼气能充满整个粮堆。扩散管可用内径大于1.5cm的塑料管制做。每隔30cm钻一个通气孔。十字形管与沼气池相通。其间设有开关。粮堆周围和表面用0.1～0.2mm厚的塑料薄膜密封。在粮堆顶部的薄膜上安设有一根小管作为排气管，排气管可与氧气测定仪相连。

2) 沼气输入量　在检查完整个系统，确定其不漏气后方可通入沼气。在系统中设有二氧化碳和氧气测定仪的情况下，可根据排出气体中二氧化碳和氧气浓度来控制沼气通入量。当排出气体中的二氧化碳浓度达到20%以上、氧气浓度降到5%以下时，停止充气并密闭整个系统。以后每隔15d左右输入沼气，输入量仍按上述气体浓度控制。在无气体成分测定仪的情况下，可在开始阶段连续4d输入沼气，每次输入量为粮堆体积的1.5倍。之后每隔15d输一次沼气，输入量仍为粮堆体积的1.5倍。注意输入沼气时应该打开排气管。

3) 注意事项　要经常检查整个系统是否漏气。沼气管、扩散管若有积水，应及时排出。为防止火灾和爆炸事故发生，严禁在粮库内和周围吸烟、用火。沼气池的产气量要与通气量配套。若沼气池产气量或贮气量不够，不能一次满足所需气量，可用连续两三天时间输入所需沼气量。在预计通气前，可向沼气池内多添加一些发酵原料，以保证有足够的沼气。

4）储粮效果　沼气储粮无污染，价格低。在粮食收获季节温度高，沼气池产气也好，更有利于采用沼气储粮方法。目前，这一方法已得到较为广泛的应用。表5-4是沼气储粮效果。

表5-4　沼气储粮效果

处　理	水分/%	仓内温度/℃	出沼率/%	虫数/(个/kg)	发芽率/%	pH值
对照仓	14.8	39.0	75.6	182	85	4.80
供试仓	12.8	24.0	76.3	0	89	1.46
供试仓比	降低	降低	增加	减少	提高	降低

3. 沼气孵化

沼气孵化具有操作简单、安全可靠、孵化率高、降低成本等优点。由于户用型沼气池容量小，因此，此项技术极适合小规模（1000只以内）养殖户采用。现将有关技术参数列于后，供参考：1m^{3}沼气可孵化475只鸡蛋，沼气孵化箱每小时耗气30～40L，受精卵孵化率90%以上，沼气孵化比电、油孵化率提高5%～15%，而且无停电之忧，每孵化100只鸡蛋节电12.5kW·h，或节省燃油3kg。

（1）孵前准备

1）建好孵化房　孵化房应通风、向阳、保暖，宽窄适度，便于操作，打扫干净，并用生石灰消毒。孵化房也可用现有住房。孵期房温应提高到20～24℃。

2）制作孵化箱　孵化箱用木板或纤维板制作，净空尺寸长×宽×高为60cm×60cm×110cm，最好做成夹层，夹层中填以木屑等保温材料。箱门要求平整，密封，开启灵活，保温措施与箱体相同。箱体也可做成单层，外用旧棉絮等保温材料包裹。箱内按18cm规格，做6层蛋盘；蛋盘以木板制成，底部钉上铁网，也可用铁丝穿成，网孔以不漏蛋为宜；箱体上、中、下部各穿小眼一个，插置3支温湿度计。

3）孵化炉灶　建好沼气灶台，灶台要平整光滑，坚固安全，配置直径57cm铁锅一口，锅下置沼气炉，沼气输气管规范合理，开关灵活、密闭。

（2）孵期管理

1）种蛋处理　选择新鲜、壳面光润、大小均匀、呈椭圆形的清洁蛋，清水洗净，放入35～40℃的0.1%高锰酸钾溶液中浸泡消毒10min。

2）装盘　将消毒过的种蛋沥干，装盘，大头朝上，倾斜排放，每盘一层，提前半天进行20～24℃孵化室预热，然后装入孵化箱，注意底盘不装蛋。

3）加温　点燃沼气炉，炉火烧锅，锅温上升，提高孵箱温度。加温后，孵箱应实行24h监控管理，并按下列时间控制箱温：前期（1～10d）38.5～39.5℃；中期（11～16d）38～38.5℃；后期（17～21d）37～38℃。

4）调盘翻蛋　初入孵时，箱温是下高上低，所以应每隔4～6h翻蛋1次，其方法是各盘上下调换，每盘种蛋位置前后调换。总之，通过翻盘，使种蛋受温一致、孵化一致、出壳一致。

5）掌握湿度　空气湿度对于胚胎发育影响很大，湿度过大，会阻滞蛋中水分向外蒸发而影响胚胎发育，小鸡出壳后腹部膨大；湿度过小，则使蛋中水分向外蒸发过快，而胚胎发育过快，小鸡出壳后身体瘦弱，这两种情况下的雏鸡都不易成活。一般孵期湿度应控制在：前期60%左右，中期55%左右，后期70%左右。若湿度不够，可在箱底增放水盘，保证温、湿度，以保证出壳整齐和易于脱壳。

6）照蛋　照蛋是孵期管理的一项内容。其目的是掌握种蛋是否受精、胚胎发育是否正常、温度是否适当，以找出存在问题和改进方法。孵期一般照蛋3次，第一次（5～6d），可明显看到眼点，没有的说明不正常，并将其拣出；第二次（10～11d），可见到血管分布于整个蛋内；第三次（17d）这时蛋体除气室外，全部是黑色，这叫“封门”，如果提前“封门”则温度偏高，应降低温度，反之则亦然。

（3）注意事项

从点火升温到第13天，需连续燃烧沼气炉，不得间断，如沼气不足，一定要用其他能源作补充。小鸡出壳后，应在32℃恒温条件下饲养3d，以提高雏鸡抗逆力，提高成活率。

4. 沼气贮藏保鲜柑橘

沼气贮藏柑橘是利用沼气的非氧成分含量高的特性，置换出贮藏室内的空气，降低氧含量，降低柑橘呼吸强度，减弱其新陈代谢，推迟后熟期，同时使柑橘产乙烯作用减弱，从而达到较长时间的保鲜和贮藏。沼气贮藏柑橘为最先进的气调法保鲜，它具有方法简便、设备投资小、经济效益高等优点，保鲜期可达70～180d，保果率80%以上，失重率低于10%，每100kg鲜果共需输入沼气1.5～1.7m^3。

（1）技术要点

1）建库　温度、湿度、沼气含量为沼气贮藏柑橘成败的三大关键。因此，建好沼气贮藏库十分重要，鉴于上述三点要求，贮藏库应建在距沼气池30m以内，并以地下式和半地下式为好，全室能够不透气。贮藏库面积一般为10～15m^2，容积在25m^3左右，两边设贮架4层，一次可贮果3000～5000kg，顶部留有60cm×60cm天窗，便于通气调节和进出管理。

2）采果　待柑橘成熟度达80%～90%时，选晴天，露水干后，摘果用剪刀，轻摘轻放。不要碰伤果子。

3）装果　选择无损伤、无病虫害、大小均匀的果子装篓，每篓20～25kg，放于干燥、阴凉、通风处1～2d后入库，此举在于使果皮蒸发少量水分，释放“田间热”，减轻果皮细胞膨压，使果皮软化，略有弹性。

4）入库　柑橘入库前2天要将库内打扫干净，用药物或沼气火焰对库壁消毒、杀虫。将沼气输气管与扩散管接上。装果封库后，要注意留好排气孔，观察孔，门与门框之间一定要密封好，通常用胶皮密封。

5）输气　入库一周后输入经脱硫处理的沼气，时间长20～60min，每次每立方米容积输入11～28L。贮藏前期沼气输入量可少一些，当气温增高时，柑橘呼吸作用加强，可适当加大输入沼气量。

6）换气排湿　根据天气情况和库内温度高低和湿度大小而定，柑橘贮藏的最佳湿度是90%～98%，温度4～15℃。湿度不够时，可以从加水孔处向室内添加水分；温度过高时，应通风降温，沼气输入频率为每3d1次。

7）翻果　入库1周后翻果一次，将有损伤的果子取出，以后换气时，均应翻果1次。

（2）注意事项

沼气是一种可燃气体，1份沼气与20份空气混合后，遇火易产生爆炸事故。因此，严禁在贮藏室内吸烟、点灯。

出库之前，应选通风3～5d，以便让柑橘逐步适应库外环境，以免出现“出风烂”(特别提醒：本方法只介绍沼气综合利用的知识，出于防火安全保证，建议慎用)。具体贮藏保鲜柑橘效果见表5-5。

表5-5 沼气贮藏保鲜柑橘效果

地　点	柑橘种类	贮藏时间/d	保果率/%	失重/%
井研	甜橙	179	87.2	3.09
开县	甜橙	150	91	5～7
金华市	蜜橘	89	81.69	10.40
金华市	椪柑	67	88.71	8.46

二、沼液的综合利用

目前将沼气发酵料液作为一般农家有机肥使用已经普及，几乎所有建有沼气池的农户都利用沼气发酵料液作为肥料。最近几年在我国北方发展起来的“四结合”庭院经济中，沼气料液作为蔬菜生产肥料起了重要作用，它提高了蔬菜产量和品质，增加了农户收入。沼气料液当成一般农肥使用，已为广大农户接受和掌握，可以随着户用沼气池的发展而发展。

广大农户在长期应用沼液作为沼肥的过程中发现沼肥还具有另外一些新作用，例如能提高作物的抗病能力、提高种子发芽率、提高抗冻性、沼液可以喂猪和养鱼等。进一步的研究发现沼液成分相当复杂，在沼气发酵液中不仅有沼气微生物未利用的原料，即“残留物”，还有微生物的各种代谢产物。这些产物可分为三大类：第一类是作物的营养物；第二类是一些金属或微量元素的离子；第三类是对生物生长有调控作用、对某些病害有杀灭作用的物质。这些代谢产物的农业利用开拓了沼气综合利用的新领域。在此基础上开展了一些新的利用方法研究和实践，例如沼液浸种、沼液叶面喷施、沼液喂猪、沼液养鱼等。农户所用的沼液由于取用时的差异，实际上也含有少量微生物菌体与固形物，只不过比沼渣含量少一些罢了。但沼气发酵所产生的可溶物大部分在沼液中。通过以上分析可看出沼液能起到多种作用，产生这些作用也是有其物质基础的，见表5-6～表5-9。

表5-6 沼液肥效

样品	全氮/%	全磷/%	全钾/%	性质
沼液	0.03～0.08	0.02～0.07	0.05～1.40	速效

表5-7 沼液中氨基酸的含量

氨基酸种类	天冬氨酸	苏氨酸	丝氨酸	甘氨酸	谷氨酸	丙氨酸	半胱氨酸
含量/(mg/L)	12.30	5.42	5.61	8.07	14.01	6.56	26.79
氨基酸种类	苯丙氨酸	蛋氨酸	异亮氨酸	亮氨酸	缬氨酸	色氨酸	天冬氨酰 谷氨酰胺
含量/(mg/L)	12.03	4.05	7.16	1.24	12.70	7.10	356.03

表 5-8 沼液中金属离子的含量

离子种类	磷/(mg/L)	镁/(mg/L)	硫/(mg/L)	硅/(mg/L)	钠/(mg/L)	铁/(g/L)	锌/(g/L)	铜/(g/L)
含量	43.00	97.00	14.30	37.40	26.20	1.414	28.03	36.80

离子种类	锶/(g/L)	镉/(g/L)	钼/(g/L)	镍/(g/L)	铝/(g/L)	钡/(g/L)	砷/(g/L)
含量	107.00	8.90	4.20	8.50	2.830	50.20	3.060

表 5-9 沼液中有机物的含量

种类	维生素 B_{12} /(mg/kg)	维生素 B_{11} /(mg/kg)	蛋白质 /(活力单位)	纤维素酶 /(活力单位)	生长素 /(mg/L)	赤霉素 /(mg/L)
浓度	9.3	6.42	1.43	7.65	8.022	3.510

1. 沼液防治病虫害

沼液中含有多种生物活性物质，如氨基酸、微量元素、植物生长刺激素、B族维生素、某些抗生素等。其中有机酸中的丁酸和植物激素中的赤霉素、吲哚乙酸以及维生素 B_{12} 对病菌有明显的抑制作用。沼液中的氨和铵盐，某些抗生素对作物的虫害有着直接作用。实践证明，沼液防治病虫害，因具有无污染、无残毒、无抗药性而被称为“生物农药”。现将沼液可防治的病虫害主要对象介绍如下，供参考。

1）沼液防治柑橘螨、蚧和蚜虫　取沼液 50kg，双层纱布过滤，直接喷施，10d1 次，发虫高峰期，连治 2～3 次，若气温在 25℃以下，全天可喷；气温超过 25℃，应在下午 5 时后进行。如果在沼液中加入 1∶(1000～2000) 的氧化乐果，或者 1∶(1000～3000) 的灭扫利，灭虫卵效果更为显著，且药效持续时间 30d 以上。

2）沼液防治柑橘黄、红蜘蛛　取沼液 50kg，澄清过滤，直接喷施。一般情况下，红、黄蜘蛛 3～4h 失活，5～6h 死亡 98%。

3）沼液防治蚜虫　每亩取沼液 30kg，加入煤油 50g，洗衣粉 10g，搅匀，喷雾。也可利用晴天温度较高时，直接泼洒。

4）沼液防治水稻螟虫　每亩取沼液 20 担，清水 20 担，混合均匀，泼浇。

2. 沼液叶面施肥

沼液经过充分发酵，其中富含有多种作物所需的营养物质（N、P、K），因而极适宜做根外施肥，其效果比化肥好，作物生长季节都能进行，特别是当农作物以及果树等进入花期、孕穗期、灌浆期、果实膨大期时，喷施效果明显，对水稻、蔬菜、瓜类、果树等有增产作用，沼液既可单施，也可与化肥，农药、生长剂等混合施。叶面喷施沼液，可调节作物生长代谢，补充营养，促进生长平衡，增强光合作用能力，尤其是施用于果树，具有有利于花芽分化、保花保果、果实增重快、光泽变好、成熟一致、品质好、商品果率提高等优点。

（1）技术要点

沼液：取自正常产气 1 个月以上的沼气池，澄清后用纱布过滤。时间：7～10d 施肥 1 次。一般在作物生长季节施肥，晴天下午最好。浓度：根据沼液浓度、施用作物及季节、气温而定。总体原则是对于幼苗和嫩叶期的作物，1 份沼液加 1～2 份清水；夏季高温时，1 份沼液加 1 份清水；气温较低又是老叶时，可不必加水。用量：每亩 40kg。

（2）不同品种的使用方法

1）沼液喷柑橘　从初花期开始喷洒，结合保花保果，用喷雾器喷施果树叶面，7～10d 1 次，至采果前结束。浓度：沼液 1 份，清水 1 份。效果：保花保果，促进果实大小一致，光泽度好，成熟期一致。采果后，还可坚持3～4次，有利于花芽分化和增强树体抗寒能力。

2）沼液喷梨树　从初花期开始喷洒，结合保花保果，7～10d1次，至叶落前为止。沼液1份加清水1份，效果与柑橘相同。

3）沼液喷蘑菇　出菇后开始喷洒，每平方米500g，沼液加1～2倍清水，每天喷1次，提高菇质，增加产量，增产幅度37%～140%。

4）沼液喷烟叶　烟苗9～11片叶开始喷洒，7～10d1次，1份沼液加1份清水，每亩喷40kg，至打顶停止，可达到增级增收的效果。

5）沼液喷茶　从茶树新芽萌发1～2个片叶时进行喷洒，采茶期每次采摘后喷1次，亩喷沼液100kg，浓度为沼液与清水1∶1。

6）沼液喷施西瓜　初伸蔓开始喷洒，每亩10kg沼液加入清水30kg；初果期，每15kg沼液加入清水30kg；后期20kg沼液加清水20kg。通过喷施能起到增加抗病能力，提高产量，有枯萎病的地方，效果更显著。

7）沼液喷施葡萄　展叶期开始喷洒，至落叶前结束，7～10d1次。沼液与水比为1∶1。效果：果实膨大一致，可增产10%左右，并兼治病虫害。

（3）注意事项

沼液要澄清过滤好，以防堵塞喷雾器。沼液浓度不能过大，以1∶（1～2）为好。喷施时，以叶背面为主，以利吸收。喷施时间：春、秋、冬上午露水干后（约10时）进行，夏季傍晚为好，中午高温及雨天不要喷施。

三、沼渣的综合利用

农村户用沼气池的主要原料是粪便、青草和作物秸秆。由于秸秆进出料比较麻烦，因此近些年秸秆加入沼气池已比较少了，户用沼气池的发酵原料在一些地方已逐步改为以粪便为主。由于单纯粪便发酵进出料方便，管理也简单，加之池型改进方便了出料，一些沼气池已改变传统的大出料方式，采取了用肥多时多出、用肥少时少出的方法，沼气池内料液量也取决于用肥情况和畜禽养殖量。所取料液的浓度差异也较大。通常春秋两季用肥量集中，并常把沼气池底部沉淀取出，这种沉淀就是现在常用的沼渣。实际上这种沼渣也含有较多的沼液，真正的固体含量在20%以下，它的具体浓度与取料方式密切相关。这种沼渣也同时具有沼液的特性。

沼气发酵中的固形物是真正的沼渣，它是由未分解的原料固形物、新产生的微生物菌体组成的。将沼气发酵料液风干就可得到沼渣。

沼渣含有较全面的养分和丰富的有机物，除了含有丰富的N、P、K和大量的元素外，还含有对作物生长起重要作用的B、Cu、Fe、Mn、Zn等微量元素，是一种缓速兼备有改良土壤功效的优质肥料。连年施用沼气渣肥的试验表明，使用沼渣的土壤中，有机质与氮磷含量都比未施沼渣肥的土壤有所增加，而土壤容重下降，孔隙率增加，土壤的理化性状得到改善，保水保肥能力增强。施用沼渣肥后土壤理化性质的变化见表5-10。

表5-10　施用沼渣肥后土壤理化性质的变化

类别＼项目	酸碱度(pH值)	有机质/%	含量/%			有效量/(mg/L)			容重/(g/cm^3)	孔隙率/%
			氮	磷	钾	氮	磷	钾		
对照	7.62	1.37	0.062	0.154	1.58	73.5	32.9	79.4	1.37	48.7
施沼肥	7.62	2.17	0.080	0.156	1.64	96.2	36.3	112.8	1.18	55.0

现将沼渣的综合利用简介如下。

1. 沼渣种柑橘

柑橘是我国种植面积较大的水果之一，但由于其多栽培于丘陵山坡和江河两岸，土质浅薄，养分贫乏，土壤有机质少，不能满足柑橘生长发育的需要，实践证明，将沼渣施用于柑橘，其果实品质好，耐贮藏。具体施用方法如下。

① 定植1～2a幼树，以促生长、扩冠为主，每株施沼渣50kg/a。具体施用方法可采用沼液、沼渣结合，每年3～7月，每月1～2次，春、夏、秋三梢时，肥应重施，另外补入适量磷肥和钾肥。

② 3～5a初挂果树，既要扩树冠，壮树势，又要增加产量，重点是施好三次肥，促发春梢和早秋梢。花前肥，2月下旬至3月上旬，施肥量占全年25%，每株施沼渣25kg或沼液50kg，若沼肥不足，应补足含氮、磷、钾的化肥。壮果促梢肥，7月中下旬，施肥量占全年50%，每株施沼渣50kg或沼液100kg。树势弱，沼肥又不足的，需用化肥补足。还阳肥，早熟品种在采果后，中迟熟品种在采果前，用量占全年25%，每株施沼渣25kg或沼液50kg，沼肥不足的，用化肥补齐。

③ 6a以上成年挂果树，以维护稳产为主要目标，争春梢，壮树势，此时用肥，应以沼肥与化肥同时施用，以春梢肥和还阳肥为重点，每株每次施沼渣25kg，或沼液50kg，适量补充化肥。

④ 施用方式：沼液可采用根部撒施，也可抽槽深施；沼渣应要求抽槽深施，沿树冠滴水挖环状沟或从基部朝外挖2～3条放射状沟，沟宽30cm，深30cm，长80～120cm，施肥后以土覆盖。

2. 沼渣种梨树

沼渣种梨树，花芽分化好，抽梢一致，叶片厚绿，果实大小一致，光泽度好，甜度高，树势增强；能提高抗轮纹病、黑心病能力；提高单产10%，节省化肥投资40%～60%。具体施用方法如下。

① 幼树生长季节，可实行1个月施沼渣一次，每次每株施10kg（深施）。

② 成年挂果树，以产定肥，基肥为主，基肥占全年用量的80%，一般在初春梨树休眠期进行，方法是在主干周围开挖3～4条放射状沟，沟长30～80cm，宽30cm，深40cm，每株施沼渣25～50kg，并补充复合肥250g，施后覆土。花前肥，选择开花前10～15d，每株施沼渣25kg。壮果肥，一般2次，一次在花后1个月，每株施沼渣20kg，加复合肥100g，抽槽深施。第二次在花后2个月，用法同第一次，并根据树况，有所增减。还阳肥，一般在采果后进行，每株施沼渣10kg，加尿素50g，根部周围深施。还阳肥要看树势从严掌握，控好用肥量，以免引发秋梢芽生长。

3. 沼渣养鱼

沼渣养鱼是将沼气池内物质充分腐熟发酵后的沼渣施入鱼塘，为水中的浮游动植物提供营养，增加鱼塘中浮游动植物产量，丰富鱼类饵料的一种饲料转换技术。沼渣养鱼有利于改善鱼塘生态环境。水体含氧量可提高13.8%、水解氮含量提高15.5%、铵盐含量提高52.8%、磷酸盐含量提高11.8%，因而使浮游动植物数量增长12.1%、重量增长41.3%，从而通过增加鱼的饵料，达到增加鱼产量的目的，同时可减少鱼的病虫害。

（1）施用方法

基肥：一般在春季清塘、消毒后进行，每亩施沼渣150kg，均匀撒施。

追肥：4～6月，每周每亩施沼渣100kg；7～8月每周施沼渣75kg；9～10月，每周施沼渣100kg。

施肥时间：晴天上午8～10时施用最好，有风天气，顺风泼洒，雨天不施。

（2）注意事项

沼渣养鱼适用于以花白鲢为主要品种的养殖塘，其混养优质鱼（底层鱼）比例不超40%。水体透明度大于30cm时，说明水中浮游动物数量大，浮游植物数量少，施用沼渣可迅速增加浮游植物的数量。办法是：每2d施1次沼液，每亩每次100～150kg，直到透明度回到25～30cm后，转入正常投肥。

4. 沼渣养黄鳝技术

由于沼渣中含有较全面的养分，可供鳝鱼直接食用，同时也能促进水中浮游生物的繁殖生长，为鳝鱼提供饵料，减少饵料的投放，节约养殖成本（一般可降低成本30%左右）。其技术要点如下。

1）筑建养鳝池和巢穴埂　根据养殖规模，确定池容的大小，池深要求1.7m，不少于1.5m。池子挖好后，池底铺水泥砂浆，池墙用砖或片石砌好，并用水泥砂浆勾缝，以免黄鳝打洞逃走。筑巢穴埂的方法如下。沿池墙四周及中央，用卵石和碎石修一道小埂，高0.7～1m，宽0.5m，石缝用稀泥和沼渣填满，作为黄鳝的巢穴和产卵埂。也可在中间开“十”字沟，自然长，宽0.8m，深0.25m，沟底部要用水泥砂浆抹面，填一些片石，石缝用沼渣和稀泥填满，同样可供黄鳝在石缝中作穴产卵。

2）饲养管理　养鳝池及巢穴埂筑好后，在放黄鳝苗前半个月，向池中投放沼渣，方法如下。将沼渣与稀泥混合投放，厚度为0.5～0.7m，作为黄鳝的饲料及活动场所。填好料后，放入池，水深随季节而定，一般夏季、秋季节0.5m左右，春、冬季节0.25m左右。

① 放养量：每平方米投放小黄鳝2kg（每条25g左右）左右。

② 投放饵料量及投放时机：黄鳝活动的习性是昼伏夜出，夜间活动频繁，所以投料通常在黄昏。投放量，小黄鳝下池1个月后，每隔10d左右下一次鲜沼渣，每平方米15kg，但要注意观察池内水质，应保持池内良好的水质和适当溶氧量，如发现鳝鱼缺氧浮头，应立即换水。鳝鱼喜吃活食，在催肥增长阶段，每隔5～7d投喂一些蚯蚓、螺蚌肉、蚕蛹、蛆蛹、小鱼虾和部分豆饼等，投喂量为鳝鱼体重的2%～4%。鳝鱼是一种半冬眠鱼类，在入冬前要大量摄食，需增大饵料的投放量，贮藏营养满足冬眠的需要。

3）常规管理　冬季为保护鳝鱼安全过冬，可将池内的水全部放干，并在池表面覆盖一层10～20cm的稻草，以便保温。夏季气温高，可在池的四周种植丝瓜、冬瓜、豆类等，并搭架为黄鳝遮阳、降温。加强水源管理，防止农药、化肥等有害物质入池。经常注意观察黄鳝的行为，及时发现疾病，一旦发现及时用药物防治。

5. 沼渣栽培蘑菇

（1）栽培技术要点

1）沼渣准备　沼渣需在9月中下旬出池沥干，趁天晴将沼渣摊薄暴晒，去除未腐熟好的长残渣，暴晒时间应掌握沼渣湿度，以手紧捏指缝有水而不下滴为宜。经处理的沼渣，按其重量加入1%熟石膏粉、1%磷酸钙及0.5%尿素备用。

2）菇房及床架准备　菇房一般可选用对开门窗的空房。菇床可用竹、木、铁搭成多层床架，第一层距地不低于25cm，以上各层相距60cm，以秸秆、树枝铺平。菇房用20倍福尔马林溶液熏蒸或50倍液喷洒，也可用50倍石硫合剂全面喷洒墙壁、地面和菇床、关闭菇房1～2d。然后将沼渣平铺在菇床上，保持自然疏松，厚12～14cm。然后在培养料面上、菇床反面、菇房及四周墙壁喷一次0.5%的敌敌畏或0.3%乐果，以防螨类及其他害虫，隔夜即可播种。

3）播种　选择纯洁菌种，按10cm×10cm的间距，用手指均匀打2cm深的播种穴，将菌种掏出按每穴拇指大一块放入，随手盖一薄层培养料，以利菌丝生长。播种后，把料面整平稍拍一下，让培养料和菌种接触紧密，但不能用力拍实，以免密不透气，然后用清水浸湿的干净报纸覆盖，关好门窗，保持房内温度在30℃以下，空气湿度65%～70%，以利菌丝早日定植。

4）覆土前的管理　从播种到覆土约需20d，这段时间主要是促菌丝生长，管理重点是防高温，尽量使室温维持在22～25℃，湿度65%。播后的10d内，每天需揭动报纸1～2次，以通风换气，10d后可揭去报纸，早晚开门窗，并逐步增加通风次数，注意防杂菌。

5）覆土　覆土就是在长满菌丝的料面上覆盖一层土粒。覆土的土质最好选用水田犁底层以下略带砂性的土壤或池塘底层泥土。覆土先覆盖大粒（直径为2～3cm），做到料面不外露，土粒不重叠。然后覆盖小粒（如蚕豆大小）。土粒含水量在20%左右，pH值以7～8为宜，如过酸，可用0.5%石灰水喷雾调节。

6）出菇前的管理　覆土后，若温度、湿度及通风条件适宜，约20d即可出菇。覆土后的2～3d内，每天轻喷水2～3次；10～15d内，早晚各喷水1～2次，并注意通风，适当降低空气湿度，使土粒表面略显干燥，以促进绒毛状菌丝在土粒间横向生长，为出菇打下良好基础。覆土15d前后，即可见菌蕾，这时要喷“出菇水”，每天1次，水量略有增加，连续2～3d，使土湿润，达到手捏黏手程度。每喷1次出菇水，菇房要通风1次。7d左右，蘑菇子实体可长到黄豆大小，连续2d各喷1次重水（但不能让水渗到培养料表层），增加土粒湿度，让小菇及时得到足够水分，迅速膨大。

（2）沼渣地床培育蘑菇技术要点

1）配料　沼渣沥干，播种前半个月开始堆料，每100kg沼渣加石膏粉1.5kg、尿素0.8kg，堆成一长堆，龟背形，7d后翻堆，翻堆时，每100kg沼渣加磷肥3kg，并用1%敌敌畏消毒，5d后翻第二次堆，准备做床。

2）做床　床长约15m，宽1.5m，中间挖一条16cm、深23cm宽的沟，使之成畦面，畦宽0.4m，畦四周挖排水沟，堆起15cm宽、10cm高的土埂（以便畦面铺入培养料），再在地床两边挖0.3m深、0.4m宽的畦沟作人行道，挖好后，用农药喷洒床面、消毒。沼渣地床栽培蘑菇，菌丝早出2d，出菇早4d，产量略低一点，但一级菇高5%，原料费降低36%，绿霉菌、白霉菌少，杂菇少。

6. 沼渣种西瓜

用沼渣种西瓜，味甜、个大、体型好、产量高、成熟早。其主要技术操作如下。

（1）适时播种

3月下旬气温基本稳定时播种，播种前精选种子，晒种2～3h，用纱布袋装好，放入正常发酵使用的沼气池出料间浸泡8～10h，取出轻搓1min后洗净黏附液。用25～28℃的温度催芽；营养土用1份沼渣、1份细土混配均匀。$1m^3$ 营养土加1kg过磷酸钙。含水量以手握成团不滴水、落地即散开为宜，制成营养钵，播种前将钵湿润。1穴1粒种子，播后及时盖10～15cm细土刮平。用支架盖膜封严使膜内温度保持在25～30℃之间，膜挂水珠为宜，气温高时揭膜通气调温。

（2）施足基肥适时定植

西瓜地可在当年种的果树园里套种或荒地栽种，拉沟种植。沟深20cm，宽40cm，沟之间相隔2.5～3m。在定植前10d，用干草、稻草或菇菜绿肥填于沟底，覆土20cm。亩用沼渣2500kg，均匀地撒入沟内，再覆土成宽40cm、高出地面10cm的垄沟。定植前3d亩用1500kg沼渣、30kg磷肥、20kg钾肥拌匀，放在定穴的四周盖好土。亩定穴600～800株，种时盖膜，亩用膜3～4kg盖垄。

（3）加强管理

定苗5～7d，即追施沼液肥200kg、兑清水200kg进行间施点施。瓜苗出4～5片新叶即断主苗，瓜节位分蘖侧藤，一穴留侧藤两苗，肥力充足的留三苗。藤多吸肥多，瓜小。瓜结在1m藤内的要摘除，防供养不足难形成大瓜。瓜长到鸡蛋大时重施1次果瓜肥，比例为100kg沼渣肥、50kg沤制腐熟的麸肥、10kg钾肥，在垄的旁边开10cm宽、10cm深的沟，将肥施于沟内后覆土。结瓜20d可喷膨胀素促使西瓜快速膨大。结瓜后45～50d可收第一批西瓜，并即时淋施一次沼液肥，保证第二次西瓜的生长。

7. 沼渣种烟技术

（1）应用沼渣施烤烟，有明显的增产效果

烤烟增产幅度在18.6%～20.8%，平均1亩增产干烟20kg左右。烟叶质量也明显提高，烟叶的厚度、长宽度、单叶重以及颜色、油分和弹性均好于未施沼渣的烟叶，中上等烟比例增加30%以上。同时，还能降低生产成本，增加收入，因此沼渣种烟技术是一项值得大力推广的新技术。

（2）沼渣施烤烟的技术

用沼渣作基肥，沼液作追肥。基肥的作用在于供应烟株生长期营养的需要，并重点供下部叶片的营养。基肥用量一般占总肥量的60%～70%。追肥量占总施肥量30%～40%。

针对不同情况施肥。烤烟施肥必须根据气候、土壤和烟株生长的不同情况，确定施肥方法、用量和时间。水分过多、砂性、半砂性或过酸、偏碱的土壤对肥料利用率低。所以要适当加大施肥量和施肥次数，最好采用“窝施”或“穴施”。将沼渣、过磷酸钙（钙镁磷）、草木灰按10∶(2.5～3)∶(1～1.5)比例混合拌匀，用于穴施、沟施，也可结合冬耕或起垄撒施，每亩沼渣1000kg、过磷酸钙25～30kg、草木炭100～150kg，施肥深度10～30cm。

第六章

畜禽粪便的综合利用

近年来，我国集约化养殖业迅猛发展，产生了巨大的社会效益和经济效益，同时也产生了大量的畜禽粪便废弃物。这些畜禽粪便废弃物缺乏妥善的处理，必将破坏生态平衡，影响畜禽的安全生产和人们的食品安全情况，使人们的生存环境恶化。针对这种情况，人们提出了各种控制及综合利用畜禽粪便废弃物的方法。本章首先介绍了我国畜禽粪便的排放及污染状况，并对畜禽粪便污染的综合利用途径进行了讨论，最后对上海处理和综合利用畜禽粪便的经验进行了总结。

第一节　畜禽粪便资源及污染现状

一、我国的畜禽粪便资源及污染现状

自 20 世纪 50 年代起，发达国家开始进行大规模的集约化养殖，在城镇郊区建立集约化畜禽养殖场。由于每天有大量粪便及污水产生，难以处理利用，造成了严重的环境污染。20 世纪 60 年代，日本用“畜产公害”的概念高度概括了这一问题的严重性。

我国自改革开放以来，随着菜篮子工程的全面展开，畜禽养殖规模和产值都发生了巨大的变化，肉类、奶类和禽蛋年产量递增率均在 10%以上。1986 年我国的禽蛋产量首次超过了美国，1991 年肉类产量也超过了美国，此后连年保持世界第一。2000 年我国肉类产量达到了 6.125×10^7t，禽蛋产量达到了 2.243×10^7t，奶产量达到了 9.191×10^6t。2014 年我国肉类产量达到了 8.6×10^7t，禽蛋产量达到了 2.86×10^7t，奶产量达到了 3.84×10^7t。

饲养一头猪、一头牛、一只鸡，每年所产生的粪尿、污水、臭气的污染负荷，其人口当量分别为 8～10 人、30～40 人、5～7 人。据资料介绍，一个年产万头肥猪和年养 20 万只蛋鸡的现代化养殖场的排污量相当于一个 5 万或 14 万人口城镇的排污量。表 6-1、表 6-2 为各种畜禽的粪尿排放量及其粪便的化学成分。

表 6-1 各种畜禽的粪尿排放量 单位:kg/(只·d)

畜禽种类	奶牛	哺乳母猪	育肥猪	羊	产蛋鸡	肉鸡
排粪尿量	55～65	7～11	3.5	2.66	0.15	0.10

表 6-2 各种畜禽的粪便的化学成分 单位:%

畜禽种类	水分	有机质	氮(N)	磷(P_2O_5)	钾(K_2O)
猪粪	81.5	15.0	0.60	0.40	0.44
牛粪	83.3	14.5	0.32	0.25	0.16
羊粪	65.5	31.4	0.65	0.47	0.23
鸡粪	50.5	25.5	1.63	1.54	0.85

养殖业发展的同时，畜禽粪便给我国的环境带来了巨大的压力。养殖业粪便废弃物的产量迅速增长，已经成为我国面源污染的主要原因之一。2000 年资料显示，全国畜禽粪便年产生量已达到约 1.73×10^9t，是工业废弃物的 2.7 倍。其中各种污染成分的年产生量，氮约为 1.597×10^7t、磷约为 3.63×10^6t、COD 约为 6.4×10^7t［已经接近工业废水（<100mg/L）］、BOD 约为 5.4×10^7t。据估算，2011 年中国畜禽粪便的产量达到了 2.121×10^9t，相当于工业废弃物产生量的 2 倍左右。畜禽粪便进入水体流失率高达 25%～30%，COD 排放总量、粪便中的氮、磷流失量已经超过化肥。另有资料显示，2002 年全国畜禽粪便年排放量已达 1.884×10^9t，相当于工业废弃物排放量的 3.4 倍。2010 年 2 月 9 日，我国环境保护部、国家统计局、农业部三个部门联合公布了《第一次全国污染源普查公报》。农业源（不包括典型地区农村生活源，下同）中主要水污染物排放（流失）量：化学需氧量 1.3×10^7t、总氮 2.7×10^6t、总磷 2.8×10^5t、铜 2452.09t、锌 4862.58t。畜禽养殖业主要水污染物排放量：化学需氧量 1.268×10^7t、总氮 1.02×10^6t、总磷 1.6×10^5t、铜 2397.23t、锌 4756.94t。总之，畜禽粪便所排出的大量废物是水体污染的源头。

二、畜禽粪便中污染物质种类

畜禽粪便中含有大量的有机物，且有可能带有病原微生物和各种寄生虫卵，如不及时加以处理和合理利用，将造成严重的有机污染和生物污染，成为环境公害，危害人畜的健康。畜禽粪便的污染按污染物成分主要可以分为氮磷污染、矿物质元素污染、恶臭物质污染、生物病原污染以及药物添加剂污染五个方面。

1. 氮磷污染

由于某些畜禽日粮原料中含有角蛋白等不溶性蛋白质以及胰蛋白酶抑制因子、硫葡萄糖苷等抗营养因子，一些难以消化的含氮物质未经消化吸收就排出体外；此外，如果日粮的氨基酸平衡不好或蛋白质水平偏高，多余或不配套的氨基酸在体内代谢分解后将随尿液排出体外。这些情况导致了粪便的氮污染。

植物性饲料原料中大约有 2/3 的磷以植酸磷的形式存在，由于单胃动物缺乏分解植酸盐的酶，饲料中的植酸磷难以被机体消化吸收而随粪便排出体外。

这些氮和磷进入土壤后，转化为硝酸盐和磷酸盐。当土壤中的氮蓄积量过高时，不仅会对土壤造成污染，而且会使土壤表面有硝酸盐渗出，通过土壤冲刷和毛细管作用还会对地下水造成污染。硝酸盐如转化为致癌物质污染了作为饮用水源的地下水，将严重威胁人体健康，而这种地下水污染通常需要300年才能自然恢复。地表水被污染后，除了大量滋生蚊蝇和其他昆虫外，对渔业的危害也相当严重。大量的氮磷物质会造成水体的富营养化，使一些鱼类不能利用的低等浮游生物——藻类和其他水生植物等生物群体大量繁殖，这些生物死亡后产生毒素并使水中溶解氧（DO）大大减少，导致水生动物缺氧死亡，进而，由于死亡生物遗体的腐败，水质进一步恶化。这种受到污染的水，不仅不能饮用，即使作为灌溉水也会使水稻等作物大量减产。粪便中所含的氨挥发到大气中，会成为形成酸雨的影响因素之一。

2. 矿物质元素污染

为了提高饲喂畜禽的生长速率、增强其抗病能力，现在的畜禽饲料中通常含有一定量的铜、砷、锌等微量元素添加剂，若不对畜禽粪便采取相应的处理措施，后果是很严重的。

一般认为当土壤中可给态铜和锌分别达到100～200mg/kg和100mg/kg时，即可造成土壤污染和植株中毒。以一个10万只肉鸡场为例，若连续使用有机砷促生长剂，15年后周围土壤中的砷含量就会增加1倍。介时当地所产的大多数农产品的砷含量都将超过国家标准，而无法食用。据张子仪测算，按FDA［Food and Drug Administration，（美国）食品及药物管理局］规定允许使用的砷制剂的用量计算，一个万头猪场7～8年就可能排出1t以上的砷。据刘更另报道，土壤中的砷含量每升高1mg/kg，则甘薯块中的砷含量会上升0.28mg/kg。据测算，当土壤中砷酸钠加入量为40mg/kg时，水稻减产50%；达到160mg/kg时，水稻不能生长；当灌溉水中砷含量达到200mg/kg时，水稻颗粒无收。为了增强畜禽的食欲，有时还会在饲料中添加一定数量的食盐，但是过多的添加量不但对动物的生长没有好处，相反还会导致粪便中盐分过高，从而污染土壤，危害农作物的生长。

3. 恶臭物质污染

恶臭能刺激人的嗅觉神经和三叉神经，对呼吸中枢产生毒害。同时，恶臭也有害于畜禽健康，会引起呼吸道疾病和其他疾病并最终影响畜禽生长，导致生产性能的下降。

粪便恶臭主要来源于饲料中蛋白质的代谢终产物，或粪便中代谢产物和残留养分经细菌分解产生的恶臭物质，包括氨（NH_3）、硫化氢（H_2S）、吲哚、硫醇等。在恶臭物质中，对人畜健康影响最大的主要有氨和硫化氢。以氨为例，如果幼猪生活环境中空气里氨的体积分数达到5×10^{-5}，幼猪的增重率会下降12%，达到10^{-4}或5×10^{-4}则生长率将会下降30%；鸡舍空气中氨的体积分数达到2×10^{-5}时则会引发鸡的角膜炎，达到5×10^{-5}时鸡的呼吸频率就会下降，产蛋量减少。

4. 生物病原污染

已患病或隐性带病的家禽会随粪便排出多种病菌和寄生虫卵，如沙门菌和金黄色葡萄球菌、大肠杆菌，鸡传染性支气管炎、禽流感和马立克病毒，蛔虫卵、球虫卵等。若不适当处理，就会成为危险的传染源，造成疫病传播，不仅影响畜禽健康，有的病原体也会影响到人类的健康。此外，堆积的大量畜禽粪便如果没有适当的保存措施，会导致蚊蝇等害虫的大量繁殖，招引大量的鼠雀，这也会给人们的正常生活和家禽的正常生产带来诸多不良影响。

5. 药物添加剂污染

为了保证畜禽的健康和生产性能，通常在饲料中添加一定量的药物添加剂，但是盲目追求畜禽生长速度而滥用药物添加剂的现象越来越普遍。许多药物添加剂会随畜禽尿液排出，混合在粪便当中。这种粪便废物若不经任何有效处理就作为肥料施用，其中的药物添加剂被植物吸收后残留在其组织中，最终会对人畜产生毒副作用。

三、畜禽粪便对环境的污染

国内外学者对畜禽粪便对环境污染机理进行了详细的研究。在畜禽粪便贮存、处理与归田时，如管理不当，均会对环境造成一定的影响。

1. 对水环境的影响

（1）粪便的贮存和处理对水环境的影响

来自粪便贮存和处理系统的最大潜在水污染是来自土质的贮粪池、饲养圈蓄水池、氧化塘的渗漏，从而可能导致地下水污染。这主要由于它们的界面封闭性差、易渗透，导致了下渗污染。

一些容量设计不符合要求的贮存池和厌氧塘也会发生污染物外溢的现象，直接威胁着地表水体，其污染危害是显而易见的。

（2）粪肥归田利用与对水环境的影响

封闭的畜禽饲养和其他形式的畜禽饲养活动是主要的农业非点源污染之一，其主要是通过粪肥归田利用后的营养物发生流失形成污染（Saleh 等，2000）。

1）对地表水水质的影响　归田后粪便中氮磷营养物的流失是对地表水水质影响最主要的因素，它会加速湖泊、河口等水体的富营养化。归田利用后营养物氮、磷对地表水水质影响程度的最主要因素是粪肥归田管理，如粪便施用量、方法和施用时间等。Edwards 研究发现总氮、氨氮、溶解态磷和总磷的浓度随禽粪和猪粪用量的增加而呈线性递增。Mueller 对比研究证实了把粪肥掺入土壤剖面或通过耕耘插入施肥可以减少氮和磷的潜在的流失。磷能以颗粒态和溶解态两种形式损失。由于磷被大多数易于侵蚀的土壤部分所吸附，因此，为了控制颗粒态磷的流失，减少水土流失十分重要。磷通常集聚于土壤上表层几厘米的地方，特别是少耕条件的土壤。因此，在与地表径流作用最为强烈的土壤上表面几厘米处的可溶解态的磷的含量也十分高。当按作物对氮需求的标准施用粪肥时，土壤中磷的含量会迅速上升，一旦产生流失便会造成严重的地表水污染。

畜禽粪便中含有大量源自动物肠道中的微生物。畜禽粪便是 150 多种疾病的潜在发病源。由细菌病菌传播的疾病包括有伤寒、肠胃紊乱、霍乱、肺结核、炭疽病和乳腺炎等。传染性病毒引发的疾病有脚蹄疫、小儿麻痹症、呼吸道疾病、眼传染病等。粪肥归田的过程可能引发公共健康问题。气候、地形、土壤类型、畜禽种类、畜禽健康状况等因素会影响通过河流激发疾病的微生物的属性和数量。一般而言，在高温的晴天施用粪肥时，有害细菌会迅速死去。如果雨天施用新鲜粪肥或者在冻土上施用，那么会增加进入水道系统中的有害微生物。通常用粪便大肠杆菌作为监测微生物污染的指示性微生物。

粪肥的稀稠状态（液态、半固态和固态）与细菌的流失率紧密相关，越稀流失率越高。研究表明：当分别将液态、半固态和固态乳畜粪肥施用于一个坡度很小的砂质耕地上，其中以播撒液体粪肥的细菌流失最高；播撒固态乳畜粪肥的耕地的细菌流失最少，其中的总大肠菌、粪便大肠菌和粪链球菌每年的流失率分别为0.06%、0.007%和0.008%。

畜禽粪便中有机质进入河流、湖泊等受纳水体之后，会逐渐被水生微生物降解，消耗水体中宝贵的溶解氧，从而影响水中鱼类和其他水生生物的生存。另外，由于其有机质中包含有机态氮的成分，降解后会转化为氨，当氨的浓度达到0.2mg N/L时，便会导致鱼类中毒甚至死亡。

另外，粪便中激素对水体的潜在污染也不容忽视。在美国切萨皮克海湾流域的几条河流中，检测出了与畜禽粪肥归田有关的增长性荷尔蒙激素和雌性激素。

2）对地下水水质的影响　地表土壤中被施用的粪肥中的某些成分会通过下渗水流进入地下水，最终作为饮用水源或回收水又重返回到地表。我国《生活饮用水卫生标准》（GB 5749—2006）规定：地下水源 NO_3^--N 的最大阈值为20mg/L，总大肠菌群期望值是0菌丛。美国环保局现行的饮用水中 NO_3^--N 的最大阈值为10mg/L，而饮用水大肠杆菌的期望值是0菌丛，对可回收水体中粪便中大肠杆菌的最大阈值为200菌丛。对于接收液态粪肥的土地，其地下水会受到潜在的细菌和营养物的污染，结果可能导致人体肠胃不适症状，因过高的 NO_3^--N 会使婴幼儿患高铁血红蛋白血症，影响人类健康。同样，细菌和营养物也会导致生态问题。

① 粪肥中营养物氮、磷下渗对地下水水质的影响：与地下水水质最为相关的是硝酸盐下渗。粪肥的物理状态、施用量、施用方法等因素对下渗有不同的影响效果。

下渗到地下水中的磷是很少的。如今大多以氮为标准进行施肥，大部分施用粪肥的地区土壤中磷的含量超出作物所需，土壤中磷发生积累。然而，土壤中大多数无机磷是极为难溶的，而且土壤颗粒对磷吸附作用较强，因此，磷的下渗作用很弱。其中以黏土下渗最少，黏土吸附性强，大量的磷酸盐被吸附，导致下渗到地下水中的磷是很少的。只有在排水性好、深厚的砂质土壤中才会发生磷的大量下渗的现象。

② 细菌下渗对地下水水质的影响：粪便中细菌对地下水水质污染程度的影响因素比较复杂，不同细菌的生存和繁殖环境的差异较大。

土壤质地、覆盖因子、农田管理及粪肥施用情况等因素与细菌下渗紧密相关。在研究接纳灌溉水的田地地下水中的细菌时，发现土壤基质的过滤会大幅度减少粪便中大肠杆菌的数量。Tan等认为，细菌在粗糙质地土壤中比在细质地的土壤中下渗速度快。在土壤纵剖面中，研究发现下渗水体中细菌的输送量会因细菌的种类而有所不同。一般而言，所有种类的细菌都会被土壤过滤到某一程度（Gannon等，1991）。Dean等对不同的作物体系和管理措施进行比较，得到类似的结果。其研究包括12种施用液态粪肥的情况，其中的8个在施用粪肥后的20min～6h之内，导致了地下水质下降；有2个没有产生地下水质下降，因为施用粪肥后没有产生地下水流；剩下的2个没有产生地下水质污染是因为施用粪肥前对土壤进行过耕耘，剪断了土壤表面的大孔流和优先流的路径，也增加了耕作层总的孔隙度。Cook开展了一项研究，通过使用14个渗水计来观测地下排水道中水体中细菌和营养物的输送量与所施用的液态猪粪肥的使用量之间的函数关系，结果表明，在高施用量与低施用量之间有明显差异。

2. 畜禽粪便对土壤环境的污染

在畜禽粪便堆放或流经的地点，有大量高浓度粪便水渗入土壤，可造成植物一时疯长，或使植物根系受损伤，乃至引起植物死亡。

3. 畜禽粪便对大气环境的污染

刚排的畜禽粪便含有氨、硫化氢和胺等有害气体，在未能及时清除或清除后不能及时处理时臭味成倍增加，产生甲基硫醇、二甲二硫醚、甲硫醚、二甲胺及低级脂肪酸等恶臭气体。如年出栏5000头的猪场每天氨气产生量达0.8kg以上。恶臭气体会对现场及周围人们的健康产生不良影响，如引起精神不振、烦躁、记忆力下降和心理状况不良，也会使畜禽的抗病力和生产力降低。

4. 畜禽粪便对农业生态系统的影响

由于畜禽粪便含有大量有机质及丰富的氮、磷、钾等营养物，自古以来一直被作为农作物宝贵的有机肥而利用。农业科学研究与实践表明，农业生态系统在物质循环过程中，需要从系统外输入一定量的有机质和其他营养元素，这样才能实现系统高而稳定的产出。农业生态系统的物质和能量转换主要是在土壤库中进行的。土壤及有机肥中的有机质，除了有营养作用、能增加作物产量外，在改良土壤和培肥地力方面有其独特的效果。可以说，它们一直对植物的生长发育和土肥保持起着重要的作用。随农田复种指数的提高，土壤养分输出量增大，如不从系统外输入一定营养物质，将影响作物生长和土壤肥力的保持，影响农业可持续发展。也就是说，农业生产需要大量的有机肥。对于小规模、分散的饲养场产生的畜禽粪便就近还田，既为农田增加了有机肥，也不会对环境产生负面影响。如今大规模、集约化养殖场畜禽粪便未加处理地大量集中排放，给环境造成了极大的压力。

四、畜禽粪便对环境污染的发展趋势

随人民生活水平进一步提高，畜禽蛋奶的人均消费水平将持续不断增长，势必扩大畜禽养殖的规模。以上海为例，市政府为提高副食品的自给率，越来越注重副食品基地的建设；尤其近年来，更投入了巨大的资金，建立了大批的大中型畜禽养殖场。到2000年，已有1632个大中型畜禽养殖场，达到奶牛6万头、生猪500万头、鸡1.4亿羽的饲养规模。2008年，在全国规模化畜禽养殖场中，大中型养殖场数量已剧增到26663个，其中3000～10000头生猪场12916个，10000头以上生猪场2501个；200～500头奶牛场2679个，500头以上奶牛场1480个；500～1000头肉牛场1896个，1000头以上肉牛场614个；5万～50万只蛋鸡场1450个，50万只以上蛋鸡场13个；10万～100万只肉鸡场2967个，100万只以上肉鸡场147个。今后这种增长势头必将继续。如不加以处理或控制，畜禽粪便对环境的污染程度必然加剧。

五、畜禽养殖环境污染控制措施

1. 畜禽养殖场的选址与构建

为了减少畜禽养殖场对水体的污染，养殖场的选址至关重要。对于新建的养殖场和有待扩大规模的养殖场，选址时应该考虑以下因素：a. 在河流、湖泊等地表水的一定辐射范围之内禁止建场；b. 远离下渗率较高的地区；c. 远离下沉的洞穴或其他敏感地区；d. 尽量远离水土流失严重的地区。

一个完整的畜禽养殖场除了拥有必要的饲养建筑和设备之外，还要建设粪便等废弃物的传输系统、贮存系统、处理系统。一般而言，在建立这些系统时，要注意以下几点：a. 传输沟渠输送量要保证养殖场规模的要求；b. 粪便贮存池的容量要足够大，能安全容纳畜禽粪便、养殖污水、25 年一遇的 24h 暴雨量，尽量与粪便的利用量保持平衡；c. 沉淀池通常要设计成可以抵御 10 年一遇的持续 1h 的暴雨；d. 在建设传输、贮存、处理设施时，选址至关重要，渗透性很好、地下水位很高或下面有岩石裂隙的地方应避免选用，同时尽量采用防渗材料作为衬底，达到界面密封的效果，以防止污染物下渗。

2. 控制养殖场污染物对地表水的影响

为了减少养殖场的污水排放量，一方面要减少畜禽饲养场的径流量；另一方面，要控制养殖场径流中污染物的负荷量。畜禽饲养场的径流量主要受以下因素的影响：a. 水体的输入参数，包括降雨强度、降雨时间、离上次降雨的间隔期、降雨量、来自于饲养场外的径流量等；b. 来自于不透水表面的径流量，如来自于屋顶、水泥路面等的径流量。通常情况下难以控制降雨量，但是可以通过减少来自于不透水面的径流量，转移部分清洁水体，以免和畜禽污染物接触，从而使污水量最小化。

养殖场径流中污染物的负荷量受以下主要因素的影响：a. 养殖场输出的污染物量；b. 污染物径流离开养殖场之前，经过处理或过滤通道的作用情况；c. 径流中污染物的迁移量和迁移路径。为了减少养殖场径流中污染物的负荷量，可以采取一些人为的措施，如：及时清除地面上的粪便等废弃物；合理存贮饲料垫草；调整径流迁移路径；增加污染物的处理量；调整饲料成分，提高畜禽对营养物的吸收率，减少畜禽排泄物中营养物的含量。20 世纪 60 年代末以来，众多的研究表明通过在禽类和猪类饲料中加入肌醇六磷酸酶可以降低排泄物中磷的含量。另外，水萍科植物用于循环利用养猪污水是可行的处理方式（Bergmann 等，2000），建立植物过滤带也是减少排入地表接纳水体的污染物负荷量的好途径。

3. 控制养殖场污染物对地下水的影响

废水处理设施和径流控制系统应该设计成保护地下水不受污染。如前所述，对于没有铺设防渗材料的饲养圈、贮存池，经过几个月后，由于受压缩或利用优良的有机质和细菌群体而进行自我封闭。然而，这种自我封闭速度和效果是有限的。在封闭之前，大肠杆菌或可溶性污染物的下渗早有可能发生；经过封闭之后，缓慢的下渗仍然会对地下水产生一个长期的威胁。对于多孔性土壤或破碎基底的养殖场，通常必须对地面进行压紧，加入土壤添加剂或铺设不透水材料（不透水膜、水泥等），以达到良好的封闭性。

通过在土壤中合理、有选择地利用表面活性剂，能够减少土壤中营养物和病原菌的下渗。Allxed 等把某种阴离子型的表面活性剂和某两种阳离子型表面活性剂应用于砂质沃土中，结果发现这种阴离子型的表面活性剂和其中一种阳离子型表面活性剂能大量减少污染物的下渗。

另外，要确保养殖场内及周边的水井水质不受污染。这些作为饮用水源的水井可能会受到硝酸盐、细菌、病原菌或其他大肠杆菌的威胁。为此，要对这些水井进行密封处理。而且有必要进行定期的化验监测，以保证水质合格。

4. 强化粪肥归田管理措施

畜禽养殖中产生的粪便，大部分回归田地利用。粪便中含有氮、磷、有机物和细菌等物质，归田利用后会随降雨径流而发生流失。其中含氮营养物也会下渗到地下水中。如今解决污染的主要途径是对土地利用粪肥实施最佳管理措施（BMPS）。粪肥归田的最佳管理措施的目标是：a. 增加土壤肥力，促进作物的生长；b. 对环境的影响达到最低程度；c. 使成本最低化，最大限度地利用粪肥中的营养物。任何粪肥归田之前均应该建立一个粪肥归田利用系统。要达到粪肥归田利用水污染最小化，关键在于减少和避免田地中粪肥营养物的流失。因此，对粪肥的处理、贮存、施用时间、方法、用量都应该做到详细规划，从而减少对水体污染。

粪肥施用方式主要有土壤表面施肥、与土壤混合施肥、嵌入土壤中施肥。如果粪肥简单地施用于土壤表面，那么粪肥中大量不稳定的有机氮将会被矿化以氨气的形式挥发损失掉。随着时间的推移，随着温度和风的变大以及空气湿度的降低，挥发作用也随之增强。当把粪肥播撒在冻土或由雪覆盖的土壤表面时，那么径流损失所导致的水体污染是特别严重的。把粪肥混入土壤中，或通过耕作方式，或把粪肥嵌入土壤中，可以增加可供吸收的氨，并且能够减少水污染。实践表明，在作物减少或没有作物的耕地系统中，嵌入土壤施肥是使粪肥混入土壤的最佳方法，因为作物的残留物遗落在地表充当了护根物，使得土壤表面裸露最少。

在作物吸收土壤中的营养物之前，粪便在土壤中存在的时间越长，那么那些营养物尤其是氮损失越多，损失方式有挥发、脱氮作用、沥滤和侵蚀。因此，适时施肥至关重要。春季是离作物利用营养物最近的时期，此时利用粪便效果更好，最有利于保肥。夏天施用粪便对小谷物残梗地、无作物的田地或很少使用的牧草地比较适合。在生长有幼小的豆类粮草（豆科植物）不宜施粪便，因为豆类能够固定空气中的氮，并且额外的氮肥将有助于竞争性草类和宽叶杂草的生长。秋天利用粪肥通常会导致比较多的营养物发生流失，相比春季而言，无论利用方式如何，其中如果粪肥没有混入土壤中最为不利。如果粪肥能及时混入土壤中，那么土壤可以把部分营养物固定下来，尤其是在土壤温度低于500℉时（10℃）。如果不种植冬季作物，那么粪便可施用于那些包含大部分植被或作物残留的田地中。从营养物的利用和污染的角度来看，冬季施用粪肥是最不理想的。

粪便施用量往往以提供作物所需氮肥为标准确定。过度提供营养物本质上是有价资源的浪费，甚至也许会降低产量，也许会导致地下水、地表水污染。土壤中现有残留营养物和计算作物所需的营养物的差值便是理论上所要施用的粪肥的量。一般而言，如果施用粪肥是为了满足作物所需的氮，那么磷和钾最终会在土壤中过量累积，那么，一同轮种特定的粮草作物有助于去除过量的磷和钾，并且保持三种营养物处于平衡状态。

第二节　畜禽粪便的综合利用

对于农业生产来说，无论过去、现在或将来畜禽粪便都是一种优质的有机肥源。在20世纪80年代以前，我国的工业还不够发达，化肥产品很少，养殖业废物是农村肥料的主要来源。进入20世纪80年代后，农民逐渐富裕，化肥施用量增多，不少农民不再愿意施用粪便。与此同时随着大型养殖场相继建立，畜禽粪便集中排放，超过了养殖场周围农田环境的消纳能力，成为新的环境污染源。

畜禽粪便包含农作物所必需的氮、磷、钾等多种营养成分。还含有75%的挥发性有机物，其中蛋白质含量为15.8%～23.5%，维生素B_{12}为17.6μg/g，经过处理后亦可作为饲料，具有很大的经济价值。施于农田则有助于改良土壤结构，提高土壤有机质含量，促进农作物增产。畜禽粪便污水含有很高的有机物，易于进行生理生化处理并产生使用价值很高的沼气。畜禽粪便中含有丰富的氮、磷、钾，这些成分是农作物生长所必需的营养物质，也是畜禽饲料中的主要营养成分，因此充分研究和利用畜禽粪便，不仅可减少全球资源危机和环境危机，还能带来可观的经济效益和社会效益。

一、饲料化技术

早在1922年，Mclullum' s就提出了以动物类粪便为饲料营养成分的观点。继而，Mcelroy和Goss、Hamvood、Basiedt就粪便饲料化问题又进行了深入和细致的研究。一致认为畜禽粪便中所含的氮素、矿物质、纤维素等是能取代饲料中某些营养成分的物质。由于畜禽粪便携带病原菌，1967年美国曾限制使用畜禽粪便作饲料。此外，畜禽粪便饲料化的环境效益和经济效益都不十分明显，粪便饲料化的发展受到一定限制。20世纪70年代以来，随着畜牧业和化肥工业的发展，全球性能源和粮食短缺问题的出现，畜禽粪便的饲料化又受到高度重视。

1. 畜禽粪便饲料化的可行性

(1) 畜禽粪便的营养成分

现代畜禽养殖业集约化、机械化和产业化发展的程度越来越高。目前大型畜禽养殖场都采用机械化作业，生产高度集中，畜禽饲喂全价饲料，饲料中的许多营养物质未被消化吸收就被排泄到体外，使得粪便中含有大量未消化的蛋白质、维生素B、矿物质、粗脂肪和一定量的糖类物质。粪便中营养价值随畜禽种类、日粮成分和饲养管理条件等因素的不同而不同。各种畜禽干粪中营养物质含量见表6-3，其中鸡干粪的营养价值最好，猪干粪次之。鸡由于消化道较短，采食进去的饲料在肠道停留时间较短，只能吸收约30%的养分，其余部分通过直肠排出体外。鸡干粪中各种氨基酸含量比较平衡，鸡干粪中含有赖氨酸5.4g/kg、胱氨酸1.8g/kg和苏氨酸5.3g/kg，均超过玉米、高粱、豆饼和棉籽中等氨基酸的含量；还有B族维生素，特别是维生素B_{12}及各种微量元素。

表6-3 鸡、猪和牛干粪中营养物质含量 单位：%

营养成分	粗蛋白	粗脂肪	粗纤维	灰分	无氮浸出物	钙	磷
鸡干粪	27.75	2.35	13.06	22.45	30.76	7.80	2.20
猪干粪	16.99	8.24	20.69	16.87	37.21		
牛干粪	12.21	0.87	21.01	11.75	34.55	0.99	0.55

(2) 畜禽粪便饲料化的安全性

畜禽粪便中含有丰富的矿物质、维生素及大量的营养物质，但也是有害物的潜在来源，包括病原微生物、寄生虫、虫卵及重金属、药物残留等。各国专家对畜禽粪便饲料利用的安全性进行了广泛研究，认为带有潜在病原菌的畜禽粪便经过适当处理，同时禁用治疗期的粪便，在畜禽屠宰杀前减少粪便的使用量或停用，完全能够避免畜禽粪便饲料化利用的安全隐患。经过处理的畜禽粪便可以作为动物饲料的添加剂。目前，畜禽粪便作为饲料及其添加剂使用是综合利用畜禽粪便的重要途径之一。

(3) 畜禽粪便饲料化对畜产品的影响

鸡粪喂牛，粪便量占日粮的24%，试验组和对照组的日增重分别是1.10kg和1.07kg，日摄入的干重是6.34kg和6.61kg，饲料和增重比分别是6.49和7.25。鸡粪（占干重的17%）可作为羊的粗蛋白的添加成分。奶牛饲料中加入12%的鸡干粪，可提高乳产量。牛粪喂牛，对照组和试验组（粪占日粮干重的12%）的日增重分别是1.16kg和1.14kg，消耗的饲料是8.27kg和8.22kg，饲料与增重比是7.38和7.77，这表明牛粪的能量比传统的日粮低。

鸡粪喂牛不影响鲜肉的等级和风味（Fontenot，1974）；鸡粪喂奶牛也不影响乳的成分和风味；猪粪喂猪和牛粪喂牛皆不影响肉质，但是硬脂酸有所变化（Oskida和Toskio，1984）。

（4）畜禽粪便饲料化的经济效益

Fontenot和Ross（1980年）将利用畜禽粪便的经济效益归纳如下（见表6-4）。相对于其他处理方式，畜禽粪便饲料化的效益最高，但是某些粪便的差异不明显，尤其是猪粪。

表6-4 畜禽粪便不同使用方式的经济效益

粪便种类	价值/(元/t)			收集粪便的费用/1000元		
	肥料	饲料	沼气	肥料	饲料	沼气
肉牛	25.06	118.14	13.73	416800	1890240	219680
奶牛	17	118.14	12.74	348086	2425094	259360
猪	18.01	136.57	17.17	103062	756325	95087
蛋鸡(笼养)	36.45	153.14	17.93	118791	505601	58401
童子鸡	26.54	159.67	16.29	64598	388393	39650

2. 畜禽粪便饲料化的方法

目前将畜禽粪便饲料化有以下几种方法。

（1）用新鲜粪便直接做饲料

这种方法主要适用于鸡粪，由于鸡的肠道短，从吃进到排出大约需4h，吸收不完全，所食饲料中70%左右的营养物质未被消化吸收而排出体外。在排泄的鸡粪中，按干物质计算，粗蛋白含量为20%～30%，其中氨基酸含量不低于玉米等谷物饲料，此外还含有丰富的微量元素和一些未知因子。因此，可利用鸡粪代替部分精料来养牛、喂猪。但是此种方法还存在一些问题，例如添加鸡粪的最佳比例尚未确定，另外，鸡粪成分比较复杂，含有吲哚、脂类、尿素、病原微生物、寄生虫等，易造成畜禽间交叉感染或传染病的爆发，这也限制了其推广使用。但可以用一些化学药剂，如同含甲醛为37%（质量分数）的福尔马林溶液进行混合，24h后就可以去除吲哚、脂类、尿素、病原微生物等病菌，再饲喂牛、猪。还可采用先接种米曲霉与白地霉，然后用瓮灶蒸锅杀菌的方法，这种方法最简单适用。

（2）青贮

畜禽粪便中碳水化合物的含量低，不宜单独青贮，常和一些禾本科青饲料一起青贮。青贮的饲料具有酸香味，可以提高其适口性，同时可杀死粪便中病原微生物、寄生虫等。此法在血吸虫病流行区尤其适用。

（3）干燥法

干燥法是常用的处理方法。此种方法主要是利用热效应和喷放机械。目前有自然干燥、塑料大棚自然干燥、高温快速干燥、烘干法等。干燥法处理粪便的效率最高，而且设备简单，投资小。粪便经干燥后转变成鸡肮粉制成高蛋白饲料。这种方法既除臭又能彻底杀灭虫卵，达到卫生防疫和生产商品饲料的要求。目前由于鸡粪的夏季保鲜困难，大批量处理时仍有臭气产生，处理臭气和产物的成本较高，使该方法的推广使用受到限制。有研究表明在处理中加光合细菌、细黄链霉菌、乳酸菌等具有很好的除臭效果。

1）日光自然干燥　在自然或棚膜条件下，利用日光能进行中、小规模畜禽粪便干燥处理，经粉碎、过筛、除去杂物后，放置在干燥地方，可供饲用和肥用。该方法具有投资小、易操作、成本低等优点，但有处理规模较小、土地占用量大、受天气影响大、阴雨天难以晒干脱水、干燥时易产生臭味、氨挥发严重、干燥时间较长、肥效较低、可能产生病原微生物与杂草种子的危害等问题，不能作为集约化畜禽养殖场的主要处理技术。但如改用塑料大棚自然干燥法，处理经过发酵脱水的畜禽粪，则具有阴雨天亦能晒干脱水，且干燥时间较短等优点，较适宜我国采用。

2）高温快速干燥　是目前我国处理畜禽粪较为广泛采用的方法之一。它采用煤、重油或电产生的能量进行人工干燥。干燥需用干燥机，我国用干燥机大多为回转式滚筒，原来鸡粪中含水量为70%～75%，经过滚筒干燥，在短时间内（约数十秒钟）受到500～550℃或更高温的作用，鸡粪中的水分可降低到18%以下。其优点是不受天气影响，能大批量生产，干燥快速，可同时达到去臭、灭菌、除杂草等效果，但其存在一次性投资较大，煤、电等能耗较大，处理干燥时产生的恶臭气体耗水量大，特别是处理产物再遇水时易产生更为强烈的恶臭，以及处理温度较高带来肥效较差、易烧苗等缺点，加上处理产物成本较高、处理产物销路难等，导致该项技术的应用受到严峻的挑战。

3）烘干膨化干燥　利用热效应和喷放机械效应两个方面的作用，使畜禽粪既除臭又能彻底杀菌、灭虫卵，达到卫生防疫和商品肥料、饲料的要求。经农业部和北京市几年来的研制，北京市平谷峪口鸡场已成功地研制了日处理鸡粪3t、5t、10t的自动烘干膨化机。据报道，一个饲养10万只蛋鸡的鸡场购置一台日处理10t鸡粪的膨化烘干机，7～8个月便可回收成本，鸡场每年可获纯利50万～80万元。该方法的缺点仍是一次性投资较大、烘干膨化时耗能较多、特别是夏季保持鸡粪新鲜较困难、大批量处理时仍有臭气产生、需处理臭气和处理产物成本较高等，从而导致该项技术的应用受到限制。

4）机械脱水　采用压榨机械或离心机械进行畜禽粪的脱水，由于成本较高，仅能脱水而不能除臭，故效益偏低，目前仍在试验研究之中。

（4）分解法

分解法是利用优良品种的蝇、蚯蚓和蜗牛等低等动物分解畜禽粪便，达到既提供动物蛋白质又能处理畜禽粪便的目的。这种方法比较经济，生态效益显著。蝇蛆和蚯蚓均是很好的动物性蛋白质饲料，品质也较高，鲜蚯蚓含10%～14%的蛋白质，可做鸡鸭猪的饲料或水产养殖的活饵料，蚓粪可做肥料。但由于前期畜禽粪便灭菌、脱水处理和后期收蝇蛆、饲喂蚯蚓、蜗牛的技术难度较大，加上所需温度较苛刻，而难以全年生产，故尚未得到大范围推广。如果采用笼养技术，用太阳能热水器调节温度，在饲养场地的周围喷撒除臭微生态制剂，采收时利用蝇蛆的特性，用强光照射使蝇蛆分离，然后剩余的让鸡采食，这一系列问题就解决了。

戴洪刚等利用蝇蛆对畜禽粪便进行了处理试验。采取集约型规模化生产设施，通过工程技术手段，实行紧密衔接的操作工序，集中供给蝇蛆滋生物质，连续生产大量蝇蛆蛋白。其生产工艺采用种蝇饲养与育蛆两道车间工序，组成一体化生产程序，种蝇严格采用笼养，商品蛆批量产出，批量收集处理。其工艺流程如图 6-1～图 6-3 所示。

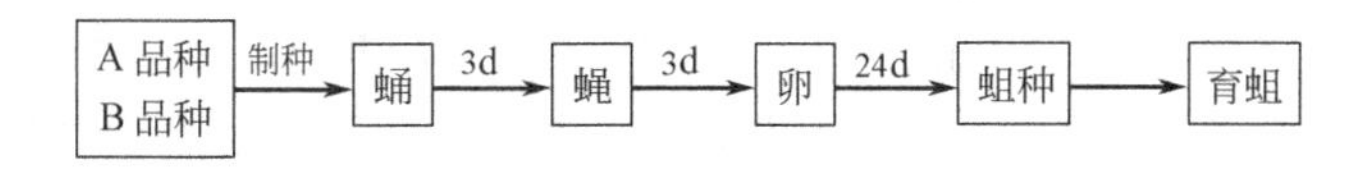

图 6-1　种蝇饲养工艺流程

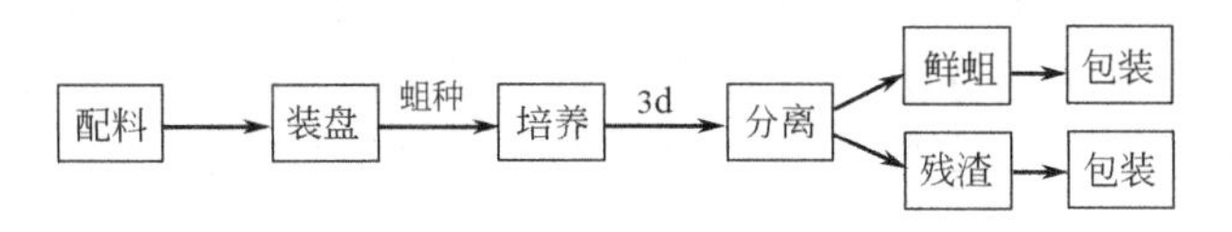

图 6-2　育蛆工艺流程

试验装置和方法如下：采用 $24m^2$ 的平房一间，塑料纱网 12 条，优质蝇种 80 万只，孵化木盒 40 只，$25m^2$ 培育池（钢混）一座，分离包装机一台，烘干机一台，以及环境和温度控制等其他设备。

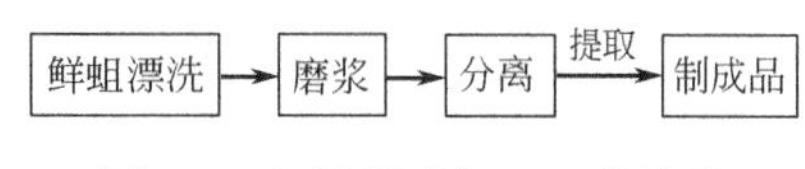

图 6-3　蛆蝇深度加工工艺流程

种蝇饲养在一间用塑料纱窗封闭的 $24m^2$ 房内。把种蝇蛹置于室内，温度保持在 25℃以上，湿度保持在 70%左右，使其羽化，经过 3d，蛹可全部羽化成蝇，再用糖化饲料饲养 3d，成蝇进入产卵高峰期，即将集卵底料（含 70%水的麸皮）铺于木盒内，再喷洒少量产卵信息物于室内，使苍蝇集中产卵于底料上。每天下午更换一次卵盒，将已产卵的木盒置室内使蝇卵自然孵化。待孵出幼蛆后，将底料连同幼蛆均匀地撒在水泥培育池内，培育池已预先铺好了新鲜粪便。进行育蛆阶段，连续培养 3～4d，蛆虫个体长成后，就可以利用蝇蛆的避光特性，将蛆和培养残料分离开来。鲜蛆经漂洗后用小塑料袋包装，或磨浆、分离制成各种产品出售。残料经烘干后，作有机肥使用。

(5) 热喷技术

利用热效应和喷放机械，使畜禽粪转变为鸡朊粉，生产高蛋白饲料，即除臭又能彻底杀菌灭虫卵，达到卫生防疫和商品饲料的要求。其他处理措施，像垫圈材料、发酵床等将畜禽粪的脱水除臭在畜禽舍中一次性完成，减少了畜禽粪便的处理难度，但由于它增加了畜禽粪便处理的量，且使畜禽粪便的肥效成分含量降低，从而影响其推广利用。

二、肥料化技术

畜禽粪便中含有大量的有机物及丰富的氮、磷、钾等营养物质，是农业可持续发展的宝贵资源。数千年来，农民一直将它作为提高土壤肥力的主要来源。过去采用填土、垫圈的方法或堆肥方式将畜禽粪便制成农家肥。如今，伴随着集约化养殖场的发展，人们开展了对畜禽粪便肥料化技术的研究。当前研究得最多的是堆肥法。堆肥是处理各种有机废物的有效方法之一，是一种集处理和资源循环再生利用于一体的生物方法。把收集到的粪便掺入高效发酵微生物如 EM 菌剂（有效微生物群），调节粪便中的 C/N 比，控制适当的水分、温度、氧气、酸碱度进行发酵。这种方法处理粪便的优点在于最终产物臭气少，且较干燥，容易包装、撒施，而且有利于作物的生长发育。常规堆肥存在的问题是处理过程中有氨的损失，不能完全控制臭气，而且堆肥需要的场地大，处理所需要的时间长。有人提出采用发酵仓加上微生物制剂的方法，可以减少氨的损失并能缩短堆肥时间。

在一些畜禽有机肥生产厂，常采用的方法有厌氧发酵法、快速烘干法、微波法、充氧动态发酵法。石家庄迎禾生物科技有限公司以鲜鸡粪为主要原料，经过去尘、净化、EM菌高温腐熟发酵，浓缩粉碎、消毒灭菌、分解去臭等工序精制鸡粪有机肥，经过初步测试含有农作物所必需多种营养元素，年产量超过 1×10^5 t。北京德青源农业科技股份有限公司于2006年竣工投产，日产鸡蛋130多万枚。该厂利用养殖产生的鸡粪作为原料，建成配套大型沼气热电联供工程。该工程每年在提供1000万度电力、200亿大卡（1卡≈1.486焦耳，下同）余热同时，还可以提供近 6×10^3 t固体有机肥料、70000t液态有机肥料。随着人们对无公害农产品需求的不断增加和可持续发展的要求，对优质商品有机肥料的需求量也在不断扩大，用畜禽粪便制成有机肥具有很大市场潜力。下面着重介绍好氧堆肥技术与厌氧发酵制肥技术。

1. 好氧堆肥技术

陈天荣等对畜禽粪便进行了好氧堆肥化研究，并于1990年开发了好氧堆肥的成套设备。该设备由塑料棚与搅拌机组成（图6-4），前者用于控制处理环境，后者用于均匀充氧。

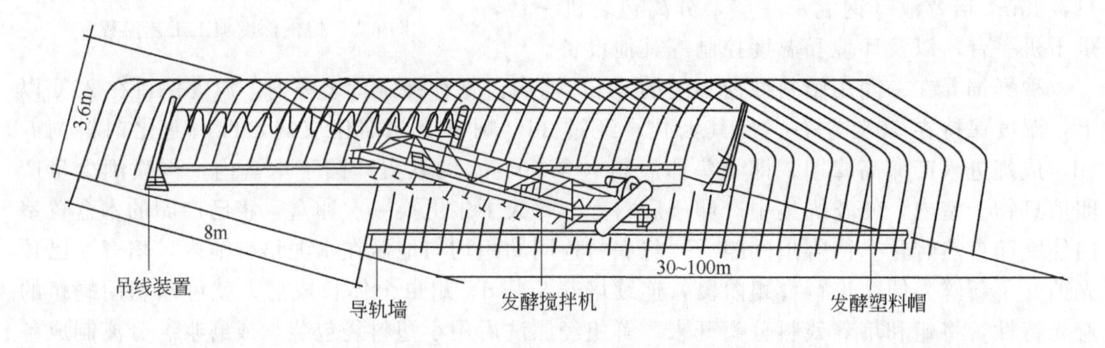

图6-4 好氧堆肥设备总体结构

开始工作时先用自然法制成鸡干粪，然后，用搅拌机把干湿两种鸡粪混合，使之达到发酵的含水率（50%～65%），以后每天搅拌2次，进行好氧发酵干燥，处理结束后运出大部分鸡干粪，残留少部分鸡干粪，再把湿粪运进，盖在残留的鸡干粪上，重复上述拌和程序，如此周而复始。搅拌机每天仅做2次搅拌（即一个往复行程）后由微生物发酵。平时按发酵阶段及天气情况开闭塑料棚卷膜，以便棚内空气新陈代谢。其工艺流程如图6-5所示。

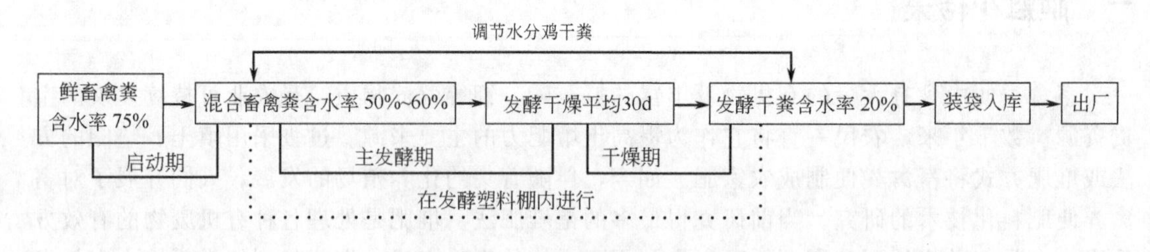

图6-5 好氧堆肥工艺流程

此成套设备的主要特点是：利用微生物发酵技术进行工厂化无害处理，达到杀灭虫卵、病菌，除臭消毒的无害化要求；处理过的鸡干粪可计量包装后作肥料或饲料出售，从而获得一定的经济收益；投资省，处理费用低，工艺简单操作方便。

设备研制后进行了鸡粪处理的性能试验，分春夏秋冬四个季节进行分析测定，然后在上海宝山区庙行镇与大康万鸡场（饲养蛋鸡5.3万羽）配套，建立鸡粪处理厂，并利用此设备做猪粪处理的小样试验，两种粪便处理均取得较好效果。

在试验过程中，除运进鲜湿粪及最后运出干燥粪计量包装外，整个过程由设备控制。干湿粪混合后就开始发酵，第2天开始升温，粪面冒出热气。整个发酵期间的粪层温度50℃的时间为夏天持续20d，冬天持续6d，最高温度为59.5～71.5℃。干燥到含水率＜20％的所需时间为夏天25d，冬天35d。

由于发酵温度高，持续时间长，无害化处理的效果十分理想。如致死温度高、持续时间长的粪大肠菌最难杀伤，但在处理的鸡干粪中已基本杀死，如表6-5所列。其他如鸡蛔虫卵及志贺菌、沙门菌、钩虫卵等也全部杀死。鸡粪在发酵高潮期有较浓的臭味，经过10d左右臭味才减少，干燥阶段已基本没有臭味，制成的鸡干粪也没有臭味。高潮期的臭味排出塑料棚外，经吹散氧化，离棚几米就没有臭味。鲜鸡粪中对农作物有害的尿酸态氮经发酵已转化成略带碱性的碳铵肥料，无害处理效果较好。

表6-5　鸡粪发酵前后卫生指标的变化

样　品	粪大肠菌值	鸡蛔虫卵死亡率/％	样　品	粪大肠菌值	鸡蛔虫卵死亡率/％
鲜鸡粪	＜0.0001	0	堆肥化鸡粪	＞0.111	100

杨毓峰等采用Hansen设计的强制通风静态堆肥反应池（ASP-RV）进行了好氧堆肥试验。该装置由通气系统和发酵仓两部分组成。通风系统包括鼓风机、风量调节阀、塑料软管、风速缓冲板、铁制格网及疏松材料层。鼓风机总风量为$1m^3/min$。塑料软管内径为3cm，通过风量调节阀把基座内的通风量调整到$0.3m^3/min$。基座内的通气管管口朝下，气体经缓冲板缓冲后均匀地分散在基座内，然后再透过铁制格网和上面的疏松材料层给堆料供氧。疏松材料层由5cm厚的膨胀剂构成。发酵仓由保温砖砌成，长、宽、高各1m，外加15cm高的基座，内壁涂有水泥并带有高度刻度尺。砖壁上打有测温孔、洗池排水孔与通气孔。池盖由防雨材料制成，上带直径为4cm的排气口。

在堆肥时需要在畜禽粪便内加入调理剂与膨胀剂。调理剂和膨胀剂分别为粉碎的玉米糠和切成4～5cm长的玉米秸秆短节。将笼养鸡场或养牛场的鸡粪或牛粪与调理剂、膨胀剂按表6-6配制后，混匀，转入强制通风静态堆肥反应池中。

表6-6　试验所用原料配比及试验结果

类别	质量配比（膨胀剂：调理剂：粪）	C/N比	含水率/％	到达55℃的时间/d	55℃以上持续时间/d	最高温度/℃	产物中铵态氮含量/％
鸡粪	纯鸡粪	10.4	57.4	5	4	60.5	0.183
	0：1：7	14.2	61.8	4	7	65	0.061
	1：1：7	23.4	63.6	2～3	11	70	0.027
	1：1.6：3.4	32.1	61.3	2	11	72	0.022
牛粪	纯牛粪	22.6	60.5	—	—	54	0.107
	0：1：6	27.6	59.8	5	5	63	0.034
	1：0.5：9	34.0	62.1	4	8	68	0.023
	1：1.6：3	43.5	61.8	5	7	69	0.040
	1：1.8：1.5	56.9	62.3	5	4	67	0.054

从堆肥化的条件试验可以得出，在通气量为 $0.3m^3/min$ 时，起始堆料的水分含量在55%～65%之间，鸡粪堆料的C/N比在15～30之间，牛粪堆料的C/N比在25～50之间均能很好地进行高温好氧堆肥化。在这个范围内，堆肥化产物稳定，符合卫生标准。

魏辉等对畜禽粪便好氧堆肥生产生物有机复合肥进行了研究。以畜禽粪便为原料，接种固氮、解磷、解钾、除臭等多功能微生物，堆肥生产生物有机肥料，并研制了发酵槽的自动翻拌机等专用设施、确定了相关技术参数。

(1) 有机物料的种类与混合配制

以新鲜鸡粪、猪粪为主，加入一定比例的栽培食用菌后的废料与谷壳（使发酵堆料疏松，透气）。此外，还加入适量的磷矿粉和钾长石粉，以利于解磷菌、解钾菌的生长和功能保持。各种有机物料的配比为：鸡粪50%、猪粪25%、食用菌废料20%、谷壳等其他成分5%。有机物料混合时的水分控制在60%左右。有机物混合后，加适量过磷酸钙，将pH值调至7.5～8.0。物料C/N比控制在30～40之间。

(2) 堆肥设备

1）发酵槽　为长池形发酵槽，宽2.80m，深1.80m，长14m。有机物料在槽内堆积高度为1.5m，槽底铺有多孔板管道供发酵过程中疏导物料渗水和通气之用。槽两壁的顶部铺有铁轨，供螺旋式翻拌机在上来回行走、翻拌。堆肥设备平面图见图6-6。

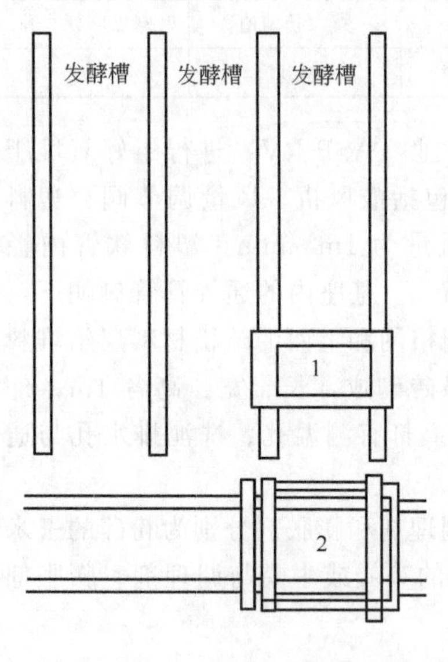

图6-6　堆肥设备平面图

1—翻拌机；2—翻拌机转移台车

每条槽的发酵处理量为每发酵周期（35d）50t，每年500t。年消化处理10000t畜禽粪便的生物有机肥料厂建有20条发酵槽。这些发酵槽并列成一排，入口端的地面另铺设有横向铁轨，由翻拌机转移台车将翻拌机从一个发酵槽转移至另一个发酵槽。整个发酵车间建在大型遮雨棚内。

2）自动翻拌机　发酵过程中实行机械化的关键在于有机物料在发酵槽中的翻拌、混匀操作。在参考比较国内外各种搅拌机械的基础上，有人研制了一种自动搅拌机，该机沿发酵槽两侧的轨道向前运行，同时并列的四个螺旋桨将物料从下往上进行翻拌、混匀。为提高翻拌效率，两个相邻的螺旋桨，其叶片的螺旋方向和旋转方向都相反（图6-7）。整个翻拌机运行平稳，性能良好，造价低于国外同类产品。

3）功能微生物接种剂的接种方式　魏辉等研究比较了3种功能微生物接种剂与有机物料的混合方式（图6-8），结果表明：第3种方式的分层分布效率最高，功能微生物既占据局部优势，又易扩散到整个堆肥中，且操作简便。每个有机物料层厚25cm，微生物接种剂层厚1.5cm，接种量为有机物料的6%。

有机物料混合后的pH值约为8.5，不利于功能微生物的繁殖。加入适量过磷酸钙，不仅可将pH值调至微碱性（pH=7.5～8.0），还有助于破坏纤维物料的表面结构，加快其分解。由于发酵过程中不断产生有机酸类物质，堆肥的pH值将逐渐下降，发酵完成时pH值为7.0。

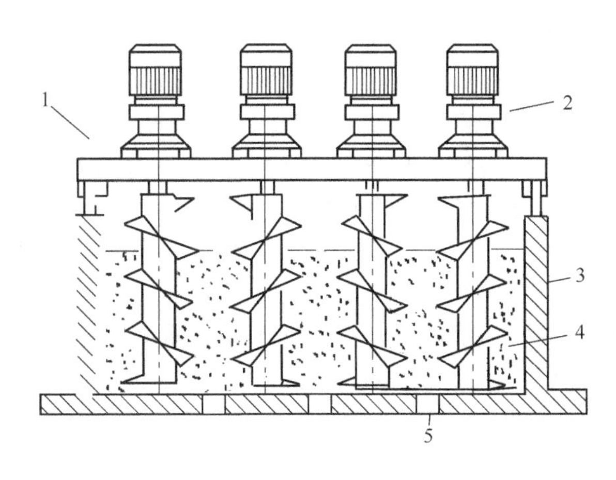

图 6-7　堆肥设备截面

1—翻拌机；2—螺旋翻拌装置；3—发酵槽壁；4—有机物料；5—通风孔

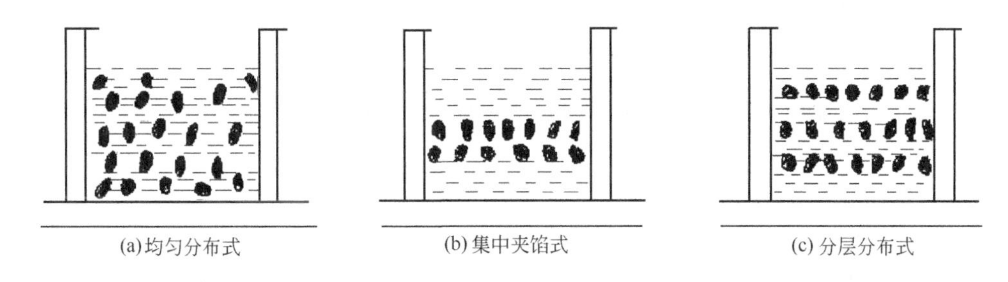

图 6-8　发酵槽中有机物料的接种方式

为使功能微生物的营养处于平衡状态，有机物料混合堆置时，通过加入适量碳源（粉碎的秸秆）或氮源（尿素），使整个有机物料混合后的C/N比控制在30～40之间。

4）发酵的通气与翻拌　接种的功能微生物为好氧的，物料中对发酵有益的部分自然微生物也是好氧的。因此，研究者在发酵槽底部铺有多孔板管道，每天用空气压缩机通气30min，同时用木棒以一定的斜度和密度在堆肥中插许多孔道，也有助于发酵，发酵过程中用自动翻拌机进行翻拌，兼有混匀物料、改善通气状况、控制发酵温度等多种作用。

（3）功能微生物的生长和有机物料腐熟的调节

功能微生物接种剂中的固氮、解磷、解钾、除臭微生物，一方面利用有机物料为基质进行大量繁殖，增加自身的数量；另一方面促进了有机物料的腐熟。研究表明，当发酵温度处于25～60℃之间时，主要是功能微生物的生长阶段，在40～60℃之间时，主要是有机物料的腐熟和虫卵的杀死阶段。通过自动翻拌机来控制发酵温度，平均每4d翻一次，使这两个阶段交替进行。绝大多数功能微生物菌株在60℃的环境下尚能存活，65℃以上死亡。所以，启动翻拌机的温控点为60℃。在春、秋两季，整个发酵周期数为35d，比自然堆置发酵缩短1倍时间，其中有机物料腐熟（40～60℃）的天数累积有20d，55～60℃累积有7d，达到堆肥卫生化的要求。所接种的微生物中亦有能除臭灭蝇卵的种类。

发酵的有机肥指标如下。料温停止上升，pH值停止下降（约为7.0），松散、无臭、棕褐色，含水量40%～45%，总菌数>5×10^{8}个/g，其中固氮、解磷、解钾三类微生物之和为2×10^{8}个/g。

2. 厌氧发酵制肥技术

李庆康等利用自研有效微生物（EM）菌群对鸡粪进行了厌氧发酵处理，并与日本、美国进口的EM菌群进行了对照试验。处理条件为：鸡粪含水率50%，EM菌群浓度3.5%～4.0%，发酵温度25℃以上，发酵时间3～7d。结果表明：与自然菌相比，EM菌群中由于含有多种微生物菌，用于鸡粪发酵能降低鸡粪pH值，保存较多的有效氮，使鸡粪臭味、氨味大幅度减少和具有较高的生物活性，肥效好。对照试验表明，自研的EM菌群处理效果优于进口产品。

畜禽粪便的厌氧发酵制肥技术，有时也与能源化技术结合起来，通过厌氧发酵生产沼气，发酵所剩的沼液或沼渣作为肥料。钱午巧等对集约化养殖场厌畜禽粪液的厌氧发酵综合处理技术进行了研究，其处理工艺流程如图6-9所示。

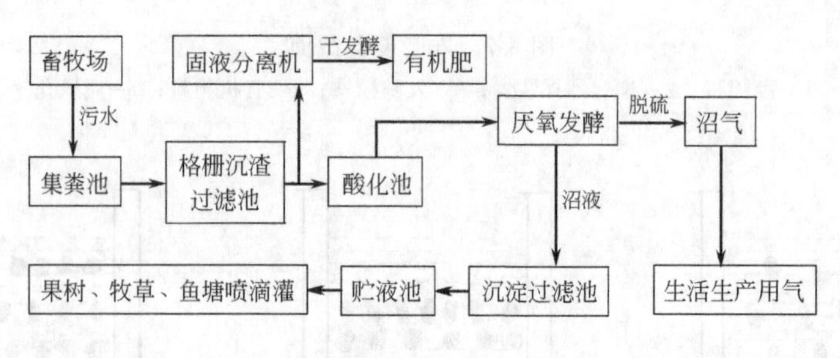

图6-9 畜禽粪液厌氧发酵工艺流程

图6-9中集粪池、格栅沉渣、过滤池为预处理系统，其主要功能是水解、降解复杂的有机物，筛去饲料残渣及悬浮固体、沉淀砂土，以满足进行固液分离处理和厌氧发酵的基本工艺要求，提高厌氧消化系统效率。固液分离设备采用福建省农科院地热所农业环保室研制的ZAS-1固液分离机，每小时可处理15t污水，分离效果（SS）80%、粪渣含水率在60%以下，分离后即可作为堆肥生产有机肥使用。厌氧消化是处理系统的核心部分，采用中温发酵工艺，有保温层，温差±0.5℃/d，即使在冬天，发酵塔（池）内的温度≥20℃，确保了全年均衡产气，产气率≥0.5m^3/(m^3·d)。厌氧发酵后，出来的沼液经沉淀过滤池，进入贮液池内。沼液可根据畜牧场周围的环境条件，因地制宜作为果园、牧草、林地和鱼塘的用肥，沼液还可以浇灌蔬菜生产无公害绿色食品，也可配成无土栽培营养液生产有机蔬菜，尽量做到“零”排放，形成闭路生态良性循环。如果畜牧场周边不具备进行以上综合利用条件，可以利用地形落差进行多级跌水曝气或微动力好氧处理，最后进入氧化塘进行生物净化处理以达标排放。

三、能源化技术

畜禽粪便转化成能源在草原上采用的是直接燃烧。目前对于集约化养殖场，大多是水冲式清除畜禽粪便的，例如，养猪业采用漏缝地板、水冲猪粪系统，粪便含水量高，对这种高浓度的有机废水，目前常采用厌氧消化法。厌氧消化法既有优点，也有不足之处。

沼气法的原理是利用厌氧细菌的分解作用，将有机物（碳水化合物、蛋白质和脂肪）经过厌氧消化作用转化为沼气和二氧化碳。沼气法具有生物多功能性，既能够营造良性的生态环境、治理环境污染，又能够开发新能源，为农户提供优质无害的肥料，从而取得综合利用效益。概括起来，沼气法在净化生态环境方面有 3 个优点。

① 沼气净化技术使污水中的不溶有机物变为溶解性有机物，实现无害化生产，从而达到净化环境的目的。一般来说，畜禽粪便进入沼气池，经过较长时间的密闭发酵，可直接杀死病菌和寄生虫，减少生物污泥量。

② 沼气的用途广泛，除用作生活燃料外，还可供生产用能。目前，我国现有沼气动力站 186 座，总功率 3458.8kW；沼气发电站 115 座，装机容量 2342kW，年发电量 301×10^4kW·h。

③ 沼气综合开发能积极参与生态农业中物质和能量的转化，以实现生物质能的多层次循环利用，并为系统能量的合理流动提供条件，保证生态农业系统内能量的逐步积累，增强了生态系统的稳定性。

利用沼气技术处理畜牧场废弃物在理论上可行，技术上成熟，而且具有消除粪臭、可杀灭病原微生物、不影响废水中含氮成分和提供能源等诸多优点，在小规模应用方面有许多成功的例子，但对于大中型畜禽养殖场来说，推广应用沼气处理技术在实践上还存在一些亟待解决的问题，这些问题主要表现在以下几个方面。

① 规模化畜牧场污水排放量大，修建大型沼气池及其配套设备的一次性投资巨大。例如，上海星火沼气工程总投资 900 万元。养殖业属于微利产业，所以大部分养殖场都难以承受。利用沼气发电，在理论上和技术也不成问题，但同样存在投资巨大、供电稳定性受季节影响以及发电设备维护费用高等问题。

② 沼气池的运行效果受气温、季节的影响很大。即使采用沼气作为燃料和照明能源，其稳定性也极易受气温变化的影响，尤其是北方地区。

③ 大中型畜牧场大都远离居民点，随着环境意识的不断增强，这种趋势还在加强，这就给沼气利用增加了困难。一般来说，沼气所产生的能源仅靠畜牧场内部难以完全消耗，但又无法远距离运输和利用，导致少数沼气站不得不将大量的有用资源排放出去，或者将部分沼气站闲置，或者改装成普通厌氧池。另外，大多数沼气工程以获取能源为主要目的，对厌氧发酵液的综合利用和深度处理考虑不多，从而造成大量的资源浪费。

④ 处理后的污水的氨态氮含量仍然很高，必须经过曝气、生物氧化池、人工湿地、活性污泥等辅助工艺处理，这样就大大增加了工程的运转费用。

⑤ 沼气工程的设计参数具有多变性，一般来说，大中型沼气工程配套的设备都无法规范化、标准化生产，绝大多数设备都需现场加工，因而沼气工程的造价一般都比较高。

从目前来看，我国现有的大型沼气工程运转状况并不尽人意，绝大多数未能发挥其最大的经济效益和环境效益，少数工程从建成之日起就未能正常运转，其原因主要有以下两个方面。

1）沼气工程缺乏系统性　一是对原料收集系统和废弃物的生产区缺乏整体考虑，造成原料收集困难；二是工程运行管理水平偏低，致使一些工程在运行一段时间后被迫停产；三是一些沼气工程规模偏小，自动化水平低，有些甚至没有配备必需的监测设备，不能及时掌握工程运行情况；四是少数管理人员文化水平低，没有经过严格的培训，对运行中出现的一些情况不能及时采取有效措施。

2）投资沼气工程的责、权、利不统一　目前，沼气工程主要由国家或乡村集体投资，由养殖场负责管理，受益的是附近的居民，但往往由于利益分配不均、管理不善，加之小农意识作祟，致使整个工程不能正常运行。

四、除臭技术

畜禽粪便的除臭主要包括物理除臭、化学除臭、生物除臭 3 个方面。

1. 吸收法

吸收法是使混合气体中的一种或多种可溶成分溶解于液体之中，依据不同对象而采用不同方法。

1）液体洗涤　对于耗能烘干法臭气的处理，常用的除臭方法是用水结合采用化学氧化剂，如高锰酸钾、次氯酸钠、氢氧化钙、氢氧化钠等，该法能使硫化氢、氨和其他有机物有效地被水气吸收并除去，存在的问题是需进行水的二次处理。

2）凝结　堆肥排出臭气的去除方法是当饱和水蒸气与较冷的表面接触时，温度下降而产生凝结现象，这样可溶的臭气成分就能够凝结于水中，并从气体中除去。

2. 吸附法

吸附是将流动状物质（气体或液体）与粒子状物质接触，这类粒子状物质可从流动状物质中分离或贮存一种或多种不溶物质。活性炭、泥炭是使用最广的除臭剂，熟化堆肥和土壤也有较强的吸附力，国外近年来采用如 Sweeten 等、Kowalewsky 等研制开发的折叠式膜、悬浮式生物垫等产品，用于覆盖氧化池与堆肥，减少好氧氧化池与堆肥过程中散发的臭气，用生物膜吸收与处理养殖场排放的气体。

3. 氧化法

有机成分的氧化结果是生成二氧化碳和水或是部分氧化的化合物。无机物的氧化则不太稳定，例如硫化氢可以氧化成硫或硫酸根。热的、化学的和生物的处理过程都是可以利用的。

1）加热氧化　如果提供足够的时间、温度、气体扰动紊流和氧气，那么氧化臭气物质中的有机或无机成分是很容易做到的，要彻底地破坏臭气，操作温度需达到 650～850℃、气体滞留时间 0.3～0.55s。此法能耗大，应用受到限制。

2）化学氧化　如向臭气中直接加入氧化气体如臭氧，但成本高，无法大规模运用。

3）生物氧化　在特定的密封塔内利用生物氧化难闻气流中的臭气物质。为了保证微生物的生长，密封塔的基质中需有足够的水分。也可将排出的气体通入需氧动态污泥系统、熟化堆肥和土壤中。所产臭气的减少可以通过一系列的方法，但是生物氧化却是非常重要的。生物氧化对于除去堆肥中所产生的臭气起着重要的作用，是好氧发酵除臭能否成功的关键。

4. 掩蔽剂

在排出气流中可以加入芳香气味以掩蔽或与臭气结合。这种产物通常是不稳定的，并且其味可能较原有臭味还难闻，目前已很少应用。

5. 高空扩散

将排出的气体送入高空，利用大气自然稀释臭味，适宜用于人烟稀少地区。

上述方法如吸附、凝结和生物氧化等在去除低浓度臭味时效果较好，但对高浓度的恶臭气体除臭效果不理想。而畜禽粪便处理厂产生的臭味浓度高，因而有必要在畜禽粪便降解转化（好氧发酵）过程中减少氨等致臭物质的产生。

五、畜禽粪便资源化技术展望

随着畜禽粪便污染的加剧，国内已有部分养殖场开始利用各项技术对畜禽粪便进行减量化处理、资源化利用，但是普遍采用的是单一的治理技术，粪便利用率低、遗留问题难解决。对于畜禽粪便这种严重污染环境的宝贵资源，必须把现有的资源化技术在一定程度上进行科学组合，综合治理，使畜禽粪便得到多层次的循环利用，才能有效地解决养殖业的环境污染问题。例如，先对畜禽粪便进行固液分离，把分离出的固体堆肥、生产蚯蚓或饲料，然后液体用厌氧发酵法处理，发酵后产物中，沼渣堆肥，沼气用来照明或采暖，最后把剩余的液体再用好氧法进一步处理。这样通过固液分离技术、厌氧技术、好氧技术的综合处理，既提高了对畜禽粪便处理的效果和综合利用率，又取得了良好的环境效益、经济效益和社会效益。目前，把几种方法有机地结合起来使用已成为畜禽粪便资源化技术发展的主要方向。图6-10为养殖场畜禽粪便综合处理工艺流程示意。

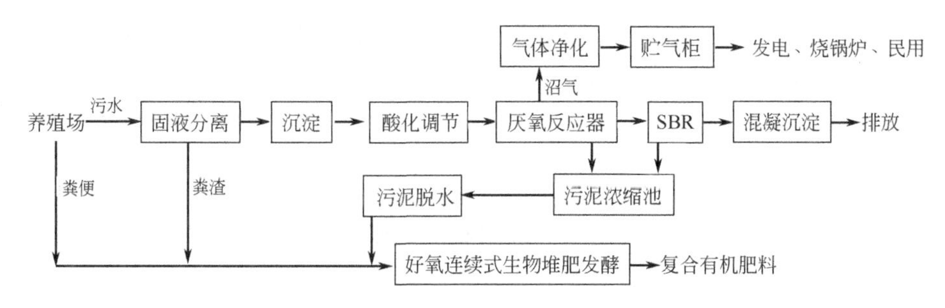

图 6-10　养殖场畜禽粪便综合处理工艺流程示意

第三节　畜禽粪便的生态工程处理方法

一、生态工程基本原理

农业废弃物资源化生态工程是农业生态工程的一个重要类型。所谓农业生态工程，简单地说是一种特定的农业工艺系统。作为一种工艺系统，它是由一些按特定需求加以选择的技术所优化组合的具有综合功能的技术总体。如何选择、优化组合各种技术，使其构成一个综合利用最佳的整体，是农业废弃物资源化生态工程成败的关键。食物链设计是废弃物资源化生态工程设计的重要方法。它强调使不同种的生物群体在有限空间内各得其所，充分利用有限的物质与能源。通过多层结构设计充分挖掘生产潜力和物质循环再生能力，通过食物链的富集与转移作用，使各种成分相互协调，功能加强，并使生物与环境的关系更加协调，相互适应性增强。

农业废弃物资源化生态工程的基本模式是：根据不同种类废弃物的特性，按食物链和加工链设计，把种植业、养殖业和加工业部分或全部组合起来，形成复合农业生产体系，实现生物质的多层次、多途径循环利用，促进粮、畜、渔以及其加工业等的发展。

用生态学方法综合治理环境污染，处理方法一般为多种方法的组合。显著优点是：处理效果好，能够达到除臭、灭菌、保肥等多种效果，具有较高的经济效益和生态效益。

二、畜禽粪便资源化生态工程模式

1. 基于畜禽粪便肥料化利用的农业循环模式

以现代堆肥发酵技术为中心的种养结合模式的核心是：种植业的作物秸秆与养殖业的畜禽粪便在一定的工艺和设备条件下，经过生物发酵处理，生产出高品质的有机肥，将有机肥再用于种植业生产，将物质和能量在种植业与养殖业之间形成循环。该模式可以农业龙头企业为主体，也可以家庭农场、专业合作社等新型农业经济体为主体；加工生产的有机肥品种可以是常规的有机肥、生物有机肥、有机-无机复合肥等。

(1) 案例一：北京市延庆县旧县镇“玉米-牛奶-有机肥”模式

延庆县不仅是京郊农业大县，同时也是养牛大县。2008 年，在北京农学院有机肥课题组的技术支持下，成立了北京东祥环境科技有限公司，建立了牛粪堆肥生产优质有机肥示范工厂。该工厂收集养牛专业合作社产生的牛粪，经过现代化有机肥生产设备和工艺，将牛粪生产成优质安全的有机肥料，用于当地农作物种植。

通过建立牛粪堆肥生产优质有机肥示范工厂，并将生产的优质有机肥用于当地农业生产进行示范，引导了当地养牛合作社由单纯的养牛合作的联合，转向种植和养殖合作的联合。例如，当地养牛户产生的牛粪，通过有机肥厂生产出优质有机肥，而这些优质有机肥通过回购或者代加工的方式返给种植户，种植户利用有机肥种植有机玉米、有机五彩甘薯等，不仅提高了有机农业的经济效益，并且这些有机作物的秸秆等在收获后又用于当地养牛产业，生产出有机牛奶，而吃有机饲料的牛，其粪便又进一步用于有机肥生产，并使用到有机作物上，如此循环，使得有机种植与有机养殖之间形成了有效的生态循环和链接。项目的实施带动了当地养牛合作社由单一的松散联合逐渐向综合性产业链接的生产型联合发展，建立了依托合作社开展肥料经营与服务的有效模式，促进了当地种植业与养殖业的有效结合。

(2) 案例二：北京市延庆县大地聚龙蚯蚓养殖专业合作社“牛-蚯蚓-作物-牛”模式

该专业合作社位于延庆县旧县镇大柏老村西，于 2007 年开始养蚯蚓，2008 年注册登记，有正式社员 30 户。其中：单位成员一户，带动 120 户农民从事用牛粪养殖蚯蚓项目。目前养殖蚯蚓 $12.67hm^2$。其中，大柏老村西奶牛小区路北养殖 $8.67hm^2$，西河套人工林下养殖 $2.67hm^2$，有 9 个农户分散养殖 $1.33hm^2$，年收购奶牛牛粪 $1.9\times10^4m^3$，经蚯蚓过腹，变成 $6000m^3$ 蚯蚓粪高效有机肥，使牛粪变废为宝。

本模式是在传统的“牛-作物-牛”模式基础上，巧妙地在食物链上增加蚯蚓吃牛粪的环节。牛吃作物秸秆，排出的牛粪用来饲养蚯蚓，蚯蚓粪作为肥料供给作物生长发育，作物秸秆再喂牛。该食物链改善了物质循环的途径和能量的利用效率，取得了良好的经济效益。

2. 基于畜禽粪便饲料化利用的农业循环模式

(1) 案例一：牛-鸡-猪-鱼生态模式

该模式是牛、鸡、猪和鱼综合饲养的生态模式，即利用牛粪喂鸡、鸡粪喂猪、猪粪喂鱼(见图 6-11)。

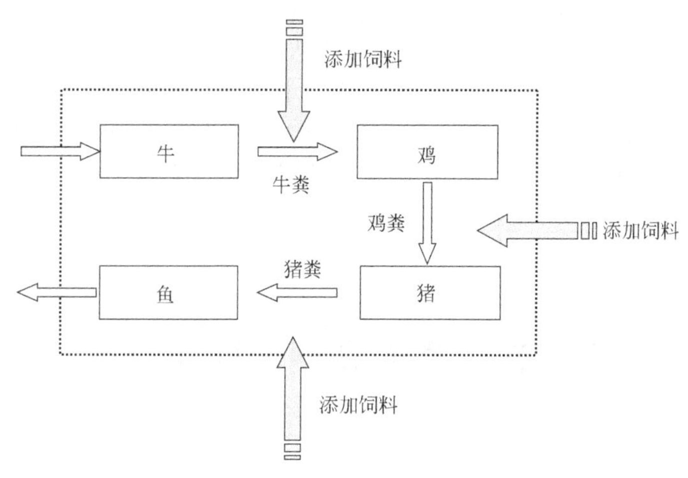

图 6-11 牛-鸡-猪-鱼生态模式

① 牛粪喂鸡：将一头牛全天的粪便收集起来，加入 15kg 糠麸、2.5kg 小麦粉，3.5kg 酒糟与适量水搅拌均匀后装入塑料袋或者大缸中，密封使其发酵，一般夏季发酵 1～3d，春秋季发酵 5～7d，冬季发酵 10～15d，取发酵好的牛粪，加入鸡饲料 35kg，搅拌均匀喂鸡。

② 鸡粪喂猪：用以上的方法，将鸡粪中添加糠麸、小麦粉、酒糟各 2.5kg，混合发酵后加入猪饲料 25kg，青饲料 15kg，搅拌均匀后喂猪。

③ 猪粪喂鱼：猪粪可以直接堆积发酵 7～15d，倒入鱼塘饲喂，可降低饵料量 30%～50%。

(2) 案例二：鸡-猪-蝇蛆-鸡生态模式

该生态模式是采用鸡粪喂猪、猪粪喂蝇蛆、蝇蛆喂鸡，剩余鸡粪和猪粪施入农田循环利用，该模式在河北蓟县应用，产生了良好的经济效益和生态效益（见图 6-12）。

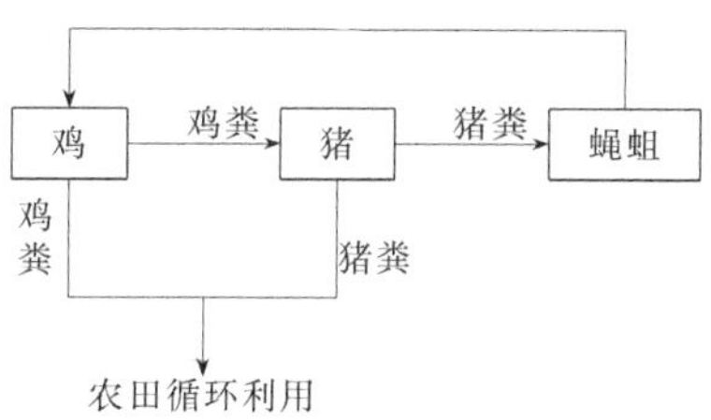

图 6-12 鸡-猪-蝇蛆-鸡生态模式

3. 基于畜禽粪便能源化利用的农业循环模式

案例一：北京市顺义区北郎中模式

北郎中村循环农业模式的基本原理是以沼气工程为核心、以废弃物资源化为主要手段的区域系统循环。该区域循环系统内贯穿两条循环链条。一是主链，即“猪→沼气工程→花卉、林木、大田种植→猪”，该链条将北郎中村两大支柱产业——生猪、种猪养殖和花卉苗木种植通过沼气工程连接起来，既解决了畜禽粪便的污染和浪费问题，又解决了种植业肥源问题。沼气工程的介入，实现了废弃物资源的高效利用，为村民提供了清洁廉价的生物能源，提升了村民的生活品质。而沼渣沼液的使用，减少了化肥的使用量，为北郎中村生产绿色农产品提供了保障。二是支链，即“猪粪（秸秆、枝条等）→堆肥→花木、大田作物”，该链条避免了村内剩余猪粪、秸秆、花木枝条等的浪费，同样达到了废弃物资源化的目的。该模式采用粪污收集、肥料销售的粪污收集形式，以集体养殖为主体对粪污进行深度处理开发。

固体猪粪和沼渣经过项目组工艺处理后，成为一种氮、磷、钾养分齐全，肥力速缓兼备、无重金属，抗生素和激素类污染残留的高品质有机肥料，用于花卉苗木、蔬菜和大田作物生长的基肥，可以增产增收，提高土壤有机质含量，改善土壤团粒结构等。沼液经过处理，其中有机物降解率达90%以上，氨氮去除率达85%以上，不仅可用于花卉、蔬菜和农作物追肥，还可以安全排放。施用时，根据作物生长情况，沼液适当掺水稀释，避免伤害植物的幼根或嫩叶，将沼液按一定比例结合灌溉施用，也可以进行喷施。沼液可与尿素等化肥配合使用，不但能大大降低化学肥料使用量，同时沼液能帮助化肥在土壤中溶解，吸附和刺激作物吸收养分，提高化肥利用率。一般每50kg沼液中加入0.5～1kg尿素。同时，沼液还可以作为叶面肥进行喷施，既补充养分，又防治病虫害。

第四节　畜禽粪便管理与立法

畜禽粪便污染防治的立法在世界上许多发达国家和地区已相当完善。鉴于此，我们有必要先学习和借鉴发达国家和地区这方面的法律、法规和规定，然后根据我国国情和各市市情进行各市地区的立法工作。现着重从技术上做简略介绍。

一、发达国家和地区畜禽粪便污染防治立法的主要内容

20世纪60年代，日本用“畜产公害”一词高度概括了畜禽粪便污染的严重性，同时许多发达国家迅速采取措施对其加以干预和限制，并通过立法加以规范管理。最早是芬兰，1962年便在《水资源保护法》中对畜禽粪便污染防治做了不少规定。立法最多的是日本，日本1967年制定的《公害基本法》，1970年制定的《水污染防治法》《废弃物处理法》《农业用地土壤污染防治法》，1971年制定的《恶臭防治法》，1993年制定的《环境基本法》（替代了《公害基本法》）等法律，对畜禽污染管理做了明确的规定。与其有关联的有《湖泊水质安全特别措施法》《河川法》和《肥料管理法》。为进一步促进种植户施用有机肥，又提出了《化肥限量使用法》。德国、英国、美国、前苏联、丹麦、荷兰、挪威、比利时、前捷克、新加坡等都有这方面的法律法规和规章。此外，中国台湾1987年颁布了《水污染防治事业放流水标准》，中国香港也有法规。下面对发达国家和地区的立法情况归纳如下。

1. 适度发展畜牧业

为了较快地消除畜禽粪便污染，在不影响当地居民食品供应的前提下，一些国家和地区采取限制畜牧业的发展。

荷兰：畜牧业高度密集居世界之冠，全国每年约1/6的畜禽粪属于过剩，因此，从1984年起，不再允许养猪和养禽户扩大经营规模，禁止进一步增加过剩粪便量。

新加坡：由于城市发展需要，目前已禁止发展畜牧业，肉、蛋、奶基本上靠国外供应。

中国香港：人口的不断增加迫使香港在新领地（香港与中国内地间的土地）上发展新城镇，因此，1988年开始实施《畜牧业粪便控制规划》，旨在通过控制畜牧业产生的排泄物，达到限制当地畜牧业的发展。中国香港将走新加坡的道路，依靠邻近国家和地区提供鸡蛋、家禽、猪肉和牛肉。

中国台湾：1990年3月颁布的《养猪调整方案》中，已提出“短期内养猪头数不再增加，长期逐步减少并配制大型养猪场增加饲养数，未来养猪业仅以满足自销，不以外销为

目的”。

2. 畜牧场规模不宜过大

为便于粪便还田和防止污染，不少发达国家和地区都不主张畜牧场规模过大。如英国是基本无畜禽粪便污染的国家，其主要原因是限制办大型畜牧场。政府综合了经济学家、畜牧学家和兽医学家的意见，提出了一个畜牧生产场点的家畜最高头数限制指标：奶牛 200 头、肉牛 1000 头、种猪 500 头、肥猪 3000 头、绵羊 1000 只、蛋鸡 7 万羽。

3. 新建大中型畜牧场要经过审批

大中型畜牧场畜禽头数，各国标准不一，达到一定头数后要经过审批。

日本：一个点饲养的家畜、猪超过 50 头，牛超过 20 头，马超过 50 匹，必须向政府提出申请，取得许可。

美国：《联邦水污染法》规定，1000 标准头或超过 1000 标准头的工厂化畜牧场（如 1000 头肉牛、700 头乳牛、2500 头体重 25kg 以上的猪、12000 只绵羊或山羊、55000 只火鸡、180000 只蛋鸡或 290000 只肉鸡）必须得到许可才能建场。1000 标准头以下，300 标准头以上的畜牧场，其污染水无论排入本场自己控制的人工贮粪池，还是排入流经本场的水体，均需得到许可。300 标准头以内的畜牧场，若无特殊情况，一般不经审批。

4. 新建畜牧场要有处理粪便设施

1962 年芬兰在《水资源保护法》中规定，畜牧场动工前 3 个月必须提出关于牧场的规模、贮粪池大小及利用粪肥的土地面积等。贮粪池的容积按 1 头猪 $1m^3$、1 头母猪 $3m^3$、粪肥贮存 6 个月计算。由于这个标准较低，随后新制定的标准又有所提高。

5. 粪尿应经过净化处理

日本在《废弃物处理及清除法》中，规定在城市规划地域内粪尿和其他废弃物必须经过处理，其方法有：a. 发酵处理，包括堆肥生产；b. 干燥或焚烧，在干燥法中包括用吸收水分调整剂以及加热处理；c. 化学处理，即加硫酸、石灰氯、硫化铁等的处理；d. 分离尿，通过粪尿处理设施或者类似的动物粪尿处理设施（如活性污泥法、洒水滤床法、厌氧消化法等）进行处理。

6. 水域保护

所有国家和地区都注重防止水体的水质恶化。

日本：一个畜牧场养猪超过 2000 头、牛超过 800 头、马超过 2000 匹时，由畜舍排出的污水必须经过净化，使之符合水质保护法规定。在公共用水域中排放水要求更严，规定猪舍面积在 $50m^2$ 以上、牛棚在 $200m^2$ 以上、马厩在 $500m^2$ 以上，必须向当地放有申报设置特定设施。对于每月排水量在 $500m^3$ 的养殖场，排出污染物质的容许限度按排水标准表执行。

德国：家畜类尿不经卫生处理不得排入地上或地下水源。

7. 土壤保护

为防止氮污染，许多国家都注意当地畜禽粪便排泄量要与当地农田面积相适应。同时要维护公共卫生。

挪威：每 13 头牛、8 头猪或 67 羽产蛋鸡应有 0.4hm^2 土地来承纳粪便。

英国：粪便施用量不得超过每公顷 125kg 氮肥总量，作物收获后在冬季闲置的农田不得施用粪肥。

丹麦：法律规定每个种植农民每年制定施肥计划，计划里要考虑粪肥与化肥搭配使用，确保不造成污染；施入裸露土地上的粪肥必须在施后 12h 内犁入土中；不得在冻土或被雪覆盖的土地上施放粪肥，要求农场的贮粪能力要能贮纳 9 个月的产粪量。

德国：每公顷土地上家畜最大允许饲养量见表 6-7。另外，每年 10 月至来年 2 月不允许家畜在田间放牧或将家畜粪便排入农田。

表 6-7　每公顷土地上家畜最大允许饲养量

畜别		允许量	畜别		允许量
牛	成年牛	3 头	马	成年马	3 匹
	青年牛	6 头		青年马	9 匹
	牛	9 头	鸡	蛋鸡	3000 羽
猪	繁殖与妊娠猪	9 头		肉鸡	900 羽
	肥猪	15 头	火鸡		300 只
羊		18 只	肥鸭		450 只

8. 大气保护

家畜粪尿所产生的田臭气，如硫化氢（H_2S）、氨（NH_3）、甲基硫醇（$CH_3—SH$）、甲基胺（$CH_3—NH_2$）均对大气造成污染。

日本：畜牧场必须遵守《恶臭防止法》规定，并受政府机构监督。一旦有害气体超过允许浓度，影响周围居民生活，则勒令停产。

9. 规定排放标准

大多数国家和地区偏重制定畜牧场污水排放标准。

中国台湾：养猪单位排放水标准见表 6-8。

表 6-8　中国台湾养猪单位排放水标准

猪头数	BOD_5/(mg/L)	SS/(mg/L)	pH 值
＞1000	200	300	5～9
200～999	400	400	5～9
＜199	可不受管制		

日本：一般排放标准见表 6-9。新加坡猪场处理后的粪水，BOD_5 必须小于 250mg/L。

表 6-9　日本国内一般排放标准（排水量 50m^3/d 以上）

项　目	1 日平均	最大限度	项　目	1 日平均	最大限度
pH 值			COD/(mg/L)	120	160
河流、湖泊	—	5.8～8.6	SS/(mg/L)	150	200
海域	—	5～9	大肠杆菌群数/(个/ml)	300	
BOD/(mg/L)	120	160			

前民主德国：与生活污水的净化标准相同，即 BOD_5 不应高于 30mg/L。

新加坡政府规定：养猪场的污水排放必须小于250mg/L（未处理前高达30000mg/L）。

10. 惩罚制度

为防治畜禽粪便污染，不少国家和地区制定的惩罚制度相当严格。

美国：畜牧场造成污染后，各州环保部门一般采取下列两种方法。每天罚美金100元以上；可先清除污染，而后所花费用由造成污染者负担。

前捷克对于因畜牧污水污染水体的单位，罚款多达100万克朗，对其领导者要处以3个月工资的罚款。

中国台湾养猪场污水达不到排放标准时要限期解决，否则当局将实行重罚。每次罚新台币6万元，并可连续罚，直至改善为止。

11. 征税

为弥补畜牧环境保护资金的不足，荷兰从1998年起宣布实行对饲料生产厂高征税，税款用于科研和农民咨询服务。

二、值得注意之处

发达国家和地区在立法中有几点值得注意。

1）法律条款定得很细　例如为保护水域而制定的法律，在前捷克的《水法》、芬兰的《水资源保护法》、美国和挪威的《水污染法》等中，对畜禽粪便污染中的许多环节均做了具体规定，而我国的《水污染防治法》中尚未提到“畜禽粪便”，只有“禁止向水体排放、倾倒工业废渣、城市垃圾和其他废物”一句。

2）由于自然、经济、社会的条件不同，各国所立之法有所不同　例如北欧诸国和加拿大，寒冷季节很长，此时农田不施粪肥，故要求畜牧场贮粪设施必须能贮存半年以上，日本人口稠密，每年恶臭发生的事故大大超过污染水质的事故，故专门制定《恶臭防止法》等。

3）国家立法，地方也立法　如美国的州政府、日本的都道府县，均分别制定了当地的法律、法规，地方政府往往规定得更严格、更具体。

4）所立之法要继续完善　美国、荷兰等发达国家所立之法并非是一成不变的，而是不断随着新情况、新问题的出现或者为了进一步提高环境卫生状况，及时进行修订。例如，日本《防止水质污染法》最初是1970年公布的，1985年7月15日又规定在今后5年内，畜产养殖污水排放的允许浓度是：氯129mg/L（日间平均60mg/L），磷16mg/L（日间平均8mg/L）；1991年1月，日本20个都道府县再次制定了第三次水质总量控制的削减计划。此外，在1970年公布的《恶臭防止法》里限制超标的恶臭物质只有8种，1989年9月又新加了正丁酸等4种恶臭物质。

5）法律手段与资助手段相结合　由于畜牧业利微，而治理畜禽粪便污染需要相当多的投资，农民和畜牧经营者难以承受，因此许多国家不仅运用法律手段。而且在经济上给以资助。例如，日本在地方、财政年度预算中，拨出一定的款额来防治畜禽粪便污染。英国和丹麦为使禽肥能安全地贮存越冬，分别承担农民建造贮粪设施费用的50%和40%。荷兰为促进过剩粪肥运往缺肥区，对运粪肥距离在100km以上和在50km以上的给予了不同程度的运输补贴：1m^3鸡粪运输50km以内补贴1.2美元，150km以上补贴2.2美元。中国香港由于对畜牧场规定极严格，一些场主不得不停产改行，为此当局发给停产补贴。加拿大安大略省为激励畜禽养殖场建立环保型的养殖模式，对配套建设畜禽养殖环保设施设备的业主给予补贴，补贴范围包括粪尿贮存、利用设施和水源保护设施的设备补贴。

三、我国畜禽粪便污染防治政策法规

2001年以前，由于畜禽养殖业环境污染问题不突出，我国在农业废弃物资源化综合利用管理方面还没有制定专门的针对畜禽粪便管理的法律法规。我国在1984年颁布了《水污染防治法》，1986年颁布了《土地管理法》，1987年颁布了《大气污染防治法》，1988年颁发了《水污染防治细则》，1989年颁布了《国家环境保护法》，1995年颁布了《固体废物污染防治法》，但涉及防治畜禽粪便污染的立法及法规很少，在国家标准中明确提出对大中型畜禽养殖场污水排放的控制标准几乎没有。这与我国畜禽养殖业发展现状是不相适应的。

面对严峻的畜牧业环境污染形势，2001年2月国家环境保护总局公布的《建设项目环境保护分类管理名录（第一批）》中规定，畜牧饲养、家禽饲养、其他养殖建设项目应全部编制环境影响报告表。此后，畜禽养殖环境监管逐步受到国家和各地政府重视，对其的立法和管理也越来越严格和细致。进入21世纪以来，国家逐渐开始重视畜禽排泄物对环境的污染，相继出台了针对性的政策法规（见表6-10）。

表6-10 我国畜禽粪便污染防治政策法规

编号	政策法规名称	发布单位	发布时间	实施时间
1	《畜禽养殖污染防治管理办法》（国家环境保护总局令 第9号）	环境保护总局	2001/05/08	2001/05/08
2	《畜禽养殖业污染物排放标准》（GB 18596—2001）	环境保护总局，国家质量监督检验、检疫总局	2001/12/28	2003/01/01
3	《畜禽养殖业污染防治技术规范》（HJ/T 81—2001）	环境保护总局	2001/12/19	2002/04/01
4	《中华人民共和国畜牧法》（中华人民共和国主席令 第45号）	全国人大常委会	2005/12/29	2006/07/01
5	《畜禽场环境质量及卫生控制规范》（NY/T 1167—2006）	农业部	2006/07/10	2006/10/01
6	《畜禽粪便无害化处理技术规范》（NY/T 1168—2006）	农业部	2006/07/10	2006/10/01
7	《畜禽养殖业污染治理工程技术规范》（HJ 497—2009）	环境保护部	2009/09/30	2009/12/01
8	《畜禽养殖业污染防治技术政策》［环发(2010)151号］	环境保护部	2010/12/30	2010/12/30
9	《畜禽规模养殖污染防治条例》（国务院令第643号）	国务院	2013/11/11	2014/01/01

2001年5月，环镜保护总局公布施行了《畜禽养殖污染防治管理办法》，这是我国第一部涉及畜禽粪便集中处置及资源化利用问题的部门规章，首先，该规章明确了畜禽粪便污染防治实行综合利用优先，以及遵循资源化、无害化和减量化的原则；其次，该办法将畜禽养殖项目是否考虑了畜禽废渣的综合利用问题作为环境影响评价的必备条件；最后，强调要求畜禽养殖场应当采取措施对畜禽废渣进行综合利用。上述规定的内容也为畜禽养殖废弃物综合利用管理问题，提出了相应的原则与具体的措施。

《畜禽养殖业污染物排放标准》（GB 18596—2001）首次明确规定了畜禽养殖业污染物排放标准，并提出了“无害化处理、综合利用”的总原则，规定：“畜禽养殖业应积极通过废水和粪便的还田或其他措施对所排放的污染物进行综合利用，实现污染物的资源化”。

2001 年 12 月国家环境保护总局制定了《畜禽养殖业污染防治技术规范》，规定了畜禽养殖场的选址要求、场区布局与清粪工艺、畜禽粪便贮存、污水处理、固体粪肥的处理利用、饲料和饲养管理、病死畜禽尸体处理与处置、污染物监测等污染防治的基本技术要求。

2005 年，人大常委会颁布了《中华人民共和国畜牧法》，规定“畜禽养殖场、养殖小区应当保证畜禽粪便、废水及其他固体废弃物综合利用或者无害化处理设施的正常运转，保证污染物达标排放，防止污染环境。国家支持畜禽养殖场、养殖小区建设畜禽粪便、废水及其他固体废弃物的综合利用设施”。该条规定可以看出，该法提倡畜禽养殖业生产废弃物的无害化处理和综合利用，并明确表示国家支持畜禽养殖业固体废弃物综合利用事业的发展，同时也为畜禽养殖业废弃物的综合利用管理提供了法律依据。

2006 年 7 月，农业部发布了《畜禽场环境质量及卫生控制规范》（NY/T 1167—2006），规定了规模化畜禽场畜禽生态环境质量及卫生指标、空气环境质量及卫生指标、土壤环境质量及卫生指标、饮用水质量及卫生指标和相应的畜禽场质量及卫生控制措施，对规模化畜禽场的环境质量管理指标及环境卫生控制措施提出了明确的要求。

《畜禽粪便无害化处理技术规范》（NY/T 1168—2006）适用于规模化养殖养殖小区和畜禽粪便处理场，规定了畜禽粪便无害化处理设施的选址、场区布局、处理技术、卫生学控制指标及污染物监测和防治的技术要求。

《畜禽养殖业污染治理工程技术规范》（HJ 497—2009）。本标准以我国当前的污染物排放标准和污染控制技术为基础，规定了畜禽养殖业污染治理工程设计、施工、验收和运行维护的技术要求。本标准适用于集约化畜禽养殖场（区）的新建、改建和扩建污染治理工程从设计、施工到验收、运行的全过程管理和已建污染治理工程的运行管理，可作为环境影响评价、设计、施工、环境保护验收及建成后运行与管理的技术依据。

2010 年 12 月，国家环保部发布《畜禽养殖业污染防治技术政策》，对畜禽养殖污染防治应遵循的技术原则、清洁养殖、废弃物收集、废弃物无害化处理和综合利用、畜禽养殖废水处理、畜禽养殖空气污染防治、畜禽养殖二次污染防治等技术进行指导。从技术政策层面鼓励畜禽污染防治的专业化，鼓励因地制宜开展畜禽污染防治，并优先考虑畜禽粪便的综合利用。

2013 年 11 月，国务院颁布的《畜禽规模养殖污染防治条例》是我国第一部国家层面上专门的农村农业环境保护类法律法规。该条例从预防畜禽规模养殖污染，规定了畜禽养殖废弃物综合利用与治理途径及激励措施，并明确了各主体的法律责任。它结合环保部、农业部等部门和地方政府出台实施相关行政法规，标志着我国畜牧业环境污染防治体系已基本建立，相关的配套政策、法规和标准逐步完善。条例的颁布将大力提升我国畜禽养殖废弃物综合利用的整体水平及畜禽养殖业的环境保护水平，有利于从根本上突破农业可持续发展面临的资源和环境瓶颈。

第七章

农作物秸秆的综合利用

第一节　概　述

一、秸秆的产生和分布

农作物秸秆是籽实收获后剩下的含纤维成分很高的作物残留物，包括禾谷类作物秸秆如稻秸、麦秸、玉米秸、高粱秆等；豆类作物秸秆如大豆秆、绿豆秆、蚕豆秆、豌豆秆等；薯类作物秸秆如甘薯藤、马铃薯藤、红薯藤等；油料作物秸秆如花生秆、油菜秆、芝麻秆、胡麻秆等；麻类作物秸秆如红麻秆、黄麻秆、大麻秆、亚麻秆等；棉花、甘蔗、烟草、瓜果等多种作物的秸秆等。

农作物秸秆是世界上数量最多的一种农业生产副产品。据联合国环境规划署（UNEP）报道，世界上种植的各种农作物，每年可提供各类秸秆约 2.9×10^9 t，其中被利用的比例不足 20%。由于作物秸秆资源的利用，既涉及广大农村的千家万户，也涉及整个农业生态系统中土壤肥力、水土保持、环境安全以及再生资源有效利用等可持续发展问题，近年来已引起世界各国的普遍关注，并成为发展可持续农业越来越的重要方面。

我国是农业大国，也是秸秆资源最为丰富的国家之一，目前仅重要的作物秸秆就有近 20 种，且产量巨大。由于秸秆产量未列入国家有关部门的统计范围，其产量通常依据农作物的产量计算而得。从表 7-1 可以看出，2008 年我国农作物秸秆资源总量约为 8.4×10^8 t，在秸秆总产量中粮食作物秸秆为 6.17×10^8 t，占 73.29%；经济作物秸秆为 2.2×10^8 t，占 26.71%。秸秆资源中以稻秸、麦秸和玉米秸为主，其中稻秸 2.2×10^8 t、麦秸 1.5×10^8 t、玉米秸 1.8×10^8 t，这些秸秆资源量约占秸秆总资源量的 65.4%。全国蔬菜瓜类副产品即蔬菜瓜类藤蔓及残余物产量达到 6.7×10^7 t，成为我国仅次于水稻、玉米、小麦三大粮食作物的第四大农作物秸秆。

表 7-1　2008 年全国作物秸秆产量

作物种类		产量/10^4t	占秸秆总产量比例/%	作物种类		产量/10^4t	占秸秆总产量比例/%
粮食作物	水稻	22208.34	26.37	油料作物	花生	2542.93	3.02
	小麦	14620.32	17.36		油菜	3267.45	3.88
	玉米	18250.65	21.67		芝麻	164.16	0.19
	谷子	180.18	0.21		胡麻	69.93	0.08
	高粱	293.92	0.35		向日葵	501.68	0.60
	其他谷物	559.02	0.66		其他油料作物	82.54	0.10
	豆类	3207.08	3.88	糖料作物		4361.79	5.18
	薯类	2344.80	2.78	烟草		454.12	0.54
棉花		3745.94	4.45	药用作物		372.69	0.44
麻类		216.69	0.26	蔬菜瓜类		6712.16	7.97
				总计		84156.39	100%

就区域分布而言，在全国八大区中，长江中下游区和黄淮海区秸秆总产量最高，2008 年其产量各约占全国 1/4；其次为东北区和西南区，两区合计约占全国 1/4；再次为华南区和西北干旱区，两区合计约占全国 1/5；黄土高原区秸秆较少，占全国 5.30%；青藏高原区最少，仅占全国 0.43%。具体见表 7-2。

表 7-2　2008 年全国八大区秸秆总产量

分区	区域范围	秸秆总产量/10^4t	占全国比例/%
全国		84219.41	100.00
东北区	辽宁省、吉林省、黑龙江省	11469.69	13.62
黄淮海区	北京市、天津市、河北省、河南省、山东省	21228.29	25.21
长江中下游区	上海市、江苏省、浙江省、安徽省、江西省、湖北省、湖南省	21572.41	25.61
华南区	福建省、广东省、广西壮族自治区、海南省	8035.79	9.54
西南区	重庆市、四川省、贵州省、云南省	10657.01	12.65
黄土高原区	山西省、陕西省、甘肃省	4463.10	5.30
西北干旱区	内蒙古自治区、宁夏回族自治区、新疆维吾尔自治区	6432.67	7.64
青藏高原区	西藏自治区、青海省	360.46	0.43

二、秸秆的组成和特点

秸秆作为农副产品，是一种有用的资源。秸秆中有机质含量平均为 15%，平均含碳 44.22%、氮 0.62%、磷 0.25%、钾 1.44%，还含有镁、钙、硫及其他重要的微量元素，这些都是农作物生长所必需的营养元素。秸秆中含有的碳水化合物、蛋白质、脂肪、木质素、醇类、醛、酮和有机酸等，大都可被微生物分解利用，经过处理后可以加工成饲料供动物食用。

从作物秸秆的营养特点分析，其蛋白质、可溶性碳水化合物、矿物质和胡萝卜素含量低，而粗纤维含量高，因而其适口性不好，家畜采食量小、消化率低。这主要是由于秸秆细胞壁中纤维素、半纤维素和木质素紧密结合在一起，限制了消化酶对细胞壁内溶物的消化作用。

从组成上看，秸秆与纺织纤维相类似，但其粗纤维含量较高，密度小于黏胶纤维，堆积密度和断裂强度较小；而自身含有大量的孔隙，吸湿回潮率大于棉纤维，灰分含量较大。天然状态下的秸秆由粗纤维、纤维素、半纤维素、木质素及部分蛋白质、果胶质等组成，随生长地区不同，其组分与含量亦有所不同（见表 7-3、表 7-4）。

表 7-3　几种秸秆的化学组成（干重）　　单位：%

秸秆种类	秸秆：粮食	粗纤维	灰分	果胶质	木质素	纤维素	半纤维素
稻草	1：0.632	35.6	13.39	—	12.50	32.00	24.00
麦秸	1：1.366	36.7	6.04	0.30	18.00	30.50	23.50
玉米秸	1：2.0	29.3	4.66	0.45	22.00	34.00	37.50
大豆秸	1：1.5	38.7	—	—	—	33.00	18.50

表 7-4　主要作物秸秆营养成分（干重）　　单位：%

秸秆种类	干物质	粗蛋白	粗脂肪	粗纤维	无氮浸出物	粗灰分	钙	磷
稻草	85	4.8	1.4	35.6	39.8	12.4	0.69	0.60
麦秸	85	4.4	1.5	36.7	36.8	6.0	0.32	0.08
玉米秸	94.4	5.7	16.0	29.3	51.3	6.6	微量	微量
大豆秆	85	5.7	2.0	38.7	39.4	4.2	1.04	0.14
花生藤	90	12.2	—	21.8	—	—	2.8	0.10
蚕豆秆	8.65	2.9	1.1	37.0	35.9	9.8	—	—

由表 7-3、表 7-4 可知，不同作物秸秆的有机质成分基本相似，但其中的化学组成和营养成分有所不同，在后续的利用中，应根据各自性质和组成加以区别。例如，用作饲料和食用菌基料的秸秆，要求其粗蛋白、粗脂肪、无氮浸出物的含量要高，而纤维素、木质素和灰分的含量要低；用作建筑材料和能源材料的秸秆，要求其纤维素、木质素的含量和热值要高，而蛋白质、脂肪、无氮浸出物的含量关系不大；玉米秸外皮中所含纤维强度高、韧性好，可用来造纸、制人造板和一次性植纤餐具，而内蘖的营养成分较高，可用来加工饲料。

三、秸秆焚烧的危害和对策

1. 农村秸秆焚烧的原因分析

改革开放前，由于经济能力较低和燃料不足，秸秆是我国农村家庭，特别是中西部的边远地区必不可少的燃料和牛羊等牲畜的过冬饲料；而改革开放后，经济较先发展起来的地区由于经济来源多元化，农业机械化程度和农民生活水平的不断提高，农村和城市的差距逐渐缩小，秸秆作为燃料的观念逐渐淡化，许多农村家庭也开始使用煤、液化气作为日常家居所需的燃料。

经济较发达地区的农民认为收集、翻晒秸秆很麻烦，既占地方、又浪费时间和劳动力，宁愿多买化肥施肥，将省下的时间、精力从事养殖、办企业或打工，以增加经济收入，而将秸秆一烧了之。此外，夏收夏种季节性强，劳动力紧张，也是秸秆焚烧的客观原因之一。而经济不发达地区的农民由于没有地方堆放或担心秸秆会带来大量草虫等原因，只留足一年所需的燃料，其余的则在田间地头直接焚烧。

我国有些地区人均耕地少，复种指数高，由于缺少一套成熟、高效、快速、适用的还田技术，难以一次性直接还田。大部分收割机械收割留茬过高，难以耕种，而手扶拖拉机难以将秸秆全部深翻入土，给农民插秧带来了困难。所以秸秆还田常因翻压量过大、土壤水分不适、施氮肥不够、翻压质量不好等技术原因妨碍耕作，影响出苗、烧苗，使病虫害增加等。农民认为秸秆焚烧可以烧死秸秆中的害虫，有利于下一季稻麦的生长，可以减少农药的使用。

由于许多政府部门和农民不仅没有意识到秸秆还田可净化环境、增加土壤有机质、促进农牧业的可持续发展，反而错误地认为焚烧后的秸秆残渣留在地里，能作为肥料，增加土壤中的无机肥含量，节约化肥投入量。因此对秸秆还田的重视不够，资金和技术投入少。

2. 农村秸秆焚烧的危害

（1）浪费资源

作物秸秆中不仅含有大量纤维素、木质素，还含有一定数量粗蛋白、粗脂肪、磷、钾等营养成分和许多微量元素。目前，我国农作物秸秆年产量约 8.4×10^8t，可收集利用量达 7×10^8t 以上，这些秸秆中含氮 350 多万吨，含磷约 80×10^4t，含钾 800 多万吨，相当于 2010 年全国化肥施用总量的 1/5 左右。在田间焚烧农作物秸秆，仅能利用所含钾的 40%，其余氮、磷、有机质和热能则全部损失。

（2）污染环境

秸秆焚烧造成浓烟遮天、灰尘悬浮，严重污染了大气环境，是形成酸雨、“黑雨”的主要原因，特别是刚收割的秸秆尚未干透，经不完全燃烧会产生大量氮氧化物、二氧化硫、烃类化合物及烟尘，氮氧化物和烃类化合物在阳光作用下还可能产生二次污染物臭氧等。因此，秸秆焚烧不仅会危害人畜健康，而且由于能见度降低，可致使飞机、汽车交通事故增多，甚至影响航班的正常起降。

（3）引发火灾

焚烧秸秆时，由于火势不易控制，极易引发火灾，可造成大量农田林网和地头路边树木被毁，破坏了生态环境。有的甚至会酿成森林火灾，威胁油库、粮库、通信设施和高压输电线的安全。

（4）损伤地力

土壤中含有丰富的对农作物有益的微生物。绝大多数土壤微生物在 15～40℃范围内活性最强，对促进土壤有机质的矿质化、加速养分的释放、改善植物养分供应起着重要作用。表层土壤过火以后，地下 5cm 处温度可达 65～90℃，高温危害土壤中的微生物，从而影响农作物养分的转化和供应，导致土壤肥力下降。另外，由于秸秆中的有机物质和氮素养分在焚烧过程中丧失殆尽，只留下一些钾素和较多不溶性的磷素，很难被作物吸收。焚烧秸秆使土壤盐碱度增高，种子发芽率也随之降低。

（5）危害周围生态动植物

秸秆焚烧使地温升高，加速地下害虫的孵化，土壤中碱性升高，使施入土壤中的农药失效，造成地下害虫增多，对作物幼苗生长形成危害。还会引起鸟类、蛇类潜逃，虫害、鼠害加重，使农田生态环境恶化。

总而言之，秸秆焚烧严重影响了我国的经济建设及人们的生活、健康，阻滞了生态农业的建设和农业的可持续发展。

3. 控制秸秆焚烧的法律及政策

（1）我国对秸秆禁烧区域的相关法律规定

1999 年 4 月，国家环境保护总局（现环保部）、农业部、财政部、铁道部、交通部、中国民用航空总局联合制定的《秸秆禁烧和综合利用管理办法》对于禁烧区的规定是“机场、交通干线、高压输电线路附近和省辖市（地）级人民政府划定的区域”，并明确禁烧区的范围；对于禁烧区域的划定和调整，赋予省辖市（地）级以上人民政府一定的权力。2000 年，我国颁布的《中华人民共和国大气污染防治法》第四十一条明确规定：“禁止在人口集中地区、机场周围、交通干线附近以及当地人民政府划定的区域露天焚烧秸秆、落叶等产生烟尘污染的物质”，这就将秸秆焚烧纳入了大气污染防治的范围。2004 年，国务院颁布的《国务院办公厅关于加强民航飞行安全管理有关问题的通知》和 2009 年我国颁布的《民用机场管理条例》中，也将机场附近区域列为禁烧区域，以确保民航飞行器的飞行安全。

2003 年，农业部制定《关于进一步加强农作物秸秆综合利用工作的通知》，将北京、天津、上海等 10 个大中城市郊区以及京珠、沪宁等 5 条高速公路沿线和首都机场、天津机场等 5 个机场周边地区划定为重点禁烧区域。2008 年北京奥运会前夕，环保部发布的《关于进一步加强秸秆禁烧工作的通知》规定各中心城市和秸秆焚烧情况较为严重的几个省份，也列为重点禁烧区域，以确保空气环境质量。

除了国务院及其各部委的相关禁烧法规之外，各省市对于秸秆禁烧区域也纷纷做出了相应规定。2009 年 5 月，江苏省人大常委会通过了《江苏省人民代表大会常务委员会关于促进农作物秸秆综合利用的决定》，这是我国首部省级禁止农作物秸秆焚烧和促进综合利用的地方性法规，它规定在各地级市城市建成区三十公里范围内以及县级市和县级政府所在地的镇的建成区五公里范围内，不得露天焚烧秸秆。并且规定市、县人民政府有权设定禁止露天焚烧秸秆的具体区域和有权扩大禁烧区域的范围，以及到 2012 年年底实行全行政区域禁止露天焚烧秸秆。安徽省也在 2010 年 8 月出台的《安徽省环境保护条例》第三十六条第二款规定：“市、县（区）人民政府应当按照国家规定，在城市、机场、铁路、快速交通线和公路干线、文物保护区、粮食和油料仓库、林地、通信和电力设施等周边地区，划定禁止露天焚烧秸秆的区域，并向社会公布。”陕西省 2000 年出台的《陕西省人民政府办公厅关于进一步做好秸秆禁烧和综合利用管理工作的通知》规定了西安、咸阳、宝鸡、渭南等市为陕西省的重点禁烧地区，并划定了机场附近、高速公路两侧的重点禁烧区域；2003 年出台的《陕西省人民政府关于加强秸秆禁烧与综合利用工作的通告》中，进一步明确重点禁烧区域扩大到各大中城市郊区和县级人民政府所在城镇区域。

综上所述，我们可以看出，对于秸秆禁烧区域的规定，不仅国家部委有相关的规定，而且江苏、安徽、陕西等省已经有了明确的规定，但是仍有一些省份对此仍然缺乏进一步的规定。从以上规定来看，秸秆禁烧的重点区域还是集中在机场附近、高速公路附近、城乡人口密集区域。

（2）我国对焚烧行为的法律责任规定

目前，对于秸秆焚烧行为法律责任的规定，我国相关法律法规规定了责令停止焚烧行为、200 元以下罚款、承担相应的民事赔偿责任或刑事责任四种责任承担方式。《中华人民共和国大气污染防治法》第五十七条第二款规定：“违反本法第四十一条第二款规定，在人口集中地区、机场周围、交通干线附近以及当地人民政府划定的区域内露天焚烧秸秆、落叶等产生烟尘污染物质的，由所在地县级以上地方人民政府环境保护行政主管部门责令停止违法行为；情节严重的，可以处二百元以下罚款。”

同时六部委联合颁布的《秸秆禁烧和综合利用管理办法》第八条规定：“对违反规定在秸秆禁烧区内焚烧秸秆的，由当地环境保护行政主管部门责令其立即停烧，可以对直接责任人处以 20 元以下罚款；造成重大大气污染事故，导致公私财产重大损失或者人身伤亡严重后果的，对有关责任人员依法追究刑事责任。”2009 年《江苏省人民代表大会常务委员会关于促进农作物秸秆综合利用的决定》第十三条规定了秸秆焚烧的法律责任：“违反本决定露天焚烧秸秆的，由环境保护行政主管部门责令停止违法行为；情节严重的，可以处以 50 元以上 200 元以下罚款。”同时第十三条第四款规定：“违反本决定露天焚烧秸秆或者将秸秆弃置于河道、湖泊、水库、沟渠等水体内，造成他人人身伤亡或者财产损失的，应当依法给予赔偿；构成犯罪的，依法追究刑事责任。”

通过以上三个法律法规不难看出，目前我国对秸秆焚烧行为的法律责任的规定仍然有所欠缺，处罚力度仍然不够，罚款数额仅仅在 200 元以下，并且在实践中相关的环境执法部门责令农民停止违法行为的效果并不理想，不能有效地制止秸秆焚烧行为。

（3）我国对于秸秆禁烧治理的相关政策规定

农业部和环境保护部门近年来相继出台了一系列文件对秸秆焚烧的行为进行规制，并引导农民积极开展秸秆的综合利用，具体内容见表 7-5。

表 7-5　国家秸秆焚烧治理的相关政策

政策文件名称	日期及编号
《关于做好 2001 年秋季秸秆焚烧工作的紧急通知》	环发(2001)155 号
《关于加强秸秆焚烧和综合利用工作的通知》	环发(2003)78 号
《关于进一步做好秸秆焚烧和综合利用工作的通知》	环发(2005)72 号
《关于进一步加强秸秆焚烧工作的紧急通知》	环发(2007)68 号
《关于进一步加强秸秆焚烧工作的通知》	环发(2008)22 号
《关于做好 2009 年秋季秸秆焚烧工作的通知》	环办函(2009)712 号
《关于做好 2011 年秸秆焚烧工作的紧急通知》	环办(2011)78 号
《关于做好 2012 年夏秋两季秸秆焚烧工作的通知》	环办函(2012)561 号
《关于做好 2013 年夏秋两季秸秆焚烧工作的通知》	环办函(2013)470 号
《关于加强农作物秸秆综合利用和焚烧工作的通知》	发改环资(2013)930 号

注：表中不包括 2000 年以前国家各个部门发布的相关政策。

从表 7-5 可以看出，2000～2007 年，国家环保总局针对秸秆禁烧工作每两年出台一项专项通知，自 2007 年以后，针对秸秆禁烧工作几乎每年都出台一项通知，由此可以看出秸秆禁烧工作的紧迫性日益加剧。

（4）政府对于秸秆禁烧的执法措施

各级地方人民政府在相关法律法规的指导下，分别颁布了各地秸秆禁烧的相关规定和政策，通过环境行政执法，对秸秆焚烧的行为进行全方位的预防和监督，并对违反规定的人员予以惩罚。主要有以下几种措施。

1）落实秸秆禁烧的环境保护目标管理责任制　各级地方人民政府在整体上制定本年度或本季度秸秆禁烧的总体目标，然后逐级将该总体目标分配到下级政府，最后落实到基层群众自治性组织——村（居）民委员会，再通过村（居）民委员会将目标落实到每户村民。例如：安徽省阜阳市颍州区 2013 年 5 月 17 日发布的《关于禁止焚烧秸秆的通告》[阜州政秘(2013)27 号] 第三条规定：“各乡镇人民政府、涉农街道办事处要切实加强对秸秆禁烧工作的领导，强化工作指导和监督管理，加大宣传力度。各村（居）民委员会全面开展群众性的秸秆禁烧工作，制定秸秆禁烧公约，层层落实工作责任，切实做好辖区内的秸秆禁烧工作。”

2）政府多个部门联合执法，协同配合，严厉查处秸秆焚烧行为　县（区）环保、农业、林业、公安、交通等部门要坚持相互配合、齐抓共管、疏堵结合、标本兼治的原则，集中开展联合执法，要以机场周围和主要交通干线两侧为重点，加强巡逻检查，实行全天候 24 小时巡查，严厉查处秸秆焚烧行为。

3）加强宣传和引导，并制订相关优惠措施，预防秸秆焚烧行为的发生　各有关部门相互配合，做好秸秆禁烧工作宣传教育和引导，充分利用法律、行政、经济等手段，坚持疏堵结合、因地制宜，确保秸秆禁烧取得成效。在农作物收割过程中，采取机收留茬、粉碎还田等措施，防止焚烧秸秆。制定相关优惠措施，鼓励和引导农民实施秸秆综合利用，凡进入收割区域内的机械必须配有秸秆粉碎设备，从源头上控制焚烧秸秆现象的发生。

4）司法机关配合政府行政执法　对于违反法律法规规定焚烧秸秆的，环保、农业、公安等部门要立即责令其停止违法行为：情节严重的，要依据有关法律、法规予以处罚，司法机关要积极予以追究；造成林木毁损的，林业部门要依照有关法律、法规予以处罚；造成重大大气污染事故，导致公私财产重大损失或者人身伤亡严重后果的，司法机关要依法追究刑事责任。

四、秸秆综合利用的现状和途径

1. 秸秆综合利用现状

秸秆的综合利用，是指在农村生产系统中，以秸秆为起点，以解决资源短缺为目标，实现有机物多重循环、多层利用，从而提高农业生态系统的综合效益的一种利用方式。如四川成都生物研究所推广的“秸秆—食用菌—菌渣喂猪—人畜粪便加垃圾—产沼—能源和肥料”模式，既有效解决了燃料与有机肥料的矛盾，又保护了生态环境，促进了农业的可持续发展。

近年来，秸秆利用技术在我国发展得很快，主要有秸秆能源利用技术、秸秆还田技术、秸秆饲料利用技术、秸秆生产食用菌技术以及用于工业原料（造纸、降解膜、建筑材料、塑料替代品等）的技术等。

据农业部组织调查，全国秸秆作为肥料使用量约为 1.02×10^8t（不含根茬还田），占可收集资源量的 14.78%；作为饲料使用量约为 2.11×10^8t，占 30.69%；作为燃料使用量（含秸秆新型能源化利用）约为 1.29×10^8t，占 18.72%；作为种植食用菌基料量约为 1.5×10^7t，占 2.14%；作为造纸等工业原料量约为 1.6×10^7t，占 2.37%；废弃及焚烧约为 2.15×10^8t，占 31.31%。据此计算，在不考虑秸秆直接燃用的情况下，目前全国秸秆资源的综合利用率约为 55%。

2. 秸秆综合利用所面临的问题

历史上，我国有综合利用秸秆的优良传统，农民用秸秆建房蔽日遮雨，用秸秆烧火做饭取暖，用秸秆养畜积肥还田，合理利用秸秆是我国传统农业的精华之一。在传统农业阶段，秸秆资源主要是不经任何处理直接用于肥料、燃料和饲料。随着传统农业向现代化农业的转变以及经济、社会的发展，农村能源、饲料结构等发生了深刻变化，传统的秸秆利用途径发生了历史性的转变。一方面，科技进步为秸秆利用开辟了新途径和新方法；另一方面，农业主产区秸秆资源大量过剩问题日趋突出，农民就地焚烧秸秆带来的资源浪费和环境污染问题，引起了全社会的关注。近几年，在国家政策的引导下，秸秆综合利用得到快速发展，但也出现了一些利用率低、产业链短和综合利用结构不合理等问题。

（1）秸秆综合利用率低

秸秆综合利用比例相对较低的根本原因在于秸秆收集困难。若采用人工收集方式，秸秆比较分散，难以运输和存放；若采用机械打捆收集，成本较高，而秸秆的售价一般较低，再加上运输等费用，综合效益低，这导致农民收集利用秸秆的积极性不高。此外，限制秸秆综合利用的另一因素是技术问题，以玉米秸秆青贮为例，由于国产的青贮机械质量差，而国外的机械虽然质量好，但价格高，农民买不起，因此，大多采用人工摘穗、机械割倒、车辆运输转运、机械切碎等工序，这导致青贮饲料质量差，农民劳动强度大。

（2）秸秆综合利用结构不合理

目前，秸秆的主要综合利用方式有秸秆还田及肥料化利用；饲料化利用；秸秆制沼气；秸秆气化、固化及炭化；作生产食用菌的培养基料和工业原料等。秸秆主要用于饲料、还田、农户做饭取暖等低附加值的利用方式上，只有一小部分被应用到工业原材料和新型能源（秸秆气化、直燃发电）等高附加值的利用方法上。

（3）秸秆收储运机械化水平不高

我国目前农作物秸秆收集方式主要依靠人工收集及小型机械化收集。要实现秸秆的规模化工业利用必须突破传统的秸秆收集模式，依靠机械化收储运来完成秸秆的收集。目前，我国农作物秸秆收储运技术装备整体水平较低，主要有以下几个特征：a. 技术水平低，常用的秸秆收集加工设备主要以小型的牧草设备和饲料加工设备为主，仅适用于稻麦秸秆的收集，缺乏专门针对玉米秸秆和棉花秸秆的收获设备；b. 结构性矛盾突出，现有机械以小型机械为主，作业效率低，缺乏与规模化工业利用相配套的大中型机械设备；c. 机械化应用范围小，在作物秸秆收储运方面，许多方面的机械化生产是空白；d. 生产企业规模小，技术落后，产品质量得不到保证。因此，应加快经济、高效的农作物秸秆收集、运输、处理技术与装备的研发，提高农业装备水平，促进农作物秸秆的高效利用。

（4）秸秆综合利用技术不成熟

与国外的秸秆综合利用技术相比，我国秸秆综合利用方式单一，主要停留在秸秆还田、秸秆饲料化利用等粗加工方式上，秸秆气化、秸秆制沼气、秸秆直燃发电等新型综合利用技术应用较少，而且缺乏适宜农户分散经营的小型化处理技术和设备。

（5）秸秆综合利用政策法规体系不健全

目前，秸秆综合利用主要以 2008 年《国务院办公厅关于加快推进农作物秸秆综合利用的意见》为主，国家及各地相关部门多次发文明令禁止焚烧秸秆，但是对于秸秆如何妥善处理与综合利用并没有实质性的政策文件和指导意见。除此之外，现有的经济政策主要围绕秸秆综合利用产品，尤其是对生产企业给予资金支持，对于秸秆收储运和产品应用方面缺乏相应政策，不利于形成完整的产业链。此外，秸秆综合利用方面的研发投入主要用于国家重大科技项目，这些项目往往周期长、成果应用慢，对于那些周期短、产业化快的小技术、小发明缺乏相应的资金投入，这降低了农村基层科研人员的积极性。

3. 秸秆综合利用制度

（1）我国循环经济和可再生能源相关法律对综合利用的规定

我国《循环经济促进法》第三十四条规定：“国家鼓励和支持农业生产者和相关企业采用先进或者适用技术，对农作物秸秆、畜禽粪便、农产品加工业副产品、废农用薄膜等进行综合利用，开发利用沼气等生物质能源。”《中华人民共和国可再生能源法》第十六条规定：“国家鼓励清洁、高效地开发利用生物质燃料，鼓励发展能源作物。”我国将秸秆的综合利用纳入循环经济、可再生能源利用以及国家发展和新农村建设的体系内，将农村秸秆的综合利用问题列入我国“十二五”规划中，把秸秆的综合利用列为国家发展的重点项目。

（2）秸秆综合利用的规划制度

首先，明确秸秆综合利用的短期目标和长期目标、整体目标和局部目标。2003 年《秸秆禁烧和综合利用管理办法》为秸秆的综合利用确定了一个初步的整体目标。2008 年在国务院办公厅印发的《国务院办公厅关于加快推进农作物秸秆综合利用的意见》中，明确了秸秆资源综合利用的最终目标是为了解决焚烧秸秆带来的资源浪费和环境污染的问题，并对秸秆的综合利用率的长期目标进行了相应的明确。为贯彻落实《国务院办公厅关于加快推进农作物秸秆综合利用的意见》，2009 年国家发改委、农业部联合印发了《关于编制秸秆综合利用规划的指导意见》，提出秸秆利用饲料化、能源化、肥料化、基料化、工业原料化“五化”指导意见，以此促进作物秸秆的资源化利用。在此基础上，由国家发展改革委员会制定的《“十二五”农作物秸秆综合利用实施方案》进一步明确了秸秆综合利用的短期和长期目标，并对秸秆利用的机械化、饲料化、基料化、原料化的利用率做了具体的规定。

其次，编制秸秆综合利用的总体和局部规划。我国秸秆资源分布范围广泛，各地的秸秆植物品种的分布、资源数量、治理情况都有所不同，因此，国家在制定秸秆综合利用总体规划的基础上，要求各省级单位编制进一步的秸秆综合利用发展规划。国家发改委和农业部联合出台《秸秆综合利用规划的指导意见》，规定以省为单位编制秸秆综合利用规划，并且对编制的主要任务和重点区域进行了规定。各地在国务院的宏观领导下，根据本地区实际情况，纷纷制定出本地区的秸秆利用规划，例如《江苏省农作物秸秆综合利用规划》《甘肃省农作物综合利用规划》、湖北省农村能源工程建设“十二五”规划等。通过这些文件对辖区内秸秆综合利用的工作进行整体的规划，在对辖区的资源情况和利用现状进行分析总结的基础上，规划下一步的发展目标、重点任务和重点领域，为进一步扶持和保障政策的制定提供参考。

另外，编制了秸秆综合利用技术指导目录。自《关于加快推进农作物秸秆综合利用的意见》发布以来，各地区、有关部门大力推进秸秆综合利用，秸秆肥料化、饲料化、工业原料化、能源化、基料化利用技术快速发展，一批秸秆综合利用技术经过产业化示范日益成熟，成为推进秸秆综合利用的重要支撑。为指导各地推广实用成熟的秸秆综合利用技术，推动秸秆综合利用产业化发展，2014 年国家发展改革委会同农业部编制了《秸秆综合利用技术目录》，共包括 5 类 19 项技术。

1）秸秆肥料化利用　包括秸秆直接还田技术、秸秆腐熟还田技术、秸秆生物反应堆技术、秸秆堆沤还田技术。

2）秸秆饲料化利用　包括秸秆青（黄）贮技术、秸秆碱化/氨化技术、秸秆压块饲料加工技术、秸秆揉搓丝化加工技术。

3）秸秆原料化利用　包括秸秆人造板材生产技术、秸秆复合材料生产技术、秸秆清洁制浆技术、秸秆木糖醇生产技术。

4）秸秆燃料化利用　秸秆固化成型技术、秸秆炭化技术、秸秆沼气生产技术、秸秆纤维素乙醇生产技术、秸秆热解气化技术、秸秆直燃发电技术。

5）秸秆基料化利用　秸秆基料化利用技术。目录中规定了各项技术的技术内涵与技术内容、技术特征、技术实施注意事项、适宜秸秆、可供参照的主要技术标准与规范。

(3) 秸秆综合利用产业的扶持和激励措施

2008 年《国务院办公厅关于加快推进农作物秸秆综合利用的意见》规定，要加大对秸秆综合利用的关键技术和设备研发的资金投入，对于综合利用企业和农机服务组织给予一定的信贷支持，对于秸秆综合利用产业给予相应的税收和价格优惠。在此基础上，2008 年国家财政部出台《秸秆能源化利用补助资金管理暂行办法》，规定针对那些从事秸秆能源化生产的企业，给予符合相应条件的企业直接的资金支持。在 2009 年江苏省出台的《江苏省人大常务委员会关于促进农作物秸秆综合利用的决定》的第五条到第七条也对此进一步进行了规定，对于需要扶持的秸秆利用技术，要鼓励、支持秸秆利用技术与设备的研究开发，财政部门要在此基础上把秸秆综合利用资金列入财政预算，对秸秆综合利用进行农机补贴、税收补贴和电价补贴。其余地方各级政府也纷纷响应，规定了一定的综合利用的补贴和优惠政策，但是这些政策主要是为了鼓励秸秆综合利用企业的发展，因此多数都是针对秸秆综合利用企业的发展来展开，对于农民的奖励和补贴并没有具体的规定。

4. 秸秆综合利用的对策

（1）加强宣传教育

政府相关职能部门要重视对广大农民的教育和培训，努力提高其科学文化素质。环保、农业、农机部门要通过电视讲座、广播、现场会等种种渠道，大力开展宣传教育，切实提高农民的认识水平和环境保护意识，使群众对秸秆综合利用的生态效益、经济效益和焚烧秸秆带来的种种危害有正确认识，从而引导群众自觉地进行秸秆的综合利用。

（2）加大推广力度

农业、农机、科技等部门要加强协作，加大秸秆综合利用技术推广的范围和力度，推广先进适用的农业技术。首先以经济比较发达、焚烧现象相对集中的大城市郊区和交通干线两侧为重点地区，结合秸秆综合利用的试点示范建设，如“沃土计划”和“秸秆养畜”示范活动等，选好突破口，通过提高科技投入以及耐心细致而长期的技术推广工作，搞好农作物秸秆的综合利用。

（3）制定经济政策

从保护环境和节约资源的角度和长远眼光看，秸秆的综合利益是有益的。因此，必须制定强有力的经济政策，在市场经济条件下充分利用经济杠杆的调节作用，使秸秆的综合利用形成良性的市场机制，调动广大农民进行综合利用的积极性。同时，政府有关部门要加大经济扶持力度，加大资金投入，为个体农户提供充足的资金保障。

（4）完善技术规范

为了利用好农作物秸秆资源，减少环境污染，克服秸秆利用的盲目性，提高经济效益和环境效益，各有关部门要根据当地的种植结构和生态布局，研究各地综合利用技术的适宜条件，制定秸秆综合利用的技术规范，并对群众加强技术指导和服务，为搞好农作物秸秆的综合利用打下坚实的基础。

（5）颁布法律法规

根据环境保护法律和国务院关于机构改革和职能调整的明确规定，各级人民政府的环境保护行政主管部门负有拟定生态保护法规的职能，应尽快制定和颁布相关法规和规章，鼓励和促进秸秆的资源化利用，对焚烧秸秆的行为实施严厉的处罚，使农作物秸秆的开发利用走上法制化管理的轨道。

（6）开发实用技术

科研部门和各级政府职能部门应加强科技研究，在借鉴国外先进经验和技术的基础上，开辟综合利用的新路子，如快速、简便沤制秸秆制作优质肥料的研究，秸秆发酵加工提高饲料价值的研究等，不断为农民开发出适合中国国情的，经济、实惠、高效的技术，推进农作物秸秆的资源化利用。

5. 秸秆综合利用的途径

从目前秸秆综合利用的一些新发展来看，这些技术对于充分利用秸秆资源、缓解农村饲料、肥料、燃料和工业原料的紧张状况，促进农业持续协调发展都具有显著的效果。但是，从农业生态系统能量转化的角度来分析，单纯采用某一种利用方式，其能量转化率和利用率均不高。因此，最佳的利用模式应是因地制宜，把其中几种方法有机地组合起来，形成一种多层次、多途径综合利用的方式，这正是当前世界各国在研究如何更有效地利用生物资源时，所提出的一种新的无废、无污染的建设性的生产方式。

长远来看，秸秆综合利用具有广阔的发展前景，为此应围绕以下方面进行研究。

(1) 扩大秸秆生产，增加秸秆来源

要增加作物秸秆来源，最有效的途径就是扩大农田秸秆生产，尤其要强调发展多熟耕作制度，这是提高作物产量、增加秸秆数量的有效措施。因此，在保持土地资源持续利用的前提下，应根据各地不同情况，重视和强调发展多熟制，改一熟、二熟为三熟，这有利于大幅度提高秸秆的产量。

(2) 充分利用秸秆，提高转化效率

首先要广为收集，把分散在田头、地角、路边、沟边和公共场所的作物秸秆全部收集到一块，再以适当方式进行开发利用，提高转化效率，如在燃料短缺地区，提倡和推广新型节柴灶；采用青贮、微贮和氨化等技术制备秸秆饲料，过腹还田；利用高效的堆腐剂加工肥料；进一步开发低成本、高效率的燃气化和沼气化技术等；另外，应按照“因地制宜、多能互补、综合利用、讲求效益”的原则，挖掘秸秆在装饰建材和工业原料方面的潜力。

(3) 扶持龙头企业，实现秸秆利用产业化、规模化

根据当地区位优势和资源优势，在农作物秸秆高产地区建立基地，注重培育规模大、外向度好、辐射面广、带动力强的企业，从落实优惠政策、实行优质服务、创造优越投资环境入手，大力发展乡镇企业；完善社会化服务，促进市场体系发育，并制定一系列扶持农业产业化发展的优惠政策，再从生产资料、耕作、技术等方面搞好综合配套服务，使农业废弃物作物秸秆的开发利用在植物返田、饲料化处理的基础上，深入到工业、食品包装业中，实现秸秆利用产业化、规模化发展。

第二节　秸秆还田技术

一、秸秆还田概述

1. 秸秆还田的意义

在我国的大部分地区，由于没有采取有效的还田措施，致使耕地连年种植不得休闲，土壤有效养分得不到及时补充，有机质含量逐年下降，农业生产始终处于种大于养、产大于投的掠夺式经营状态。由于化肥占用肥总量比例过大，造成土壤板结酸化、地力衰退、农作物营养不良和病害多的严重后果。

我国农民历来就有秸秆还田的传统。宏观秸秆还田可以草养田、以草压草，达到用地养地相结合，培肥地力。微观秸秆还田能提高土壤有机质含量；改善土壤理化状况，增加通透性；保存和固定土壤氮素，避免养分流失，归还氮、磷、钾和各种微量元素；促进土壤微生物活动，加速土地养分循环。国外的秸秆还田也十分普遍。据美国农业部统计，每年生产作物秸秆 4.5×10^8t，占整个美国有机废物生产量的 70.4%，秸秆还田量占秸秆生产量的 68%。而英国秸秆直接还田量则占其秸秆生产总量的 73%。

秸秆的还田的优势主要如下。

① 增加土壤有机质和速效养分含量，培肥地力，缓解氮、磷、钾肥比例失调的矛盾。据测定，小麦、水稻和玉米三种作物秸秆的含氮量分别为0.64%、0.51%和0.61%，含磷量分别为0.29%、0.12%和0.21%，含钾量分别为1.07%、2.7%和2.28%，还田1t秸秆就可增加有机质150kg，每公顷地一年还田鲜玉米秸18.75t，则相当于60t土杂肥的有机质含量，含氮、磷、钾量则相当于281.25kg碳铵、150kg过磷酸钙和104.75kg硫酸钾，并且还可补充其他各种营养元素。

② 调节土壤物理性能，改造中低产田。秸秆中含大量的能源物质，还田后生物激增，土壤生化活性强度提高，接触酶活性可增加47%。秸秆耕翻入土后，在分解过程中进行腐殖质化释放养分，使一些有机质化合物缩水，土壤有机质含量增加，微生物繁殖增强，生物固氮增加，碱性降低，促进酸碱平衡，养分结构趋于合理。此外，秸秆还田可使土壤容重降低、土质疏松、通气性提高、犁耕比阻减小，土壤结构明显改善。

③ 形成有机质覆盖，抗旱保墒。秸秆还田可形成地面覆盖，具有抑制土壤水分蒸发、贮存降水和提高地温等诸多优点。据测定，连续6a秸秆直接粉碎还田，土壤的保水、透气和保温能力增强，吸水率提高10倍，地温提高1～2℃。

④ 降低病虫害的发生率。由于根茬粉碎疏松和搅动表土，能改变土壤的理化性能，破坏玉米螟虫及其他地下害虫的寄生环境，故能大大减轻虫害，一般可使玉米螟虫的危害程度下降50%。

⑤ 增加作物产量，优化农田生态环境。连续2～3a实施秸秆还田技术，可增加土壤有机质含量，一般能提高作物单产20%～30%。将秸秆还田后，避免了就地焚烧造成的环境污染，保护了生态环境。农田覆盖秸秆后，冬天5cm地温提高0.5～0.7℃，夏天高温季节降低2.5～3.5℃，土壤水分提高3.2%～4.5%，杂草减少40.6%以上。

因此，秸秆还田与土壤肥力、环境保护、农田生态环境平衡等密切联系，已成为持续农业和生态农业的重要内容，具有十分重要的意义。

2. 秸秆还田的常用方法

利用多种形式的秸秆还田，可提高土壤有机质含量，改良土壤质地，增强保水保肥能力，是保持土壤养分平衡、实现可持续农业的重要战略措施。秸秆还田的常用方法如下。

（1）秸秆粉碎、氨化、青贮、微贮后过腹还田

秸秆经粉碎、发酵或者氨化、糖化、碱化及青贮、微贮等各种科学方法处理后可作为生猪、鸡、兔、鸭等家禽饲料原料之一。通过过腹还田，不但可以缓解发展畜牧业饲料粮短缺的矛盾，而且可以增加有机肥源，培肥地力。

（2）牲畜垫圈还田

秸秆收获后用于家畜垫圈，待其基本腐熟后再返还田土中。

（3）秸秆覆盖直接还田

其形式有稻草覆盖还田、麦秆覆盖还田、玉米秆覆盖还田等几种。这样不但可以改善土壤结构、增加土壤有机质和土壤养分含量、减少水分的蒸发和养分的流失、增强抗旱能力，而且可以节约化肥投资、节省稻草运力，是促进增产增收的好举措。如稻田宽行铺草还田不仅可增加土壤的有机肥、草压杂草减少田间水分蒸发，而且由于行距较宽，有利于通风透光，减少病虫害，以发挥优势争取高产。

（4）秸秆综合利用还田

麦秆、稻秆是发展平菇、草菇、蘑菇、草苫大棚蔬菜等食用菌的重要材料，利用麦渣发展食用菌后的菌渣又可加工成鱼饲料，促进渔业的发展，达到多层次综合利用。

(5) 秸秆快速堆沤还田及速腐技术

秸秆快速堆沤还田不受时间的限制，经腐熟所形成的养分及对地力的影响是其他形式所不能比拟的，可提供大量蔬菜、棉花和春播作物所需的有机肥。秸秆速腐技术是采用堆集发酵和菌种腐化等方法将多余的秸秆快速沤化腐熟还田。速腐技术缩短了腐熟时间，提高了肥效，具有普遍的实用价值。

(6) 超高茬“麦套稻”技术实现秸秆还田

超高茬“麦套稻”即在麦子灌浆中后期将处理过的稻种套播在田间，与麦子形成一定的共生期，收麦时留高茬30cm以上自然竖立田间，稻田上水后任其自然覆盖还田，促进水稻生长。这种新的稻种技术摒弃了传统水稻中耕田与育栽移栽这一繁杂的生产作业程序，有利于高产稳产、土地越种越肥。该项技术近年来在江苏、山东、四川等地农村投入实际生产并获得成功。

3. 秸秆还田中现存的问题

应该指出，秸秆还田不当也会带来不良后果。我国的国情是人均占有耕地面积小，机械化程度较低，耕地复种指数高，倒茬时间短，加之秸秆C/N比高，给秸秆还田带来困难。常因翻压量过大、土壤水分不够、施氮肥不够、翻压质量不好等原因，出现妨碍耕作、影响出苗、烧苗、病虫害增加等现象，严重的还会造成减产。

(1) 秸秆还田机械化程度不高

秸秆还田需要大量能量投入，无论是秸秆粉碎还田，还是旋耕翻埋都需要做功。传统手工畜力农业阶段，秸秆还田量较少，只有当机械化程度提高时才使得秸秆还田日益普及。我国已研制并推广使用了一系列的秸秆还田机械，但是，秸秆还田的机械化程度还比较低，技术成熟度不高。研制的还田机械对于平原和城郊经济发达地区较适合，而对于经济基础差、土块小的山区、丘陵区则很不相配，不易被农民接受，难于推广。同时，由于整套秸秆还田农艺要配备大、中型拖拉机、秸秆还田机、深耕犁、耙扎机械、播种机等，设备投资和维修费用高，这将影响机械化秸秆还田的广泛推广。

(2) 秸秆还田技术的理论基础研究力度不够

在秸秆还田技术的理论基础研究方面，中国农科院土肥所等单位进行了大量试验研究。关于秸秆还田对改良土壤、增肥地力、保护农田生态环境平衡和防止空气污染等正面效应的内容研究较多，较深入。然而在怎样还田才会取得更好的效果、如何提高效率、避免简单还田在秸秆腐解过程中可能对土壤造成的破坏等秸秆还田的负面效应等问题上，研究还较少。秸秆还田的数量、覆盖量和覆盖时间、土壤水分含量、秸秆粉碎程度、翻压质量等都会影响秸秆还田的效果。还田数量过大、土壤含水量不足、粉碎程度不够、翻压质量不好等使秸秆不能充分腐解，影响播种质量、出苗和苗期生长。此外，秸秆还田中秸秆的快速腐解等问题是研究的难点和热点。秸秆中C/N比较高，一般在(60～80)∶1之间，使秸秆在土壤中分解缓慢，微生物与作物争氮，影响苗期生长，进而影响后期产量，因此秸秆还田要配施一定的氮、磷化肥，降低C/N比，提高作物产量。某些作物秸秆在抑制杂草的同时，也能对所覆盖作物产生抑制。Accalla和F. L. Duley发现，在某些情况下，特别是多雨年份，小麦秸秆覆盖下茬玉米时，影响了玉米发芽的速度与生长。另外，多种作物具有自毒作用，如小麦、水稻等，它们的残体对自身的生长有抑制作用。

因此，在秸秆覆盖中应尽量避免他感效应和自毒作用带来的负面效应，合理安排秸秆种类和覆盖作物。再者，秸秆还田后土壤湿度增大，地温升高，为作物生长提供良好条件的同时，也为某些病虫害的发生和流行创造了适宜的环境条件，应当引起高度重视。

（3）秸秆还田的配套栽培技术研究薄弱

秸秆还田的研究形式很多，但多以单一技术为主，如以机械为主或以生物为主，缺乏机械、化学、生物、农艺等相互有机的结合，致使整体研究水平削弱，研究成果转化速度不高，配套栽培技术薄弱。如覆盖栽培缺乏相应的机械化覆盖手段，机械粉碎还田在南方稻麦两熟区缺乏相应配套的成熟农艺措施（如机械插秧、抛秧等）来解决人工插秧棘手棘脚等问题。因此，从总体上看，秸秆还田的配套栽培技术研究薄弱，需大力加强。

4. 秸秆还田的发展方向

（1）走秸秆还田机械化道路

走秸秆还田机械化道路是实现秸秆还田的有效方式之一，它的生产效率是人工作业的40～120倍，能够更好地达到省工、省时、高效、降低作业成本的要求，主要有以下几种发展方向：第一，大、中、小型机械相结合，提高机械还田适应性，使机械还田既适合于平原地区，又适合于丘陵山区；第二，研制高效低耗秸秆还田机械，降低作业成本，使秸秆还田既适用于经济发达地区，又适用于经济基础较差的地区；第三，研制与农艺配套的还田机械，把机械还田、科学施肥和施药相结合，简化工序，加速腐解，达到还田、施肥、灭虫、省工、节本的综合目的；第四，用机械化起培手段代替传统手工作业，针对南方水田麦秸粉碎还田后造成人工插秧棘手棘脚等问题，采用机械插秧和抛秧是良好的解决途径，既解决了机械粉碎还田带来的问题，又可省工、节本。

（2）发展生物工程技术

秸秆的快速腐解是秸秆还田的关键技术。机械粉碎能改变秸秆的物理性状，扩大接触面积，在一定程度上加速腐解，但是秸秆中较高的C/N比仍使秸秆在土壤中分解缓慢。不少研究成果表明：一些生物菌剂（如“301”菌剂、日本的酵素菌等）能够在15～30d内快速腐解秸秆。可见，生物工程技术具有广阔的发展前景，能够对秸秆还田产生重要作用。发展秸秆还田的生物工程技术主要有以下两个方面：第一，进一步研制高效快速腐解剂，即在现有生物菌剂的基础上，研制能够在更短时间内有效腐解秸秆的新型生物菌剂；第二，研制和开发能够在好氧条件下快速腐解秸秆的微生物或生物化学制剂，克服现有生物菌剂要求高温密闭条件带来的操作不便，达到省工、省时的目的，使农民易于接受。

（3）走农机与农艺结合的道路

农机与农艺相结合是农业机械化的必由之路。研究表明，覆盖栽培、麦秸自然还田等农艺处理措施具有良好的农田生态效益，而秸秆还田机械化能够改变秸秆物理性状，在一定程度上促进秸秆腐解。腐解剂、微生物的作用，使得秸秆腐解进一步加速。可见，因地制宜地把农机与农艺处理措施和生物工程技术有机结合，扬长避短是秸秆还田的又一重要发展方向。走农机、农艺与生物工程技术相结合的道路主要有两方面：第一，农机、生物工程技术与农艺相结合，即在采用农艺措施进行秸秆还田的同时，要研制配套的农业机械、生物制剂（如插秧机、抛秧机、快速腐解剂等）来简化覆盖栽培等农艺措施的工序，加速秸秆腐解；第二，农艺、生物工程技术与农机相结合，即在采用农业机械化秸秆还田的同时，实施配套的农艺栽培措施（如覆盖栽培、抛秧、免耕直播等），用生物化学制剂来加速腐解，克服机械还田只能从物理性状上破坏秸秆结构，而不能从根本上快速腐解秸秆的弱点。

秸秆还田在现代持续农业和生态农业的发展中具有举足轻重的作用。土地作为农业生产的最基本生产资料，其永续利用是一个永恒的话题。秸秆焚烧、土壤肥力逐年下降、农田生态环境破坏以及一系列的社会问题带给人类的将是不堪设想的灾难。人类的生存离不开肥沃的土地，只有用地养地结合，才可能还给人类一个永恒的生存空间。因而，秸秆还田已经迫不及待地提到议事日程上来。它不仅具有重要的现实意义，还具有重要的历史意义，关系着现代农业的未来与发展，具有广阔的发展前景。

二、秸秆还田技术

秸秆作为有机肥料还田利用方法有秸秆直接还田、间接还田（高温堆肥）和利用生化快速腐熟技术制造优质有机肥三种。

1. 秸秆直接还田

秸秆直接还田是近年来的推广项目，采用秸秆还田机作业机械化程度高，秸秆处理时间短，腐烂时间长，是用机械对秸秆简单处理的方法。

（1）机械直接还田

该技术可分为粉碎还田和整秆还田两大类。

1）粉碎还田　采用机械一次作业将田间直立或铺放的秸秆直接粉碎还田使手工还田多项工序一次完成，生产效率可提高 40～120 倍。秸秆粉碎根茬还田机还能集粉碎与旋耕灭茬为一体，能够加速秸秆在土壤中腐解，从而被土壤吸收，改善土壤的团粒结构和理化性能，增加土壤肥力，促进农作物持续增产增收。采用秸秆还田粉碎机应当注意的是：耕地深度要达到 28cm 以上，大犁铧前要有小犁铧，以便把秸秆埋深埋严；小麦等玉米后茬作物的底肥适当增施氮肥，以调节 C/N 比，满足土壤微生物分解秸秆所需；搞好土壤处理，灭除秸秆所带病虫。

2）整秆还田　整秆还田主要指小麦、水稻和玉米秸秆的整秆还田机械化，可将田间直立的作物秸秆整秆翻埋或平铺为覆盖栽培。

机械还田是一项高效、低耗、省工、省时的有效措施，易于被农民普遍接受和推广。自 20 世纪 80 年代中期以来，各地农机部门积极开展机械秸秆还田技术的研究开发、试验和推广，机械化秸秆还田面积逐渐扩大，据统计，2008 年我国小麦、玉米、水稻等主要农作物秸秆机械化还田面积达到 3 亿亩以上，取得了令人可喜的成就。但是秸秆机械还田存在两个方面的弱点：一是耗能大，成本高，难以推广；二是山区、丘陵地区土块面积小，机械使用受限。

（2）覆盖栽培还田

秸秆覆盖栽培中，秸秆腐解后能够增加土壤有机质含量，补充氮、磷、钾和微量元素含量，使土壤理化性能改善，土壤中物质的生物循环加速。而且秸秆覆盖可使土壤饱和导水率提高，土壤蓄水能力增强，能够调控土壤供水，提高水分利用率，促进植株地上部分生长。秸秆是热的不良导体，在覆盖情况下，能够形成低温时的“高温效应”和高温时的“低温效应”两种双重效应，调节土壤温度，有效缓解气温激变对作物的伤害。目前，北方玉米、小麦等的各种覆盖栽培方式已达到一定的技术可行性，在很多地方（如河北、黑龙江、山西等）已被大面积推广应用。此外，顾克礼等研究的超高茬麦秸还田作为秸秆覆盖栽培还田的一种特殊形式是在小麦灌浆中后期，将处理后的稻种直接撒播到麦田，与小麦形成一定的共生期，麦收时留高茬 30cm 左右自然还田，不育秧、不栽秧、不耕地、不整地，这是一项引进并结合我国国情研究开发的可持续农业新技术，其水稻产量与常规稻产量持平略增，能够省工节本，增加农民收入，可进一步深入研究。

（3）机械旋耕翻埋还田

如玉米青秆木质化程度低，秆壁脆嫩，易折断。玉米收获后，用旋拼式手扶拖拉机横竖两遍旋拼，即可切成 20cm 左右长的秸秆并旋耕入土。茎秆通气组织发达，遇水易软化，腐解速度快，其养分当季就能利用。按每公顷秸秆还田量 30000kg 计算，相当于公顷投入碳铵 345kg、过磷酸钙 975kg、氯化钾 150kg 。一般每公顷可增产稻谷 1.2～1.65t。

在直接还田中，应注意的问题如下。

1）秸秆覆盖量　一般来说，农作物的秸秆和籽粒比是 1∶1，秸秆的覆盖量在薄地、氮肥不足的情况下，秸秆还田离播期又较近时，秸秆用量不宜过多；在肥地、氮肥较多，离播期较远的情况下，可加大用量，一般每亩 300～400kg。

2）配合施用氮、磷肥料　由于秸秆 C/N 比较大，微生物在分解秸秆时需要从土壤中吸收一定的氮素营养，如果土壤氮素不足，往往会出现与作物争夺氮素的现象，影响作物正常生长，因此应配合施用适量的氮肥，以 100kg 秸秆配施氮肥 0.6～0.8kg 为宜，对缺磷土壤应配合施用适量的速效磷肥，同时结合浇水，有利于秸秆吸水腐解。

3）减少病虫害传播　由于未经高温发酵直接还田的秸秆，可能导致病害的蔓延，如小麦白粉病、玉米黑粉病等，因此有病害的秸秆应销毁或经高温腐熟后再施用还田。

2. 秸秆间接还田

间接还田（高温堆肥）是一种传统的积肥方式，它是利用夏秋季高温季节，采用厌氧发酵沤制而成的，其特点是积肥时间长、受环境影响大、劳动强度高、产出量少、成本低廉。

（1）堆沤腐解还田

秸秆堆肥还田是解决我国当前有机肥源短缺的主要途径，也是中低产田改良土壤、提高培肥地力的一项重要措施。它不同于传统堆制沤肥还田，主要是利用快速堆腐剂产生大量纤维素酶，在较短的时间内将各种作物秸秆堆制成有机肥，如中国农科院原子研究所研制开发的“301”菌剂，四川省农科院土肥所和合力丰实业发展公司联合开发的高温快速堆肥菌剂等。此外，日本微生物学家岛本觉也研究的生物工程技术——酵素菌技术已被引进并用于秸秆肥制作，使秸秆直接还田简便易行，具有良好的经济效益、社会效益和生态效益。现阶段的堆沤腐解还田技术大多采用在高温、密闭、嫌气性条件下腐解秸秆，能够减轻田间病、虫、杂草等危害，但在实际操作上给农民带来一定困难，难于推广。

（2）烧灰还田

这种还田方式主要有两种形式：一是作为燃料燃烧，这是国内外农户传统的做法；二是在田间直接焚烧。田间焚烧不但污染空气、浪费能源、影响飞机升降与公路交通，而且会损失大量有机质和氮素，保留在灰烬中的磷、钾也易被淋失，因此是一种不可取的方法。当然，田间焚烧可以在一定程度上减轻病虫害，防止过多的有机残体产生有毒物质与嫌气气体或在嫌气条件下造成氮的大量反硝化损失。但总的说来，田间烧灰还田弊大于利，在秸秆作为燃料之余，应大力提倡作物秸秆田间禁烧。

（3）过腹还田

过腹还田是一种效益很高的秸秆利用方式，在我国有悠久历史。秸秆经过青贮、氨化、微贮处理，饲喂畜禽，通过发展畜牧增值增收，同时达到秸秆过腹还田。实践证明，充分利用秸秆养畜、过腹还田、实行农牧结合，形成节粮型牧业结构，是一条符合我国国情的畜牧业发展道路。每头牛育肥约需秸秆1t，可生产粪肥约10t，牛粪肥田，形成完整的秸秆利用良性循环系统，同时增加农民的收入。秸秆氨化养羊，蔬菜、藤蔓类秸秆直接喂猪，猪粪经发酵后喂鱼或直接还田。

(4) 菇渣还田

利用作物秸秆培育食用菌，然后再经菇渣还田，经济效益、社会效益、生态效益三者兼得。在蘑菇栽培中，以111m^2计算，培养料需优质麦草900kg、优质稻草900kg；菇棚盖草又需600kg，育菇结束后，约产生菇渣1.66t。据测定，菇渣有机质含量达11.09%，每公顷施用30m^3菇渣，与施用等量的化肥相比，一般可增产稻麦10.2%～12.5%，增产皮棉10%～20%，不仅节省了成本，同时对减少化肥污染、保护农田生态环境亦有积极的意义。

(5) 沼渣还田

秸秆发酵后产生的沼渣、沼液是优质的有机肥料，其养分丰富，腐殖酸含量高，肥效缓速兼备，是生产无公害农产品、有机食品的良好选择。一口8～10m^3的沼气池年可产沼肥20m^3，连年沼渣还田的试验表明：土壤容重下降，孔隙度增加，土壤的理化性状得到改善，保水保肥能力增强；同时，土壤中有机质含量提高0.2%、全氮提高0.02%、全磷提高0.03%、平均提高产量10%～12.8%。

3. 秸秆生化快速腐熟制造优质有机肥

利用生化快速腐熟技术制造优质有机肥，是一种应用于20世纪90年代的国际先进生物技术，将秸秆制造成优质生物有机肥的先进方法，在国外已实现产业化，其特点是：采用先进技术培养能分解粗纤维的优良微生物菌种，生产出可加快秸秆腐熟的化学制剂，并采用现代化设备控制温度、湿度、数量、质量和时间，经机械翻抛、高温堆腐、生物发酵等过程，将农业废弃物转换成优质有机肥。它具有自动化程度高（生产设备1人即可操作）、腐熟周期短（4～6周时间）、产量高（1台设备可年产肥料2×10^4～3×10^4t）、无环境污染（采用好氧发酵，无恶臭气味）、肥效高等特点。

(1) 催腐剂堆肥技术

催腐剂就是根据微生物中的钾细菌、氨化细菌、磷细菌、放线菌等有益微生物的营养要求，以有机物（包括作物秸秆、杂草、生活垃圾等）为培养基，选用适合有益微生物营养要求的化学药品配制成定量氮、磷、钾、钙、镁、铁、硫等营养的化学制剂，可有效改善有益微生物的生态环境、加速有机物分解腐烂。该技术在玉米秸、小麦秸秆的堆沤中应用效果很好，目前在我国北方一些省市开始推广。

秸秆催腐方法如下。选择靠水源的场所、地头、路旁平坦地。堆腐1t秸秆需用催腐剂1.2kg，1kg催腐剂需用80kg清水溶解。先将秸秆与水按1∶1.7的比例充分湿透后，用喷雾器将溶解的催腐剂均匀喷洒于秸秆中，然后把喷洒过催腐剂的秸秆垛成宽1.5m、高1m左右的堆垛，用泥密封，防止水分蒸发、养分流失，冬季为了缩短堆腐时间，可在泥上加盖薄膜提温保温（厚约1.5cm）。

使用催腐剂堆腐秸秆能加速有益微生物的繁殖，促进其中粗纤维、粗蛋白的分解，并释放大量热量，使堆温快速提高，平均堆温达54℃。不仅能杀灭秸秆中的致病真菌、虫卵和杂草种子，加速秸秆腐解，提高堆肥质量，使堆肥有机质含量比碳铵堆肥提高54.9%、速效氮提高10.3%、速效磷提高76.9%、速效钾提高68.3%，而且能使堆肥中的氨化细菌比碳铵堆肥增加265倍、钾细菌增加1231倍、磷细菌增加11.3%、放线菌增加5.2%，成为高效活性生物有机肥。试验证明，每公顷田施3750kg秸秆堆肥能有效地改善土壤理化性状，培肥地力，大幅度地增加土壤有效微生物群落，保证作物各生育期所需养分，解决土壤板结问题。凡是施用催腐剂堆肥的农作物根系发达，分蘖增多，秆株粗壮，抗倒伏，总茎数增加，成熟期提前。经试验，施用催腐剂堆肥的小麦平均比施碳铵堆肥增产19.9%、玉米增产13.5%、花生增产15%；投入产出比分别为1：17.4、1：16.2、1：24.3，经济效益显著。

(2) 速腐剂堆肥技术

秸秆速腐剂是在“301”菌剂的基础上发展起来的，由多种高效有益微生物和数十种酶类以及无机添加剂组成的复合菌剂。将速腐剂加入秸秆中，在有水条件下，菌株能大量分泌纤维酶，能在短期内将秸秆粗纤维分解为葡萄糖，因此施入土壤后可迅速培肥土壤，减轻作物病虫害，刺激作物增产，实现用地养地相结合。实际堆腐应用表明，采用速腐剂腐烂秸秆，高效快速，不受季节限制，且堆肥质量好。

秸秆速腐剂一般由两部分构成：一部分是以分解纤维能力很强的腐生真菌等为中心的秸秆腐熟剂，质量为500g，占速腐剂总数的80%。它属于高湿型菌种，在堆沤秸秆时能产生60℃以上高温，20d左右将各类秸秆堆腐成肥料。另一部分是由固氮、有机、无机磷细菌和钾细菌组成的增肥剂，质量为200g（每种菌均为50g），它要求30～40℃的中温，在翻捣肥堆时加入，旨在提高堆肥肥效。

秸秆速腐方法如下。按秸秆重的2倍加水，使秸秆湿透，含水量约达65%，再按秸秆重的0.1%加速腐剂，另加0.5%～0.8%的尿素调节C/N比，亦可用10%的人畜粪尿代替尿素。堆沤分三层，第一、二层各厚60cm，第三层（顶层）厚30～40cm，速腐剂和尿素用量比自下而上按4：4：2分配，均匀撒入各层，将秸秆堆垛宽2m、高1.5m，堆好后用铁锹轻轻拍实，就地取泥封堆并加盖农膜，以保水、保温、保肥，防止雨水冲刷。此法不受季节和地点限制，干草、鲜草均可利用，堆制的成肥有机质可达60%，且含有8.5%～10%的氮、磷、钾及微量元素，主要用作基肥，一般每亩施用250kg。

(3) 酵素菌堆肥技术

酵素菌是由能够产生多种酶的好（兼）氧细菌、酵母菌和霉菌组成的有益微生物群体。利用酵素菌产生的水解酶的作用，在短时间内，可以把作物秸秆等有机质材料进行糖化和氨化分解，产生低分子的糖、醇、酸，这些物质是土壤中有益微生物生长繁殖的良好培养基，可以促进堆肥中放线菌的大量繁殖，从而改善土壤的微生态环境，创造农作物生长发育所需要的良好环境。利用酵素菌把大田作物秸秆堆沤成优质有机肥后，可施用于大棚蔬菜、果树等经济价值较高的作物。

堆腐材料有秸秆1t，麸皮120kg，钙镁磷肥20kg，酵素菌扩大菌16kg，红糖2kg，鸡粪400kg。堆腐方法是：先将秸秆在堆肥池外喷水湿透，使含水量达到50%～60%，依次将鸡粪均匀铺撒在秸秆上，麸子和红糖（研细）均匀撒到鸡粪上，钙镁磷肥和扩大酵素菌均匀搅拌在一起，再均匀撒在麸子和红糖上面；然后用叉拌匀后，挑入简易堆肥池里，底宽2m左右、堆高1.8～2m，顶部呈圆拱形，顶端用塑料薄膜覆盖，防止雨水淋入。

(4) 由工业废液生产高浓缩秸秆复合肥实例

造纸黑液是造纸工业以稻秸、麦秸等有机粗纤维为原料，用碱法生产纸浆时排出的废液，俗称黑液。一般黑液固形物中，有机物占65%～70%，无机物占30%～35%，木质素占34.6%，挥发酸占13.3%，糖类、醇类等物质占52.7%。无机物主要有二氧化硅、氢氧化钠等。

由于黑液中的强碱可腐蚀破坏秸秆表面的蜡质、解体秸秆组织，使细菌很快可利用残体中的营养物质，迅速繁殖，达到快速腐化的目的。因此可用其催腐秸秆，并通过加入其他添加剂，生产得到高浓缩秸秆复合肥。该项技术的工艺流程是：工业化沤制发酵，铵化处理，磷化处理，高温高压处理，最后制成颗粒型复合肥。

与传统的秸秆还田制肥相比，该项技术有以下优点：a. 腐熟周期只需5～7d，可工业化大量生产；b. 该复合肥施于田间，可避免C/N比较大，生物分解过程中需吸收大量的水分和氮元素，影响后茬作物出苗、易生虫等缺点；c. 该肥是微量元素齐全，兼有速效、缓效、间体三种作用的优质肥料，可保证作用整个生长期间养分的充分供给，而不造成过剩吸收；d. 既治理了黑液污染，又生产出优质肥料，一举多利，经济效益、社会效益显著。

赵莉等利用发酵废液与秸秆、粪便进行发酵，不仅可以利用废液中的微生物降解秸秆等农业废弃物的有机大分子，减少环境污染，还可制作优质有机肥。方法为：将1kg发酵废液加50～100kg水稀释后，撒入固态肥基料（粉碎了的农作物秸秆及人、禽、畜粪便，杂草，糠壳，麦皮等）中，搅拌均匀，感受干湿程度，以手感握住后放开不松散为宜；然后压实，堆、垛或装池，用塑料布密封，使其厌氧发酵10～15d，有酒香味即可撒施或与种子拌和使用。

(5) 秸秆生物反应堆还田技术

秸秆生物反应堆技术是指作物秸秆在一定设施条件下，在微生物菌种、催化剂和净化剂等的作用下，定向转化成植物生长所必需的CO_2、抗病孢子、酶、有机和无机养料、热量，从而提高农作物产量和品质的技术方法。秸秆生物反应堆系统主要由秸秆、菌种、辅料、植物疫苗、催化剂、净化剂、水、交换机、微孔输送带等设施组成，目前秸秆生物反应堆多用于日光温室农作物栽培上。

秸秆生物反应堆技术是一项全新概念的农业增产、增质、增效的有机栽培理论和技术，与传统农业技术有着本质的区别，它的研究成功从根本上摆脱了农业生产依赖化肥的局面。该技术以秸秆替代化肥，以植物疫苗替代农药，密切结合农村实际，促进资源循环增值利用和多种生产要素有效转化，使生态改良、环境保护与农作物高产、优质、无公害生产相结合，为农业增效、农民增收、食品安全和农业可持续发展提供了科学技术支持，开辟了新途径。

秸秆生物反应堆基础理论：秸秆生物反应堆用秸秆作原料，通过一系列转化，能综合改变植物生长条件，极大提高产量和品质，其理论依据是植物饥饿理论、叶片主被动吸收理论、秸秆矿质元素可循环重复再利用理论和植物生防疫苗理论。

1) 植物饥饿理论　农业生产中，作物的产量和品质主要取决于气（CO_2）、水（H_2O）、光这三大要素。由于大气中提供的CO_2远远不能满足植物生长需要，所以CO_2成为植物生长最主要的制约因素。增加CO_2浓度是提高农作物产量和品质的重要途径。要想作物高产优质，必须提供更多的植物“粮食”（CO_2），解决植物CO_2饥饿的问题。总之，一切增产措施归根结底在于提高CO_2。

2) 叶片主被动吸收理论　植物叶片从空气中吸收CO_2后，利用根系从地下吸收水分，在光的作用下植物将CO_2和水汇集于“叶片工厂”合成有机物，并贮存在各个器官中。白天，叶片具有把不同位置、不同距离的CO_2吸收进植物体内的本能，称为“叶片主动吸收”。若人为将其输送进叶片内或其附近，会使有机物合成速度加快，积累增多，这被称为“叶片被动吸收”。

3) 秸秆矿质元素可循环重复再利用理论　植物生长除需要大量气、水、光外，还需要通过根系从土壤中吸收N、P、K、Ca、Mg、Fe、S等矿质元素。秸秆（植物体）中积存了大量的矿质元素，经秸秆生物反应堆技术定向转化释放出来后，能被植物重新全部吸收。传统农业生产中，人们习惯把土壤施肥作为农业增产的主要措施，实际上，化肥对农业的增产作用，首先是培养土壤中的微生物（如氮化菌、硝化菌、硫化菌等），再吸收转化微生物代谢释放出的 CO_2，最终导致作物增产。因此，采用秸秆生物反应堆可以大大减少化肥施用量。

4）植物生防疫苗理论　植物疫苗是秸秆生物反应堆技术体系中的重要组成部分。植物疫苗类似于动物疫苗，通过对植物根系进行接种，疫苗进入植物各个器官，激活植物的免疫功能并产生抗体，实施植物病虫害防疫。植物疫苗具有感染期的升温效应、感染传导的缓慢性、好氧性、恒温恒湿性、侧向传导性等生物特性。

植物疫苗经过全国十几个省、100 多个县，在果树、蔬菜、茶叶、豆科植物、烟草等作物上大面积示范应用，生防效果达 90%以上，平均用药成本降低 85%，平均增产 30%以上，是有机食品生产的主要技术保障，有效地解决了当前农业生产中亟待解决的病虫害泛滥、农药用量日增、农产品残留超标等问题，为消费者的食品安全和健康带来希望。

秸秆生物反应堆技术效果如下。

① 增加棚室内 CO_2 浓度，进而增加产量，提高作物品质。番茄可增产 35%，黄瓜可增产 42%，其他各种蔬菜也同样可增产 14%～45%。该项技术能直接提高 CO_2 浓度 5 倍左右，缓解了“植物的 CO_2 光合饥饿”现象。反应堆产生高浓度的 CO_2 条件下，作物的根茎比增大，日增长量加快，生育期提前，主茎变粗，节间缩短，叶片面积增大，叶片变厚，叶色加深，开花结果增加，果实明显增大，个体差异缩小，整齐度提高，果皮着色加深，抗病虫害能力增强。

② 协调温室气温、地温比例，早播早收，提前上市。目前，温室内地温和气温不成比例，造成植物的根冠比失调，制约作物产量的提高。秸秆转化成 CO_2 的过程中会释放出大量的热量，它可以使棚内地温增加 4～6℃、气温增加 2～3℃，从而有效地缓和了地温与气温不协调的矛盾。不但能提前 7～10d 播种或定植，还能使蔬果提前 10～20d 上市，大大提高了保护地栽培的收益。

③ 消化秸秆，改良土壤，促进循环农业的发展。由于农药化肥的不合理使用，导致土壤有害物质的积累和土壤理化性质的劣化。秸秆反应堆菌种技术利用微生物发酵秸秆生产生物有机肥料，不但消化了秸秆，还消除了土壤中常年积累的有害物质，改善了土壤理化性质，促进循环农业生产模式的发展。秸秆降解后，还剩下 13%～20%的残渣，里面除有机质外还含有大量的矿质元素，不仅能疏松土壤，促进根系生长，还可节省大量的化肥，减少根部病害。

④ 生物防治，生产无公害产品。保护地栽培过程中存在的通风不良、湿度过大、温差过大、叶面结露，线虫泛滥等原因导致的病害比较严重，单纯使用化学农药不能从根本上解决问题。秸秆通过微生物（菌种、疫苗）降解产生大量有益微生物。这些有益微生物能有效抵抗、抑制致病菌，从而达到防治病虫害、生产无公害产品的目的，防治病虫害的孢子，它可以有效地减少种植作物的发病率。

秸秆生物反应堆技术有内置式、外置式和内外结合三种类型。外置式秸秆反应堆比较适合春、夏和早秋大棚栽培；内置式秸秆反应堆除用于保护地作物越冬栽培外，还可用于大田、果树等作物栽培。当前，我国大面积马铃薯保护地栽培常采用内置式秸秆生物反应堆。

内置式秸秆生物反应堆是在地上开沟或挖坑，将秸秆菌种、疫苗等按照要求分别埋入每个地沟或地坑中，浇水、打孔，使这些物质发生反应生成 CO_2，增加地温、抗病孢子、生物酶、有机和无机养料的技术。该技术是依据植物叶片主动吸收原理研制出来的设施装置。内置式秸秆生物反应堆根据应用位置和时间的不同可分为行下内置式、行间内置式、追施内置式和树下内置式四种形式。内置式生物反应堆的特点是：用工集中，一次性投入长期使用，地温效应大，土壤通气好，有利于根系生长，CO_2 释放缓慢，不受电力供应的限制，在农村适用范围广。其技术流程如图 7-1 所示。

外置式秸秆生物反应堆是在地底下挖沟或挖坑建设 CO_2 储气池，池上放箅子作为隔离层，按要求加入秸秆、菌种等反应物，喷水，盖膜，抽气加快循环反应。该技术是依据植物叶片被动吸收理论研制出来的设施装置。这种生物反应堆技术操作灵活，可控性强，造气量大，供气浓度高，CO_2 效应突出，见效快，加料方便。不足之处就是必须有电力供应的地方才能利用。其具体技术流程如图 7-2 所示。

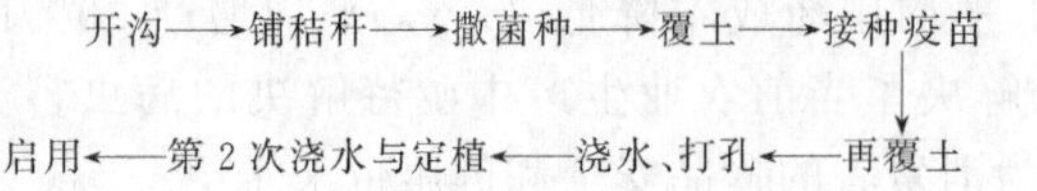

开沟⟶铺秸秆⟶撒菌种⟶覆土⟶接种疫苗
↓
启用⟵第 2 次浇水与定植⟵浇水、打孔⟵再覆土

图 7-1　内置式秸秆生物反应堆技术流程

挖沟⟶砌垒⟶水泥抹面打底⟶摆放水泥杆
↓
密封⟵接种⟵堆置秸秆⟵做隔离层

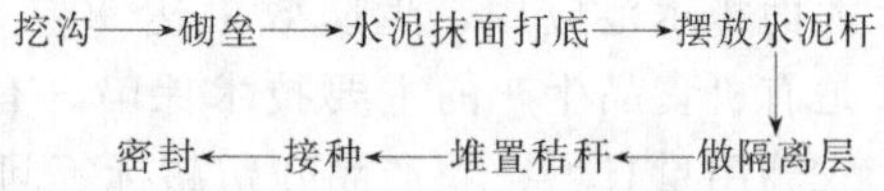

图 7-2　外置式秸秆生物反应堆技术流程

内外结合式秸秆生物反应堆是指在同一块土地上，内置式和外置式同时采用的秸秆生物反应堆技术。该技术兼具内置式和外置式两者优点，使优势互补，克服两者的缺点，若标准化使用可使作物增产 1 倍以上。该技术比较适用于秸秆资源丰富、有电力供应的地区。

三、与秸秆还田配套的农艺技术和机具

1. 与秸秆还田配套的农艺技术

(1) 为秸秆腐解创造条件

秸秆还田时要选木质化较低的、易腐烂的作物秸秆。秸秆还田数量因地区、栽培技术等而异，大型农场通常是全部秸秆还田，联合收割机收获后，秸秆直接切碎抛撒于田间，用秸秆还田机翻埋。秸秆直接还田的时间与种植制度、土壤墒情和茬口等关系密切，力争边收、边碎、边耕翻，尤其是玉米秸秆，以利于保持土壤水分，加速分解。还田秸秆宜切至 5～10cm 长，并均匀分布。耕埋深度以 15～20cm 为佳，土壤含水量较少，还田秸秆数量多，以及土壤质地较粗者可深些，以利于吸水分解。

(2) 调节土壤水分和 C/N 比、C/P 比

秸秆直接还田能否获得预期当季作物养分供应与长期的改土效果等，需微生物的参与和活动，以保证秸秆的正常矿质化和腐殖化。秸秆在腐解的过程中，需要吸收一定的氮、磷与水分，因此，土壤湿度要求在田间持水量的 60%～80%为宜，否则在翻埋后应及时灌水。为了防止作物与秸秆争氮，必须配合施用适量氮肥和磷肥。一般每亩应补施 7～10kg 尿素和 20～25kg 过磷酸钙，以调节 C/N 比和 C/P 比（注意：含氮量较高的油菜、秸秆，应施用适量石灰，以利微生物的活动）。

(3) 加强后续田间管理

秸秆还田整地时进行深埋和镇压，以消除秸秆架空现象。播种后要及时浇水，一方面可进一步消除土壤架空现象；另一方面可以加速秸秆腐解的速度，同时秸秆在腐解过程中产生的有机酸，累积到一定浓度时会危害作物的生长，旱地通气较好，有机酸不易积累，而水田施用过量秸秆时有机酸易积累。因此水田应控制秸秆用量，酌情使用碱性肥料，并适量地往田中撒草木灰（K_2CO_3）中和及适当提早施用期，以预防有机酸的危害。

（4）因地制宜，采取不同的还田时间和方法

旱地争取边收边耕埋，特别是玉米秸秆，因初收获时秸秆含水量较多，及时耕埋有利于腐解。用玉米秸秆或小麦秸秆作棉田基肥，宜在晚秋耕埋。麦田高留茬在夏休闲地要尽早耕翻入土。肥地、施用化肥多的地块，秸秆可多压或全部翻压。薄地、施用化肥少的地块，秸秆的施用量则不宜过多。

（5）避免有病秸秆还田

由于秸秆未经高温发酵直接还田，可导致病虫害蔓延，如棉花枯萎病、水稻白叶枯病、大小麦的赤霉病、玉米的黑穗病、油菜的菌核病及大豆的中斑病等，都不宜直接还田，应把它制成堆肥或沼气池肥后再施用，或作燃料。

2. 与秸秆还田配套的机具

秸秆还田劳动强度大，为了保证还田质量，应采用机械进行秸秆还田作业。秸秆还田机械有多种形式，不同的秸秆应配套不同的机械。秸秆还田机械主要有秸秆还田旋耕机、甩刀式碎土灭茬机、装有覆土器的铧式犁、深翻犁以及秸秆粉碎抛撒机等多种类型。

（1）秸秆还田旋耕机

秸秆还田旋耕机与一般系列旋耕机结构基本相同。正转用于旋耕，反转用于秸秆还田。秸秆还田旋耕机一般由工作部件、传动部件和辅助部件三部分组成。工作部件由刀管轴、刀片、刀座和轴头等组成。传动部件由万向节、齿轮箱和传动箱等组成。辅助部件由悬挂架、左右主梁、侧板、挡泥导向罩和平土拖板等组成。秸秆还田旋耕机采用反转旋转，即刀轴的旋转方向与作业机行走轮旋转方向相反。工作时旋耕刀从土壤底部开始向土壤表面逆向切土，机组负荷较均匀，牵引负荷稍大，无漏耕现象。作业后地表平整，碎土率高，一次可完成灭茬、秸秆还田、埋青、旋耕碎土、掩埋以及覆盖等作业，作业质量满足农艺要求。秸秆还田旋耕机工作时易拥土，使用时应保证挡土罩与旋耕机的位置正确，利用挡土罩将散土引导向后。

（2）甩刀式碎土灭茬机

甩刀式碎土灭茬机整机结构与水平横轴式旋耕机相似，只是工作部件是甩刀而不是刀齿。甩刀式碎土灭茬机甩刀用活动铰链与转轴联结，甩刀逆滚动方向回转，将茎秆切断后，拾起后抛，并利用高速旋转时的惯性力来打碎禾茬、硬土块或草皮层。动力通过传动箱由侧面传送到切碎辊，切碎高度由液压机构或限深轮控制。在切碎机机体的前方装有防护挡帘，防止碎秸秆抛向前方。打茬的工作部件主要是甩刀，从甩刀的形式来看，有L型、直刀型、锤爪式等。L型甩刀用于切割粗而脆的玉米秸秆，粉碎时，以切割和打击相结合方式切碎秸秆。直刀型甩刀用于切割细而软、质量轻的小麦、水稻等茎秆，粉碎时，以切割为主，打击为辅。锤爪式甩刀锤爪质量大，传动惯性力大，用于大型机具上。工作部件有长短之分，可根据不同作物选合适的工作部件。秸秆粉碎灭茬机，是秸秆粉碎与灭茬复合作业机具，秸秆粉碎灭茬机采用双轴传动，前轴带动甩刀旋转进行秸秆粉碎，后轴带动灭茬刀旋转，破除土壤中的根茬、浅耕。一次可完成秸秆粉碎、灭茬、旋耕等作业。甩刀式碎土灭茬机工作时，甩刀高速运动，秸秆粉碎效率高，秸秆粉碎率和破茬率均能达到农艺要求，但工作时振动大，噪声大，刀辊易振裂，甩刀碰到硬物易碎，刀辊和甩刀使用寿命短。

（3）装有覆土器的铧式犁、深翻犁

在主犁体上方安装覆茬器，使土垡尚未翻转时，先将土垡表面长有残茬并容易外露的一角切去并使其落入犁沟底部，然后犁体翻转土垡将其掩埋。覆茬器是协助犁体在翻垡时，将地表面的残茬杂草埋入土中，不使外露，使秸秆杂草腐烂还田。高架深耕犁可将秸秆整株深埋还田。

(4) 秸秆粉碎抛撒机

秸秆粉碎抛撒机是在联合收割机上安装茎秆切碎装置，实现了秸秆粉碎，抛散作业。秸秆粉碎抛撒机的切碎装置由一组切刀和喂入轮组成，或由旋转滚筒加定刀片组成。工作时，茎秆被强制喂入，靠喂入轮和刀片的转速不同来切碎茎秆；按其特性可分为甩刀式和定直径滚刀式。为了防止茎秆阻塞，可在茎秆切碎装置处，加装茎秆堵塞报警装置，一旦发生堵塞，可随时发现及时排除故障，避免零件损坏。秸秆粉碎机的抛撒装置由排草风扇、扇形导流板及动力传递机构等组成，使秸秆粉碎并均匀抛撒。秸秆粉碎抛撒机一般把茎秆切断成长度小于 10cm，其切碎和抛撒性能均达到农艺要求，有利于灭茬器的旋耕作业和秧苗的栽培，并可根据需要，装上或卸下切碎装置。对于割前脱粒的联合收割机，秸秆可以用高架犁直接整株还田，也可以先脱后割，将秸秆粉碎还田。

3. 秸秆还田机示例

河南内黄县农业机械厂研制的小型玉米秸秆还田机（结构如图 7-3 所示）自 1997 年秋季产品小批量投放市场后，经过大面积田间实践，效果良好，该机与小四轮拖拉机配套作业，每小时作业 0.133～0.2 hm^2，切碎质量好，秸秆粉末撒播均匀，灭茬作业深度可达到地面以下 5cm。该机结构设计合理，易损件做了特殊处理，使用寿命长，作业安全。

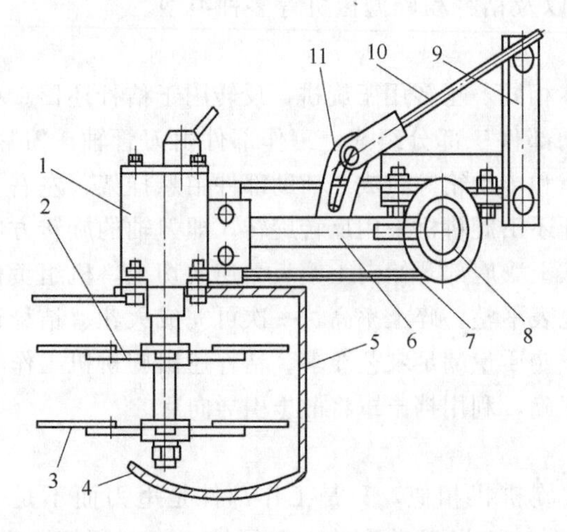

图 7-3　4Q-31 型玉米秸秆还田机结构示意

1—锥齿轮箱；2—刀盘；3—扶禾杆；4—船底板；5—护罩；6—撑杆；7—V 带传动；8—套筒；9—过桥轴承支架；10—拉杆；11—升降臂

它的工作原理如下。动力由主机底盘输出轴经 V 带通过过桥轴传至换向机构，即锥齿轮箱带动刀盘轴转动。高速旋转的两组立式刀盘插入作物的根茬中，借助于犁耕机组前进的速度完成对作物根茬的切割、打碎，并均匀地抛撒在待耕地面上，经主机行走轮往复碾压黏敷于地面上被犁耕翻转土垡掩埋在地下。

河北省深州市长城机械有限公司研制成功一种方便适用的前后置式秸秆还田机。该机可与 15～18 马力普通拖拉机配套使用，工作幅宽在 70cm 以上，工作效率每小时 115～300 亩，秸秆粉碎长度小于 8cm，留茬高度小于 4cm，有效粉碎率大于 96%。该机结构独特、简单，适用故障率低，适应性强，不受作物倒伏的影响，各项性能指标优于国家规定标准。

第三节　秸秆饲料利用技术

一、秸秆饲料技术概述

我国每年农作物秸秆产量达 8×10^8 t 之多，但长期以来并未得到合理的开发和利用。目前除大部分作物秸秆直接还田或焚烧后还田，另一部分作为生活能源被烧掉外，作为饲料的只占很少一部分。由于秸秆质地坚硬、粗糙、动物咀嚼困难，适口性和营养性都很差，特别是收割完小麦、稻谷后的黄麦秸和稻草纤维素含量高，而蛋白质和可溶性糖类含量很低，用这种秸秆喂牛羊不但适口性差，而且直接影响生产能力的提高。为此，开发和利用农作物秸秆饲料资源，提高秸秆的利用率和营养价值势在必行。

1992年5月，国务院办公厅转发了农业部《关于大力开发秸秆资源发展草食家畜的报告》。1992年国家正式启动秸秆养畜示范项目。1996年10月，再次发布了《1996～2000年全国秸秆养畜示范项目发展纲要》，极大地推动了秸秆饲料的开发利用。1990～2000年间，全国累计制作青贮饲料 8.5×10^8t，年递增14.24%；全国累计氨化秸秆饲料 2.8×10^8t，年递增35.69%。两项合计折算节约饲料谷物近 2×10^8t，年均节约饲料谷物 2×10^7t（见表7-6），为缓解我国谷物供需矛盾做出了贡献。

表7-6　1990～2000年我国秸秆饲料量　　单位：$\times10^6$t

年份	青贮饲料	氨化秸秆	直接饲喂秸秆	饲用秸秆总量	年份	青贮饲料	氨化秸秆	直接饲喂秸秆	饲用秸秆总量
1990年	31.7	2.6	92.54	106.83	1996年	85.2	30.5	108.00	166.88
1991年	41.4	3.7	96.50	114.00	1997年	96.7	36.8	104.93	174.00
1992年	50.1	7.1	95.90	1197.17	1998年	109.9	45.1	103.49	185.22
1993年	58.9	11.7	94.10	125.41	1999年	117.4	48.8	104.19	192.17
1994年	64.2	15.9	93.80	131.11	2000年	120.0	55.0	103.0	198.00
1995年	75.3	21.5	96.00	151.52	年递增率/%	14.24	35.69	1.07	6.36

秸秆的主要成分是粗纤维，一般情况下，粗纤维占秸秆干物质的20%～50%。粗纤维是植物细胞壁的主要成分，包括纤维素、半纤维素、木质素等。自然状态下粗纤维几乎不被动物的消化液所消化，只能在消化道内的微生物群的共同作用下被部分地消化吸收。

未经处理的秸秆消化率和能量利用率较低，主要是因为秸秆中的木质素与糖类结合在一起，使得瘤胃中的微生物和酶很难分解这样的糖类；此外，还由于秸秆中的蛋白质含量低和其他必要营养物质的缺乏，导致秸秆饲料不能被动物高效地吸收利用。提高秸秆饲养价值的实质，就是在以秸秆为日粮基础成分的情况下，尽可能地缩小秸秆饲料化的限制因素，为动物的消化吸收创造适宜的条件，通过添加其他特殊物质（如尿素等非蛋白氮）来提高秸秆饲料的营养价值。

在实践中，秸秆饲料的加工调制方法一般可分为物理处理、化学处理和生物处理三种。这些处理方法各有其优缺点。如膨化、蒸煮、粉碎、制粒等物理处理方法虽操作简单，容易推广，但一般情况不能增加饲料的营养价值。化学处理法可以提高秸秆的采食量和体外消化率，但也容易造成化学物质的过量，且使用范围狭窄、推广费用较高。生物处理法可以提高秸秆的生物学价值，但要求技术较高，处理不好，容易造成腐烂变质。总之，各地应根据当地的实际情况，采取不同的处理措施，加大对秸秆的开发利用。

二、作物秸秆的物理处理

物理加工方法简单易行，是通过秸秆长度和硬度等的变化，增加与家畜瘤胃微生物的接触，从而提高其消化利用率。同时，秸秆经过切短或粉碎处理后，更利于家畜咀嚼和提高家畜采食量，并可减少采食过程中的能量消耗和饲喂过程中的饲料浪费。

秸秆的物理处理较为简单，包括切断、粉碎、热喷、辐射、膨化、蒸煮、蒸汽爆破、超声波处理等方法，常作为其他方法的前处理。

1. 切短、粉碎及软化

切短、粉碎及软化秸秆在我国的农村早已被证明是行之有效的，可提高秸秆的适口性、采食量和利用率。宗贤㸌报道，秸秆经切短和粉碎以后，体积变小，便于家畜采食和咀嚼，采食量增加 20%～30%。秸秆切短和粉碎，增加了饲料与瘤胃微生物的接触面积，便于瘤胃微生物的降解发酵，使消化吸收的总养分增加，使羊的日增重提高 20%左右。但是，这种处理方法不能提高秸秆自身的营养价值。朱德文报道，由于秸秆颗粒减小，提高了秸秆在动物肠胃通道内通过的速度，以致动物肠胃没有足够的时间去吸收秸秆中的养分，造成秸秆中的养分白白流失。因此，要在秸秆制成颗粒的大小与其通过胃肠的速度之间寻求平衡，以使秸秆中的营养物质被动物高效吸收利用。由此看来，秸秆切短的适宜程度应因家畜种类、年龄的不同而有所不同。

湖南省湘西苗族自治州农业机械研究所研制的 JSQ-500 型秸秆饲草切揉机近日通过省级鉴定，并获得了农业机械推广许可证。该机结构简单，操作方便。整机质量为 260kg，工作效率达 1.5～1.8t/h，主要用于秸秆类饲草的切碎揉搓，加工后的秸秆饲草成丝状，水分损失少，牲畜的适口性好，适用于广大养殖户和养殖场使用。

2. 粉碎后压块成型

秸秆压块是将秸秆铡切成长为 5cm 的段，经过烘干，水分在 16%左右时进行压块形成圆柱或块状饲料。压块的断面尺寸一般为 32mm×32mm，长度可在 20～80mm 之间不等。压制秸秆块时，可根据牧畜的饲喂要求，按科学配方压制适合不同育龄牧畜的饼块饲料。

秸秆压块技术具有以下优点。

① 压制后的块状秸秆饲料的密度比原来增加 6～10 倍，含水量在 14%以下，可贮存 6～8 个月不变质，便于长途运输、贮存和饲喂，可缓解广大牧区的“白灾”和“黑灾”，实现抗灾保畜的目的。

② 秸秆经过高温挤压成型，使秸秆中的纤维素、半纤维素和木质素的镶嵌结构受到一定的破坏，使秸秆中的纤维素、半纤维素的消化率提高 25%，使秸秆的饲喂价值明显提高。

③ 块状秸秆饲料有浓郁的糊香味和轻微甜度感，使牲畜的适口性得到提高，采食量增加。与粉料相比。可提高饲料转化率 10%～12%，产奶量提高 16.4%，肥牛增肉率为 15%，牛奶内脂肪增加 0.2%，粗灰粉低于 9%。

④ 将农作物秸秆加工成块状饲料，其资源利用率可提高 50%，生产成品率可达 97%。

⑤ 卫生条件好。饲料经压制由生变熟，无毒无菌，有利防病，从而提高动物免疫功能。

⑥ 秸秆加工不与种植作业争农时，可以实现工厂化生产，全年进行加工。因为加工压块饲料合适的水分含量是 14%～18%，需经过晾晒搁置一段时间才能加工，不像存贮饲料必须利用秸秆青绿时期进行青贮，时间紧，与农业争机械、争劳力。

吉林省农机局会同吉林省农科院联合研制开发了专利产品 9FY-500 型多功能秸秆饲料压块机，它具有结构紧凑、体积小、质量轻、移动灵活、操作方便、实用性强、性能指标国内领先等特点。该机可将含水量在 18%以下的玉米秸秆、麦秸、豆秸、苜蓿、牧草等其他作物秸秆压制成不同密度的饼块。饼块密度在 0.4～1.0g/cm^3 之间，适用作牛、马、羊、鹿、鹅、兔和骆驼等畜禽的饲料，并可根据各类畜禽的生长营养需要，加入精料和各种添加剂，压成优良的饲料块。饲料块喂畜禽口感好，采食性强，没有残渣，饲料利用率高；且体积小、便于贮存和运输；特别适用于草原牧区冬季雪灾或春季缺饲草时作为补充饲料。饼块也可作燃料，燃点低，热值高，存放占地小，安全防火。

秸秆饲料压块机有挤压式环模压块机、平模压块机和压缩式压块机，但这些设备在技术上还存在不足之处。如挤压式压块机散热问题未能有效解决，工作一定时间要停机冷却；环模式压块机内腔饲料易堵塞，需开机清理。这些技术问题不彻底解决，将直接制约秸秆压块饲料的发展。

3. 秸秆挤压膨化技术

（1）秸秆挤压膨化原理及设备

秸秆挤压膨化技术是新兴的饲料加工技术。该技术可将玉米秸、花生秧、稻草、杂草等农作物秸秆变成芳香可口、营养丰富的优质颗粒饲料，直接用于喂猪、喂鸡、牛羊、鱼等畜禽，从而实现低投入、高产出的秸秆养畜和过腹还田。

挤压膨化的原理是将秸秆加水调质后输入专用挤压机的挤压腔，依靠秸秆与挤压腔中螺套壁及螺杆之间相互挤压、摩擦作用，产生热量和压力，当秸秆被挤出喷嘴后，压力骤然下降，从而使秸秆体积膨大的工艺操作。

生产膨化秸秆的主要设备是螺杆式挤压膨化机，主要由进料装置、挤压腔体、检测与控制系统及动力传动装置等部分组成。挤压腔体是膨化机的关键组件，由挤压螺杆、筒体和喷头三部分组成。螺杆的螺距与螺纹深度都是沿轴线变化的，挤压腔容积逐渐变小，以增加压力。挤压膨化机工作时，秸秆在挤压腔内与螺杆、螺套壁及秸秆之间挤压、摩擦、剪切，产生110℃以上的高温高压蒸汽，使秸秆细胞间及细胞壁内各层间的木质素熔化，部分氢键断裂而吸水，木质素、纤维素、半纤维素发生高温水解；秸秆被挤出喷头的喷嘴后突然减压，高速喷射而出，由于喷射方向和速度的改变而产生很大的内摩擦力，加上高温水蒸气突然散发而产生的膨胀力，导致秸秆撕碎乃至细胞游离、细胞壁疏松、表面积增大。这种饲料在牲畜消化道内与消化酶的接触面扩大，从而使牲畜对秸秆的消化率和采食量明显提高。

（2）加工工艺

秸秆挤压膨化加工的工艺流程为：清选→粉碎→调质→挤压膨化→冷却→包装。

1）清选　采用手工方法去除秸秆中的砂石、铁屑等杂质，以防止损坏机器和影响膨化质量。

2）粉碎　将秸秆喂入筛片孔径为3.0～6.0mm的锤片式粉碎机进行粉碎，以减小秸秆粒度，使调质均匀及提高膨化产量。粉碎时，筛片孔径要稍小些。孔径小，粉碎秸秆粒度细，表面积大，秸秆吸收蒸汽中的水分也快，有利于进行调质，也使膨化产量提高。但粉碎过细，电耗高，粉碎机产量低。实践表明，粉碎粒度控制在3.0～4.0mm为好。

3）调质　将粉碎的秸秆放入调质机中调质，根据不同农作物秸秆含水率的大小，合理加水调湿并搅拌均匀，使秸秆有良好的膨化加工性能。调质后的秸秆含水率不要过低也不要过高，含水率过低，秸秆间剪切力和摩擦力大，膨化机挤压腔温升迅速，秸秆易出现炭化现象；水分含量过高，挤压腔温度和压力过小，膨化不连续，影响膨化质量。调质后秸秆的含水率应控制在20％～30％之间，豆类秸秆的含水率应控制在25％～35％之间。

4）挤压膨化　将调质好的秸秆由料斗输入膨化机的挤压腔，在螺杆的机械推动和高温、高压的混合作用下，完成挤压膨化加工。加工时，挤压腔的温度应控制在120～140℃之间，挤压腔压力应控制在1.5～2.0MPa之间。

5）冷却　秸秆膨化后，应置于空气中冷却，然后再装袋包装。如果膨化后立即包装，此时膨化秸秆的温度较高，一般在75～90℃之间，包装袋中间的秸秆热量很难散失，会产生焦煳现象，影响其营养价值及适口性。

(3) 产品营养成分分析

膨化和未膨化豆类秸秆与玉米秸秆的营养成分对照见表 7-7。由表可见，挤压膨化加工对秸秆中的粗蛋白和粗脂肪等营养物质的含量基本上没有影响，而动物消化吸收的粗纤维和酸性洗涤纤维的含量（以干基计）有不同程度的下降，容易吸收的无氮浸出物含量却得到提高。膨化后豆类秸秆的粗纤维和酸性洗涤纤维分别降低了 17.67%和 9.20%，无氮浸出物增加了 31.54%。膨化后玉米秸秆的粗纤维和酸性洗涤纤维分别降低了 8.02%和 2.95%，无氮浸出物增加了 9.83%。

表 7-7 膨化和未膨化豆类秸秆与玉米秸秆的营养成分对照 单位：%

品 名	未膨化豆类秸秆	膨化豆类秸秆	未膨化玉米秸秆	膨化玉米秸秆	品 名	未膨化豆类秸秆	膨化豆类秸秆	未膨化玉米秸秆	膨化玉米秸秆
水分	10.51	10.40	8.42	8.07	粗纤维	52.23	43.00	32.68	30.06
灰分	4.52	5.07	9.47	8.17	无氮浸出物	30.72	40.41	47.20	51.84
粗蛋白	4.80	4.87	5.45	5.26	酸性洗涤纤维	65.23	59.23	46.85	45.27
粗脂肪	0.46	0.45	0.75	0.78					

(4) 膨化饲料特点

1) 利于微生物生长，提高消化率　农作物秸秆经挤压膨化处理，由于受热效应和机械效应的双重作用，秸秆被撕成乱麻状，纤维细胞和表面木质得以重新分布，为微生物生长繁殖创造了条件，使牲畜的消化率得以提高。

2) 适口性好　采食率高秸秆膨化后，质地疏松、柔软，有炒煳的芳香味，改善了饲料的风味。可部分替代饲料，提高牲畜采食率，降低饲料成本，取得较好的经济效益。

3) 便于贮存运输　经过挤压膨化处理的秸秆堆放总体积较原体积减少 40%～50%，为贮存和运输提供了方便。

4. 热喷处理

(1) 热喷处理的原理和优点

秸秆热喷处理就是将铡碎成约 8cm 长的农作物秸秆，混入饼粕、鸡粪等，装入饲料热喷机内，在一定压力的热饱和蒸汽下保持一定时间，然后突然降压，使物料从机内喷爆而出，从而改变其结构和某些化学成分，并消毒、除臭，使物料可食性和营养价值得以提高的一种热压力加工工艺。热喷饲料的优点如下。

① 通过连续的热效应和机械效应，消除了非常规饲料的消化障碍因素，使表面角质层和硅细胞的覆盖基本消除，纤维素结晶降低，有利于微生物的繁殖和发酵。

② 由于细胞的游离，饲料颗粒变小，密度增大，总体积变小，而总表面积增加。经热喷处理的秸秆饲料可提高其采食量和利用率，秸秆的离体有机物消化率提高 30%～100%（如表 7-8 所列），另外湿热喷粗饲料比干热喷粗饲料消化率提高 14%～140%。

表 7-8 热喷处理前后粗饲料消化率 单位：%

粗饲料	处理前	处理后	粗饲料	处理前	处理后	粗饲料	处理前	处理后
小麦秸	38.46	55.46	高粱秸	50.04	60.03	甘蔗渣	48.35	59.79
稻草	40.14	59.61	芦苇	42.79	55.61	柠条	36.35	59.99
稻壳	23.94	27.79	胡麻秆	44.25	55.47	锯木屑	24.87	43.27
玉米秸	52.09	64.81	向日葵秆	49.59	58.96	红柳条	29.55	48.87
大豆秆	40.25	55.78	向日葵盘	76.81	75.29	山林杂木	35.10	61.66

③ 通过利用尿素等多种非蛋白氮作为热喷秸秆添加剂，可提高粗蛋白水平，降低氨在瘤胃中的释放速度。据试验奶牛日采食 2.7kg 热柠条可代替 3.29kg 青干草，并净增奶 1.4kg/d。如果用热喷玉米秸代替羊草喂奶牛，不但奶产量和乳脂率不降低，而且每头成母牛每年可节约羊草 1000kg，以差价 0.16 元计，每头牛每年可节约饲养费 160 元，经济效益十分明显。

④ 热喷后的秸秆其全株采食率由 50%提高到 90%以上，消化率提高 50%以上。热喷装置还可以对菜籽饼、棉籽饼等进行脱毒，对鸡、鸭、牛粪等进行去臭、灭菌处理，使之成为蛋白质饲料。

⑤ 用热喷小麦秸秆饲喂羊羔，与用粉碎的小麦秸比，羔羊增重量提高 50%以上；用热喷荆棘饲喂乳牛，每千克可代替 1.2～1.7kg 青干草，同时增加产奶量。将混合精料热喷，用来补饲羔羊，与未处理相比，增重提高 22%。用 28.5%的热喷玉米秸秆饲喂奶牛，不但产奶量不降低，且每年可节约饲草 1t，每 100kg 奶成本降低 2.4 元。

⑥ 这种方法既便于工厂机械化规模处理各类秸秆，还能将其他林木副产品及畜禽粪便处理转化为优质饲料，并能通过成型机把处理后的饲料加工成颗粒、小块及砖型等多种成型饲料，既便于运输，饲喂起来也经济卫生。

（2）饲料热喷机

秸秆饲料热喷技术是由特殊的热喷装置完成的。图 7-4 所示的饲料热喷机是由内蒙古畜牧科学院研制的（专利号 8520477），由呼和浩特市锅炉厂生产，它实际上是一种间歇式蒸汽膨化机。原料经铡草机切碎，进入贮料罐内，经进料漏斗，被分批装入安装在地下的压力罐内，将其密封后通入 0.5～1MPa 的低中压蒸汽（由锅炉提供，进气量和罐内压力由进气阀控制 ），维持一定时间（1～30min）后，由排料阀减压喷放，秸秆经排料阀进入泄力罐。喷放出的秸秆可直接饲喂牲畜或压制成型贮运。该设备压力罐容积 $0.9m^3$，生产率为 300～400kg/h ，耗煤 50kg/h ，热喷 1t 秸秆成本约为 20 元。

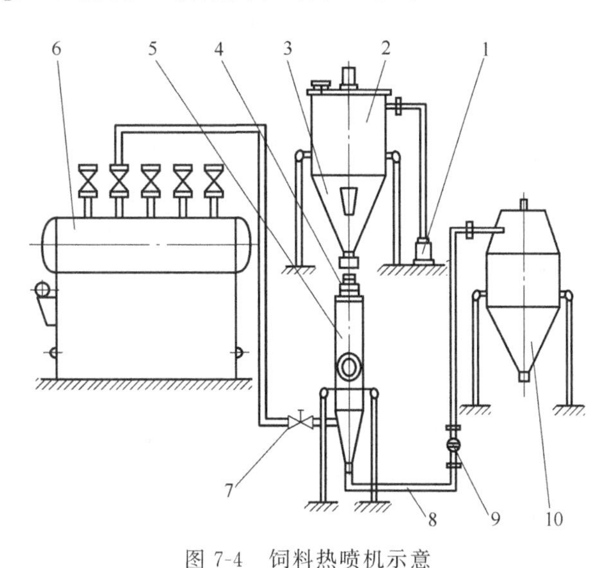

图 7-4　饲料热喷机示意

1—铡草机；2—贮料罐；3—进料漏斗；4—进料阀；5—压力罐；
6—锅炉；7—供气阀；8—排气管；9—排料阀；10—泄力罐

三、作物秸秆的化学处理

化学处理就是利用化学制剂作用于作物秸秆，破坏秸秆细胞壁中半纤维素与本质素形成的共价键，以利于瘤胃微生物对纤维素与半纤维素的分解，从而达到提高秸秆消化率与提高营养价值的目的。秸秆化学处理效果的好坏、成本的高低和有无环境污染等问题，经历了一个漫长的演变与发展过程，直到目前，人们还在探索一种更为满意的处理方法。

用于作物秸秆化学处理的化学制剂很多，碱化处理的制剂有 NaOH、$Ca(OH)_2$、KOH、$NaHCO_3$ 等；氧化剂处理的有氯气、各种次氯酸盐、H_2O_2 和 SO_2 等；氨化处理的有液氨、氨水、尿素和 NH_4HCO_3 等。氧化还原处理目前还处于实验室阶段。在生产中运用最为广泛的是 NaOH 处理和氨化处理，$Ca(OH)_2$ 加尿素的复合处理以成本低、效果好、操作简单的特点逐渐被重视，并在生产中推广运用。

1. 碱化处理

碱化处理的原理就是在一定浓度的碱液（通常占秸秆干物质的 3%～5%）的作用下，打破粗纤维中纤维素、半纤维素、木质素之间的醚键或酯键，并溶去大部分木质素和硅酸盐，从而提高秸秆饲料的营养价值。

碱化处理秸秆的方法开始于 20 世纪初。1900 年，Kellner 和 Kohler 用 2%～4%的 NaOH 溶液在高压锅内煮黑麦秸秆，使纤维素的消化率提高 1 倍。1922 年，德国的贝克曼用 115%的 NaOH 液浸泡秸秆 24h，然后冲洗。用碱液[KOH、$Ca(OH)_2$、NH_4OH 等]处理秸秆，可使植物细胞壁变得松散，易被消化液渗透，使粗纤维素消化率提高 50%以上，同时使采食量增加 20%～45%。据有关报道，秸秆经碱化处理后，有机物质的消化率由原来的 42.4%提高到 62.8%，粗纤维消化率由原来的 53.5%提高到 76.4%，无氮浸出物消化率由原来的 36.3%提高到 55.0%。

常用的氢氧化钠的碱化处理秸秆有两种方式。

1）湿法处理　它是提高秸秆和其他粗饲料营养价值的有效方法，但要消耗大量碱（每吨秸秆需 8～10kg）和水（3～5L），并且在冲洗过程中损失 20%的可溶性营养物质，又分为贝克曼法、轮流喷洒法和浸蘸处理法。

2）干法处理　该处理法是将 20%～40%浓氢氧化钠溶液喷于粉碎或切短的秸秆上(30mL/100g)，然后用酸中和。干法又分为工业化处理法和农场处理法两种。

由于碱化法用碱量大，需用大量水冲洗，且易造成环境污染，所以在生产中应用并不广泛。也有研究用酸处理秸秆，如硫酸、盐酸、磷酸、甲酸等，但效果不如碱化，酸处理秸秆的原理与碱化处理基本相同。

2. 氧化剂处理

氧化剂处理是针对植物的木质化纤维素对氧化剂比较敏感而提出的，主要是指二氧化硫(SO_2)、臭氧（O_3）及碱性过氧化氢（AHP）处理秸秆的方法。氧化剂能破坏木质素分子间的共价键，溶解部分半纤维素和木质素，使纤维基质中产生较大空隙，从而增加纤维素酶和细胞壁成分的接触面积，提高饲料消化率。

(1) SO_2处理

Ben. Ghedlal 报道用 35g/kg 秸秆在 SO_2、70℃条件下处理 72h，使秸秆中细胞壁含量从 81.0%降到 61.0%。用未处理或 SO_2 处理麦秸分别与禽舍垫草以 1∶1 混合，取代玉米大麦全精料日粮的 60%饲喂绵羊，SO_2 处理组的采食量比未处理组提高 30%，日增重提高 34%。用 SO_2 处理的小麦秸秆饲喂美利奴公羊，秸秆的表观消化率从 50.2%显著提高到 65.3%（王铁柱等，2005）。用 SO_2处理存在许多问题，如秸秆的适口性降低、VB_1遭到破坏，而且会加重家畜酸的负担，使能量代谢受到影响。

（2）臭氧处理

臭氧处理法是将臭氧直接通入存有秸秆的密闭容器中，处理完成后秸秆完全变色，秸秆经过臭氧处理后，其处理效果明显优于用 NaOH 处理，可显著提高秸秆体外有机物的消化率和快速降解部分难以消化的成分。Ma 等对小麦和黑麦秸秆进行了臭氧预处理的研究，研究表明，臭氧增加了原料的酶水解度，提高了可发酵糖的得率。通过对秸秆进行臭氧预处理，测定在室温条件下固定床反应器的运行参数的影响。实验发现，生物原料中的酸不溶性木质素的含量在减少，半纤维素大部分降解，而纤维素的含量基本不变。经臭氧处理后的小麦和黑麦酶水解糖化率分别达到了 88. 6%和 57%，而未处理小麦和黑麦酶水解糖化率仅为 29%和 16%，表明臭氧化处理有显著效果。

（3）AHP 处理

用过氧化氢处理秸秆时，必须在 pH 值大于 11 的条件下才能保证木质素的降解。相比而言，碱性过氧化氢（AHP）处理效果更明显。Kerley 用 AHP 处理玉米芯、玉米秸和麦秸，测出 DM（干物质）消失率从处理前的每小时 3. 76%、4. 34%和 2. 98%上升到处理后的 6. 64%、7. 18%和 5. 96% ，经 AHP 处理，瘤胃微生物对细胞壁碳水化合物的利用率提高，表现出 NDF 和纤维素的消化率提高。Chaudry 等比较了 12%CaO、8%NaOH 和 1. 3% H_2O_2，在 pH 值都是 11. 5 的条件下处理秸秆的效果，3 种处理中，APH 效果最好。

用氧化剂处理秸秆能从本质上破坏木质素与纤维素的结合，明显提高秸秆的消化率。从长远来看，秸秆的处理将来可能会转向氧化剂的处理，但因为成本太高，目前还不能在生产中推广应用。

3. 氨化处理

（1）氨化原理和影响因素

秸秆氨化是指用氨水、液氨、尿素或碳铵等含氨物质，在密闭条件下处理秸秆，以提高秸秆消化率、营养价值和适口性的加工处理方法。氨化秸秆的原理分以下 3 个方面。

1）碱化作用　秸秆的主要成分是粗纤维。粗纤维中的纤维素、半纤维素可以被草食牲畜消化利用，木质素则基本不能被家畜利用。秸秆中的纤维素和半纤维素有一部分与不能消化的木质素紧紧地结合在一起，阻碍牲畜消化吸收。碱的作用可使木质素和纤维素之间的酯键断裂，打破木质素和纤维素的镶嵌结构，溶解半纤维素和一部分木质素及硅酸盐，纤维素部分水解和膨胀，反刍家畜瘤胃中的瘤胃液易于渗入，从而提高了秸秆的消化率。

2）氨化作用　氨吸附在秸秆上，增加了秸秆粗蛋白质含量。氨随秸秆进入反刍家畜的瘤胃，其中微生物利用氨合成微生物蛋白质。尽管瘤胃微生物能利用氨合成蛋白质，但非蛋白氮在瘤胃中分解速度很快，尤其是在饲料可发酵能量不足的情况下，不能充分被微生物利用，多余的则被瘤胃壁吸收，有中毒的危险。通过氨化处理秸秆，可延缓氨的释放速度，促进瘤胃微生物的活动，氨进一步提高秸秆的营养价值和消化率。

3）中和作用　氨呈碱性，与秸秆中的有机酸化合，中和了秸秆中潜在的酸度，形成适宜瘤胃微生物活动的微碱性环境。由于瘤胃内微生物大量增加，形成了更多的菌体蛋白，加之纤维素、半纤维素分解可产生低级脂肪酸（乙酸、丙酸、丁酸），从而可促进乳脂肪、体脂肪的合成。同时，铵盐还改善了秸秆的适口性，因而提高了家畜对秸秆的采食量和利用率。

秸秆氨化后其质量与氨的用量、环境温度和氨化时间、含水量以及原料的类型和质量等密切相关。

1）氨的用量　Kernan 和 Spurr 提出，3.0%～4.0%的氨为最佳水平，进一步提高氨的用量其效果相反。生产中，氨化 100kg 秸秆（风干）常用液氨 3kg、尿素 4～5kg、碳铵 8～12kg、氨水（含氨 20%）11～12kg（但很少应用）。

2）环境温度和氨化时间　环境温度越高，氨化所需的时间越短。环境温度低于 5℃，处理时间要多于 8 周；5～15℃时，为 4～8 周；15～30℃时，为 1～4 周；环境温度高于 30℃时，处理时间少于 1 周；高于 90℃，处理时间少于 1d。

3）含水量　是决定氨处理效果的另一个重要因素，其最佳水平为 15%～20%。秸秆较高的含水量虽可获得良好的氨处理效果，但氨化秸秆在贮存中有发霉损失的风险，而另一不利因素是增加了管理的困难。

4）原料的类型和质量　在氨处理秸秆的最初阶段就观察到，不同的原料对处理的反应是不同的。Waiss 等指出，对消化率很低的秸秆，氨处理的效果更为显著，这一结论同 Mwakatundu 和 Owen 所得到的一致。

(2) 氨化秸秆饲料的优点和限制

从饲喂效果、经济效益、加工成本、制作工艺等方面考虑，氨化秸秆饲料有较好的竞争力。氨化秸秆饲料把属于有机物质的作物秸秆和属于无机物质的氮巧妙地结合在一起，制成一种近乎完美的反刍家畜饲料。这种氨化秸秆饲料不但可开发利用大量的干燥秸秆，而且能以工业化生产的无机氮代替生产周期长、成本高的植物性蛋白质饲料。

我国牧区牛羊业的大发展得益于氨化秸秆的推广。据农业部畜牧司统计，由于这项技术简便易行，效果显著，在我国推广的 3 年间（1997～1999 年），全国氨化秸秆的总量就由 4×10^4 t 猛增到 1.8×10^6 t，3 年累计节粮超过 1.3×10^6 t，直接经济效益 3.45 亿元。

氨化秸秆饲料的优点有：a. 由于氨具有杀灭腐败细菌的作用，氨化可防止饲料腐败，减少家畜疾病的发生；b. 氨化后，秸秆的粗蛋白含量可从 3%～4%提高到 8%，甚至更高；c. 秸秆饲料的适口性大为增加，家畜的采食量可提高 20%～40%；d. 秸秆饲料的消化率大为提高，因为氨化使纤维素及木质素那种不利于家畜消化的化学结构破坏分解，氨化秸秆比未氨化的消化率提高 20%～30%；e. 提高了秸秆饲料的能量水平，因为氨化可分解纤维素和木质素，可使它们转变为糖类，糖就是一种能量物质；f. 氨化秸秆饲料制作投资少、成本低、操作简便、经济效益高，并能灭菌、防霉、防鼠、延长饲料保存期；g. 家畜尿液中含氮量提高，对提高土地肥力还有好处；h. 提高了家畜的生产能力，原因是既节约了采食消化时间，从而减少了因此而消耗的能量，又提高了秸秆单位容积的营养含量，从而有利于家畜生产能力的发挥。

但秸秆的氨化处理也存在不少问题：a. 氨的利用率低，在氨化过程中，注入的含氨化合物的利用率只有 50%，从而造成了资源的浪费；b. 会污染环境，在饲喂氨化饲料时，未被利用的氨释放到空气中，会造成一定的污染，同时对家畜和人的健康也有一定的危害；c. 处理成本较高，每氨化 1000kg 秸秆约需尿素 40kg，和其他加工方法相比，投入较高；d. 降低了奶的品质，奶牛饲喂氨化饲料，有时会使牛奶带有异味，降低奶的品质；e. 可能会引起家畜中毒现象，犊牛、羔羊在大量进食氨化饲料时，由于饲料中余氨尚未散尽，可能会出现中毒事故；f. 与 NaOH 处理相比，达到理想效果处理时间长得多，同时需要密封，增加了成本，且液氨和氨水运输、贮存和使用不便，尿素和碳铵虽然运输使用较为方便，但处理效果不稳定，特别是温度很低时。

(3) 秸秆氨化常用氨源及其使用方法

1）尿素氨化法　秸秆中存有尿素酶，加进尿素，用塑料膜覆盖，尿素在尿素酶的作用下分解出氨，对秸秆进行氨化。方法是按秸秆重的3%～5%加尿素。首先将尿素按1∶（10～20）的比例溶解在水中，均匀地喷洒在秸秆上。即100kg秸秆用3～5kg尿素，加30～60kg水。逐层添加堆放，最后用塑料薄膜覆盖。用尿素氨化处理秸秆的时间较液氨和氨水处理要求稍长一些。

2）液氨氨化法——无水氨化法　液氨是最为经济的一种氨源。液氨是制造尿素和碳铵的中间产物，每吨液氨成本只有尿素的30%。但液氨有毒，需高压容器贮运、安全防护及专用施氨设备，一次性投资较高。其操作简便、省时、作业效率高，是将来推广的理想氨源。

其使用方法是：将秸秆打成捆或不打捆，切短或不切短，将其堆垛或放入窖中，压紧，上盖塑料薄膜密封；在堆垛的底部或窖中用特制管子与装有液氨的罐子相连，开启罐上压力表，通入秸秆重的3%液氨进行氨化，即1t秸秆用30kg液氨。氨气扩散相当快，短时间即可遍布全垛成全窖，但氨化速度很慢，处理时间取决于气温，通常夏季约需1周，春秋季2～4周，冬季4～8周、甚至更长。液氨处理过的秸秆，喂前要揭开薄膜1～2d，使残留的氨气挥发。不开垛可长期保存。

液氨处理秸秆应注意秸秆的含水量，一般以25%～35%为宜，液氨必须采用专门的罐、车来运输，液氨输入封盖好的秸秆中要通过特制的管子。一般利用针状管。针状管由直径20～30mm、长3.5m的金属管制成，前端焊有长150mm的锥形帽，从锥形帽的连接处开始，每70～80mm要钻4个直径2～2.5mm的滴孔，管子的另一端内焊上套管，套管上应有螺纹。可以用来连接通向液氨罐的软管。如果一垛秸秆重为8～10t，只要一处向垛内输送液氨即可。垛重20～30t，则可多选1～2处输送。

中国农业大学非常规饲料研究所开发研制的液氨施用设备由氨瓶、高低压管、流量计、氨压力表和氨枪等组成。使用时，将氨瓶卧放，使两阀门连线垂直于地面（上面阀为气相阀，下面的为液相阀），高压管的一端与下面的阀门相连，另一端与流量计高压端相连；低压管的一端与流量计低压端连接，另一端与氨枪相连。具体操作是，首先检查施氨设备是否连接正确，操作人员佩戴胶皮手套和防毒面具，然后将氨枪插入待氨化秸秆中，缓慢拧开氨瓶下阀门，注入适量的氨。注氨完毕后，先关闭氨瓶阀门，待4～5min后让管和氨枪内的液氨流尽，方可拔出氨枪，最后封闭注氨孔。

3）碳铵氨化法　碳铵是我国化肥工业的主要产品之一，年产量达800多万吨，由于用作化肥需深施，所以长期处于积压滞销状态。碳铵在常温下分解但又分解不彻底，在自然环境条件下，相同时间内，尿素在脲酶作用下可完全分解，碳铵却仍有颗粒残存，然而其在69℃时则可完全分解。中国农业大学非常规饲料研究所研制的秸秆氨化炉的加热温度可达90℃，因此可使碳铵完全分解，为广泛利用碳铵进行秸秆氨化扫清了障碍。碳氨使用方法与尿素相同。

4）氨水氨化法　与液氨相比较，氨水不需专用钢罐，可以在塑料和橡皮容器中存放和运输。用氨水处理秸秆时，要根据氨水的浓度，按秸秆干物质重加入3%～5%纯氨。由于氨水中含有水分，在处理半干秸秆时，可以不向秸秆中洒水。在实际操作时可从垛顶部分多处倒入氨水。随后完全封闭垛项。让氨水逐渐蒸发扩散，充分与秸秆接触使之发生反应。或按比例在堆垛或装窖时，把氨水均匀喷洒在秸秆上，逐层堆放，逐层喷洒，最后将堆好的秸秆用薄膜封闭严实。

值得注意的是：氨水只能用合成氨水，焦化厂生产的氨水因可能含有毒杂质不能应用；

含氨量少于17%的氨水也不宜应用。因为在这种情况下，秸秆的水分可能过高，长期贮存比较困难。在处理过程中，人与氨的接触时间长，要注意防毒和腐蚀污染身体等。

(4) 常用秸秆氨化操作方法

秸秆氨化需在封闭环境中进行。氨化方法应根据因地制宜、就地取材、经济实用的原则确定。目前，我国采用较多的方法如下。

1) 小型容器法　有窖、池、缸及塑料袋之分。氨化前可用铡草机把秸秆铡碎，也可整株、整捆氨化。若用液氨，先将秸秆加水至含水量30%左右（一般干秸秆含水率约9%），装入容器，留个注氨口，待注入相当于秸秆重3%的液氨后密封。如果用尿素则先将相当于秸秆重5%～6%的尿素溶于水，与秸秆混合均匀，使秸秆含水率达40%，然后装入容器密闭。小型容器法适宜于个体农户的小规模生产。

2) 堆垛法　先在干燥向阳平整地上铺一层聚乙烯塑料薄膜，膜厚度约为0.2mm，长宽依堆大小而定，然后在膜上堆秸秆，膜的周边留出70cm，再在垛上盖塑料薄膜，并将上下膜的边缘包卷起来埋土密封。有时为了防止盖膜被风撕破和牢靠起见，应在垛的下部用绳子交叉捆牢。其他操作程序视使用的氨源不同而不同，与小型容器法一样。例如，氨水处理堆垛秸秆，其方法近似液氨，用泵将氨水注入垛内，或将氨水罐放在垛的顶部，将盖打开，直接倒入注氨口后封垛。

堆垛法是我国目前应用最广泛的一种方法，它的优点是方法简单，成本低。但是堆垛法所需时间长、占地大，限制了它在大中型牛场的应用。为了适应大规模养牛等的需要，使秸秆氨化工厂化，不受季节、地域影响，我国借鉴一些发达国家的经验，兴起氨化炉法。

3) 氨化炉法　氨化炉既可以是砖水泥结构的土建式氨化炉，也可是钢铁结构的氨化炉。土建式氨化炉用砖砌墙，水泥抹面，一侧安有双扇门，门用铁皮包裹，内垫保温材料如石棉。墙厚24cm，顶厚20cm。如果室内尺寸为3.0m×2.3m×2.3m，则一次氨化秸秆量为600kg。在左右侧壁墙的下部各安装4根1.2kW的电热管，合计电功率为9.6kW。后墙中央上下各开有一风口，与墙外的风机和管道连接。加温的同时，开启风机，使室内氨浓度和温度均匀。亦可不用电热器加热，而将氨化炉建造成土烘房的样式，例如两炉一囱回转式烘房。用煤或木柴燃烧加热，在加热室的底部及四周墙壁均有烟道，加热效果很好。

钢铁结构的氨化炉，可以利用淘汰的发酵罐、铁罐或集装箱等。改装时将内壁涂上耐腐蚀涂料，外壁包裹石棉、玻璃纤维以隔热保温。如果利用的是淘汰的集装箱，则在一侧壁的后部装上8根1.5kW的电热管，共计12kW。在对着电热管的后壁开上下两个风口，与壁外的风机和管道相连、在加温过程中开动风机，使氨浓度与温度均匀。集装箱的内部尺寸为6.0m×2.3m×2.3m，一次氨化量为1.2t秸秆。

氨化炉一次性投资较大，但它经久耐用、生产效率高，综合分析是合算的（堆垛法所用的塑料薄膜只能使用两次）。特别是如果增加了氨回收装置，液氨量可以从3%降至1.5%，则能进一步提高经济效益。挪威、澳大利亚等国采用真空氨化处理秸秆收到较好的效果。

(5) 尿素氨化工艺示例

1) 氨化窖的制作　氨化窖的修建要因地制宜，可修在地上、地下或修在屋外，原则是不漏气、不进水，在屋外应选择地势干燥的地方建窖。窖可修成长方形或方形，容量根据具体情况而定，一般每立方米可容纳150～200kg。修窖的材料也应因地制宜，可采用砖、石料、石板等，没有上述材料的地方可直接用土窖，但窖底和内壁垫塑料薄膜，窖周围需挖排水沟。

2) 原料选择　主要有玉米秸、稻草、麦秸、花生藤、豆秸等。原料必须新鲜无霉烂、无杂质。有条件的地方可用电动铡料，无条件的地方可用人工铡料，秸秆的长度以 30cm 左右为宜。尿素用量一般为 4kg/100 kg 秸秆（干物质），一般稻草和麦秆含水量在 10%左右，因此加尿素量为（100－10）×4% ＝3.6kg。而玉米秆的含水量一般在 12%～15%之间，因而尿素量为（100－15）×4% ＝ 3.4kg，其他秸秆也应根据含水量来计算用尿素量。

3）具体操作　应将尿素（和石灰）先溶于水中，将秸秆切碎后放入窖内再洒上溶液，或在水泥地上将已切碎的秸秆与尿素（和石灰）溶液拌和后再装入窖内。装时应装一层压一层，特别是窖的四周一定要压紧。秸秆应装满出窖面 30～40cm ，并在上面盖上塑料薄膜，此块薄膜应比窖面大，以便秸秆下沉后仍能盖住秸秆。在薄膜上面再盖上 10～20 cm 泥土压实。屋外窖最好加盖雨棚。装窖后秸秆经多天后会下沉，应经常注意管理，防止漏水漏气，氨化时间根据周围环境温度来定。一般环境温度在 30 ℃以上，需密封 1 周；15～30℃，需 2～4 周；5～15℃，需 4～7 周；5℃以下，需 56 周以上。

4）氨化秸秆饲料的品质鉴定　如表 7-9 所列。

表 7-9　氨化秸秆饲料的品质鉴定

品　质	颜　色	气　味	质　地	温　度
氨化好	深黄色、褐色、黄褐色	打开时有强烈氨味，放氨后有煳香味	柔软、放氨后干燥	不高
未氨化好	与原色差别不大	无氨味，与原秸秆味无大区别	与原秸秆一样	不高
氨化差	白色、发黑	有强烈发霉味	部分发黏腐烂	发热

5）饲喂方法　喂前 1～2d 要将秸秆取出，摊在地上放氨，并注意防止雨水冲刷，取出料后应将窖内的料压紧盖好，取时应一层一层取。初次喂牛羊数量不能过多，应让牛羊有个适应过程，开始时少给勤添，逐渐提高饲喂量，一般正常时可饲喂 10 kg 左右（成年牛）。霉烂料不能喂牲畜，否则会引起中毒，妊娠母畜可引起流产或死胎，严重时可导致家畜死亡。

4. 复合化学处理

复合化学处理融合了碱化处理对木质素分解效果好和氨化处理增加瘤胃微生物蛋白合成量的优点，克服了碱化处理牲畜粪便中残留碱量高和氨化处理对木质素软化作用差的缺点。一般可使采食利用率提高 10%～40%、含氮量提高 1～2 倍、粗蛋白含量达到 7%～15%。复合化学处理剂来源广、价格低、配制方便，并可根据不同作物和各种饲喂对象选择不同的化学处理剂配方。复合化学处理是近期研究的主要秸秆化学处理方法。下面以尿素＋氢氧化钙的复合化学处理来简单介绍这一方法的应用前景。

单用氢氧化钙处理，虽生石灰溶于水便可得到氢氧化钙，来源广泛，价格便宜，且钙是家畜的必需矿物质元素，也不会造成环境污染，但因其碱性不如氢氧化钠强，处理需要较长时间，在秸秆水分为 40%～45%的情况下，用氢氧化钙处理秸秆容易发霉，而使用尿素＋氢氧化钙复合处理秸秆可以获得良好的处理效果。毛华明等用 2%及 4%的尿素，加 5%及 7%的氢氧化钙处理稻草，干物质的降解率分别达 65.86%、71.22%、74.02%和 76.49%，分别较不处理和单用尿素提高了 17～24 个百分点与 9～16 个百分点。且处理成本较氨水、液氨或单一尿素处理要低 1/3 左右。

尿素加氢氧化钙复合化学处理易推广使用。只要将 5～7kg 生石灰和 2～3kg 尿素溶于 50kg 水中，然后喷洒在切碎的 100kg 秸秆上，混合均匀后密封，夏季 20～30d，春秋 40～60d，冬季 60d 以上，即可开封饲喂，此复合处理适宜的秸秆水分为 40%，尿素用量不得低于 2%，否则秸秆会发霉。

尿素＋氢氧化钙的复合化学处理也适于秸秆的工厂化处理。秸秆经粉碎加入复合化学处理沼液并搅拌均匀，进入制投机压成颗粒。一般颗粒出机后密封堆放1～2d就可获得满意的处理效果。经复合处理后，细胞壁含量均有明显下降，体外有机物消化率从39%～45%提高到56%～65%，精蛋白含量也从4%～6%提高到9%～10%，且增加的氮与秸秆的结合更紧密，在瘤胃中降解速度比尿素在瘤胃中的分解速度要缓慢。秸秆经粉碎机和压粒，堆积容重可提高到400kg/m^2，不但利于贮存、运输和饲喂，还利于秸秆采食量的提高。

毛华明等用体重200kg的黑白花育成牛的试验表明，用复合化学处理稻草颗粒完全可以替代日粮中的东北羊草和青贮料。育成牛日喂1.74kg混合精料、粗料全为复合处理稻草颗粒，日增重可达900g，每千克增重的精料耗量仅为1.94kg，而粗料为羊草和玉米青贮时，日增重仅800g，其精料与增重比为2.18。用复合处理大麦秸颗粒替代高产黑白花产奶母牛日粮中的东北羊草（3.5kg），对产奶量和乳脂率无明显的影响。

四、作物秸秆的生物处理

1. 青贮技术

（1）青贮的原理和优势

生物处理法中应用最广泛、操作最简单的方法是秸秆青贮法。青贮就是对刚收获的青绿秸秆进行保鲜贮藏加工，通过无杂菌密封贮藏，很好地保持和提高青绿秸秆的营养特色，生产出青绿多汁、质地柔软、适口性好、蛋白质、氨基酸、维生素含量显著增加的青贮饲料，这种饲料对解决家畜越冬期间青饲料不足十分重要，故有“草罐头”的美称。

青贮是利用微生物的乳酸发酵作用，达到长期保存青绿多汁饲料的营养特性的一种方法。其实质是将新鲜植物紧实地堆积在不透气的容器中，通过微生物（主要是乳酸菌）的厌氧发酵，使原料中所含的糖分转化为有机酸——主要是乳酸。当乳酸在青贮原料中积累到一定浓度时，就能抑制其他微生物的活动，并制止原料中养分被微生物分解破坏，从而将原料中的养分很好地保存下来。乳酸发酵过程中产生大量热能，当青贮原料温度上升到50℃时，乳酸菌也就停止了活动，发酵结束。由于青贮原料是在密闭并停止微生物活动的条件下贮存的，因此可以长期保存不变质。

青贮具有充分保留秸秆在青绿时的营养成分以提高其消化率和适口性的特点，是保证常年均衡供应青绿多汁饲料的有效措施，青贮饲料气味酸香，柔软多汁，颜色黄绿，适口性好，是牛羊四季特别是冬春季节的优良饲料。这不仅节约了大批粮食，而且大幅降低了饲养成本。

青贮法技术简单、方便推行。我国有可供青贮的茎叶、鲜料约1×10^9t，是发展养猪和奶牛的主要能量饲料源。但青贮法对纤维素消化率提高甚微，人们试图寻找某些纤维分解菌，以提高青贮饲料的消化率。

（2）青贮添加剂

青贮添加剂的种类很多，在青贮过程中，往往根据作物秸秆本身的特点加以选用。青贮添加剂一般有以下几类。

1）微生物制剂　最常见的微生物制剂是乳酸菌接种剂，一般作物秸秆所含的乳酸菌数量极为有限，添加乳酸菌能加快作物的乳酸发酵，抑制和杀死其他有害微生物，达到长期酸贮的目的。乳酸菌有同质和异质之分，在青贮中常添加的是同质乳酸菌，如植物乳杆菌、干酪乳杆菌、啤酒片球菌、粪链球菌等，同质乳酸菌发酵产生容易被动物利用的L-乳酸。我国近几年用于秸秆发酵的微生物制剂也有很多，大多是包括乳酸菌在内的复合菌剂，如新疆海星牌秸秆发酵活干菌。

2）酶制剂　酶制剂是近年来研究较多的一种青（黄）贮添加剂。青贮中添加的酶主要是纤维素酶，其他还有半纤维素酶、β-葡聚糖酶、植酸酶、果胶酶等。从酶作用的角度来讲，酶的反应往往发生在细胞壁表面，不能穿透细胞壁，对细胞壁结构的破坏效用不大。所以，要将酶制剂应用于秸秆的调制上，必须要有相应的预处理过程，这必然会提高处理成本，难以在生产中推广。

3）抑制不良发酵的添加剂　这类添加剂用得较多的有甲酸、甲醛。甲酸对青贮的不良发酵有抑制作用，其用量在2～5L/t之间。Beck（1968）指出，甲酸对梭菌及肠杆菌有显著的抑制作用。甲醛则对所有的菌都有抑制作用，其添加量一般占到DM的1.5%～3%。添加甲酸、甲醛（或其混合物）的费用较高，在我国目前还难以推广。添加丙酸、己二烯酸、丁酸及甲酸钙等能防止发酵中的霉变。Alni（1985）指出，丙酸及己二烯酸对酵母、霉菌及异乳酸菌有选择性抑制作用。这类添加剂的添加剂量一般为0.1%。

4）营养添加物　补充可溶性碳水化合物（WSC）的玉米面、糖蜜、胡萝卜，补充粗蛋白质含量的氨、尿素，补加矿物质的碳酸钙及镁剂等，都属于这一类添加剂。这类添加剂可以改善青（黄）贮的营养价值。

5）无机盐　青贮饲料中加入石灰石粉，不但可补钙，而且可以缓和饲料的酸度，每吨青贮料中加入石灰石粉4.5～5kg；添加食盐可提高渗透压，丁酸菌对较高的渗透压非常敏感而乳酸菌却较为迟钝，添加4%的食盐，可使乳酸含量增加，乙酸减少，丁酸更少，从而改善青贮的质量和适口性。

（3）青贮技术要点

1）青贮窖的建设

① 青贮秸秆的容器：青贮秸秆容器可采用青贮塔、青贮窖和塑料袋3种形式。青贮塔造价高、难于压实、容积大，新建的动物牛、羊场一般很少采用，而塑料袋青贮仅适用于养殖少量牲畜的养殖户。现在养殖量大的养殖户基本不采用上述两种形式，而采用青贮窖进行青贮。

② 青贮窖的规范建造：青贮窖有地下式、半地下式和地上式3种。地下式适用于水位较低、土质坚硬的地方，后两种适用于水位较高的地方。根据自身的经济条件确定建土窖还是永久性的水泥窖，土窖的壁面必须光滑一致，以利于原料的下沉压紧，避免损坏四周的塑料薄膜和壁面。其具体要求是：窖横切面应为倒楔形，一般为上宽5～7m、下宽3～5m、高3.5～5m，也可根据饲养牲畜的数量及种类确定窖的长度（成年牛的青贮饲料用量为4t/a，羊为0.8～1t/a；青贮的量为500～700 kg/m^2），窖的四周、角要圆滑无凹凸，其次应设计排水沟，以防止雨水进窖而损害贮料。

2）原料的收割与切短　根据原料种类的不同，选择适宜的收割时期，可获得较高的产量和最好的营养价值。一般禾本科牧草在孕穗到抽穗期，最好在抽穗前收割；豆科牧草应在孕蕾到始花期收割为宜。过早收割会影响产量，过晚收割会使饲料品质降低。青贮料装窖前应将原料切短，其长度视原料质地的粗细、软硬程度以及所喂家畜而定。玉米等粗硬秸秆的长度不应超过3cm，其他细软的原料可切成7～12cm。

为保证青贮料的质量，装窖（袋）前要将青料晾干，使水分降到60%～70%为好，超过75%则容易霉。豆科牧草和蛋白质含量较高的原料应与禾本科牧草混合青贮，禾豆比为3∶1为宜；糖分含量低的原料应加30%的糖蜜（制糖的副产品）；禾本科牧草单独青贮可加

0.3%～0.5%的尿素；原料含水量低、质地粗硬的可按每100kg加0.3～0.5kg食盐，这些方法都能更有效地保存青料和提高饲料的营养价值。

3）青贮的操作步骤

① 配制菌液：视秸秆干湿程度和营养价值，将20g秸秆青贮添加剂置于36℃左右的2kg温水中浸泡10～15min后制成菌液，然后根据具体情况稀释用量水备用。

② 青贮步骤

Ⅰ. 将秸秆按不同原料粉碎，粉碎后分层铺入窖内，一般同种秸秆为一个贮窖，边铺边泼洒菌液并加洁净水调整水分，每20～25cm一层，边铺边压实，每层间压实后再洒适量菌液，然后进行下一层操作，逐层如此。

Ⅱ. 湿度要求控制在55%～60%为宜，各层的用水量应由下至上逐层增加，以确保水分的均匀分布，用无污染的洁净水。

Ⅲ. 窖内堆放的秸秆达到高于地面20～80cm时即可封窖。封窖前后将秸秆踏实，表面再喷洒定量菌液，再用塑料薄膜覆盖，然后覆泥土10～20cm密闭封贮。

Ⅳ. 封窖7～15d后可开窖取用，取料时应从一端开始垂直取用，取料后应及时用塑料薄膜将料口封严。

4）后期管理

① 贮后管理：当青贮窖顶被封闭后要经常检查窖内原料是否下沉，上部是否空隙塌陷，是否漏气和有裂缝等，如发现需及时填补再压实。

② 开窖取料：开窖方法是从窖的一端开始取料，从上至下垂直切取，尽量减少青贮饲料的暴露面和与空气的接触时间。每天取完料后要迅速用塑料薄膜将窖口封好，并避免阳光直射。每次取足一天的喂量，并要在当天喂完，尽量不留残料。

③ 鉴别青贮饲料的品质：一般一看、二闻、三触摸。一看：青贮后的优质玉米秆、麦草或稻草呈现黄绿色，如果变成褐色或墨色，则青贮质量较差或变质。二闻：优质的秸秆饲料具有酒香、苹果香、酸香味，并呈弱酸性，若带有腐臭的丁酸味、发霉味，则说明青贮饲料已变质，不能饲喂动物，否则会导致牛、羊中毒或生病。三触摸：青贮优质饲料松散而质地柔软、湿润、易散开，如果手感发黏或粘成团，说明质量不佳；有的虽然松散，但干燥粗硬，也属质量欠佳。

5）青贮饲料喂养动物的注意事项　青贮秸秆只能用于喂饲牛、羊等反刍动物，不能喂猪、鸡等非反刍家畜。青贮饲料作为基础饲粮时，要防止长期单一饲用，一般应与青草、青干草或其他草料混合饲喂。青贮秸秆中粗蛋白和维生素含量少，必须补充油饼或豆科饲料。喂养牛、羊的饲料，其结构、营养成分、精粗料的比例要合适，这样才能保证牛、羊对于物质和粗纤维的采食量。一般情况下，奶牛和育肥牛青贮秸秆的比例占饲料干物质的30%～40%即可。

对各类家畜饲喂青贮料的数量和种类应区别对待，要遵循循序渐进、逐步加大饲喂量的原则。如果比例搭配不当或秸秆用量过大，就会造成饲料中粗纤维素过高、能量和干物质不足，反而限制了动物的生长发育，甚至导致动物生病。

2. 微贮技术

（1）秸秆微贮的原理和优势

秸秆微贮是对农作物秸秆机械加工处理后，按比例加入微生物发酵菌剂、辅料及补充水分，并放入密闭设施（如水泥池、土窖等）中，经过一定的发酵过程，使之软化蓬松，转化为质地柔软，湿润膨胀，气味酸香，牛、羊、猪等动物喜食的饲料。该法可利用微生物将秸秆中的纤维素、半纤维素降解并转化为菌体蛋白，具有污染少、效率高、利于工业化生产等特点，从而成为今后秸秆饲料的发展趋势。秸秆微贮饲料的优势如下。

1）制作成本低　每吨秸秆制成微贮饲料只需用3g秸秆发酵活干菌（价值10余元），而每吨秸秆氨化则需要30～50kg尿素，在同等条件下秸秆微贮饲料对牛、羊的饲喂效果相当于秸秆氨化饲料。

2）消化率高　秸秆在微贮过程中，由于高效复合菌的作用，木质纤维素类物质大幅度降解，并转化为乳酸和挥发性脂肪酸（VFA），加之所含酶和其他生物活性物质的作用，提高了牛、羊瘤胃微生物区系的纤维素酶和解脂酶活性。麦秸微贮饲料的干物质体内消化率可提高24.14%，粗纤维体内消化率提高43.77%，有机物体内消化率提高29.4%，干物质的代谢能为8.73MJ/kg，消化能为9.84MJ/kg。

3）适口性好　粗硬秸秆经微贮处理可变软，并且有酸香味，会刺激家畜的食欲，从而提高采食量。

4）秸秆来源广泛　麦秸、稻秸、干玉米秸、青玉米秸、土豆秧、牧草等，无论是干秸秆还是青秸秆，都可用秸秆发酵活干菌制成优质微贮饲料且无毒无害、安全可靠。

5）制作不受季节限制　秸秆发酵活干菌发酵处理秸秆的温度为10～40℃，加之无论青的或干的秸秆都能发酵，因此，在我国北方地区除冬季外，春、夏、秋三季都可制作，南方地区全年都可制作。

（2）秸秆微贮技术要点

1）复活菌种　“海里”牌秸秆发酵活干菌每袋3g，可处理干秸秆1t或青饲料2t。在处理前先将菌种倒入25kg水中，充分溶解。可在水中加糖2g，溶解后，再加入活干菌，这样可以提高复活率、保证饲料质量。然后在常温下放置1～2h使菌种复活，配制好的菌剂一定当天用完。

2）配制菌液　将复活好的菌剂倒入充分溶解的1%食盐水中拌匀。食盐水及菌液量根据秸秆的种类而定，1000kg稻、麦秸秆加3g活干菌、12kg食盐、1200L水；1000kg黄玉米秸加3g活干菌、8kg食盐、800L水；1000kg青玉米秸加1.5g活干菌，水适量，不加食盐。

3）切短秸秆　用于微贮的秸秆一定要铡短，养牛用5～8cm，养羊用3～5cm。这样易于压实和提高微贮窖的利用率及保证贮料的制作质量。

4）装填入窖　在窖底铺放20～30cm厚的秸秆，均匀喷洒菌液水，压实，再铺20～30cm秸秆，再喷洒菌液压实，如此反复。分层压实的目的是排出秸秆空隙中的空气，给发酵菌繁殖造成厌氧条件，尤其窖的四周要踩实压紧。在装填时，可根据实际情况加入玉米粉、小麦麸、糖类等，比例为每吨秸秆添加8～10kg，目的是为菌种繁殖提供一定的营养物质，可使微贮饲料的质量得到很好的改善。

5）水分控制　微贮饲料的含水量是否合适是决定微贮饲料好坏的重要条件之一。因此，在喷洒和压实过程中，要随时检查秸秆的含水量是否合适，各处是否均匀一致，特别是要注意层与层之间水分的衔接，不要出现夹干层。含水量的检查方法是：抓取秸秆，用双手扭拧，若有水往下滴，其含水量为80%以上；若无水滴，松开手后看到手上水分很明显，则含水量约为60%，微贮饲料含水量在60%～70%最为理想。

6）封窖　在秸秆分层压实直到高出窖口40～50cm，再充分压实后，在最上面均匀洒上食盐粉，用量为250g/m^2，其目的是确保微贮饲料上部不发生霉烂变质。盖上塑料薄膜后在上面铺20～30cm秸秆，覆土15～20cm，密封，在周围挖好排水沟，以防雨水渗入。

7）开窖　开窖时应从窖的一端开始，先去掉上边覆盖的部分土层、草层，然后揭开薄膜，从上至下垂直逐段取用。每次取完后，要用塑料薄膜将窖口封严，尽量避免与空气接触，以防二次发酵和变质。微贮饲料在饲喂前，最好再用高湿度茎秆揉碎机进行揉搓，使其成细碎丝状物，以便进一步提高牲畜的消化率。

使用秸秆微贮饲料时应注意如下事项。

① 在气温较高的季节封窖 21d 后，较低季节封窖 30d 后，完成微贮发酵，即可开窖取料饲喂家畜。开窖后首先要进行质量检查，优质的微贮麦（稻）秸和干玉米秸色泽金黄，有醇、果酸香味，手感松散、柔软、湿润。如呈褐色，有腐臭或发霉味，手感发黏，或结块，或干燥粗硬，则质量差，不能饲喂。开窖、取料、再盖窖的操作程序和注意事项与氨化饲料相同，但微贮料不需晾晒，可当天取当天用。

② 在微贮时可加入 5%的大麦粉、麦麸、玉米粉，但应像分层入秸秆一样分层撒入，目的是为菌种繁殖提供营养。

③ 家畜喂微贮料时，可与其他饲草和精料搭配，要本着循序渐进、逐步增加喂量的原则饲喂。由于在制作时加入食盐，这部分食盐应在饲喂牲畜的日粮中扣除。

(3) 用微贮技术制备秸秆菌体蛋白生物饲料

目前秸秆饲料多用来饲喂草食家畜，在非草食家畜、家禽上应用较少。将处理过的秸秆饲料再进行处理，如粉碎、提取蛋白质等方法，用来饲喂非草食动物亦应有广阔的前景。秸秆菌体蛋白生物饲料就是以农作物秸秆、杂草、树叶等为主要原料，将秸秆粉置于人工造就的特定的生态环境中，经过制作剂（又叫催化精）——秸秆生化饲料发酵剂的生物化学作用，促使微生物的大量繁殖和活动，合成游离氨基酸和菌体蛋白，从而使秸秆转化为富含粗蛋白、脂肪、氨基酸及多种维生素的高效能秸秆饲料。这是近几年发展起来的一项新技术，它不仅成本低（仅是传统饲料成本的 50%）、适应范围广（可广泛用于喂猪、鸡、鸭、鹅、鱼和奶牛等畜禽），而且营养价值高，是发展畜牧业，促进农民增收的最佳方法之一。

秸秆菌体蛋白生物饲料的制作步骤如下。

1) 原料处理　利用秸秆作原料，生产菌体蛋白饲料，要进行粉碎处理。粉碎时要根据饲养的畜禽种类灵活掌握。如用菌体蛋白饲料养殖猪、禽、兔时，秸秆粉碎得越细越好。选用 400 型或 500 型粉碎机，筛孔以 0.5～1mm 为宜，每小时可粉碎 150～250kg 秸秆，粉碎的秸秆应成细末状，无杂质。用菌体蛋白饲料喂牛、羊时，秸秆粉碎可粗些，粉碎机筛孔以 20～25mm 为宜，每小时可粉碎秸秆 400～500kg，也可用铡刀把秸秆铡成 1～2.5cm 长。

2) 原料配方　秸秆粉（杂草粉、树叶粉）50kg，生化饲料发酵剂 500g，水 125kg。

3) 制作方法　生产前要把所需用的原料、缸、塑料袋、水泥地、温度计等准备齐全，先把秸秆粉碎，倒在水泥地面上摊铺开，然后将发酵剂溶解在水中，混匀后泼洒到原料上，充分搅拌，使料、水、制作剂混合一致，最后装入容器中进行培养，培养方法如下。

① 塑料袋培养法：用塑料袋培养时，应选用厚度 6～8 丝[1]的聚乙烯或聚丙烯塑料膜袋，以周长为 2m、高 1.8m 为宜，把袋底用电熨斗黏合封严。一般每袋可装干料 30kg。把拌好的料装袋，边装边轻轻压实，使料上下松紧一致。

② 缸培养法：用缸培养时，以大缸为宜，摆放在空房里，把拌好的料装缸，边装边轻轻压实，直到装满为止，使上下松紧一致。

③ 水泥池培养法：水泥池的建造，池长 2～3m、宽 1～1.5m、高 1～1.2m，池壁要光滑平整。把拌好的料装池至满，操作同上。

[1] 1 丝 $=10^{-5}$m。

④ 水泥地面培养法：把拌好的料堆成圆形或长方形的堆，每平方米堆放75kg为宜。

将以上装、堆好的料进行密封厌氧发酵，注意一定不要漏气。放置7(夏)～15(冬)d后，打开薄膜观察，当发现料变成金黄色，软、熟，嗅之有浓郁的苹果香味时，即告成功，可取料饲喂。每次取料后要立即封严，密封好的饲料可长期保存不变质。如将发酵好的秸秆生物饲料选择晴天晒干，则更好保存。

第四节 秸秆能源技术

自古以来，秸秆一直是我国农民的主要生活燃料之一，其能源密度一般为13376～15466kJ/kg，能源在农村特别是农村生活用能中占有重要地位。根据统计资料，目前全国秸秆能源用量仍占农村生活用能的30%～35%（表7-10）。因此秸秆的直接燃烧，不仅为农村居民解决了生活用能问题，而且为减少因获得薪柴而超量采伐森林、造成大面积森林植被破坏、加剧水土流失、引起生态环境恶劣做出了重要贡献。

表7-10 中国秸秆能源利用情况

年份	总计标准煤/10^4t	秸秆		秸秆能源占农村生活用能的比重/%
		实物/10^4t	标煤/10^4t	
1996年	34069	27964	11997	35.2
1997年	36251	28471	12054	33.2
1998年	36584	26779	11488	31.4
1999年	35346	29143	12502	35.4
2000年	36999	28812	12360	33.4

在我国经济较发达的农村地区，秸秆低效直接燃烧的传统利用方式已不能适应农民生活水平提高的需要，富裕起来的农民迫切需要优质、清洁、方便的能源。目前，我国在秸秆能源利用技术的研究上取得了一些成果，有些技术已趋于成熟，并得到一定程度的推广。现行主要的秸秆能源利用技术有秸秆直接燃烧供热技术、秸秆气化集中供气技术、秸秆发酵制沼技术、秸秆压块成型炭化技术及秸秆发电技术等。

一、秸秆直接燃烧供热技术

秸秆直接燃烧作为传统的能量转换方式，成本低、易推广。秸秆的主要成分是碳水化合物，如果燃烧充分，还可作为一种清洁和可再生的能源。资料表明，粮食作物秸秆与其能值比，所差无几。例如，稻谷的热值为16.12MJ/kg，而稻草的热值为13.48MJ/kg，玉米的热值为16.66MJ/kg，而玉米秆的热值为15.67MJ/kg，玉米芯的热值为15.83MJ/kg。其他作物秸秆的热值也都较高，大约相当于标准煤的1/2（见表7-11）。

表7-11 稻草、玉米秆、高粱秆的燃烧特性（分析基） 单位：%

种类	水分	灰分	挥发分	固定碳	H	C	N	S	P	Q_{dw}/(kcal/kg)
稻草	4.97	13.86	65.11	16.06	5.05	38.32	0.63	0.11	0.146	3338
玉米秆	4.87	5.93	71.45	17.75	5.45	42.17	0.74	0.12	2.6	3714
高粱秆	4.71	8.91	68.9	17.48	5.25	41.23	0.59	0.10	1.12	3612

秸秆直接燃烧供热技术是农业部规划设计研究院的“九五”国家重点攻关课题的成果。它以秸秆为燃料，以专用的秸秆锅炉为核心形成供热系统。整个供热系统由秸秆收集、前处理、秸秆锅炉和秸秆灰利用几部分组成，具有如下特点：a. 采用了螺旋下伺式进料方式，大大延缓了挥发分的集中析出，从而使燃烧更加稳定，保证了清洁燃烧；b. 秸秆锅炉采用双燃烧室及挡火拱的结构，通过强化辐射换热，保证了在含水率较大的情况下燃料的顺利燃烧和挥发分的燃尽；c. 通过扩散作用，清除了烟气中携带的大部分炭粒和灰分，同时有效改善了燃烧与换热的矛盾；d. 采用烟、火管的形式，将辐射换热面与对流换热面适当地进行分配，保证炉体紧凑、结构简单。

秸秆直接燃烧供热技术可以在秸秆主产区为中小型乡镇企业、乡镇政府机关、中小学校和相对比较集中的乡镇居民提供生产、生活热水和冬季采暖之用。应用此项技术不仅可以有效地消耗农村大量的剩余秸秆，而且可以将废弃秸秆转化成商品燃料，成为农民新的经济来源。

二、秸秆气化集中供气技术

1. 秸秆气化技术的原理和内容

秸秆生物质气化技术是生物能高品位利用的一种主要转换技术，它是通过气化装置将秸秆、杂草及林木加工剩余物在缺氧状态下加热反应转换成燃气的过程。其工艺流程如图 7-5 所示。秸秆经适当粉碎后，由螺旋式给料机（也可人工加料）从顶部送入固定床下吸式气化反应器，经不完全燃烧产生的粗煤气（发生炉煤气）通过净化器内的两级除尘器去尘，一级管式冷却器降湿、除焦油，再经箱式过滤器进一步除焦油、除尘，由罗茨风机加压送至湿式贮气柜，然后直接用管道供用户使用。

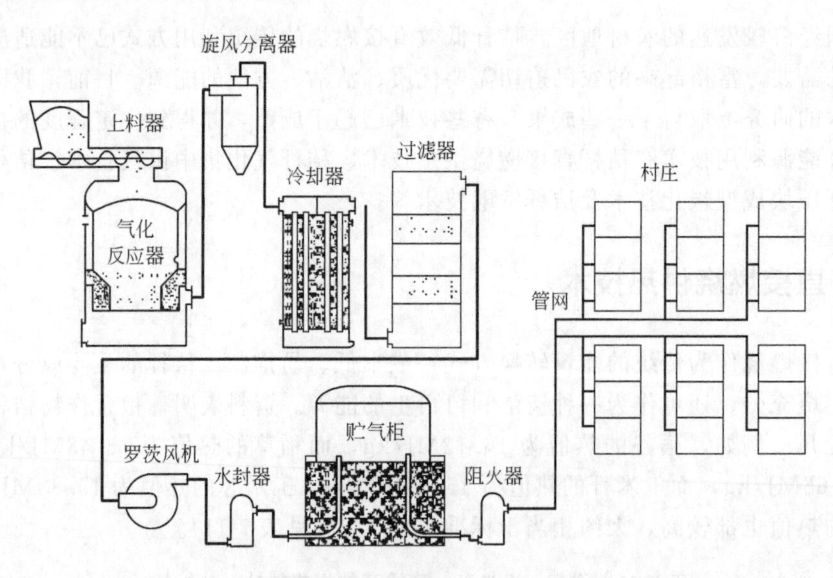

图 7-5　秸秆气化机组和集中供气系统工艺流程示意

由不同的气化装置转换成的燃气成分和发热量是不同的，但其可燃性成分都由 CO、H_2、CH_4、C_nH_m 组成。一般情况下，秸秆气化技术所制取的煤气低发热值为 5.2MJ/m^3，气化效率约为 75%。煤气的典型成分为 CO 20%、H_2 15%、CH_4 2%、CO_2 12%、O_2

1.5%、N_2 49.5%。

目前全国已有380余处秸秆气化集中供气示范点，主要集中在山东、河南、江苏、河北、山西、北京、陕西。仅山东就有170余处。秸秆气化集中输供系统一般是一个村级生物质能源转换系统。系统以自然村为单元，规模为数十户至数百户农村居民，供气半径为1km以内。系统通常由秸秆原料处理装置、气化机组、燃气输配系统、燃气管网和用户燃气系统五部分组成。

秸秆气化机组是把生物质原料转换成气体燃料的设备，由加料器、气化炉、燃气净化器和燃气输送机组成。干燥的秸秆铡制成15～20mm的长度，进入气化炉（一般多采用固定床下吸式气化炉，如图7-6所示），经过热解、氧化和还原反应，转换成为可燃气体。产生的燃气在净化器中除去灰尘和焦油等杂质，由燃气输送机送入输配系统。

燃气输配系统的功能是将燃气分配到系统内的每个农户，并且保证稳定的燃气压力。由贮气柜、附属设备和地下燃气管网组成。贮气柜是平衡燃气负荷变化和保证系统压力稳定的重要设备，也是占用投资最高的设备。它通过钟罩的浮起和落下来贮存或放出燃气，适应用户用气量的变化，也在夜间和白天炊事间歇时间供应零散用气。因此，气化机组虽是间歇运行的，但整个系统可不停顿地向用户供应燃气。气柜的压力由钟罩和配重的重量决定，调试完成后不再变化。压力一般为3000～4000Pa，可满足小于1km距离的输送要求。

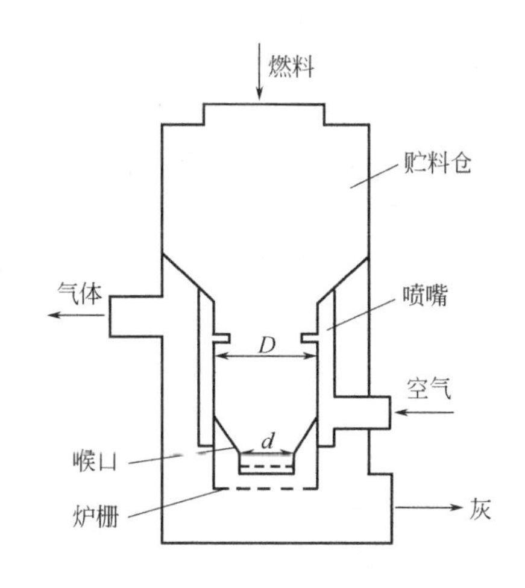

图7-6 固定床下吸式气化炉结构简图
d—喉口内径；D—气化炉内径

燃气管网是将燃气供应给用户的运输工具。整个管网中由干管、支管、用户引入管、室内管道等组成。干、支管采用浅层直埋的方式敷设在地下，应使用符合国家燃气用埋地聚乙烯塑料管道和管件。

用户燃气系统包括煤气表、滤清器、阀门、专用燃气灶具等设备。滤清器中装入活性炭，过滤燃气中残余杂质。燃气灶具必须采用专门为低值燃气设计的灶具。

2. 秸秆气化技术的优势和限制

秸秆气化技术集炊事、取暖、隔热、保温作用于一体，既可节约煤、天然气等不可再生资源，又充分利用了农村废弃的秸秆能源，这对于加快实现小康村镇建设有着积极的现实意义，其优点如下。

（1）变废为宝

秸秆气化所需的原料在广大农村中较为丰富，在产棉区和玉米产区，还有竹木加工厂和粮油加工厂附近，秸秆、木屑、竹木边角料、谷壳等废弃物堆积如山，不仅占用大量场地，也严重污染着周边环境。利用秸秆气化技术，不光消化了大量的废弃物，还能制成方便、卫生的煤气，废渣又可烧成草木灰当作钾肥还田，一举多得。

（2）经济可行

秸秆气化成本主要由供气规模、社会经济发展程度、农村生活习惯等决定。一个300户用气的气化站建设，总投资60万元，日用气量1500m^3/d，如建设使用年限按15～20a折旧计，则日用燃气的综合成本价为0.12～0.15元/m^3。按户用人口4～5人计算，日用气量

$4\sim6m^3$，燃气费用每月每户 16.24 元，成本为燃煤、石油液化气费用的 40%～50%。

(3) 优势明显

使用秸秆制气和其他能源比较，成本低廉，省时省力，方便快捷，干净卫生，不受自然条件影响。推广秸秆制气，不仅有助于改变农村焚烧秸秆的旧习，有利于减少大气污染；同时还可以大幅减少农村生活用柴草消耗量，有利于农村保护植被。

目前秸秆气化技术尚处于试验示范阶段，仍有一些问题需进一步研究解决。

(1) 燃气质量较差、热值偏低

燃气是气化站的产品，农民需要的是符合标准、能释放出足够热量的燃气，以玉米芯为原料的秸秆气的理论热值是 $5724kJ/m^3$，但气化站的实际热值为 $4400\sim5200kJ/m^3$，这可能和气化炉结构、气化剂种类及操作方法有关。

(2) 燃气中含氧量偏高形成安全隐患

燃气的氧含量理论值为 0.4%，但实际值是 3.5%～4%，4%的含氧量已相当于 19.14%浓度的空气，这已很接近发生煤气爆炸的下限 21.5%，此外，燃气中含氧量过高，在有水分和 CO_2 存在的情况下，还会在金属管内发生腐蚀，造成更大的安全隐患。

(3) 焦油含量偏高

城市燃气标准中规定焦油及灰尘含量应小于 $10mg/m^3$，而秸秆供气中的焦油含量却达到 $60mg/m^3$ 以上。

(4) 水洗焦油后污水排放造成环境污染

有的气化站直接用水净化燃气，不但脱掉了部分焦油，也使甲醇、酚等有机物溶于水中，根据国家农田灌溉水质标准，挥发酚的含量是 1.0～3.0mg/L，而工业“三废”排放标准仅为 0.005mg/L，洗过焦油后的污水中酚含量肯定超标。

(5) 气化系统投资偏高

气化设备的设计有待于进一步优化，以提高煤气热值，降低生产运行成本；还需尽快制定相关技术规范、标准和操作规程，以确保安全供气和用气。

3. 秸秆气化集中供气系统操作过程中的安全隐患及保障措施

(1) 安全隐患

目前，用于秸秆气化供气有两条工艺路线：一是间接加热的干馏气化路线；二是空气氧化气化路线。这两条路线都存在不安全因素，主要有以下几个方面。

1) 开工前设备及管道内的气体置换不彻底　开工前，需要把设备及管网内的空气置换成燃气。最安全的办法是先用氮气置换空气，再用燃气置换氮气。目前，农村无氮源，只能用燃气置换空气。气体置换中存在两个隐患：一是用燃气置换空气过程中，存在引起气体爆炸的临界浓度阶段，这时遇火种，就会引起爆炸；二是置换不彻底，设备及管网中残存氧气，容易产生爆炸。

2) 燃气排送机——罗茨风机失控　罗茨风机为定容式设备，排送量只能用打回路调节排送气量，回路量的大小要根据入口压力随时进行人工调节。如果操作员疏忽，入口负压较大，空气就会进入气柜中，时间长了会造成气柜整体爆炸。

氧化法工艺的气化系统，气化炉内处在负压工作状态，如果床层不均，反应情况不好，有可能产生“穿透”现象，会将大量空气引入气柜。

3) 设备泄漏、破损　造成设备漏气的原因较多，如加工制作质量不高、选材不当、防腐防护措施不当等。这里特别强调的是，地上燃气设备不得用塑料树脂，以防外来火源烧漏设备而引起“火上浇油”。

4）热备开炉时爆炸　采取做饭时间开炉供气，其他时间处于热备停炉的系统，由于热备过程中炉膛内温度很高（600～1000℃），虽然风机停止引入空气和排气，但炉膛内仍有干馏热解反应在进行（300℃以上就可以发生热解反应）。这时，炉膛中存在大量干馏燃气，其热值较高，H_2、CH_4 含量较高，一旦开炉，启动风机吸入空气的一瞬间，容易产生炉膛爆炸。

5）开炉时，示火孔引起的爆炸　秸秆供气系统常在排送机出口处设一个长明点火孔，只要是长明火不灭，就说明燃气合格，可以向气柜中排送。当示火孔火焰熄灭时，开炉时需重新点燃。刚开炉时，炉内氧化反应没有进入正常状态，产生的不合格气体应排放掉，不能进入气柜。通过示火孔测得燃气合格时，才能向气柜中送气。什么时候点燃示火孔，是一个较关键的技术问题。因为气体从不可燃到可燃之间有一段是可爆阶段，处在这一阶段，一点燃示火孔就必然引起爆炸。

6）燃气使用中的中毒和爆炸　燃气泄漏到空气内，就会使人中毒或引起爆炸。氧化气由于热值低，在室温较低时，容易“自行”熄火而造成燃气泄漏。另外，间歇供气方式存在着无气时打开阀门又忘记关，而在供气时造成燃气泄漏的问题。

氧化气热值低，每次用气量大，如果厨房空间小，通风不好，废气也会引起中毒。

7）检修燃气设备时引起残存气爆炸　检修燃气设备时，可能由于没把燃气赶尽，而在动火时引起爆炸。

8）电器打火引起燃气爆炸　燃气生产车间中，不可避免地要有一定燃气泄漏，如果车间未选用防爆型电器，其产生的火花容易引起爆炸。

9）供气管网被损引起的中毒、着火　通到用户的供气管网，线路长，范围大，一旦损坏，燃气泄漏很难及时被发现，会引起中毒事件或火灾。

10）生产中的突发事故引起煤气中毒或爆炸　生产过程中发生的设备事故、操作事故、机械事故、天然事故等，都能伴随着燃气泄漏引起中毒或着火、爆炸。

（2）安全保障措施

任何安全隐患都可以采取科学的手段加以消除，根据多年的实践经验，归纳出以下几点秸秆气化供气的安全保障措施。

① 开工前，所有要与燃气相通的设备、管路都必须进行严格的气体置换。置换是否合格要通过气体成分分析，燃气置换空气（或空气置换燃气）过程中，周围不得有明火。除了进行气体成分分析外，还要做爆鸣试验（用球内服皮囊取气，移于别处点燃，看是否会爆炸）。

② 燃气排送机运转时，一定要有专人看管，并配有压力、流量指示仪表，最好配有自动报警装置。

③ 燃气设备必须按国家有关标准进行设计、制作、安装、防腐。其执行者必须具有相应资质。

④ 热备开炉，不但要按操作规程进行，而且要具备燃气成分分析仪器和温度、压力指示仪表。向气柜送气前要做爆鸣试验。

⑤ 开炉后，示火孔点燃之前要做爆鸣试验。

⑥ 家庭使用燃气的地方要保证通风良好，使用燃气过程中，灶前必须有人；连接灶具的软管长度不能超过 2m。气柜要达到一定容量，在停炉时气柜中气量可满足随机用户使用。

⑦ 检修燃气设备时，一定要用空气将设备内燃气彻底吹扫干净。大型设备动火前，要取气样做爆鸣试验。

⑧ 燃气生产设备的电机、电开关以及车间中的电器，必须采用防爆型的。

⑨ 供气管网要埋于防冻层以下，必须采用符合国家有关标准规定的材质和施工方法；在管路通过的地方，要埋警示桩；地埋同时要埋入警示带。

⑩ 燃气生产要有严格的管理制度，要有岗位责任制度，要配置分析仪；生产现场必须有配套的消防设备，如消防水池、消火栓、消防器械等。生产现场的可燃物料、气柜、生产车间等，必须保证安全距离。设备安装要有良好的接地和防雷装置，同时，要留有足够的安全通道。生产操作人员上岗前必须进行安全培训、安全考试，具有上岗资格者才能上岗操作。

4. 秸秆气化技术应用与开发实例

（1）秸秆气化集中供气技术

山东省科学院能源研究所是国家秸秆气化技术研究推广中心，在国内首先研究成功了秸秆气化集中供气技术。该技术被列为国家、省计划项目和重点推广项目，多次获国家、省各种奖励。目前，已建成秸秆气化示范工程 230 余个，使 4 万余户农村居民用上了燃气，取得了良好的经济效益和环境效益。最近该所借鉴国外先进技术，完成了新一代气化炉的研究设计，彻底解决燃气净化中的焦油问题，近期已投放市场。

（2）生物质气化技术

辽宁省能源研究所借鉴国际先进的生物质气化技术，结合国内的实际情况，设计出由气化炉、旋风分离器、燃气清洗器、除湿器和过滤器等组成的固定床气化系统，该系统适于以秸秆为原料在农村集中向农户供气。燃气热值为 4500～5500kJ/m^3，燃气的焦油含量小于 10mg/m^3，户平均投资 2000 元左右，产气成本为 0.08 元/m^3。

（3）干馏热解法秸秆气化技术

大连市环境科学研究院开发的干馏热解法秸秆气化技术是国家“八五”“九五”科技攻关项目成果。该技术采用热解干馏原理，将秸秆等有机物质隔绝空气加热进行热分解，可得到炭、可燃气、焦油、木醋液四种产品。1000kg 秸秆（干基）可产出炭 300kg，可燃气 300m^3，焦油 45kg，木醋液 200kg。产品炭的热值大于 20MJ/kg，用于烧烤、金属冶炼、土壤改良或进一步加工成活性炭；可燃气热值大于 14.7MJ/m^3，成分与城市煤质煤气相近，可供给居民生活用燃气；焦油可直接用于防腐，还可提出多种贵重药品；木醋液内含几十种化学物质，用于畜禽饲料添加剂，或作为植物生长促进剂。

（4）生物质中热值气化技术

浙江大学热能工程研究所提出的以热解工艺为主，辅以半焦燃烧的生物质移动床气化方案，是将燃料燃烧和气化相结合，采用蓄热方式将气化原料干馏气化产生的中热值煤气经净化后供民用。其最大特点是，利用稻麦秆作气化原料产生中热值煤气和肥田焦炭，同时具有优越的技术经济性能，其中稻麦秆等软质秸秆气化技术为国内首创，达到国际先进水平，燃气热值（10465～12558kJ/m^3）、燃气中 CO 含量（小于 20%）、焦油含量（小于 50mg/m^3）、燃料利用率（大于 80%）等关键技术指标都比同类技术先进，同时具有操作简单、运行稳定、更易商业化的优点。

该技术于 1997 年通过农业部环能司组织的评审，1999 年 5 月获实用新型专利（ZL 99212191.4）100 户气化工程总投资为 45 万元，其中气化机组部分 15 万元，100m^3 气柜

6万元，管网系统（主干网采用PE管）20万元。如按照每吨稻草100元计，则单位燃气运行成本为0.6元/m^3，每户每月实际燃气支出35元。

（5）湿式净化秸秆气化机组

山东工业大学生物能源技术开发中心成功地研制出了湿式净化秸秆气化机组。气化反应炉采用了自动调节进风量，炉内反应完全；优化了炉膛的高径比；选择了合理流线形状，使反应速度均匀、连续，不会造成空洞，故气质稳定，产气量高。首创的集喷淋、水浴、水膜和冲击于一体的湿式净化器，净化效率高，一次性无动力排出灰分、焦油等；该净化器是一个全封闭的装置，没有气体泄漏点，所以含氧量低，消除了安全隐患。采用物理与生化方法处理秸秆气化气排出的污水，达到国家二级排放标准，也可循环使用。

该机组具有以下特点：燃气热值高（低位热值5522kJ/m^3），气化效率高（78%），焦油含量低（焦油和灰分含量22mg/m^3），氧含量低（0.7%），机组安全可靠，运行成本低，操作简单，适应性强。

（6）秸秆集中供气系统

中国林科院林产化工所研制的FB200型流化气化炉为新型高效的生物质煤气生产装置，适用的原料有稻草、麦草、稻壳、采伐剩余物及其他农作物秸秆等。生物质原料经预处理后加入气化炉，在高温条件下和气化介质发生部分氧化还原反应产生煤气，煤气经过沉降室，旋风分离器除杂质，再进冷却塔降温，洗涤塔清洗，到过滤器除水，由罗茨风机将洁净煤气送到煤气柜，然后经管网输送到各用户使用。生成的煤气还可供发电等燃气系统。生物质气化集中供气系统包括生物质气化系统、煤气净化系统、煤气贮存系统、管网输配系统及污水处理系统。

该系统的主要特点：热值高，以稻草为原料生产出来的煤气热值约为6200kJ/m^3；效率高，每千克稻草（干物质）可产生1.7m^3煤气；启动快，点火数分钟即可投入正常运行。主要技术参数为：煤气热值大于6200kJ/m^3；气化效率大于70%；焦油含量小于50mg/m^3；产气率为1.7m^3/kg。

（7）KF系列秸秆燃气装置

河北省石油化工规划设计院研制的KF系列秸秆燃气装置已通过省级鉴定。其装置由气化炉、燃气压缩机、燃气净化装置组成，当增加贮存、输配系统后即成为村级民用燃气系统。KF系列秸秆装置按不同型号其产气量分别为200m^3/h、400m^3/h、600m^3/h等，以适应不同的自然村，气体热值为3900～5600kJ/m^3。

气化炉采用下出气返火炉型，配以冷却夹套，使气化炉的燃烧状况得以改善，产气量、燃气质量稳定。燃气净化装置采用洗涤降温，喷淋冷却两级过滤的方法除去灰尘与焦油，其燃气中灰尘与焦油量小于50mg/m^3。净化过程水循环使用，过滤介质回炉燃烧，对环境没有污染，真正做到了“零”排放。KF系列秸秆燃气装置已在河北省农村推广运行了15个村，运行状况良好，根据河北省运行状况测算，燃气成本为0.04～0.05元/m^3，户均耗气量为5.5～6.5m^3/d。

三、秸秆发酵制沼技术

1. 秸秆发酵制沼的原理和意义

沼气发酵就是让麦秸、稻草等秸秆和人畜粪便等在厌氧条件下，经多种微生物的作用，降解成简单而稳定的物质和以甲烷为主要成分的沼气，这些气体在稍高于常压的状态下，通过 PVC 管道送往农户，使用起来类似于城市的管道煤气，可直接用于生产和生活。秸秆等农业废弃物经沼气发酵后，有机质消耗了约 50%，氮、磷、钾可保留 90%，病虫菌源明显下降。因此，秸秆沼气发酵不仅可改变农村能源结构，节约不可再生矿物质能源的消耗，而且还可以实现秸秆最佳效益的综合利用。

秸秆生产沼气，一般有两种途径：一是直接进沼气池；二是秸秆作牲畜饲料，牲畜的粪便入沼气池。因沼气池发酵基质的 C/N 比要达到 16∶1 才能有较好的效率。通常接质量配比为人畜粪便占 10%、秸秆占 10%、水分占 80%。另外，为维持池内正常的 C/N 比，隔一段时间需要添加秸秆，并去除一部分渣。产生的沼气含 50%～70%的甲烷，是高品位的清洁燃料，可用于炊事、照明、点灯灭虫、果品保鲜等，还可作发电动力燃料或液化成甲醇，作双料发动机燃料。沼液不仅营养丰富，而且还有杀菌作用，可用于浇灌农作物、养鱼、拌饲料、喂畜禽及生产菌体蛋白等；沼渣中含有 10%～15%的粗蛋白、45%左右的矿物质成分，不仅是一种优质肥料，还可用于培育蘑菇、木耳、养殖蚯蚓等。

一个 3～5 口人的家庭，建一口 8～10m^3 的沼气池，把秸秆和人畜粪便投入池中发酵，年产 300～350m^3 的沼气，即可满足农户一日三餐和晚间的照明用能。试验表明：100kg 稻草直接燃烧，仅能供 5 口之家做 20 餐饭，剩下 5kg 灰；如将 100kg 稻草作为沼气系统的发酵原料，所得的热能可供 5 口之家做 40 餐饭，而且还保存有 50kg 有机质，含 0.63kg 氮、0.11kg 五氧化二磷和 0.85kg 氧化钾。可见，其生态效益、经济效益和社会效益十分明显，值得在我国农村大力推广。

2. 立式圆形水压式沼气池

我国农村多采用立式圆形水压式沼气池，在埋设方式与贮气方式方面多采用地下埋设和水压式贮气。该发酵池的发酵间为圆形，两侧带有进出料口，容积有 6m^3、8m^3、10m^3、12m^3；池顶有活动盖板，便于出池检修以防中毒。池盖和池底是具有一定曲率半径的壳体，主要结构包括加料管、发酵间、出料管、水压间、导气管几个部分。

圆形结构的沼气池受力性能好，比相同容积的长方形池表面积小 20%左右，池内无死角，容易密闭，有利于甲烷细菌的活动，以发挥产气作用。水压式沼气池工作原理见图 7-7。水压式贮气池的优点是：结构比较简单，造价低，施工方便。缺点是：气压不稳定，对产气不利；池温低，不能保持升温，严重影响产气量，原料利用率低（仅 10%～20%）；大换料和密封都不方便；产气率低［平均 0.1～0.15m^3/(m^3·d)］，而且这种沼气池对防渗措施的要求较高，给燃烧器的设计带来一定困难。

通常建造这种池的时候，在选择池基时要注意靠近厕所、牲畜圈，使粪便自动流入池内；便于进料，方便管理；有利于保持池温，提高产气率；改善环境卫生。

图 7-7(a) 是沼气池启动前的状态。池内初加新料，处于尚未产生沼气阶段，此时发酵间与水压间的液面处在同一水平，称为初始工作状态，发酵间的液面为 0—0，发酵间内尚存的空间（V_0）为死气箱容积。

图 7-7(b) 是启动后状态。此时，发酵池内发酵产气，发酵间的气压随产气量增加而增大，造成水压间液面高于发酵间液面。当发酵间内贮气量达到最大量（$V_{贮}$）时，发酵间的液面下降到可下降的最低位置 A—A 水平，水压间的液面上升到可上升的最高位置 B—B 水平。这时，称为极限工作状态。极限工作状态时两液面的高差最大，称为极限沼气压强，其值可用 $\Delta H = H_1 + H_2$ 表示。

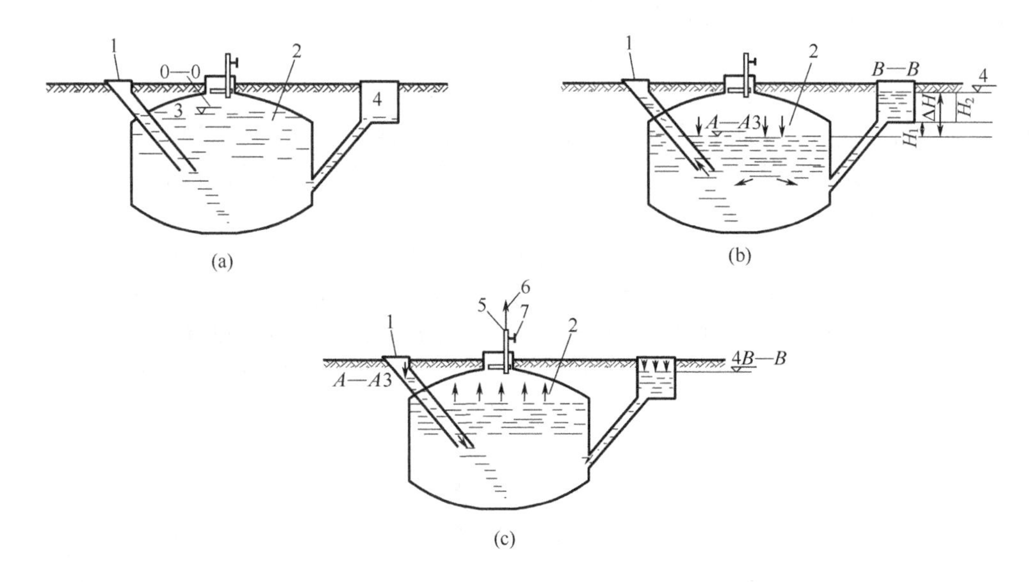

图 7-7 水压式沼气池结构与工作原理示意

(a) 1—加料管；2—发酵间（贮气部分）；3—池内液面 0—0；4—出料间液面

(b) 1—加料管；2—发酵间（贮气部分）；3—池内料液液面 A—A；4—出料间液面 B—B

(c) 1—加料管；2—发酵间（贮气部分）；3—池内料液液面 A—A；4—出料间液面 B—B；5—导气管；6—沼气输气管；7—控制阀

3. 秸秆制沼系统

秸秆制沼系统包括沼气的收集、运输、净化、贮存、使用及附属设备等。根据气柜中沼气压力的不同，分为低压沼气系统和中压沼气系统，其组成如图 7-8 所示。

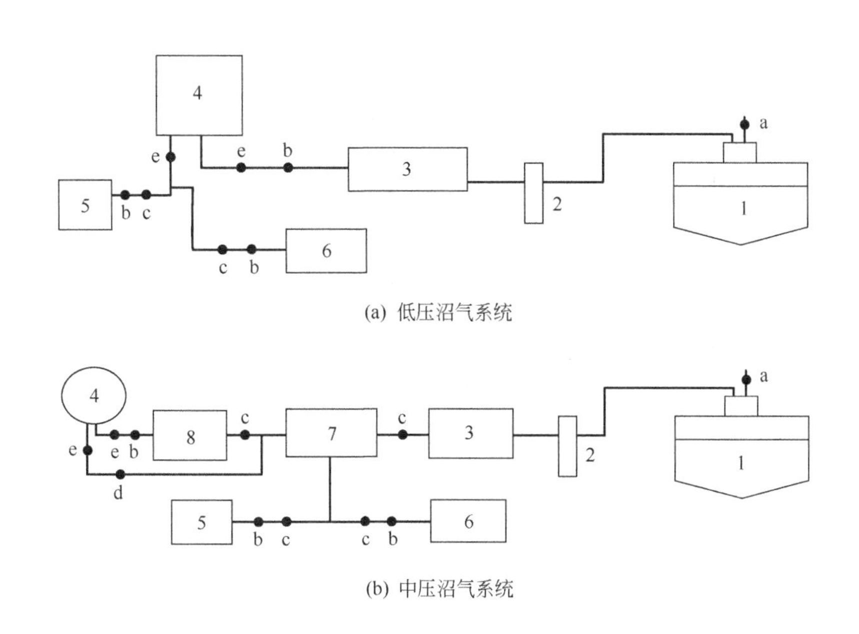

图 7-8 低压和中压沼气系统的组成

1—消化池；2—排水器；3—脱硫装置；4—气柜；5—锅炉；6—余气燃烧器；7—缓冲器；8—压缩机；a—安全阀；b—止火器；c—流量计；d—减压阀；e—紧急截止阀

秸秆制沼系统的主要设备及其作用介绍如下。

(1) 集气室

集气室建于沼气反应器的顶部，沼气由集气室的最高处用管道引出，集气室要保持一定的容积，能维持沼气压力的相对稳定，能防止浮渣或消化液进入沼气排出管。有三相分离器时，还要防止沼气进入沉淀室。集气室要有良好的气密性，防止沼气外溢和空气渗入。

(2) 输气管和配气管

集气室至气柜间的沼气管称为输气管，气柜至用户之间的沼气管道称为配气管。

沼气在输气管中流动时，随着温度的逐渐降低，不断有冷凝水析出。为了排出冷凝水，输气管应以 0.005 的坡降设计建造，而且在经过一段距离后或在最低处设置排水水封管。水封的高度为 0.4～0.5m。为了防止水封冻结，可采取加热、充防冻液或连续供水等措施。输气管的硫化氢含量高，应采取防腐蚀措施。配气管通常按 3～5m/s 的气流速度计算。

(3) 脱硫装置

沼气中的硫化氢是一种腐蚀性的气体。一般含量为 $(100\sim300)\times10^{-6}$，当原料中含硫有机物（如蛋白质等）多或消化液中硫酸盐浓度高时，沼气中的硫化氢含量可高达 $(1000\sim2000)\times10^{-6}$。湿态时的腐蚀性要比干态时的大得多。湿态时，$600\times10^{-6}$ 的硫化氢含量就具有很强的腐蚀性。另外，沼气燃烧时，其中的硫化氢还会转化为腐蚀性很强的亚硫酸气雾，污染环境和腐蚀设备。为了防止硫化氢的危害，通常设置脱硫装置将其除去。脱硫装置一般设置在气柜前的输气管上。

(4) 气柜

气柜有低压气柜和中压气柜两种。前者维持的沼气压力为 0.98～2.94kPa，后者的压力为 392～588kPa。

低压气柜在国内应用最广。它由水封池和浮罩组成。水封池是一个由钢、钢筋混凝土或其他材料制造的圆筒形池子，建于地面或地下。池内装满水。浮罩是一个用钢板或其他材料制作的有顶盖的圆筒，筒壁插入水池内。进出气管由池低伸入浮罩。当有沼气进入时，浮罩上升；而当沼气排出时，浮罩下降。浮罩筒壁与水封池壁的间隙很小，当浮罩升降时，稍有倾斜，便被卡住。为了保持浮罩的垂直升降，通常设有导向装置，即在池周围固定数个导杆，连于浮罩外缘的导轮沿导杆上下滑动。此外，浮罩顶经常放置许多重块（铸铁或混凝土块），一来保证沼气所需的压力；二来移动重块的位置，可调节浮罩的平衡，有利于垂直升降。气柜应设置安全阀，进出气管上应装止火器。

(5) 止火器（或逆火防止器）

其作用是防止明火沿沼气管道流窜，引起气柜、集气室及其他重要附属设备的爆炸。止火器有湿式和干式两种。湿式止火器实际上是一个水封筒，沼气从中心管底口进入，穿过水层，从侧管流出。水封高度根据系统沼气压力而定，一般为 300～500mm。为了维持水封高度稳定，应采用连续供水和溢流方式。水封筒还应设有水位观察管。干式止火器由装在法兰盒中的多层金属网组成，当明火通过金属网时，因散热快而使温度降至燃点以下，使火熄灭。此外，还有一种热阀板式，当明火烧临时，热阀板即遇热升起，截断气路。一般在气柜的进出气管上以及压缩机或鼓风机前后，均应设置止火器，有时为了安全，可串联设置干式和湿式止火器。

四、秸秆压块成型炭化技术

长期以来，由于煤、电、燃油等能源价格高且供应不足，所以作物秸秆一直是农家烧饭取暖的重要能源。但是直接烧用秸秆热效率很低、对秸秆浪费较大，且烟尘大、不卫生，因此近年来，一些以秸秆为原料的生产新型燃料的技术应运而生。

1. 成型“秸秆炭”

秸秆的基本组织是纤维素、半纤维素和木质素，它们通常在200～300℃下软化，将其粉碎后，添加适量的黏结剂和水混合，施加一定的压力使其固化成型，即得到棒状或颗粒状“秸秆炭”，它具有一定的机械强度，容重为1.2～1.4g/cm^3，热值为14～18MJ/kg，具有近似于中质烟煤的燃烧性能，而含硫量低、灰分小。它独特的优点是：a. 体积小，贮运方便；b. 品位较高，利用率可提高到40%左右；c. 使用方便，用纸即可点燃，加引燃剂后，可用火柴点燃；d. 干净卫生，燃烧时无有害气体，不污染环境；e. 工艺简单，可根据要求加工成不同形状、规格和档次的燃料，可进行商品化生产和销售；f. 秸秆炭除直接用于民用和烧锅炉外，还能用于热解气化产煤气。

2. 秸秆“生物煤”

炭化技术就是利用炭化炉将秸秆压块进一步加工处理成为蜂窝煤状、棒状、颗粒状等多种形状的固体成型燃料，这种燃料具有易着火、干净卫生、使用方便、燃烧效率高的特点，而且造成的环境污染较小，因此被称为生物煤。生产1t生物煤成本约70元，在非产煤区比煤炭更便宜，因此值得大力推广。

由于生态环境保护的要求，制取木炭不能再依靠大量砍伐木材，因此，由各种生物质废弃物制取压块炭化燃料已成为发展趋势。目前，欧美、日韩等地区和国家都希望在我国寻求合作伙伴，发展炭化成型燃料的生产。国内对生物质压块成型燃料的需求也有较大的潜在市场。经过我国科研单位和生产厂家的不断努力，已经研制出了连续运行时数超过1000h的秸秆压块成型及炭化设备。

3. 秸秆成型燃料利用途径

(1) 农村生活用能

在一般省柴灶中直接改烧成型燃料可节省1/2秸秆用量，不过要对原来散烧秸秆的炉灶稍加改造，安装炉箅，降低着火亮度。使用成型燃料做饭，每餐添加3～4次，用1kg可燃烧40～50min，十分方便，一个人即能操作。成型燃料体积只有秸秆的1/5，便于贮存，阴天下雨不用为秸秆潮湿发愁。在专用炉具上燃烧热效率可达50%以上，安徽阜阳研制的炉具采用上点火方式燃用成型燃料，可完全无烟，火焰类似煤气的蓝色火焰，0.65kg成型块可燃1h以上，可用于炊事，也可用于取暖，缺点是点火不太方便。

(2) 工业用途

工业上大量使用的化铁炉、锅炉，生火时需耗用大量劈柴点火，劈柴售价比煤还高。成型燃料可代替劈柴作引火柴，节省森林资源。这也是商品化生产成型燃料的一个应用途径。中国农机院研制的生物质气化炉可将废弃的生物质转化成高品位的气体燃料，可用作为乡镇企业的热能设备，但如果生物质材料外形尺寸太小，如用锯末、稻糠作燃料时，容易产生“架桥”“穿孔”，给操作带来不便，使气化效率下降。若配用秸秆成型燃料，则可提高气化效率，使气化炉使用范围扩大。

(3) 生产成型炭

成型燃料经450℃干馏炭化，3kg左右可生产1kg成型炭，其硬度、密度均比用木材烧制的木炭高，可替代冶炼有色金属及合金工业中所需的木炭，用于取暖、烧火锅更是理想的燃料。其生产成本比木炭低。我国传统的烧制木炭方法主要用硬质木材，约10kg木材才能烧制1kg木炭，售价高且对森林生态破坏严重，但工业上的一些特殊要求又离不了木炭，用成型炭代替木炭的社会效益将十分显著。

(4) 生产活性炭

活性炭广泛用于制糖、制药化工行业，环境保护水质处理也需要活性炭。随着环境保护法的进一步实施，净化废水、废气所需活性炭的用量会越来越大，利用秸秆可生产大量廉价的活性炭，少耗用或不耗用森林资源。

五、秸秆发电技术

秸秆发电技术是以农作物秸秆为原料的一种发电方式，根据秸秆利用方式的不同，主要有以下三种技术路线：秸秆直接燃烧发电、秸秆与煤混合燃烧发电、秸秆气化发电。截至2010年6月底，国内各级政府核准的生物质秸秆发电项目累计超过了170个，总装机容量从2006年的1400MW增长到2010年的5500MW，并有50多个项目成功实现了并网发电，发电装机容量达2000MW以上。

1. 秸秆直接燃烧发电

秸秆直接燃烧发电技术是把秸秆原料送入特定蒸汽锅炉产生蒸汽驱动蒸汽轮机从而带动发电机发电的技术。秸秆直燃发电和燃煤发电并没有本质上的区别，只是在原料的理化性质方面，与煤相比，一般的秸秆原料具有"两小两多"的特点，即热值小、密度小；钾含量多、挥发分多。所以，燃秸秆锅炉的燃烧室、受热部件、供风系统，特别是进料系统在结构上都要与秸秆的这些特性相适应。秸秆直燃发电原理流程如图7-9所示。

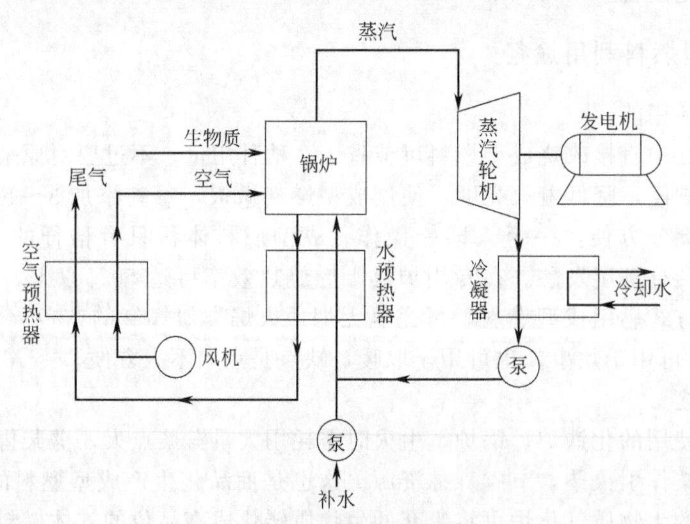

图7-9 秸秆直燃发电原理流程

丹麦于1988年建成了世界上第一座秸秆直接燃烧发电厂，秸秆直燃发电工程建设以丹麦BWE公司为代表，率先研发秸秆原料燃烧发电技术，迄今在这一领域仍保持世界最高水平。BWE公司采用水冷式振动炉床燃烧技术，较好地适应了秸秆类燃料"两小两多"的特点。在该技术工艺中，秸秆首先由螺旋进料器输送到固定炉排上，挥发分在此迅速析出燃烧。而后焦炭在连续进料的推动下移动到固定炉排的上方振动炉排上进行燃烧，在炉排振动的作用下，焦炭不断移动位置，这就克服了传统炉床燃烧技术中燃料分布不均匀、燃烧效率低的缺点。水冷可以保护炉排以免烧坏，同时也减少了结渣现象。尾部的过热器也都根据烟气中碱金属含量高、易产生高温腐蚀的特点进行了针对性设计。

BWE公司已在丹麦、瑞典、芬兰、西班牙等国建设了数十个秸秆发电站。我国国能生物发电有限公司引进丹麦BWE技术在国内建设的第一座生物质发电厂——山东单县秸秆发电厂，已于2006年12月1日正式投产，燃料以粉碎的棉花秸秆为主，设计负荷为25MW，每年可消耗棉秆2×10^5t。由该公司投资建设的威县、成安、高唐、垦利、射阳5个以棉秆和林木废弃物等灰色秸秆为主要燃料的生物质发电项目和浚县、望奎、鹿邑、辽源4个以玉米秆、小麦秆等黄色秸秆为主要燃料的项目也相继投产运行。截至2007年年底，国家和各省发改委已核准项目87个，总装机规模2.2×10^6kW。全国已建成投产的生物质直燃发电项目超过15个，在建项目30多个。

2. 秸秆与煤混合燃烧发电

虽然秸秆原料与煤在物理化学性质上有很大的不同，但在现役的燃煤锅炉中掺烧15%（热量比）以下的秸秆对锅炉稳定运行影响不大，在技术上是可行的。秸秆和煤的混合燃料进行发电，秸秆混合燃烧方式主要有直接混合燃烧、间接混合燃烧和并联混合燃烧3种方式。直接混合燃烧是指在秸秆预处理阶段，将粉碎处理好的秸秆与煤粉在进料的上游充分混合后，输入锅炉燃烧。间接混合燃烧是指先对秸秆进行气化，然后将秸秆燃气输送至锅炉燃烧。并联混合燃烧指秸秆在独立的锅炉中燃烧，将产生的蒸汽与传统燃煤锅炉产生的蒸汽一并供给汽轮机发电机组做功。

国外进行的大量试验和工程实践表明：秸秆原料混烧的热量比例<2%时，无需对电厂原燃煤系统进行任何改造，电厂运行的安全性和经济性也不受影响；比例在5%～10%之间时，混烧技术的优势可以充分发挥出来，所引起的设备投资和运行费用的增加也可以从混燃的收益中得到补偿。目前，国外的工程应用大多在此范围内；15%是目前生物质原料混烧热量比例的上限值，大于15%时，电厂的经济性和安全性将受到影响。

2005年，华电国际十里泉电厂从丹麦引进技术设备，对1台1.4×10^5kW机组的锅炉燃烧器进行了秸秆混烧技术改造。该项技术改造总投资8300万元，改造后实现了秸秆与煤粉混烧，秸秆掺混质量比<20%，也可单独烧煤。

3. 秸秆气化发电

秸秆气化的基本原理是在不完全燃烧条件下，将秸秆中较高分子量的烃类化合物裂解，变成较低分子量的CO、H_2、CH_4等可燃气体，然后将转化后的可燃气体由风机抽出，经冷却除尘、去焦油和杂质后，供给内燃机或者小型燃气轮机，带动发电机发电。目前秸秆气化发电主要用于较小规模的发电项目。该气体用于发电的方式主要有3种：a. 将可燃气作为内燃机燃料，用内燃机带动发电机发电；b. 将可燃气作为燃气轮机的燃料，用燃气轮机带动发电机发电；c. 用燃气轮机和蒸汽轮机两级发电，即利用燃气轮机排出的高温废气把水加热成蒸汽，再推动蒸汽轮机带动发电机发电。我国目前主要是采用第一种方式。目前，国内秸秆发电工程中秸秆气化炉主要有固定床气化炉和流化床气化炉两种形式。秸秆气化发电工艺流程复杂，难以实现大型化，主要用于较小规模的发电项目。

在传统的固定床气化技术中，原料的干燥、热解、氧化、还原等过程都在气化炉中完成，产生的可燃气体中焦油含量高，应用极为不便。山东省科学院能源研究所开发了两步法固定床气化技术，原料首先在裂解器中经过干燥和热解，再进入气化炉中完成氧化和还原，解决了以往技术中的焦油难题，较好地满足了内燃机的工作要求，形成了两步法生物质固定床气化发电技术。该技术工艺流程如图7-10所示。

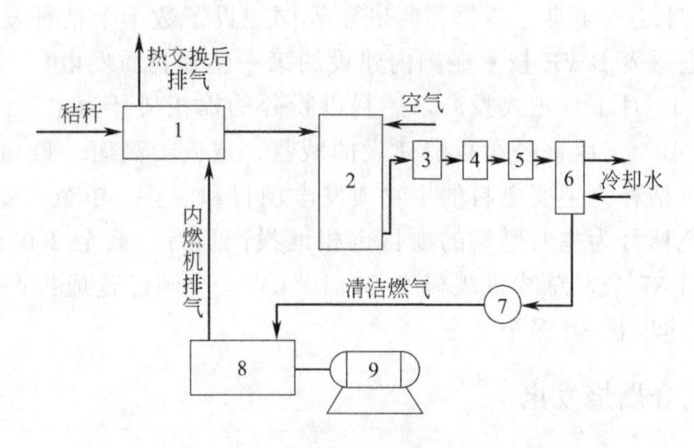

图7-10　两步法生物质固定床气化发电工艺流程

1—裂解器；2—下吸式固定床气化炉；3—一级旋风分离器；4—二级旋风分离器；5—织物过滤器；6—水冷器；7—风机；8—内燃机；9—发电机

其主要特点为：a. 燃气清洁、焦油含量低，经过简单过滤和净化后，燃气中总杂质含量<20(标)mg/m^3，能够满足气体内燃机工作的要求；b. 无二次污染，以前的固定床气化技术中，燃气中焦油一般通过水洗去除，焦油废水带来的二次污染问题无法解决；而在两步法气化工艺中燃气经过旋风分离器、织物过滤器除尘后进入水冷器间接换热，整个净化冷却过程都不和水直接接触，所以不存在二次污染问题；c. 系统总效率高，气体内燃机的高温排气为秸秆原料裂解提供热源，充分利用了排气余热，使系统总效率得到提高。

山东省科学院能源研究所利用该项技术已经建成了一套生物质气化发电示范系统，目前该系统已实现稳定并网发电。系统的装机容量为200kW，年发电量约为1.4×10^6kW·h；单位投资约7000元/kW，投资回收期为7年左右，具有较好的经济性。

流化床气化炉与固定床气化炉相比具有原料处理能力强、气化反应速度快、系统容易放大等优点。但较高的操作气速也会带来气体中含灰较多、后续除尘净化负担增加等问题。流化床气化炉在水分、热值方面对原料的种类适应性较广，但对原料的粒度要求较为严格，一般秸秆类原料要粉碎到20mm以下才能满足流化床对原料的流化性能要求。

中国科学院广州能源研究所在循环流化床生物质气化发电技术上的研究和应用开发取得了较快进展。该技术工艺流程如图7-11所示。其原理为生物质原料进入循环流化床气化炉后被高温的惰性床料（河砂）迅速加热，在流化状态下发生一系列热解、氧化、还原反应。燃气中携带的焦炭被惯性除尘器分离后流回炉内继续反应；依次经过旋风分离器、文氏管除尘器后，燃气中的固体颗粒和微细粉尘基本被清洗干净；燃气中的焦油采用吸附和水洗的办法进行清除，主要设备是两个串联的喷淋洗气塔；清洁的燃气被送入内燃机带动发电机发电。广州能源研究所利用该项技术在全国建设了十几个生物质气化发电站，取得了较好的经济效益，为秸秆发电技术的产业化推广积累了宝贵的经验。

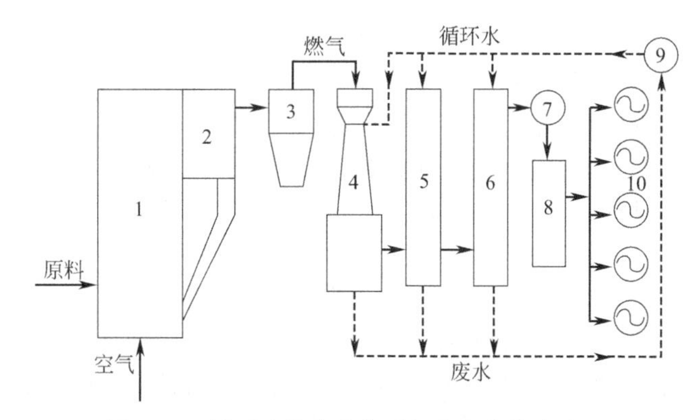

图 7-11　循环流化床生物质气化发电技术流程

1—循环流化床气化炉；2—惯性除尘器；3—旋风分离器；4—文氏管除尘器；
5—喷淋洗气塔；6—喷淋洗气塔；7—风机；8—水封；9—水泵；10—发电机

第五节　秸秆的工业应用

随着农村乡镇企业的蓬勃发展，企业的原料问题越来越突出，因此，在农村因地制宜，根据各类秸秆的不同性质特点，挖掘其利用潜力具有良好的前景。我国不少地区以秸秆为主要原料发展造纸、包装纸箱、纸板、牛皮纸箱、人造纤维板、植物压塑纤维板等包装材料和建筑装饰材料，以及制取糖醛、木糖醇、淀粉、酒精、糖品、食醋等食品与化学品，已经取得了良好的效益。

作物秸秆中，很多可用于工业原料及建筑和保温材料等。如麦秆、麻秆等可以造纸、砌墙、栽培食用菌、加工纤维板、天棚板、室内间墙板等；高粱秆可加工苇箔和编制生活用品；稻草、麦秆可用作覆盖材料，起保温作用；稻草可用于做土砖、编织草袋、草苫、草席和草绳；芝麻茎皮可制人造棉，搓绳及麻袋等；玉米秸秆可提取淀粉、加工饴糖、酿酒、提取木糖醇、制醋，生产保温材料、编织成农艺制品；麦秸制取糠醛、纤维素、生产一次性餐具等。

一、秸秆生产可降解的包装材料

1. 秸秆一次性餐具

我国是世界上最大的一次性餐具的消费市场，每年仅快餐盒（碗）一项的需求就有150亿之多。因此，秸秆一次性餐具具有保护环境、利用可再生资源的巨大可持续发展潜力。可制作秸秆一次性餐具的主要原料有麦秸、稻草、稻壳、玉米秸秆、苇秆、棉花秆、锯末、甘蔗渣等天然再生性植物纤维，添加成分有淀粉、成型剂、填料等。

秸秆一次性餐具产品形式有一次性方便碗、餐盒、碟以及各种形状的托盘，它们可在－16～100℃条件下使用，其生产线可采用国内现有设备装配，具有投资少、能耗低、效率高、运行可靠、占地面积小等优点；同时，其制造成本低于纸制餐具，制造过程无“三废”排放，在这种餐具使用完毕后，还可二次利用。回收后可直接当作猪、牛、羊、鸡、鸭、鱼的饲料，也可堆埋在地里迅速降解。完全达到了无垃圾、无污染、源于自然、产于自然、回归自然的目的。这对消除“白色污染”，改善环境具有独特的功效。

利用植物秸秆为原料的快餐具，从目前研制情况来看可分为三种形式。第一种是在国内外获专利权的“CL无污发泡材料”，这种材料的主体原料为植物纤维，加入适量胶体材料和与之适应的发泡剂，经过发泡和熟化后制成制品。第二种是“植物纤维快餐具”。这两种均是以植物纤维为主体材料的快餐具，其原料加工时都是利用湿法将植物秸秆磨碎提取纤维，将其植物粉用水漂走，因此这两种形式对资源利用率低，且所利用的胶体材料和助剂都是合成化工原料。据了解，其工艺和专用设备正在完善中，经济批量还没有形成。第三种是“一次性植物秸秆餐具”，该技术的研制是一项涉及化工、机械专业的综合技术，工艺较为成熟。主体原料是经过清洗晾晒的植物秸秆，经过粗粉碎和粉碎，制成粒度合适的粉状物料。其中含有植粉和纤维，植粉中有少量淀粉和蛋白。胶体材料是采用淀粉黏合剂，一种方法是采用市售产品粉状淀粉黏合剂；另一种是生产厂自己调制的液体淀粉胶。不管采用哪种胶体材料，一次性植物秸秆餐具原料生产的关键工序是，将粉状的主体材料按比例配以胶体材料和水之后进行混压。物料在挤压中进行的各种化学物理反应，是原料实现其粘接和具有良好性能的内在因素，通过这道关键步骤使秸秆粉形成一种材料。

一次性秸秆餐具经过3年时间的蹒跚起步，从实践到理论，从技术上的可行到形成经济批量，从研制到市场开发，都证明它具有很强的生命力，是包装行业一项纯天然绿色工程。其原材料性能稳定，专用机械设备具备定型条件；制品形成经济批量，质量稳定；成套技术可以推向市场。一次性植物秸秆餐具正在崛起，它将取代PS发泡餐具，具有良好的市场前景。

(1) 秸秆一次性快餐盒的生产工艺示例

以农作物麦秸等为原料生产一次性快餐盒在工艺上主要有干法和湿法两种工艺路线。湿法生产卫生餐盒的工艺流程如图7-12所示。

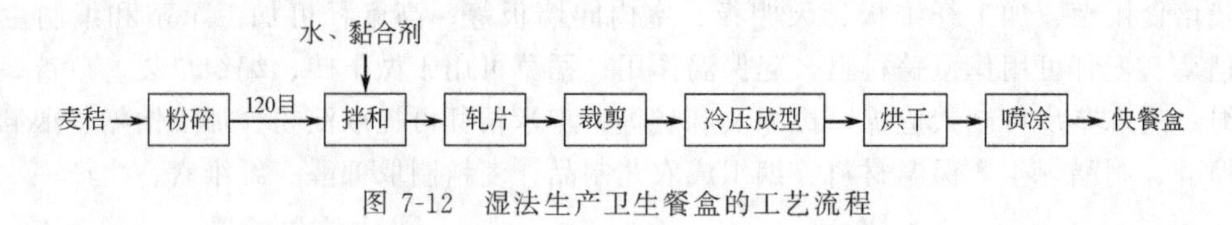

图7-12 湿法生产卫生餐盒的工艺流程

目前湿法工艺存在的主要问题是由于水的加入，工艺中需二次喷涂，二次烘干，因此工艺路线较长，设备投资较大。所以在技术上出现了干法工艺，干法工艺又称热法工艺，其工艺流程见图7-13。

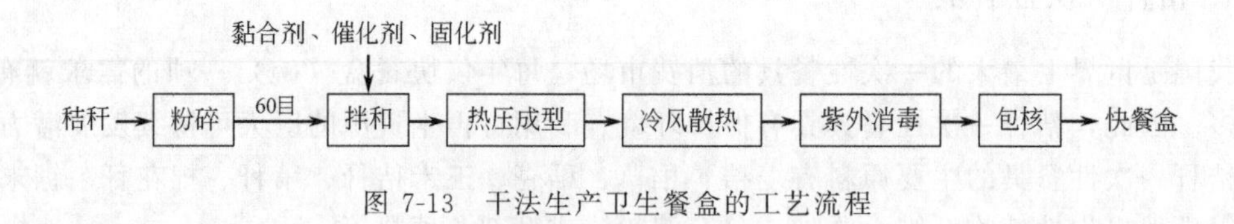

图7-13 干法生产卫生餐盒的工艺流程

干法工艺由于工艺中采用了热熔类黏合剂，因而省去了烘干工段，使得工艺流程相对较短，投资较少，所以实际常选用干法生产。

(2) 秸秆一次性筷子的生产工艺示例

据业内人士估算，中国市场每年消耗一次性木制筷子450亿双，需要消耗掉木材

$1.66\times10^6 m^3$。而利用小麦、玉米、水稻等农作物秸秆，经粉碎、挤压、成型生产出的筷子，既具有塑料的刚性强度，又可调成各种颜色，既可一次性使用，也可长期反复使用。

生产这种环保型筷子工艺简单，一双筷子的平均成本为0.025元。西安建功科技公司所开发的以麦秸粉为原料生产一次性卫生筷的工艺流程如图7-14所示。

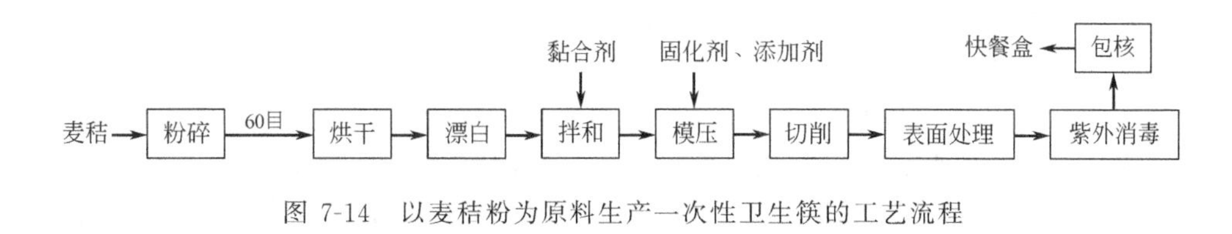

图7-14 以麦秸粉为原料生产一次性卫生筷的工艺流程

2. 可降解型包装材料生产技术

植物秸秆是一种来源丰富的可再生资源。从原料特性看，植物秸秆具有制作内包装材料的许多优点。不少植物秸秆本身就是优良的缓冲包装材料。我国古代就以菱草为缓冲材料来包装瓷器，使我国陶瓷在七、八世纪就能完好无损地传到欧洲和非洲等地。至今，天然植物秸秆作为缓冲包装材料在众多领域及人们的日常生活中仍广为应用。它的主要缺点是外形松散、外观粗糙和不便于装卸作业等，因而不适应时代的发展和现代消费水平的要求。而采用用无胶模压成型技术，以秸秆为主要原料所制作果蔬内包装衬垫具有以下特点：a. 密度低，具有一定的吸收冲击和抗振动的能力；b. 具有适宜的强度；c. 无毒、无臭、通气性好；d. 价格低廉；e. 用后容易销毁。其不足之处是耐破碎性相对较差、掉渣和耐水性较差等。

用秸秆生产的缓冲包装材料在自然条件下可以迅速降解为有机肥。西安建筑科技大学应用麦秸秆、稻草等多种天然植物纤维素材料为主要原料，配以多种安全无毒物质开发出完全可以降解的缓冲包装材料。这种材料具有体积小、质量轻、压缩强度高的特点，同时又有一定的柔韧性，制造成本与发泡塑料相当，大大低于纸制品和木质制品。在自然环境中，1个月左右即可全部降解成有机肥。

西北农业大学用玉米秸秆热压工艺成型生产出瓦楞纸芯，已投入小批量生产。此类产品比纸制品成本低，完全可以替代纸制品，且在自然界中易降解。吉林省银泰公司开发了一种以稻草为主要原料的新型无污染植物纤维发泡包装，使用后能够迅速腐解并成为饲料原料。

滕翠青等以秸秆纤维为增强材料，以淀粉为基体，通过模压成型制备出具有一定强度的可降解秸秆纤维增强复合材料。采用土埋法对该复合材料进行的测试表明，秸秆纤维增强复合材料具有良好的可降解性能，降解后的产物是植物生长的优质肥料。在栽培生长过程中，花卉根系可伸出已经降解的花盆，表明该复合材料不影响植物根系的生长发育。

研究表明，以作物秸秆为原料，经过物理、化学处理后可转化成植物纤维降解膜。该产品适用于农田覆盖和商品包装，废弃3个月自然转化为有机肥料，不留残渣，因此可替代乙烯聚合塑料产品，以根治白色污染。

目前，美国科学家开发出一种价格便宜、对环境无污染的包装快餐新材料，即采用小麦秸秆的纤维和麦粒中的淀粉制成的快餐包装盒。用小麦秸秆纤维和麦粒淀粉制成的快餐包装盒，不仅完全可以生物降解，而且比常用的纸板包装盒和土豆淀粉包装盒保温的时间要长一些。如果把废弃的这种包装盒扔在肥料堆中，不仅不会污染环境，而且还能转化为肥料，应用前景十分看好。

二、秸秆用作建筑装饰材料

1. 秸秆轻型建材

秸秆富含纤维素、木质素，是生产建材的优良原料。秸秆与化学胶合剂混合，经热压可生产轻型建材，如秸秆轻体板、轻型墙体隔板、秸秆黏土砖、蜂窝蕊复合轻质板等。技术路线是：将秸秆粉碎后按一定比例加入轻粉、膨润土作为黏合剂，再加入阻燃剂和其他配料，进行机械搅拌、挤压成型、恒温固化，即可制成符合国家规范的“五防”（防水、防火、防虫、防老化、防震）轻质建筑材料。由于这些材料成本低、质量轻、美观大方，且生产过程中无污染，因此广受用户的欢迎。

秸秆在建筑材料领域内目前的应用已相当广泛，秸秆消耗量大、产品附加值高，又能节约木材，很有发展前景。按胶凝剂分有水泥基、石膏基、氯氧镁基、树脂基等。按制品分有复合板、纤维板、定向板、模压板、空心板等。按用途分为阻燃型、耐水型、防腐型等。

西北农林科技大学农学院棉花所经多年研究，利用秸秆、棉秆、树枝及三级以下木材为原料，研制成功环保超强木地板新产品，变废为宝，产品已申请国家专利。其工艺流程为：原料粉碎→蒸煮→烘干→配料→热压（基板形成）→高温热压上表层→耐磨层和平衡层→刨槽→分级→装箱→成品。

秸秆镁质水泥轻质条板是以镁质水泥为胶结料，秸秆为填料，玻璃纤维为增强剂，经特殊改性处理和严格配方加工而成的一种新型轻质墙体材料。它具有质量轻、强度高、防火耐水、无毒无味、耐腐蚀、可加工性能好、价格低廉等优点。

2. 秸秆人造板

秸秆人造板是以秸秆为原料，以改性异氰酸酯为胶黏剂，在一定的温度压力下压制而成的一种人造板，因其使用的是改性异氰酸酯胶，在固化以后，不产生任何游离甲醛，是绝对的绿色环保材料。这种板材也适应了人们对环保的要求，成为家具与建筑业的极佳材料。

以农作物剩余物为原料生产人造板的技术研究开发，国外早在20世纪初就已起步，1920年美国路易安那州建立了利用蔗渣制板生产厂。进入80年代在美国北部和加拿大利用麦秆开始进行制板的试验研究，至今已形成完整的工业生产体系。据报道，美国已投产和在建的工厂达13个，生产能力达$6.0\times10^5m^3$。另外还有8家公司正在筹资建厂。此外，比利时、瑞典、葡萄牙、前苏联等国也很早进行此类研究并已制造出合格的各类农作物秸秆人造板。由此可见，秸秆人造板已成为当前木材加工生产的热点。

我国对农作物秸秆人造板的研究较国外晚，在20世纪80～90年代，我国南方已形成蔗渣制造硬质纤维板、刨花板工厂体系。近年来，中国林科院、东北林业大学、南京林业大学等学校和单位也先后对此进行研究和开发。目前已经可用麦秸、豆秸、棉秆等非木质材料作为人造板的原料，制造出来的刨花板或中纤板，其物理力学性能均能达到国家有关人造板的标准中所规定的技术指标。

据报道，用玉米秸秆外皮制作的人造板的主要性能指标如抗压强度、抗拉强度及抗弯强度都优于木屑制的人造板。具体工艺如下：将粉碎的玉米秸秆外皮（粒度应根据产品的应用情况确定）和黏合剂按质量百分比（78～82）：（22～18）混合，经搅拌均匀后，在120～140℃的条件下加压，并保压40～50s，其压力随板坯面积而变化，一般保持在1.47～2.45MPa，黏合剂由脲醛树脂、氯化铵和石蜡按其质量百分比（96～98）：（0.2～1）：（3～

1.5）组成。该黏合剂在常温下不到24h就完全固化，所以，黏合剂应随时配制。应用此工艺方法制造的玉米秸秆人造板与刨花板相比，具有表面光洁度好、美观大方、静曲强度和平面抗拉强度较高等优点，可在很多领域广泛应用，例如可作建筑用地板、天花板、隔墙板及家具等。其主要原材料玉米秸秆资源充足，价格低廉。

四川省投资8亿元人民币，以麦秸、稻秆为原料，已建成年产中、高密度纤维板$1\times10^5m^3$的生产线，该项目的建成不仅可消除焚烧秸秆造成的环境污染现象，且板材产品不含甲醛，各种理化指标性能均优于木材，大大超过中纤板国家标准。同时也为四川地区丰富的秸秆资源找到了一条最佳的出路，农民每年可从每亩田的秸秆中增收50～60元。

我国森林资源贫乏，资源结构恶化。“天然林保护工程”启动后，年供需缺口木材达$4\times10^7\sim6\times10^7m^3$，在建筑、家具业中，未来几年更是需要板材资源，这就给秸秆人造板发展带来了广阔的市场前景。

在建筑工程上应用，秸秆人造板可作室内门、天花板、墙面材料等，用秸秆内衬保温材料组装的复合墙体可以用作外墙，但裸露在室外的表面需进行特殊防水处理。秸秆墙体材料成本低，安装方便，施工简单，可望获得良好的经济效益。此外，秸秆墙体替代黏土砖还可以保护大批良田，有巨大的社会效益和环境效益。

用于家具制造方面，秸秆人造板的物理机械强度已经达到木质碎料板的国际要求，因此将其用到家具制造及室内装修中去，定有广阔的市场前景。如经过表面装饰（贴纸、贴单板或贴装饰板等）处理后的秸秆人造板可以替代木质中密度纤维板或刨花板，用于家具制造及室内装修，其工艺条件无需改变。用异氰酸酯制造的人造板不释放游离甲醛，在家具制造及室内装修中具有独特的优势。

秸秆垫枕或秸秆板材，可以做成各种不同结构和不同规格的包装箱，一方面可以节省木材，降低包装成本；另一方面也避免了实木包装箱出口检疫碰到麻烦给国家造成的损失。此外，秸秆轻质材料可以用作包装衬垫材料。

三、秸秆生产工业原料

农作物秸秆的主要成分是木质素、纤维素、半纤维素，牲畜直接食用后吸收很少，转化率不高。若经从发酵秸秆中提炼出活性酶酵化分解，便可分解成葡萄糖、木糖、甘露糖、半乳糖，这些糖能直接为畜禽吸收利用，转化成脂肪酸、氨基酸、维生素、菌体蛋白等满足动物对各种营养物质的需要，美国、加拿大、法国、芬兰等国家利用玉米秸秆等农林废料生产酒精、丙酮、丁醇的工厂均已投产。目前，秸秆用作工业原料已非常普遍，如小麦秸秆制取糠醛、纤维素，稻壳生产免烧砖、酿烧酒，玉米秆制造淀粉等。

1. 植物秸秆生产酒精

利用秸秆发酵生产燃料酒精，可解决目前面临的环境危机、粮食危机及能源危机。秸秆酸水解发酵制酒精的研究在欧美各国已进展到万吨级试验规模，但其生产成本仍难以与石油或合成酒精价格相竞争，主要是由于酸解条件苛刻，对设备有腐蚀作用，需耐酸耐压设备，且生成有毒的分解产物如糠醛、酚类物质等，成本极高，碱水解也存在同样问题。而秸秆的酶解发酵酒精选择性强，且较化学水解条件温和，故得到了一定发展。由最初的分批酶解到连续酶解，再到纤维素制酒精的同步糖化法工艺，普遍存在着中间产物与最终产品反应条件相互制约，难以协调以致不能完成预计过程的问题。国外有报道采用耐热酵母进行同步糖化发酵法，可解决抑制问题；张继泉等的正交试验表明在发酵温度为36℃，发酵周期为72h，摇瓶转速为80～100r/min，纤维素酶用量为40IU/g[1]（对底物），管囊酵母与酿酒酵母的接种比例为2∶1的条件下，酒精产率为0.148g/g；肖炘等提出了纤维素制酒精的分散、耦合、并行系统，使酶解、发酵和酒精在线分离操作既分离又结合成一个整体，基本解决了产物抑制和高能耗这两大问题。T. Ravinde等通过Clostridium Ientocellum SG6发酵法生产乙酸，产率达67%，然后可采用化学法将其进一步转化为乙醇燃料。

下面简单介绍由玉米秸秆生产酒精的工艺过程和成本核算。

玉米秸秆经除石除铁清洗后，用切割机切成1.5cm长段，水浸40min，提到料仓，经余汽预热后加入汽爆器压实，通入2.5MPa蒸汽，保温8min。开启泄压阀将料喷入贮仓中。将汽爆后的10%玉米秸秆水洗后入产酶罐，引入里斯木霉菌种，使之产生纤维素酶，将此酶液与另外90%的玉米秸秆汽爆渣混合保温50℃。水解24h，经过滤得6%糖液，此糖液经无机膜浓缩成20%以上糖液，加入休哈塔酵母$(0.8\sim1.2)\times10^8$/mL，发酵24h，产酒分10%，将酵母分离回收作饲料，最后将酒精蒸馏至99.5%。

蒸馏废液含有丰富的酵母，可用分离机回收作饲料。达标废水进入市污水处理厂，COD降到50mg/L以下。

生产设施大体如下：汽爆器、木霉纤维素生产机组、酶解机组、压滤机组、发酵机组、离心分离机组、膜分离机组、蒸馏塔（四塔）、水电汽公用工程、仪器仪表系统、化验室系统及相应土建工程。秸秆酒精生产成本如表7-12所列。

表7-12　秸秆酒精生产成本

项目	原材料			能源动力			工资	制造费用			总生产成本
	玉米秸秆	营养盐	小计	蒸汽	电	水		折旧	易耗品	小计	
单价/(元/t)	300	—	—	48.5	0.38	0.15	—	—	—	—	—
数量/t	5.88	—	—	18.25	1061度	294	—	—	—	—	—
金额/元	1764.00	299.00	2063.00	855.13	403.18	44.10	92.00	133.00	15.00	148.00	3635.41

2. 秸秆制作淀粉

农作物的秸秆和秕壳，除了作家畜饲料或堆积沤制肥料之外，经过适当的科学处理后，还可以制取淀粉。制取的淀粉不仅能制作饴糖、酿醋、酿酒，而且还能够制作多种食品与糕点。因此，由秸秆制作淀粉，不仅是目前市场上紧俏且价格看好的一种食品加工原料，也是通过加工增值，提高经济效益的一项最佳途径。

（1）用玉米茎秆制作淀粉

先将玉米秆的硬皮剥掉，把无虫蛀的瓤子切成薄片，用清水浸泡12h，放入大锅里煮，当瓤子被煮烂熟时搅成糊状。再加适量清水稀释搅匀过细筛，将滤好的溶液装入细布袋进行挤压或吊干，这样就可以得到湿淀粉。大约每100kg瓤子可得到湿淀粉75kg。筛子上面的粉渣还可以用来酿酒或制作醋。另外，也可直接将玉米秆瓤煮至发黄。然后将其粉碎后过细筛，筛子上面的粉渣可以制作饴糖料，筛下的细粉便可制作糕点、食品等。

（2）用各类豆荚皮做淀粉

[1] 纤维素酶活力国际单位定义是每分钟分解底物纤维素产生1μmol葡萄糖所需的酶量，以IU/g表示。

先用较粗的筛子筛除泥砂杂质，再用水洗净灰尘，然后用清水浸泡 8～10h，捞出后放入大锅内，按每 10kg 原料加纯碱 0.2kg 的比例加适量纯碱。用猛火煮烂直至豆荚发黏时捞出，粉碎后再加入清水搅匀，用细筛过滤，将滤出的浆液装入面袋内挤干即成湿淀粉。每 100kg 原料可得湿淀粉 65kg。

(3) 用稻草制作淀粉

先将稻草用水冲洗干净，再用切草机或铡刀切碎，放入铁锅内，每 100kg 加沸水 20kg、纯碱 0.12kg，煮 45min 后捞出，放入冷水中猛搅揉搓，捞出后粉碎的秆料放回原液中，经十几分钟搅动后用细筛过滤，将滤液放入大罐中澄清。经 12h，将上层带有杂质的废液撇除，将下层浓液装入布袋中挤干即成湿淀粉。每 100kg 原料可得湿淀粉 20kg 左右。

(4) 用谷类秕壳制作淀粉

先将秕壳用水洗干净，再用机器将其轧开，使其无完整粒，然后放入大锅，按每 100kg 原料加沸水 25kg、纯碱 0.13kg 的比例加足水和碱，用大火煮 80min 后捞出粉碎，然后再放入原液中猛搅，搅到秕壳几乎半透明后用细筛过滤，将滤液放入大缸沉淀。经 10h 左右清浆，撇除废液，将下层溶液装入布袋挤干或吊干，便可得到湿淀粉。每 100kg 原料一般可得湿淀粉 70kg 左右。

(5) 麦秸制取淀粉

用清水将麦秸洗干净，然后切成 5cm 长的小段，置于铁锅内；每 6kg 麦秸加沸水 18kg，纯碱 0.12kg，放入锅内煮沸，大约 30min 将捞出麦秸放入冷水里，先用手揉搓后，再放到石磨或石碾上粉碎成浆液（越细越好）；把揉搓过的浆液同碾磨后的浆液混合在一起，经过细筛过滤，把滤液置于干净的缸内澄清，置放沉淀 12h 后，弃去上层碱清液，换清水搅拌均匀后，再置放沉淀 12h；除去上层清液，把下层沉淀液装入布袋里，挤压掉所含全部水分，即可取得湿淀粉。每 100kg 麦秸可制取湿淀粉 60kg。

3. 秸秆生产饴糖

饴糖，也称水饴或糖稀，可代替白糖生产糖果、糕点及果酱等食品。饴糖有较高的医疗价值，是良好的缓和性滋补强壮剂，具有温补脾胃、润肺止咳功效。玉米秸秆含有 12%～15%的糖分，是加工饴糖的好原料，有来源广、产量大、易集中、方法简便、实用性强、原料易得、成本较低等特点。利用玉米秸秆加工饴糖，不仅可化废为宝，而且可用酶剂或麸皮代替麦芽作糖化剂节约大量粮食，因此有显著的社会效益和经济效益，糖渣还可作为牲畜饲料，是玉米产区专业户致富的一条门路。玉米秸秆加工饴糖技术简介如下。

(1) 原料配比

鲜玉米秸秆 100kg、淀粉酶 0.5kg（或麸皮 20kg 或麦芽粉 15kg）、粗稻糠 20kg。

(2) 加工工艺流程

原料→碾碎→蒸料→糖化→过滤→浓缩→冷却→成品

(3) 工艺技术要点

1) 原料与碾碎　将鲜玉米秸秆除去大部分茎叶，用茎部 5 节内秸秆，切碎或用铡刀铡成 3cm 左右的小段，然后将其碾碎。

2) 蒸料与糖化　按原料配比，将碾碎的玉米秸秆与粗稻糠均匀拌和，以利通蒸汽软化，拌匀后铺于蒸笼内，为使蒸汽焖透秸秆，铁锅内加入 50～70kg 清洁水，大火煮沸蒸制约 30min，务必使秸皮与秸秆心软化。将软化的蒸料倒入大缸内，待温度下降至 60～65℃时，拌入 0.5%的淀粉酶（AMY）作糖化剂。如无淀粉酶，可用 20%的麸皮代替。如用麦芽粉虽然成本增高，但比用淀粉酶多出15%的饴糖。拌匀后加入75℃的蒸料水50kg左右，用干净木棒沿缸边来回搅匀，为防止杂菌污染，缸口用塑料膜捆紧密封，温度保持在70℃左右，使其发酵糖化，时间约24h。

3）过滤与浓缩　将糖化料捞入滤袋，过滤，糖液用勺子舀出冲洗浇料，以增加滤速，并反复挤压，至无水滴出为止，糖渣可作牲畜饲料。

滤液移入铁锅在常压下大火煮沸使水分汽化蒸发，注意不断搅拌，防止糖液粘锅焦煳，当锅内起泡有糖饴涨出时，不可加水，可用勺舀糖饴窜动，涨浆自会下落，起泡后不久，糖饴呈鱼鳞状、色呈黄红时用波美计检查浓度达40度时，即可停止浓缩，出锅冷却后即为成品饴糖。

如无波美计检查，可用下法判定浓缩终点：a. 用竹片或玻璃棒挑起1滴浓缩糖怡滴入冷水中，液滴在数秒钟内聚集下沉而不散开，即达浓缩要求浓度；b. 用搅拌木棒或竹片沾糖怡后冷却，几秒钟内黏附的糖怡流淌欲滴而未滴入，垂直的悬挂成拔丝状，说明已达到浓缩终点，可以停止浓缩。

铁锅浓缩的饴糖色泽较深，而低温真空浓缩质量较好，最好二者联合使用，即开始时低浓度用铁锅煮沸一段时间，浓度较高后用低温真空浓缩至终点，可得到色泽较浅、质量较好的饴糖。

4. 秸秆生产羧甲基纤维素

羧甲基纤维素（CMC）是以植物纤维素为原料，经化学改性而制成的一种具有醚类结构的高分子衍生物。该产品是一种白色粉状物，无毒、无臭、无味，溶于水后呈中性或微碱性透明胶液，具有良好的分散力和黏合力。CMC广泛应用于日用化学洗涤用品的抗污再沉积剂、纺织工业的印染助剂、造纸工业的施胶剂、饲料和陶瓷工业的黏合剂以及油田开采的泥浆黏井剂和降失水剂。通常，制备CMC的原料为棉花或棉短绒。由于该原料价格较高，使CMC产品的成本偏高。

李莉等介绍了用玉米秸秆制备羧甲基纤维素的方法，不仅降低了成本，而且使植物秸秆得到了充分利用。主要反应如下。

$$[C_6H_9O_4(OH)]_n + nNaOH \longrightarrow [C_6H_9O_4(ONa)]_n + nH_2O$$

$$[C_6H_9O_4(ONa)]_n + nClCH_2COONa \longrightarrow [C_6H_9O_4OCH_2COONa]_n + nNaCl$$

用二次加减法替代一次加碱法，碱化时加入总碱量的一部分，醚化时加入剩余碱。最佳条件为：m(纤维素)：$m(NaOH)$：$m(ClCH_2COOH)=1.0:1.0:1.2$，以$w(C_2H_5OH)=85\%$的酒精为溶剂，碱化温度为30℃，时间为60min，醚化温度为70℃，时间为150min，产品黏度为400～600mPa·s，取代度为0.6～0.7，有效成分质量分数大于80%。

南京林业大学采用1年生的秸秆废物（如稻草或玉米秆等）为原料制成纤维素，然后经化学添加剂进行改性、提纯等反应工序制得CMC产品，能降低成本20%，具有较好的实用性。工艺流程如图7-15所示。

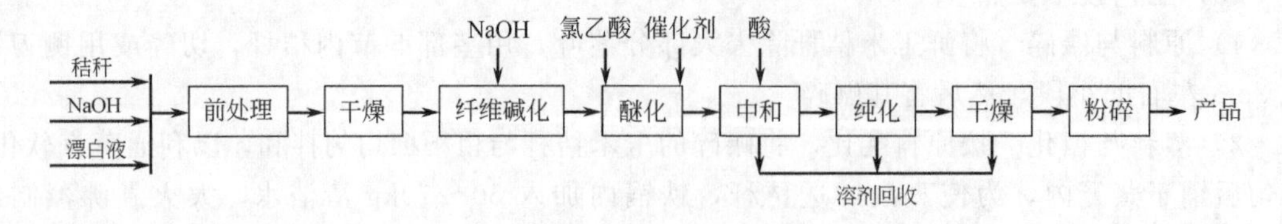

图7-15　秸秆生产羧甲基纤维素的工艺流程

5. 秸秆制取木糖醇

张启峰等将玉米秸秆经过预处理、水解、净化、催化氢化、浓缩和结晶等步骤制取得到了木糖醇，工艺流程如图 7-16 所示。木糖的收率为 9.5%，木糖醇总收率为 5%，制取的木糖醇可达食品级质量标准。

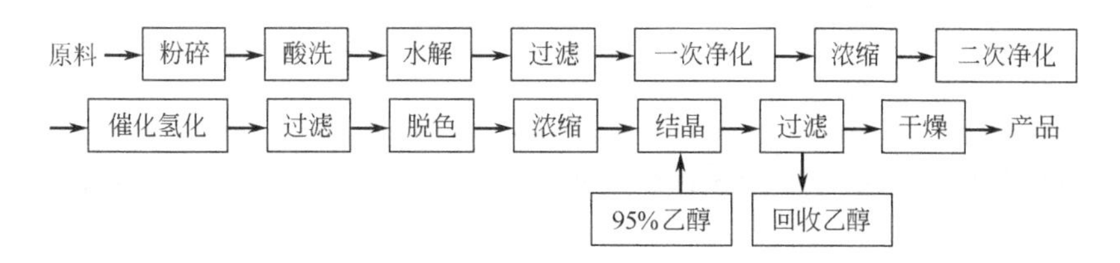

图 7-16 玉米秸秆制取木糖醇工艺流程

6. 秸秆生产糠醛

刘俊峰等研究了以稻草和麦秆为原料，用复合添加法制取糠醛的工艺条件，结果表明：用 20%硫酸（液固比为 2.5∶1），加入复合添加剂（Ⅰ）（主要成分为磷酸钙、磷酸、重钙等）或复合添加剂（Ⅱ）（主要成分为磷酸、重钙等）添加比例为 15%～30%（占原料质量），常压 100℃蒸馏 2h，出醛率达理论出醛率的 70%～80%，废渣全部变为中性复合肥料。

7. 秸秆制生物蛋白

蛋白质资源短缺是一全球性问题，目前植物质经微生物发酵转化生产蛋白质饲料或单细胞蛋白（SCP）的研究取得了一定进展。陈庆森等以玉米秸秆为原料，利用多菌种混合发酵，经测定发酵液中玉米秸秆的纤维素利用率达 70%，粗蛋白质得率在 23%以上，大大提高了玉米秸秆的营养价值，同时对替代饲用粮生产蛋白富集饲料提供了很好的基料。杨学霞等采用固态发酵法将玉米秸秆生物转化为蛋白饲料，将秸秆中原 6.7%蛋白含量提高到 14.7%，同时使纤维素含量降低 38.0%，半纤维素含量降低 21.2%。专利 CN 1.277.813 中用 35%～42%的 HCl 降解纤维素，在 110℃加入过量 HCl，调节 pH 值为 4.5～5.5，然后用 0.5%～1%的纤维素酶发酵，干燥得高蛋白饲料。

四、秸秆用作食用菌的培养基

食用菌是真菌中能够形成大型子实体并能供人们食用的一种真菌，食用菌以其鲜美的味道、柔软的质地、丰富的营养和药用价值备受人们的青睐。食用菌品种很多，有蘑菇、平菇、金针菇、木耳、香菇、猴头菇、草菇等，其培养基料通常由碎木屑、棉籽壳和麦麸等构成。

由于作物秸秆中含有丰富的碳、氮、矿物质及激素等营养成分，加之资源丰富、成本低廉，因此很适合做多种食用菌的培养料。据不完全统计，目前国内能够用作物秸秆（包括稻草、麦秸、玉米秸、油菜秸和豆秸等）生产的食用菌品种已达 20 多种，不仅可生产出如草菇、香菇、凤尾菇等一般品种，还能培育出如黑木耳、银耳、猴头、毛木耳、金针菇等名贵品种。一般 100kg 稻草可生产平菇 160kg（湿菇）或黑木耳 60kg；而 100kg

玉米秸可生产银耳或猴头、金针菇等 50～100kg，可产平菇或香菇等 100～150kg。据上海农学院一项测定证明，秸秆栽培食用菌的氮素转化效率平均为 20.9%左右，高于羊肉（6%）和牛肉（3.4%）的转化效率，是一条开发食用蛋白质资源，提高人民生活水平的重要途径。

另外，秸秆栽培过食用菌后的菇渣，由于菌体的生物降解作用，氮、磷等养分的含量也有显著提高，因而可作为饲料和优质肥料。

1. 蚕豆秸秆栽培草菇

用蚕豆秸秆栽培草菇，产量是稻麦秸秆原料的 2～3 倍，可与棉籽壳相媲美，每 100kg 原料经栽培后可产鲜草菇 40kg 左右，收入 400 余元。其栽培技术如下。

（1）原料处理

蚕豆脱粒后将其茎秆充分晒干，铺在场地上用石碾或机械反复碾压，使其破碎成 5～10cm 的小段。

（2）培养料配方

蚕豆秆 80%，干牛粪粉 10%，麦麸或米糠 4%，油菜籽饼粉 2%，过磷酸钙 2%，石膏粉 2%。另加石灰粉 5%（对水拌料）。pH 值为 9，含水量为 65%。

（3）建堆发酵

蚕豆秆用石灰水充分预湿，其他辅料与牛粪粉混合拌匀后，用 500 倍多菌灵药液预湿，分别建堆覆膜，24h 后再合堆发酵。建堆时，先铺一层 20cm 厚的蚕豆秆，其上撒一层混合辅料，再铺一层蚕豆秆，加辅料，如此堆成高、宽各 1m，长不限的料堆。建堆时如水分不够，可分层添加石灰水，堆完后，四周围膜，保温发酵。

（4）翻堆

当料温上升到 60℃后保持 48h 即可翻堆。方法是：将料堆上下内外的原料相互调换位置，以建堆方式复堆；当料温再次升高到 60℃以上后保持 24h，再次翻堆；共需翻堆 3～4 次，总发酵期 7～8d。每次翻堆时均应检查、调整料内水分，需补水时补充石灰水。发酵结束后，料深褐色，松软有弹性，无杂菌虫害，无氨味和酸臭等异味，料内有大量高温白色放线菌，pH 值为 9，含水量为 65%，则为优质培养料。

（5）播种发菌

采用“两段栽培法”的宜先用 24cm×45cm×0.4cm 的聚乙烯塑料袋装料发菌，装两层料播三层种。菌丝满袋后再脱袋覆盖经发酵的火土灰出菇，产量更高。采用大床厢栽的宜用波浪式栽培法铺料播种，铺两层料播两层种，料面覆盖 2cm 厚的营养土，覆膜发菌。

（6）出菇管理

播种后料温宜控制在 30℃左右，经 7～8d 菌丝满料后即可出菇。当床面原基大量形成后，需将空气相对湿度提高到 90%，使原基顺利发育膨大。待子实体长至蚕豆大小时，每天喷水 3～4 次，水温应与自然气温相适宜，不能直接喷井水或深层自来水，水温太低易造成大量死菇。喷水后应适当通风，增加氧气供应量，经 3～4d 即可采收。

（7）采收

当子实体色泽由深变浅，菌幕紧包菌盖或菌幕稍脱离菌柄时应及时采收。采菇时可用小刀将菇平料面割下，也可用手捏住菌托部位左右旋转后拔出，但千万不可损伤培养料而导致小菇枯萎死亡，影响产量。因草菇生长在高温季节，菇体生长发育快，为了确保商品质量，每天应采摘 2～3 次，正常情况下，共可采收 3～4 次潮菇，生产周期 30d 左右。

2. 玉米秆栽培平菇

与棉籽壳相比，玉米芯、玉米秸的粗蛋白、粗脂肪含量偏低，无氮浸出物偏高，不适合平菇生长所需的最佳营养配比，在栽培拌料时需相应多加入一些麸皮、玉米粉、尿素等副料，增加平菇生长所需氮源。这样可保持其合适的C/N比，有利于平菇菌丝体、子实体的生长。另外，玉米芯中粗纤维偏低、木质素偏高，用其单料栽培，平菇子实体偏脆、易开裂、破碎，在栽培时应适量加入粗纤维含量高、木质素含量低的物质，如玉米秸、棉籽壳等。

用玉米芯、玉米秸栽培平菇的主要配方有以下几种：a. 玉米芯70%，棉籽壳20%，麸皮5%，玉米粉5%，每100kg另加磷肥2kg、尿素0.4kg；b. 玉米芯100kg，玉米粉5kg，麸皮5kg，尿素0.4kg；c. 玉米芯100kg，棉籽饼3kg，麸皮7kg，玉米粉5kg，磷肥0.5kg；d. 玉米芯65%，花生壳25%，玉米粉5%，磷肥2%，草木灰3%；e. 玉米秸秆250kg，牛粪150kg，尿素40kg，过磷酸钙50kg，石膏50kg，钙镁磷肥50kg，石灰30kg。

培养工艺为：将粉碎的玉米秸秆浸泡24h，捞起沥干，堆成宽1.8m、高1.6m、长度不限的堆，并分层均匀加入石灰、尿素、过磷酸钙。

玉米秸秆疏松透气，但堆温超过70℃时，培养料中心部分会发生厌氧性发酵，对蘑菇菌丝生长不利。一般经过4d左右堆积，料温达到65～70℃时即可翻料。翻料时要注意以下事项：a. 翻料时将料抖松，增加新鲜空气；b. 要迅速翻料防止堆内水分蒸发，发现料内有白色菌丝密布且氨味消失时，即可消毒接种。

3. 其他秸秆食用菌的栽培技术

（1）秸秆栽培香菇技术

用约80%的作物秸秆（玉米秸、玉米芯、豆秸等任一种），粉碎后加入10%的麸子、1%的过磷酸钙、2%的石灰等拌和，然后接种装袋。温度保持在24～28℃之间，空气相对湿度在70%的环境条件下，40d能出第一茬香菇。其投入产出比为1∶10。

（2）秸秆栽培银耳技术

用60%的豆秸、玉米芯等作物秸秆，加入30%的棉籽壳，10%的麸子，少量的蔗糖、石膏粉、尿素拌和均匀，pH值控制在5.5～5.8之间，经灭菌，接种后40d即可采收。

（3）仿野生菇栽培技术

辽宁省新宾满族自治县绿风生物技术研究所研制出一种整体秸秆室外大田仿野生栽培食用菌高产新技术。该技术利用稻草、麦秸等作物秸秆，不需任何专用设备、不用切断粉碎、不添加任何辅料，只要将秸秆定量浸水即可在室外大面积栽培平菇、凤尾菇、榆黄蘑菇等食用菌，使人工种植的食用菌具有野生菇的色泽和风味。

（4）秸秆栽培木耳技术

云南省畜科所研制成功一种菌糠饲料，既可收获木耳鲜菌，又可得到优质菌糠饲料。其方法是以稻草糠、麦秆草糠、稻壳、甘蔗渣、玉米芯等为木耳的主要培养料，按一定比例混合，加水拌匀，以用手捏成团，指缝间无水滴出为度，再经高压或干垫120℃灭菌，或直接常压蒸料。而后将蒸料装入用2%来苏水消毒过的75cm×50cm×15cm的木箱（或框）内，用塑料薄膜包盖好，待冷至室温后接种菌种，置多层架上，在5～29℃条件下，20d左右即可长满菌丝体。这时去掉箱框，菌砖仍置多层架上。在实体分化前去掉薄膜，每天喷水，以保湿度。这样每10d左右可收菌1次。通常收菌4次后再做饲料为好。一般每100kg粗料能收木耳鲜菌100kg，菌糠饲料70kg。

五、秸秆的其他应用

1. 造纸工业

在世界范围内，造纸工业是一个充满活力且日益兴旺的行业。随着木材资源问题给造纸行业造成的压力增大，人们越来越重视非木材原料的开发利用，秸秆作为最大的非木材资源受到了很大青睐。

稻草、麦秸和玉米秸等农作物秸秆的纤维强度和韧性近似苇子，是制作纸张的较好原料，其工艺及原辅材料配方可采用与苇子加工制纸一样的工艺。应用玉米秸秆外皮生产出的35g、50g有光纸的各项质量指标基本上与苇浆纸相同。出浆率达41%。

目前我国造纸制浆原料中，1/3来源于秸秆，其制浆具有成本低廉、成纸平滑度好、容易施胶等优点，但纸浆质量差、效率低、污染重，这可通过改进制浆技术得到不同程度的克服和补偿。在新近开发的作物秸秆氨法制浆的工艺中，不仅可有效利用废弃的秸秆资源，而且蒸煮废液中含有农作物生长所需要的营养元素，其渣液可直接用于农田施肥，实现自然界的物质循环。

2. 秸秆人造丝

不久前，美国珀杜大学的一位教授发明了一种用玉米秸秆、麦秆、稻草、木料和废纸生产人造纤维的新工艺。该工艺使用的是氯化锌，所生产出的人造丝具有丝绸级的强韧性，现已获得专利权。

与目前使用的标准人造丝生产工艺相比，这种新工艺具有以下优点：a. 可利用任何来源的纤维素，如回收的废纸和利用农副产品生产的纸浆，现在的生产工艺只能用高质量的木浆制造人造丝；b. 有可能溶解用纤维制造的木材，并从中回收纤维素；c. 不污染环境，目前制造人造丝使用的黏胶液工艺中普遍使用一种有毒化学品，而使用氯化锌则安全可靠，而且在生产过程中可以回收再利用；d. 工艺流程简单，效率高，且原料便宜，成本低。一般生产人造丝需18h，而新工艺几乎可即生产出人造丝。

3. 秸秆用于编织业

秸秆用于编织业最常见、用途最广的就是稻草编织草帘、草苫、草席、草垫、草篮等。如草帘、草苫等可用于蔬菜工程的温室大棚中，冬天能保暖，夏天能遮阳。由于稻草价廉物丰，草制品加工技术简单易学，将稻草编织成草帘、草苫，既可增加农民收入，又提供了一条资源化利用秸秆的有效途径。以江苏省赣榆县为例，每年仅稻草编织一项就可消化稻草1.5×10^{6}t，创值4亿多元，获利6000余万元，并可安置2万多农家妇女就业。

小麦秸、玉米苞皮等也是农区草编业的重要原料。据报道，我国的草编制品的品种花色繁多，包括草帽、草篮、草垫、草毡、壁挂及其他多种工艺品和装饰品，由于这些草制品具有工艺精巧，透气保暖性好，装饰性强等优点，深受国内外消费者的喜爱，因而已经成为一条效益很好的创汇渠道。据调查，仅此一项就可使每亩增收100～200元，相当于每亩多产30kg小麦或40kg玉米。

另外，将稻草等作物秸秆编成草席、草垫，既有利于防风防雨、保温防冻，又具有吸汗防湿的功效，这些技术在广大农村已经广为应用。

第八章
农用塑料和乡镇工业固体废物的综合利用

第一节　农用塑料的回收加工利用

一、农用塑料利用及污染现状

1. 农用塑料的利用现状

在农业领域中塑料制品主要应用在以下几个方面：a. 农膜（包括地膜和棚膜），是应用最多、覆盖面积最大的一个品种，在农用塑料制品中，农膜的产量约占50%；b. 编织袋（如化肥、种子、粮食的包装袋等）和网罩（包括遮阳网和风障）；c. 农用水利管件，包括硬质和软质排水输水管道；d. 渔业用塑料，主要有色网、鱼丝、缆绳、浮子，以及鱼、虾、蟹等水产养殖大棚和网箱等；e. 农用塑料板（片）材，广泛用于建造农舍、羊棚、马舍、仓库和灌溉容器等。上述塑料制品的树脂品种多为聚乙烯树脂（如地膜和水管、绳索与网具），其次为聚丙烯树脂（如编织袋等），还有聚氯乙烯树脂（如排水软管、棚膜等）。应用最广的是农膜，以下主要就农膜的利用和污染现状进行介绍。

我国从20世纪60年代开始将塑料薄膜覆盖技术用于水稻育秧，农膜覆盖种植栽培技术保温保湿、防冻抗旱、提高肥效、保苗促长、防虫害、早熟高产，已成为我国合理利用国土资源，增强农业抗灾能力，促进稳产高产的有效途径。不仅提高了农业单产，还节省了能源，解决了我国北方地区城乡的蔬菜生产供应难题。我国塑料农膜技术的推广应用，为农业获得了可观的经济效益和社会效益。地膜覆盖栽培广泛应用于全国范围，覆盖作物涵盖了蔬菜、水果、粮食作物、经济作物、花草、树苗等。粮食作物地膜覆盖栽培普遍增产30%左右，经济作物增产达20%～60%。因此人们称农膜覆盖种植栽培技术为农业继化肥、种子之后的第三次革命。表8-1为棚膜用于蔬菜产生的经济效益估计。

表8-1 棚膜用于蔬菜产生的经济效益估计

覆盖形式	棚膜种类	厚度/mm	每公顷产值/万元	每公顷纯收入/万元
高效节能日光温室	由PVC双防(防老化、雾滴)转为PE或PE-EVA多功能复合膜	0.10～0.12	15.0～22.5	9.00～13.50
普通日光温室	PE双防膜、PVC双防膜	0.10～0.12	12.0～15.0	7.80～9.75
塑料大棚	PE双防膜、PE多功能复合膜	0.06～0.08	7.5～12.0	5.25～8.40
塑料中、小棚	PE功能膜、PE普通膜	0.03～0.05	4.5～7.5	3.60～6.00

1991年我国农用塑料薄膜产量为4.06×10^5t，其中聚乙烯膜3.78×10^5t、聚氯乙烯膜8.2×10^4t。1992年我国农用膜产量为6.01×10^5t，比1991年增长48%。1993年我国农膜产量达5×10^5t，加上其他与农业相关的薄膜等，总产量将近6×10^5t，占我国塑料制品总产量的10%左右。近年来，我国农用薄膜产量整体保持稳定增长的态势，2014年农用薄膜产量已高达2.19×10^6t。表8-2为我国农膜利用增长情况。表8-3为我国常用农膜的主要性能和特点。

表8-2 我国农膜利用增长情况

地区	2010年			2012年			2014年		
	农用塑料薄膜使用量/t	地膜使用量/t	地膜覆盖面积/hm^2	农用塑料薄膜使用量/t	地膜使用量/t	地膜覆盖面积/hm^2	农用塑料薄膜使用量/t	地膜使用量/t	地膜覆盖面积/hm^2
全国统计	2172991	1183756	15595604	2383002	1310822	17582456	2580211	1441453	18140255
北京	13539	4344	21217	12549	3447	303382	10903	2903	16544
天津	12009	5730	85661	12401	5355	85122	12274	4637	73072
河北	118619	63996	1066125	126941	68248	1159059	137918	66828	1102706
山西	38866	27341	474255	45864	32330	551018	48381	33742	585064
内蒙古	60558	48169	869072	69234	55131	945317	89409	64534	1117615
辽宁	125382	36367	280081	145054	40032	311489	146207	41387	315728
吉林	52552	19432	131531	56700	28228	182362	57858	26478	184927
黑龙江	69377	28337	315905	84590	33165	353067	84424	33619	338851
上海	21128	6577	26242	19300	5714	23397	19287	5335	21296
江苏	100194	39034	552515	112550	44016	586547	119846	46287	604627
浙江	55426	25775	160840	62287	28403	166380	65677	28811	153145
安徽	80721	37349	425567	91171	40479	437245	96155	42906	430713
福建	57053	26561	125192	58692	28157	132690	60932	29998	140900
江西	45491	26539	132282	50275	29093	158657	53122	31095	128518
山东	322965	138901	2568441	318055	137006	2401509	305168	126249	2218705
河南	146979	68725	1032126	155169	73096	1050864	163477	76390	1076675
湖北	63768	36226	4053	65044	36838	411760	69186	40645	391970
湖南	73173	51083	706695	79536	55313	701081	82946	55867	717110
广东	42116	20579	115518	44430	23241	129919	46206	24999	133024
广西	35119	26501	345958	39699	30293	404718	44087	33226	416345
海南	16075	9317	29979	21394	11160	34054	28100	13800	43156
重庆	36602	19416	285215	40928	20916	310492	43824	22964	237447
四川	114161	79309	902631	126827	87788	987373	130263	90430	997214
贵州	36174	22298	229460	44062	29798	257862	48949	32031	304246
云南	85690	67751	814344	101280	81866	1015100	110993	89523	1023760

续表

地区	2010年			2012年			2014年		
	农用塑料薄膜使用量/t	地膜使用量/t	地膜覆盖面积/hm^2	农用塑料薄膜使用量/t	地膜使用量/t	地膜覆盖面积/hm^2	农用塑料薄膜使用量/t	地膜使用量/t	地膜覆盖面积/hm^2
西藏	852	734	2894	1152	931	3405	1724	1418	3422
陕西	36811	19547	427110	39077	20535	435661	41479	21096	447888
甘肃	123712	73968	995247	150374	87177	1223620	176169	107640	1337167
青海	3113	2425	26163	5329	4308	51307	7046	5734	66124
宁夏	14053	7970	243723	15282	9366	185821	15281	11082	197481
新疆	170713	143455	2199562	187756	159392	2582178	262921	229798	3314815

表 8-3 我国常用农膜的主要性能和特点

类　别	抗老化性(连续覆盖时间)/月	防雾滴特效期/月	保湿性	透光性	漫散射性	防尘性	转光性
PVC普通膜	4～6	无	优	前优后差	无	差	无
PE普通膜	4～6	无	差	前良后中	无	良	无
PVC防老化膜	10～18	无	优	前优后差	无	差	无
PE防老化膜	12～18	无	差	前良后中	无	良	无
PE长寿膜	24以上	无	差	前良后中	无	良	无
PVC双防膜	10～12	4～6	优	前优后差	无	差	无
PE双防膜	12～18	2～4	中	前良后中	弱	良	无
PE多功能膜	12～18	无	优良	前良后中	中	良	无
PE多功能复合膜	12～18	3～4	优良	前良后中	中	良	无
EVA多功能复合膜	15～20	6～8	优	前优后中	弱	良	无
PE漫散射膜	12～18	无	中	中	强	良	无
PE防雾滴转化膜	12～18	2～4	中	前良后中	弱	良	有

农用薄膜对现代农业非常重要，与国计民生息息相关。然而，当今市场上仍以普通薄膜为主。这种大量使用普通膜的状况，既不经济又严重浪费资源，且不适应不同种类的作物，对光照的不同有要求。针对各种作物对光照的不同要求，需要开发出许多特种功能农用薄膜以有效地提高农作物产量，做到专膜专用。例如，理想化的棚膜应具有连续使用寿命长，保温性能、防雾滴和防尘性能、光调节性能好的特点。多功能、高效能、复合型将是今后棚膜发展的主要方向，并且突出宽幅。而地膜向有色、除草、增温、降温、耐老化、可控降解等功能性发展。随着农民科学种田水平的提高，对功能膜的需求量将会明显增加，对普通膜的需求量将会逐年下降。

国外近年来不断开发出新型的农用薄膜，以适应生产需要，主要类型如下。

1）轻薄型薄膜　近年来，许多国家在膜的超轻和超薄方面的研究有突破性进展。韩国在塑料棚膜上已生产出厚度只有0.05mm的超轻超薄膜。只有我国普通塑料棚膜厚度的1/2，质量减轻了1/2，每亩成本也降低1/2。另外，国外还推出一种具有用料省、抗拉强度高、成本低等特点的超薄复合农膜，其厚度仅有普通薄膜的1/3，拉伸强度为国际标准的3倍，伸长率为国际标准的4倍，透光度和保温性能优于普通农膜，每吨可覆盖耕地325亩，为普通农膜的3倍。

2）长寿化薄膜　为了使薄膜耐老化、易回收，在研制过程中，科学家在薄膜内加入防老化剂，可使棚膜的使用寿命延长2～4倍。地膜在揭膜后仍有一定强度，回收后还可使用，能延长使用寿命1～3倍，既降低了成本，又可减少田间的残留量。

3）多功能薄膜　多功能薄膜在长寿膜的基础上，增加了其他功能，使农膜的性能更优良，功能更加多样。如长寿保温膜，能增强保温性；长寿无滴膜，能使内膜麦面的凝雾水不凝结，以减少对阳光的折射和反射，提高棚内的光照强度。

4）特异功能膜　欧美一些国家已经生产并应用具有多种特异功能的农用地膜。如用银灰避蚜虫膜防治蚜虫，效果良好。用除草膜防治草害，有独特功能；保鲜膜用来保鲜果品蔬菜、保鲜时间长且新鲜如故；全光膜可使棚内作物受光均匀，确保平衡增产。

5）防虫薄膜　日本新近生产出一种农用防虫薄膜，它是用普通乙烯和低密度乙烯制成的多层熔酯。这种薄膜只向四周反射阳光中的紫外线，而抑制可视光的反射，害虫因忌怕紫外线而不敢靠近薄膜故能收到防虫的效果，对防治抗药性强的蚜虫、红蜘蛛等特别有效。这种薄膜使用方便，价格便宜，最适用于茄子、黄瓜、草莓、番茄、圆椒、西瓜、芹菜等果蔬类和萝卜、白菜、甜菜等根叶菜类。另外，科研部门新近又推出银黑双面膜，既能防虫又能灭草。

6）选择性透气薄膜　日本正在开发一种完全不透氧气，只透二氧化碳的薄膜。有了这种薄膜，保鲜水果、蔬菜和发酵食品就比较容易了，既不需要消毒，又不需要充气（二氧化碳），使用十分方便。

7）防雾薄膜　蔬菜和水果的含水量高、水分蒸发快，薄膜包装内容易结雾、容易造成微生物大量繁殖，致使水果、蔬菜易腐烂变质。日本在保鲜薄膜中添入无机填料制成聚乙烯薄膜，如添加一种绿色凝灰岩的薄膜透气性高，并能吸收乙烯气体，具有较好的催熟和保鲜作用；如添加银沸石薄膜也能吸附乙烯，还具有抗菌性。日本已有十多家制造商生产防雾薄膜。

8）吸收挥发性物质的薄膜　在薄膜中混入活性炭、硅胶、活性氧化铝等起到吸收乙烯的作用，该薄膜用于水果、蔬菜的保鲜，能收到理想的效果。另外，正在开发以吸收甲硫醇、硫化氢、氨、三甲胺等异臭成分为目的的除臭薄膜，其保鲜水果、蔬菜的效果将更加令人满意。

9）除草灭草薄膜　科研人员把膜制成黑色，这种黑色地膜覆盖地面时，能使可见光透光率保持在10%以下，从而使杂草发芽后得不到阳光而枯死，可节省除草用工。此外，带有灭草剂的“灭草薄膜”，在地面覆膜后，附着在薄膜下的水珠能把除草剂溶解析出，滴于土壤表面形成含药层，有效地杀死杂草。

10）防病薄膜　是一种为某种作物专用的薄膜，如玉米地膜、棉花地膜、苗木地膜、瓜菜地膜等。根据不同作物各有其专一性的病害，防病薄膜在合成压延过程中，有针对性地混入某种特定的农药，这种地膜无残留、无污染，防病效果显著。很多国家已将这类地膜广泛应用于种植业。

2. 农用塑料的污染现状

废塑料对环境的污染主要表现在两个方面，即视觉污染和潜在危害。视觉污染是指散落在环境中的塑料废物对市容和景观的破坏。潜在危害是指塑料废物进入自然环境后难以降解而带来的长期的潜在环境问题。主要表现在：a. 塑料在土壤中降解需要很多年，由于难以降解，生活及生产中的废塑料很难处理和处置；b. 废塑料混在土壤中阻碍土壤毛细管水的移动和降水的浸透，最终影响农作物吸收养分和水分，导致农作物减产；c. 抛弃在陆地上或水体中的废塑料，影响环境卫生，一旦被动物当作食物吞入，会导致动物死亡；d. 废塑料还有携带细菌、传染疾病等危害。现在，社会上反映最强烈的实际上是废塑料造成的视觉污染。对于废塑料对环境的潜在危害，大多数人还缺乏深入的认识。

农用塑料污染中，废旧农膜污染是最重要的一部分，下面着重对农膜对环境的污染做重点论述。农膜在我国大面积使用，提高农业经济效益的同时也对环境造成大量的污染。由于地膜生产的厚度片面追求超薄化，造成地膜残留问题十分严重，不仅在土壤中残留问题严重，引起土壤污染，而且废膜到处飞扬，造成了环境污染。

我国农用塑料薄膜大部分为聚乙烯和聚氯乙烯等合成高分子材料，其制品在自然环境中很难自行降解和分解。在土壤中几乎没有能分解聚乙烯和聚氯乙烯的有效微生物。因此，这些高分子合成化合物材料可以长期存在于土壤中至少400年（戴华，1993）。出于我国对农用塑料薄膜的使用和防治土壤污染方面还没有立法，也没有任何有关的管理规定。随着农膜覆盖栽培种植技术普及应用，年复一年，残留在土壤的废弃膜越来越多，在某些地区已经对土壤和生态环境构成了危害。

近年来，国内一些研究人员也对农田土壤中地膜的残留情况进行了调查研究。刘青松对河南省中牟、郑州、开封等地的地膜残留情况进行了调查，结果表明，花生地耕层土壤地膜残留量年均为66kg/hm^2，最高达135kg/hm^2。马辉等对河北省邯郸地区进行了调查，发现棉田地膜残留量达59.1～103.4kg/hm^2。北京市农业局的调查结果显示，采用塑料地膜覆盖栽培技术后，花生地、西瓜地和蔬菜地的残留塑料地膜分别为27.45～69kg/hm^2、40.65～76.35kg/hm^{2}和30.00～51.60kg/hm^2，分别占地膜使用量的40%以上、70%～90%和25%～40%。此外，地膜残留量随着覆膜年限的增加而增多。李秋洪在湖北的调查发现，当玉米田地膜投入量为45kg/hm^{2}时，连续使用1～8a的残膜量由26.55kg/hm^{2}增加至81.6kg/hm^2，平均每年残留量达10.76kg/hm^2，残膜量为地膜使用量的1/4。目前我国地膜污染最严重的地区要数新疆的棉花种植区。2008年公布的一份研究报告显示，新疆地区棉田中，平均地膜残留量为265.3kg/hm^2，并且覆膜年限越长，污染越严重。在新疆，连续覆膜10a、15a和20a的棉田，地膜残留量分别为262kg/hm^2、350kg/hm^{2}和430kg/hm^2，最严重污染田块农用地膜残留量高达597kg/hm^2。20多年来，我国推广地膜覆盖技术应用面积累计已超过2×10^7hm^2，导致了近2×10^6t地膜残留在土壤中，占地膜使用量的25%～33%。20世纪90年代初，农业部对全国17个省市进行了调查，结果表明所有地膜覆盖过的农田土壤均有残留污染，只是污染程度有所不同，平均残留量为60kg/hm^2，最高达135kg/hm^2。由此可以看出，我国地膜污染已到了极其严重的程度，应引起人们的高度注意。

土壤透气性随着土壤中残膜量的逐年增加而变差，因此覆膜时间越长，残膜量越大，水分、养分流动所受的阻碍越大，越会造成土壤板结，农作物在这样的土壤中根系得不到正常发育，会因苗弱而减产。据农业部门测定，地膜残留量达到每亩4kg，作物将减产10%以上。播种在残膜上的种子，烂种率和烂芽率分别达6.92%和5.17%。地膜残留在土壤中，影响种子正常发芽，即使发芽，根系也难以穿透地膜生长从而达到根深蒂固的程度，如此一来，作物很容易遭受灾害。被播种在残膜下层的种子，发芽后无法破土而出，会造成缺苗和作物减产。而且，耕地覆膜时间越长，残膜量越大，对作物的生长和产量的影响越大。据报道，各类作物的减产幅度为：玉米11%～13%，小麦9%～10%，水稻8%～14%，大豆5.5%～9.0%，蔬菜15%～59%。农膜连续使用15 a且残膜回收不力的话，耕地有可能颗粒无收。赵素荣教授研究发现，残膜对玉米产量的影响非常显著。每亩缺苗100～700株，根长缩短0.8～4.4cm，侧根数、茎粗、叶宽、株高也比对照低。农膜残留量每亩3.5kg时，玉米减产11%～23%。

农用残膜对土壤的危害主要表现在以下几方面。

① 残膜的阻隔性影响农田耕作层土壤的物理性质，破坏土壤的结构和通透性，阻断土

壤的毛细作用，使农田多余的雨水不能向土壤深层渗透，土壤深层的水分也不能上升补充地表，使土壤丧失抗旱防涝的自调能力。

② 含有残膜的土壤修渠筑堤容易形成渗漏，渠堤塌垮。残膜还会堵塞渠道涵洞，影响农田水利。

③ 塑料农膜（指 PVC 膜）含有增塑剂、稳定剂、添加剂等各种化学品，残留在农田影响土壤的化学性质，形成化学污染，妨碍肥效或造成肥料危害。

④ 残膜阻隔农田土壤中的水肥和土壤微生物的均匀分布，影响土壤肥力发挥效用和水肥流失。

⑤ 妨碍作物扎根成活和根系发育，阻碍作物根系吸收水肥养分，影响作物正常生长甚至死苗。

⑥ 对土壤中的有益昆虫如蚯蚓等和微生物的生存条件形成障碍，使土壤生态的良性循环受到破坏。

农用塑料废弃物对土地造成的污染危害日益严重，构成了农业的生态危机，必须引起高度重视，研究、开发农用塑料污染防治及废旧塑料综合利用的途径。

二、农用塑料污染防治途径

农用塑料污染治理的途径很多，例如从源头做起，生产和使用对环境污染小的塑料制品；或加强废弃塑料的回收利用，减少残留；或加强塑料生产和使用管理水平等。下面以农用地膜为例，着重论述从源头着手进行污染防治的途径。

1. 可降解农用地膜

可降解塑料农膜的研制和开发始于 20 世纪 70 年代，通常可分为光降解、生物降解及两者兼具。其优点如下。

① 不用回收，农膜用后按预定时间降解成为碎片或粉末，可直接耕入土中。开始是光降解，之后是生物降解，属于土壤的良性循环。如果在农膜加工时掺入化肥、农药、除草剂、土壤改良剂等，还可减少农作物成本。

② 在贮存使用期内，机械性能和非降解农膜一样。其物理降解产物在土壤中无毒性，无危险。

③ 成本不太高。

④ 根据不同作物生长周期和天气环境条件设计出可控降解期限，一旦作物不需农膜保护，农膜便自行降解化作肥料及土壤有效成分，即按照作物需求和气候条件控制降解速度。这样，可最佳地利用气候条件，适于作物生长和成熟。

目前，国际上光降解性塑料农膜技术已经比较成熟，并逐渐开始工业化生产和广泛应用，并向光和微生物双降解型发展。但也还有一些问题尚未圆满解决，如可降解型农用膜的降解产物的毒性，因为光降解性是通过使用光敏剂等添加助剂实现的，这些化学物质残留在土壤里能否参与自然环境界的碳循环，还需高分子材料学、土壤学、环境保护部门等进行更深的专门研究。此外成本还略高于普通农膜。

生物降解农膜被细菌、微生物、霉菌等作用吸收，达到完全降解被土壤同化，所以生物降解农膜受到世界各国高度重视，以期从根本上解决农膜对环境和生态的污染问题。生物降解塑料包括细菌微生物可完全降解的塑料和含有可降解组分的填充型塑料。主要有利用天然高分子如纤维素、半纤维素、木质素、果胶质、多糖、淀粉等烃类化合物的植物来源塑料，以及来源于螃蟹、虾、昆虫等甲壳质制成的塑料，还有采用生物化学和微生物合成的生物塑料。目前国外已经工业化生产的生物降解性塑料农膜主要是淀粉填充型。但这种农膜生物仅能降解填充的淀粉部分，聚合物塑料则很难被微生物降解，残片仍留存在土壤中，并不能达到完全生物降解。世界发达国家至今也没有成功地研制开发出一种淀粉填充塑料技术，可使常用的塑料聚乙烯、聚丙烯、聚氯乙烯、聚苯乙烯等达到完全生物降解。故在近几年内，一些发达国家已经立法规定填充淀粉含量必须高于一定的百分比，或干脆禁止使用。也有一些外国公司开始放弃这方面的研制开发工作。完全可降解的生物合成塑料研究成果不少，也有一些已经工业化，但因价格昂贵，仅能在医学手术线缝合等特殊方面应用，目前也很难普及推广，用于农膜还不可能。可见，要实现农膜完全生物降解还需要有段研究过程。

我国国内生物降解性塑料的研制开发工作是20世纪80年代才开始的。1991年此项目列入了国家“八五”科技重点攻关计划和星火计划课题。1991年4月在北京召开的论证会上有17个单位提出要求承担此任务。现在研制开发的单位几乎遍及全国各地，降解塑料农膜已形成了研究的热门课题，1993年6月在北京召开了降解塑料研究会成立大会暨学术研讨会，与会者有全国17省市、自治区从事研究开发降解塑料的化工、石油化工、轻工、农林大专院校、科研院所单位等60多家代表，总结交流了近年的研究成果，明确了研究方向，强调了要开展有关知识的宣传和统一降解塑料的名词术语定义、评价测试方法及标准化工作。这无疑可对我国降解塑料的研究开发应用起到极大的促进和推动作用。根据资料报道和国内专利的申请情况，我国的生物降解塑料农膜的研究全部集中在淀粉填充型生物降解塑料农膜上，还有光降解型塑料农膜以及光和微生物双控降解型塑料农膜的研究也不少，在生物合成降解塑料农膜方面还是一个空白。在淀粉填充型生物降解性塑料农膜以及光和微生物双控降解性塑料农膜研制开发上，虽然取得了不少成果，也申请了一些专利，但从整体技术上仍处在研制开发的初级阶段，距离工业化生产还远。为此，一些地方和单位为争取尽早地生产出实际应用的降解塑料农膜，满足市场需求，开始从国外引进关键技术和设备，试生产了降解性塑料树脂。中美合资北京华新淀粉降解树脂有限公司已批量生产降解性淀粉树脂。淀粉含量和产品的主要物理机械性能以及树脂降解率均达到国外同类水平。吉林长春生物工程实业公司与美国爱克斯达国际有限公司联合成立的春达新型塑料有限公司，采用本地高产的玉米淀粉资源生产淀粉塑料母粒替代聚乙烯，可制作农膜以及各种包装袋膜和容器。生产能力为1.5×10^4t淀粉塑料母粒。还有一些地方和单位已完成了工业化立项或可行性研究论证，预计不久我国将具一定的生产规模。

2. 耐老化、易回收地膜

研究和开发耐老化、易回收地膜的目的在于提高地膜的强度、使用寿命及耐老化性能，以减少地膜使用后因破损、难以回收造成的土壤污染而降低作物产量的危害；同时改善地膜夜间保温性能，优化作物外部生长环境，提高农用地膜的综合经济效益。

我国科研人员研制了厚度为8～10μm的耐老化、易回收地膜，该地膜厚度均一，强度高，耐老化，低成本，易回收。研究的耐老化、易回收地膜的耐热和力学性能均比普通地膜明显提高，使用寿命大于100d，可清除性大于85%，符合农业使用要求（见表8-4）。整体技术水平达到国外同类产品水平。已生产出的耐老化地膜工艺成熟，原料、设备立足国内，技术先进，具备工业化生产的条件。

表 8-4 耐老化、易回收地膜技术指标

项目	指标
厚度(GB 6673—86)/μm	9～10
拉伸强度/N	≥2
断裂伸长度/%	≥200
耐老化性能保留率(北京地区 4～8 月农田暴晒 100d)/%	≥50
寿命(裂口大于 10cm 时终止)/d	≥100
回收率(残膜面积≥0.2m^2 时回收)/%	≥85

三、农用废塑料回收加工利用

我国塑料制品行业年产量 6.188×10^7 t（2013 年统计），农膜使用总量高达 200 多万吨。由于超薄地膜大量使用，残留农膜回收再利用技术和机制欠缺等原因，我国农膜回收率不足 2/3，大量塑料农膜被废弃。我国的能源贮藏量并不多，积极开展废旧塑料回收再生利用，可以促进废弃农膜的回收，防止废弃地膜对土壤和环境污染，危害生态平衡，同时充分利用废膜资源，加工再生制成农用排灌塑料管材和其他制品，是节省能源的有效途径之一。但目前我国的废旧塑料大部分由小商贩收购，难于集中。故有关部门应制定相应法规政策，鼓励回收，确保集中加工处理，便于发挥技术优势，做到废弃塑料的稳定来源及数量，便于塑料分类，促进再生加工处理技术的研究开发，提高回收再生料价值，并要积极开拓再生料的市场用户。

1. 地膜主要回收技术

（1）地膜农艺回收技术

在我国大多数地膜应用区域，人工捡拾仍然是残膜回收主要方式之一，回收时间一般在作物收获后或播种前结合整地进行，但这种回收方式劳动强度大、回收率低，大多数残膜都随着机械翻耕整地进入土壤，造成土壤污染；同时大量捡拾的残膜或堆弃在田间地头，或与作物秸秆一起焚烧、还导致了二次污染。

近些年来，为了提高地膜的回收率，国内一些地方采用了适期揭膜技术，并取得了良好效果。适期揭膜技术就是根据农作物种类和区域条件，形成合理的揭膜时间和揭膜方式，在地膜完成其功能后且又未老化破损前进行揭膜回收，提高地膜回收率。如华北和新疆等地的棉花头水前揭膜技术，由于头水前农膜尚未老化，韧性好，不易破碎，回收率达 90%以上。山西玉米覆膜栽培在拔节期揭膜，即玉米出苗后 45d 揭膜，也能大幅度提高地膜回收率。采用适期揭膜是一种减少地膜残留的有效措施，可以较好地解决农田残留地膜污染问题，但由于种植作物不一样，作物最佳揭膜时间也不一样，在使用该技术中要因地制宜，适应区域和种植对象正确选择地膜回收方法。

（2）机械回收技术

机械回收是国外残膜回收的主要技术途径。英国和前苏联采用悬挂式收膜，工作时松土铲降压膜土耕松，然后将薄膜收卷到羊皮网或金属网上，收下的薄膜洗净后卷好以备再次使用。日本是地膜覆盖大国，由于日本覆盖地膜的土壤主要是火山灰土，土壤疏松不易损膜；同时，日本应用的地膜较厚、强度大、覆盖期相对较短，清除时可保持较完整，在回收时缠绕扎在地膜两边的绳索，将地膜收起。法国一些地区采用地膜铲将压在地膜两侧的泥土刮除，随后起出残膜。在地头由人工将膜提起并缠在卷膜筒上，随着机组的前进，地轮带动卷膜筒旋转，连续不断地将地膜缠在卷膜筒上，完成残膜的回收过程。总体来看，在欧美、日本等发达地区和国家，地膜覆盖一般用于蔬菜、水果等经济作物，覆盖期相对较短。为了便于回收，这些国家使用的地膜较厚，一般为0.020～0.050mm，可连续用2～3a，主要采用收卷式回收机进行卷收。

我国的农用地膜很薄，厚度一般在0.006～0.008mm，强度低，覆盖期相对较长，清除时易碎，不易回收，因此，采用传统收卷式地膜回收机基本不行。目前我国已研发出的残留地膜回收机主要有滚筒式、弹齿式、齿链式、滚轮缠绕式和气力式等。根据作业方式有单项作业和联合作业两种作业形式，按作业时段可分为苗期残膜回收机、秋后残膜回收机和播前残膜回收机。

苗期残膜回收机是在棉花、玉米等作物浇头水之前揭去全部地膜，此时揭膜有利于中耕、除草、施肥和灌水。苗期揭膜时地膜老化较轻，一般采用人机结合的方式，机具要求必须对准行、不伤苗。秋后残膜回收机是在作物收获后、犁地前回收地膜，收膜对象主要是当年铺设的地膜。该类机型一般与秸秆粉碎还田机联合作业。播前残膜回收机是在农作物播种前回收地膜，此时作物秸秆已经腐烂，地里杂物较少，但地膜老化严重，多以块状形式存在于土壤中，所以回收比较困难，回收率十分有限。目前，已研制出的代表机具有弹齿式搂膜机等，弹齿入土深度为3～5cm，将地表残膜搂成条，由人工清膜，这种机具只能收集大块的残膜。

2. 废旧塑料的再生利用

目前废旧塑料回收加工再生利用技术还没有引起充分重视，国家也没有切实可行的法规和鼓励政策。因此开发研究工作仅在小范围内进行，较成功的技术也不多。多数是简单再生加工，主要是利用生产过程中的边角料和组分单一废料，或是易于清洗的废弃料，简单处理加工低技术性的再生工艺。也有较复杂的再生工艺是可以处理被污染的、组分复杂的废料，经搜集、分类、切碎、清洗、造粒等过程回收。但由于工艺简单规模小，大多是中小企业或乡镇企业，缺乏技术人员，设备简陋，再生料的强度低，也没有标准，销售困难。虽然近年来我国也引进了一些国外设备，但因多种原因很少能正常运行。比较先进的废旧塑料处理技术是解聚裂解工艺，是将废旧塑料在催化剂和一定温度下，解聚成单体或低聚产品。此方法可处理各种废旧塑料，得到的产品纯度高。下面就农业废塑料，特别是废旧农膜的回收加工利用状况进行总结。

（1）废旧塑料的再生利用概况

为了解决不断增加的废弃地膜对农业生态环境的影响，榆林地区环保公司1991年投资13万元建成了再生塑料加工厂，以回收废弃地膜和其他废弃塑料为原料，加工生产再生塑料制品。其生产工艺为先将废弃地膜和其他废弃塑料收集起来，按照不同的化学成分及老化程度分类筛选清理，使其在170～200℃下加热分解熔化，加工成塑料粒子。在配料过程中，加入适量的塑料添加剂，以增强塑料制品的可塑性和防腐性能。

王爱丽等利用废旧塑料和其他材料研制了具有抗老化、耐光照、耐腐蚀，并具有一定韧性和强度的塑料大棚骨架。通过甘肃省情报所对其进行国内联机检索，结果证明国内未见报道，达到国内领先水平。

使用的原料有：玻璃纤维、重质碳酸钙、滑石粉、低密度聚乙烯（LDPE）、高密度聚乙烯（HDPE）、混杂废塑料母粒、偶联剂、抗老化剂、光稳定剂、增塑剂。试验配方如表8-5所列。

表 8-5　试验配方

编号	配料比/%					编号	配料比/%				
	塑料母粒	废塑料	玻璃纤维	碳酸钙	滑石粉		塑料母粒	废塑料	玻璃纤维	碳酸钙	滑石粉
1	30	20	10	20	20	4	30	30	8	16	16
2	28	42	6	12	12	5	26	49	5	10	10
3	24	56	4	8	8						

按表 8-5 的配方计量称料，每次投料量为 100kg。为保证物料混合均匀，投料顺序依次为滑石粉、玻璃纤维、碳酸钙、塑料母粒。在 SH-500L 捏合机内混合 30min，再加入抗氧剂，抗老化剂、光稳定剂、增塑剂混合捏合 10min。然后在直径 65mm 塑料挤出机挤压拉管，操作温度控制在 95～105℃，待管冷却后切成 1m 长的管段进行技术测定。

样品经甘肃省皮革塑料质量监督检验站检测，主要技术指标列于表 8-6。所得数据与有关专家研讨认为，各项指标性能基本符合要求。从弯曲度和整体抗弯性能可以看出：1 号和 4 号配方样品技术指标比 2 号、3 号及 5 号配方样品好，但由于 1 号和 4 号配方样品使用较多的新塑料和玻璃纤维，使成本高于 2 号、3 号和 5 号配方样品。

表 8-6　样品的主要技术指标

编号	弯曲度/mm	整体抗弯性能/(N,mm)	加热试验(40℃,24h)	低温试验(−18℃,24h)
1	15	980,10 断裂	整体无变形	无变形,开裂
2	11	600,11 断裂	整体无变形	无变形,开裂
3	6	300,20 断裂	整体无变形	无变形,开裂
4	10	890,12 断裂	整体无变形	无变形,开裂
5	7	499,8 断裂	整体无变形	无变形,开裂

李华等于 1993 年就着手试制再生聚乙烯(PE) 地膜。大量研究与应用表明，该膜厚度可薄至 5μm，性能符合国家标准和覆盖要求，尤其是成本比新 PE 树脂地膜降低 1/5 左右，有利于大幅度减少农业投入，还具有废料新用、保护环境、节省能源等特点。现将其生产技术关键介绍如下。

由于废旧 PE 在热、氧的长时间作用下更易发生降解或交联，使再生塑料性能下降。因此，宜选用小长径比、大直径的造粒挤出机，并采用低温、高速的造粒工艺。为有效地滤除其中杂质，采取加细的过滤网，同时还采用了两阶挤出过滤造粒，并加大过滤网面积 1～2 倍。

新鲜 PE 树脂中一般使用 220mg/L 的抗氧剂，由于其在制品加工、使用中的消耗以及原料纯度等因素的影响，故对再生 PE 需补加一定量的抗氧剂，且随再生料中残留量和产品稳定化要求而定。通过这样的重新稳定化就能保持原有性能，重新用于高价值的用途，这可能是目前废旧塑料回收利用的最好方法。不过，添加抗氧剂也带来了其他问题，最大的问题是成本。再生料稳定化则常需添加 1000～5000mg/L 的抗氧剂，致使再生料成本大幅度升高。另一问题是再生料的流动性不均一，需添加多少抗氧剂很难预计，且添加剂可能引起相容性问题，这会使不同程度的稳定化和改性的回用料的混合产生困难，即使是单一品种树脂原料也是如此。所以，遇到此情况，最佳解决方法是将再生料与部分新鲜树脂混合使用。

研究已表明，线性低密度聚乙烯（LLDPE）比 LDPE 拉伸强度高，比 HDPE 透明性好，尤其是 LLDPE 的断裂伸长率和耐老化性能均大于 LDPE 与 HDPE；因此，LLDPE 是再生 PE 的适宜改性树脂。试验研究表明，LDPE/LLDPE 共混物的熔体在快速冷却时，有一个部分相容的共晶区形成，并且当配比为70/30时，LDPE的小角散射图呈现的“四叶状”退化，说明LLDPE对LDPE结晶有干扰，所以二者在某些条件下可以部分相容或形成半相容体系。由表8-7可见，当配比在70/30时，其熔体强度明显增大，既高于LLDPE又高于HDPE，并且熔体断裂伸长率也大于LDPE，这极有利于吹塑薄膜中的膜泡稳定和生产更薄的膜；另一试验研究表明LDPE/LLDPE薄膜的力学性能随LLDPE含量增加而提高，且当其含量不超过30%时，原LDPE吹膜机基本无需改造。总之，约30% LLDPE与LDPE共混吹膜较为理想。

表8-7 LDPE/LLDPE共混合的熔体断裂特征参数

共混物配比	拉伸强度/($10^4 N/m^2$)	断裂伸长率/%	共混物配比	拉伸强度/($10^4 N/m^2$)	断裂伸长率/%
100/0	5.65	2.33	30/70	16.76	5.87
70/30	11.21	3.81	0/100	4.76	6.10
50/50	14.81	4.39			

试验使用的是ST-45×25型挤出吹膜机组，比ST-60或ST-65×25型更能适应吹塑工艺的变化。为保证物料混炼、塑化效果和减少物料的热、氯老化，通过多次吹膜试验确定了从加料口到机头依次升高的温度，如190℃、200℃、210℃和220℃。同时，机头温度高，可使膜口的分子定向困难，有利于薄膜的纵横强度趋于一致。

试验表明，随着吹胀比增大，薄膜的拉伸强度横向提高，纵向下降；直角撕裂强度横向下降，纵向提高。调换了不同直径的口模，结果发现当口模直径在100mm、即吹胀比约为5.6时，得到了纵横向强度差距较小的地膜，且操作上控制不难。

很多试验研究表明，控制膜泡形状和冷却线高度的目的在于使薄膜的强度各向趋于一致。为此，提高冷却线高度，使经拉伸的分子有足够时间得到解取向，从而降低纵向拉伸强度，提高横向拉伸强度和伸长率；多次试验表明，膜泡形状呈高脚酒杯状（即吹塑HDPE薄膜时的膜泡形状）、冷却线高度为530mm左右时，薄膜的各向强度趋于均一。

一般主机转速增加，剪切速度加大，产品产量也相应提高，故应选用较高转速以提高生产率。同时，为保证地膜规格，牵引速度和卷取速度也必须相应提高，但太高会导致膜泡不稳定、挂刀困难、不易分卷。多次试验表明，主机转速为100r/min，牵引速度和卷取速度相互配合，此时不仅产量较高，而且操作上也简便。

2年多的试验与应用研究表明，上述关键技术对再生地膜的质量影响相当重要，因此对其必须根据实际需求加以严格控制。由表8-8可见，这种地膜性能达到或超过了标准要求。经河北唐山市和内蒙古赤峰市的农业部门试用，该膜在质量上未发现任何问题，且由于其售价较低，故深受农业生产人员的欢迎。

表8-8 再生PE膜的性能

检测项目		GB 13735—92	检测结果
拉伸负荷/N	纵向	≥1.3	1.8
	横向	≥1.3	1.7
断裂伸长率/%	纵向	≥120	370
	横向	≥120	130
直角撕裂负荷/N	纵向	≥0.5	0.8
	横向	≥0.5	1.0

(2) 废旧塑料的其他应用

1) 废旧塑料用作裂解产油　由山西省永济市塑料总厂开发的利用废旧塑料提炼系列产品的技术已申报了国家专利。该技术利用聚丙烯、聚甲烯、聚苯乙烯等废旧塑料生产出汽油、柴油、煤油、润滑油、液化气等系列产品，出油率达60%～78%，每吨废旧塑料可增值600元左右。但目前还尚未实现较大规模的工业化裂解装置生产。

2) 废旧塑料用作沥青改性　郑洁等参照国外的一些资料对聚乙烯改性沥青进行了研究。研究发现一方面可以得到高质量的改性沥青；另一方面也为利用废旧农膜，防止其污染环境提供了有效的途径。聚乙烯改性沥青的最主要的缺点就是聚乙烯与沥青的相容性不好，这将会导致材料发生脆性断裂，因此能否解决聚乙烯与沥青的相容性是这项改性技术的关键。目前国际上解决此问题主要有两种方法：冷混合法和热混合法。郑洁通过热混合法，通过加入一定的增容剂把聚乙烯熔融到沥青中来改善聚乙烯同沥青的相容性，使沥青的各项性能如针入度、延度、软化点、脆点比未改性沥青有了很大的提高。

试验流程为：先将废旧聚乙烯农膜造粒，再使用聚乙烯粒料进行沥青改性，如图8-1所示。

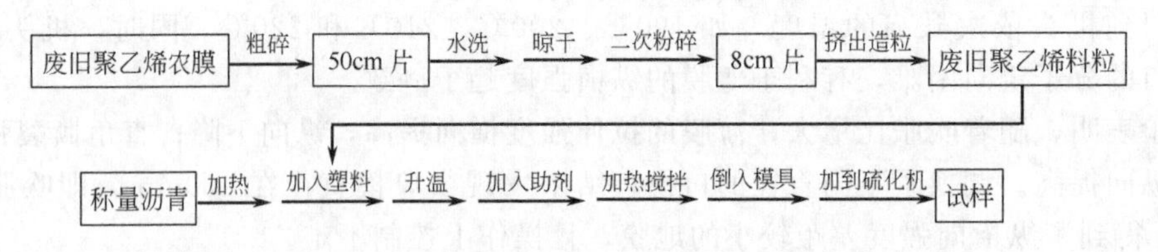

图8-1　废旧聚乙烯农膜用于沥青改性工艺流程

对热混合工艺流程描述如下：将称好的道路沥青加入反应釜中；加热至160～170℃，此时沥青基本软化为液体；加入聚乙烯粒料，开动搅拌器搅拌，转速在20～100r/min之间，继续升温至190℃左右，待聚乙烯颗粒分散均匀后，加入增容剂，继续搅拌2h左右。

表8-9是聚乙烯含量对沥青性能的影响。从表中可以看出，在沥青中加入了软化点一般为105～120℃的聚乙烯，使改性沥青的软化点有了很大提高，但由于相容性不好，使脆点比改性前略有升高。

表8-9　聚乙烯含量对沥青性能的影响

项　目	0	1	2	3	4	项　目	0	1	2	3	4
PE含量/%	0	2.5	5	7.5	10	软化点/℃	45	63	78	85	87
针入度/0.1mm	120	117	113	102	80	脆点/℃	－19	－20	－19	－17	－14

为了增加聚乙烯同沥青的相容性，郑洁把聚乙烯的百分含量定在5%，同时加入乙烯与乙酸乙烯酯的共聚物(EVA) 作为增容剂。加入增容剂EVA后使得沥青材料的延度有了明显的提高，同时针入度变小，延度和软化点明显提高。

为了进一步增加相容性和改善沥青材料的热稳定性，郑洁利用氯化聚乙烯(CPE) 作增容剂。研究发现，CPE对延度有改善作用，同时可以明显地提高沥青的软化点，降低沥青的脆点。

EVA、CPE都可以提高聚乙烯与沥青的相容性，从而提高改性沥青的延度，但同时也阻碍了沥青的流动性，流动性的降低又会导致沥青延度的降低。因此郑洁试验用高分子蜡来改进延度，表明适当加入高分子蜡可有效改善于沥青的延度。

从以上的试验数据可以看出，EVA、CPE 和高分子蜡都可以改善沥青的某一方面的性能，但都有一定的缺陷，这主要是由于它们自身结构与改性机理不同所致，因此按一定比例同时用这三种增容剂发挥各自的优势，使聚乙烯改性沥青取得良好的效果。而且 EVA、CPE 与高分子蜡本身均为聚合物，它们也是优良的沥青改性剂。表 8-10 所列的就是三种物质作增容剂的 PE 改性沥青与未改性沥青的性能比较。

表 8-10　PE 改性沥青与未改性沥青的性能比较

试　样	配方(质量百分比)/%	针入度/0.1mm	延度/cm	软化点/℃	脆点/℃
0	沥青 100	120	>100	45	−19
17	沥青:92.6;PE:5 EVA:1.5;CPE:0.4;高分子蜡:0.5	108	>100	100	−31

从表 8-10 可知改性沥青在不使延度降低的情况下，软化点比未改性沥青有很大提高，而脆点则有了很大的降低，也就是说改性沥青的抗低温应力开裂和抗高温塑性形变性比未改性沥青有了很大提高，同时基本解决了 PE 同沥青的相容性。

本研究结论可总结如下：a. 用废旧聚乙烯农膜改性能够符合铺路标准，尤其是对沥青材料的抗高温塑变性与抗低温开裂性有很大改进；b. 由于聚乙烯同沥青的相容性不好，所以聚乙烯在沥青中的含量应低于 5%，否则沥青的性能不能保证；c. EVA 能改进聚乙烯同沥青相容性；d. CPE 能够有效地提高材料的热稳定性，即提高软化点与降低脆点；e. 高分子蜡可以提高沥青的延度，创造良好的路面；f. EVA、CPE 与高分子蜡作为增容剂共同使用，可以提高聚乙烯改性沥青的各项主要性能，更加适用于作为铺路黏结剂。

四、农用塑料管理现状及对策

目前发达国家都采取立法来防止塑料废弃残膜的污染。如政策支持研制开发方便回收或可降解的塑料薄膜，对非降解塑料薄膜生产商实施征税，并必须在塑料膜制产品上标明“不能降解、注意回收、请勿乱扔、污染环境”等宣传词语，或是限期停止使用。欧美和日本等国家和地区都已做出了相应规定，定出了使用降解塑料膜制品的时间表，开始限制或禁用非降解塑料。针对我国农膜废弃物污染土壤的情况，对农膜使用和回收也应立法。日本的法规明文规定：农户使用农膜后必须回收，不允许土壤中存在残膜，否则将罚款。意大利等国也都有农膜回收的立法，限期将残膜集中指定地点处理等。为了防止环境污染，保护我国宝贵的土地资源，我国也应借鉴国外行之有效的成功经验，明确规定农民正确使用农膜，使用后及早揭去回收，集中堆放于指定专用场所。对散落在农田的零星残膜，也应组织认真的清拾。目前，有关部门应及早加强对农民的宣传教育工作，使农民了解农用塑料残膜污染环境危害农业生态的严重后果。

1. 目前我国对废塑料的管理现状

我国目前关于农村地膜污染防治的法律条文很不具体，仅在某些法规中涉及了一些相关规定，可操作性不大，具体见表 8-11。如修订的固废法第十九条规定使用农用薄膜的单位和个人应当采取回收利用措施，减少或防治农用地膜对环境的污染，但是后续的法律责任一章里却没有明确违反这一条款应该担负的法律责任。

表 8-11　我国与废塑料污染防治有关的法规

法规名称	颁布单位	实施年份	主要内容举例
《关于进一步开发利用再生资源若干问题的通知》	国家经济贸易委员会、财政部、商业部(现国内贸易部)、国家物资局(现国内贸易部)	1987 年	国家对再生资源事业实行优惠政策,鼓励企业"以废养废"。在其《再生资源加工利用目录》中包括了废塑料的再生利用
关于印发《1989～2000 年全国资源综合利用发展纲要》的通知	国家计委(现国家发展和改革委员会)	1989 年	资源综合利用得到较大的发展的标志之一是社会上的废钢铁、废有色金属、废纸、废塑料、废橡胶等废旧资源能大部分回收利用。废塑料的再利用是重点发展的项目之一
《关于加强再生资源回收利用管理工作的通知》	国务院	1991 年	规定了再生资源的概念,并规定国家对再生资源事业仍然实行优惠政策
《中华人民共和国固体废物污染环境防治法》	全国人大	1995 年	国家鼓励科研、生产单位研究、生产易回收利用、易处置或在环境中易消纳的家用薄膜。使用农用薄膜的单位和个人,应当采取回收利用等措施,防止或者减少农用薄膜对环境的污染
修订的《中华人民共和国固体废物污染环境防治法》	全国人大	2004 年	国家鼓励科研、生产单位研究、生产易回收利用、易处置或在环境中可降解的薄膜覆盖物和商品包装物;使用农用薄膜的单位和个人,应当采取回收利用等措施,防止或者减少农用薄膜对环境的污染
《废塑料回收与再生利用污染控制技术规范(试行)》	国家环保总局(现环境保护部)	2007 年	指出废塑料的回收与再生利用主要有以下四个途径:直接再生利用、裂解制油、热能再利用、综合利用

在地膜污染防治立法方面，海南省和甘肃省走在了各省前列。2013 年，海南省五届人大常委会第一次会议审议通过了《海南省农产品质量安全条例》，这是地方政府出台的规范农膜回收的相关条例。条例规定，农产品生产者应当及时清除、回收农用薄膜及其农业投入品包装物。2014 年 1 月 1 日，甘肃省开始施行《甘肃省废旧农膜回收利用条例》，这是中国首部关于废旧农膜回收利用方面的地方性法规，标志着甘肃省治理农田“白色污染”迈上法制化、规范化的轨道。

近年来，虽然我国一直关注农村环境污染问题，出台了很多国家政策支持和鼓励农村固体废弃物的防治与治理，但是还没有专门的农用地膜污染防治方面的国家性法律，我国地膜污染防治的地方性条例的实施效果也因缺乏相关国家法律条文的支撑而无法有效落实，因此，制定出台专门性的农村地膜污染防治法律法规势在必行。

要改变我国农村地膜污染的现状，需要专门制定一部《农村地膜污染防治法》，从国家的层面和高度，对农村地膜污染防治的基本原则、基本制度、各级政府和主体对地膜污染防治的责任，对农膜的销售、使用、回收、加工、利用、管理等各环节做出详细规定。以法律条文的形式禁止生产、销售和使用厚度小于 0.008mm 的农用地膜。推广使用厚度大于 0.01mm、耐候期大于 12 个月且符合国家其他质量技术标准的农用地膜。此外，政府还应尽快制定《农膜土壤残留标准》，对农膜残留量做出明确的规定。

2. 农用废塑料的管理及对策

为了防治残留农膜污染，应从政策和技术两个方面着手。国家应加强立法，保护农田不受污染，同时对于回收残膜在政策上给予鼓励和奖励；在技术方面，开发研究优质农膜，推广易降解农膜；通过加强环保宣传教育和开发推广合理的农艺措施，相对减少农膜使用量，注重残膜的回收利用等。防治地膜污染应遵循“以宣传教育为先导，以强化管理为核心，以回收利用为主要手段，以替代产品为补充措施”的原则，积极防治残膜污染，主要通过清理和回收利用来减少污染，同时依靠有利于回收利用的经济政策提高回收利用率。

1）加强环保宣传教育，提高全民环保意识　防治地膜残留污染是一个系统工程，需要各部门、各行业和广大农民群众的共同努力和支持。要大力开展宣传教育，通过多种形式，广泛宣传农田残膜危害土壤、污染环境的严重性，深化农村广大群众对残膜危害的认识，真正提高群众的资源意识和环境保护责任感，从而提高回收地膜的自觉性，降低残膜污染。发动群众积极参与清除农田废膜活动，指导农民把破废膜回收起来，防止破废膜在土壤中积累。

2）大力推广适期揭膜技术　所谓适期揭膜技术是指把作物收获后揭膜改变为收获前揭膜，筛选作物的最佳揭膜期。具体的揭膜时间最好选定为雨后初晴或早晨土壤湿润时揭膜。根据当地的人力现状和天气情况，选择适宜的时机揭膜。适期揭膜技术不但能提高地膜回收率，节省回收地膜用工，而且还能使作物增产。因此，要大力推广适期揭膜技术，以促进农业生产的发展。

3）高度重视残膜机械化回收技术的研究与推广应用　经过多年的研究和实践，证明采用机械回收残膜是治理残膜的有效途径。因此，各级计划、财政、科技等部门应在资金、项目上加大对农田残膜机械推广的支持力度。农机部门要结合各地实际，做好残膜回收机械的选型、示范、推广工作，在残膜回收季节，广泛召开不同形式的现场会，大力推广残膜回收机械，保证机械化残膜回收工作扎实、有效地开展，并通过建立机械化残膜回收示范基地，辐射周边地区，推动残膜回收机械化技术的推广应用，加快农田残膜污染治理进程。

4）加强标准化农膜的使用及市场管理　根据中国强制性国家标准的规定（GB 13735—1992），聚乙烯地膜的厚度不应低于0.008mm。目前，我国大部分地区使用的农用地膜为超薄膜，厚度多在0.005～0.008mm之间，易破碎，难回收。今后，应大力采用国家规定较厚、抗拉强度较大的塑料薄膜，以利于残膜机械化回收并提高回收率。

5）开发应用优质农膜　农膜的强度和耐老化性主要与树脂性能、农膜厚度以及是否加入抗氧化剂等老化助剂有关。田间试验表明，农膜树脂耐老化性能由高到低的顺序为：线性低密度聚乙烯、低密度聚乙烯、高密度聚乙烯。因此，要提高现有基础树脂的质量，必须开发生产农膜专用料和耐老化助剂；另外，耐老化农膜的厚度必须在0.012mm以上才能保证农膜使用后仍可大块（小于0.5m^2）清除。

6）研究开发新材料，寻找农膜替代品　实践证明，研制出易降解、无污染的新材料地膜才能根除地膜污染。目前，使用的地膜多为聚乙烯农膜，化学性质稳定，不易分解和降解，因而造成土壤环境的污染。应鼓励开发无污染、可降解的生物地膜，替代聚乙烯农膜，如光解膜、生物降解膜和双解膜等。

7）注重残膜的回收利用　农膜的人工清除劳动强度大、费时，影响了农民回收农膜的积极性，应组织农机部门研制除茬、整地相结合的清膜机械，扩大残膜回收利用范围，明确农田残膜的回收机构，确立合理的回收价格及残膜处理加膜工厂，对利用残膜为原料进行加工生产的工厂，应按国家有关利用“三废”的政策，给予减免税收。

8）政府应给予政策引导和扶持　制定出“谁铺膜、谁回收”的规章制度，用法律来明确土地的污染治理主体。加大对残膜回收机具及其作业费的补贴力度。由于残膜回收机与生产必需的作业机具与耕整机械、播种机械等不同，属于鲜明的公益性机具，农民自发购买积极性不足，主要将依靠政府给予政策性专项补贴（区别于一般农机具补贴的高比例额度）方能大面积推广。此外，还需在作业费方面予以补贴，例如提高残膜回收联合作业机具的作业系数。

9）建立、健全有关法律、法规，把治理残膜污染纳入法制轨道　建议制定地膜残留量标准，结合我国农业发展情况，制定必要的农田地膜残留量标准和地膜残留量超标收费标准，使农田地膜污染早日纳入法制管理轨道。

第二节　乡镇工业固体废物的综合利用

一、乡镇工业固体废物的类型及其污染

我国幅员辽阔，大部分为乡村地区。改革开放以来，乡镇企业在这些地区迅速崛起，从无到有，数量与规模不断扩大，几乎涉及我国工业领域的方方面面。但是由于这些企业大都规模较小，在发展的同时很难兼顾环境保护，成为重要的环境污染源。表 8-12 罗列了乡镇工业固体废物的类型。

表 8-12　乡镇工业固体废物的类型

企业类型	废物类型
家具/木材加工	可燃性废物、有毒废物、溶剂、涂料
建筑	金属、水泥、黏土等建筑材料，可燃性废物，有毒废物，涂料，油类，废酸废碱
实验室	废溶剂、未利用的试剂、反应产物、试验样品、污染的材料
印刷及相关工业	酸类/碱类废弃物、重金属废弃物、溶剂、有毒废弃物、油墨
设备维修	酸类/碱类废弃物、有毒废弃物、可燃性废弃物、涂料废弃物、溶剂
冶金、金属结构、交通、机械	金属、渣、砂石、模型、芯、陶瓷、管道绝热和绝缘材料、各种建筑材料、烟尘、黏结剂
食品加工	废粕、酒精、肉、谷物、蔬菜、硬壳、水果、烟草等
橡胶、皮革、塑料工业	橡胶、塑料、皮革、布、线、纤维、染料、金属、滤泥、赤泥
制药厂、石化厂	化学药剂、农药剂、金属、塑料、橡胶、陶瓷、沥青、污泥、油毡、石棉、涂料、废食盐
电器仪表厂	金属、玻璃、木、橡胶、塑料、化学药剂、研磨料、陶瓷、绝缘材料
纺织服装业	布头、纤维、金属、橡胶、塑料等
发电厂、造纸厂	粉煤灰、化学药剂、金属填料、塑料等
矿山、小型钢铁厂	煤矸石、尾矿渣、高炉渣、钢渣、赤泥、有色金属渣等

由于乡镇工业固体废物产生和分布相对比较分散，收集、处理、处置的难度比较大，再考虑到制废企业自身的规模与经济实力与技术水平，大部分企业产生的工业固体废物未得到有效处理与处置，对环境造成了污染。由于工业固体废物种类复杂，特性也各不相同，其对环境污染的机理也就各不相同。乡镇工业固体废物对环境的污染是多方面的，下面以部分工业固体废物为例进行介绍。

首先，这些固体废物排放量逐年增多，不仅会侵占城市建筑用地，同时也使郊区农村耕地逐年减少。这些固体废物进入农田，使土壤板结、发酸、聚毒、降低肥力，耕种后影响农作物生长发育，并使之减产或绝产，也使树木根部变黑枯死。

其次，部分固体废物腐烂变质焚烧后产生 NH_3、SO_2、H_2S、CO_2、CH_4、Cl_2、CO 等臭气毒气令人厌恶，造成大气污染。粉煤灰、干污泥中的尘埃等含有大量细菌病毒、有害有毒元素等，严重威胁人们的身体健康，并随风飞扬，成为传播疾病的重要来源。有时部分工业废弃物在特殊环境中产生沼气，随时有爆炸的危险。如佳木斯市东风区为工业污染区，区内固体废物堆放多，居民死亡率比其他区高 1.58 倍，其主要为呼吸系统疾病。佳木斯城区

一些水泥厂陶瓷厂附近的空气粉尘高达 210mg/m^3。由此再次证明工业区的固体废物污染是危害人体健康的主要因素之一。

第三，固体废物本身丑陋、形象肮脏。这些废物还引起蚊蝇乱飞，猪、鸡滥拱滥扒，影响人们的感观，有碍市容的整洁和卫生，也给人们带来诸多不便和麻烦。如造纸厂曾将废渣倒在行人道上，将过往行人和马匹烧伤致残，产生“垃圾扰民”的现象。

第四，部分工厂如发电厂和造纸厂电站的粉煤灰经常发生渣灰排江事故，严重地污染水质和淤塞河道。如佳木斯市某厂的粉煤灰不仅污染松花江，也严重妨碍了附近居民的正常生活。特别是春季刮大风，使附近行人不敢睁眼睛，居民不敢开窗。某砖厂的粉煤灰扬尘污染问题也始终得不到解决。为此曾发展到居民多次投诉、集体到市委及市政府告状。发电厂还把粉煤灰放到平吊水库贮存，天长日久，粉煤灰越贮越多，使这个水库逐渐干枯，变成了名副其实的“灰库”。

另外，降水对固体废物进行淋滤，垃圾中的有毒有害元素和物质到处溢流，进而污染土壤和地表水，并下渗至包气带中使地下水遭受污染。如佳木斯市某农药厂把含酚废料任意堆放，导致该厂 7500m^2 土壤遭受污染，土壤中酚最高含量达 9995.7mg/kg，从而使这一区域地下水被严重污染，并造成四、六水源地部分供水井报废，损失了上百万元。石油化工厂等单位也将含氟废物任意堆弃，使这一带土壤遭受氟的污染。

在部分地区，乡镇工业固体废物对环境已造成了相当程度的污染。

固体废物对地下水的污染主要是其自身分解和接受大气降水的淋溶时产生渗出液，这些渗出液的数量取决于进入废物场地内水的数量。固体垃圾和粪便的淋溶液主要含总溶解固体、COD、总溶解碳、铁、氢离子、氯离子、有机酸、磷、硫、硝酸根以及多种肠菌、病毒霉菌等；工业固体废物淋溶液主要含有毒、有害的金属、非金属及有机化合物。当垃圾露天堆放或填埋地下、底部高于地下水水位时，废物中的有害元素和物质在大气降水和地表水的作用下发生溶解，在重力作用下向下运动，进入地下水中，从而形成污染。当废物填埋场底部低于地下水水位时，废物中的各种有害元素和物质也会被渗透进来的地下水溶解。溶解后的有害元素和物质就会被流动的地下水带走扩散，从而污染周围的地下水。由此废物简单填埋、堆放，是地下水的点状或小型面状污染源。如果废物堆放处于适当或较好的水文地质环境中，则地下水的污染可减轻，反之则加重。

土体性质的差异不仅控制了地下水径流条件的变化，也控制了有害元素和物质对地下水的污染程度。当填埋场周围是渗透性很差的亚黏土时，地下水运移缓慢，垃圾中有害元素和物质对地下水的污染比较微弱。特别是在卫生填埋场中有衬垫层或铺设排水设备，并定时抽放废液，同时黏土层很厚，则填埋场中废液对地下水的污染可以忽略不计。然而不能排除填埋场中各种酸、无机物及有机物长期与黏土作用，使土体性质发生改变，其强度降低、渗透性增强，引起填埋场周围的地下水污染。当填埋场周围是渗透性很强的砂砾石或亚砂土时，地下水径流强烈。特别是在填埋场周围没有铺设任何障碍层时，地下水很容易渗透到填埋场中，并将部分有害元素和物质溶解其中，带到其他部位，进而污染地下水。在这种情况下，地下水的长期作用将使垃圾填埋场周围大面积地下水遭受程度不同地污染。当填埋场位于地下水排泄区或地表水附近时，从填埋场泄漏出来的有害元素和物质除了污染地下水外，还污染地表水。

不言而喻，选择较理想的水文地质条件的位置往往是很困难的，因为理想的水文地质条件或区内不存在、或受运输距离限制、或因为人们认识不足而不被接受，以致目前大多数废物堆放场均位于不利的水文地质条件地区。佳木斯城区及其附近地带均为砂、砂砾石直接出露，多砂土坑，即使有覆盖层地段，亚黏土厚度仅 0.5～1m。垃圾填埋点星罗棋布地充满了上述地带。一些露天堆放大型垃圾场都位于水源地和城区上游，以及大砂土坑或江边。如红旗坝址、军港这两个最大垃圾场均位于江边，已对地下水形成严重污染（主要是酚、硝酸、铵、铁、氟超标严重），并且沿地下水流向向下游扩散了 2000m，形成了一个椭圆形大型溶滤污染水羽状带。

一般来说，固体废物污染地下水将使其成为难治之症。因为地下水活动缓慢，且污染物在包气带和含水层中产生各种作用，故污染过程较缓慢。又由于地下水本身固有的复杂性，污染物在地下水中的浓度变化较小。故在固体废物堆放的早期，地下水污染可能一时难以发现，即使在彻底清除填埋的固体废物后，地下水复原净化仍需几十年乃至上百年时间。当然，有些地下水污染的净化时间要短，例如酚污染，由于自身具挥发性，所以在彻底清除污染源后，净化只需 10 年时间。但是，如果不清除垃圾堆和被污染的土壤，在很多年以后，水通过垃圾堆和土壤进行淋溶，继续产生渗滤液下渗到地下水中，进行渗透弥散，促使污染带大大扩展。佳木斯城区地下水污染趋势逐年加重，除废水污染原因外，主要与垃圾填埋场地多、堆放不合理有很大关系。如佳木斯市四、六水源地附近地下水中酚污染的主要污染源就是原农药一厂院内堆放的含酚废料和被污染了的土壤。1960 年以来四、六水源地附近相继建立了农药一厂、化学制药厂、橡胶厂、玻璃厂等。这些工厂排出大量含酚废料，其中农药一厂排放废料中二氯酚含量高达 10%～25%。降水对含酚废料淋溶，淋溶液下渗污染土壤和地下水。使土壤中含酚量高达 16.8～9995.7mg/kg。虽然含酚废料被运走，但被严重污染的土壤仍然存在。降水年年对这块污染的土壤（面积 7500m^2，厚度 4m）进行淋溶，使这一带地下水中酚污染从 20 世纪 70 年代延续至今。该区地下水中酚的背景值为 0.0001mg/L。但在 1981～1990 年，四、六水源地的地下水中酚平均含量达到 0.0089mg/L，超标 3 倍以上；1991～1995 年，地下水中酚平均含量为 0.005mg/L，超标 1 倍多；1996～2000 年，地下水的酚平均含量为 0.0022mg/L，超过了水质标准；其中四水源地地下水中酚在 1999 年超标严重，最高达 0.037mg/L。另外城区东部化工厂由于排放含酚废物逐年增多（每年递增 10%），使附近地下水受酚的污染逐年加重，地下水中酚含量由 1980 年的 0.01mg/L 增加到 2000 年的 0.141mg/L。由此可见，四、六水源地地下水中酚污染在短时间内很难恢复到原始状态。地下水中酚污染也是反反复复进行。不过随着时间的推移，四、六水源地下水中酚含量有逐年减轻的趋势。

二、工业固体废物的综合利用

乡镇工业固体废物的处理应当从两个方面着手：一方面是从源头着手，不断改进乡镇工业企业的生产工艺，提高资源利用率，减少固体废物的产生；另一方面结合实际情况，加强工业固体废物综合利用。同时政府也要做好废物的综合管理，减少废物的产生，引导与扶持废弃物综合利用。目前我国主要的乡镇工业固体废物综合利用途径见表 8-13。

表 8-13　乡镇工业固体废物综合利用途径

名　称	主　要　用　途
高炉渣	制造水泥、混凝土集料、砖瓦、砌块、墙板、渣棉、铸石、玻璃、陶瓷、肥料、土壤改良剂、过滤介质、膨胀矿渣珠、建筑防火材料、防冻材料等
钢渣	钢铁炉料、填坑造地材料、铁路道渣、筑路材料、水泥、肥料、防火材料等
赤泥	制造水泥、砖瓦、砌块、混凝土轻集料、炼铁、回收金属（钛、镓、钒、碱、铝等）、作为气体吸收剂、净水剂、橡胶催化剂、塑料填料、保温材料、用于农业生产等

续表

名称	主要用途
有色金属渣	制造水泥、砖瓦、砌块、筑路材料、铸石、渣棉、回收金属等
粉煤灰	制造水泥、砖瓦、砌块、轻凝土集料、墙板、筑路材料、肥料、土壤改良剂、铸石、矿棉、回收金属等
废石膏	用作建筑材料
铬渣	制造水泥、钙镁磷肥、砖瓦、铸石、玻璃着色剂、路基材料、石膏板填料等
尾矿渣	生产砂石料
炉渣、炉灰	生产水泥、保温材料等建筑材料
煤矸石	建筑材料(砖瓦、水泥、砌块、加气混凝土)、提取氯化铝、硫酸钠及硫酸铝、提取微量元素、生产化肥及工业填料

下面就部分工业固体废物综合利用的方法进行举例说明。

实例一：日本利用焚烧炉灰生产生态水泥

日本利用焚烧炉灰作原料试制了一种生态水泥，既解决了焚烧炉灰的处理问题，又较好地控制了二次污染，值得参考。生产该水泥的基本目标是：a. 原料中焚烧炉灰或其他废弃物（如污泥）的比例达50%；b. 生产的水泥有广泛的应用；c. 生产工艺及产品对环境友好；d. 整个生产工艺必须是完全循环回收系统。

焚烧炉灰含量有高浓度的氯和极少量的有毒物质如二噁英和重金属，因此分离、去除、封存这些物质是该生产工艺成功的关键。生态水泥生产厂必须严格限制排放物中NO_x、SO_2、HCl、二噁英及其他有毒物质的含量，满足严格的排放标准；另外，生产的水泥在使用时必须安全，例如在有毒物质从混凝土中浸出方面，不能引起任何二次污染。该生态水泥是由日本政府建立的基金会和日本三家私人公司合作开发的，其中太平洋水泥公司为主要参与者。太平洋水泥公司目前有1条50t/d水泥的试验线正在运行，另外2条年产水泥2×10^5t及9.5×10^4t的生产线已获得批准，1999年时处于设计阶段。现将该生态水泥的原料、生产工艺、熟料矿物、水泥性能、水泥应用、金属回收做一介绍。

（1）熟料化学成分设计

日本焚烧炉灰典型的化学成分见表8-14，配料设计见表8-15。由于原料焚烧炉灰超过50%，因而生料中Cl^-、Na_2O、K_2O、P_2O_5增加，Al_2O_3也偏高，为此，设计了两种生态水泥：波特兰水泥(NPC)、快硬水泥。

表8-14 日本焚烧炉灰典型的化学成分 单位：%

烧失量	SiO_2	Al_2O_3	Fe_2O_3	CaO	MgO	SO_3	Na_2O	K_2O	Cl^-	TiO_3
11.0	22.9	19.7	5.6	30.4	4.8	2.1	3.3	2.6	8.5	0.9
P_2O_5	ZnO	CuO	Cr	As	Cd	Hg	Pb	F	CN	PCB
1.8	0.6	0.6	0.0438	0.0055	0.0011	0.00035	0.0311	0.0120	ND	ND

注：ND表示未检出。

表8-15 配料设计 单位：%

水泥类型	焚烧炉灰	石灰石	黏土	铁质原料	Al_2O_3
波特兰水泥	58.2	40	1.3	0.5	
快硬水泥	52.2	45	2.2	0.3	0.3

（2）生产工艺流程

生态水泥的生产工艺流程见图8-2。整个生产工艺与NPC相同，包括生料制备、焙烧和制成。由于焚烧炉灰中常含有重金属，如 Pb、Zn、Cu、Cr、As 等，为从窑灰中回收这些重金属，设计了金属回收工艺（见图 8-3)，与水泥生产线相连，使整个生产过程为完全循环回收的系统。

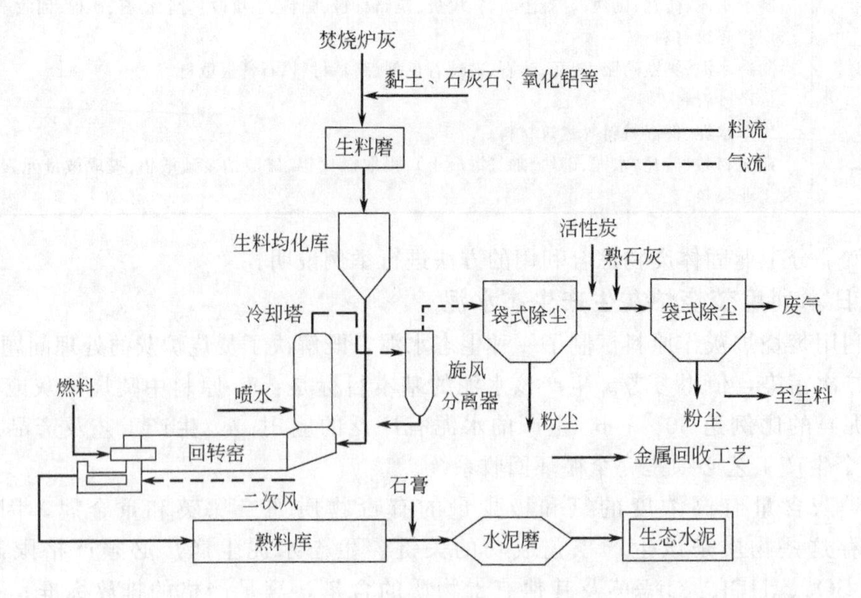

图 8-2 生态水泥的生产工艺流程

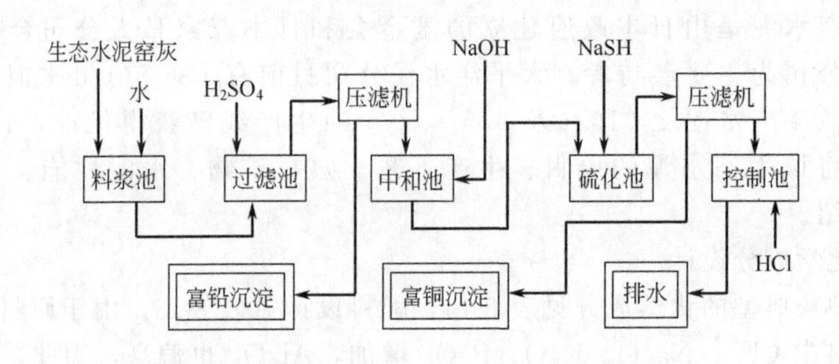

图 8-3 金属回收工艺流程

(3) 生态水泥化学成分、矿物组成

1) 波特兰水泥 该水泥含有与通常波特兰水泥（NPC）相同的矿物组成，见表 8-16。由于燃烧过程中氯（主要与碱化合）挥发，因此水泥中 Cl^- 降至 0.1%。由于焚烧炉灰中含 10%～20%的 Al_2O_3，其 C_3A 含量通常比 NPC 高。为保持合理的凝结时间及和易性，可通过增加 Fe_2O_3 含量生成更多的 C_4AF，从而控制 C_3A 含量。总之，这种水泥的物理性能与 NPC 相似。

2) 快速水泥 为充分利用焚烧炉灰中的氯而设计了该种水泥，氯进入铝酸钙形成 $C_{11}A_7 \cdot CaCl_{12}$，减少了 C_3A 生成量。$C_{11}A_7 \cdot CaCl_{12}$ 有利于快硬。由于燃烧过程中氧与碱一起首先挥发，因此为保留适量的氯形成 $C_{11}A_7 \cdot CaCl_{12}$，生料中的氯要相对于碱过量，超过量与熟料中 $C_{11}A_7 \cdot CaCl_{12}$ 平衡。水泥中 Cl^- 含量接近 1%，该水泥性能类似于快硬喷射水泥。

这两种生态水泥可用同一生产线生产，通过控制熟料中 Cl^- 含量生产不同类的水泥。生态水泥的化学组成和矿物组成列于表 8-16。

表 8-16 生态水泥的化学组成和矿物组成 单位：%

水泥类型	化学成分									
	烧失量	SiO_2	Al_2O_3	Fe_2O_3	CaO	MgO	SO_3	Na_2O	K_2O	Cl^-
波特兰水泥	0.6	19.1	8.1	4.5	62.7	1.4	3.7	0.05	0	0.04
快硬水泥	0.8	15.5	11	1.9	58.5	1.4	8.8	0.6	0	1
NPC	0.6	2.2	5.1	3	63.8	1.4	2	0.3	0	0

水泥类型	矿物组成					
	C_3S	C_2S	C_3A	$C_{11}A_7 \cdot CaCl_{12}$	C_4AF	$CaSO_4$
波特兰水泥	49	12	14	—	13	7.7
快硬水泥	44	11	—	17	8	15
NPC	56	19	9	—	9	3.4

实例二：美国的资源回收业

在 20 世纪 60 年代以前，美国工业界也曾四处偷倒工业固体废物，使河流和土地遭受到了严重的环境污染。针对这种情况，美国政府采取了一套严格的列表管理追踪和稽核制度，即每家企业的有毒物全部要列表管理，进多少，出多少，每年都要上报平衡表。这样，美国的不少企业再也不能任意处理有毒废弃物，因为一旦被发现，就得付出极高的代价去净化。这笔开销，对任何一家企业都不是小数目。

后来，美国政府又制定了《超级基金法》，对工业固体废物采用了严格的责任归宿制。凡是污染地现在和过去的所有者、有害物质的生产者、污染物的搬运者等，都负有连带责任，必须清除污染，净化环境。为此，美国企业或为自身形象，或为避免负法律责任和庞大的清污费用，便纷纷寻找替他们解决工业固体废物问题的清除业者。为此，资源回收科技公司应运而生。这些资源回收科技公司与原来的回收公司不同。它们不是简单地将回收的工业固体废物掩埋了事，而是将工业固体废物进行处理，变废为宝，再利用到新产品中，使工业固体废物再次发挥出重要作用。

已创立约 20 年的 JOY 资源回收科技公司就是这类新型资源回收公司的典型。它从回收电线电缆开始，逐步涉足家用电器和电脑，合作的厂商包括多个著名企业。到 1995 年，这家公司已能回收处理 1000 多万吨工业固体废物。使本来要进行掩埋或进焚化炉焚化的大量工业废弃物，经过拆解、分类回收后，不仅只剩下不到千分之一需要掩埋或焚化的废弃物，而且还创造了上亿美元的回收利润。例如，由这家公司处理的一批电缆线，未进行深度处理前每千克售价仅 20 美分；但一剥去塑胶皮就可以卖到 140 美分，立即涨了 6 倍以上；在美国这一类资源回收科技公司一般获得的利润均超过 40%。这是不少行业所难以达到的。美国的这类新兴资源回收科技公司还采用系统管理的方式，为上游的制造业建立了合乎环保要求的工业固体废物回收网络和追踪体制，即每一个经拆解分类的物件，都要用电脑软件跟踪它的最终去处。同时，制造业也对资源回收科技公司提出更严格的要求，希望它们在提高自身处理工业固体废物水平的基础上，要将在回收成拆解时遇到的问题及时反馈回来，以便在设计新产品时，就考虑到减少未来产品的环境污染。经过多年的努力，美国的资源回收科技公司已把工业固体废物的处理变为获利丰厚的新产业。

实例三：工业固体废物作混合材生产生态水泥

王新颖等在水泥生产工艺流程中掺入不同比例的废硼钙石、煤底灰和粉煤灰，对波特兰水泥的物理化学性能影响进行了试验研究。试验用原料均来自土耳其，熟料和石膏来自 Set 水泥厂；煤底灰和粉煤灰来自 Seyitomer 热电厂；废硼钙石来自 Etibank 制硼厂。其中，废硼钙石要过 25mm 筛，煤底灰经 105℃干燥处理。原材料的化学成分及物理性能见表 8-17。

表 8-17　原材料的化学成分及物理性能

名称	化学成分质量分数/%									细度/%			比表面积	体积质量
	烧失量	SiO_2	Al_2O_3	Fe_2O_3	CaO	MgO	SO_3	Na_2O	K_2O	40μm	90μm	200μm	/(cm^2/g)	/(g/cm^3)
熟料	21.5	6.04	3.78	65.49	1.44	1.1	0.9	0.2		25.8	2.3	0.3	2400	3.2
CW	8.02	3.73	0.98	22.83	6.99	0.5	2	1.4	22.8	26.5	1.34	0.4	3602	2.13
FA	56.1	18.49	11.4	2.52	3.79	0.1	0.7	2.2	4.2	25.7	5.9	0.5	6418	1.81
BA	51	14.96	9.63	2.63	4.01	0.2	0.5	1.3	15.7	24.2	5.6	0.3	7200	1.98
石膏		0.05		32.93	0.04	46		0	21.1					

注：1. CW 为废硼钙石，FA 为粉煤灰，BA 为煤底灰。

2. 化学组成通过 X 射线荧光分析。

3. CW 中的 B_2O_5 量为 17.65%，石膏含水 19.35%，熟料的 f-CaO 量为 0.85%。

试验中准备了 5 组混合样（代号为 A、F、B、P 和 C）和 1 种参照样（为 NPC，代号为 R）。将各组样品按比例充分混合，并过 40μm 筛（筛余控制在 25%），每组混合样的组成与物理特性见表 8-18。

表 8-18　水泥混合样的组成与物理特性

编　号	水泥组成(质量分数)/%				细度/%		比表面积	体积质量
	PC	CW	FA	BA	40μm	90μm	/(cm^2/g)	/(g/cm^3)
R	100				25.0	1.1	2965	3.23
A_1	99	1			25.0	1.0	3139	3.14
A_2	97	3			25.1	1.1	3183	3.11
A_3	95	5			24.9	0.8	3223	3.06
A_4	93	7			24.8	0.8	3228	3.02
A_5	91	9			25.1	1.0	3445	2.96
F_1	95		5		24.9	0.9	3068	3.19
F_2	90		10		25.2	1.0	3225	3.05
F_3	85		15		25.0	0.8	3563	2.98
F_4	80		20		24.9	0.9	3842	2.95
F_5	75		25		25.1	0.8	4363	2.86
B_1	95			5	24.8	0.8	3439	3.16
B_2	90			10	24.9	1.0	3837	3.06
B_3	85			15	25.1	1.1	3956	2.98
B_4	80			20	24.9	0.9	4368	2.98
B_5	75			25	25.2	1.1	4656	2.75
P_1	95	1	4		24.9	0.9	3326	3.12
P_2	90	3	7		25.1	1.0	3402	3.05
P_3	85	5	10		25.0	1.0	3588	3.00
P_4	80	7	13		25.0	1.0	3882	2.94
P_5	75	9	16		24.8	0.8	4099	2.88
C_1	95	1		4	25.1	0.9	2891	2.98
C_2	90	3		7	25.0	1.1	2928	2.95
C_3	85	5		10	24.8	0.9	3052	2.93
C_4	80	7		13	24.9	0.8	3192	2.80
C_5	75	9		16	25.2	1.0	4257	2.87

物性试验时，称取每一样品水泥 0.45kg 和水 0.225kg，经搅拌机慢转搅拌 30s 后加入 1.350kg 砂子，再搅拌 5min，然后制成 40mm×40mm×160mm 的混合样胶砂试体 3 个，先经湿热（95%、20℃）养护 24h 后放入水中养护 90d，再按 TS 24（土耳其标准）标准进行抗压强度试验。

表 8-19 为各水泥样的化学组分与标准的比较。从表中可知，各水泥样中，$w(SiO_2+$

B_2O_3)、$w(MgO)$ 和 $w(SO_3)$ 的含量都符合 TS 639 和 ASTM C-35065T 标准。标准中对 $w(B_2O_3)$ 没有限制值，但当水泥中掺加废硼钙石时，应考虑 B_2O_3 对 NPC 凝结时间和力学性能等方面的影响，严格控制其掺量。

表 8-19　各水泥样的化学组分与标准的比较

组　分	PC+CW		PC+FA		PC+BA		PC+CW+BA		PC+CW+FA		TS 639	ASTM C-35065T
	最大	最小	最小	最大	最小	最大	最小	最大	最小	最大		
$w(SiO_2+B_2O_3)$	29.63	30.25	34.15	45.14	32.11	42.55	32.09	37.57	32.40	38.42	≥30.0	≥28
$w(CaO)$	60.77	64.18	48.86	61.46	48.89	61.46	50.71	61.66	49.81	60.77		
$w(MgO)$	0.35	0.74	0.32	1.05	0.33	1.10	0.36	1.37	0.35	1.33	≤5.0	≤5.0
$w(SO_3)$	2.32	3.06	2.12	2.35	2.14	2.52	2.13	2.35	0.88	1.11	≤5.0	≤5.0
$w(B_2O_3)$	0.17	1.58					0.17	1.58	0.17	1.58		
烧失量	0.82	2.63	0.79	1.62	1.37	4.50	1.42	5.54	0.41	2.63	≤10.0	≤12.0

表 8-20 为水泥混合样的物理性能与标准的对比。从表中可以看出，2d 抗压强度是 R 样最高，F_1 和 P_1 与其接近，而 B_5 最低（因其煤底灰量最高，早期活性低）。随着养护时间的延长，各混合水泥样的抗压强度不断提高，且其强度增进率大于 R 样。当养护到 28d 时，大多数混合水泥样的抗压强度均比 R 样高。养护到 90d 时，掺煤底灰和粉煤灰的水泥强度最佳，而其他混合水泥样的强度与 R 样差不多。这是因为粉煤灰和煤底灰中大量的活性火山灰质组分被激发所致。

表 8-20　水泥混合样的物理性能与标准的对比

样品编号	用水量/%	初凝		终凝		抗压强度/MPa				体积膨胀/mm
		h	min	h	min	2d	7d	28d	90d	
R	7.6	2	40	3	30	21.5	33.6	41.8	54.4	2
A_1	26.7	2	30	3	10	17.2	32.0	45.5	52.4	2
A_2	27.2	2	36	3	25	17.0	30.5	43.1	50.6	2
A_3	28.5	2	40	2	40	16.8	27.6	41.5	49.4	1
A_4	30.1	2	45	3	55	15.0	26.8	37.3	47.4	2
A_5	30.4	2	55	4	15	13.8	24.5	34.5	46.3	1
F_1	28.0	2	45	3	35	21.0	33.5	47.4	59.0	2
F_2	29.7	2	55	3	45	17.6	30.0	45.2	58.1	2
F_3	31.3	3	5	3	55	16.6	27.6	45.1	56.6	1
F_4	34.7	3	30	4	10	14.7	26.0	43.1	54.0	1
F_5	35.1	3	50	4	25	13.4	23.8	40.6	52.3	0
B_1	29.1	2	20	3	10	18.2	30.6	48.5	56.8	1
B_2	30.8	2	25	3	10	17.8	30.3	47.8	56.0	1
B_3	31.4	2	35	3	30	15.8	29.0	46.0	55.1	2
B_4	34.2	2	40	3	40	15.8	27.8	44.7	54.8	2
B_5	35.6	2	50	3	50	13.0	24.1	44.1	54.0	1
P_1	27.3	2	5	3	5	20.0	32.9	46.5	53.5	1
P_2	28.5	3	50	4	50	19.2	21.0	45.4	52.5	2
P_3	29.2	3	40	5	40	18.5	28.6	44.6	51.6	2
P_4	31.7	4	25	6	25	16.5	27.2	42.6	49.7	1
P_5	32.0	5	40	7	40	14.4	25.0	41.8	48.4	2
C_1	27.6	3	55	3	55	18.4	30.9	44.5	55.0	1
C_2	28.4	3	30	4	30	17.5	29.2	43.6	53.2	1
C_3	29.8	4	35	5	35	16.5	27.4	42.5	51.3	2
C_4	33.1	5	55	6	55	15.2	25.6	40.4	48.9	3
C_5	34.2	6	55	7	55	14.0	24.3	39.0	47.0	3

从表8-20还可以看出：a. 对同组混合样而言，同一龄期下的强度值随混合组分掺量的增加而逐渐下降；b. 含有废硼钙石的混合水泥样的抗压强度增长不如掺粉煤灰和煤底灰的样品，这可能是因为废硼钙石在后期的活性火山灰组分含量低所致；c. 大多数掺粉煤灰和煤底灰的混合样，其后期抗压强度比R样要高；d. 各水泥样的凝结时间和标准稠度用水量随水泥细度和水泥中的f-CaO量而变化。根据试验结果可以得出以下结论。

① 适量的废硼钙石可提高水泥的抗压强度，实践证明当水泥中废硼钙石掺量为1%～3%时，其28d抗压强度有明显提高，其他性能影响不大。但掺量过高时（>3%）会影响水泥的力学性能。

② 掺加适量的粉煤灰或煤底灰有助于提高混合水泥的后期强度，但掺量超过20%时，水泥的性能有所下降，如试验中的F_5样和B_5样：度差逐渐变小；到28d时，大部分混合水泥样的强度要高于R样；到90d时，掺煤底灰和粉煤灰的水泥强度最佳。而其他混合水泥样的强度与R样差不多。

③ 混掺“粉煤灰+废硼钙石”和“煤底灰+废硼钙石”的混合水泥要比单掺废硼钙石的水泥强度要高。

实例四：粉煤灰的综合利用技术

粉煤灰是燃煤发电厂电力生产过程中的排放物。我国是世界第二电力生产国，其中火力发电占全国发电量的约69%。燃煤发电厂一般使用煤粉炉为燃烧装置。到1995年年底，全国累计贮存煤渣约8×10^8t，占地约30万亩（1亩≈666.7m^2，下同），其中约90%为粉煤灰。目前发达国家粉煤灰利用率已达70%～80%。1985年以来，国家将粉煤灰综合利用作为资源综合利用的突破口，经过多年努力，我国粉煤灰已广泛地应用在建材、建工、筑路、农业及工程填筑等领域，取得了丰硕的成果和宝贵的经验，年利用量已超过2000多万吨，利用率达30%左右。我国的粉煤灰综合利用水平居于世界先进行列，收到了明显的社会效益、环境效益和经济效益。

我国已实施的粉煤灰综合利用技术达70多项，主要有以下几类。

1）建材制品　粉煤灰水泥、硅酸盐承重砌块、空心砌块、加气混凝土砌块、硅钙板等。

2）建设和道路工程　大体积混凝土、灌浆材料、坝体和在码头的填筑材料、粉煤灰沥青混凝土、护坡和护堤工程等。

3）农业应用　改良土壤、制作微生物复合肥等。

4）提取矿物和其他应用　粉煤灰中提取微珠、炭等物质，制作高强度轻质耐火材料和保温材料等。

5）污水处理　在粉煤灰中含有较多的活性氧化铝和氧化硅等，能与吸附质通过化学链结合，同时由于经过高温、熔融、冷却等物理化学过程，粉煤灰结构多孔，比表面积较大，具有良好的吸附性能，因而在废水处理方面具有广阔的应用前景。国内外研究证实，粉煤灰可有效地去除城市污水中的有机质、色度、重金属、臭味等污染物质。

许多资料都表明，粉煤灰有较高的活性，在一定的条件下，能有效地去除磷酸盐水溶液和生活污水中的磷。这些研究探讨了粉煤灰对含磷废水脱磷的一般规律，研究了pH值、浓度及粉煤灰颗粒大小对平衡吸附量的影响，结果表明，用粉煤灰脱磷简捷、经济，并有较好的去除效果，磷的去除率在91%以上。

以粉煤灰为主要原料制成的吸附剂对含磷废水也有较好的处理效果。采用这种吸附剂，对于被吸附的磷酸盐来说，又有另外一层意义，粉煤灰质轻多孔而偏碱性，还有适量的钾、镁和钙等元素，能够改变酸性土壤的表层结构，吸附后又含有从废水中获得的营养物磷酸盐，因而可成为土壤的改良剂，将此时的废水处理剂用于实验室范围的植物培栽，可发现植物在根总数、根鲜重、株高等方面有明显的提高。因此，吸附了磷的废水处理剂有望在农业上用作肥料，更详细的试验结果还有待于在田间进行进一步深入研究。

实例五：煤矸石综合利用技术

煤矸石是指在煤矿建设、采煤与原煤清洗过程中产生的废弃岩石。我国是全球煤炭开采量最大的国家，2012 年煤炭产量达 3.65×10^9t，占全球煤炭产量的 46.4%。一般每生产 1t 原煤会产生 0.15～0.2t 煤矸石，2012 年我国煤矸石产生量达到 6.2×10^8t，预计到 2020 年，全国煤矸石排放量将增至 7.29×10^8t。目前我国煤矸石已累计堆存超过 5×10^9t，占地 20 余万亩，并且其总量仍在以（3.0～3.5）$\times10^8$t/a 的速度持续增加。煤矸石的大量堆存带来了非常严重的社会、环境和经济问题。

就目前对煤矸石的利用来看，大约表现在以下几方面。

① 利用煤矸石生产建筑材料及其制品　由于煤矸石的特点和物理、化学特性，以煤矸石为主要原料可以制成煤矸石砖、水泥、轻集料混凝土小型空心砌块以及加气混凝土等。例如法国、英国、俄罗斯等都大量利用煤矸石生产烧结砖，这些国家的主要经验是，将生产黏土砖的设备改造后，进行煤矸石烧结砖的生产。烧结砖一般分为普通砖和多孔砖，发达国家生产多孔烧结砖比重较大，如德国、瑞士、奥地利等国占砖产量的 90%，意大利近 100%。与上述国家相比，我国生产多孔砖的比例较低。

根据煤矸石的矿物组成，煤矸石可作为硅质原料或铝质原料，并充分利用其所含的发热量，应用于烧结陶瓷类建材产品的生产。如煤矸石陶粒替代黏土陶粒，发展轻集料等新型建材，以逐步替代黏土制品。

② 利用煤矸石可以从中制取氯化铝、硫酸钠及硫酸铝，还可合成系列分子筛。提取微量元素、生产化肥和生产工业填料等。

③ 利用煤矸石生产水泥　煤矸石可替代部分烟煤用作燃料，用于窑炉和烘干炉中，产生的炉渣还可作原材料掺入生料中；煤矸石还可替代部分黏土原料，生产硅酸盐水泥、普通硅酸盐水泥等，已在北京部分水泥厂得到成功使用。

实例六：利用镁渣研制新型墙体材料

镁渣是金属镁厂提炼镁时排出的一种工业废渣，据了解，仅山西就有近百家金属镁厂；每生产 1t 金属镁约排放 20t 镁渣，既占土地，影响生产，又污染环境。因此，处理与利用镁渣就成为每个镁厂亟待解决的问题。

赵爱琴对利用镁渣生产新型墙体材料进行了研究。该课题的研究路线是：将镁渣直接磨细与一定比例的磨细矿渣混合，在复合激发剂作用下，配制胶结料生产各种新型墙体材料。研究表明，用这种方法进行镁渣的再生利用，工艺简单，节省能源，制成的墙体材料密度小、强度高、耐久性好。

（1）原材料

1）镁渣及矿渣　采用汾阳富达镁业公司的镁渣，采用比表面积为 4000g/mm 的磨细矿渣。从测试结果可知，金属镁渣及矿渣均有较好的活性，但由于其 MgO 含量较高，所以进厂后要进行一周的陈化处理后方可使用。

2）活性激发剂　由山西省建筑科学研究院提供，其目的是激发镁渣、矿渣的活性，促进其火山灰反应。

3）集料　细集料采用工业废料铸造废型砂；租集料采用粒径小于 10mm 低活性矿渣，其堆积密度为 695kg/m^3，筒压强度为 3.3MPa，含碳量为 10%，1h 吸水量为 12.5%。

(2) 胶集料配制

将镁渣破碎磨细至0.08mm方孔筛筛余小于15%的细粉，再与磨细矿渣粉、活性激发剂按一定的比例混合，按标准稠度用水量加水制成2cm×2cm×2cm的净浆小试块进行抗压强度试验，胶集料基本物理性能指标见表8-21。

表 8-21 胶集料基本物理性能指标

编号	标准稠度/%	初凝时间/min	终凝时间/min	安定性	28d抗压强度/MPa
J-1	27	125	285	合格	38.2
J-2	28.5	86	210	合格	34.6
J-3	26.5	145	255	合格	31.5
J-4	27.5	95	230	合格	36.8

从表8-21可知，利用金属镁渣制备的胶结材具有较高的强度，较好的体积安定性，可以作为墙体材料的胶结料。

(3) 墙体材料配制

墙体材料配合比的设计，主要从墙体材料的成型、强度、密度及生产成本这四个方面综合考虑，使墙体材料既易于成型达到强度指标要求，同时还要尽可能地降低成本。

(4) 240mm×115mm×53mm标准砖的配制

选用铸造砂与胶集料，按一定比例制成240mm×115mm×53mm的建筑砖，保湿养护28d，测其抗压和抗折强度、吸水率、软化系数、密度及抗冻性。金属镁渣砖的性能见表8-22。

表 8-22 金属镁渣砖的性能

编 号	抗压强度/MPa	抗折强度/MPa	吸水率/%	软化系数/%	密度/(kg/m^3)	抗冻性(-15～20℃冻融25次)
Z-1	14.1	2.8	11.0	0.81	2050	合格
Z-2	13.2	2.7	11.5	0.80	1960	合格
Z-3	16.2	3.5	10.5	0.75	1968	合格
Z-4	18.9	4.0	9.8	0.75	2100	合格
Z-5	14.5	2.6	11.2	0.79	1965	合格

从表8-22可以看出，利用镁渣配制的建筑砖，强度等级达到MU10～MU15黏土砖的标准要求，其体积密度、吸水率均较小，耐久性经多年考察未发现强度降低和胀裂、掉角、粉化等现象，完全可以代替黏土砖使用。

(5) 390mm×190mm×190mm空心砌块的配制

选用铸造砂和粒径小于10mm的低活性矿渣与胶结料按一定比例混合，制成390mm×190mm×190mm的空心砌块，保湿养护28d，测其干表观密度、抗压强度、吸水率、软化系数及抗冻性。金属镁渣空心砌砖的性能见表8-23。

表 8-23 金属镁渣空心砌砖的性能

编号	干表观密度/(kg/m^3)	抗压强度/MPa	空心率/%	吸水率/%	软化系数/%	抗冻性(-15～20℃冻融25次)
K-1	690	3.5	43	13.0	0.90	合格
K-2	650	3.2	46	16.0	0.80	合格
K-3	675	3.3	45	15.2	0.82	合格
K-4	700	3.7	43	13.2	0.93	合格
K-5	681	3.5	45	13.9	0.88	合格

从表 8-23 的检验结果可知，以金属镁渣为胶集料配制的空心砌块与同类砌块相比密度小而强度高（符合优等品的要求）、吸水率小（标准为不大于 22%）、软化系数较高（标准为不小于 0.75）、抗冻性符合要求。

（6）生产工艺

利用镁渣研制新型墙体材料的工艺流程为：镁渣的陈化及活化→原料配比计量→轮碾搅拌→振压成型→养护及成品堆放→检验。现分述如下。

1）镁渣的陈化及活化　先将金属镁渣陈化 1 周左右，使镁渣中的 MgO 充分消解，再加适量的复合激发剂进行活化处理，会使其活性提高数倍。

2）轮碾搅拌　若采用强制式搅拌机搅拌，由于胶料颗粒较细，物料易成球，不易搅拌均匀，直接影响砌块的成型质量与强度。采用轮服式搅拌机拌和，可解决物料成球问题，轮服机兼备疏解、服压粉碎与搅拌混合三个功能，大大提高原料混合的均匀性及砌块成型质量，减少砌块强度的离散性。

3）振压成型　砌块质量的好坏，成型是关键。针对以镁渣胶料生产墙材拌合物黏滞性较大，卸料、布料困难，物料的压缩比大等问题，在生产中应对成型机进行改进，如提高模箱高度，加大压缩比，适当加大台、模、压板的激振力，调整振动参数，成型时间应控制在 20～25s 为宜，以保证砌块的密实度等。由于采用加压振动成型，对拌合物加水量的控制要求较高：加水量不足，振捣不易密实，制品容易产生裂缝，胶料也得不到充分水化；加水量过多，则会导致制品枯膜、变形、跑浆、缝漏等，更严重的是制品强度降低，几何尺寸不合格。合适的物料含水率是确保制品外观质量良好和成品率高的必要条件。生产中应及时测定各组分的含水率，调整加水量。

4）养护及成品堆放　采用自然养护或蒸汽养护，养护至 28d 后。按强度等级、质量等级分别堆放，堆垛采取防雨措施，防止砌块上墙时因含水率过大而导致墙体开裂。

实例七：利用锆硅渣生产白炭黑

白炭黑，又名水合二氧化硅，分子式为 $SiO_2 \cdot nH_2O$，是一种重要的无机化工产品，具有耐高温、不燃烧、高电绝缘性、多孔性、高表面活性和内表面积大等特点。在橡胶、塑料、农药、涂料、制药、造纸、瓷器、日用化学品等各个领域有着广泛用途。目前工业上生产白炭黑的方法可分为气相法和沉淀法两类，前者以四氯化硅为原料，成本较高；后者以水玻璃为原料，与无机酸反应制取白炭黑。近年来，随着改革开放的快速发展，国内白炭黑产量尽管急剧增长，但仍不能满足市场需求，需要大量进口。

国内外大多采用碱熔法生产高纯二氧化锆，但长期以来由于污染严重影响了锆化合物生产的发展。近年来，氧化锆及其他锆化合物的需求量不断增加，随着生产规模的扩大，氧化锆生产过程中产生的大量废弃物的处理问题也日益突出。陈文利等对锆硅渣进行综合利用研究，利用锆硅渣、含碱废液制备出白炭黑产品，产品性能达到了橡胶用白炭黑的技术指标（HG/T 3061—2009）。

（1）原材料

1）硅渣　硅渣外观呈淡黄绿色，有少量黑色颗粒；水浸后呈强酸性，pH<1，充分搅拌静置后，底部有少量砂质杂质。硅渣固含量为 20.5%，硅含量为 7.42%，铁含量为 0.087%，锆含量为 1.32%。

2）含碱硅酸钠溶液　溶液清亮透明，硅酸钠含量为 3%～4%，氢氧化钠为 15%，水为 80%，氧化锆为 1%～2%。

（2）白炭黑的制备

1）基本原理和工艺 采用晶种法制白炭黑。先将盐酸与锆硅渣制成硅溶胶，再加入一定浓度的含碱硅酸钠溶液，反应一段时间后，即可得到无定形水合二氧化硅——白炭黑，其反应式为

$$Na_2SiO_3+2HCl+nH_2O \longrightarrow SiO_2 \cdot (n+1)H_2O+2NaCl$$

$$SiO_2 \cdot (n+1)H_2O+Na_2O \cdot mSiO_2 \longrightarrow SiO_2 \cdot nH_2O+Na_2O \cdot mSiO_2$$

2）制备过程 利用锆硅渣生产白炭黑的工艺流程如图 8-4 所示。

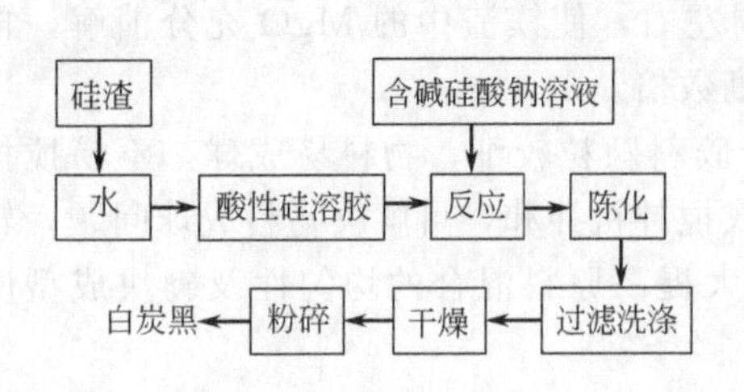

图 8-4 利用锆硅渣生产白炭黑的工艺流程

① 酸性硅溶胶的制备：称取一定量的硅渣，加入适量的水，强烈搅拌，倾去砂等杂质，然后离心分离，弃去溶液，底浆用水配成硅溶胶。

② 白炭黑的制备：将一定浓度的含碱硅酸钠溶液，置于恒温槽中，在剧烈搅拌下加入上述所得酸性硅溶胶，同时加入少量分散剂，进行反应。反应完后，调节溶液 pH 值为 8，然后保温 20～30min。停止反应后在 80～90℃调节 pH 值，陈化 1h 左右。过滤，用水多次洗涤滤饼，直到滤液中无 Cl^- 检出。将滤饼于 110～120℃烘干，经粉碎后即得白炭黑。

实例八：鞍钢充分利用工业固体废物降低烧结原料成本

鞍钢在整个钢铁生产工艺过程中产生大量的废弃物，如焙结过程产生除尘灰，炼铁时产生瓦斯灰、瓦斯泥，转炉炼钢有转炉泥、转炉钢渣，钢材预热时有均热炉渣，轧制过程产生氧化铁皮等。这些工业固体废物以往堆积起来，既占用了大片的耕地，同时又污染了环境。近年来，鞍钢对这些废弃物进行了开发研究，将工业固体废物加工处理后用于烧结生产，可以大幅度地降低烧结原料成本，甚至有的还可以强化烧结过程。

(1) 除尘灰、瓦斯灰、瓦斯泥、转炉泥的处理

由于除尘灰、瓦斯灰、瓦斯泥、转炉泥粒度较细，有的带有静电，呈悬浮状聚积，水分不易脱出；有的呈于粉状，湿容量小，很难与其他物料混合。这些废弃物直接用于烧结生产，对烧结技术指标、生产作业环境将带来不良的影响。鞍钢公司环保处、炼铁总厂等有关部门共同开发研制的含铁尘泥综合利用技术，将除尘灰、瓦斯灰、瓦斯泥、转铲泥经特殊加工形成含铁尘泥后用于烧结生产，烧结矿质量改善，固体燃料消耗下降，吨烧结矿成本大幅度降低。含铁尘泥加工工艺流程如图 8-5 所示。

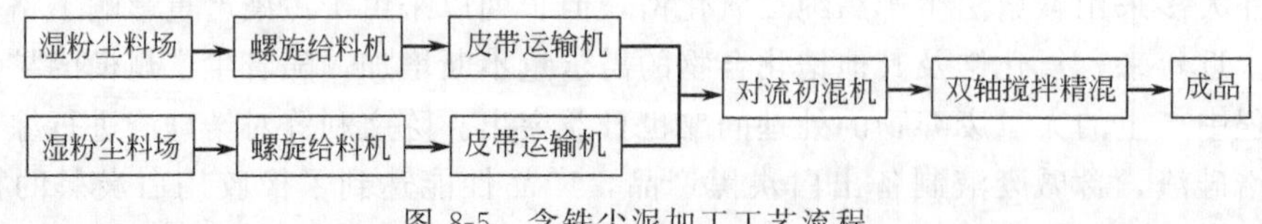

图 8-5 含铁尘泥加工工艺流程

(2) 转炉钢渣的处理

鞍钢实现全转炉炼钢后，转炉钢渣的产生量日益增多。以往的处理方法是，用磁选机将铁含量较高的选出后直接用于炼铁或烧结，尾渣用于铺路，但由于量大，剩余部分只好堆积起来。1998 年公司开展技术攻关，研究尾渣的综合利用问题，通过实验室和工业试验，取得了可靠的生产数据，1999 年年初正式开始工业生产应用。烧结生产主要用转炉尾渣来顶替熔剂。

(3) 均热炉渣

均热炉渣系钢坯在均热炉加热过程中表面氧化脱落的碎片在高温下于炉底结成的熔渣。

炉渣从炉底清理出来后，经过冷却和破碎处理，送到灵山堆场。原来均热炉渣用于高炉作洗护剂，后来因为它导致高炉焦比升高而停止使用。

鞍钢烧结总厂研究室根据均热炉渣物化特性，将均热炉渣作为铁料配入烧结混合料中进行烧结试验。试验研究结果表明：以烧结工艺回收利用均热炉渣是一种行之有效的方法，它不但可以强化烧结生产，降低固体燃料消耗，降低生产成本，而且还可以消除污染，获得良好的社会效益和可观的经济效益。

（4）氧化铁皮

氧化铁皮是钢材轧制过程中产生的，主要成分以 FeO 为主，还含有一定量的金属铁，是烧结生产较好的辅助原料。理论计算结果表明，1kg FeO 氧化成 Fe_2O_3 放热 1972.96J，1kg 金属铁氧化成 Fe_2O_3 放热 7348.44J。烧结混合料中配加氧化铁皮后，由于烧结过程热量充分，温度水平高，因此烧结矿转鼓指数提高，固体燃料消耗下降，生产率提高。

参 考 文 献

[1] 计文瑛，周连启，等. 我国农业生态工程的兴起与发展. 农业环境保护，1997，16（2）：87-89.

[2] 季凤瑚. 生态农业与农业标准化二高一优. 农业，16-17.

[3] 邓玉林. 论生态农业的内涵和产业尺度. 农业现代化研究，2002，23（1）：38-40.

[4] 余龙生，黄先玉. 发展生态农业促进我国农业资源的可持续利用. 上饶师专学报，1999，19（6）：57-60.

[5] 胡玉婷. 发展生态农业促进可持续发展. 青海科技，2000，7（3）：4-6.

[6] 金鉴明. 中国的生态农业. 世界科技研究与发展，2000，21（2）：10-14.

[7] 孙鸿良，等. 生态农业的理论与方法. 济南：山东科学技术出版社，1993.

[8] 王文学. 生态农业原理及应用. 北京：人民出版社，1991.

[9] 刘青松，李旭东，等. 生态保护. 北京：中国环境科学出版社，2003.

[10] 卞有生. 生态农业中废弃物的处理与再生利用. 北京：化学工业出版社，2000.

[11] 云正明，刘金铜. 生态工程. 北京：气象出版社，1998.

[12] 杨京平，卢剑波. 农业生态工程与技术. 北京：化学工业出版社，2001.

[13] 刘青松，张咏，等. 农村环境保护. 北京：中国环境科学出版社，2003.

[14] 廖利. 城市垃圾清运处理设施规划. 北京：科学出版社，1999：1-188.

[15] 胡亚文. 区域规划文本及其编写技术. 系统工程，1998，16（3）：66-69.

[16] 方创琳. 新时期区域发展规划的基本内涵与类型体系. 规划师，1998，14（3）：109-113.

[17] 国家环境保护总局. 小城镇环境规划编制技术指南. 北京：中国环境科学出版社，2002.

[18] 刘天齐，黄小林，等. 区域环境规划方法指南. 北京：化学工业出版社，2001.

[19] 赵由才，龙燕，张华. 生活垃圾卫生填埋技术. 北京：化学工业出版社，2004.

[20] 建设部标准定额研究所编. 中华人民共和国工程建设标准城市生活垃圾处理工程项目建设标准与技术规范宣贯教材. 北京：中国计划出版社，2002.

[21] 李秀金. 固体废物工程. 北京：中国环境科学出版社，2003.

[22] 沈东升. 生活垃圾填埋生物处理技术. 北京：化学工业出版社，2003.

[23] 李国建. 城市垃圾处理工程. 北京：科学出版社，2003.

[24] 赫英臣，孟伟，郑丙辉. 固体废物安全填埋场选址与勘察技术. 北京：海洋出版社，1998.

[25] 聂永丰. 三废处理工程技术手册（固体废物卷）. 北京：化学工业出版社，2000.

[26] 赫英臣. 固体废物安全填埋场选址技术方法研究. 北京：水文地质工程出版社，1997.

[27] 何友军. 对城市生活垃圾卫生填埋场址选择的几点认识. 环境与开发，1999，14（4）.

[28] 王树国. 垃圾卫生填埋场的场址选择. 环境保护，1999，（10）：12-21.

[29] 赵由才，黄仁华. 生活垃圾卫生填埋场现场运行指南. 北京：化学工业出版社，2001.

[30] （日）樋口壮太郎. 废弃物最终处置场的计划与建设. 李国建，吴星五译. 上海：同济大学出版社，1999.

[31] 袁居新，等. 垃圾渗滤液处理中的高效生物脱氮现象. 中国给水排水，2002，18（3）：76-78.

[32] 钱学德，郭志平，施建勇，等. 现代卫生填埋场的设计与施工. 北京：中国建筑工业出版社，2001.

[33] 聂永丰，张秀蓉，钱海燕. 城市垃圾填埋及沼气收集利用. 中国沼气，1997，15（2）：17-20.

[34] 陈家军，于艳新，董晓光，等. 垃圾填埋气用作车辆燃料资源化现状及发展前景. 城市环境与城市生态，2000，13（2）：14-16.

[35] 钱学德，郭志平. 填埋场气体收集系统. 水利水电科技发展，1997，17（2）：65-66.

[36] 廖祚洸. 垃圾填埋气体的收集和利用探讨. 有色冶金节能，2002，19（4）：30-32.

[37] 林启修，涂俊杰. 浅谈生活垃圾卫生填埋场气体控制与收集. 有色冶金设计与研究，1997，18（1）.

[38] 刘高强，唐薇，聂永丰. 城市垃圾填埋场气体的产生、控制及利用综述. 重庆环境科学，2000，22（6）：72-76.

[39] 王汉强，龙燕. 城市生活垃圾卫生填埋场设计中几个问题的探讨. 见：第一届全国环境岩土工程与土工合成材料技术研讨会论文集. 杭州：浙江大学出版社，2002.

[40] 胡志毅. 深圳下坪垃圾填埋场滑坡成因分析及综合治理. 有色冶金设计与研究，2002，23（4）：68-71.

[41] 陈云敏，柯瀚. 城市固体废物的工程特性及填埋技术. 见：第一届全国环境岩土工程与土工合成材料技术研讨会论文集. 杭州：浙江大学出版社，2002.

[42] 赵由才，张华，宋立杰. 固体废物污染控制与资源化. 北京：化学工业出版社，2002.

[43] 赵由才，朱青山．城市生活垃圾卫生填埋场技术与管理手册．北京：化学工业出版社，1999.
[44] 张益，赵由才．生活垃圾焚烧技术．北京：化学工业出版社，2000.
[45] 赵由才，黄仁华．生活垃圾卫生填埋场现场运行指南．北京：化学工业出版社，2001.
[46] 赵由才，龙燕．固体废物处理技术进展．有色冶金设计与研究，2003，24（3），10-14.
[47] 王罗春，刘疆鹰，赵由才，等．城市垃圾填埋场渗滤液特性及其处理．污染防治技术 1998，11（2），88-89.
[48] 李国鼎．环境工程手册（固体废物污染防治卷）．北京：高等教育出版社，2003.
[49] 赵由才．生活垃圾资源化原理与技术，北京：化学工业出版社，2002.
[50] 芈振明．固体废物的处理与处置．北京：高等教育出版社，1990.
[51] 杨国清，刘康怀．固体废物处理工程．北京：科学出版社，2000.
[52] 董保澍．固体废物的处理与利用．北京：冶金工业出版社，1999.
[53]《三废治理与利用》编委会．三废治理与利用．北京：冶金工业出版社，1995.
[54] 王绍文，梁富智，王纪曾．固体废物资源化技术与应用．北京：冶金工业出版社，2003.
[55] 杨慧芬．固体废物处理技术及工程应用．北京：机械工业出版社，2003.
[56] 庄伟强．固体废物处理与利用．北京：化学工业出版社，2001.
[57] 吴文伟．城市生活垃圾资源化．北京：科学出版社，2003.
[58] 徐蕾．固体废物污染控制．武汉：武汉工业大学出版社，2000.
[59] 谢广元，张明旭，边炳鑫，等．选矿学．徐州：中国矿业大学出版社，2001.
[60] 张进锋．生活垃圾处理方式的选择和资源化的几个问题．环境卫生工程，2000，（3）.
[61] 吴博任，周伟清．城市废物资源化．生态科学，1999，18（1）.
[62] 周爱珠，祝华明，王美琴．多元素有机肥的配方技术探讨．磷肥与复肥，1998，（3）：67-69.
[63] 王德汉，彭俊杰，戴苗．造纸污泥好氧堆肥处理技术研究．中国造纸学报，2003，18（1）：135-140.
[64] 安胜姬，张兰英，郑松志．生活垃圾转化高效生物有机肥料的肥效研究．环境科学研究，2000，13（3）：47-50.
[65] 焦桂枝，马照民．农作物秸秆的综合利用．中国资源综合利用，2003，（1）：19-21.
[66] 陈育如，杨启银．农作物秸秆酶解与磷细菌肥的生产．农村生态环境，2001，17（4）：45-47.
[67] 王宜明，何咏梅，苏锡南．花卉秸秆 Faby 复合菌好氧堆肥实验研究．昆明冶金高等专科学校学报，2002，18（3）：1-5.
[68] 席北斗，刘鸿亮，孟伟．翻转式堆肥反应装置设计研究．环境污染治理技术与设备，2003，4（9）.
[69] 胡天觉，曾光明，袁兴中．城市固体有机废物堆肥实验装置设计．环境污染治理技术与设备，2002，3（2）：71-75.
[70] 孙明湖，何洪，闪红光．畜禽粪便处理设备及其技术．辽宁城乡环境科技，2002，22（4）：35-38.
[71] 张相锋，王洪涛，聂永丰．高水分蔬菜废物和花卉废物批式进料联合堆肥的中试．环境科学，2003，24（5）：146-150.
[72] 姜瑞波，张晓霞，吴胜军．生物有机肥及其应用前景．磷肥与复肥，2003，18（4）：62-63.
[73] 王伟，朱拙安．城市生活垃圾的堆肥研究．四川环境，2002，21（2）：47-49.
[74] 张增强，孟昭福．农业废弃物和城市污泥的无害化与资源化．农业环境与发展，2001，（1）：19-21
[75] 黄鼎曦，陆文静，王洪涛．农业蔬菜废物处理方法研究进展和探讨．环境污染治理技术与设备，2002，3（11）：38-42.
[76] 魏源送，李承强，樊耀波．浅谈堆肥设备．城市环境与城市生态，2000，13（5）：17-18.
[77] 黄国锋，吴启堂，黄焕忠．有机固体废物好氧高温堆肥化处理技术．中国生态农业学报，2003，11（1）：159-161.
[78] 莫文生，宁红，赖军．酒精废水浓缩液的生化堆肥处理．广西蔗糖，2002，（3）：31-33.
[79] 永川．沼气工程设计．北京：中国农业出版社，1987：1-107.
[80] 贺延龄．废水的厌氧生物处理．北京：中国轻工业出版社，1998：21-40.
[81] 郑远景，沈永明，沈光范．污水厌养生物处理．北京：中国建筑工业出版社，1987：60-63.
[82] 陈坚．环境生物技术．北京：中国轻工业出版社，1999：129-137.
[83] 周群英，高廷耀．环境工程微生物学．北京：高等教育出版社，2000：38-48.
[84] 马耀光，马柏林．废水的农业资源化利用．北京：化学工业出版社，2002：85-118.
[85] 高忠爱，吴天宝，等．固体废物的处理与处置．北京：高等教育出版社，1992：244-262.
[86] 罗志腾．水污染控制工程微生物学．北京：科学技术出版社，1988：260-264.

[87] 樊军. 沼气池常见故障及处理. 中国沼气，2003，21 (2)：40.
[88] 陈桂钦. 沼渣种西瓜效果最佳. 农村能源，1997，(3)：25.
[89] 孔源，等. 我国畜牧业粪便废弃物的污染及其治理对策的探讨. 中国农业大学学报，2002，7 (6)：92-96.
[90] 董克虞. 畜禽粪便对环境的污染及资源化途径. 农业环境保护，1998，17 (6)：281-283.
[91] 吴淑杭，等. 畜禽粪便污染现状及发展趋势. 上海农业科技，2002 (1)：9-10.
[92] 赵青玲，等. 畜禽粪便资源化利用技术的现状及展望. 河南农业大学学报，2003，37 (2)：184-187.
[93] 江立方，等. 发达国家和地区畜禽粪便污染防治立法的现状. 家畜生态，1992，16 (2)：44-49.
[94] 李庆康，等. 我国集约化畜禽养殖场粪便处理利用现状及展望. 农业环境保护，2000，19 (4)：251-254.
[95] 王坤元，等. 畜禽粪便再利用的研究概况. 浙江农业科学，1993，(4)：195-197.
[96] 陈天荣. 畜禽粪工厂化好氧发酵干燥处理技术实验. 上海农业学报，1994，10 (增刊)：26-30.
[97] 李庆康，等. 利用有效微生物菌群进行鸡粪处理的研究. 农业环境保护，2001，20 (4)：217-220.
[98] 戴洪刚，等. 利用蝇蛆处理畜禽粪便污染的生物技术. 农业环境与发展，2001，(1)：34-35.
[99] 钱午巧，等. 利用厌氧发酵技术综合治理畜牧业污染的探讨. 福建能源开发与节约，2003，(3)：51-52.
[100] 刘培芳，等. 长江三角洲城郊畜禽粪便的污染负荷及其防治对策. 长江流域资源与环境，2002，11 (5)：456-460.
[101] 江立方，等. 上海市畜禽粪便综合治理的实践与启示. 家畜生态，2002，23 (1)：1-4.
[102] 沈根祥，等. 上海市郊农田畜禽粪便负荷量及其警报与分级. 上海农业学报，1994，10 (增刊)：6-11.
[103] 杨毓峰. 畜禽废弃物好氧堆肥化条件研究. 陕西农业科学，1998，(6)：10-11.
[104] 魏辉，等. 利用畜禽粪便生产生物复合肥的发酵工艺研究. 生物技术，1999，9 (5)：30-34.
[105] 沈跃. 畜禽粪便饲料化. 农业环境保护. 1990，9 (1)：37-40.
[106] M. R. Teira Esmatges，X. Flotats. A method for livestock waste management planning in NE Spain. Waste Management，2003，23：917-932.
[107] 张启峰，张世平，邵延文，等. 玉米秸秆制取木糖醇的研究. 黑龙江大学自然科学学报，1996，13 (1)：102-107.
[108] 杨文钰，王兰英. 作物秸秆还田的现状与展望. 四川农业大学学报，1999，17 (2)：211-216.
[109] 张凤菊，于晓波，陈海霞. 秸秆资源的饲料化利用，农机化研究. 2002，(2)：125-126.
[110] 王革华. 实现秸秆资源化利用的主要途径. 上海环境科学，2002，21 (11)：651-653.
[111] 中国农业统计年鉴 2000. 北京：中国农业出版社，2000：52.
[112] 臧金灿，樊国燕. 作物秸秆物理、化学和生物处理方法研究进展. 郑州牧业工程高等专科学校学报，2003，23 (2)：92-93.
[113] 陈乐生. 关于秸秆气化中的问题与建议. 江西能源，2001，(1)：46-47.
[114] 杨中平，杨林青，郭康权. 植物秸秆制作果蔬内包装衬垫的可行性研究. 农业工程学报，1994，增刊：146-149.
[115] 吕伟民，王宇，傅国红. 玉米秸秆发酵生产燃料酒精. 酿酒，2002，29 (5)：23.
[116] 刘俊峰，易平贵，金一粟. 稻草、麦秆等农作物秸秆资源再利用研究. 资源科学，2001，23 (2)：46-48.
[117] 朱爽，王斌. 加强秸秆禁烧监督，搞好综合利用开发. 可再生能源，2003，(5)：40-42.
[118] 刘洪凤，俞镇慌. 秸秆纤维性能. 东华大学学报 (自然科学版)，2002，28 (2)：123-128.
[119] 滕翠青，杨军，韩克清. 秸秆纤维增强复合材料的可降解性能研究. 东华大学学报，2002，28 (1)：83-86.
[120] 王育红，姚宇卿，吕军杰. 残茬和秸秆覆盖对黄土坡耕地水土流失的影响. 干旱地区农业研究，2002，20 (4)：109-111.
[121] 李莉，刘瑛. 用玉米秸秆制备接甲基纤维素. 精细化工，2001，18 (6)：339-340.
[122] 张艳哲，李毅，刘吉平. 秸秆综合利用技术进展. 纤维素科学与技术，2003，11 (2)：57-61.
[123] 朱孔颖，刘金吉. 农村秸秆综合利用对策. 污染防治技术，2003，16 (3)：72-73.
[124] 于晓波，张纯铸，付胜利. 9KL～380 型秸秆饲料压块机的试验研究. 农机化研究，2001，(3)：97-99.
[125] 夏萍，江家伍. 机械化秸秆还田技术及配套机具. 安徽农业大学学报，2001，28 (1)：106-108.
[126] 闫红秋，李霞. 焚烧农作物秸秆的危害及防治对策. 云南环境科学，2001，20 (2)：23-24.
[127] 刘浩全. 我国农膜开发应用情况及其发展趋势. 兰化科技，1997，15 (4)：251-254.
[128] 高秀瑛. 我国农膜生产应用的现状、存在问题及建议. 现代塑料加工应用，1997，9 (2)：55-59.
[129] 李肖玲. 农用废塑料的污染现状与管理对策. 山东环境，2003，114：38-39.
[130] 郑洁，等. 废旧聚乙烯农膜改性道路沥青的研制. 塑料技术，1997，17 (4)：2-7.

[131] 许国志．农用薄膜科技攻关与应用发展方向．中国塑料，1998，12（3）：9-15.
[132] 郑典模，等．十水碳酸钠治理利用的研究．南昌大学学报，2002，24（2）：40-42.
[133] 王艳丽．生态水泥——一种能够解决城市及工业废弃物的新型波特兰水泥．新世纪水泥导报，2001（4）：47-50.
[134] 孙俊波，等．鞍钢充分利用工业废弃物降低烧结原料成本．矿山环保，2001（3）：6-8.
[135] 邓雁希，等．非金属矿物及工业废弃物在含磷废水处理中的应用．中国非金属矿工业导刊，2002（3）：30-33.
[136] 金听祥，等．废弃物的综合利用．资源节约和综合利用，2002，（4）：32-34.
[137] 王新颖，等．工业废弃物作混合材料对水泥性能的影响．水泥工程，2002，（5）：18-20.
[138] 刘文丽．从废物回收利用中获利．环保技术，2003，（3-4）：33-36.
[139] 王春云．废弃物生态水泥工艺及实例．中国资源综合利用，2002，（1）：22-26.
[140] 师戬．秸秆发电项目的效益与现状分析．华北电力大学学报：社会科学版，2011（12）：16-17.
[141] 袁振宏，吴创之，马隆龙．生物质能利用原理与技术．北京：化学工业出版社，2005.
[142] 阴秀丽，周肇秋，马隆龙，等．生物质气化发电技术现状分析．现代电力，2007，24（5）：48-52.
[143] 张卫杰，关海滨，姜建国，等．我国秸秆发电技术的应用及前景．农机化研究，2009（5）：10-13.
[144] 秦岭，刘克锋，等．现代农业废弃资源循环利用技术．北京：中国农业出版社，2015.
[145] 朱建国，陈维春，王亚静．农业废弃物资源化综合利用管理．北京：化学工业出版社，2015.
[146] 阴秀丽，周肇秋，马隆龙，等．生物质气化发电技术现状分析．现代电力，2007，24（5）：48-52.
[147] 孙荣峰，闫桂焕，许敏，等．两步法生物质固定床气化发电技术．水利电力机械，2006，28（12）：95-96.
[148] 吴创之．生物质气化工艺的设计与选用．可再生能源，2003（2）：51-52.
[149] 吴创之．生物质燃气净化技术．可再生能源，2003（4）：55-56.
[150] 盛昌栋，张军．煤粉锅炉共燃生物质发电技术的特点和优势．热力发电，2006（3）：9-10.
[151] 刘小娜，康振兴，胡克．浅谈秸秆发电技术．能源与节能，2011（7）：18-21.
[152] 戴敬，严巧玲，徐俊兵，等．扬州市农作物秸秆能源化利用的实践与启示．循环经济，2012，5（8）：11-14.
[153] 田宜水，赵立欣，孟海波，等．生物质-煤混合燃烧技术的进展研究．水利电力机械，2006，28（12）：87-91.
[154] 陈明波，汪玉璋，杨晓东，等．秸秆能源化利用技术综述．江西农业学报，2014，26（12）：66-69.
[155] 周先竹，田有国，王忠良，等．农作物秸秆焚烧的危害成因及治理措施．中国农技推广，2015（5）：41-42.
[156] 石光森，何庆邦，余建桥，等．食用菌渣肥和氮磷钾组合对青椒产量品质的效应．西南农业大学学报，1993（6）..
[157] 梁文俊，刘佳，刘春敬，等．农作物秸秆综合利用技术．北京：化学工业出版社，2015.
[158] 毕于运．秸秆资源评价与利用研究．北京：中国农业科学院，2010，9.
[159] 农业部新闻办公室．全国农作物秸秆资源调查与评价报告．农业工程技术．新能源产业，2011（2）：2-5.
[160] 吴迪．秸秆焚烧治理的法律对策研究．青岛：中国海洋大学，2012.
[161] 陈蒙蒙．秸秆焚烧的法律规制．苏州：苏州大学，2014.
[162] 刘青松．农村环境保护．北京：中国环境科学出版社，2003..
[163] 马辉，梅旭荣，严昌荣，等．华北典型农区棉田土壤中地膜残留特点的研究．农业环境科学学报，2008，27（2）：570-573.
[164] 宋谦，王凤仙．农业环境研究．北京：中国农业出版社，1993：159.
[165] 赵素荣，张书荣，徐霞，等．农膜残留污染研究．农业环境与发展，1998，15（3）：7-10.
[166] 刘艳霞．中国农村地膜残留污染现状及治理对策思考．杨凌：西北农林科技大学，2014.
[167] 骆世明．生态农业的模式与技术．北京：化学工业出版社，2009.
[168] 孙振钧．蚯蚓反应器与废弃物肥料化技术．北京：化学工业出版社，2004.
[169] 孟祥海．中国畜牧业环境污染防治问题研究．武汉：华中农业大学，2014.
[170] 王莹．我国农业面源污染防治法律制度研究．哈尔滨：东北林业大学，2011.
[171] 张鹏等．重庆市城市生活垃圾成分及物理特性分析研究．环境科学与管理，2014，39（2）：14-17.
[172] 宋立杰，陈善平．我国垃圾堆肥生物处理现状及发展趋势分析．环境卫生工程，2013，21（1）：5-7，12.
[173] 杨帆，李荣，崔勇，等．我国有机肥料资源利用现状与发展建议．中国土壤与肥料，2010（4）：77-82.
[174] 朱宁，马骥．中国畜禽粪便产生量的变动特征及未来发展展望．农业展望，2014（1）：46-48，74.
[175] 李治国，周静博，张丛，等．农田地膜污染与防治对策．河北工业科技，2015，32（2）：177-182.
[176] 刘燕．我国农村畜禽养殖污染防治法律问题研究．武汉：华中农业大学，2013.
[177] 王莹．我国农业面源污染防治法律制度研究．哈尔滨：东北林业大学，2011.
[178] 滕世昌，王慧．我国农村环境现状及污染防治对策．山东化工，2011（5）：61-63.

[179] 韩俊杰．我国农村环境污染防治法律问题研究．哈尔滨：东北林业大学，2012.
[180] 刘炜．加拿大畜牧业清洁养殖特点及启示．中国牧业通讯，2008，265（10）：18-19.
[181] 骆世明．建设生态农业是实现现代化的必由之路．生态农业研究，2000（2）：1-4.
[182] 李金才．生态农业标准体系与典型模式技术标准研究．北京：中国农业科学院，2007.
[183] 翁伯奇．现代生态农业的内涵、模式特征及其发展对策．福建农业学报，2000（15）：42-48.
[184] 李林杰，许振成，罗琳等．高效生态农业产业化主导型循环经济模式研究．湖南农业大学学报（社会科学版），2009，10（2）：45-50.
[185] 王涛，田德龙．SACT工艺用于唐山西郊污水处理二厂污泥堆肥工程．中国给水排水，2009，25（14）：32-35.
[186] 李玉春，李彦富，荣波等．北京市生活垃圾堆肥现状及问题分析．环境卫生工程，2005，13（4）：24-28.
[187] 李碧清，唐瑶，冯新等．广州市利用城市污泥生产有机肥的实践．中国给水排水，2010，26（24）：67-69.
[188] 宋建辉．农户经营行为与农业污染关系研究．保定：河北农业大学，2008.
[189] 赵玲，马永军，周旭辉．有机氯农药残留对农产品质量的影响分析．中国生态农业学报，2002，10（3）：126-127.
[190] 阎文圣，肖焰恒．中国农业技术应用的宏观取向与农户技术采用行为诱导．中国人口、资源与环境，2002，（3）：7-31.
[191] 张秀玲．中国农产品农药残留成因与影响研究．无锡：江南大学，2013.
[192] 许香春，王朝云．国内外地膜覆盖栽培现状及展望．中国麻业，2006，28（1）：6-11.
[193] 郭彦霞，张圆圆，程芳琴．煤矸石综合利用的产业化及其展望．化工学报，2014，65（7）：2443-2453.
[194] Cubero GMT，Benito G G，Indacoechea I，et al. Effect of ozonolysis pretreatment on enzymatic digestibility of wheat and rye straw. Bioresour. Technol.，2009，100：1608-16013.
[195] 徐清华．秸秆饲料复合化学调制效果研究．石河子：石河子大学，2014.
[196] 王铁柱，荣海林，李宝龙等．玉米秸秆压缩膨化饲料饲喂种公牛试验报告．吉林畜牧兽医，2005，（3）：36.
[197] 杨连玉，中岛芳叶．化学和生物学处理对玉米秸秆营养价值的影响．吉林农业大学学报，2001，33（1）：83-87.
[198] 魏敏．棉花秸秆对绵羊饲用价值的初步研究．乌鲁木齐：新疆农业大学，2002.
[199] 何宗均．畜禽粪便变废为宝．天津：天津科技翻译出版公司，2010：3.
[200] 张淑芬．畜禽粪便饲料化生产利用技术．饲料研究，2016，17：48-50.
[201] 孔令毅，朱锦福，金子华．国内外鸡粪处理利用概况．农村生态环境，1991（2）：55-57.
[202] 陈晓宇．乡镇企业环境污染的法律对策研究．哈尔滨：东北林业大学，2009.
[203] 刘凌波．乡镇工业发展与环境经济的利益博弈探析．北京：北京交通大学，2008.